夏优 3 号大白菜

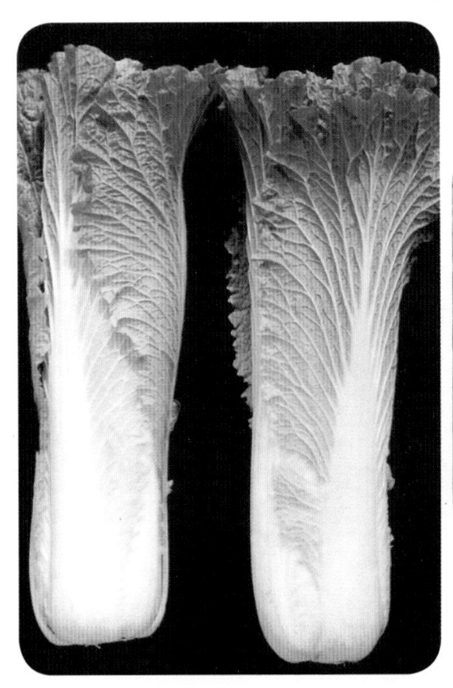

秦白 3 号大白菜

香脆金娃菜

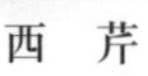

西　芹

花椰菜

青花菜

球茎茴香

青球生菜

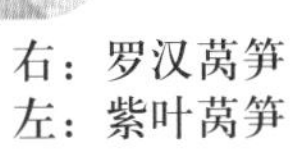

右：罗汉莴笋
左：紫叶莴笋

彩 苋

大红果型番茄

粉丽雅番茄

碧娇番茄

西安绿茄

紫罐茄

农城 3 号黄瓜

农城椒 2 号

水果型黄瓜 2186

花叶西葫芦

津旺 3 号黄瓜

绿箭苦瓜

浙蒲2号瓠瓜

丝　瓜

阿波罗石刁柏

95-1 四季豆

赤皱紫苏

03-12 莲藕

蔬菜生产实用新技术

（第2版）

主　编

张和义

副主编

贾探民

编著者

（以姓氏笔画为序）

巩振辉　张和义　孟焕文

贾探民　程智慧

金盾出版社

内 容 提 要

本书由西北农林科技大学张和义等五位专家编写。自2000年1月出版后，至今已印刷7次，计69000册。此次修改除对原书番茄、茄子、辣椒、黄瓜、冬瓜、菜豆、豇豆、豌豆、大蒜、洋葱、大葱、韭菜、白菜、萝卜、胡萝卜、甘蓝、花椰菜、青花菜、莲菜、茭白、芋、生姜、菠菜、芹菜、莴笋、结球莴苣、香椿及芽菜等60余种蔬菜的性状、类型、新品种、高效栽培技术、贮藏保鲜和留种方法等进行全面修订补充外，还增添了芜菁、芜菁甘蓝、根菾菜、紫苏、菊苣、丝瓜、瓠瓜、朝鲜蓟等内容，使其更加系统、完整、翔实，具有科学性、新颖性和实用性。可供广大农民、种菜专业户、部队农副业生产人员、蔬菜经销人员和农业院校相关专业师生阅读和参考。

图书在版编目(CIP)数据

蔬菜生产实用新技术/张和义主编．—2版．—北京：金盾出版社，2009.12(2020.4重印)

ISBN 978-7-5082-5546-0

Ⅰ.①蔬…　Ⅱ.①张…　Ⅲ.①蔬菜园艺　Ⅳ.①S63

中国版本图书馆CIP数据核字(2009)第013763号

金盾出版社出版、总发行

北京市太平路5号(地铁万寿路站往南)

邮政编码：100036　电话：68214039　83219215

传真：68276683　网址：www.jdcbs.cn

北京天宇星印刷厂印刷、装订

各地新华书店经销

开本：850×1168 1/32　印张：17.75　彩页：8　字数：442千字

2020年4月第2版第15次印刷

印数：100 001～101 000册　定价：43.00元

目　录

第一章 根菜类

一、萝 卜

萝卜又叫莱菔、芦菔。萝卜是莱菔的谐音，本意是麳麰之毒会被它克服。因为萝卜中含有能帮助淀粉消化的酶，吃面食后吃些生萝卜，可以消除积食。我国栽培的萝卜，一般个体较大，肉质根很发达，特称中国萝卜。这种萝卜除我国大量种植外，非洲热带及印度也有少量种植。

我国是大型萝卜的原产地，栽培广，南北皆有，北方尤多，它是冬春供应的主要蔬菜。故栽培面积大，常占秋菜栽培面积的20%～25%。萝卜的主要食用部分是肥大的肉质根。其食用方法很多，常作菜用，既可生食，又能熟食。萝卜能饱吸配料中的鲜味，适宜于用任何佐料调味。萝卜也是食品加工的好原料，可以腌制和酱制，还能干制及榨汁。有的萝卜品种质地坚实致密，色泽鲜艳明亮，又易染色，是雕刻、装饰餐盘的理想材料。萝卜除含有蛋白质、碳水化合物、胡萝卜素、硫胺素、核黄素、维生素C及钙、磷、铁等外，还含有氢化黏液素、腺素、氨基酸、胆碱、葫芦巴碱、莱菔脑、碘及多种酶。其中最为突出的是维生素、矿物质和抗菌物质，有重要的医疗价值。生萝卜性辛寒，有止渴、清内热、化痰定喘、助消化、利导、破淤气、解毒等功效；煮熟后味甘，温平，能下气、消食。萝卜叶也可食用，炒菜、凉拌均甚适宜。种子含油量高达39%～50%，是榨油的好原料，现在贵州等地已将其作为油料大量种植。

以往，萝卜主要是食用肉质根；现在，萝卜除继续选用根用型外，正向籽粒油料型和芽苗叶用型发展。随着技术的进步，萝卜在人民生活中的地位将进一步提高。

(一)生物学性状

萝卜的肉质根由根头(也称短缩茎)、根颈和真根三部分构成(图 1-1)。根头是上胚轴发育成的短缩茎,上面长着叶,俗称"盖头";中间光滑的地方是根颈,这里没有叶痕,也很少有侧根;再下部是真根,这里长着侧根。根颈和真根是主要食用的部分。

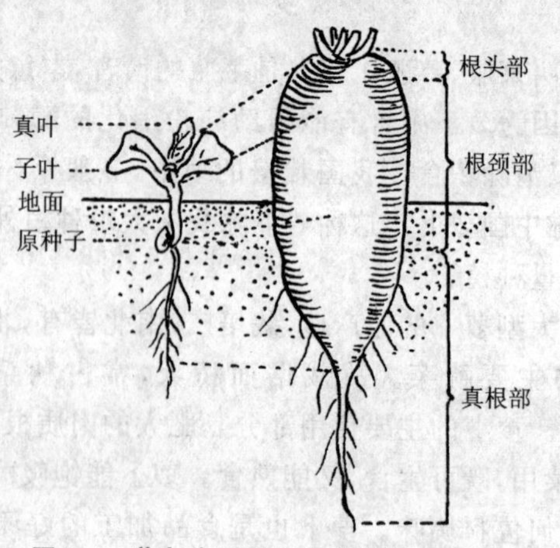

图 1-1　萝卜肉质根与幼苗的相应部分

萝卜的叶由根头部长出,分板叶和花叶两种,有浓绿、浅绿等不同颜色。叶柄有绿、红、紫之分;叶片生长方向有垂直、平展、下垂等几种,叶片直立者,适于密植,产量较高。

萝卜为总状花序,主花梗的花先开,全株花期约 30 天。虫媒花,异花授粉,角果,成熟时不开裂。

1. 生长和发育　分为营养生长期和生殖生长期。

(1)营养生长期　是从种子萌动、出苗到肉质根肥大的整个过程。其又可分为发芽期、幼苗期、叶生长盛期和肉质根生长盛期。

①发芽期　由种子萌发到第一对真叶展开,称发芽期。萝卜播种后,在 25℃的温度下,苗芽 3～4 天出土,5～7 天出现真叶,这是胚器官旺盛生长时期,所需营养全靠种子内原有的贮藏物质。发芽期生长锥分化出 4 片幼叶,侧根开展度达 5 厘米。这时因根

系刚刚扩展,植株幼嫩,对不良条件抗性低。为了保证出苗整齐,必须精心整地,细致播种。发芽后期,2 枚基生叶相继展开时,苗端叶原基分化很快,对氮、磷、钾的吸收量迅速增加,尤其对氮的需要更加迫切,所以在播种时应施入基肥和种肥。小苗抵抗高温、旱涝的能力不强,出苗期要以中耕保墒、防热、防涝、防旱为主,促进根系生长,严防苗芽受到伤害。

②幼苗期　从第一对真叶展开起,到 4～7 片真叶展开,幼苗发生"破肚"时止,称为幼苗期,时间为 15～20 天。幼苗期肉质根的生长首先是细胞分裂,并以延长生长为主;之后中柱增粗加快。因根的初生皮层不太发达,当肉质根的形成层开始加速分裂后,向外产生压力,使初生皮层破裂、脱落,这种现象谓之"破肚"。破肚是幼苗期结束的标志,也是肉质根迅速肥大的起点。萝卜幼苗期,子叶迅速衰亡,2 枚基生叶长到最大,1 个叶环的幼苗叶完全展开,同时分化出 13 个莲座叶的叶原基和幼叶。幼苗期叶原基的分化速度最快,平均每日 1 枚。肉质根的加粗生长比加长生长相对要快,根形指数降低。因为幼苗期是萝卜生长速度最快的时期,所以栽培技术上必须保证供给充足的营养,为叶和肉质根迅速分化创造最适宜的条件。

③莲座期　又叫叶生长盛期或肉质根生长前期。莲座期是吸收、同化器官形成的主要时期,而吸收和同化又是肉质根形成的基础。因此,这时管理的好坏直接影响到产量。具体做法是,在这一阶段中期之前,以增加肥水为主,促进叶片生长,扩大叶面积;中期之后,随着夜温的下降,适当控水蹲苗,促进苗端钝化,稳定叶面积,为肉质根的旺盛生长奠定基础。

④肉质根生长盛期　由"露肩"起,肉质根开始旺盛生长,直到尾部肥大呈圆形为止,为肉质根生长盛期。大、中型品种的旺盛生长期为 40～50 天,小型品种为 15～20 天。此期植株叶数已基本稳定,叶片生长速度减慢,大量营养物质向肉质根内运输,根迅速肥大。萝卜肉质根体积的 80%是在这时形成的,干物质的增加量

占总量的90%。肉质根生长盛期需要充足的肥水,否则不仅产量低,而且须根多,肉质粗糙,辣味增加,也易糠心。

(2)生殖生长时期　萝卜由营养生长过渡到生殖生长,一般需经2年。萝卜属种子春化型,它在种子萌动时,幼苗期和肉质根膨大后均可通过春化,所以有时在肉质根未充分肥大前也会未熟抽薹,抽薹后肉质根不再肥大,失去食用价值。

2. 对环境条件的要求　萝卜为半耐寒性蔬菜,喜冷凉。种子在温度2℃～3℃时开始发芽,发芽的最适温度为20℃～25℃;茎叶生长的温度为5℃～25℃,最适温度为15℃～20℃;肉质根生长的温度为15℃～20℃,最适温度为13℃～18℃。所以萝卜营养生长期的温度以由高到低为好。前期温度高,出苗快,能迅速形成繁茂的叶丛,为肉质根的生长奠定基础;以后温度降低,有利于光合产物的贮积和肉质根的肥大。萝卜怕热,当温度超过25℃时,有机物积累减少,植株生长衰弱,根部不能正常肥大,特别是在生长初期遇到高温干燥时,生长不良,容易引起病虫害,蚜虫和病毒病危害尤其严重。

萝卜耐寒冷。幼苗能忍受－1℃～－3℃的低温;成株在－4℃～－5℃的短期低温中,叶片不致受到严重危害。但当温度降低到6℃时,生长缓慢;低于0℃,特别是－1℃～－2℃时,肉质根容易受冻,含糖量低,肉质根露出地面部分多的萝卜更甚。

地温对根的生长和膨大影响较大。据报道,萝卜根生长的适宜温度为25℃～30℃,根的肥大生长比幼根伸长的适温要低5℃～7℃。

萝卜对土壤的适应性较强。在土层深厚,排水良好,通气性好,孔隙度在20%～30%的土壤中生长最好。土壤过于疏松,肉质根虽早熟,但须根多,表面不光滑;当水分不足时,肉质根发育更差,容易变空,并产生苦味和辣味;如果水分过多,土壤中氧气含量减少,则肉质根表面粗糙,侧根着生处形成不规则的突起。土壤酸碱度以pH值5.8～6.8为宜。

(二)类型和品种

1. 类型 萝卜的品种很多,不同品种间性状又有明显差异,应根据栽培目的慎重选择。品种的划分可从不同角度进行。

(1)根据地理和气象条件分类 分为4个生态型:

①华南萝卜生态型 主要分布在我国南方亚热带和热带地区。该区的大部分品种的直根为长圆筒形,皮和肉均为白色,有少数品种根头部微带绿色。直根含水分较多。在阴雨较多,温度较高的条件下仍能很好地生长。对低温条件要求不严格,能在较高的温度下通过春化阶段,引入北方后容易发生未熟抽薹或生长不良。日本大部分品种也属这一生态型。代表品种有广东的南畔洲、梅花春、冬瓜白等。

②华中(长江流域)萝卜生态型 分布在长江流域。当地冬季不太寒冷,萝卜能露地过冬。除少数品种为红皮、白肉外,其余皮、肉均为白色,在温、湿度较高的条件下生长良好。通过春化阶段的温度较华南型稍低。代表品种有浙大长、象牙白、太湖长白等。

③北方萝卜生态型 分布于黄淮流域以北的华北、西北和东北的广大地区。这个地区以长圆筒形青皮萝卜为主,其次是红皮和白皮,还有少数紫皮的。耐寒、耐旱性较强,但不耐热。通过春化阶段的温度较上述两型低。该地区光照充足,昼夜温差大,又较凉爽,有利于直根生长,因此肉质根个体较大,淀粉、糖等含量高。尤其是一些当水果食用的萝卜,如青圆脆、心里美、卫青等,具有色美、质脆、味甜的特点。高产、优质,适于熟食和加工的青萝卜品种也很多,代表品种有露八分、翘头青、狗头罐、秦菜1号、青丰冬、国光1号;红色萝卜品种有大红袍、灯笼红、胭脂红、笑头热等;白萝卜有美浓早生、石白、象牙白等。

④西部高原萝卜生态型 分布在青海、西藏和甘肃西部等高原地区。这个地区萝卜的特点是耐寒,耐旱,抽薹迟,肉质根大,重者达15千克。代表品种有西藏大萝卜、日喀则紫皮和青皮、汉萝卜、甘肃的红头冬及武威冬萝卜等。

(2)依栽培季节分类　可分为5个类型：

①秋冬萝卜　主要在立秋至处暑播种，立冬前后收获。多为大型或中型品种，产量高，耐贮运，是最重要的一类。皮色各异。红色品种有徐州大红袍、薛城长红等；绿色品种有胶州青、北京心里美、济南大青皮、西农萝卜、秦菜1号和河南的狗头罐等；白色品种有浙大长萝卜、广州火车头萝卜、黄州萝卜等。

②冬春萝卜　主要在长江流域栽培，晚秋至初冬播种，翌年2～3月份收获。耐寒性强，不易空心，抽薹迟，是解决当地春淡的主要品种，如杭州的大樱红、武汉的春不老等。

③夏秋萝卜　夏季播种，秋季收获。这类萝卜生长期正值夏季高温，必须加强管理。夏秋萝卜在调剂蔬菜的周年供应上有很大作用。著名品种有广州的圆头萝卜、杭州的伏萝卜、南京的中秋红萝卜。

④春夏萝卜　3～4月份播种，5～6月份收获，生育期45～70天，栽培不当易抽薹。产量较低，供应期短，主要是解决5月份的蔬菜小淡季，如北京的六缨水萝卜、山东寿光春萝卜、南京的五月红、陕西的野鸡红等。

⑤四季萝卜　都是小型萝卜，生长期很短，露地除严寒酷暑季节外，随时可以播种，如南京扬光萝卜、上海小红萝卜等。

2. 优良品种

(1)秦菜1号　西北农林科技大学选育。秋冬萝卜类型。叶丛半直立，裂叶。肉质根圆柱形，稍弯，2/3露出地面，表皮深绿色，光滑，根头部及尾部多呈圆形，单根重1.25千克，每667平方米产4000千克左右。较抗病毒病和黑腐病，耐贮藏，不易糠心。陕西关中地区8月上中旬播种，行株距66厘米×23厘米，11月上旬收获。

(2)青丰冬　西北农林科技大学选育。秋冬萝卜类型。肉质根长筒形，长约40厘米，横径8～10厘米，大部露出地面，外露部分绿色，根形整齐。较耐高温，生长速度快，播后90天可长到3.5

千克，每667平方米产5000千克。黑腐病少，质脆味甜，耐贮藏，生熟食均宜。在陕西、甘肃、宁夏、山西、河南、山东、云南等省（自治区）种植，表现均好。陕西关中地区早熟栽培时，7月中旬播种，9月上中旬收获；冬贮栽培时，8月中旬播种，11月上旬收获。

（3）奥春萝卜　河北省邯郸市蔬菜研究所育成的一代杂种。生长期60天，肉质根洁白光滑，根长40厘米，横径6.5厘米，单根重1.0～1.5千克。适宜我国北方晚秋露地和秋延后拱棚种植。

（4）丰翘一代　山西省农业科学院蔬菜研究所选育。生长期85天。肉质根短圆柱形，长28～30厘米，横径10厘米，单根重2千克。表皮光滑，1/2露出地面，出土部分绿色，入土部分白色。肉质淡绿色，味甜质脆，生食、熟食、腌渍均可。适宜华北、西北地区种植。山西太原地区宜于7月下旬至8月初播种，行距40厘米，株距33厘米。

（5）丰光一代　山西省农业科学院蔬菜研究所选育。生长期85天。肉质根长圆柱形，长38～42厘米，横径8～9厘米，单根重2～2.5千克。表皮光滑，约1/2露出地面，出土部分浅绿色，入土部分白色。肉质白色，味稍甜而脆，含水量较多，宜生食、熟食和腌渍，每667平方米约产5000千克。适宜华北、西北地区种植。太原地区宜于7月下旬至8月初播种，行距50厘米，株距36厘米。

（6）浙大长　浙江大学从杭州市古荡镇农家品种中选出。属秋冬萝卜，中晚熟，生长期约100天。株高60厘米，开展度70～80厘米，叶簇半直立，叶片绿色，羽状裂叶。肉质根长圆柱形，长44～47厘米，横径7～9厘米，单根重约2千克，最大的5千克。约1/2露出地面，表皮光滑，侧根少，根尖稍弯，皮、肉均为白色。肉质松脆，汁多，味稍甜带辣，品质中等，适宜煮食和腌渍。抗病毒能力强，不抗寒，不耐涝，久湿易发生软腐病。适宜华东、华北地区种植。南方多于8月中旬至9月上旬播种，行距50厘米，株距30厘米，11月下旬至12月中旬收获。

（7）鲁萝卜1号　山东省农业科学院蔬菜研究所选育的一代

杂交种。属秋冬萝卜，中熟种，生长期约80天。叶簇小，半直立，羽状裂叶，叶色深绿。肉质根圆柱形，单根重0.5～0.7千克，入土部分少，表皮深绿，肉翠绿，肉质致密，生食脆甜，稍辣，水分较少，品质好，宜生食、熟食和腌渍。较抗病毒病和霜霉病，极耐贮藏，每667平方米产3 500～4 000千克。适宜山东及华北部分地区种植。山东省一般在8月中旬播种，11月上旬收获。

(8)热杂4号　华中农业大学园艺系选育的一代杂交种。属夏秋萝卜，早熟种，生长期50～60天。叶簇半直立，缺刻深，绿色。肉质根长圆柱形，长30厘米，横径6厘米，单根重0.34～0.5千克。1/3露出地面，根皮和肉均为白色，表皮光洁，肉质脆嫩，品质优良。每667平方米夏播产1 800～2 500千克，秋播产3 000～3 500千克。全国各地均可种植。湖北地区7～8月份播种，9～10月份可以收获。

(9)翠玉青萝卜　又称青皮酥。生育期80天，单根重700克，根4/5部分露出地面。肉质致密，呈青绿色，皮薄、味甜、脆嫩多汁，埋藏后含糖量达8%，生食口味极佳。高抗病毒病和霜霉病，每667平方米产量可达4 000千克以上。京津地区立秋前后播种，平畦或高垄条播，株行距25厘米×30厘米。秋季棚室栽培，在8月下旬播种，春节上市，品质更佳。

(10)卫青1号　天津市农业学校以天津沙育萝卜为材料育成。生长势强，叶簇紧凑，半直立，株高50～60厘米，开展度50厘米。肉质根单重0.5千克左右。4/5露出地面，尾部稍弯，皮绿色，光滑，肉绿色，质脆嫩，甜辣适度。耐贮藏，不易糠心，对黄化病毒和皱缩病毒有水平抗性，已在华北及辽宁等地推广，每667平方米产3 500千克。京津地区立秋前后播种，注意打叶，防止腐烂，造成根部粗皮。

(11)心里美　北京市农家品种，品系和类型较多。叶型有花叶与板叶两类。花叶型叶簇平展，深绿色，裂片6～8对；肉质根短圆筒形，长10～12厘米，横径7～9厘米，上部略小，淡绿色，下部绿白色,入土部分约占根长的1/2,表皮光滑,根端紫红色,皮较厚,根肉血红色,还有紫色和淡绿色相间,近似辐射状,或者中心部紫色,且向外逐渐呈淡绿色者。板叶型,叶簇半直立,叶缘平滑或基部有翼叶;肉质根近圆形或圆筒形,根肉多为紫红色和淡白色相间。肉质清脆,味甜多汁,肉色鲜美,可供贮藏、加工和生食。该品种在山西、天津生长期为80天,内蒙古为70～80天,河北为90天,夏播秋收。肉质根单根重0.5千克,每667平方米产1 000～3 500千克。适宜北京、天津、河北、山西、陕西、内蒙古等地种植。

(12)中秋红　南京农业大学选育的耐热萝卜品种。株高45～55厘米,株型开展,开展度50～60厘米,深裂花叶。肉质根短圆柱形,2/3露出地面,根形指数2～2.5,皮色鲜红,肉白。抗病毒病、抗热及耐糠心能力强。7月下旬至8月份都可播种,生长期为70～100天。适宜江苏省种植,可在早秋及秋冬季栽培。

(13)和风　湖北省武汉西铭种苗公司选育的夏、秋萝卜杂交一代种。极早生、抗热性强,在40℃高温下幼苗仍能正常生长。肉质根长圆柱形,长20～25厘米,横径5～7厘米,白皮白肉,脆嫩多汁。叶淡绿色,板叶,有2～3对小裂片。抗病毒病,品质优,适应性广,产量高。播后40天,每667平方米产量超过同期短叶13号1倍以上。长江流域从4月下旬开始陆续播种,一直播至9月中旬,播后40天上市,单根重250克;45天上市时,单根重450克。

(14)特新白玉　从韩国引进的新品种。叶片开张,生长旺盛,不易抽薹。根部全白,光滑,单根重2千克。适宜早春保护地和露地栽培。

(三)栽培技术

1. 精细整地　萝卜对土壤的适应性较强。但因其商品器官——肉质根是在土壤中生长发育的,所以受土壤性质影响很大。为获得高产优质,应选择土层深厚、疏松、排水良好、比较肥沃的沙壤土,这对入土深的长根品种更为重要。沙土虽疏松,但排水快,易造成缺肥缺水现象，致使肉质根细小、质硬，且常带苦辣味；反之，土质过黏，萝卜根系发育受限制，特别是低洼雨涝、时干时湿时，肉质根极易开裂。因此土壤必须深耕，晒透，耙松，整平。结合整地，施足基肥。萝卜对营养元素的吸收量以钾最多，氮次之，磷最少。每生产 1 000 千克萝卜，需要吸收氮 2.1～3.1 千克，磷 0.3～0.8 千克，钾 2.5～4.6 千克，钙 0.6～0.8 千克，镁 0.1～0.2 千克。萝卜对营养的吸收量随生育阶段的不同而变化，至生育中期达最高值。生育前期，要供给足够的营养，特别是氮，对高产具有重要作用，所以基肥量应占到总施肥量的 70%左右。整地时，一般每 667 平方米应施用充分腐熟的优质厩肥 4 000～5 000 千克，草木灰 50 千克，过磷酸钙 25～30 千克，碳酸氢铵 30 千克。全面撒施后，翻耕，使肥土交融。深耕最好在头年冬季进行，翌年前作收获后，及时早耕，晒土。采用高垄能相对地加厚耕作层，利于排水通气，适宜根系生长，而且扩大了植株地上部与地面间的距离，改善了作物群体间的生态条件，降低了空气相对湿度，减少病虫害，使肉质根发育良好。大型品种多采用高垄，而中、小型品种则可做成平畦。通常大型品种行距 45～55 厘米，株距 20～30 厘米；中型品种行距 35～40 厘米，株距 15～20 厘米；小型品种可保持 8～10 厘米见方。

2. 适时播种，保证全苗　萝卜肥大的肉质根是养分贮积的结果。要形成良好的产品器官，首先需要一定的有效积温。从产量和品质两方面考虑，黄河流域在 8 月中旬播种，既可有较高的产量，又可改善品质。如果播种过早，30℃以上的高温会使萝卜的外表粗糙，芥辣油（$C_3H_5CH_5$）含量增加，辣味重，品质低；而过晚播种，有效积温不足，则植株同化面积小，产量低。我国幅员辽阔，气候复杂，各地萝卜播种季节如表 1-1 所示。

表 1-1　主要地区萝卜的栽培季节

地区	萝卜类型	播种期	生长期(天)	收获期
上海	春夏萝卜	2月中旬～3月下旬	50～60	4月上旬～6月上旬
	夏秋萝卜	7月上旬～8月上旬	50～70	8月下旬～10月中旬
	秋冬萝卜	8月中旬～9月中旬	70～100	10月下旬～11月下旬
南京	春夏萝卜	2月中旬～4月上旬	50～60	4月中旬～6月上旬
	夏秋萝卜	7月上旬～7月下旬	50～70	9月上旬～10月上旬
	秋冬萝卜	8月上旬～8月中旬	70～110	11月上旬～11月下旬
杭州	冬春萝卜	9月上旬～10月上旬	90～120	12月～翌年3月
	夏秋萝卜	7月上旬～8月上旬	50～60	8月下旬～10月上旬
	秋冬萝卜	9月上旬	70～80	11月～12月
武汉	春夏萝卜	2月上旬～4月上旬	50～60	4月下旬～6月下旬
	夏秋萝卜	7月上旬	50～70	8月下旬～10月中旬
	秋冬萝卜	8月中旬～9月上旬	70～100	11月上旬～12月下旬
重庆	冬春萝卜	10月下旬～11月中旬	100～110	2月中旬～3月
	夏秋萝卜	7月下旬～8月上旬	50～70	9月中旬～10月上旬
	秋冬萝卜	8月下旬～9月上旬	90～100	11月～翌年1月
贵阳	冬春萝卜	9月中旬	120	2月中下旬
	夏秋萝卜	5月～7月	50～80	6月下旬～9月
	秋冬萝卜	8月中旬～9月上旬	90～110	11月中旬～12月
长沙	冬春萝卜	9月～10月上旬	140	2月～3月
	夏秋萝卜	7月～8月	40	8月中旬～10月
	秋冬萝卜	8月下旬～9月	100	11月～翌年1月
福州	冬春萝卜	9月上旬～11月上旬	90～140	1月～3月上旬
	秋冬萝卜	7月下旬～9月上旬	60～80	9月下旬～12月
南宁	冬春萝卜	10月下旬～11月中旬	90～100	2月下旬～3月下旬
	夏秋萝卜	7月下旬～8月上旬	70～80	9月下旬～10月下旬
	秋冬萝卜	8月下旬～9月中旬	70～90	11月上旬～12月中旬

续表 1-1

地区	萝卜类型	播种期	生长期(天)	收获期
广州	冬春萝卜	10月～12月	90～100	1月～3月
	夏秋萝卜	5月～7月	50～60	7月～9月
	秋冬萝卜	8月～10月	60～90	11月～12月
东北	秋冬萝卜	7月中下旬	90～100	10月中下旬
陕西	春夏萝卜	2月上旬～3月中旬	50～60	4月中旬～5月中旬
	夏秋萝卜	6月下旬～7月中旬	60～70	8月下旬～10月中旬
	秋冬萝卜	8月上旬～8月下旬	85～100	11月上旬～11月中旬
河北	秋冬萝卜	7月下旬～8月上旬	90～100	10月下旬～11月上旬
山东	秋冬萝卜	8月上旬～8月中旬	90～100	10月下旬～11月上旬
	春夏萝卜	3月下旬～4月上旬	50～60	5月下旬～6月上旬
河南	秋冬萝卜	8月上旬	90～100	10月中旬～11月中旬
云南	冬春萝卜	10月～11月	90	1月～2月
		11月～2月	90～120	3月～5月
	夏秋萝卜	4月～7月	60～70	5月～9月
		6月～8月	60～90	8月～11月
	秋冬萝卜	8月～10月	70～90	10月～翌年1月

保证苗全苗壮是丰产的首要条件。为此，萝卜种植常采用穴播或间断条播法，最好趁墒下种。每667平方米播种量250～500克，播后稍加镇压，促使出苗整齐。应以早间苗，密留苗，晚定苗为原则，适时进行，保证苗全苗壮。间苗一般分3次进行，第一次在子叶充分肥大、真叶顶心时进行；第二次在3片真叶期；第三次在4～5片真叶期。每穴选1株健壮幼苗定苗。

3. 合理灌水，及时追肥　幼苗出土前后，要供给充分的水分，保证发芽迅速，出苗整齐。出现真叶后，地上部分迅速生长，直到破肚以前，叶的生长都远比肉质根生长快，这时应少浇水，促进根部向下生长，抑制侧根发育。刚破肚后，肉质根生长还不太快，需水不多；以后肉质根膨大，顶部粗如拇指，渐露于地面，这时适当蹲苗，掌握土壤发白才浇的原则控制灌水；这个时期氮肥也不可过多，防止叶部徒长，不利于根部膨大，一般每667平方米施入人粪尿1 500千克即可。此后应加足肥水，每667平方米随水灌入人粪尿2 500千克，半个月后再施硫酸铵20～30千克，草木灰150～250千克，以后一般再不追肥。在有条件的时候，每隔半个月喷1次2%的液体磷肥，能显著地提高产量，增进品质。液体磷肥的制法是：先把过磷酸钙泡到水中搅匀，过夜后，滤去渣滓，取其澄清液，最好于傍晚喷洒。肥水不仅关系着产量，而且影响到质量。施钙能明显提高还原糖和维生素C的含量，但必须与氮、磷配合才能取得良好效果。

肉质根肥大期土壤含水量宜保持在20%左右。在一定范围内土壤水分增加，肉质根生长迅速，皮色光亮新鲜；但若水分过多，则因土壤通气不良，肉质根的皮孔加大，表皮粗糙，侧根着生处形成不规则的突起，影响商品品质；而过于干燥时，肉质根生长慢，皮厚，质粗味辣，容易糠心，同时外层组织硬化，以后再遇较多的水分时，因内部组织膨大超过了外层，就会发生裂根，特别是早播的开裂更加严重。同时，缺水、高温、缺肥和病虫害会使肉质根在未充分肥大时增加芥辣油的含量，使萝卜产生辣味。有的萝卜发苦，是因单纯过多地使用氮肥，使含氮碱性化合物——苦瓜素增加所致。这些都会降低萝卜的品质。

萝卜的糠心，是一种由于营养物质供应不足而呈现出的饥饿衰老现象，特别是早播、生长快的大型萝卜更为严重。为了避免糠心，除选择肉质致密、不易空心的品种，加强肥水，使地上部与地下部生长平衡外，还可采用叶面喷洒尿素，或5毫克/升的硼酸溶液或其他生长调节剂，尤其是用50～100毫克/升萘乙酸（NAA）、0.5%蔗糖和5毫克/升硼砂的混合液处理，效果更好。萘乙酸的主要作用是延迟成熟，防止空心组织的出现。蔗糖的作用是供应韧皮部的营养，硼则有助于蔗糖及萘乙酸的运输。

4. 勤中耕，早除草 萝卜中耕要早，从齐苗后开始直至封垄前，每次间苗后，趁墒锄1次，先浅，后深，再浅，需3～4次。封垄后也要随时趁早把草除净。

对肉质根大部分露出地面的长根型品种，在露肩前后应结合中耕，扶正植株，进行培土，可使萝卜根形更加周正。

5. 病虫害防治 萝卜的主要虫害有蚜虫、猿叶虫、菜青虫、甘蓝夜蛾、黄条跳甲等。可用90%敌百虫800～1 000倍液，或5%敌敌畏乳油800倍液喷洒。若有蚜虫，除可用敌敌畏或40%乐果1 500倍液外，还可用70%灭蚜松200倍液喷洒。

主要的病害有病毒病和黑腐病。病毒病（也叫抽疯、打卷）多发生在苗期，病株叶片皱缩，歪扭，生长慢，有的呈现黄绿色相间的花叶症状。主要由蚜虫传染，要特别注意防虫防旱。黑腐病又叫黑胴病。该病菌附着于种子表面或存留在肥料、废弃物及土壤中越冬，再从叶缘水孔及伤口入侵。大多在晚秋发生，病株根部干腐空心，最后完全不能食用。主要防治方法为轮作，选用无病植株留种，并注意种子消毒，喷药防虫也有效果。

（四）适时收获

萝卜的收获期依播期、品种和市场需要情况而定，一般当其充分肥大后即可收获。供冬季贮藏者，多在10月中下旬至11月中旬，于地冻前收完。

收获后立即将叶连茎盘（俗称盖头）一起切除，之后临时堆成小堆，上盖萝卜叶，使切口干燥，加速愈合。收获后至贮藏前严禁暴晒或过分干燥，以免萎蔫。

（五）贮　藏

萝卜收获后用土埋起来，一般能放到翌年2月中下旬，如方法得当，完全可以贮藏到翌年4月上旬。

1. 挖好贮藏沟 保存萝卜的秘诀是始终保持低温、高湿的条件，这样发芽慢，不易糠心，萝卜水分损失小，不萎缩，质脆。所以最好采用挖沟埋藏。沟应挖在地下水位低、保水性较强的阴处。沟向东西，宽约100厘米，深度依当地气候的冷热而增减，陕西关中地区以 0.6～1.0 米为宜，陕北地区略深些，将萝卜恰好放在冻土层的近下方。挖出的表土堆在沟的南侧，起遮阴作用；底土杂菌少，置于沟北，供覆盖用。为便于通风，沟底和沟壁上，每隔 60～100 厘米挖一宽、深各 10～13 厘米的通风道。

2. 尽快入窖 选择无病伤、虫蛀者贮藏。切勿露地久堆，任其风吹日晒。搬动中要避免碰撞受伤，伤口处容易变黑腐烂。

入窖时可将萝卜散堆沟内，厚 50～70 厘米，然后覆土。但最好是一层萝卜一层土，分层放置，这样虽较费工，但每个萝卜周围都有湿土包裹，能更好地保持水分，病害也少。覆土必须湿润，否则易糠心。

3. 分期覆土，及时翻检 贮藏萝卜的适宜温度是 1℃～3℃，高于 5℃时容易发芽，低于 0℃又会受冻腐烂。刚入窖时温度高，覆土要薄，随着气温的降低，再增加覆土厚度，使覆土层的厚度大致接近当地当时冻土层的厚度。另外，要注意翻检，特别是贮藏初期和开春后要翻一两次，既可调节温度，又能及时处理受冻、腐烂及发芽者。

(六)留 种

1. 成株留种 成株留种又叫母根留种，是最常见、最基本的方法。成株留种应在该品种商品栽培最适期内播种，冬前收获。收获时选择无病，形状整齐，肉质根大，叶丛相对较小和符合品种标准的植株作种株。削去叶丛，翌年春季再行栽培采种。优点在于可以不断地进行严格的选择，能保持和提高种性。缺点是种子繁殖率低，成本太高，主要作繁殖原种之用。

2. 半成株留种 播种期比成株晚 20～30 天，收获期与成株留种一样。半成株留种的母根在田间生长的时间短，病虫害少，生活力强。同时，播种密度大，株数多，采种成本低，可以进行粗略的选择。所以是一种较好的大量繁殖生产用种的方法。

3. 小株留种 小株留种又叫直播留种或春播留种。这是根据萝卜的种子在萌发后或幼苗期，经低温后就能通过春化阶段的特点，于早春地刚化冻时顶凌播种，借早春自然低温满足阶段发育的要求，从而抽薹开花结籽的留种方法。优点是生育期短，省工，省地，成本低。缺点是不能对植株的经济性状进行选择，连年使用后容易引起种性退化。但如果仅用 1 年则对种性无甚大影响。

二、胡 萝 卜

胡萝卜又叫红萝卜、丁香萝卜、黄萝卜、金笋。我国南北各地均有种植，尤以宁夏、新疆、陕西、四川、山西、山东、河北、浙江、江苏等省（自治区）栽培较多。据 2005 年 FAO（世界粮农组织）统计，我国胡萝卜种植面积约 45.3 万公顷，占世界总面积的42.1%，我国已成为胡萝卜的全球主产区。

胡萝卜的病虫害少，容易栽培，耐贮存。它除富含糖分，味甜美，既可生食，又能煮、炒和加工外，还含有多量的胡萝卜素，这种物质消化水解后能变成维生素 A，是小儿生长期不可缺少的营养成分；成人常吃可以增加对疾病的抵抗力。所以说胡萝卜是一种具有较高营养价值及一定医疗作用的蔬菜。《本草纲目》中说，胡萝卜可“下气、补中，利胸膈肠胃，安五脏，令人健食”，常用之防止因维生素 A 缺乏而引起的疾病。胡萝卜中的木质素有提高生物体的免疫力和间接消灭癌细胞的作用。吸烟是引起肺癌的重要因素，而大量食用胡萝卜，能帮助吸烟的人减少患肺癌的危险。同时，维生素 A 还能预防夜盲症和干眼病，保护眼睛，所以经常看电视的人、有眼疾的人，更需多吃胡萝卜。胡萝卜中含有的果胶，能与汞结合，使汞离子很快排出人体，降低血液中汞离子的浓度，防止汞中毒。维生素 A 能润泽皮肤，维生素 B 能展平皱褶，消除斑点，吃胡萝卜可使皮肤更加丰润，头发健康。所以有人称胡萝卜是“皮肤食品”。胡萝卜的叶子营养也十分丰富，除可食用外，也是牲畜的好饲料。

(一)生物学性状

1. 植物学特征 胡萝卜是伞形科二年生双子叶植物。根系发达,播种后 90 天主根可深达 180 厘米。肉质根外面有 4 行螺旋状排列的分歧的吸收根。胡萝卜的主要食用部分是次生韧皮部,其含有丰富的蔗糖、葡萄糖、淀粉和胡萝卜素。肉质根的髓部(心柱)为次生木质部,含营养物质少。所以优良品种的韧皮部厚,木质部小。

胡萝卜的叶由短缩茎上长出,全裂,三回羽状复叶,裂片呈针状至披针状,叶面积小,其上密生茸毛,抗旱力强。花茎高 1～1.3 米,中空有节,善分枝。花序为复伞状,每一大花序由 10～150 个小伞形花序组成。每一小伞形花序有单花 20～70 朵,每一大花序平均有 3 650 朵左右的花。在花序上,凡愈向外侧的花发育愈好。整株的开花期长达 1 个月。主花茎开花早,约经 7 日,于其终花前 3～4 日,次一级的侧花序才开,渐次向下。所以采种时,除留主花茎和发育良好的少数侧枝外,其余宜早摘除。花白色,5 瓣,子房由 2 心皮构成,授粉后形成两个双悬果,成熟后分裂为二。果实黄褐色,表面有纵沟和刺毛。每果含 1 粒种子,千粒重 1～1.5 克,有毛种子 1 升 200 克,无毛者 1 升 500 克。因种子有毛,相互黏结,不易分离,播前应搓去刺毛。加之,种皮革质,透水性差,且含挥发油,不易吸水,发芽慢。同时,由于开花的先后和开花时气候的影响,有的种子常无胚或胚发育不良,所以一般发芽率仅 70%左右。种子寿命 4～5 年,2 年后发芽率降低。

2. 对环境条件的要求 胡萝卜的耐热性和耐寒性高于萝卜,所以播种期比萝卜早,而收获期又比萝卜晚。胡萝卜种子在 4℃～6℃时能萌动,但发芽慢,发芽适温为 20℃～25℃。生长适温白天为 18℃～23℃,夜间为 13℃～18℃,地温为 18℃,3℃时生长停止。胡萝卜为二年生绿体春化型作物,营养生长期一般为 90～140 天。通过春化阶段的苗龄早熟种 5 片真叶,晚熟种 10 片真叶,于 15℃以下低温中经过 25 天,再于高温长日照下抽薹开花。我国大部分地区胡萝卜在夏秋季播种，不具备通过春化阶段的低温条件，故抽薹现象较少，有时有个别抽薹者，多系陈旧种子所致。近年来春播胡萝卜面积日益增加，如果品种选择不当，管理欠妥，先期抽薹现象就会很严重，这是必须注意的。胡萝卜对土壤条件的要求与萝卜相似，以 pH 值 5～8、孔隙度高的沙壤土中生长最好。为了生产根形优美、光滑、优质的产品，耕层深度必须达 25 厘米以上，紧实度 18 以下，使土壤处于疏松状态。

（二）类型和品种

胡萝卜的品种按皮色分有红、黄、紫 3 种；依肉质根的形状分有短圆锥、长圆锥和长圆柱形 3 类。短圆锥类的肉质根圆锥形、较短，早熟，耐热，产量低，春季栽培抽薹迟。如烟台三寸、日本鲜红五寸等，长圆锥类的肉质根圆锥形、较长，均在 20 厘米以上，多为中、晚熟，味甜，耐贮藏，如北京鞭杆红、济南蜡烛台、新红胡萝卜等。长圆柱类型的肉质根为长圆柱形，肩部粗大，根先端钝圆，晚熟。如上海长红、安徽肥东黄、陕西西安齐头红、陕西岐山透心红等。我国胡萝卜栽培的品种较多，一般来说，好的品种应该是：产量高，叶丛小，根部肥大，形状整齐，髓部小，皮部厚，肉致密，色红，水分适中，糖分及胡萝卜素含量多。但应注意，根据目前出口、加工对品种的要求，以心柱与外皮颜色均为橘红色的为宜。此外，鲜菜出口的品种宜用短圆锥形品种，脱水制片则以长圆锥形品种较好。现将生产中常用的优良品种简介如下。

1. 华育 3 号 陕西华县辛辣蔬菜研究所选育的杂交一代。中早熟品种。叶丛半直立，株高 50 厘米，肉质根长圆柱形，长18～25 厘米，横茎 4～5 厘米，表皮红润光滑，肉质细嫩鲜红，心柱鲜红色，胡萝卜素含量 140.2 毫克/千克，可溶性固形物 10.2%，干物质含量 13.1%，均超过新黑田五号品种。高产，抗病，肉质根膨大快，为干鲜两用型品种。每 667 平方米产量 4000 千克。适宜我国中南及西北部诸省习惯种植鲜红、肉质根圆柱形胡萝卜的地方种植，并适宜用于脱水干制。

2. 华育4号 陕西华县辛辣蔬菜研究所选育的杂交一代。中早熟品种。叶丛半直立,株高55厘米,肉质根长圆柱形,长18～20厘米,横茎5～6厘米,表皮红润光滑,呈浓橘红色,肉质细嫩,心柱橘红色。胡萝卜素含量123.6毫克/千克,可溶性固形物8.8%,干物质含量10.93%。高产,抗病,干物质含量高,为干鲜两用品种。每667平方米产4500千克。适宜在我国北方及南方喜欢种植和消费橘红色胡萝卜的地区种植,是极具潜力的鲜食及加工品种。

3. 西安齐头红 又叫圆尾胡萝卜,西安市农家品种。叶丛半直立,高50厘米,叶绿色,长45～60厘米,宽14～20厘米。肉质根圆柱形,尾端钝圆,长18～23厘米,横径3.3～4.0厘米,皮、肉均鲜红色;中心柱细,横断面0.3～1厘米,黄色,单根重约200克。晚熟,长势强,抗病,耐热,耐寒,耐贮藏;质脆,味甜,品质好,生食、熟食、腌渍均可。

陕西关中地区于7月下旬至8月初播种,按行、株距13～18厘米见方定苗,11月中下旬采收,每667平方米产2000～3000千克。

4. 小丸子 北京市农林科学院蔬菜研究中心选育的微型胡萝卜。肉质根圆形,直径3～4厘米,单根重20～30克,皮、肉均为红色。早熟,耐抽薹,生育期60天左右。

5. 北京鞭杆红 北京市郊区农家品种。中晚熟,生长期90～100天。叶色浓绿,叶柄带紫色。肉质根长圆锥形,长30厘米,上部横径3～3.5厘米,根肉深红色,心柱较细,单根重150克。肉细味甜,品质好。每667平方米产2000～2500千克。

6. 小顶金红 辽宁省辽阳市农家品种。除该市郊区种植外,山东、河北、河南、吉林、黑龙江、内蒙古等省(自治区)都有栽培。叶簇直立,长势强,叶色绿,叶面有茸毛。肉质根长圆锥形,顶小突出,细长,长30～35厘米,心柱细小,横断面1.1～1.3厘米,皮、肉均为橙红色。侧根少,耐旱,耐瘠薄,耐贮藏。当地7月上旬播种,垄作，间苗距离30厘米×7厘米。

7. 黄金条 江西省龙南县农家品种。肉质根长圆锥形，表皮光滑，皮、肉黄色，中心柱细小，肉质细密，爽脆味甜。主要用于腌制胡萝卜干，加工品金黄色，脆嫩可口，具香味。当地8月上旬至9月播种，12月至翌年1月上旬采收，每667平方米产1 500千克。

8. 新黑田五寸 由日本引入的一代杂交种，我国已广泛栽培，是我国目前保鲜出口的重要品种。肉质根长圆锥形，长18～20厘米，横径3.2～3.5厘米，单根重98～120克，皮、肉均为橙红色。表皮光滑，质脆嫩，味甜汁多，品质优良，鲜销、加工均宜。每667平方米产4 000～4 500千克，春、秋两季均可种植。

9. 扬州红1号 江苏农学院园艺系从新黑田五寸杂种后代中选育成的新品种，中晚熟，生长期100～130天。肉质根长圆柱形，长14～16厘米，横径3.3厘米，单根重95～105克，皮、肉、心柱皆为橙红色，色泽一致，心柱较细，味甜多汁。100克鲜品中含胡萝卜素6.4毫克，可溶性固形物11%，品质优良，适宜鲜销和加工出口，尤其适宜脱水加工出口。适宜全国各地种植。长江中下游地区秋季栽培，7月下旬至8月上旬播种，撒播或条播，霜冻前收获，每667平方米产3 500～4 000千克。

10. 新红 天津市蔬菜研究所育成的鲜食、加工两用品种。耐热，中早熟种，生长期约100天。单株有10～12片叶，叶片深绿色。肉质根长圆锥形，长18～20厘米，上部横径4.5厘米，单根重160克。表面光滑，橙红色，心柱较小，颜色与韧皮部一致。味甜，胡萝卜素含量高，生食、熟食、加工均宜。每667平方米产3 000千克以上。适宜华北、西北地区种植。

11. 四季胡萝卜 江苏省农业科学院蔬菜研究所从日本引入品种中筛选出的新型胡萝卜品种。具有春季晚抽薹、生长快的特点。全生育期100～120天。直根圆锥形，皮、肉颜色一致，均为橙红色，中心柱细，色泽美观。除鲜销外，还适合制作汁和切丁脱水的原料。可以春播，若配合地膜、小棚栽培和遮阴技术，可以周年供应。

12. 京红五寸 北京市农林科学院蔬菜研究中心选育。生育期100～110天,中早熟。叶丛直立。肉质根长圆柱形,长18～22厘米,横径5～6厘米,单根重200～300克,皮、肉及心柱均为橙红色,表面光滑,歧根率低。胡萝卜素、糖及各种矿物质成分含量高,口感及品质好,适合鲜食、干制及制作饮料等。生长健壮,耐热性强,抗黑斑病,可在春、夏、秋三季栽培,每667平方米产4 000～5 000千克。北方春季以保护地栽培或地膜栽培为宜,南方可露地或保护地栽培。

13. 春红五寸1号 北京市农林科学院蔬菜研究中心选育。生育期95～100天,早熟,冬性强,春播不抽薹,也适合夏、秋播种。肉质根圆柱形,长18～20厘米,横径5厘米,单根重约200克,皮、肉及心柱均为浓橙红色。品质极佳,生熟食均可,抗逆性强。每667平方米可产4 500千克以上。

14. 夏时五寸 北京市农林科学院蔬菜研究中心从日本引进。叶丛直立紧凑,适宜密植。根形整齐,肉质根长18～20厘米,横径5～6厘米,单根重300克。品质极佳,口感及品质优于新黑田五寸,是鲜食与加工的理想品种。冬性强,耐抽薹,抗逆性强,可在春、夏季播种,比新黑田五寸早熟5～10天,每667平方米产5 000千克以上。

(三)栽培技术

1. 整地施基肥 胡萝卜和萝卜虽同属根菜,但其对土壤的要求远比萝卜为高。胡萝卜的肉质根几乎全部埋在土中,它的周围有4列侧根,比萝卜多了一倍,在同一块地里,胡萝卜肉质根分杈的机会要比萝卜多(图1-2),所以宜选择疏松的壤土或沙壤土种植。前作以黄瓜、番茄、葱、蒜、小麦为好。如果土质黏重坚实,通气不良,则根痕突起,外皮粗糙,易开裂,品质差。为改善土质条件,耕前要施足基肥,一般每667平方米施腐熟粪肥4 000千克,草木灰100～200千克,过磷酸钙10～15千克;如果土壤有机质含量达 1.5%以上,又暂缺有机肥时,可改用化肥,每 667 平方米施尿素 15 千克,过磷酸钙 20～25 千克,硫酸钾 25～30 千克。施肥后翻耕,深 25～30 厘米,耙耱后做畦。做畦方式因地区而异:北方少雨地区多用平畦,长江流域及其以南多雨地区一般用高畦,畦高 15～20 厘米,宽 2.5～3 米,沟宽 40～50 厘米,深 20 厘米。畦面要平整细碎。

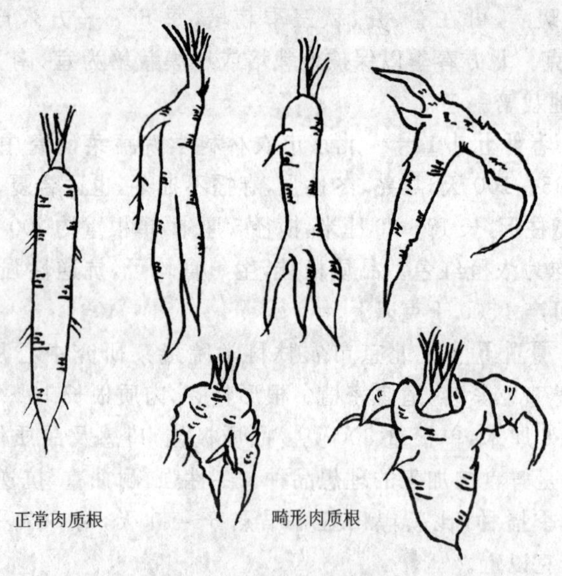

图 1-2 胡萝卜的正常肉质根及畸形肉质根

2. 播种 因胡萝卜性喜冷凉,温度过低或过高都会给肉质根的发育或着色带来影响。特别是夏季过高的温度不仅会使根部发育不良,常引起腐烂,而且由于温度高于 15℃～21℃时,不利于胡萝卜素的形成,颜色变淡,所以胡萝卜越夏困难。一般说较适宜生长的时期为 3～6 月份和 9～11 月份。但春季生长期短,故北方大都实行夏播,于秋末冬初连续出现 0℃以下低温前收获(表 1-2)。鉴于胡萝卜要求的温度比萝卜高,幼苗既耐高温,又较抗旱,苗期也长,故可早播。如关中地区多在 7 月中旬播种,农谚曰:“七大、八小，九丁丁"，充分说明了提早播种，是夺取高产的重要环节。

表 1-2　部分地区胡萝卜种植时期

地　区	栽培方式	播种期（月/旬）	收获期（月/旬）	生长期（天）
东北中部	秋　播	7/上	9/上～10	80～90
河　北	秋　播	7/中～7/下	10/上～10/下	90～110
山　东	秋　播	7/中～7/下	10/下～11/中	90～120
山　西	秋　播	7/中～7/下	10/下～11/上	100～120
陕　西	秋　播	7/中～7/下	11/上～11/下	100～130
上　海	秋　播	6/下～7/下	10/下～11/下	90～150
四　川	秋　播	7/中	10/上～12/上	100～150
广　东	秋　播	7～9	田间越冬	翌春收获
广　西	秋　播	7～9	田间越冬	翌春收获

胡萝卜种子含挥发油，果皮系革质，上又有刺毛，吸水慢，主要播期又正值夏季，温度高，土壤失水快，灌水后极易板结。而种子又小，顶土力差，播种很浅。有部分种子胚发育不良，甚至无胚，发芽率低。加之，北方无霜期短，胡萝卜种子收获期迟，难以供当年夏播，因而常用隔年种子，其发芽率仅约 65%。所以，常产生出苗不齐的现象。因此，保证全苗是实现丰产的关键。而维持出苗的湿度，防止板结，促进出苗，又是保证全苗的中心环节。

（1）做好种子处理，促进发芽　为促进种子吸水，防止黏块，要在晒后先搓去刺毛。然后，用凉水浸泡 12 小时，捞出置于 20℃～25℃的暗处催芽。发芽后，拌草木灰，使种粒分散后再行播种。催芽时温度不要过低，在 10℃时，发芽约 1 个月，30℃以上时发芽率会降低 50%。

（2）趁墒条播　胡萝卜发芽的适宜土壤相对湿度为 60%～70%。为了保持湿度，特别是在夏季容易缺墒的旱地上，多在播前灌透底水，待地面稍干时锄 1 次，深 3～4 厘米。搂平后用划行器按行距 13 厘米，开深、宽各 1.5～2 厘米的沟，顺沟播种，然后用十齿耙搂平。胡萝卜毛籽每 500 克约 25 万粒，光籽 45 万粒，而胡萝卜种子中无胚者约占 16%，胚不成熟的有 4%左右，发芽率较低，所以每 667 平方米播量光籽需 1 千克，毛籽则需 2～2.5 千克。

（3）及时灌水　胡萝卜要经 7～10 天才能出苗，播后不宜立即灌水。经 4～6 天，当幼苗开始拱土时，开始灌第一水；以后隔 1 天再灌 1～2 次水。水量要小，要匀。最好在下午灌，水要清，忌带泥沙。过多灌溉对出苗不利。

3. 管理　胡萝卜肉质根的肥大程度与着色有平行关系，发育愈早的着色愈浓。所以播种后必须加强管理，创造适其生长的良好条件，尽快地促进生长。胡萝卜播种量大，间苗要早。一般当有 2～3 片真叶时进行，按株距 3～5 厘米，间第一次；5～6片真叶时，根茎竖立不动，而且生长旺盛，是定苗的最适时期，可按行株距各 15～18 厘米定苗。合理密植不仅有利于肉质根的肥大，提高产量，并能减少歧根的发生，改进品质。

胡萝卜出苗慢，苗期长，容易滋生杂草，且生长前期土壤容易板结，所以，中耕锄草很要紧。中耕不仅能疏松土壤，清除杂草，同时也切断了部分侧根，能使肉质根外表光滑。中耕用小锄，第一次在 4 片真叶时，锄深 1～1.2 厘米；第二次在定苗后 6～7 片真叶时，锄深 3～4 厘米。在这次中耕时宜将土壅在根部周围，这样可以防止根部变绿，能提高品质。9 月中旬、10 月中旬各应除草 1 次。为了提高除草效果，还可使用除草剂，可用 50%除草剂 1 号，每 667 平方米 100～150 克，或 50%扑草净 100 克对水 30 升，播种后出苗前喷到地面上。

合理灌水，及时追肥，对提高产量有重要作用。实践表明，在一定限度内胡萝卜产量的形成与叶面积呈正相关。合理灌水施肥的着眼点，是使叶面积在适期内达到最大限度，然后稳定下来延长其同化期。胡萝卜叶片的生长适温为 23℃～25℃，肉质根形成的适温是 20℃～22℃。如陕西武功 10 月份气温 14℃左右，地温

15℃左右，因而10月份是叶部生长量减少，而肉质根绝对量增加最大的时期。据观察，圆尾胡萝卜在8月下旬当苗高1.8厘米，真叶4～5片时开始破肚，9月中旬就能露肩。如果说胡萝卜破肚是肉质根开始发育的信号的话，那么露肩就是肉质根迅速肥大的标志。这两个形态变化，都象征着胡萝卜对肥水要求的增加。胡萝卜在前期，特别是8月份，主要是同化器官的生长。所以，在用水上，出苗前土壤要保持湿润；刚破肚时应灌1次透水，水渗的深度要达18～25厘米，这次水不仅能促进叶片生长，而且可以引根向下；刚破肚后到露肩前要适当控制灌水，当地皮发白时再灌。低湿能促使根部向下伸长，抑制侧根发育；如果湿度过大，则主根短，侧根多。露肩后，要加足灌水，水要灌匀，严防忽干忽湿，否则会使肉质根发生破裂、卡脖等现象。

据测定，5 000千克胡萝卜约含氮15.5千克，磷5千克，钾27千克。东京农试场分析结果，每生产100千克肉质根，需要吸收氮265克，磷109克，钾650克，钙378克，镁52克。所以胡萝卜是喜钾的作物。氮肥过多时地上部分繁茂，而根部发育不良。特别是进入着色期后，施氮肥多的颜色要差；而增施钾肥的根发育和着色均佳。为了及时供给肥料，一般追肥3次：第一次在8月中旬，定苗后中耕前，每667平方米撒施硝酸铵17千克；9月中旬露肩后顺水每667平方米施人粪尿1 000千克；10月中旬每667平方米撒施氯化钾15千克。

(四)采收与贮藏

胡萝卜的采收期因播种期和品种而异。一般以根部肥大停止，地上部生育衰弱，半数叶片倒伏时为收获适期。胡萝卜在3℃以下时停止生长，所以秋播的一般在11月下旬至12月上旬，根据气候决定采收时间，最好在上冻前收完。因其根埋入土中，在陕西关中、河南年前不收，严冬稍加覆土也可以安全过冬。翌年春边挖边卖，这样产量还可增加。

胡萝卜贮藏的适宜温度为1℃～3℃，最适温度为0℃～1℃，冰点为－1.1℃，氧为2%～3%，二氧化碳为5%～6%，空气相对湿度为95%～100%；气体伤害阈值氧<1%，二氧化碳>10%。贮藏期为6～7个月。

胡萝卜的贮藏方法与萝卜相同，其流程为：适时采收→剔除伤根、病根、残块根→去缨→削去茎盘→适当分级→清洗→消毒、防腐处理→晾干→及时于0℃～2℃处预冷10～15小时→装入内衬保鲜袋的筐或箱中，或码垛堆放，加塑料大帐→扎紧袋口→码垛→于0℃～1℃贮藏。

胡萝卜以皮色鲜艳，根细长，根茎小，心柱细的品种耐贮藏。胡萝卜无生理休眠期，常温下容易发芽抽薹。乙烯对胡萝卜的催老作用较强，使其味变苦，因此，不宜与苹果、梨等可产生乙烯气体的水果同库贮藏。将胡萝卜装入1千克聚乙烯塑料袋中，扎口，贮于1℃条件下效果良好。

用于贮藏的胡萝卜采收不宜过迟，否则因直根生育期过长，贮藏期容易糠心。采收、搬运过程中，谨防机械伤。贮藏期主要的病害为白腐病（菌核病）和褐斑病，由田间侵染引起。大帐气调法可保持帐内氧气6%～8%，二氧化碳达10%时，开帐放气。贮藏期及时检查，拣出病烂个体，及时清除。

（五）留　种

一般用大株留种。收获时选发育好，根形整齐，尾圆心小的作种。由于胡萝卜素的含量与肉质根的颜色有关，红色者含量比黄色者高，特别是肉质根颜色愈红的，胡萝卜素的含量也愈高，故应尽量留外皮色泽鲜艳者作种株，削去缨子后窖藏。翌年春地解冻后，按株行距0.5米×0.5米定植。因胡萝卜为异花授粉作物，易与饲用胡萝卜、野生胡萝卜或其他品种杂交，须注意隔离。抽薹后每株留主花序和健壮的二级花序共4～5个，摘去晚生的及弱的花序。7月中旬种子成熟，分次采收花球，干燥后搓出种子，晒干贮藏。

因为肉质根的心柱较粗硬，营养较差，所以心柱愈细的品质愈好，这种植株往往叶丛小，抽薹也迟。此可作选取种株的参考。也可将肉质根尾端切去一段，察看心柱大小、色泽。但切根最好待伤口愈合后再栽，或用草木灰涂抹，以免腐烂。

（六）春胡萝卜栽培要点

前已述及，胡萝卜种子发芽时需要较高的温度，其生长的适宜温度白天为 18℃～23℃，夜间为 13℃～18℃。如温度过高，呼吸强度升高，消耗营养多，不利于肉质根的肥大。而春季种植胡萝卜时，播种时因气温低，发芽迟，生长慢，加上肉质根膨大期正值 5～6 月份温度迅速升高之际，不利于肉质根的发育。所以要种好春胡萝卜，必须掌握以下关键技术。

1. 选用良种 应选冬性强，抽薹晚，生长期短又较耐热丰产的品种。通常作春胡萝卜的品种，也可秋冬栽培，但秋冬栽培的胡萝卜，不一定都能作春胡萝卜栽培。适宜春季栽培的胡萝卜品种，一般生长旺盛，复羽状花叶，肉质根圆锥形，多数品种根长12～17厘米，橙红色，中心柱较细，色泽美观，品质优良，单根重 100～150克，大的可达 200 克，生长期约 100 天。目前生产上用的品种，多从国外引入，较好的有日本的时无五寸、春时金港、黑田五寸、花不知旭光、春时金五寸及韩国的明珠五寸等，其中以黑田五寸栽培较多。江苏省农业科学院蔬菜研究所从日本引种筛选出的四季胡萝卜，北京市农林科学院蔬菜研究中心选育出的京红五寸、春红 1 号、春红 2 号等都适合春播。

2. 整地施基肥 春胡萝卜生长期短，加之生长前期温度低，根系吸收力弱，因此应尽量选择土层深厚，土质疏松肥沃，排水良好，向阳，升温早的沙壤土或壤土。播种前需深耕细作，结合耕翻，每 667 平方米施腐熟农家肥 5 000 千克，另加磷肥、钾肥和速效氮肥 15 千克，耕翻、耙碎、整平后打畦做垄。垄宽 1.5～1.6 米，高15～20 厘米。

3. 适期早播，盖膜提温 春胡萝卜在长江流域露地栽培多在早春 2～3 月份直播，北方地区在 3 月中下旬直播。露地播种时均行地膜覆盖，还有利用小拱棚或无纺布覆盖的。利用小拱棚覆盖的播种期可提早到1～2月份，白天棚内温度可上升到25℃左右。早春晚间温度低，有利于春化，但因白天棚膜的高温而使之发生脱春化，不至引起先期抽薹，从而达到提前播种、提早上市的目的。

播种前要先将种子晒干，搓去茸毛，用凉水浸泡12小时取出，置于20℃～25℃温度处催芽后，拌沙，趁墒播种。多用条播，行距15厘米。地膜覆盖栽培的，最好用开孔地膜，地整好后盖地膜，每穴播5～6粒种子，用另外准备好的壤土覆盖。用无孔透明薄膜覆盖时，整地后按普通方法开孔点播，或播种后盖膜，出苗时再在播种行上开孔。播种时土壤水分要充足，播种后加强保墒，并防止土壤板结。每667平方米播种量400～500克。

为了使出苗快而齐，长势强，产量高，最好用流体播种技术。操作方法：将种子刺毛搓去，用55℃～53℃温水浸泡4～6小时，后置常温水中，漂去秕粒，捞出，置器皿中催芽。待种子露白芽，长不超过2毫米时，将其置于保水剂胶体悬浮液中，每立方厘米5～10粒，用单行或3行流体播种机播种。无流体播种机时，可把悬浮有种子的流体播种液置于铝壶中，流播于事先已开的播种沟内。流体播种保水剂悬浮液的配制，以种子均匀悬浮起来为准，加入0.1%的50%多菌灵粉剂，0.1%抗旱剂等。这样，播后5天出苗率即达66%，第六天达89.6%，比常规方法播的早出苗8天，而且植株生长迅速，可增产27.4%。

4. 田间管理 幼苗出齐后分2～3次间苗。3～4片真叶时，按12～14厘米距离定苗。结合间苗进行中耕除草。若在播种后出苗前用33%二甲戊灵乳油80～100毫升，对水50升，或50%扑草净可湿性粉剂100克，对水30升喷洒，可以减少杂草。为获得高产，整个生育期要浇水追肥2～3次。第一次浇水不要太早，防止降低地温。一般在定苗后5～7天进行，水量要小。结合浇水，每667平方米施硫酸铵2～3千克，过磷酸钙2～3千克，钾肥1.5～2千克。植株8～9片真叶时，肉质根开始膨大，是需水肥最多的时期。每667平方米施硫酸铵7千克，过磷酸钙3～4千克，钾肥3～4千克，并适时灌水，保持土壤湿润。

为防止肉质根膨大时露出地面，形成青肩，中耕时要向植株周围培土。

5. 拱棚覆盖栽培管理的特点 抽薹是春播胡萝卜栽培中最容易发生的问题。抽薹性在品种间差异很大，一般暖地型品种在真叶5片、株重7克以上，15℃以下低温超过25天；寒地型品种在真叶10片、株重15克以上，15℃以下低温达25天以上时都能抽薹。拱棚栽培时，早春气温常低于15℃，晚上甚至低于0℃，在这种温度下黑田五寸胡萝卜很少抽薹，可能是因白天温度高达25℃，将夜间低温形成的抽薹促进物质抵消所致。所以幼苗5～6片真叶前，为促进生育与防止抽薹，在不致产生高温障害情况下，拱棚应密闭。当棚内气温超过30℃时缓慢通风换气，使温度保持25℃～30℃，10叶期后温度达25℃时再行通风换气。大致到4月中下旬，平均气温达12℃～13℃时开始撤棚。

裂根有多种原因，拱棚内的气温降低至－5℃时，根表细胞冻结破坏，停止生长；加之在低温、干燥中生育不良，根内细胞未能充分分裂，4月份后温度升高，内部细胞分裂增大，因膨压而造成裂根。所以要采取往前推算的办法，选择4～6片真叶期，平均气温不低于6℃时播种。合理灌水，防止土壤水分含量发生剧烈变化，是防止裂根的有效方法。为此，生育初期以pF 1.8(pF表示土壤水分含量，pF越大，表示土壤含水量越少)为宜，中期为pF 2左右，接近收获时以pF 2～2.2为好。

地膜覆盖能有效地提高地温，根部肥大快，既可防止裂根，又对优质高产有巨大作用。

6. 采收与利用 春胡萝卜到5～6月份开始采收。成熟的标准是叶片不再生长，不见新叶。高温期采收后容易腐烂，需经预冷后再贮藏至0℃～3℃冷库中，可在整个夏季供应市场。

（七）微型胡萝卜的栽培

微型胡萝卜又叫小胡萝卜、婴儿胡萝卜、娃娃胡萝卜、迷你胡萝卜、袖珍胡萝卜、水果胡萝卜。它并非是完整的小胡萝卜，而是由成熟的长根形胡萝卜切成5厘米左右的段，并去皮形成的短棒状胡萝卜段，一般用塑料袋包装销售，每袋0.4536千克。这种微型胡萝卜外观小巧，形状一致，口感佳，食用方便。20年前由美国加利福尼亚农场MiKe Yurosek提出，到20世纪90年代后期发展到顶峰，大约占胡萝卜市场的1/3，价格是普通鲜胡萝卜的2～3倍。

1. 品种选择 适用于加工的微型胡萝卜通常为"cut and peel"（分段去皮）类型，要求根形为细长柱形，长24～30厘米，粗1.5～2.3厘米，可切成3～4段，心柱细小，表皮、韧皮部和木质部颜色一致，均为深橘色，口感甜脆，粗纤维少，没有怪味。目前，生产上使用的品种主要是Imperator和Nantes，其中Imperator占有95%的市场份额。据美国"Carrot country"胡萝卜专刊，统计1999～2006年各公司推出的新种，新组合近60个，其中52%为"Cut and peel"类型，根为深橘色或橘红色，比较优良的品种有Prime Cut、sweet cuts、Morecuts等。美国胡萝卜育种学家对微型胡萝卜的品质提出更高要求，而且提议培育其他颜色类型的品种，如白色、黄色、紫色等，这样不仅可以丰富胡萝卜品种类型，而且这种品种具有不同营养成分，特别是紫色类型，花青素含量较高，具有防老化、抗癌等功能。以色列加工公司，将微型胡萝卜细分成KSS、GSS、M、K等不同等级，KSS级别的长为10～45毫米，宽6～16毫米，非常适合小孩食用；M级别的长度为30～80毫米，宽12～18毫米，比较适合年龄大的中小学生和成人食用。

2. 播种 微型胡萝卜从播种至采收仅需50～70天，对栽培环境条件的要求与普通胡萝卜基本相同。东北、西北部分地区，一般是一年一茬栽培，5～6月份播种，9～10月份采收。福建、广西地区也可发展，一般采用越冬栽培方式，9～10月份播种，翌年2～

4月份采收。华北地区可在保护地春、秋、冬季种植，露地春、秋季种植，高寒和冷凉地区夏季种植。春季播种应在10厘米地温稳定在10℃以上时进行，春日光温室在2月上旬，春大棚在3月上中旬，春露地在3月下旬至4月上旬；冷凉地区夏季在5～7月播种；秋露地在8月上旬至9月上旬播种，秋日光温室9月以后可陆续播种。

宜选择土层深厚、疏松肥沃、排水良好的沙壤地块种植。将前茬的残株、烂叶和杂草清除干净，每667平方米施充分腐熟细碎的有机肥2500千克，草木灰100千克，过磷酸钙20千克。耕深20厘米以上，耙细、耙平，按1.3～1.5米的间距做小高畦，畦面宽90～110厘米，高15～20厘米，长8～10米。沙质土壤也可采用平畦种植。

每667平方米用种子量250克，播前晒种1天，再用30℃温水浸种2～4小时，捞出，用纱布或软棉布包好，在20℃～25℃下，催芽2～3天，种子露白后播种。也可用干籽直播、条播、撒播均可。条播时按行距15～20厘米开沟，沟深2～3厘米，播后覆土，厚1.5～2.0厘米。用浸种催芽的种子播种，要先浇底水，水渗下后再播种覆土。早春播后要覆地膜，70%出苗时揭去。在风多、干旱地区以及夏秋露地播种后覆盖一层麦草，可起到降温、保墒、防大雨砸苗的作用，苗出齐时撤去。

3. 栽培管理 幼苗2～3片真叶时第一次间苗，株距3厘米，行间浅中耕松土。4～5片真叶时，结合中耕除草进行定苗，株距6～8厘米。

冬春保护地种植，要采取保温措施，经常打扫和擦洗棚膜，增加透光率。浇足底水后苗期尽量少浇水，以防茎叶徒长；肉质根开始膨大至采收前7天，应及时浇水，保持土壤湿润，但不要一次浇水过大，宜小水勤浇，促进肉质根迅速膨大。夏季种植，11时至15时，棚顶覆盖遮光率60%的遮阳网，以减少日照时数，降低棚内温度。从播种至出齐苗应1～2天浇1次水，以利于降低地温；降雨后应及时排水；出苗后到肉质根膨大期，应少浇水，5～7天浇1次水。

基肥充足可不必追肥。若基肥量少，应在肉质根膨大初期追1次肥，于行间开沟，每667平方米追施三元复合肥15～20千克，生长期间叶面追肥2～3次，可用0.3%磷酸二氢钾温水溶解后喷施。夏秋季晴天喷施，要避开中午，以免蒸发过快，影响效果。

4. 采收 肉质根充分膨大时适时采收，过晚商品性差，过早产量低，口感差。挖出后留3～4厘米的缨，清水洗净后用保鲜袋或托盘加保鲜膜包装后出售。一般每667平方米产量1000～1500千克。

(八)胡萝卜芽球的生产

利用胡萝卜肉质根培育的菜芽，称胡萝卜芽球。培育方法如下。

1. 品种选择 选用肉质根为圆锥形或短圆柱形，颜色为黄皮的品种，产量高；其次为红皮者；紫皮的产量最低。以心柱粗大，短缩茎大，根丛生叶多，侧芽繁茂，培育出的菜芽多。最好用经过冬贮，未受冻害，也无病虫，根系完整的。

2. 主要设施 用木盆或塑料盆或育苗盘，内装无菌的细沙做床土。床土消毒：用代森锌按80克/立方米与床土拌匀，密封3天，晾晒2天，待无药味时装入床中。也可用福尔马林50倍液按30千克/立方米于床土中，混匀，堆好拍实，密封5天，晾晒10天，无药味时装入床中。

3. 生产过程 将消毒床土装入培养容器，厚约30厘米，把胡萝卜斜栽或垂直栽入。顶部与土表平齐，株行距10厘米×8厘米，顶部再培厚3厘米的沙土，喷透水后，盖塑料薄膜，温度保持在20℃左右。经4～5天长菜芽，揭开薄膜，支起小拱棚，进行遮光培养。当芽球高至3厘米左右时，趁其未展开时，覆盖3厘米厚的细沙，将芽球埋在细沙内，使之变成黄绿色，再长出3厘米高的绿球，趁芽球未展开时再覆3厘米厚的细沙，如此一般覆3次细沙后不再覆沙，使其见光生长，再长出3～4厘米高的绿体菜芽时采收。

4. 采收 将细沙扒开，从茎基部将整个菜芽掰下，可得到基部为黄绿色，顶部为绿色，中间为波浪式，有粗有细的一束菜芽，高12～15厘米。也可将胡萝卜从细沙中挖出，掰下菜芽，及时包装上市。暂不上市时，宜于1℃～5℃保湿，可保存1周左右。

在整个生长过程中，水分不可太多，以防止烂根。每次培沙的时机必须适当，应在遮光条件下培养，趁芽球未展开覆盖细沙，覆沙后喷水。

（九）病虫害防治

1. 软腐病

【危害症状】 主要危害地下部肉质根，田间或贮藏期间均可发生。初期，外围叶片基叶短缩，茎上发生水渍状软腐，外叶萎蔫，以后肉质根组织腐烂，呈灰褐色，汁液外流，具臭味。

【病原与传播】 该病由胡萝卜软腐欧文氏菌胡萝卜软腐致病型引起。此外，胡萝卜软腐欧文氏菌黑腐致病型也可引起本病。该病菌属细菌，寄主范围广，除伞形科外，十字花科、茄科、百合科、菊科均可受害。生长发育的最适温度为25℃～30℃，最高40℃，最低2℃，致死温度50℃经10分钟。不耐光，不耐干燥，在日光下暴晒2小时，大部分死亡。在无寄主土壤中只能存活15天左右。通过猪消化道后全部死亡。病菌随病株越冬，通过雨水、昆虫等传播，主要从伤口侵入。

【防治方法】 选择平整、排水良好的地块种植，防止积水，及时治虫，精心操作，减少伤口。发现病株及时深埋，病株穴撒石灰消毒。也可采用药物治疗，发病初期用72%农用链霉素可溶性粉剂3 000～4 000倍液，或新植霉素4 000倍液，或14%络氨铜水剂350倍液，10天喷1次，连喷2～3次。

2. 黑斑病

【危害症状】 茎、叶、叶柄均可染病。叶片染病多从叶尖或叶缘开始，呈不规则形，深褐色至黑色斑。周围略褪色，湿度大时病斑上生黑色霉层。叶缘上卷，叶片早枯。茎上病斑长圆形，黑褐色，稍凹陷。

【病原及传播】 该病由胡萝卜链格孢真菌引起。该菌以分生孢子或菌丝在种子或病残体上越冬，翌年侵染后，从新病斑上产生分生孢子，通过气流传播蔓延，进行再侵染。染病后，植株衰弱，多雨时病重。

【防止方法】 从无病株上采种。播前，按种子重0.3%的量，加入50%福美双可湿性粉剂，或40%拌种双粉剂，或70%代森锰锌可湿性粉剂，或75%百菌清可湿性粉剂，或50%异菌脲可湿性粉剂拌种；实行轮作。发病初期用75%百菌清可湿性粉剂600倍液，或58%甲霜·锰锌可湿性粉剂400～500倍液，或50%异菌脲可湿性粉剂1 500倍液喷洒，7～10天1次，连喷3～4次。

3. 黑腐病

【危害症状】 苗期至采收期或贮藏期均可发生，主要危害肉质根、叶柄、叶片及茎。叶片染病后形成暗褐色斑，严重时叶片枯死。叶柄上病斑长条形，茎上多为梭形至长条形斑。病斑边缘不明显，湿度大时表面密生黑色霉层，即分生孢子梗及分生孢子。肉质根染病，多在根头部形成不规则形或圆形稍凹陷的黑色斑，严重时病斑扩大，深达内部，肉质根变黑腐烂。

【病原及传播】 该病由胡萝卜黑腐链格孢菌引起。该病菌主要以分生孢子或菌丝体在病残体上越冬。翌年春，分生孢子借气流传播蔓延，温暖多雨天气有利于发病。

【防治方法】 参照黑斑病。

4. 害虫 主要害虫有胡萝卜微管蚜、茴香凤蝶和赤条蝽。

蚜虫可用40%氰戊菊酯乳油6 000倍液，或灭杀毙(21%增效氰·马乳油)6 000倍液，或20%甲氰菊酯乳油2 000倍液，或2.5%氯氟氰菊酯乳油4 000倍液，或2.5%联苯菊酯乳油3 000倍液防治。

茴香凤蝶又叫黄凤蝶、金凤蝶。为害胡萝卜、茴香及芹菜等伞形花科植物。成虫体大,前、后翅具黑色及黄色斑纹,后翅近外缘为蓝色斑纹,并在近后缘处呈一红斑。老熟幼虫体长52~55毫米,绿色。全国各地均有,1年发生2代,以蛹在灌丛树枝上越冬,翌年春4~5月间羽化。第一代幼虫发生于5~6月份,第二代发生于7~8月份。幼虫夜间取食叶片,食量很大。受触动时前胸伸出臭角,渗出臭液。虫体数量多,可趁幼龄期用敌百虫、甲萘威、乐果、溴氰菊酯等常用杀虫剂喷杀。

赤条蝽除为害胡萝卜外,还为害白菜、萝卜、茴香、洋葱等蔬菜。以成虫和若虫在花蕾和叶片上吸食汁液。可用敌百虫、溴氰菊酯等广谱性杀虫剂毒杀。

三、牛　蒡

牛蒡又叫东洋萝卜、白肤人参、树根菜、蝙蝠刺、牛菜、牛翁菜。我国东北、华北、西北、西南地区均有野生种。我国常采其果实入药,称大力子或牛蒡子,或采其叶作饲料。原产于亚洲、欧洲和北美等地。公元940年前由我国传入日本,目前栽培和食用牛蒡的地区主要为日本、东南亚、美国、德国、法国等国和我国台湾省。我国大陆过去基本不作菜用,也无食用习惯,近年已在北京、上海、西安等大城市郊区及山东等地,开展规模化生产。除出口外,主要供来华旅居的日本友人和餐馆应用。主要食用肉质根,叶柄和嫩叶也可食用。根和叶柄质细脆嫩,并有特殊香味,除煮食外,还可酱渍或加工成牛蒡汁作饮料。牛蒡的肉质根中含有丰富的菊糖、维生素B、维生素C及铜、锰、锌等,营养价值高。因含菊糖,所以特别适宜糖尿病患者食用,老少皆宜,是强身保健蔬菜。随着经济的发展,人民生活水平的提高以及对牛蒡营养价值认识的增强,其消费量必将增加,栽培面积会迅速扩大。

(一)生物学性状

1. 植物学特征　属菊科二年生大型草本植物。株高1米,叶片宽大,长50厘米,心脏形,叶柄长,叶背密生白茸毛。肉质根外皮粗糙，暗黑色，根肉灰白色，细而长。花茎直立，高1.5米，分枝多，枝顶簇生头状花序。种子为瘦果，长纺锤形，暗灰色，千粒重11.2～14.4克。种子寿命约5年，使用年限2～3年。

2.对环境条件的要求 适应性很强，适宜温暖湿润的气候，平均气温20℃～25℃的季节生长最快。喜强光，忌在背阴处栽培。地上部耐热力强，可忍受炎夏高温，35℃时仍可正常生长，但不耐寒，气温低于3℃时茎叶很快枯死。肉质根耐寒力强，在0℃下仍可生长，可忍耐－20℃的低温，越冬后可重新萌生新叶。种子发芽的最低温度为10℃，最适温度为20℃～30℃。温度低于15℃或超过30℃时，发芽率降低。种子具强休眠性，宜用水浸、变温处理及硫脲浸种等方法解除休眠。吸水后的种子具好光性，置明处可促进发芽。

牛蒡为绿体春化型。一般讲，根茎直径达3～9毫米以上，在5℃以下低温经过140小时即可通过春化阶段发育，其后经12小时以上的长日照即可抽薹开花。秋播牛蒡为防止先期抽薹，除选用晚抽薹的品种外，要适期播种，使其冬前根头部的直径不超过1厘米。

牛蒡根系入土深，并需充足的氧气，适宜在疏松、中性的沙壤土或壤土中种植。若在沙质土中种植，则肉质根肥大，外皮粗糙，肉质粗硬，并且容易空心；若在黏土中种植，则肉质根致密，富有黏性和香气，渣少，空心也少，但成熟晚，根短，侧根和畸形根多，商品性较差。牛蒡肉质根是主根向下深入并变态膨大而形成，土壤中不能有太多直径大于1厘米的砾石、沙石等硬物，或者栽植垄下有塑料、泡沫等垃圾物。土壤要富含钾、钙，pH值6.5～7.5；忌涝，地下水位高及低湿处易产生歧根和腐烂。

(二)类型和品种

1.类型 牛蒡的品种分根用和叶用两类。根用类主要有野川型和大浦型两个品种群。野川型产于日本关东地区，根长而细，其基本品种有泷野川（相似品种有常磐、新仓、柳川理想），渡边早生(相似品种有山田早生、渡边理想),中之宫(相似品种如新田、岛、斋田)和砂川(相似品种如泷野川白茎、南部白)等。大浦型产于日本关西地区,根短而粗,其基本品种如大浦。叶用牛蒡主要分获和越前白茎两个品种群,肉质根小,叶柄发达,以叶柄和嫩根供食。

2. 主要品种

(1)泷野川　主产日本东京都泷野川地区。中晚熟种。地上部长势旺,叶片、叶柄较肥大,直根长约1米,根头部粗大,皮深褐色。适宜在土层深厚的冲积土及沙壤土中种植。一般为春秋季播种,秋冬季收获。秋播春收者,容易发生先期抽薹现象。

(2)渡边早生　由泷野川选择改良而成。叶片大,缺刻少,叶柄带红色,毛茸少。根长约80厘米,根大,早熟,抽薹晚,肉质根香气浓,肉质软。春秋均可播种,品质佳。

(3)柳川理想　原产于日本东京和京都一带。肉质根长70～80厘米,最长1米以上。外皮光滑,肉质细致、柔软,香味较浓,品质好。

(4)山田早生　由泷野川选育而成。早熟种。肉质根长70～80厘米,叶片圆,叶柄红色。产量高,春秋均可播种,但秋播不可过早,以免春季发生先期抽薹现象。

(5)新田　中熟种。叶片细长,叶柄白色而细,叶数少。根长约1米,表皮平滑,肉质较好。一般春播,7月份上市。

(6)中之宫　由泷野川选育而成。中熟,种叶片小,叶数少,叶柄红色。根长70～80厘米。肉质根肥大。适宜春季和秋季播种,先期抽薹率低。

(7)获　叶用种,极早熟。叶小,茎秆红色。根短,纺锤形,春季或秋季播种,不易抽薹。

(三)栽培技术

1. 茬口安排　江苏、上海地区一年种两茬,一般在春季或秋季播种,北京也曾进行了夏播秋收和秋播越冬栽培试验,效果尚好。牛蒡常见茬口有7种。

(1)冬春季小拱棚栽培　一般于12月至翌年1月播种,4～7月份收获。

(2)冬春季地膜覆盖栽培　一般于1月播种,6～7月份收获。

(3)早春地膜覆盖栽培　选冬性强、抽薹晚的品种,3月上中旬播种,播后盖地膜,5～7月份采收。

(4)春露地栽培　选中晚熟品种,4～5月份播种,10～11月份采收,可贮藏4个多月,并可进行贮运。

(5)夏茬　一般选叶用种,7～8月份播种,11～12月份采收。

(6)秋茬　选抽薹晚的品种,8～10月份播种,翌年5～7月份采收。

(7)补缺栽培　选越前白茎等叶用种,10月上中旬播种,密植软化,4～6月份采收嫩根和叶柄上市,补充淡季市场。

春季播种的,约经100天开始采收,陆续采收到入冬,产量高,供应期长,但杈根多;夏播冬收的,产量低,但根形好,收获期集中,适宜贮藏;秋播越冬栽培的,翌年春季收获,可在冬贮牛蒡供应结束后上市,但产量低,收获期严格,稍迟收获,容易发生大量抽薹现象,降低品质。

2. 整地　牛蒡系肉质直根作物,根入土深,为使其顺利伸入土中,并减少分杈等现象的发生,必须选择耕层深厚、疏松,无夹沙土等硬土层,无瓦砾、无硬杂质的沙壤土或壤土,地下水位在1.2米以下,含沙量在30%～40%,pH值为7左右。并行深耕、晒垡。忌连作,连作后根部易发生线虫为害,使植株枯萎或形成畸形根。耕作深度,短根种一般为50厘米,长根种为90厘米。耕后耙碎,每667平方米铺施有机肥4 000～5 000千克,尿素10千克,过磷酸钙50千克,硫酸钾20千克。氮、磷、钾的比例为6∶8∶15。混肥时每667平方米拌入辛硫磷2～3千克。施肥后浅耕,使肥、土混合均匀。如果土壤酸性过大,还应施入石灰。施入的有机肥料,一定要充分腐熟,并需打碎,否则容易引起杈根。施肥后经过浅耕,再用大水浇灌播种沟,使沟土沉实。待地面稍干时,在播种沟上做畦。做畦方式根据土壤和品种而异。地下水位低,短根种可用平畦;地下水位高,长根种可用高畦。高畦畦宽约 70 厘米,高 15 厘米,畦间距离 50 厘米。

3. 播种 除严寒和炎热季节外,全年都可播种,一般以春、秋两季播种为主。春播适期为 3～5 月份,秋播适期为 9～10 月份。

牛蒡种子种皮厚,有较强的休眠性。为促进发芽,要进行播前处理:先剔除瘪籽和过小的种子,放入 50℃～55℃温水中,不断搅拌,浸泡 15 分钟,待水温降至 30℃左右时,继续浸泡 8～10 小时,捞出晾干即可播种,或用纱布包好,在 30℃下催芽,露白后播种。也可干籽直播,最好是用 0.5%硫脲或 1～5 毫升/升赤霉素溶液浸种 1 昼夜,破坏休眠后再播。

播种时先在垄面每 667 平方米撒施 5%丁硫克百威颗粒剂 2～3 千克,拌入土中,以防治地下害虫。然后,在垄面上顺畦向开两条 1～2 厘米深的浅沟,沟距 40 厘米。在沟中按穴距 10 厘米挖穴,每穴点播种子 2～3 粒,覆土厚 1.5～2 厘米,每 667 平方米播种量 0.5～0.7 千克。播种后要用潮湿的细土培一小堆,也可覆盖薄膜保温、保湿、防暴雨。约经 10 天即可出苗。

4. 田间管理 出苗后间苗 2～3 次:第一次在子叶展开后;第二次在 2～3 片真叶时;第三次在 4～5 片真叶时。每穴留 1 株定苗,使株距保持 12～20 厘米。间苗时淘汰小苗,弱苗,过旺苗,畸形苗及根头部露出地面,或叶片下垂的异常苗。

及时中耕除草,结合中耕向根周培土。牛蒡耐旱怕涝,过分干旱时可适当浇水,雨季注意排水。

生长期间分 3 次追肥:第一次于 1～2 片真叶时,在植株一侧,距苗 8～10 厘米处开沟,每 667 平方米顺沟施腐熟厩肥 400 千克,尿素 5～7 千克,氯化钾 5 千克,过磷酸钙 15 千克,施后覆土封沟;第二次于 3～4 片真叶时,在植株另一旁开沟,每 667 平方米顺沟施入尿素 10 千克,氯化钾 5 千克,过磷酸钙 10 千克;以后根据苗情再施1次，即第三次。也可分次叶面补肥，用0.2%尿素，或0.1%磷酸二氢钾于下午16时至18时喷洒，每7天喷1次，共计2～3次。

5. 病虫害防治 主要病害有黑斑病、菌核病、根腐病和萎蔫病。除轮作，减少病原，改善植株群体结构，防止密闭，控制发病环境因素外，可及时用70%甲基托布津可湿性粉剂1 500～2 000倍液，或75%百菌清可湿性粉剂600～800倍液，或50%福美双可湿性粉剂500倍液喷洒，7～10天1次，连喷2～3次。苗期，容易发生立枯病，可用20%抗枯宁400倍液，或40%多菌灵可湿性粉剂800倍液喷洒。常见的害虫有根结线虫、牛蒡象虫、金针虫、蛴螬等。对线虫、金针虫、蛴螬等地下害虫可于播种前，每667平方米用滴滴混剂(D-D混剂)30～40千克，于播前10天施入土壤。牛蒡象虫及蚜虫用50%马拉硫磷乳油1 000倍液，或40%乐果1 000～2 000倍液喷洒防治。

(四)采收贮藏及利用

1. 采收 春播牛蒡从6月份开始至翌年4月份可随时采收；秋播早的从12月份起采收，晚的可延迟至翌年6～7月份。早收的产量低。但容易抽薹、空心的品种宜适当早收。

采收方法：先用镰刀割去叶片，留叶柄15～20厘米。从畦一端开始，在植株一侧挖宽15厘米，深60厘米的沟，顺次用直径为6～6.5厘米的挖掘棒，沿根插入地中摇动，使土松动后，将根向上拔出，切勿弄断(图1-3)。拔出后除去泥土和须根，从叶柄2厘米处切齐，洗净，按大小分级，包装上市。

2. 贮藏 晚秋，牛蒡成熟后，可在地里贮藏至翌年春季，随时采收。收获后贮藏的关键是切忌干燥。短期贮藏，可扎捆后排放于阴凉的室内，并保持较高温度。秋冬季收获的，如需贮藏1个月以上，可选择向阳、排水良好的地方，挖窖或挖坑贮藏。贮藏时，每排放一层肉质根，盖一层细土，共放5～6层后，上面盖1层细土，厚15厘米，防止干燥及雨水流入窖中。也可在收后去尖洗净，晾

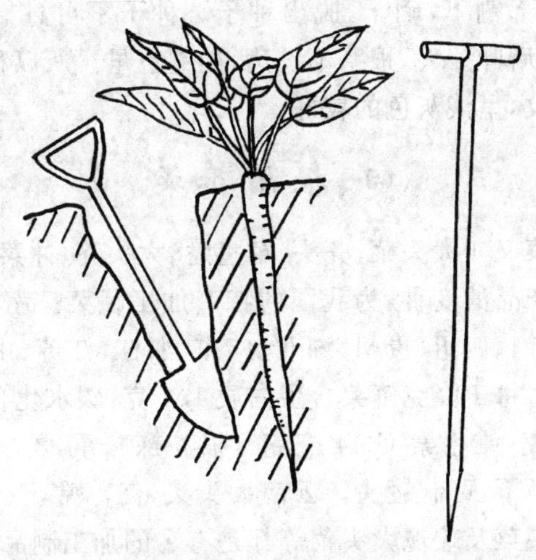

图 1-3　牛蒡的采收

左:挖沟　右:挖掘棒

干,包以湿布,或装入塑料袋中密封,置 0℃左右的冷库中,空气相对湿度保持 95%,可保鲜 30 天以上。或选高燥阴凉的地块,挖坑埋入沙土中,其上覆盖塑料薄膜。

此外,也可用盐渍贮藏法,即将肉质根贮于缸内或用塑料薄膜衬垫的坑内,一层牛蒡一层食盐,可贮存数个月。

3. 利用　牛蒡可鲜食,也可腌渍加工。鲜食时可做汤,先用凉水泡,换水 2～3 次,再煮烂即可,汤汁清凉香甜。也可与胡萝卜一起配菜,剁碎拌米饭食用。油炸牛蒡片,质脆味香。也可火烤、炒食。腌渍牛蒡,香脆爽口,是酱菜中之上品。

(五)留　种

冬前,选叶少、根部粗壮、颈短、不露出地面、须根少、形态整齐的植株作种株,切去根部 1/3,留根头部 2/3,长约 30 厘米作母株,按行距 50～100 厘米,株距 30～50 厘米,栽植到留种田中,冬季盖草防寒。也可经冬贮后,翌年春季地解冻后栽植。冬前或春植均在 4 月份抽薹,5 月下旬开花,7～8 月份种子成熟。当种子呈黄褐色时，从茎基部割下，晒干，脱出种子。种子不可过熟，否则籽粒大，用之播种后叶片大，根系不发达，抽薹也早。所以种子以粒小，种皮稍有皱纹，呈淡灰色的较好。

四、根用芥菜

根用芥菜又叫大头菜、芥头、辣疙瘩、大头芥、冲菜。是芥菜中以肉质根为产品的变种，为我国的特产加工蔬菜。南北各省普遍种植，尤以云南、四川、贵州、湖北、广东、浙江、江苏、山东、辽宁等省栽培最多。每 100 克鲜菜含蛋白质 1.2 克，碳水化合物 6.1 克，粗纤维 2.1 克，维生素 C 44 毫克。根芥辣味重，不宜鲜食，根可腌，可酱，可晒干，可制罐头。云南大头菜，江苏常州、山东济南等地的五香大头菜及玫瑰大头菜等都是有名的加工制品。

(一)生物学性状

根用芥菜为十字花科一两年生草本植物。叶生于短缩茎上，椭圆、卵圆或倒卵圆形，深绿、绿、绿间紫或紫色，全缘或锯齿，或深裂。肉质根由直根膨大形成，由根头、根颈、真根三部分组成，呈圆锥形或短圆锥形。上部 1/3 为茎，有节及芽，能形成小叶丛；中部为根颈，无叶无根；下部为根，灰白色，具两列侧根。肉质根皮厚，肉白色，质硬，水分少，纤维多。春季抽薹开花，花茎高 1.6～1.7 米，花黄色，长角果，种子圆球形，千粒重 1～2 克。

整个营养生长期即从播种到肉质根收获，分为发芽期、叶丛生长期、肉质根膨大期和生殖生长期。发芽期和叶丛生长期，要求月平均温度为 20℃左右，肉质根膨大期要求月平均温度为 10℃～20℃和较大的昼夜温差，要天气晴朗，光照充足。肉质根膨大时，苗端已开始花芽分化，但常因低温和短日照而使其处于休眠状态，至翌年春季，温度升高、日照加长后才抽薹开花。如果秋冬季节温度偏高，则容易发生先期抽薹现象。

种子春化型。萌动的种子在低温条件下可完成春化阶段。所以春播者，当年可以抽薹开花。

(二)类型和品种

根用芥菜依叶形不同分板叶和花叶两类。板叶型为枇杷叶形,叶边缘有锯齿和少量缺刻;花叶型叶片为深裂。依肉质根的形状,大致分为圆锥型和圆筒型两类:圆锥型的芥菜,肉质根为圆锥形,长10～20厘米,横径7～11厘米;圆筒型的芥菜,肉质根为圆柱形,长14～20厘米,横径7～8厘米。其常用品种如下:

1. 济南辣疙瘩 产于山东省济南市郊区。叶大,浓绿色,直立,叶片上部不分裂,下部分裂成小裂片,叶柄长。肉质根长圆锥形,平均长16厘米,横径约10厘米,重0.5千克,大的1千克以上。地上部绿色,地下部灰白色,皮厚,肉质坚实,适宜腌制酱菜。

2. 狮子头 湖北省襄樊市农家品种。株高50厘米,开展度70厘米,叶倒卵形,缺刻深,叶肉厚。肉质根圆锥形,重250～500克,最大可达3.5千克。根头部疙瘩较多,中间平凹,叫灯盏窝。肉白色,水分少,辣味重,产量高,品质好,适宜腌制。

3. 油菜叶 产于云南昆明。叶大,长椭圆形,深绿色,叶缘有锯齿状缺刻,叶上有细刺。耐寒,冬性强,可适当早播。肉质根圆锥形,膨大较慢,但较肥大,产量高,水分少,加工产品品质佳。

4. 板叶大头菜 产于浙江慈溪一带。地上部绿色,下部灰白色。叶大,浓绿色,无深缺刻。肉质根短圆锥形,重约500克,肉质坚实,适宜腌制。

5. 鸡啄叶 云南、贵州都有栽培。叶直立,绿色,缺刻深。肉质根圆锥形,肉质坚实,适宜加工。

6. 大花叶 产于湖北省来凤县,云南昆明市郊区也有。叶片缺刻深,皱褶多。肉质根圆筒形,组织坚密,含水量少,适宜加工。

7. 小花叶 产于云南昆明。叶片大,缺刻多而深,呈羽状。肉质根圆筒形,肉质坚实,适宜腌制。耐旱力强,不易抽薹,适宜山地种植,并可适当早播。

8. 马尾丝 四川内江地方品种。植株半直立,叶长椭圆形,叶缘有钝锯齿,叶色紫,中间有少量绿色,叶脉紫色,血丝状。肉质根形状介于圆柱形与纺锤形之间，重 500 克以上。生长期约 90 天，抗病毒病力较强，肉质根大小均匀，适于加工。

9. 荷塘冲菜 广州地方品种。叶片较少，长椭圆形，叶缘缺刻浅，基部深裂，叶色有深浅两种，深色为乌苗，淡色为黄苗。肉质根长圆形，皮黄白色，有环状突起，组织致密，纤维少，品质好。生长期 130 天，耐寒，耐旱。

(三)栽培技术

选择富含有机质，保水、保肥力强的土壤，直播、点播、条播、撒播均可。也可育苗移栽，留苗距离 20～26 厘米。东北和西北地区 7 月上中旬播种，10 月上中旬收获；华北和淮河以北地区 7 月下旬至 8 月上旬播种，10 月下旬至 11 月中旬收获；长江以南及四川、云南等省 8 月下旬至 9 月上旬播种，翌年 1 月收获；华南地区 9～10 月份播种，而以 9 月份为合适。播种过早，容易发生先期抽薹现象，并易感染病毒病；过晚，则生长期短，产量低。

出苗后早间苗。育苗移栽者，最好带土定植，防止伤根，减少歧根。苗期要控制蚜虫，减少病毒病。南方常用高畦，北方多用垄畦。肉质根肥大期切勿缺水。肉质根充分肥大，基部变黄时收获。收获后除去毛根和叶，选荫蔽处挖沟埋藏。

留种方法有成株和小株两种。前者是在采收时，选具有本品种典型性状的植株作种株，冬贮后翌年春季栽植采种；后者，是在冬季或早春育苗移栽。也可直播后直接开花采种，这样种子产量高，省工，但必须用成株采收的纯正种子作原种，才能保证种子质量。

(四)加工和食用

1. 盐腌 选完整、健康、无粗大侧根的鲜菜，去老叶、黄叶，削去细小侧根和根尖。每 5～6 个一捆，用细绳扎捆菜叶，挂到木架上暴晒。100 千克鲜菜晒至 40 千克以下时，解开菜捆，将每棵菜叶顶端缠成团块，再将菜头切成薄片，菜顶不切断。将菜展开成扇面形，一层菜一层食盐逐层铺入缸内。每 100 千克半干菜，加盐 6～7 千克，菜叶向内、菜头向外，摆满踏实，上盖干菜叶，盖上缸盖,腌2～3天,待盐渗入菜体后取出,除去质次的,再装入坛中。坛底放一层食盐,再分层装入大头菜,每层用圆头粗木棒捣实,空隙用晒至半干的腌大头菜侧根和尾尖填实,将空气排出,菜层间不另加新盐。装满后在坛口撒一层食盐,厚1厘米。坛口用塑料薄膜封严,涂上稻草拌和的稀黄泥(稻草铡切成段,长3～4厘米,加盐卤拌黄泥),待黄泥半干时用扁木棒拍实,过1～2个月即可食用。

2. 酱制 将根芥剖开,先用9%食盐水腌3天,再用含糖较高的陈年老酱浸渍2～3个月,取出,涂一层稠酱,放在竹囤上暴晒3天,再装瓮发酵,经1个月即为完熟黑芥。如再加入玫瑰香,即为玫瑰大头菜。

3. 冲菜 冲菜又叫呛菜。加工方法是:用新鲜大头菜洗净,切成细丝,上笼蒸熟,晾冷;将约占芥菜量3%的鲜白萝卜切成丝,加适量食盐,揉匀,同腌汁一起拌入熟大头菜丝中,再加熟油,拌匀,放盆中盖严,防止漏气,过24小时,即可食用。味鲜香,具冲鼻辣味。

4. 干芥菜丝 鲜芥菜切丝,加食盐少许,蒸熟,闷一夜再晒至半干;再蒸,再晒,反复3次;然后晒干保存。食用时用开水泡发即可。

5. 辣芥丝 先将4千克食盐溶于20升水中,而后将洗净、晾干的鲜芥倒入盐卤中,上面盖竹帘,防止露在外面腌不透,30天后成咸坯。将咸坯捞起,用刨丝刨子刨成丝,而后将辣椒粉800克,五香粉200克,胡椒粉100克,糖精5克,味精200克,一起拌匀即成。

6. 加料大头菜 将新鲜大头菜收后,不经晾晒直接用盐脱水,即先用6%的食盐腌3～4天,取出淘洗,沥干明水,再加6%食盐水腌制5～6天,起池沥干,称盐坯。每100千克盐坯加红糖4千克。红糖先加水溶化,加热熬煮浓缩至起丝,每一层盐坯泼一层热红糖液压紧,1个月后再按糖盐菜坯用豆酱30%,一层菜一层酱,层层重叠压紧,经2个月后大头菜即呈酱红色,称黑大头菜,风味鲜美而甜。

五、芜 菁

芜菁别名蔓菁、盘菜、圆根。十字花科芸薹属二年生草本植物。原产于地中海沿岸及阿富汗、巴基斯坦、外高加索等地，由油用亚种演化而来。法国有许多芜菁种质资源，斯堪的纳维亚各国大量栽培饲用种。中世纪古埃及、希腊、罗马已普遍栽培，在伊朗、日本等国也普遍栽培。美洲栽培的芜菁由欧洲引入。我国芜菁来自于西伯利亚，后传入日本。我国《书经》的《夏书禹贡》篇中记有"荆州包匦菁茅"，"蔓"即"蔓菁"。公元 154 年，汉桓帝诏曰："横水为灾，五谷不登，令所伤郡国皆种芜菁，以助民食"。可见，东汉时已普遍种植。北魏贾思勰撰《齐民要术》(公元 533～544)中有芜菁栽培方法的详细记载。我国的华北、西北和云、贵、苏、浙等地栽培历史较长，但随着新的蔬菜种类和品种引进及栽培制度变革，芜菁的种植已显著减少。

芜菁的肉质根及叶均可供食用。每 100 克鲜重含水分 87～95 克，糖类 3.8～6.4 克，粗蛋白质 0.4～2.1 克，纤维素 0.8～2 克，维生素 C 19.2～63.3 毫克及其他矿物盐。肉质根柔嫩、致密，可供炒食、煮食或腌渍，还可生食、凉拌。中欧、北欧、亚洲和美洲均有栽培。欧美除食用外，常用做家畜饲料。

芜菁适应性强，病虫害少，栽培容易，耐贮藏，有较好的发展前景。

(一)生物学性状

直根系，下胚轴与主根上部形成肉质根。肉质根扁圆形至圆锥形，皮白色、淡黄色、赤紫色或黑色，肉白色或淡黄色。根尾呈鼠尾状直根。根形除圆球形、长圆柱形、圆筒形外，多为扁圆形，甚至呈盘形。营养生长期茎短缩。叶绿色，全缘或大头羽裂，被茸毛，叶柄有叶翼，莲座叶 12～18 片。总状花序，完全花，萼片 4，花冠黄色，花瓣 4 片，呈"十"字形，雄蕊 6，雌蕊 1，异花授粉。长角果，内有种子 15～25 粒。种子圆形，褐色或深褐色，千粒重 2.9～4.6 克，含油率 34.7%～38.1%，故可作油料。极易与大白菜、白菜、薹菜、菜薹等天然杂交。

芜菁整个生育期分为营养生长和生殖生长两个阶段。春季提前播种时,在1年内能完成整个生育周期。通常第一年为营养生长,形成产品器官,低温春化后,长日照和较高温度时抽薹开花。

芜菁为半耐寒性蔬菜。种子在2℃～3℃温度下可缓慢发芽,发芽适温为20℃～25℃,幼苗能耐25℃左右的高温和2℃～3℃的低温,成长植株可耐轻霜。肉质根生长适温为15℃～18℃,要求一定的昼夜温差。萌动的种子、幼苗、肉质根膨大期和贮藏期均可感受低温通过春化。一般在10℃以下的低温中,通过春化时期较短。

对光照要求较严格,光补偿点为4000勒,光饱和点为2万勒左右。

喜湿润的沙质壤土或壤土,适应偏酸性土壤,在pH值5.5时仍然生长良好。需求较多的磷、钾肥,对有机肥反应好。肉质根表皮光滑,形状端正,品质佳,产量高。要求湿润环境,在高温和空气干燥的条件下,容易引起病毒病。

(二)类型和品种

1. 类型 欧美国家栽培的芜菁分为食用芜菁和饲用芜菁。我国、日本等亚洲国家主要栽培食用芜菁。根据根形,分为圆形和圆锥形两类。前者肉质根圆球形或扁圆形,生长期较短,肉质根较小;后者生长期较长,肉质根较大。还有的根据其栽培及食用期,分为秋、冬芜菁和四季芜菁。前者晚夏或初秋播种,秋、冬收获,均为大型种;后者除严寒期须用温床栽培外,随时可以播种,根小,叶供食用。

2. 品种简介

(1)焦作芜菁 河南省焦作地区多栽培。叶匙形。肉质根圆球形或纺锤形,纵径5～6厘米,横径4～5厘米,皮肉均为土黄色。煮食味甘美,也可切片晒干。

(2)紫芜菁 河北省张家口地区农家品种。叶有花叶、板叶两种。肉质根外皮紫红色，肉白色，单根重500克左右。以花叶型肉质较嫩，丰产，栽培较多。

(3)温州盘菜　产于浙江省温州。叶羽状裂叶，缺刻深，叶丛开张，塌地，叶面茸毛多而粗糙。肉质根扁圆形，横径15～20厘米，纵径5～6厘米，根顶凹陷，整个肉质根露出土面，形成盘状。一般单根重0.5～1.5千克。每667平方米产2000千克。肉质白嫩，品质好，适宜煮食或腌渍，也可生食。

(4)日本小芜菁　系日本最小型品种。叶小而少。肉质根扁球形，横径3～4厘米，纵径2～3厘米，皮肉皆白色，肉质致密，味甘美，生、熟食皆宜。早熟，生育期60天左右，春秋季均可种植。

(5)猪尾巴芜菁　产于山东安丘市，华北各地有零星栽培。叶匙形。肉质根长圆锥形，根顶横径6～7厘米，长约17厘米，形状似猪尾巴。皮肉均为白色，味甜，品质好，适于煮食。

(6)牛角长　从法国引进。叶深裂，叶数多，叶簇半直立。肉质根长圆锥形，微弯曲，外形似牛角。肉质根顶横径6～8厘米，长30厘米左右，部分露出地面6～8厘米，呈浅绿色或乳白色，入土部呈白色。肉白色，质致密，汁稍少，味甜，适宜煮食或腌渍。

(7)中长白　从法国引进。叶小，花叶型，叶数少。肉质根圆筒形，长约15厘米，顶部横径8～10厘米。外皮白色，地表部微绿，肉质白色，味稍淡，适宜腌渍。生育期60天左右，早熟。

(三)栽培技术

1. 栽培季节与茬口　我国各地多在秋季播种。北方夏季凉爽地区，如河北坝上也可栽培夏芜菁，5月上旬播种，7月中下旬采收。一些早熟的小型品种，生长期短，且多为根、叶兼用，可进行春、夏栽培或冬春保护地栽培，还可与其他蔬菜或粮棉作物进行间作套种，以充分利用土地，增加收益。

2. 秋芜菁的栽培

(1)整地　秋芜菁的前茬可以是瓜类、豆类、茄果类蔬菜，也可以是小麦。为减少病害的发生，应实行2～3年的轮作，并且不要与其他十字花科蔬菜连作。前作采收后，每667平方米施有机肥3000～4500千克，耕翻深度20～25厘米，耙细整平后做成宽1～1.5米的平畦或宽45厘米的高垄。

(2)播种　北方多行直播，一般在7月中旬至8月中旬播种。大型品种，行距为40～50厘米，行条播或穴播，穴距20～25厘米，每穴5～7粒；小型品种，行距为30～35厘米，行条播。也可育苗移栽，苗龄30～35天，5～6片真叶时定植。直播的出苗后间苗2次，5～6片真叶时定苗。大型品种株距25～30厘米，小型品种株距20～25厘米。

(3)管理　发芽期和幼苗期应保持地面湿润，雨后及时排水，以减轻病毒病发生。定苗后，每667平方米追施尿素15～20千克，肉质根生长期施复合肥20～25千克。施氮肥主要是促进叶片和肉质根的生长，延长生长期；磷、钾肥可加速肉质根的生长，提高干物质、糖和蛋白质的含量。

主要病虫害有病毒病、霜霉病、萝卜蚜和桃蚜，要及时防治。防治方法可参照萝卜病虫害防治。

(四)留　种

采用成株留种。选具有本品种特征特性的中等大小植株做种株，掘出后切除叶片，沟窖埋藏，温度保持在0℃～3℃，翌年春季解冻后定植，行距30～40厘米，株距30～40厘米。开花初期，每667平方米追施复合肥30千克，以促进花薹生长。开花盛期，每667平方米施复合肥30千克，并喷施0.2%磷酸二氢钾1～2次，促使籽粒饱满。

芜菁种荚易爆裂，待其呈黄绿色时及时采收，收后小堆贮藏，后熟1周后摊晒脱粒。

芜菁易与白菜、菜薹等进行天然杂交，采种田应与它们及其他芜菁品种间隔1000米以上。

(五)采收与贮藏

芜菁收后多经贮藏再上市。若即时上市，可于其大小适当、皮色光洁时随时采收。以晴天采收为佳,不宜在早晚和雨天收获。收后去掉枯叶,洗净,晾干,大型种散装上市,小型种3~5个捆成束上市。春、夏播种的小芜菁,肉质根及嫩叶同时供食用,可于肉质根横径为2~3厘米,叶长约20厘米时采收上市。若采收过晚,则叶纤维增加,肉质根变糠,品质降低。小芜菁以鲜为贵,采收宜在早晚气温低时进行。采收后去掉枯黄叶片,每10个左右捆成把,包装上市。

芜菁贮藏方法同萝卜。

六、芜菁甘蓝

芜菁甘蓝又叫洋芜菁、洋蔓菁、洋疙瘩、洋大头菜。十字花科,芸薹属二年生草本植物,以肥大的肉质根供食用。原产于地中海沿岸及瑞典,又叫瑞典芜菁。一般认为芜菁甘蓝是芜菁与甘蓝的杂交种。18世纪传入法国,后传到英国、美国,19世纪传入我国、日本。欧美国家及我国、日本等普遍种植。因其适应性广,抗逆性强,易栽培,粮、菜兼用,在我国华北及江浙、云贵等地种植面积逐步扩大。

芜菁甘蓝营养丰富,干物质含量高,100克鲜产品中含蛋白质0.9~1.4克,碳水化合物4~5.4克,纤维素1.1克,维生素C 38~42毫克,核黄素0.07毫克,尼克酸0.3毫克,钙45毫克,磷30毫克,铁0.9毫克。可炒食、煮食和腌渍,还可作饲料。一般每667平方米产3000~4000千克,高产的达10000千克。

(一)生物学性状

直根系,侧根两列,肉质根的真根部分占比例较大。食用部分主要为次生木质部薄壁细胞组织。肉质根圆形或纺锤形,皮白色,或出土部分带紫红色,肉白色。吸收根系发达,吸收力强,植株生长旺盛。营养生长期,茎短缩,其上着生叶簇。叶为羽状裂叶,蓝绿色,叶肉厚,叶面被白色蜡粉。叶柄半圆形,叶序为3/8,莲座叶18片以上。总状花序,两性花,花萼4,花冠黄,花瓣4片,呈"十"

字形，雄蕊 6，雌蕊 1。长角果，成熟时果角开裂，种子易脱落。种子为不规则圆球形，深褐色，千粒重 3.2 克左右。

芜菁甘蓝为二年生，第一年形成叶簇和肥大的肉质根，第二年抽薹，开花，结籽。生活力强，叶子不早衰，很少感染病害。当温度适宜时，肉质根膨大期可延长，单株重较大。

属半耐寒性蔬菜，喜冷凉气候，种子能在 2℃～3℃中缓慢发芽，幼苗能耐－2℃的低温，也可耐高温，成株耐寒性较强。肉质根膨大的适宜温度为 13℃～18℃，要求有较大的温差。要求较强的光照，光补偿点为 2 千勒，饱和点为 20 千勒左右，肉质根膨大期的光合强度为 0.199 毫克二氧化碳·米$^{-2}$·小时$^{-1}$。当光照强度超过光饱和点时，光合强度较稳定，因此，具有较大的增产潜力。但肉质根含水量高，每形成 1 份干物质，约需消耗 600 份水，因此，要获得高产，应适时浇水。为求高产，应选择肥沃的土壤种植，并施入充分的肥料。对氮、磷、钾的吸收比例为 1.6∶1∶3，要求土壤中有较多的钾素。喜中性或弱酸性的沙壤土或壤土，幼苗期不耐盐碱。

(二)类型和品种

芜菁甘蓝在我国栽培历史短，品种较少。目前主要栽培品种有以下几种。

1. 上海芜菁甘蓝　又叫上海大头菜。叶簇半直立，叶呈长倒卵形，长 40 厘米左右，宽约 8 厘米。叶色深绿，具白色蜡粉。叶深裂，裂片 6～8 对。肉质根近圆球形，出土部分皮淡紫色，入土部分浅黄色，肉白绿色，较细，品质中等。单根重 800～1000 克，可炒食或腌渍。生长期约 100 天，上海、浙江、福建、江苏、山东等省、直辖市普遍种植。

2. 南京芜菁甘蓝　植株大小中等，叶长倒卵圆形，暗绿色，叶面略有蜡粉。叶长 50～55 厘米，宽 20 厘米。叶深裂，裂片 4～5 对。肉质根扁球形，出土部分皮色淡绿，入土部分白色。单根重 500～1000 克，可炒食、腌渍或作饲料。

3. 坝上狗头 产于河北省坝上。长势强，叶片大，叶长 60 厘米，宽 23 厘米，单株有叶 30 片左右。叶色深绿，叶面蜡粉多。肉质要纺锤形，有较多粗大的毛根，故名狗头蔓菁。皮色有绿色、白色、黄色 3 种。单根重 2.5～3 千克，大的 5 千克以上。除作蔬菜外，多作饲料。

4."不留克"芜菁 内蒙古呼伦贝尔盟从前苏联引入。生长势中等，叶簇直立，灰绿色，表面有蜡粉。叶片下部有 4～5 对裂叶，上部叶缘浅波状。肉质根扁圆形，横径 10～15 厘米，纵径 8～10 厘米，表面淡黄色或黄色，顶部灰绿色，下部两侧有一相对纵沟，其上密布须根。肉质淡黄色或白色，致密，品质好。适应性较强，抗病，耐瘠薄。

(三)栽培技术

1. 栽培季节 我国各地多在秋季或秋冬季栽培芜菁甘蓝。北方较寒冷的地区及夏季不甚炎热的云、贵两省山区，也可春播。如河北省坝上地区，一般于 4 月中下旬播种育苗，6 月上旬定植，9 月中旬收获。内蒙古呼伦贝尔盟在 5 月上旬播种，9 月下旬收获。芜菁甘蓝生长期较长，各地秋冬播期可比大白菜提前 20～30 天，生长期达到 110～130 天。

2. 整地 选择疏松、有机质丰富、通气性良好的中性或弱酸性沙质壤土或壤土。对前作要求不严，茄果类、瓜类、豆类或其他十字花科蔬菜、玉米、大麻等均可。前作收获后应施有机肥作基肥并增加钾肥。每 667 平方米产 5000 千克芜菁甘蓝，约吸收氮 21.3 千克，磷 13.3 千克，钾 40 千克。北方地块耕翻耙平后，多做成垄距 50～60 厘米、高 10～15 厘米的垄，直播或育苗移栽。

3. 直播或育苗 芜菁甘蓝可以直播或育苗移栽。育苗应比直播早 7～10 天播种。及时间苗除草，5～6 片真叶时定植。直播可在当地适宜播种期进行条播或穴播，株距 25～30 厘米。起垄栽培的行距 50～60 厘米，每穴点籽 5～7 粒。出苗后于第一片真叶期和 3～4 片真叶期各间苗 1 次，5～6 片真叶时定苗，每 667 平方米株数约3500株。

4. 管理 芜菁甘蓝营养生长阶段，一般追肥2次：第一次在定苗或定植成活后，每667平方米施尿素10～15千克；第二次在肉质根膨大盛期，每667平方米施复合肥15～20千克，硫酸钾10～15千克。追肥时应结合浇水。

芜菁甘蓝喜土壤湿润，幼苗期及移栽缓苗期，应注意浇水，雨后及时排涝。肉质根膨大期需水较多，每形成1千克干物质，需吸收水分600升，一般应5～7天浇1次。生长后期，气温下降，可减少浇水次数。

芜菁甘蓝较耐寒，轻霜后叶色变紫，肉质根仍然继续膨大。一般应在严霜后收获，收后沟窖埋藏，温度保持在0℃～2℃，也可切成片晒干保存。

芜菁甘蓝病虫害较少，病害主要有霜霉病、黑腐病；虫害有蚜虫、菜青虫、菜螟和跳甲等。从幼苗期起，及时喷药防治病虫害。防治方法同萝卜。

(四)留　种

用母株留种。选择符合本品种特征特性、无损伤的中等大小的肉质根做母株，切去叶丛后沟窖埋藏，温度保持在0℃～2℃，翌年春土壤解冻后，做平畦，畦宽1～1.5米，按行距40～50厘米，距离35厘米定植。

芜菁甘蓝容易和甘蓝型油菜、白菜型油菜天然杂交，与大白菜、小白菜、芜菁、芥菜、甘蓝等十字花科蔬菜也有一定杂交率。因此，芜菁甘蓝留种田应与这些作物相隔2000米以上。

(五)加　工

芜菁甘蓝可腌制酱菜，制成酱菜条(块)上市。方法是，洗净后大型肉质根切成2～4块，每块250克左右。按100千克芜菁甘蓝加食盐20千克腌渍，1个月翻1次缸，2个月后贮存备用。腌好的芜菁甘蓝再用酱油浸泡1个月，然后切成条或丝装坛，密封上市。

芜菁甘蓝也可切片晒干，方法与干萝卜丝的加工相似。

七、根 菾 菜

根菾菜又叫根甜菜、红菜头、紫菜头、紫萝卜头。属藜科甜菜属甜菜种的一个变种，能形成肥大肉质根的二年生草本植物。食用肉质根，肉质根肉质紫红色，富含糖分及多量无机盐。耐贮藏和运输。生食、熟食或加工均宜，并有治疗吐泻和驱腹内寄生虫的功效。是欧美国家的重要蔬菜，常用于西餐肴馔的点缀。我国、日本等国家有少量栽培。起源于地中海沿岸，有根甜菜和叶甜菜等变种。公元前4世纪古罗马人已食用叶甜菜，其后食谱中又增加了根甜菜。公元14世纪英国已栽培根甜菜，1557年德国有根甜菜栽培的描述，1800年传到美国，约在明代传入我国。我国过去栽培较少，因其是西餐中的重要配菜，随着旅游业的发展，根甜菜的栽培面积逐年扩大。

(一)生物学性状

根菾菜为深根性植物，入土深度和广度均达2米以上，具较强的耐旱性。肉质根由下胚轴和主根上部膨大形成，内具多层的形成层，每一形成层向内分生木质部，向外分生韧皮部，形成维管束环，环与环之间为薄壁细胞。肉质根有球形、扁圆形、卵圆形、纺锤形和圆锥形等，品质以扁圆形为最好。

茎短缩。叶卵圆形、长圆形或三角形，叶缘波状或全缘。有光泽，具长叶柄，外叶多绿色，叶脉和心叶紫红色。

圆锥花序，完全花，花小，淡绿色，萼片4～5，花瓣5，黄色，雄蕊4～5，子房被于花托之内，中有雌蕊1枚，雄蕊先熟，故为异花授粉。授粉后苞片及花萼宿存，包裹着果实。每果内含种子2～6粒，果皮木质化，褐色。种子圆形，千粒重13.26克。复果种子萌发时，形成幼苗丛，应及时间苗。花期30～50天，从授粉受精到种子成熟60～65天。风媒花，花粉寿命4～7天，卵细胞寿命12～17天，不同品种采种时须严格隔离。种子发芽力保持5～6年。

根菾菜在北方可以春、秋两季栽培，春播的肉质根发艮秋播的发脆。

第一年主要进行营养生长，形成产品器官。在5℃～8℃的低温条件下，经30～80天通过春化阶段后，翌年春季于适温和长日照下抽薹，开花，结籽。

较耐寒，喜冷凉，也较耐热。种子在4℃～5℃时缓慢发芽，发芽适温为20℃～25℃，温度过高发芽慢。植株生长适宜的温度范围为12℃～26℃。幼苗能耐－1℃～2℃的低温，成株可耐－1℃～－3℃的低温。种株开花结实期的适温为20℃～25℃。通过春化最适宜的温度为5℃～8℃，需30～80天。春季播种过早，会通过春化而发生先期抽薹。

根恭菜从种子发芽，胚根脱离初生皮层，到形成1对真叶为止，温度要求15℃～18℃；而从直根形成，到肉质根变粗，至充分肥大，温度要求20℃～25℃。这种前期要求较低温度，后期需要较高温度，在根菜类中较为特殊。

属长日照作物，需较强光照。北方地区，种株定植后可以抽薹、开花、结籽。在生产中除采种外，应防止低温长日照，以免早期抽薹，影响产量和质量。

根系发达，吸收力强，较抗旱，形成1份干物质需300～400份水。发芽期需水量约为种子干重的1.7倍，生长期适宜的土壤水分为田间持水量的60%，苗期需水少，后期需水多。

对土壤适应性强，以土层深厚肥沃、疏松的中性冲积土或沙壤土为最好。对土壤溶液的酸碱性反应敏感，适宜的pH值为5.8～7，pH值小于5或大于8，容易发生生理病害。对土壤溶液浓度不太敏感，在0.25%～0.3%的土壤溶液中，生长良好。幼苗能忍受土壤溶液浓度为1%，成株可忍耐1.5%的溶液浓度。生长前期需氮较多，后期需钾较多，整个生长期中对磷的需要较平稳。

(二)类型和品种

1. 类型　恭菜按类型可分为叶用甜菜和厚皮甜菜，专用叶子和叶柄。有红叶食用甜菜、饲用甜菜和糖用甜菜等3类。其中红叶食用甜菜即根菾菜,以肉质根供食用。

2. 品种简介

(1)长圆种　叶簇半直立,叶片长卵形,长 20 厘米,宽 15 厘米,先端钝尖,基部心脏形。叶色紫中带绿,叶脉红色,肉红色。单个重 250～350 克。生育期 90～100 天。耐热、忌寒。

(2)扁圆种　叶长 17 厘米,宽 9 厘米,单个重 200～300 克。生育期 80～90 天。

(3)紫菜头　又叫红甜菜、红菜头。生长期 53 天。根部球形,光泽好,肉深红,糖分含量 12%～15%。株型直立,高30～33厘米,叶绿色,耐抽薹。抗病,适应性广,产量高。生食、熟食皆宜。配餐色美,甜脆爽口,并可加工和提取色素。适宜冬季保护地和春、秋露地做特菜品种栽培。

(三)栽培技术

根菾菜对播种期要求不严格,春秋均可播种。北方地区在 3 月上中旬春播,但早播的春季前期干旱,后期温度偏高,根头小且不光滑,产量较低。也可利用保护地在冬春季进行栽培。秋播在 7 月初至 8 月初,以 8 月初为好。可以直播,也可育苗栽培,一般在 10 厘米地温稳定在 8℃以上时直播,华北地区多在 4 月份播种。直播的在施肥整地后做成平畦,畦宽 1～1.3 米,多条播,行距 40～50 厘米,每 667 平方米用种 1～1.5 千克。也可点播,间距 15 厘米左右,播深 2～3 厘米。为提早上市,春季可利用保护地育苗:先浇足底水,等水渗下后,在畦面上薄薄地撒一层筛过的细土,3 月上中旬按 6～7 厘米株距,将种子播入,播后覆土厚 1.5 厘米。再在覆土上平盖一层薄膜。苗出齐后,去掉薄膜,加强通风,降低苗床温湿度。揭膜后 2～3 天内,选下午叶面无露水时向苗床撒一层厚 0.5 厘米的土,弥缝保墒。2～3 片真叶时,按 4 厘米左右的株距定苗。经 40～45 天,植株具 5～6 片真叶,外界气温适宜时定植于露地,可比春露地直播提早上市 1 个月左右。黄河流域秋季播期在 7～8 月。种子可不处理或用温水浸种 2 小时。整地做畦后播种。条播或穴播，播后覆土 1.5～2 厘米，上覆塑料薄膜，增温保湿，温度保持在 20℃～25℃。苗期及时间苗，除草。具 4～5 片叶时定苗或移栽，行距 40～50 厘米，株距 10～16 厘米。定苗后及肉质根生长盛期可进行追肥，每 667 平方米施氮 8.7～10.7 千克，磷 9.7～11.3 千克，钾 13～16.7 千克，施肥后浇水。生长期宜多次中耕除草，封行后停止中耕，防止损伤根颈。

(四)留　种

一般用成株采种。初冬收获时，选择肉质根皮色鲜艳，根形整齐，具该品种特征的作为种株，切去叶片，入窖贮藏。翌年早春定植，行距 60 厘米，株距 50 厘米，用土盖住头部。早春勤耕松土，抽薹后追 1 次复合肥。开花期设支架，防止倒伏。不同品种相隔 2000 米，防止杂交。6～7 月种子成熟。

(五)病虫害防治

根恭菜病虫害少，主要病害是褐斑病和黄化病毒病。防治方法是:实行 4～5 年的轮作，并喷波尔多液及乐果灭蚜。病毒病严重时，要拔掉病株，并进行灭蚜。

虫害主要是金龟子、地老虎等地下害虫，应注意防治。

(六)采收与贮藏

肉质根直径达 3.5 厘米时，即可收获，每 667 平方米产量 1000～1500 千克。早采时，可将植株拔起，去掉根毛、黄叶，洗净，每 4～6 个捆成 1 把，装筐上市。秋播冬前收获的，每 667 平方米产 2500 千克以上，收后可用沟窖埋藏，贮藏适温为 0℃～3℃，空气相对湿度为 90%左右。

第二章 白菜类

一、大白菜

大白菜又称结球白菜、黄芽菜，是我国的特产蔬菜。南北各地都有，具有高产、优质、味美、耐贮藏等特点，种植面积约占秋菜的60%，是我国北方冬春供应的重要蔬菜之一。

(一)生物学性状

1. 植物学特征 大白菜为圆锥根系，主根粗而短，基部肥大，其上着生大量侧根，形成细密的须根网，入土不深，大部分在20～30厘米的耕层中。营养茎短缩，呈球形或短圆锥形。顶芽活跃，可形成单芽叶球，叶为异形变态叶。真叶有3种类型：基生叶两片，近于对生，叶柄明显，无叶翼；以后发生的叶，轮生于茎上，叶面积逐层扩大，并有叶翼。叶翼几乎达到叶柄基部，叶柄宽而短，中肋发达，成为无柄叶，一般称莲座叶，莲座叶向外开张形成密生的叶簇；莲座叶长成后，新生的叶片不再向外开张，成为球叶，开始包心。

大白菜为总状花序，花两性，虫媒异花授粉。角果，长圆筒形。种子圆而微扁，红褐色。

2. 生长与发育 正常栽培的大白菜，自播种到收新籽需要2年，其间分营养生长和生殖生长两个阶段。

(1)营养生长阶段 营养生长阶段可分为如下几个时期。

①发芽期 种子播种后，一旦得到足够的水分，胚根就突破种皮，长出新根，胚轴伸长而将子叶托出地面，子叶迅速长大变绿，开始进行光合作用，发芽过程就完成了。发芽期一般为3～4天，期间主要靠种子供给营养，所以只要有适当的温度，充分的空气和水分，就能发芽。因种子小，顶土力弱，故播种不可过深。

②幼苗期　从开始“破心”至第一个叶环形成为幼苗期。第一叶环的叶数依品种而异，多为5叶或8叶。这些叶子按一定的开展角度规则地排成盘状，这是幼苗期结束的临界特征。幼苗期的天数，早熟种为12～15天，晚熟种为17～18天。

③莲座期　第一叶环完成后，再长出2个叶环的叶子构成莲座。一般早熟种10片叶，中晚熟种16片叶，时间分别为20～21天和27～28天。莲座叶长成后，再发生的小叶开始抱合，这是莲座期结束的临界特征。发达的莲座叶是形成叶球的基础。

④包心期　大白菜自卷心后即进入包心期。包心期很长，早熟种需25～30天，晚熟种40～50天。该期又可按包心的情况分前、中、后3期：前期，外叶先迅速生长，构成叶球的轮廓，俗称“抽筒”或“长框”；中期，叶球内部的叶子迅速生长，充实内部，谓之“灌心”；后期，叶球体积不再增大，外叶中的养分向球叶输送，继续充实内部，外叶逐渐衰老，叶缘出现黄色。

⑤结球期　是产品器官形成的时期，时间约占全生长期的1/2，增长量占单株总重量的2/3～3/4。结球期气温渐低，正是外叶继续制造营养向球叶大量输送的重要时期，需肥水最多。

(2)生殖生长阶段　系指抽薹、开花、结籽而言。其到来主要决定于春化阶段所受低温的影响。大白菜自种子萌动至营养生长的各个阶段都能通过春化阶段。秋季栽培的大白菜，因在高温时播种，通过春化阶段需要的时间较长，10月中下旬，当花芽分化后又遇到低温，故抽薹很少；而春播的白菜，与之相反，温度由低向高，所以播种过早，则极易抽薹。因此搞清大白菜抽薹开花的规律，对栽培和育种都有指导意义。

3. 对环境条件的要求

(1)温度　大白菜喜欢温和凉爽的气候。生长的温度范围是(15±10)℃，而其温度的变化最好是由高到低。发芽期和幼苗期的温度以20℃～25℃为宜，超过30℃时幼苗生长快，但很弱，特别是当温度高又兼有干旱时，极易受病毒病危害。莲座期是光合作用器官生长的重要时期，为使其迅速健壮地生长，日均温度最好是17℃～22℃。结球期对温度的要求最严格，日均温度最好是10℃～22℃，因为10℃是大白菜光合作用的起点，低于10℃时大白菜不能生长，即使在10℃～15℃时光合作用强度也很微弱。温度达15℃～22℃时光合强度最高，超过22℃时光合强度迅速降低。32℃是光合作用的补偿点。生长临界低温为8℃～9℃，温度降至－2℃时叶球轻微受冻，但尚能恢复，低于－5℃时，受冻后不能复原。

从大白菜生长与温度的关系来看，它可以在春、秋两季生长，但因春季温度由冷变热，容易开花，产量低，栽培不多。

大白菜生长期的长短与积温有关。据分析，早熟种至少应在1 000℃左右，晚熟种应达1 500℃，生长期更长的品种则须达1 800℃左右。例如，晚熟品种洛阳大包头在洛阳地区生长期达120天，常年积温超过1 850℃；而在西安地区生长期最多只有110天，常年积温仅为1700℃，加之该地区日照差，所以当遇到低温阴雨的灾害年份时容易出现包心不实。

(2)光照　日照对大白菜的生长非常重要，特别是外叶生长期，必须有充足的光照。临近结球时，弱光虽有助于叶片内曲，促进结球，但强的光照可以使其继续进行营养物质的制造和积累，使叶球充实，所以大白菜整个生长过程中要晴天多，日照强，才能高产。

(3)水分　大白菜含水量约为93%，而且叶片大，蒸发旺盛，对水分条件要求较高。但不同生长阶段对水分的要求不同，幼苗期需水不多，但不能缺墒；莲座期需水虽较多，但仍需酌情中耕蹲苗；结球期增重要占全部重量的70%，需水量最大，应经常保持土壤表层湿润。大白菜不需要很高的空气湿度，空气相对湿度以70%左右为宜。阴湿时极易受软腐病和霜霉病的危害。

(4)土壤的营养　大白菜对土壤的选择不严，除过于疏松的沙质土或低湿的田块外都可栽培，但只有在土层深厚，便于排灌，并富含有机质的肥沃壤土或黏质壤土中才能高产。大白菜生长期较长,生长速度快,产量高,需肥较多。每667平方米产10000千克,需吸收氮26千克、钾20千克、磷6.5千克。一般当土壤中水解氮含量达3.2毫克/100克,速效磷在15毫克/千克,速效钾在120毫克/千克时,才能基本满足营养的需要。大白菜对三要素的吸收量与叶的生长量有平行关系。在三要素中氮肥的增产效果最大,每千克硫酸铵约可增加鲜菜15~20千克,与磷配合施用,效果更好。

(二)类型和品种

1. 类型 大白菜的类型和品种极为丰富。李家文教授按进化过程将其分为散叶、半结球、花心和结球白菜4个栽培变种。其中结球白菜变种是进化的高级类型,栽培最普遍。该变种又可按起源地及栽培中心地区的气候条件分为如下3个基本生态型。

(1)卵圆型 叶球卵圆形,高度为直径的1.5倍,顶部尖或稍圆,近于闭合。如福山包头、胶县白菜、旅大小根等。原产于山东半岛,适宜温和湿润的气候,主要分布在辽东半岛及江浙沿海一带。

(2)平头型 叶球倒圆锥形,顶部尖,完全闭合,高与横径相近。如洛阳包头、太原包头白、山东冠县包头等。原产于河南中部,主要分布于陇海线,自陕西至山东南部,江苏北部及京汉线,河南南部至河北中部,山西中南部等地也有。

(3)直筒型 叶球直筒形,高超过直径4倍,顶部尖,近于闭合,拧包。如天津青麻叶、玉田包尖、河头白菜等。原产于冀东,叶色深绿,肥水较差时也能结球,适应性强,分布广。

大白菜的分类方法除上述外,还可以按栽培季节分为春型和秋冬型;依叶球的结构分为叶数型、叶重型和中间型;按叶色分为青帮、白帮和青白帮等。

2. 优良品种

(1)北京小杂60号 北京蔬菜研究中心选育的早熟一代杂种。

株高30～40厘米，开展度60厘米×70厘米。外叶绿色，叶缘波状，叶面稍皱。叶球矮桩头球形，叠抱，球形指数1.3，结球紧实，单球净菜重约2千克，净菜率80%。100克球叶含维生素C 20.05毫克，糖1.98克。耐热，抗病毒病和霜霉病。生长期55～65天，每667平方米产净菜3500～6000千克。适宜北京及华北、华南、西南、西北等部分地区秋季栽培。

(2)北京75号　北京蔬菜研究中心选育的中熟一代杂种。株高50厘米，开展度75厘米×80厘米，外叶约10片，绿色，叶面平展。叶球中桩叠抱，结球紧实，单株净菜重3千克左右。100克球叶含维生素C 15.99毫克，糖1.71克，粗纤维0.46克。抗病毒病、霜霉病及软腐病。生长期约75天，每667平方米产净菜3500～7800千克。适宜北京、河北、河南、湖北、山东、新疆等省、直辖市、自治区秋季栽培。

(3)秦白2号　陕西省农业科学院蔬菜研究所选育的中早熟一代杂种。株高45厘米，开展度55厘米，外叶10片，叶色稍深。叶球倒卵圆形，球形指数1.2，叠抱，单株净菜重2.5～3.5千克，净菜率75%以上。100克球叶含维生素C 11.7毫克，糖2.2克，粗蛋白质1.04克，粗纤维1.93克。抗病毒病，耐霜霉病、黑腐病及黑斑病。生长期65～70天，每667平方米产6950千克。适宜陕西及华北、西北等部分地区秋季栽培。

(4)秦白3号　陕西省农业科学院蔬菜研究所选育的晚熟一代杂交新品系。株高63厘米，开展度54厘米，外叶少，深绿色。叶球高筒舒心形，球形指数4.1，单株净菜重3.2～4.0千克，净菜率80%。100克球叶含维生素C 14.48毫克，糖2.89克，粗蛋白质1.9克。抗病毒病、霜霉病及软腐病，耐贮藏。生长期95天左右，每667平方米产净菜约8900千克。适宜陕西及西北、华北等部分地区秋季栽培。

(5)12号大白菜　山东省农业科学院蔬菜研究所选育的大白菜一代杂种。株高58厘米，株幅60厘米。叶片深绿色，叶帮绿。

叶球直筒形，高 55 厘米，横径 11 厘米，球形指数 5，单株净菜重 3.6～4.0 千克，净菜率约 67%。品质较好，含有较高的粗蛋白质及较低的粗纤维。耐热，抗病，耐贮藏。生长期 90 天，每 667 平方米产净菜 5 200～9 500 千克，适宜山东及华北部分地区秋季栽培。

(6)华蓉 1 号　中国农业科学院蔬菜花卉研究所选育的中熟大白菜品系。株型紧凑，外叶少。叶球矮桩叠抱，球形指数 1.23，单球净菜重 4.35 千克。球叶色浅，品质好，抗霜霉病、病毒病及软腐病。生长期 75～80 天，每 667 平方米产净菜 9 000 千克。适宜中原地区及长江流域秋季栽培。

(7)冀白菜 5 号　河北省农林科学院蔬菜研究所选育的中熟大白菜一代杂种。株高 50～55 厘米，外叶深绿色，叶面皱褶，叶长 50 厘米，宽 35 厘米。叶球直筒形，合抱，单株净菜重 3.7 千克左右。粗纤维少，品质好，耐贮藏。抗霜霉病及芜菁花叶病毒(TuMV)，人工接种鉴定的病情指数分别为 2.8 和 9.5。生长期约 80 天，每 667 平方米约产净菜 8 100 千克。适宜河北、山西、广西、贵州、内蒙古等省、自治区秋季栽培。

(8)龙辐二牛心　黑龙江省农业科学院园艺研究所用辐射诱变手段育成的大白菜品种。具有优质、多抗、稳产特点，营养成分比二牛心高，风味品质优良，比二牛心增产 18.8%以上，每 667 平方米产量达 4 400 千克以上。生育期 75～80 天，适宜黑龙江省及内蒙古东部地区栽培。

(9)秦白 6 号　陕西省蔬菜花卉研究所用 CMS_{p2-24} 异源胞质雄性不育系和 $88-5_{11}$ 高代自交系配制的中早熟一代杂种。生育期 60～65 天，株高 32.4 厘米，株幅 55.6 厘米，外叶 8.6 片，叶色深绿，叶面皱缩，白帮。叶球矮桩叠抱，倒卵圆形，球形指数 1.2，单球净重 2.5～3 千克，净菜率 80%。抗病毒病、霜霉病，兼抗软腐病和黑斑病。耐热，不易未熟抽薹，适宜春秋两季栽培，一般每 667 平方米产 6 650～7 000 千克。

(10)夏丰　江苏省农业科学院蔬菜研究所选育的杂交种。耐热性强，能在我国各地夏季高温季节正常生长，形成紧实叶球。外叶8片，深绿色，茸毛极少。叶球叠抱，白色，单球重750～1 000克，净菜率70%以上。抗病毒病、霜霉病，较抗软腐病 。已在海南、广东、广西、贵州、云南、四川、湖南、湖北、江西、江苏、安徽、河南、浙江等省、自治区推广种植。华南地区一年多茬栽培，4～12月份均可种植；长江流域5～8月份播种。早熟，生长期50天左右，一般每667平方米约产3 000千克。

(11)黄芽14　浙江省农业科学院园艺研究所从地方品种中系统选择育成。株高27厘米，开展度45厘米。外叶绿色，叶面微皱，无毛。叶球卵圆形，淡黄色，球心黄色，舒心，单株重1～1.5千克，100克鲜重含糖2.21毫克，粗纤维0.46毫克。抗病毒病、软腐病和霜霉病。耐－5℃～－6℃的低温，适宜长江流域种植。晚熟，生长期90天左右。每667平方米产3 000千克。

(12)青研1号大白菜　山东省青岛市农业科学研究所从引进国外耐热试材育成的耐热早熟一代杂种。植株较披张，开展度55.6厘米，株高35.2厘米，外叶色深，叶面稍皱。叶球近椭圆形，淡绿色，球顶平圆叠抱，球高21厘米，直径13.6厘米，净菜率72.7%，单球重1.2千克。耐热，抗病，早熟。山东青岛地区7月上旬播种，播后50天左右收获，每667平方米产净菜3 110～3 346千克。适宜江苏、浙江、安徽、河南、湖北、福建、山东等省种植。

(13)87春34大白菜　山东省青岛市农业科学研究所选育的春结球白菜一代杂种。植株稍直立，株高38.2厘米，外叶绿色，叶面较皱。叶球炮弹形，球顶较尖，舒心，高23厘米，直径15.9厘米，单球重1.75千克。冬性强，一般不易抽薹，适宜春播。早熟，播种后60天成熟，每667平方米产净菜4 500～5 000千克。

(14)夏白59　四川省农业科学院作物研究所育成的杂交种。株高20厘米，开展度40厘米，外叶少，色深绿，净菜率64%～70%。结球紧实，商品性好，单株重0.5～1.2千克。抗热，耐湿，春季或夏季均可栽培，早熟，生长期50～60天，一般每667平方米产2000～2500千克。适宜江苏、福建、浙江、江西、湖北、广东、广西和云贵平原及丘陵区种植。

(15)80-7　山东省青岛市农业科学研究所用小青口和城阳青培育的杂交种。生长势强，株高45～50厘米，外叶绿色，叶球短圆筒形，叠抱，单球重约6千克，生长期90～95天。抗软腐病，对霜霉病、病毒病的抗性较强，风味品质好，耐贮藏。每667平方米产净菜6000～7000千克。适宜山东、陕西、湖北、湖南、河北、河南、安徽、江苏、浙江、甘肃等地种植。

(16)青杂中丰　外叶绿色，叶柄白绿色。叶球炮弹形，球顶舒心，单球重6千克。播种后90天成熟，丰产，每667平方米产净菜5500～8000千克。适宜长江、黄河中下游各省，西南三省，福建、广西、辽宁、甘肃、内蒙古地区种植。

(17)鲁春白1号(83-1)　山东省青岛市农业科学研究所育成。适宜秋季和春季栽培。外叶深绿。叶球炮弹形，球顶舒心，单球重3千克。早熟，播种后60天成熟，每667平方米产净菜5000～6500千克，冬性强。适宜长江、黄河中下游各省及福建、广西、贵州、云南、四川、黑龙江、辽宁、内蒙古等地种植。

(18)鲁白8号(丰抗70)　山东省莱州市西由镇种子公司育成的杂交种。株高40～45厘米，开展度65厘米。叶淡绿色，叶面皱，叶柄白色。叶球倒锥形，叠抱，单球重6～9千克，净菜率75%以上，风味好。耐肥水，对三大病害抗性较强。生长期80天，每667平方米产净菜5000～5500千克。适宜山东、河南、陕西等省种植。

(19)郑早55　河南省郑州市蔬菜研究所选育的矮桩叠抱、耐热、极早熟大白菜一代杂种。生育期55～60天，株高35.2厘米，开展度56.0厘米。外叶深绿色，帮白色。球叶白色，球高22.4厘米，横径18.0厘米，球形指数1.24，单球重2.0千克左右，净菜率63.5%，软叶率63.0%，每667平方米产净菜3800～5100千克。质地脆嫩，粗纤维少，生食无渣，熟食易烂，风味好。早夏栽培于5

月上旬育苗或直播，或利用早春日光温室栽培。夏季7月上中旬播种，或利用丘陵、山地阴坡进行夏季栽培。早秋栽培于7月下旬至8月中旬播种，供国庆、中秋市场。该品种目前已在山西、河北、陕西、山东等地种植，累计推广140公顷。

（20）豫白菜2号　河南省开封市蔬菜研究所选育的杂交种。株高39.7厘米，开展度64.1厘米，植株较小，叶片较直立，生长势强。外叶长倒卵形，绿色，叶面稍皱，叶柄白色。叶球短筒形，顶部稍大，微圆，纵径29厘米，横径18.2厘米，单球净重1.7千克，净菜率66.7%。生长期65天左右，每667平方米产4000千克左右。质地脆嫩，纤维少，品质好。适宜河南各地作早熟品种种植。

（21）夏阳早50　引自于日本。极早熟，生长期50～55天，抗热（35℃～37℃），耐湿性特强。抗软腐病、白斑病及嵌纹病性甚强。生长旺盛，株型直立，可密植，外叶少，无毛。播种后50天单株可长至2千克以上，延后采收可至3.5千克。适宜热带及亚热带平地夏天作反季节品种种植。

（22）春秋54白菜　引自于韩国。株型紧凑，整齐，结球紧实，植株开展度49厘米。叶球炮弹形，高23厘米，横径17厘米，单球重1.7千克，大的3千克以上。抗病力强，耐湿性好，生长速度快，播后54天可收获。耐低温，晚抽薹，一年四季均可播种，尤以春播更佳。

（23）浙白4号　浙江省农业科学院蔬菜研究所选育的早熟大白菜一代杂种。生育期55～60天，开展度58厘米，株高38厘米，粗筒形，叶片无毛，外叶深绿色，帮纯白色，叶球高桩半叠抱，球高30厘米，球径17厘米，球形指数1.7，球顶叶淡绿色，球体洁白，单球重1.5千克，软叶率38%，净菜率68%。高抗霜霉病、病毒病及黑腐病。生长速度快，长势强，耐热性较好，结球率高，品质好，成熟期耐病性强，延续采收期可达15～20天，每667平方米产净菜4300千克左右，适于早秋栽培。

（24）淮04-14　江苏省淮安市农业科学院选育的中早熟大白

菜一代杂种。生育期70天左右。株高37厘米,开展度60厘米,株型紧凑直立。叶淡绿色油亮,核桃纹适中,球形指数1.93,球叶39片,外叶淡黄色,结球紧实,包心快,叶球较粗,合抱舒心,头呈菊花形。黄心外翻,净菜率48.6%,单球重2.1千克左右。抗病毒能力与小杂55相当,抗霜霉病能力略高于小杂55,抗软腐病能力略低于小杂55。不耐贮藏,商品性好,粗纤维含量少,生食甜脆,易烹炒,每667平方米产净菜4800～5800千克,适宜江苏北部种植,保证有70～80天适宜生长期即可。

(三)栽培季节与茬口

大白菜在营养生长期间的温度变化趋向最好是由高到低,所以我国南北各地结球白菜主要都在秋季栽培。为了争取有较长的生长期,常利用幼苗有较强抗热力的特点,在夏季日平均温度降至26℃时的最后几天播种,霜冻前收获,经贮藏供冬春之用。也可在夏季早播,供秋末冬初食用,但比例不大。春季大都是用散叶白菜作绿叶蔬菜,间或亦有用花心种或结球种栽培,于夏初收获供应,但为数不多。

大白菜的前茬最好是葱、蒜、黄瓜、豆类和马铃薯。因葱蒜类的根系分泌物对软腐病病菌有抑制作用;豆类植物根部有根瘤,可固定空气中的氮素;矮生豆角收获早,土地休闲时间长;黄瓜需肥多,但吸收能力弱,其残余养分可供后茬利用。同时这些作物与白菜亲缘关系远,互相感染的病害少。白菜的软腐病与甘蓝的软腐病为同源病菌,容易相互传染。在麦类、玉米之后种植白菜时,必须多施肥,才能获得丰产。

(四)秋冬白菜的栽培

1. 整地做畦　选择肥水充足,保水保肥力强,排水适度的土壤,耕层的质地以粉沙质轻壤土,底层以稍紧实的黏质壤土为最好。

地要早深耕,晒土,恢复地力,并减少杂草和病虫害。例如软腐病细菌是弱寄生性的伤口致病菌,在土壤内只能存活15天,但在未分解的寄主内能长期生存。翻耕晒土可促使残余寄主组织的分解，减少危害。

整地时应多施农家肥，最好分 2 次施入。深耕前，先施 60%，翻入下层，做畦时再施入 40%。如果肥料不足，最好在做畦时集中施于浅土层中。用人粪尿作基肥的，可在最后一次浅耕前泼施地面，但最好在前茬作物腾地前顺水溜施，既省力，又可经过耕晒，更有利于幼苗的吸收。

为了防止蛴螬、地老虎、金针虫等地下害虫为害，可于耕前每 667 平方米喷 5%甲萘威粉剂 2～2.5 千克。

畦的形式有平畦和高畦两种，平畦容易保墒，适于沙性土或地下水位较低处。高畦，土层深厚，养分集中，将白菜种在垄上，灌溉时不漫顶，土壤疏松，有利于根系发达；同时起垄后也加大了白菜基叶和地面的距离，通风透光良好，垄沟内空气湿度小，植株健旺；加之，菜基部不受水浸，愈伤速度快，软腐病少，在地下水位高，土性黏的地方增产效果显著。垄畦的不利之处是地表容易干燥，地面辐射热强，少雨年份易发病毒病，盐碱地还会起碱。

2. 播种 大白菜有育苗移栽和直播两种。育种能充分利用土地，管理方便；直播因不经移栽，未伤根，大白菜能持续生长，但苗期管理如中耕、灌水、间苗等费工。

大白菜在苗期较耐热，应尽可能在炎热季节刚过时播种，使自然温度最大限度地满足各个生长阶段的需要。分期播种试验证明，适期早播是高产的重要环节。

根据全国大白菜栽培季节与温度关系的调查，各地的播种期平均温度都接近 25℃，而收获期的温度大致为 5℃。如华北地区秋白菜生育期从 8 月份至 11 月份，共 100～110 天。多于立秋前后播种。适宜播期由地区、品种、气候变化、病害轻重及地力等因素决定。早熟品种如小白口和肥城卷心等，既早熟，又不贮藏，故对播种期要求不严格，7 月中旬至 8 月中下旬均可播种。中熟种如曲阳青麻叶，播期为立秋后 3～5 天；晚熟种如洛阳大包头，播期为立秋前3天，过早播种，病虫害多，过迟播种，包心又差。

大白菜的产量由单位面积的株数和单株重构成，在合理密植的前提下，增加单株叶数及叶重是提高产量的关键。大白菜花芽分化前主要是叶数的增加，花芽分化后新叶数不再增加，而叶重继续增大。所以适期播种，使苗期处于较高的温度下，可以产生较多的叶片，叶重而大，产量高，包心也紧。故在缺肥的地区，特别是莲座叶发达的中晚熟品种，更应当适时早播。育苗移栽要经过缓苗阶段，播期可较直播早3～5天，培育壮苗，苗龄要短，最好在6叶前定植。

播种方法有条播、穴播之分。条播多用于平畦，开深约1.5厘米的浅沟，再将种子播入后覆土；穴播主要用于垄畦，先在垄上按预定株距开长10～13厘米的穴，每穴播10余粒，覆土要细，要薄，一般为0.3厘米，每667平方米播量150克左右。为保证出苗整齐，最好趁墒播种或开沟灌水播种，然后覆土。因播种时天气较热，土表极易干燥，需水时宜行渗灌，并掌握好三水齐苗的措施：播种后当天灌第一次水，润湿种子，促进发芽，降低地温；隔1天灌第二次水，防止板结，加速出苗；出苗后灌第三次水，促进生根。

苗期要及时间苗和定苗。1～2片真叶时开始间第一次，此次应选子叶肥大、下胚轴较短者，每隔3～7厘米留1株；过5～6天间第二次，到8～9片真叶时，每穴留1株定苗。

留苗密度取决于品种特性和栽培条件。一般单株营养面积大体与莲座叶的占地面积相近，约为外叶开展最大直径的90%。莲座叶较直立、株型小的品种，如肥城卷心，留苗距离为27～40厘米×27厘米即可；莲座叶披展、株型大的品种，如曲阳青麻叶可按50～60厘米的距离留苗，而石特1号和洛阳包头以55～60厘米×60厘米较好。为了保证苗齐、苗壮，还要抓好查苗、补苗、早治病虫等工作。

苗期易生杂草，降雨和灌水后，土壤也容易板结，要勤中耕。

3. 合理施肥灌水 大白菜生长迅速，需肥多，特别是氮肥。

供给充足的氮肥，对丰产起着决定作用。每千克氮素增产毛菜的幅度从38千克到390千克，因此必须因地、因品种确定出适宜的施肥量。根据经验，每667平方米晚熟品种追氮肥15千克，中熟品种10千克左右，早熟品种5～8千克就可基本满足要求。但必须根据大白菜生长发育的进程重点施用，才能收到最好的增产效果。

发芽期主要靠种子内贮藏的养分，出苗后随着植株的逐渐长大，对肥料的需要量渐次增加。2片真叶时，种子中贮藏的养分已经消耗完，而根系很弱，对缺肥最为敏感，要及时施入提苗肥。

莲座期后，根和外叶大量生长，平均每天增长100克，同时还不断地分化新叶。莲座期形成的外叶是大白菜进行光合作用的主要器官，莲座叶健壮与否对结球的好坏起重要作用。所以莲座期是大白菜生长的关键时刻，是需肥的临界期，必须提供足肥、足水，以促进莲座叶的迅速形成。为了获得高产，除应适期播种外，还要加强管理，务必使白菜在9月底以前开始包心。为使白菜按时包心，在进入莲座期前，每667平方米施硫酸铵15～25千克。因磷有助于贮藏器官的形成和加速根系的发育，所以这一时期增施磷肥效果最好。施后浇水1次，再行中耕、蹲苗。

蹲苗后已达莲座期，这时外叶还未盖住地面，浇水后蒸发量大，土壤很易干燥龟裂，所以过3～4天地皮未干时再浇1次，此后大白菜的心叶开始向内包卷，即进入包心期。包心期大白菜生长最快，需肥最多，为整个需肥量的60%。大白菜的结球期长达40～50天，即使是早熟种也需30天。在整个结球期中，各个阶段的生长量也有不同，例如结球前期形成的产量要占最终总产量的30%以上，中期要占40%以上，到了后期由于叶逐渐干枯脱落，叶球重量虽有所增加，但总重稍有减少。所以在管理上为使叶球紧实，应于结球中期，每667平方米施入硫酸铵约15千克。以后，温度渐降，根系吸收能力减弱，一般不再施肥，可顺水灌1次人粪尿，促进包心。包心期需水虽多，但这时植株已经封垄，气温也低，蒸发量不大，所以只要维持土壤湿润即可。

4. 病虫害防治　大白菜出苗前后，主要的害虫有蛴螬、蝼蛄和蟋蟀等；出苗后，是蚜虫、黄条跳甲、菜青虫和菜螟。对于蛴螬、蝼蛄等地下害虫的防治主要是进行土壤处理。蚜虫不仅能使叶片卷缩，停止生长，而且传播病毒，必须早治，将其消灭在5叶期以前，宜选用40%乐果乳剂1500～2000倍液喷洒。咀嚼式口器的害虫如菜青虫、黄条跳甲等虫害严重时，可添加有胃毒作用的药剂，如90%敌百虫1000倍液或50%敌敌畏2000倍液。亚胺硫磷（25%乳剂400～800倍液）有触杀、胃毒和渗透作用，对各种咀嚼式和刺吸式口器的害虫均很有效。

大白菜的主要病害是软腐病、霜霉病和病毒病，在不同年份和地区混合或单独发生，造成很大损失。三大病害是由截然不同的3种病原引起的，同时，它们发生的时期也不一样，但3种病害的发生关系却很密切。不同品种对病毒病和霜霉病的感染往往一致，病毒病发生后降低了对霜霉病的抵抗力，霜霉病也相应加重；染病毒病和霜霉病的叶子下垂，是软腐病侵入的天然桥梁，而它的病斑更是细菌入侵的方便门户。所以病毒病和霜霉病严重的地区，软腐病也严重。因而只要彻底防治了病毒病，同时也就防治了其他两种病害。

试验证明，大白菜病毒病植株的花粉和种子不带病，田间病株的发生主要是由蚜虫传播，天旱、炎热有翅蚜虫多，所以，通过治蚜，特别是在发芽期和幼苗期控制住蚜虫是减免病毒病危害的主要手段。

当病毒病已发生，但不甚严重时可以用2%～3%过磷酸钙浸出液（将过磷酸钙溶于水中，隔夜取上清液），或0.1%～0.24%高锰酸钾溶液喷洒，并加强肥水管理，有一定防治效果。或用病毒K400倍液加绿芬威1号1000倍液，再加吡虫啉2 000倍液喷洒，10～15天1次。或用银叶灵400～600倍液喷洒。银叶灵是由植物病毒钝化剂、植物生长调节剂及植物所需常量元素（氮、磷、钾）、微量元素

(铜、锌、锰、硼、硒)复配而成,能有效地抑制植物病毒的蔓延,快速调节植物生长,对真菌、缺素症或灾害引起的各种病症都有显著的治疗作用,可使银叶、花叶变净叶,黄叶变绿叶,小叶变大叶,卷叶变展叶,灾后恢复快。

大白菜在莲座期后极易发生霜霉病。霜霉病主要通过空气传播,防治常用的药剂有50%代森锌可湿性粉剂500～600倍液,或80%代森铵1000倍液,或1:1:250倍波尔多液,或50%福美双可湿性粉剂500～800倍液,或50%多菌灵可湿性粉剂400倍液等。软腐病主要是从伤口侵入,因此防治时除早治虫害,减少伤口外,灌水前必须挖除病株,在病穴内撒石灰,再用新土填平以减少病原。水要灌匀,避免久旱逢雨后菜帮和根茎产生自然裂口,增加软腐病的感染机会。灌水量要适中,不要漫根、浸叶,防止降低愈伤速度,影响对软腐病的抵抗力。治病药剂可用150～200毫克/升链霉素灌根,或用敌磺钠800倍液喷洒。喷药一定要及时、周到。莲座期每7～10天喷1次,叶片两面都喷到,尤其叶背更要多喷、细喷。

干烧心(又叫干心病)是我国近年来继三大病害之后发生的较为普遍的一种非传染性的生理病害。大白菜干烧心和甘蓝一样,是由于缺钙,导致通水细胞被破坏,排水组织受损,从而扰乱了叶子的溢液作用,使水分失调而产生的。开始绿叶顶部为水渍状,进而皱缩,变成黄褐色膜状干带,心叶停止生长,不能包心。结球后发病的,外观无异状,但包心不实,切开后心叶边缘枯焦,因而国外称为"心腐"、"缘腐"。这种大白菜产量低,贮藏后容易腐烂。

引起大白菜缺钙的原因有:土壤本身缺钙;或土壤本身不缺钙,但因长期大量使用铵态氮,或用矿化度高的水灌溉,使钙与氮、钙与钠的比例失调,引起离子的拮抗,影响钙的吸收。大白菜进入莲座期后,生长旺盛,需要水分多。这时若缺水,特别是在盐碱地上连续15天以上无雨,又实行控水蹲苗时,使土壤溶液浓度过高,阻碍了水溶性钙的吸收。加之,钙在植物体内分布又很不均匀,把^{45}Ca施入土壤中后,大部分累积在老叶中,一般外叶比内叶中氧化钙的含量约高 20 倍。在干烧心发生部位的叶片内很少。说明钙在植株内运转较困难，所以蹲苗期过长时，心叶，特别是球叶的先端容易生病。

防治干烧心的主要措施是：大白菜生长期间，水分要充足，尤其是盐碱地更不可缺水；蹲苗必须恰到好处；在经常发生干烧心的地块，不要用矿化度高的污水或盐水灌溉；要深耕并多施农家肥、氮肥，特别是铵态氮用量不可过多，以免引起土壤盐类浓度过高，阻碍对钙的吸收。

干烧心主要发生于叶球的外部和中部。从外向内数 18～34 片叶上，内部 1/3 的叶片发病少。所以从 9 月中旬至 10 月上旬，每 10 天用 0.5%～5%的氯化钙喷 1 次，共喷 2～3 次；或每株用氯化钙 1 克，掺上炉灰撒到心叶上。用 0.7%氯化钙与 50 毫克/升萘乙酸混合喷洒，可加强和提高钙的吸收和运转能力。某些微量元素例如 0.08%硫酸锰、0.1%钼酸铵、0.5%硫酸钾都有一定防治效果。

5. 捆菜及收获 捆菜也叫束叶，就是在霜降后用稻草或甘薯蔓把大白菜的外叶绑起来，包住叶球。这样既可避免受冻，也能提高地温，延长大白菜的生长时间，增加产量，改进品质，收获也方便。和小麦套种者，捆菜还能减少大白菜对小麦的影响。

长成的大白菜虽较耐寒，但当温度低于－3℃～－5℃时也会受冻。特别是经过几次冻融交替后，会破坏叶肉细胞，极易引起腐烂。所以要严格掌握好收菜时间，既要防止早收减产，又要避免晚收受冻。农谚说“立冬萝卜、小雪菜”，正好说明华北大部分地区的白菜应于 11 月中下旬收获。大白菜面积大，必须根据当时天气、品种和用途等情况，做好收获安排，防止天气突变带来损失。万一在田间已经受冻，应让其在生长的情况下解冻后再收。

6. 贮藏 大白菜收获后要将根朝南，单层摆放翻晒 2 天，等到外叶稍为萎蔫后再进行贮藏。白菜贮藏的方式很多，常用的有堆藏、沟藏和窖藏 3 种。

大白菜适宜的贮藏条件是 0℃左右的温度和较高的空气相对湿度(85%～90%)，特别是低温占主导地位。贮藏初期，外界温度尚高，要勤检查，勤倒菜，多通风。从 12 月下旬到翌年 2 月初气温最低，要加强覆盖，注意防冻。白菜各部分的耐冻力差别较大，如叶子上部稍比叶帮耐冻，特别是心叶更耐冻。贮藏时只要温度不低于－1℃，就不会有受冻的危险。但也不能太高，高于 2℃会引起脱帮腐烂。一般在立春以后气温迅速回升，窖温极易超过 3℃，所以此时更要勤翻检、晾晒，降温、降湿，窖温切勿超过 4℃～5℃，否则就会烂窖。

大白菜含水量大，一冻一消容易破坏叶肉细胞和叶表皮，引起腐烂。故宜选择背阴处贮藏。这样，菜堆外叶虽稍冻结，但无夜冻日消之虑，可以久藏。大白菜在轻度和短期的结冻情况下，仅外叶有些僵硬，经缓慢解冻后仍能恢复正常；若温度再低则在叶表下形成冰屑，菜帮上出现许多透明的隆起肿泡，这时解冻后会使外叶表皮破裂、流汁、腐烂；情况更严重时则会使菜心受冻，致使整棵腐烂，这就不堪食用了。对已经受冻，难以继续贮藏的白菜，宜轻轻转入稍高于 0℃的地方，待其逐渐解冻后再出售。

大白菜在贮藏期间常有脱帮的现象，这主要是温度太高，湿度太大，外叶叶柄基部形成了离层之故。加强管理，注意通风，维持适宜的环境条件，就能有效地减少脱帮。此外，还可于采收前约 1 周，每株用 50 毫克/升 2,4-D 30～50 毫升，或采收后入窖前，每株用 100 毫克/升 2,4-D 5 毫升，喷于根和菜帮上均可。但喷 2,4-D 后，大白菜持水力增强，要注意防寒，同时菜叶基部容易发生裂口，翌年春因湿度大，也易腐烂，所以将喷药和妥善管理相结合，才能收到好的效果。

（五）春白菜栽培要点

春白菜是把结球白菜于早春播种，春末夏初供应的一种栽培方式。因大白菜在低温下容易通过春化阶段，而春白菜正是在早春温度低时播种的，之后温度又迅速升高，这种气候条件恰好符合其抽薹开花的要求。6 月中旬后，气温偏高不适于白菜的营养生长，因此结球更加困难。栽培时要注意以下几个关键问题。

1. 选用良种,适时播种 春季温度上升快,适合大白菜生长的时间很短,要选生长快,抗热性强,容易结球,并且抽薹率低的品种,如春黄、鲁春白1号、春秋54、春34、菊花心、春冠、阳春、春大将、肥城卷心、章丘狮子头、太原1号以及郑州早黑叶等。

春白菜适宜于育苗,大多数采用冷床育苗,若能用半温床效果更好。具体播期按定植日期确定。春白菜一般在气温达12℃～15℃时定植,育苗期需要30～35天,所以华北地区的适宜播期为2月中下旬,雨水前后最好。因为这时气温已稳定在5℃以上,床温一般也不低于10℃,育苗温度不太低,可以减少先期抽薹。

春白菜也可直播,但播期不宜太早。一般多在3月下旬至4月初,直播的生长期短,产量较低。

2. 加强管理,促进结球 春白菜一般要在6月中旬前收完,生长期短。育苗者最多110天,直播者仅约85天,甚至50～60天。所以要加强管理,一促到底,迅速发棵结球,才能取得良好效果。定植或直播后最好用拱棚盖塑料薄膜保温,提高地温和气温。早中耕松土,促进发根。早施、重施追肥,多用速效性氮肥,加速莲座叶的尽快形成,争取5月中旬前开始结球。从4月下旬开始,气温已经升高,要勤灌水,经常保持土壤湿润,切勿干燥。否则,不仅影响菜叶的生长速度,降低结球率,而且会发生先期抽薹现象,降低品质。

3. 病虫害防治 春白菜病虫害多,特别是蚜虫、菜青虫和软腐病较多,要及时防治。

(六)夏白菜栽培要点

夏白菜指夏季播种,8月份采收的大白菜。夏白菜生长期正处盛夏,高温、干旱、暴雨、病虫害对生长影响很大,栽培中要注意以下几点。

1. 品种选择 要选择抗热、抗病、生长快、结球好的品种,如北京小杂60号、夏丰、青研1号、夏阳早50、丰研夏帅、热抗白45天、双冠、夏月等。

2. 精细播种 地要肥,耕前每667平方米施腐熟厩肥5000千克,过磷酸钙20千克,硫酸钾10千克。耕翻后,耙碎,整平。一般做成垄畦,垄高15～20厘米,垄距50～70厘米,垄顶要平整,细碎。6月份在垄顶开穴直播,每垄1行,穴距50～60厘米,每穴播种5～8粒。最好趁墒播种,或开穴后,按穴灌水后播种。播后覆细土,厚1～1.5厘米。播种后最好用遮阳网覆盖,降温、保湿,保证苗齐苗壮。也可育苗移栽,但苗龄要小,并带好土坨,尽量减少缓苗期。同时,育苗时适宜用银灰色遮阳网遮阳,以减少蚜虫为害。

3. 加强管理 夏白菜生长时期很短,整个生长期要以促为主,加速生长。苗期浇水掌握三水齐苗,五水定棵。出苗期浇3次水,做到水不漫顶,渗湿苗穴,地不板结,起保墒降温,促进出苗的作用。4次和5次水为间苗水和定苗水。浇水后或雨后及时中耕。结合定苗水施1次发棵肥,每667平方米用尿素10千克,或硫酸铵15千克,穴施或沟施。施肥点距苗8～10厘米,少伤根叶。包心前10天浇1次透水,中耕后蹲苗。当叶色转绿,叶片变厚,中午略显萎蔫时结束蹲苗。蹲苗后浇头水时,结合浇水,顺水每667平方米施尿素15千克。以后经常观察,地表发白时及时浇水,直至采收前5～7天停止浇水。

4. 病虫害防治 主要病害为软腐病和病毒病,主要虫害为菜青虫和蚜虫,除药剂防治外,浇水时水不淹茎基,定植密度不可过大。如果有软腐病可用200毫克/升链霉素喷洒,尤其是根颈部及叶帮处要多喷药。如果有发生病毒病感染迹象时,可用银叶灵喷洒。

5. 及时采收 夏白菜生育期短,成熟快,一旦成熟,立即采收,否则很易感染软腐病而迅速腐烂。

(七)娃娃菜的栽培

娃娃菜又叫微型结球白菜、嫩芽菜,是近五六年国内发展的新的大白菜品种,属于小型白菜,株型较小,单株净菜150～200克,要求叶球抱合紧实,匀称,外叶翠绿,心叶鲜黄,叶肉致密、柔嫩、不易碎。生产上宜选个小、株型好、早熟、抗热、耐抽薹、适宜密植并具有较强抗病力的品种,如春秋美冠、京春娃娃菜、红孩儿等。生长适温

5℃～25℃，低于5℃，易受冻害，抱球松散，或无法抱球；高于25℃，易感染病毒病，平地夏季温度高，不适宜种植。主产区在云南、甘肃、河北坝上等地，北京春季在日光温室、大棚，秋季在露地栽培面积不断扩大。一般宜选择海拔600米以上处种植。播期一般在4月下旬至8月上旬，株行距25厘米×25厘米。整个生育期不宜大肥大水，以防徒长。达八分成熟时采收。除去多余外叶，每袋3～4个小包装上市。

浙江温州市在海拔约100米平原蔬菜基地进行的春季栽培试验证明：微型结球白菜春季栽培，对播期要求非常严格。播期过早，由于低温春化，易引起先期抽薹；过迟，则因生长后期高温、长日照，容易导致结球不紧实或者结球率下降。试验表明，春月黄和绿箭两品种，采用大棚覆膜栽培，以2月15日至25日播种效果最佳，但苗期要注意保持温度在15℃以上，防止生长后期出现抽薹；采用露地栽培，播期可安排在2月25日至3月7日，前期播种要采用地热线保温育苗，后期可露地直播，其中绿箭播期适当推后结球效果会更好。种植密度无论是采用大棚覆膜或露地栽培，春月黄以20厘米×25厘米、绿箭以20厘米×20厘米为宜。

浙江地区平原蔬菜基地，一般早春气温回升快，较适合微型结球白菜栽培，但进入4月中下旬后，天气迅速转热，日照增强，会对结球不利，而且病虫危害加剧。针对这种情况，采用大棚覆膜栽培时，建议4月中下旬后要及时揭去覆膜通风降温，或加盖防虫网减轻虫害；采用露地栽培时，建议采用高垄窄畦，以利于排水和通风，雨季若能采用小拱棚覆盖，则可大大降低软腐病发病率。

(八)留　种

大白菜主要有大株和小株两种留种办法。大株留种又叫成株留种，因为它是用秋播结成球的大白菜采种，故又称结球采种。一般是在大白菜收获时，从地里选择优良的植株作种株，连根挖出窖藏过冬，于翌年2月中下旬至3月上旬再栽到地里。大株采种程序复杂、费工，特别是软腐病严重，种株受害死亡率常达60%，产量不稳定，但因能按品种特点进行严格的选择，故能保持和不断提高种性，种子质量高，一般用作繁殖原种。

为了提高母株留种的繁殖率，保持品种纯正以及增加自交不亲和系的繁殖率，李曙轩等(1979)研究利用"叶—芽"扦插繁殖，使每一个腋芽可以繁殖成为一独立的植株，为大白菜母株留种提供了一个新途径。具体方法是：先把叶球从中心柱(茎)纵切为4等份，然后从外层到内层切取芽块，使每个芽块上都带有一张叶片、一部分中心柱(茎)组织及一个侧芽。扦插前用1000～2000毫克/升萘乙酸或吲哚丁酸(IBA)水溶液浸蘸茎切口底面2～5秒，然后扦插于砻糠灰与沙的混合物中，经10～15天开始发芽、生根，再移栽入田间。

小株留种也叫直播采种，是将大株种子播种，不经结球就开花结籽的采种方法。播种期有晚秋和早春两种，不论用直播或育苗均可。

小株留种因未经结球，不便严格选择，连年使用会使种性退化，故生产上可采取大、小株隔年采种，或大、小株并举的采种方法：小株采种所用种子来自大株，用大株选种，小株繁殖。大、小结合，既经济又可防止退化。

大白菜为十字花科异花授粉作物。在十字花科蔬菜中，白菜与甘蓝、芥菜、萝卜等之间不杂交，可以种到一起采种，但白菜类之间，例如，大白菜的不同变种或品种之间，以及与小油菜、乌塌菜、菜薹、芜菁等之间都容易杂交，采种时必须严格隔离。

二、小 白 菜

小白菜是指作为绿叶蔬菜栽培的结球白菜中的散叶白菜、花心白菜以及南方称青菜、北方叫油菜的一类蔬菜，如大青菜、油白菜、瓢儿菜、乌塌菜等。这类菜适应性强，生长期短，品种多，产量高，可以排开播种，是增加复种指数，提高土地利用率，增加收益，解决周年供应的主要蔬菜。

(一)生物学性状

属半耐寒或耐寒性蔬菜,营养器官生长的适宜温度为12℃～20℃。耐热力和耐寒力因种类不同而异,叶色浓绿的耐寒力强。属种子春化型,但对温度的要求不严格,15℃以下即有促进作用。秋播后营养器官发达,产量高。菜薹花芽分化及抽薹对条件要求更不严格,秋播后,当年冬前即可开花。

异花授粉,不同变种间极易杂交。

(二)类型和品种

1. 大白菜类 大白菜类中的早熟白菜品种,如小白口、肥城卷心、菊花心等。叶色淡绿,质地柔嫩,生长快,收获期早,可以幼苗或半结球白菜供应。适应性强,四季都可种植。

2. 油菜类

(1)普通种 叶柄直立,或稍展开,或抱合成筒状。叶片浅绿色,有的肥厚,近圆形;有的扁平,基部抱合向内弯曲呈匙形。优良品种有上海晚青、南京矮脚黄、三月慢、四月慢、黑白菜等。

(2)塌地种 叶片肥厚,深绿色至墨绿色,叶面平滑或多皱缩,有光泽,全缘。叶开张度大,塌地生长,如盘状。耐寒力强,尤其经过霜冻后,品质更佳。但不耐热,生长较慢,适合秋后播种,冬初收获。优良品种有南京瓢儿菜、常州乌塌菜、上海塌棵菜等。

3. 菜薹 又叫菜心。叶片绿色或紫色,广卵圆或近圆形,叶缘常有不规则的钝锯齿。叶柄狭长,具叶翼。抽薹力强,以花薹为主要食用部分,可连续摘收。北方冬季严寒,栽培不普遍。在南方,是冬、春的主要蔬菜。

(三)栽培技术

因栽培季节不同而有所差异。一般分为春茬、夏茬、秋茬、越冬茬 4 类。

1. 春茬 前期温度低,适合春化,后期温度高,又容易抽薹。因此,栽培中的主要问题是,加快生长速度,使其在抽薹期前达到食用成熟度。

(1)整地　应选择肥沃疏松的土壤,施足底肥,做成小畦。畦宽1.2～1.4米,长约6米。畦面要整平,最好做成顶水畦,即畦面在近水口处,与远水口处相平或略低,减小水流速度,以免前期浇水时冲倒幼苗,引起缺苗。

(2)播种　要选用生长快,耐寒力强,抽薹迟的品种,如油菜、小白口、切头白等。春分以后,平均气温达4℃～5℃时起至谷雨前,陆续播种,过早容易抽薹。为延长供应期,应采用排开播种法,每期相距5～7天。

(3)播种方法　春分以前,气温和地温较低,应先将种子在30℃～35℃的温水中浸3～4小时,然后取出,置于20℃左右处,催出芽后,落水播种。

(4)管理　真叶出现以前,不宜浇水,防止降低地温和叶面沾泥。待2片真叶出现后,及3～4片真叶时,各浇水1次,并随水施腐熟人粪尿或氮素化肥。以后,经常保持湿润。一般播种后50～55天开始收获,每667平方米产1 500～2 000千克。

2. 夏茬　6月到8月上中旬播种的均属夏茬。此时,气温高,为防止高温灼苗,要选择生长快,又耐高温的品种,如小白菜、大青菜。大部分采用撒播方式,播后浅锄搂平,轻踏一遍再浇水。出苗期要常浇水,直至出苗。生长期间缺水时,宜在早晚温度低时浇水。一般播后25～30天即可收获,每667平方米产1000千克左右。

3. 秋茬　多在立秋到处暑间播种。这时气候适宜,植株能充分生长,产量高,每667平方米产量可超过5 000千克,而且品质好。主要采用大青菜、黑白菜、瓢儿菜等品种。育苗后移栽,大多在小雪后收获,也可贮至春节应市。

4. 越冬茬　越冬小白菜的采收期,正值3～4月份缺菜之际。因此其对解决蔬菜周年供应有重要意义。目前,生产中存在的主要问题是越冬死苗、未熟抽薹和集中上市等问题。

(1)做好品种搭配　大青菜、瓢儿菜品质好,翌年春返青早,抽薹也早,可少量播种,供3月中旬以前食用;四月慢、五月慢、上海晚青、黑白菜等抽薹晚，可分几期播种，3～4 月份陆续上市。

(2)适期播种，育苗移栽　据陕西西安地区经验，瓢儿菜、大青菜以 8 月底至 9 月初，黑白菜、上海晚青和四月慢以 9 月上旬播种，最迟不超过 9 月 15 日为宜，使冬前具有 5～7 片真叶。这样，耐寒性强，产量也高。

(3)适期定植　苗龄 30 天，一般从 10 月上旬开始移栽，月底栽完。定植时，留主根长 4～5 厘米，栽后立即灌水。

(4)加强管理　11 月上中旬，喷药防治蚜虫；冬至前后，灌冻水后，盖粪，盖草；翌年 2 月下旬及时春灌，促进生长。

第三章 甘蓝类

一、结球甘蓝

结球甘蓝，简称甘蓝，概因其大叶似冬蓝而味甘美之故，因其能卷心及来自于外国，所以又有包心菜、洋白菜之称。因其叶与椰子相似，所以广州地区叫它椰菜。甘蓝适应性强，容易栽培，产量高，我国南北各地普遍栽培，而且能久贮、远运，可周年供应。品质好，含有多量抗坏血酸、胡萝卜素、蛋白质、糖及钙、磷、铁，营养丰富。食用方法多样，不论炒、煮、酸渍、腌、酱均甚相宜，特别是酸渍时，在乳酸菌的作用下，其所含的糖转化为酸，酸与醇结合产生酯，更富独特风味，颇受广大群众欢迎。甘蓝的外叶是好饲料，经青贮后适口性更佳。

(一)生物学性状

1. 植物学特征 圆锥根系，基部粗大，入土浅，主要根群分布在30厘米深的耕层内。不抗旱，但再生力强，耐移植，易扦插。叶宽大，光滑或皱缩，无毛，多为绿色，亦有紫红色的，具白色蜡粉，特别是干旱时更多。叶形因生长阶段不同而异：基生叶小，呈瓢形；之后渐大，呈卵圆形或圆形，具叶柄；结球时叶片更宽，叶缘直达叶柄茎部成为无叶柄。叶球中心的短缩茎叫中心柱，中心柱短的节间短，叶密，包心紧。营养生长期侧芽一般不活动，当顶芽受伤后，侧芽萌发。侧芽能二次结球，可用于采种。

花比白菜的大，异花授粉，不同变种或品种间易杂交。

2. 生长发育周期及其对环境的要求 结球甘蓝为二年生作物，生育周期与结球白菜相似：第一年形成叶球，完成营养生长，经冬季，第二年春、夏开花结实。亦有不结球而抽薹的，特别是冬前种植的春甘蓝，未熟抽薹者最常见，使生产蒙受重大损失。原因是由于苗太大，温度低而且时间又长，致使其通过了春化阶段之故。

不同品种通过春化阶段的条件也有差异，大体分为 4 类。①北方春播晚熟大型品种群。生长期长，幼苗茎粗在 1.5 厘米以上，经 100 天左右才通过春化阶段。②北方春播早熟品种群。以丹京早熟为代表，幼苗茎粗 0.70 厘米，约经 55 天通过春化阶段，用其秋播越冬栽培时，容易未熟抽薹。③秋末冬初播种越冬品种群。以黄苗、金早生为代表，茎粗 1.1 厘米，85 天通过春化阶段。④夏播和热带品种群。在 17℃时 20 天就能通过春化阶段。为了保证越冬的春甘蓝能形成叶球，必须选用冬性强的品种，并严格掌握播种期，冬前使其长到既有利于早熟，又不致抽薹的阶段。同时，在越冬过程中，还要视气候的冷暖，采取促或控的措施，在定植时要汰除可能抽薹者。另外，要注意留种、选种，切勿用抽薹早的劣株留种。

甘蓝喜温暖凉爽的气候。在月平均温度 6℃～25℃的范围内均能正常生长结球，其中以 15℃～25℃为最适宜。生长时期不同，对温度的要求也有差异。种子发芽的最低温度为 2℃～3℃，但很慢，不能出土，实际发芽出土的温度要在 8℃以上，尤以 25℃较为适宜，35℃时也能正常出苗。外叶生长的适温为 20℃～25℃，进入结球期后降至 15℃～20℃。生长的临界低温为 5℃。较耐寒，大苗能忍受短期－8℃～－12℃的低温，叶球能耐－6℃～－8℃或更低的暂时低温。开花结实期怕寒，在－1℃～－3℃时，可使花和子房受冻。不耐高温，温度高于 25℃时生长不良，基部叶片枯黄脱落，短缩茎延长，叶球小，包心不实。

甘蓝不耐干旱，土壤水分必须充足。但忌渍，否则根系变褐变黑，使植株生长停止，或发生严重软腐。

对光照强度要求不严格，与高秆作物间作生长也好。日照延长能促进生长，加快结球。

甘蓝很喜肥，结球前对氮需要量大，结球之后消耗磷、钾较多。据分析，叶球内部叶灰分中的含磷量为外部叶灰分的 4 倍。所以磷对叶球的形成很重要。适于微酸性到中性的土壤,耐盐性强,在含盐量为0.75%～1.20%的土地上,也能正常生长结球。

(二)类型和品种

1. 类型 按叶片特征分为普通甘蓝、皱叶甘蓝和紫甘蓝。皱叶甘蓝叶片绿色,叶面皱缩。紫甘蓝的叶球与外叶均为紫红色。我国栽培的主要是普通甘蓝。按叶球形状分为尖头型、圆头型和平头型。尖头型品种的叶球近圆锥形,适宜春季早熟栽培,一般不易发生先期抽薹,较直立,外叶数少。圆头型品种的叶球圆球形,适宜早熟或中熟栽培,球叶脆嫩,品质好,但抗病性和抗寒性差,冬性弱,作春甘蓝栽培时容易发生先期抽薹现象。平头型品种的叶球为扁圆形,中熟或晚熟,抗病性强,适应性广,叶球大,较耐贮藏。

2. 品 种

(1)中甘8号 中国农业科学院蔬菜花卉研究所选育的杂交种。植株开展度60厘米×60厘米,外叶16～18片,倒卵形,灰绿色,蜡粉较多。叶球扁圆形,高12厘米,横径24厘米,中心柱长5～6厘米,单球重1.5～2.0千克。结球紧实,叶质脆嫩,耐热,抗病。早熟,定植至收获60～65天,每667平方米产4000千克左右。适宜华北、西北及长江中下游地区秋季栽培,部分地区作夏季栽培。

(2)中甘11号 中国农业科学院蔬菜花卉研究所选育的杂交种。植株开展度46厘米×52厘米,外叶12～14片,卵圆形,深绿色,蜡粉中等。叶球近圆形,高14～16厘米,横径13～15厘米,中心柱长6～8厘米。叶质脆嫩,品质好。抗寒,抗干烧心病。早熟,定植后50天收获。采收期集中,每667平方米产3500千克左右。适宜华北、东北、西北、华中、华南等地区春季露地早熟栽培。

(3)中甘21号 中国农业科学院蔬菜花卉研究所育成的甘蓝一代杂种。整齐度高,杂交率达100%。球叶色绿,叶质脆嫩,品质优良,圆球形,外观美观,不易裂球。冬性强,耐先期抽薹,抗干烧心病,单球重约1.0千克,定植到收获约50天,每667平方米产量可达 3 500 千克左右。适于我国华北、东北、西北及云南地区作露地早熟春甘蓝种植,长江中下游及华南部分地区也可在秋季播种,冬季收获上市。

华北地区春季露地栽培一般在 1 月中下旬在温室播种育苗,3 月底 4 月初定植,定植时幼苗以 6～7 片叶。开始包心时注意追肥浇水,3～4 水后即可收获上市。

(4)东农 607　东北农业科学院园艺系选育的甘蓝杂交种。株高 17～20 厘米,株幅 40～45 厘米,外叶圆形,绿色。叶球扁圆形,单球重 0.75 千克。抗芜菁花叶病毒,兼抗黑腐病,不易抽薹及干烧心。极早熟,定植后约 45 天采收,每 667 平方米产 2 500 千克左右。适宜黑龙江各地春季栽培。

(5)秦甘 60 号　西北农林科技大学园艺学院选育的早熟一代杂种。生育期 60 天左右。植株开展度 52 厘米,外叶数 8～9 片,叶色深绿,蜡粉中等。叶球圆形,球叶色偏绿,球纵径 14.2 厘米,横径 13.7 厘米,中心柱长 6.8 厘米,叶球紧实度 0.57,包球速度快,单球重 1.4～1.6 千克,冬性强,不易发生未熟抽薹,不裂球,抗病毒病和黑腐病,兼抗霜霉病。适应地区较广,在陕西、北京、山东、山西、河南、福建、青海、辽宁等地区域试验田间表现良好。一般适宜北方春、秋两季,南方春、秋、冬三季栽培。

陕西地区春季露地栽培于 12 月中下旬播种育苗,3 片真叶时分一次苗。秋季栽培于 6 月上旬至 7 月中旬露地平畦播种育苗,6～7 片真叶时带土定植。露地、冷床和大棚育苗多采用干籽播种,温床和温室多采用浸种催芽播种。定植前 7～8 天,逐步炼苗,控制灌水。一般气温稳定在 10℃以上,8～9 片真叶时定植。西北地区一般在 3 月上中旬露地定植。每 667 平方米栽 3 000～3 300 株。

(6)秦甘 13 号　陕西省农业科学院蔬菜研究所选育的中熟甘蓝杂交种。株幅 64.7 厘米,外叶 13～15 片,灰蓝色,蜡粉中等。叶球扁圆形,纵径 15.1 厘米,横径 25.2 厘米,单球重 3 千克。抗芜菁花叶病毒，兼抗黑腐病。定植后90～100天采收，每667平方米产5 500千克以上。适宜陕西各地秋季栽培。

(7)西园3号　西南农业大学园艺系选育的中晚熟甘蓝杂交种。株幅64厘米，外叶10～13片，绿色。叶球扁圆形，高14厘米，横径26厘米，单球重2～3千克。抗病毒病兼抗黑腐病。每667平方米产4 500千克以上。适宜西南各省及湖北、湖南、陕西等省秋季栽培。

(8)夏光　上海市农业科学院园艺研究所育成的杂交种。株高32～35厘米，株幅55～70厘米，外叶16～18片，灰绿色，蜡粉多，略皱缩。叶球扁圆形，绿色，单球重1～2千克。早中熟，耐热性较强，适于越夏栽培，但抗病性较差。每667平方米产2 500～4 000千克。适宜山东、天津、河南及气候相似地区种植。

(9)晚丰　中国农业科学院蔬菜花卉研究所育成的杂交种。植株较大，株幅65～75厘米，外叶15～17片，深绿色，蜡粉多，中肋绿白色。叶球扁圆形，单球重2.5千克，内叶扁厚，粗硬有纤维。抗病，但对黑腐病抗性中等。耐热，耐贮运，耐旱涝，不耐瘠，对季节适应性差，只适宜秋季栽培。中晚熟，定植后100～110天采收，每667平方米产5000～6000千克。适宜陕西、山西、山东、江苏、北京、天津、内蒙古等省、直辖市、自治区及地理气候相似地区种植。

(10)秋丰　中国农业科学院蔬菜花卉研究所和北京市农林科学院育成。生长势强，株幅70厘米，外叶15～17片，灰绿色，蜡粉多。叶球扁圆形，单球重2千克。晚熟，定植后约100天采收，每667平方米产4 000～5 000千克，抗病性强，耐贮藏。适宜华北各地秋季露地栽培。

(11)京丰1号　中国农业科学院蔬菜花卉研究所与北京市农林科学院选育的杂交种。开展度70～80厘米，外叶12～14片，近圆形，深绿色，背面灰绿。叶球扁圆形，高14厘米，横径28厘米，单球重2.5千克。中晚熟，定植后85～90天采收。适宜东北、华北及长江下游、黄淮海地区作春甘蓝栽培。

(12)庆丰　中国农业科学院蔬菜花卉研究所和北京市农林科学院蔬菜研究中心选育的杂交种。中熟，定植后 70～80 天成熟。开展度 50 厘米，外叶约 16 片，深绿色，有蜡粉。叶球近圆形，单球重 2～2.5 千克。适应性广，每 667 平方米产 6 000～7 000 千克。适宜北京、天津、河北、山东、河南、江苏、云南、陕西、甘肃等省、直辖市作春甘蓝栽培。

(13)惊春-893　南京农业大学园艺系和南京市栖霞区蔬菜局联合培育的杂交品种。叶厚而挺，株型紧凑，球形光洁，扁圆形，单球重 1 千克，甜脆，能耐－7℃以下低温。8 月 10 日前后播种，9 月中旬定植，翌年 3 月中旬上市，每 667 平方米产 4 500 千克左右。

(14)逢春甘蓝　山东单县农作物良种研究所育成的圆球形越冬甘蓝品种。能耐－15℃的低温，不需保护，露地越冬。黄河以南地区 7 月 20 日播种，9 月 15 日前大田移栽，翌年 3 月上市。长江流域 8 月 10 日前后育苗，春节前后上市。

(三)栽培季节

甘蓝是耐寒，对温度的适应范围较广的作物，所以在北方，除了严寒的冬季之外，春、夏、秋三季都可在露地栽培(表 3-1)。华南除了最炎热的夏季，对甘蓝生长不良外，其余三季均可露地栽培。西南及长江流域几乎一年四季都可以栽培。

表 3-1　北方城市甘蓝播种期与收获期

城　市	栽培类型	月份											
		1	2	3	4	5	6	7	8	9	10	11	12
哈尔滨	春甘蓝		○	—	—	—	△						
	夏甘蓝			○	—	—	—	△					
	秋甘蓝					○	—	—	—	—	△		

续表 3-1

城市	栽培类型	月份											
		1	2	3	4	5	6	7	8	9	10	11	12
沈阳	春甘蓝		○	—	—	—	△						
	夏甘蓝				○	—	—	△					
	秋甘蓝					○	—	—	—	—	△		
北京	春甘蓝	—	—	—	—	△						○	—
	夏甘蓝			○	—	—	—	—	△				
	秋甘蓝						○	—	—	—	△		
呼和浩特	春甘蓝		○	—	—	—	△						
	夏甘蓝			○	—	—	—	—	△				
	秋甘蓝					○	—	—	—	—	△		
乌鲁木齐	春甘蓝		○	—	—	—	△						
	夏甘蓝				○	—	—	—	△				
	秋甘蓝					○	—	—	—	—	△		
西安	春甘蓝	○	—	—	△								
	夏甘蓝					○	—	—	△				
	秋甘蓝						○	—	—	—	—	△	
兰州	春甘蓝		○	—	—	—	△						
	秋甘蓝				○	—	—	—	△				

注：○代表播种期；△代表收获期

（四）春甘蓝栽培

春甘蓝在秋季（10 月份）或冬季（12 月下旬至翌年 1 月上旬）播种育苗，早春定植，夏初采收。

1. 育苗 依品种的冬性强弱及熟性，分为露地秋播和阳畦冬播两种育苗方式。

（1）露地秋播 秋播越冬栽培的春甘蓝，育苗方法简单，不需要特殊设施，可避免与夏菜育苗争设施的矛盾。应选用耐寒、晚抽薹的品种。目前国内主要使用的品种有陕西西安地方品种灰叶甘蓝，上海地方品种四月慢，上海市农业科学研究所育成的海丰，江苏省农业科学院育成的春眠及南京农业大学和南京栖霞区蔬菜局联合选育的惊春-893。这些品种冬性强,不易发生早期抽薹。

选经过休闲的肥沃土地做苗床。翻耕晒垡碎土后,每100平方米苗床施腐熟厩肥1000千克,浅耕耙平后做畦。

播种期因地区不同差异很大。上海、南京等地,冬季不太严寒,甘蓝可以露地越冬,其播种期一般在8月上旬,播种后搭遮阳防雨棚,齐苗后揭去覆盖物。9月上旬定植,露地越冬后2月中下旬起至3月中旬上市。冬季严寒,露地不能越冬处,例如陕西西安地区一般在寒露节前后播种。播种时,先将苗床耙平,然后浇大水,待水渗下后,撒播种子。播后覆土,厚约1厘米,覆土要薄厚均匀。

播后3～4天可出苗。幼芽刚露出地面时,再覆土,厚0.5厘米,填封床面裂缝,保护幼苗顺利出土。以后,当子叶平展时再覆土1次,护温保墒。待苗1片真叶后,可开始间苗,将子叶畸形、瘦小、受伤、过密的及杂种苗间去,使苗距保持2～3厘米。间苗后覆土1次,可以保墒。苗具1～2片真叶后,如土壤水分不足,可浇1次水。幼苗子叶展平起,每隔5～7天喷药防虫1次。2～3片真叶时,追施稀薄人粪尿或撒施墙炕土。

播种后半个月左右,准备好分苗用的苗床。播种床的小苗经1个月左右至11月上旬,即可分苗于露地苗床。但若播种过晚,苗太小,分苗过晚或品种冬性较弱时,可分苗于冷床,以促进生长。在分苗前1～2天,播种床要先浇水以便起苗。起苗后按10～12厘米行距开一小沟,用小壶顺沟浇足底水,水渗下后,按10厘米株距摆苗,然后覆土。以后土壤干旱时再浇1次水。在天气渐冷时,夜间及风雪天,用草帘或塑料薄膜覆盖防寒。露地苗床可搭小拱棚,用塑料薄膜覆盖。过分寒冷而且苗小时,夜间加盖草帘。苗床冬季不宜多浇水,在土壤干燥时,可选中午天暖时适量少浇点水。

翌年春季2月上中旬顺水施粪尿1次,第二天再浇1次清水。定植前7～10天除去草帘、塑料薄膜,逐渐加大通风,进行幼苗锻炼。

(2)阳畦冬播育苗　主要用于春化阶段短、容易抽薹的早熟品种,如报春等。

土壤结冻前,选择避风向阳的地方做好苗床。苗床多为阳畦,畦长 6 米,宽 1.3～1.5 米,深 25 厘米,内铺 10 厘米厚的培养土。播种前 7～8 天盖上玻璃窗或塑料薄膜,提高温度。

播种方法基本同秋播育苗。冬季气温低,也有先行浸种催芽的,即将种子放在 20℃～30℃温水中搅拌后浸泡 4 小时,滤去过多的水分,放在 15℃～20℃处,经 2～3 天催出芽后播种。

播种后盖好玻璃窗或塑料薄膜,封严苗床,使床温达 20℃～25℃,促使出苗。苗出齐后,在床面上撒细土,厚 0.5 厘米,并适当通风,夜间床温保持 6℃～8℃。第一片真叶出现后,白天床温保持 20℃左右,夜间 5℃～10℃。苗具 1～2 片真叶后,可根据土壤情况,选择温暖的中午适当浇水。床温不宜过高,湿度也不可过大,防止徒长和发生根腐病。苗具 2～3 片真叶时,分苗 1 次。缓苗后进行中耕,追肥。定植前 10～15 天逐渐加大通风量,进行幼苗锻炼;定植前 3～4 天除去草帘,并喷 200 倍波尔多液,防治霜霉病。

2. 茬口、整地与施基肥　前作主要有芹菜或大白菜等各种秋菜,后作有小白菜、大青菜或萝卜、冬大白菜等秋菜。

前作收获后,每 667 平方米施腐熟厩肥 4 000 千克,耕翻耙碎后过冬。第二年早春,地解冻后耙耱 1 次,然后再犁地,并行耙耱。如冬季未施基肥,可在春耕前施圈杂肥。定植前 1 周,浅耙、做畦。也有在做畦后施基肥的。畦的大小一般为宽 1.3 米,长 6～10 米。为了提早成熟,亦可采用斜坡向南的高畦,将苗栽在向南的斜坡上。

3. 定植　定植期为 2 月下旬至 3 月中旬。容易过早抽薹的品种,定植不能太早,以免因经受低温时间长而起薹。定植距离依品种而定,一般早熟品种,行株距 30～36 厘米;中熟品种,行株距

50～70厘米。

定植前2～3天，床土过干时，可浇1次大水，以利于起苗带土。早春气温低，可采用“坐水”栽苗，即先挖好定植穴，在穴内浇水，待水渗下后栽苗和覆土，以促进根群发育。定植后，最好用地膜或拱棚盖薄膜。

4. 田间管理 缓苗后只要墒情适宜，要多锄少浇，提温促根。结合中耕，向植株基部围施土粪。锄地后10天左右浇水，3～4天后再浇一水，促苗快长。莲座后期至结球以前适当蹲苗，使植株尽快转入结球，提早成熟。过10天左右每667平方米随水追施人粪尿1500千克，或浇水后撒施硫酸铵15千克。开始包心后追施第二次肥，每667平方米施尿素20千克，过磷酸钙15千克，氯化钾10千克，这次追肥对促进包心很重要。要加大灌水量，使地面经常保持湿润。接着，每667平方米再增施尿素15千克，促进包心。

春甘蓝植株较小，生长后期根部追肥常有困难，可与根外追肥配合进行：定植后15～20天开始，每隔7～10天用1.5%～2.5%硝酸铵喷1次，不仅省工、省肥，且效果好。

(五)秋甘蓝栽培

秋甘蓝是指夏季6～7月间播种，7～8月份定植，秋、冬采收的甘蓝。其栽培技术除可参考春甘蓝外，重点注意以下问题。

1. 育苗 播种期因品种而异：晚熟种一般在5月下旬；中熟种于6月中旬；早熟种于6月下旬至7月中旬，尤以7月上旬最为适宜。

播种多采用落水撒播，底水一定要浇足，以免出土前浇水浆籽，也可趁墒播种。为省去分苗和节省种子，最好采用点播育苗：先将苗床浇透水，待水渗下后用齿距10厘米的划行器，在苗床上面纵横方向划出小方格。然后在每个小方格的中心，点播3～4粒种子，随播随即均匀地覆盖培养土，厚约1厘米。

子叶露出地面后，如土壤过干，可开始浇水。但水量要小，以免发生冲苗或浆苗现象。以后，如天气炎热干旱，每1～2天浇1

次水，以保持地面不干为原则。子叶展开后，注意防虫，每 5～7 天喷药 1 次。出现真叶后，进行间苗。点播育苗的，每穴留两个健苗，拔去过密苗及弱苗、杂苗。2～3 片真叶时间第二次苗，每穴留一苗。撒播的，1 片真叶后间苗 1 次，苗距保持 1.5 厘米左右；2～3 叶时分苗 1 次，苗距 10 厘米。分苗要选择阴天或傍晚进行。分苗前 1 天苗床须浇水，起苗时应多带土，避免伤根。栽苗时，必须随栽苗随即浇水，或先开沟浇入底水，摆苗后封土，并用竹箔遮阴。分苗后要连浇 3 次水，促使缓苗。缓苗后中耕 1 次，并及时拔除苗床里的杂草。

2. 整地 秋甘蓝的前作有春黄瓜、西葫芦、早笋瓜及大白菜、萝卜等秋菜的采种地或小麦地等。城市近郊区也有在小架番茄拔蔓后栽秋甘蓝的。近年来甘蓝黑腐病发生严重，安排茬口时应避免与甘蓝、菜花、萝卜等作物重茬。秋甘蓝地在采收后，多作为冬季休闲，第二年再种各种春夏菜；早采收的，也可栽越冬青菜或播种小麦、豌豆。

前作采收后及时耕地，耕后随即耙耱。做畦前再浅耕 1 次，耕后细致耙耱做畦，一般畦宽 1.3 米，长 6～7 米。

秋甘蓝多采用中晚熟品种，因生育期较长，要多施基肥。每 667 平方米施厩肥应达 5 000 千克以上，并根据土壤情况在基肥中增加过磷酸钙 50～80 千克。

3. 定植 中晚熟品种在 7 月中下旬，早熟品种在 8 月上中旬，点播育苗的播种后 30 天左右，经分苗的在播后 40 天左右，苗具8～9 片叶时定植。苗过大，定植后缓苗期长，影响生长。栽苗深度以最下面的一片叶与土面平为宜，不可过深，以防浇水后埋没心叶。秋甘蓝定植期正值夏季炎热天气，定植时要注意以下 3 点。

(1)选好定植时间　最好在阴天或傍晚时定植。定植后缓苗前如遇暴雨，要尽可能提早锄地，破除板结，加强通风。

(2)带土坨定植　定植前 1～2 天苗床土壤干燥时浇 1 次水，或用洒壶洒水，保证起苗时带好土坨。在装筐、运输、摆苗、栽苗时要轻拿轻放，保持土坨完整。

(3)及时浇水　随栽随浇。

4. 田间管理

(1)浇水　定植后，视当时气候情况，每隔2～3天浇1次水，以保持地面不干，使幼苗迅速恢复生长。缓苗后每隔6～7天浇1次水。结球期应增加灌水，使地面经常保持湿润。当大部分叶球包心紧实后，可减少灌水。结合灌水进行追肥。

(2)中耕　秋甘蓝定植后，常逢连阴雨或炎热、干旱、暴雨等天气，应及时中耕，提高抗灾能力。一般至少中耕2次，在浇最后一次缓苗水后进行第一次，以后每浇1～2水或雨后均要中耕。前期中耕时土壤湿度要稍大些，中耕要深，要细。当植株长大封行时，停止中耕。

(3)追肥　一般追肥3～5次，第一次多在第二次中耕以前，用量不宜过大，最好将速效性的人粪尿与迟效性的饼粕配合使用。饼粕或化肥在距植株10厘米左右处环施，人粪尿随浇水溜施。第二次追肥在开始包心前。这次追肥以人粪尿或氮素化肥为主，用量须增大，并注意磷、钾肥的配合。以后在包心中期，每隔15天左右随水溜施速效性氮肥1次，以促进结球。总的追肥量每667平方米可施人粪尿3000千克，过磷酸钙40千克，尿素20～25千克，饼粕100千克。早熟品种应早追肥，晚熟品种应增加追肥次数及数量。施肥除饼粕、过磷酸钙要开沟环施外，一般可结合浇水进行，氮素化肥也可在雨后或浇水后趁墒撒施。

(4)采收　当叶球坚实，顶部变白、发亮时便可采收，尤其对已成熟的中早熟种甘蓝，应在下雨前抓紧采收，防止裂球和腐烂。准备贮藏的中晚熟种，应在11月中下旬小雪前采收，如过早采收，则耐贮性减低。

(六)夏甘蓝栽培

夏甘蓝指晚夏早秋之间采收上市的甘蓝。这一茬甘蓝的生长期正值高温天气，病虫危害严重，产量极不稳定，故采用者很少。

在夏甘蓝中，早秋甘蓝的栽培要较晚夏栽培容易一些，产量也较稳定。

夏甘蓝一般宜用黑叶小平头、黑叶大平头、夏光等。

黑叶平头等中晚熟种，作晚夏栽培的，于3月下旬至4月上中旬播种；中早熟种，4月上旬至5月中旬播种。作早秋栽培的，中晚熟种5月下旬，中早熟种在6月下旬至7月上旬播种。夏甘蓝由于生长受到高温的限制，植株较小，应适当增加密度。中晚熟种每667平方米2000株苗左右，中早熟种3200～4000株苗。

夏甘蓝可趁墒撒播或落水播种。5月份以后播的，不进行分苗，可播稀些；或按4～5厘米行距条播，及时间苗，株距4～5厘米。苗期少浇水，及时防虫，播后40天左右定植。

大田深耕晒土，每667平方米施农家肥4000千克作基肥。在傍晚或阴天栽苗，随栽随浇水。缓苗后，分次少量追肥，以人粪尿、饼粕、土粪为主，每667平方米施1000千克即可。开始包心后随水重施追肥，每667平方米施尿素25千克，并适当增加灌水次数。灌水必须在傍晚进行，一般每3～5天浇一水，使地面经常保持湿润，降低地温，促进结球。暴雨后或施肥后都要浇1～2次清水。追肥浓度要小，并要结合浇水做到少吃多餐，以免因高温引起根部腐烂。

夏甘蓝生长期间病虫害多，应及时防治。晚夏甘蓝8月上旬至9月中旬可陆续采收。早秋甘蓝在9月中旬至10月中旬采收。

(七)留　种

甘蓝是异交作物，常因留种不当造成品种混杂，严重地影响品质和产量。所以，选种、留种必须严格，并对退化的品种及时进行提纯复壮。一般品种的留种方法如下。

1. 秋甘蓝留种

(1)结球留种法　利用秋甘蓝成株作为种株，在定植及叶球成熟期认真选好种株。冬前将选好的种株连根挖起，进行沟藏或冷床贮藏。翌年2月上中旬，将种株按宽窄行方式定植。定植的深度，以茎部全部埋入土内为宜，把根部用土填实。定植后在叶球的顶部用刀割“十”字形切口，或垂直切去叶球四周，仅留 7～10 厘米见方的心柱。做切口或留心柱时，注意勿伤及生长点。也可提早在 11 月初叶球形成后，于采收前 10～15 天，在叶球顶部割一“十”字形切口，或只留心柱，使心叶开展生长，变为绿色，以增强抵御冬季严寒的能力。11 月下旬至 12 月上旬连根挖起，定植于露地越冬。留种地应选择避风向阳能灌水的高燥地，每 667 平方米施入圈粪 3 000 千克，或人粪干 1 000 千克，另加过磷酸钙 50 千克，草木灰 50 千克。抽薹初期和花谢结荚时各追肥 1 次，每次每 667 平方米施尿素 15 千克。早春地温低，定植后一般不浇水，若土壤过干可以浇点水，避免降低地温。栽种株后，应及时中耕和进行根际培土，防止雨涝和风害。抽薹、开花前应浇大水，花谢结荚后减少浇水，种子接近成熟时停止浇水。花期用 0.01％硼酸水溶液喷洒，可促进受精，提高种子产量。开花后应插杆围绳，以防花枝被风吹断。种株也应整枝，即除去晚发育的细弱枝条，主茎应及时摘心，花序顶端的尾花也应摘掉。6 月中旬，当大部分果荚变黄，种子变褐时，在清晨及时收割。收割后，后熟 1 周，再进行脱粒。

此法可根据植株及叶球的性状选择出优良的种株，故能保持种性。抽薹开花较早，种子成熟也早，种子产量高，因而是秋甘蓝留种的基本方法。特别是在繁殖秋甘蓝原种时必须采用。

(2)半成株留种　中、晚熟品种于 8 月中旬前后播种；早熟种于 8 月下旬至 9 月上旬播种育苗，分苗 1 次，10 月中旬定植露地。严冬时浇冻水后，盖粪防寒。以后管理方法与结球留种相同。

此法的优点是，种株生长期短，生活力强，种子产量高，成本低。缺点是种株未结球，选种困难。半成株留种用的种子，必须用秋甘蓝结球留种采得的原种种植，只有这样才能防止种性退化。

2. 春甘蓝留种方法

(1)春甘蓝残株侧芽留种法　这是春甘蓝留种的基本方法。播期、管理都与春甘蓝栽培相同，仅在采收时严格选好采种母株。

母株选好后在晴天上午割除叶球。割除叶球时,切口要光滑,并使其向南倾斜,以利于愈合。最好在切口上撒些硫磺、石灰粉(硫磺、石灰粉各半,拌匀)防腐。留下的残株,保留基部外叶,并加强田间管理,促使侧芽萌发。待侧芽长到7～10厘米时,将残株上的外叶除去,带土坨移植于留种田。也可以将选留的残株除去外叶,并进行移植,但移植后须多浇水,并适当遮阴。以后,进行一般管理即可。严冬时须在根部培土,促使侧芽生根,并盖粪土防冻。也可在9月中下旬将残株上长出的粗壮侧芽,用小刀自侧芽基部带上部分母株的皮层割下,按宽窄行扦插于采种田。为了促进生根,提高成活率,可将侧芽的下部先在20～40毫克/升萘乙酸或40～80毫克/升吲哚丁酸溶液中浸泡16小时,然后再扦插。

残株侧芽留种,可以选择适于春季栽培的早熟和不易发生早期抽薹的较理想的春甘蓝类型,加之生产上栽培面积大,选种机会多,能选出最优良的植株留种,故可有效地保留和提高种性,既能收菜,又能留种,也比较经济。缺点是生长期长,种株易烂,尤其是晚熟种,割球时正值炎热夏季,切口和根部容易腐烂,成活率低,产种量没有保证。

(2)*半成株留种*　留种方法和优缺点均与秋甘蓝半成株留种法相同。此法所用种子亦必须是春甘蓝残根侧芽留种所得的原种。

甘蓝采种田应与菜花、苤蓝、甘蓝的不同品种、甘蓝型油菜、芜菁甘蓝、芥蓝等的采种田相隔1 000米左右,以免相互天然串花。

(八)病虫害防治

1. 病害　甘蓝主要病害有病毒病、软腐病、霜霉病和黑腐病。以夏秋甘蓝受害较重。

(1)*病毒病*　又叫抽风病、孤丁病。受害植株叶片呈现黄绿相间的花叶状病斑;重病株叶面皱缩,叶脉坏死以至全株皱缩,生长缓慢或停止生长,结球松散。一般病株外叶或叶球上常密布褐色斑点。主要由蚜虫传播。8～9月份气候干旱、蚜虫严重时,病害也严重；早播的又比迟播的重。

(2)霜霉病　在幼苗期于子叶背面先出现白色霜霉；以后，病叶背面生有淡黄、深褐色等不规则的多角形病斑，上有白霉，病叶干枯脱落。病菌在土壤和种株上过冬，种子也能带菌。在田间由风雨传播。包心期前，雨水多时发病严重。

(3)软腐病　又叫烂疙瘩、烂葫芦。属细菌性病害，由伤口入侵。一般柔嫩多汁的组织易受害，包心期发病重。病株外叶在日光下萎蔫，继之叶柄基部和根茎髓部腐烂，呈黄色黏稠状，有腥臭味。叶片瘫倒，脱帮，叶球外露，进而引起全株腐烂。包心期雨水多，虫害重，或由于其他原因造成伤口多时发病重。

(4)黑腐病　为细菌性病害。病株叶片边缘先出现黄斑，逐渐向内扩展成"V"字形黄褐色病斑，叶脉坏死、变黑，呈网状。根部受害后维管束变黑，严重时成为空心。病菌在种株及病残组织上越冬，可借雨水、昆虫、肥料传播。高温多雨和重茬地发病重。

对上述病害应采取综合防治措施：

一是选用抗病品种。从无病种株上留种，用无病种子播种，减少毒源。

二是种子处理。对带病的种子，可用种子量0.4%的50%福美双或75%百菌清可湿性粉剂拌种；对黑腐病可用40%三乙膦酸铝可湿性粉剂拌种，并能防治霜霉病；或用50%代森铵2 000倍液浸种15分钟，或用10%漂白粉浸种2～3小时，洗净晾干后播种；也可在50℃温水中浸种25分钟，晾干后播种。

三是实行轮作。避免与十字花科作物连作或邻作。

四是提高栽培技术。前作收后及时翻耕晒土，促进土壤熟化。精细整地，施足底肥。肥料须经充分腐熟，并不过量追施氮肥。在秋涝年份采用半高垄栽培，以防涝。

五是加强田间管理。雨前不浇大水，包心期不使之缺水。及时追肥，炎夏以追施化肥为主，少施人粪尿，促使苗壮并减少病害发生；及时拔除严重病株，清除病叶，减少菌源。

六是药物防治。苗期抓紧防蚜，消灭传毒媒介；及时防治菜青虫、甘蓝夜蛾、地蛆等害虫，减少虫伤，防止细菌侵入。软腐病可喷洒200毫克/升农用链霉素，或新植霉素4000倍液，或401抗菌素500～600倍液防治；霜霉病可喷洒40%三乙膦酸铝可湿性粉剂300～500倍液，或75%百菌清可湿性粉剂500倍液，或64%噁霜·锰锌可湿性粉剂500倍液。

2. 虫害 为害甘蓝的害虫主要有蚜虫、菜青虫、甘蓝夜蛾、银纹夜蛾、小菜蛾及黄条跳甲等。

(1)蚜虫 又叫油汗，主要为害叶片，受害叶片变黄，严重时扭曲卷缩，生长不良，植株矮小。对幼苗和生长前期危害最大，还可传播病毒病。干旱年份发生严重。

(2)菜青虫 菜青虫是菜粉蝶的幼虫，成虫多产卵在叶片的背面。卵鲜黄色，密集成为卵块。幼虫绿色有茸毛。主要在4月至10月中旬为害，春秋两季为害重，每年5～6月份为害最烈。轻者将菜叶食成孔洞、缺刻，重者把叶肉吃光，仅存叶脉。春秋季阴雨少，干旱和日照充足时发生严重。

(3)甘蓝夜蛾 又叫钻心虫。幼虫体态变化大，1～2龄为黑色至绿色，前缺两对腹足，弓腰行步如尺蠖；老熟幼虫体长36～40毫米，黑褐色，体节背面两侧各有一倒"八"字形黑纹。成虫灰褐色，昼伏夜出，喜在茂密植株叶背产卵，卵半球形，初淡黄色，后变紫黑色，几粒或几百粒排列成块。初孵幼虫群集叶背啃食，后分散为害。4龄后暴食，可把叶肉食光，还可钻入叶球食成隧道，排出多汁的粪便，引起叶球腐烂。主要在春秋两季为害，干旱少雨时为害最甚。

(4)银纹夜蛾 别名菜步曲。幼虫咬食叶片成孔洞或缺刻。卵馒头形，淡黄绿色。幼虫淡绿色，前细后粗，行走时体背弓曲。老熟幼虫在叶背面吐丝结茧化蛹，常与菜青虫同时发生为害。多雨有利于发生。

(5)小菜蛾 又名扭腰虫、吊丝鬼。幼虫啃食叶肉，残留表皮，或穿孔，严重时吃成网状。幼虫体淡绿色，近纺锤形。体长10～12毫米，尾足向后平伸，行动敏捷，稍有震动即吐丝向下坠落。老熟幼虫在叶背、叶脉附近或枯叶中吐丝结茧化蛹。每年春秋季节为害。

对上述虫害应采取综合防治措施：

一是农业防治。冬季翻耕土地，清除杂草、落叶，消灭甘蓝夜蛾等越冬虫蛹。苗床位置应选择远离十字花科菜地、留种地及桃梨果园的地区，以减少蚜虫传入。清除田间残株败叶及周围杂草，消灭蚜虫、小菜蛾、菜青虫等虫蛹。摘除甘蓝夜蛾卵块及群集幼虫食害的叶片，并进行销毁。对各种老龄幼虫可进行人工捕捉。

二是药物防治。及时喷药，狠抓害虫 3 龄以前的防治工作，轮换用药，以防害虫产生抗药性。注意保护害虫天敌。

蚜虫可用 40%乐果乳油 1 000～2 000 倍液，或 70%灭蚜松 2 000倍液，或烟草石灰水(烟草 0.5 千克揉碎，在 20 升水里浸泡 1 昼夜，滤去残渣，另将生石灰 250 克在 10 升水中化成乳状过滤，喷药时两液混合搅匀)喷杀。

菜青虫、小菜蛾、甘蓝夜蛾，用 2.5%溴氰菊酯乳油 8000～10000 倍液，或 20%氰戊菊酯乳油 2 500 倍液，或 50%辛硫磷 2000 倍液，喷洒，并可兼治蚜虫和跳甲。

用微生物杀虫剂如青虫菌、苏云金杆菌等也可防治菜青虫、银纹夜蛾、小菜蛾等多种鳞翅目害虫，又可保护昆虫的天敌。

二、花 椰 菜

花椰菜也叫花菜或菜花。食用部分为花球，花球颜色洁白，品质细嫩，风味佳良，营养丰富，烧、炒、泡、腌渍均甚相宜，深受欢迎。特别是由于含粗纤维少，容易消化，宜于肠胃病患者及消化力弱的人食用。我国花椰菜主产于东南沿海，在西北、华北和东北除城郊外，栽培尚少，然而发展前途甚广。陕西、广西、广东、四川、云南、浙江、江苏等地栽培普遍，为春秋两季的主栽蔬菜之一。

(一)生物学性状

花椰菜是甘蓝的变种。花球由畸形发育的肥大肉质花枝及绒球状的花枝顶端组成。正常花球呈半球形,表面颗粒状,质地致密。栽培上有时出现早花、青花、毛花与紫花现象。早花是植株营养生长不良,过早形成花球之故;青花是花球表面花枝上绿色苞片或萼片突出生长所致;毛花大多是因在花球临近成熟期骤然降温、升温或重雾,使花枝顶端花器的花柱或花丝非顺序性伸长的结果;而紫花则是由于花球临近成熟时,突然降温,苷转化为花青素引起的。叶片狭长,叶色浓绿,幼苗胚轴呈紫色的品种容易发生这种现象。花球的大小与增长速度和叶片的大小及功能有密切联系。

花椰菜定植后到花球出现前叶数不断增加,叶面积不断增大,花球出现前形成较大的叶面积和较强的同化功能,是花球顺利发育的基础。花球出现前,叶中含糖量少,花球出现时含糖量高。之后叶中的糖迅速转移到花球中,使花球迅速肥大。生产上常利用叶中营养能向花球转移的特点,进行补充栽培。

花椰菜属一、二年生的低温长日照和绿体春化型植物。它与甘蓝不同处在于,种子萌发后就可接受低温影响,而且春化需要的低温条件不太严格,一般在5℃~25℃中都可能通过。其中,极早熟品种在22℃~23℃,早熟品种在17℃~18℃,15~20天完成;中熟品种最适12℃,15~20天完成;晚熟品种最适5℃以下,30天完成。

(二)类型和品种

1. 类型 我国北方地区花椰菜主要在春秋两季栽培,两季气温升降趋向正好相反。春茬气温由低变高,秋茬气温由高变低,而不同花椰菜品种对温度的反应显著不同。因而可按品种的生物学特征及其适应性分为春花椰菜、秋花椰菜和四季花椰菜3种类型。春花椰菜指适于春夏季收获的品种,对低温感应程度要求高。冬季经较长时间育苗后,也不易先期早现花球,可以获得较高的产量,如法国菜花、瑞士雪球等。秋花椰菜,能在较高温度下进行花球分化，温度愈低，花球分化愈快，所以适于秋季栽培。定植后于90天内成熟，如荷兰雪球、白峰等。四季花椰菜，在春秋两季都能种植，如徐州杂交5号、四季种等。春花椰菜与秋花椰菜性状不同，不能混用。只有四季种才能在春秋两季种植。

按花椰菜定植后到花球采收需要的天数，可分为早熟种、中熟种和晚熟种。早熟种较耐热，定植后到成熟采收需40～70天，花球小，宜作春秋季节早熟栽培之用。中熟种苗期较耐热，冬性较强，定植后80～90天成熟，花球中等大。晚熟种，定植后90天以上才成熟，花球大，产量高。

2. 优良品种

(1)雪山　引自日本。中晚熟杂交种，定植后70～85天收获。植株长势强，株高约70厘米，开展度90厘米。叶长披针形，共23～25片，深灰绿色，蜡粉中等，叶面微皱，叶脉亮白色。花球高圆形，紧实，洁白，品质好，单球重1～1.5千克。耐热，抗腐性中等，每667平方米产2 000～2 500千克。对温度反应不敏感。主作秋季栽培，也可春季栽培，全国各地都能种植。

(2)荷兰雪球　由荷兰引入的常规种。中早熟，定植后60天收获。株高50～60厘米，开展度60～88厘米。叶片23～30片，长披针形，深绿色，具蜡粉。花球半圆形，球高约7厘米，横径19厘米，单球重650～900克。花球雪白，紧实肥厚，质地柔嫩，品质好。耐热，每667平方米产1 500千克左右。适宜东北、华北、华东和西北地区秋季栽培。

(3)法国菜花　由法国引入的常规种。中早熟，定植后60～62天收获。植株较直立，株高40～60厘米，开展度60～70厘米。叶长椭圆形，尖端较钝，叶缘浅波状，深绿色，蜡粉中等，单株叶约18片。花球近圆形，球高6.5厘米，横径21厘米，单球重0.5～1千克。花球紧实，洁白，较厚，质地柔嫩，品质好。较耐寒，不耐热，气温过高易散球，每667平方米产1 500～2 000千克。适宜华北、东北、西北及华东部分地区作春季栽培，四川省可作秋冬栽培。

(4)白峰　天津市农业科学院蔬菜研究所选育的杂交种。早熟,定植后50～55天收获。株高59厘米,开展度58厘米。叶约20片,绿色,蜡质较少,宽披针形。花球扁圆形,横径16.6厘米,纵径9.5厘米,洁白柔嫩,组织致密,商品性状好,平均单球重0.7千克。花球成熟期集中,收获期仅1周左右,每667平方米产1 750～2 000千克。耐热,苗期要求旬平均气温25℃以上,否则会早显花球;结球期平均温度不低于20℃,否则会出现绿毛等附生物。不耐涝,抗黑腐病力强。适宜华北、东北地区秋季栽培。

(5)神良65天　早中熟品种。生长快,抗病强,花球特白,紧实合抱,商品性绝佳。适宜春秋两季种植,早夏与早秋采收,结球适宜平均温度18℃～21℃,单球重1.5千克,是大面积种植及鲜花菜出口上佳品种之一。

(6)泰国耐热60天　心叶合抱花球,株型矮壮,花球特别洁白,品质优良,单球重1千克。耐热,结球期平均气温在22℃,不毛花。东北、西北、华北、西南地区早熟主栽品种。

(7)富士花王318　全国春季栽培理想品种。生长快速,低温感应安定,内叶自抱花球,雪白美观,单球重1千克,无心植株少,后期花球耐高温强。

(8)富士白4号春大将　心叶合抱,花球洁白重叠,高产,质优,耐贮运,单球重2千克。高海拔花菜基地夏种,北菜南调品种,在张家口、兰州、西宁、南昌、昆明、贵州等地结球及采收期平均气温在18℃及以下。

(9)龙峰特大80天　浙江省温州市龙湾区蔬菜良种场用系统选育法育成。中熟,定植后80天采收。植株矮壮,叶片绿色,椭圆形,生长快,心叶合抱。花球洁白致密,单球重2千克,每667平方米产1 000千克。适宜东北、西北、华南、西南等地秋季栽培。

(10)申花4号　上海市川沙县严桥乡与川沙县蔬菜技术推广站合作选育的杂交种。早熟,定植后60天采收。生长势较强,株高55厘米,开展度28厘米。叶卵圆形,叶面蜡质多。花球横径

15 厘米，球高 11 厘米，花球洁白，单球重 500～600 克，每 667 平方米产 600～800 千克。适宜长江中下游地区秋季栽培。

(11)洁丰 70 天　浙江省温州南方花椰菜研究所从当地品种中系统选择育成。早中熟，定植后 70 天采收。株高 40 厘米，开展度 60～70 厘米。株型紧凑，结球节位低，一般在 25～28 片叶时结球。球高 10～14 厘米，横径 13～18 厘米，单球重 1.2～1.7 千克。花球致密，粒细，无茸毛，洁白美观，每 667 平方米产 1200～1700 千克。结球适宜温度 15℃～20℃，适宜秋季种植。除东北及高寒区外，全国其他地区均可种植。

(12)洪都 17 号　江西省南昌市蔬菜研究所选育。晚熟，定植到采收 150 天。株高 90 厘米，开展度 90 厘米，外叶较多，长椭圆形，深绿色。花球扁圆形，球高 13 厘米，横径 21 厘米，单球重 1～1.5千克。花球紧密，洁白，花粒细。耐肥，耐寒，较抗软腐病和菌核病，每 667 平方米产 2500～3000 千克。适宜江西、湖北部分地区秋季种植。

(13)六月雪　江苏省农业科学院蔬菜研究所选育的杂交种。极早熟，定植后 45～50 天采收。叶色深绿，株型直立，单球重 0.5 千克，紧实、洁白，耐热。6 月 20 日左右播种，9 月中旬可以上市。

(14)秋雪 45(F_1)　辽宁省东亚育种研究所选育。极早熟，定植后约 45 天采收。生长势强。叶色深绿，蜡粉厚，叶片上冲。花球形成快，洁白紧实，品质佳，单球重 0.8～0.9 千克。适宜北方早秋栽培，供应淡季。

(三)春花椰菜栽培

春花椰菜生产多采用塑料薄膜覆盖栽培。陕西关中、河南中部、山东及晋南 10～12 月份于阳畦或温室中育苗。中晚熟品种 10 月下旬播种，早熟品种 12 月中下旬播种。育苗时注意温度和水分管理，干旱和较长时期低温易导致小老苗，引起早期显球，花球失去商品价值。翌年 2 月下旬至 3 月上旬，苗具 6～7 片叶，株高 15～20 厘米左右时定植，早熟品种每 667 平方米定植 2500～2300 株，晚熟品种1 800株。对叶簇半开张，或近于直立生长株型的品种，可适当提高密度。

花椰菜定植方法同结球甘蓝，深浅以埋住土坨为度。

花椰菜花球发育主要依靠贮藏在茎、叶及根中的营养物质。花球生长之前，要有一个健壮、较大的营养体才能结出较大的花球。因此定植后要加强肥水管理。早熟品种生长期短，多用速效性肥料分期勤施；中晚熟品种生长期长，叶簇生长期除用速效性肥料分期施入外，花球开始形成时，应加大施肥量。整个生长期以氮肥为主，花球形成期增施磷、钾肥。春花椰菜定植后要浇足缓苗水，然后中耕蹲苗，使植株健旺生长，待花球直径达2～3厘米后再重施追肥，增加浇水量。花球膨大期5～7天浇水1次，避免地面干裂。花椰菜的花球，在日光直射下容易变黄硬化，进而起茸变绿，生出小叶，特别是在春季还常带苦味，降低品质，所以应于初花期开始盖花。这样不仅能提高品质，且在初夏有降温之效，初冬则可防寒。盖花的方法有束叶和折叶2种。前者是将外叶用稻草束起。束叶后花球基部易积水，通风又差，所以雨季常引起腐烂；折叶是将老叶或接近花球的外叶折断，覆盖到花球上。这样虽可达到覆盖目的，但维持时间短，因花球生长甚快，稍不注意就有漏光之虑。

(四)秋花椰菜栽培

秋花椰菜采用早熟品种时，于5月下旬至6月初播种，7月上旬定植，9月上中旬可以应市；中晚熟品种6月中下旬播种，7月底至8月初定植，10～11月份上市。秋季花椰菜一般多采用撒播或切块育苗的方式。苗期最好搭棚遮阴，既可防止烈日直晒，降低地温，减少水分蒸发，又可防止暴雨冲刷，造成土面板结。秋花椰菜定植后，遇高温干旱时，必须及时灌水，保持地面湿润，并随水施入速效肥，促进叶面迅速扩大。灌水时切忌漫灌，以免根系浸水时间过长，引起沤根。其他管理参照春花椰菜。

(五)花椰菜与凤尾菇套种栽培

笔者与他人于1983～1984年连续2年在花椰菜地里进行套种凤尾菇试验,每667平方米产花椰菜分别为865千克和1170千克,凤尾菇1839千克和1654千克,扣除种植凤尾菇需要的各种费用外,每667平方米比单种花椰菜分别多收入1627元和1083元。套种的方法是:凤尾菇的培养料为棉籽壳100千克,熟石灰0.5～1千克,磷酸二铵0.5千克,加水拌湿。花椰菜用法国雪球品种。10月上旬播种育苗,翌年春2月上旬至3月上旬定植。采用平畦,畦长6米,宽1.3米,每畦栽3行,株距40厘米。凤尾菇要尽量早套种,最好在2月上旬,花椰菜定植时套入,最迟不宜超过3月中旬,使菌丝发育阶段处于塑料小棚内。大致在花椰菜撤棚时开始出菇,花椰菜采收后凤尾菇也基本收完。这样会避免后期高温、强光和干燥带来的不良影响。

套种时,先将平畦中3行花椰菜之间的表土分别扒向两侧,使畦中间成宽50厘米、深约10厘米的平底菌床。在床内先填入一层培养料,厚10厘米许,播入菌种。播种后抹平按实,再铺一层培养料,整平压实后穴播一层菌种;菌种上稍盖一点培养料,再撒入少量菌种,最后用压板压实,使菌种与培养料紧贴,播后盖一层报纸,报纸上盖地膜(图3-1)。

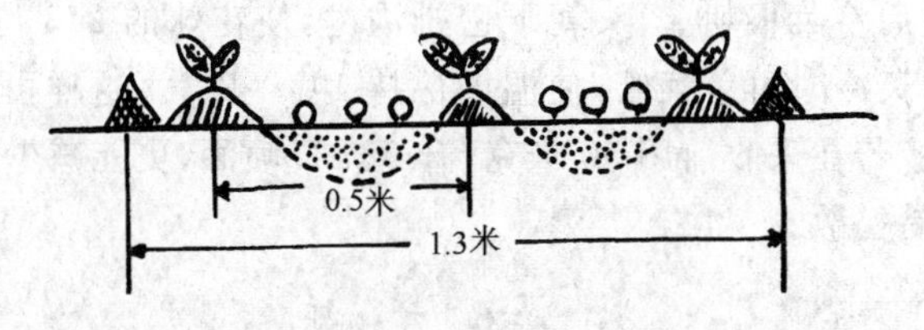

图3-1 凤尾菇与花椰菜套种示意图

花椰菜定植后及凤尾菇菌丝生长期间,用小拱棚薄膜覆盖,提温、保墒,加速发育。3月底撤棚,花椰菜可于4月下旬采收,采收时保留5～8片完整的功能叶,为凤尾菇遮阴、降温。凤尾菇播种后约经1个月，到4月下旬开始出菇，凤尾菇因有花椰菜叶的遮阴，培养料表面的气温平均比露地低3℃，出菇期长，一直可收到6月中下旬。

(六)采收贮藏

花椰菜自花球出现到采收所需天数因品种和栽培季节而异，一般早熟种需7～10天，而晚熟种约需1个月。采收的标准是花球已充分长大，边缘尚未散开。过早，产量低；过晚，花球凹凸不平，松散，颜色变黄，品质差。

采收时通常是将花球连同下边的5～6片小叶和花球下的3～4.5厘米长的茎一起采下，有的还带几片大叶，以保护花球在运输过程中不受污染和损伤。

在生长期短或冬前天气已冷，花球未充分膨大时可将其连外叶带根一起挖起，重新密栽于阳畦中。栽后盖上草帘，使温度保持在4℃～5℃。一则防寒，二则防止光照增温，避免叶片变黄发蔫。这样能使花球继续肥大。这叫补充栽培，可以延长供应期。

花椰菜贮藏的方法有堆藏和沟藏两种。堆藏法是在11月中旬将其连同外叶砍下后，头向上、根朝下密排于背阴处，放好后周围用土封住，天冷时上面盖些废菜叶。这样一般可放20天左右。

沟藏法是先在阴坡挖深25～35厘米，宽30厘米，长度不限的沟，采收后将菜根朝上、头朝下密排沟内，使花球的2/3位于地平线以下，天冷时再盖菜叶，使温度保持1℃～2℃。这样可贮存40天左右。若在采收前用50毫克/升2,4-D喷洒，更能减少脱叶，花球也不易松散。

三、青花菜

青花菜又名绿菜花、茎椰菜、西蓝花、花茎甘蓝、意大利芥蓝、嫩茎花椰菜、木立花椰菜。为十字花科芸薹属甘蓝种中以绿花球为产品的变种。起源于意大利，演化中心为欧洲地中海东部沿岸，由野生甘蓝演化而来。

青花菜富含胡萝卜素、维生素C、维生素B、维生素B_2和蛋白质，及磷、钙、钾等元素，营养价值高；花蕾、花茎脆嫩，经过烹调后，色泽鲜绿，风味清香，深受消费者欢迎。更引人注目的是，1992年美国生物化学家雷迪等研究发现，青花菜等十字花科蔬菜中含有抗癌物质异硫氰酸盐或称芥籽油类，可诱导第二阶段（致癌因子解毒）酶类的产生，从而起到抗癌作用。

青花菜的栽培历史短，但发展很快，英国、意大利、法国、荷兰等国广泛种植，日本、美国也开始栽培。目前，我国不少地方正在开始试种，效果良好。随着外贸业、旅游业的发展和冷冻脱水加工技术的普及，青花菜的栽培面积逐渐扩大，是很有发展前途的新型蔬菜。

（一）生物学性状

属甘蓝种中以绿花球为产品的变种，为一二年生草本植物。

形态与花椰菜相似，但植株高大，主茎顶端并非产生像花椰菜那样的畸形花枝所组成的花球，而是形成花蕾，组成扁球形的花蕾群；同时，茎部叶腋间抽生侧枝，其顶端也形成小花蕾。顶花球采收后，侧枝小花蕾又肥大，可以连续采收。所以，青花菜的花球是由肉质花茎及其分枝和花蕾组成的，是真正的花器官。采收后，花蕾容易开放，发黄变质，不易贮藏。

青花菜耐寒，抗病，茎叶生长发育的适温20℃～22℃，花蕾发育适温15℃～18℃。花芽分化期遇到高温会产生毛叶花球，花球肥大期温度超过25℃时花蕾失绿变黄，老化松散；低于5℃，生长缓慢。属绿体春化型，从叶片生长转为生殖生长，早熟种茎的直径达到3.5毫米，鲜重超过4克，在10℃～17℃中，经20天完成春化阶段；晚熟种茎直径15毫米，2℃～5℃，30天才能完成春化阶段，而形成花球。花球的产量和品质有赖于植株的营养状况，只有当其茎叶生长到相当健旺后，再通过春化阶段，才能提高产量。所以苗期管理很重要。

(二)类型和品种

按花色有青花与紫花2类，青色稍盛紫色；按叶腋花芽活动能力强弱，可分为主花球类型和主、侧枝兼收类型，前者属早熟种，后者早、中、晚熟种均有。按成熟期又有早中晚之别。一般早熟种生育期为90～100天，适宜春、夏种植；中熟种为110～120天，适宜春、秋种植；晚熟种120～150天，适宜冬、初春种植。通常早熟种可在较高温度下形成花芽，有的当平均温度达25℃时，也可正常形成花芽，因而可在春、秋两季种植。晚熟种需要在较长时间的低温后，才能形成花芽，所以适宜冬、春季栽培，否则不能形成花球。目前栽培的品种大多为杂交一代。表现较好的品种有如下。

1. 上海1号 上海市农业科学院园艺研究所培育的一代杂交种。植株半开张，开展度约80厘米，株型紧凑。春秋均可种植，从播种到采收90天左右。秋季定植后65天开始采收，平均花球重350克。花球高圆形，大而圆正，紧实，浓绿色，花蕾细密而小。花茎细，脆嫩，风味鲜美，品质好，符合出口速冻制品或鲜菜要求。

2. 上海2号 上海市农业科学院园艺研究所选育的杂种一代。生育期105～110天，从定植到初收65天左右。植株直立，株高40厘米，生长势旺盛，侧枝较少，为顶花球专用品种。花球大，高圆形，花蕾颗粒细小，排列紧密，颜色翠绿，比上海1号色泽深，品质优良。主茎花球重约400克。耐寒性强，但不耐热。适宜春秋露地栽培，华东地区秋播育苗适期为7月底至8月上中旬，东北地区6月下旬至7月初，华北地区约为7月上中旬，华南9月上旬。

3. 碧秋 北京市农林科学院蔬菜研究中心育成。适合秋季种植。中熟，定植后65天收获。植株较平展，叶色深绿，叶面光滑，皱缩，蜡粉多。花球紧密，花蕾小，浓绿色，圆凸形。主花球重400克。每667平方米产量1 000千克。抗病毒病，中抗黑腐病。为主、侧枝花球兼收型。

4. 碧杉 北京市农林科学院蔬菜研究中心培育的中早熟杂

种一代。抗逆性强，生长势旺，植株半直立，高 48～59 厘米，叶色深绿，侧枝较多，为主、侧枝花球兼用型。适应性广，适合华北地区春季种植，在沿海地区春、秋均可种植。花球扁圆形，花蕾颗粒细小，排列紧密，浓绿色，主花球重 360～500 克，品质较好。从定植到采收 60～70 天，每 667 平方米露地产 1000 千克，大棚产 1000～1200 千克，主茎花球重 360 克左右，每 667 平方米大棚产 450～500 克。

5. 碧玉 原名 B_{53}，北京市农林科学院蔬菜研究中心选育的中熟一代杂种。2000 年 6 月通过北京市农作物品种委员会审定。秋季幼苗定植后 65 天左右收获，为中熟品种。侧枝发生能力较强，为主、侧花球兼收型品种。株高 60 厘米，株型半开张。叶面蜡粉多。花球深绿色，半球形，结构紧密，花蕾小，花茎无空洞，无小叶，商品性佳。主花球重 600 克左右，每 667 平方米产 1000 千克左右。秋季种植时，主花球收获后，还可收侧花球。适宜春季露地栽培和春秋保护地栽培。

6. 圣绿 从日本野崎公司引进的中晚熟耐寒品种。有早生圣绿、圣绿、晚生圣绿三个品种。花球品质好，特别适合保鲜出口，已在江、浙、沪等地种植，面积近 1333 公顷。圣绿系列为主球型一代杂交品种，生长势旺，抗寒性强。三品种生育期分别为 130、150、170 天左右，株高 70～75 厘米，开展度 65 厘米左右，外叶数 16～20 片。叶色绿色至浓绿色，叶形披针形。主球近半球形，单球重 550 克左右，球径 16 厘米左右。结球紧密，蕾粒细小整齐，球色鲜绿，品质佳，均适宜保鲜出口。主茎不空心，商品性好，抗寒性强，每 667 平方米产 1100 千克。花球生长较慢，适收期长，如配套栽培，能连续收获上市。长江流域适宜秋冬季栽培，一般 8～9 月播种，每 667 平方米需大田苗床 20～25 平方米，播种量为每平方米 1 克左右。出苗后 15～20 天，2～3 片真叶时假植一次，播后 40 天左右，6～7 片真叶时定植。

7. 中青 1 号和中青 2 号 中国农业科学院蔬菜花卉研究所

选育的一代杂交种。中青1号株高38～40厘米,开展度62～65厘米,外叶15～17片,叶面蜡粉较多。春季定植后45天左右收获,秋季50～60天收获。花球浓绿色,较紧密,花蕾细,主花球重300～500克,侧花球重150克。中青2号植株长势与1号相似,春季定植后50天成熟,秋季60～70天成熟,花球重350～600克。二者抗病毒病和黑腐病力均强。

8. 闽绿1号 福州市蔬菜研究所育成。株高42厘米,开展度60厘米。叶色绿,叶面光滑。花球紧密、质细、色浓绿。花茎细,单花球重400克。耐热,耐湿,适于秋冬季栽培。早熟,定植后约70天采收,抗黑腐病力强。

9. 早生绿 引自日本,为一代杂交种。春秋均可种植。植株中等大,早期生长旺盛,耐寒性和抗病性较强。播种到采收约90天,花球半圆形,浓绿色,平均花球重400克,品质好。

10. 东京绿 日本品种。花球半圆形,花蕾细而紧密,绿色泛红。早熟,夏季定植后54天开始采收,秋季定植后83天开始采收。花球平均重300克。

11. 绿王2号 我国台湾省产,中早熟品种。花球近圆弧形,花蕾较粗。花球绿色,紧密,茎秆粗壮,侧芽少。秋播,定植后83天开始采收,主花球直径13厘米,平均单球重270克。

12. 绿岭 日本产,中早熟品种。株高47厘米,半直立,开展度90厘米。主花球圆弧形,小花蕾极细,紧密,花球绿色,侧枝生长中等。秋播,定植后88天始收。主花球直径14厘米,重300～400克。花球紧实,不易散球,品质好,抗性强,适应性广。我国各地栽培表现良好。春秋两季都能种植。

13. 贝克曼 美国的一代杂种,春秋播种皆可。苗期30～40天,从定植到采收70～80天。主花球生长规则,侧花球发育也极为一致。

(三)栽培技术

1. 播种育苗 青花菜属绿体春化型,又喜冷冻湿润、光照充足的气候。因此，根据当地气候条件选择适宜的播种期，使其茎叶健旺生长，达到适当大小后再经低温，通过春化阶段，形成花芽，并使花芽分化和花球发育处于适宜的气候条件下是栽培成功的关键。一般华南地区7月份至翌年1月份随时可以播种；长江流域秋季6～7月份播种，10～11月份收获。晚熟品种，冬季在温床或大棚中育苗，翌年3月定植，4～5月份可以收获。华北地区，春季在12月下旬至翌年1月上旬，用改良阳畦或温室播种，2月上中旬分苗，3月中旬定植于大棚，或3月下旬定植到露地，5月下旬至6月上旬收获；秋季于6月下旬播种，7月上中旬分苗（为防止高温暴雨，育苗时最好搭荫棚），7月下旬至8月上旬定植，9月底至10月上旬收获。据笔者经验，陕西关中地区，春季以2月下旬至3月上旬播种为宜，秋季在7月上中旬播种较好。

育苗时苗床土壤要肥沃，一定要增施腐熟厩肥，厩肥与土应混合均匀。有条件的可采用营养钵育苗。播种前，灌足底水。春季育苗时，出苗前土壤温度应保持18℃左右。秋季播种后要搭凉棚，遮阴、降温、防暴雨。出苗后及时间苗，使株行距达8厘米左右。

2. 整地定植 选择排灌方便、保水保肥力较好的地块，犁耕耙耱做畦。基肥以腐熟的农家肥为主，配合适当的氮、磷、钾肥。青花菜生长速度快，根系发达，基肥充足时，采用普遍撒施与集中沟施相结合的方式较好，也可按行距开沟集中深施，覆土耙平后定植。

青花菜幼苗6～7片真叶时，带土起苗，适时定植。移栽宜在午后气温下降时进行。在北方，排水方便的田块一般可采用平畦。畦宽1.5米，行距0.5～0.6米，株距0.4～0.5米，每667平方米2400～2600株，定植后随即充分灌水。合墒时中耕，结合中耕顺行向植株周围培土，形成半高畦。

3. 施肥 青花菜是需肥较多的蔬菜，肥料不足时，植株发育不良，花球小，品质差。特别应注意的是青花菜对硼元素需要较多，反应敏感，生育期间缺硼会引起花蕾表面黄化变褐，花薹基部发生裂洞，缺锰和镁会使叶色失去光泽，发育不良。因此，要根据植株生长状况及时追肥，注意做到氮、磷、钾配合，并增施硼、锰、镁肥。一般基肥以农家肥为主，大部分在整地时施入。追肥以氮肥为主，并与适量磷、钾肥相配合。可分 3 次施入：第一次在定植缓苗后穴施；第二次在花芽分化前后，即定植后 15～25 天，随水施入或挖穴深施；第三次在显蕾时施入（表 3-2）。在显蕾以后，可用 0.2％硼砂和 0.5％尿素水溶液喷施。

表 3-2 青花菜施肥量 （千克/667 平方米）

肥料名称	总施肥量	基肥用量	追肥用量		
			第一次	第二次	第三次
尿素	37.5	15.0	10.0	7.5	5.0
过磷酸钙	50.0	30.0	5.0	5.0	10.0
氯化钾	40.0	25.0	5.0	5.0	5.0
腐熟堆肥	2000	2000			

4. 灌水 青花菜植株高大，生长旺盛，需水量多。因此整个生育期要结合降雨情况，及时灌水，经常保持土壤湿润。特别是花芽分化前后及花球肥大期要严防缺水，否则会出现早显蕾，花球长不大的现象。

5. 青花菜双花球栽培技术 目前青花菜栽培中常用的有 2 种方式：一是选用不易发生侧枝的品种，一次收取顶花球；二是顶花球采收后，隔一段时间后再收侧花球。前者难以密植，后者较费工。日本东京农试场研究一种新的栽培方法，即利用青花菜容易发生侧枝、形成侧花球的特性，在幼苗期留 3 片真叶，进行摘心，每株留 2 个侧枝，使其顶部着生花球。这样，显球虽较只留顶花球的晚 1～2 日，但产量明显增加。

6. 青花笋新品种桑甜 2 号的栽培 青花笋是由青花菜和芥蓝杂交选育成的新型蔬菜种类，又称西蓝薹、小小青花菜、芦笋型青花菜、蓝花薹。薹翠绿色，肉质肥嫩，风味鲜甜，富含花青素，花球、花茎均可食用，和芥蓝相比，口味更加清甜脆嫩，没有芥蓝特有的苦味。近年来，已在欧洲、澳大利亚、日本等国际市场上流行。2004 年广西南宁桑沃生物技术有限公司从美国本津基种子与技术有限公司引进青花笋杂交新品种 Bjj02 系列，并从中筛选出适于国内气候和栽培水平的品系 Bjj02-05，2006 年经南宁市种子管理部品种登记，定名为桑甜 2 号。

(1)生物学性状　桑甜 2 号株高约 50 厘米，叶互生，叶片长 25 厘米左右，叶浓绿色，叶柄浅绿色，叶片沿叶柄基部有深裂，向上少有深裂。主花球直径 8～10 厘米，侧花球蕾球较小，直径 1～2 厘米，花茎长 6～8 厘米，蕾粒细嫩半紧密，翠绿色，焯后鲜嫩绿色，以采收侧薹为主。播种至初收主花球约 75 天。主花球摘心后，隔 4～6 天采收一次侧薹，共收 12～15 次。全生育期约 125 天，每 667 平方米产量 1000～1500 千克。桑甜 2 号每千克蛋白质含量高达 40 克，维生素 A、维生素 B、维生素 C、维生素 E 分别为 3010、2、740 和 17 毫克，其中维生素 A 的含量是普通青花菜的 10 倍。还富含有其他矿物质，如每千克含铁 1110 毫克，钙 480 毫克，磷 720 毫克，脂肪含量较低，只有 0.4 毫克。

青花笋喜温暖湿润的环境，耐寒、耐热，10℃～30℃均能生长，种子发芽的适宜温度为 25℃～30℃，生长适宜温度为 20℃左右，抽薹适宜温度为 15℃左右。生长过程中光照充足，茎叶生长旺盛，花薹较长、较广，产量较高。青花笋对土壤要求不太严格，但在土层深厚、有机质含量丰富、偏黏、中性偏碱的地块栽培，容易获得高产。

(2)栽培技术　在广东和广西地区，桑甜 2 号可在 7～8 月份播种，10 月份至翌年 2 月份收获；也可在 8～12 月份播种，11 月份至翌年 4 月份收获。露地、大棚、温室均可栽培。

采用营养钵育苗。一般苗龄 30～35 天，幼苗 5～6 片叶时可定植到大田或大棚。也可以直播，但需要的种子量比育苗的多2～

3倍。

选择富含有机质的壤土栽培，深耕20～25厘米，每667平方米施腐熟有机肥（鸡、鸭粪）2000千克，整平整细，做畦，畦面（连沟）宽1.4米，每畦种植两行，株距30～40厘米，每667平方米定植2500～3000株，肥力条件较好的地块可以适当稀植。

青花笋喜肥水，分期适时追肥、浇水是丰产的关键。定植成活后追施发根壮苗肥，每667平方米追施三元复合肥20千克。在收获花球期间，间隔5～8天追1次肥，每次每667平方米追施尿素和钾肥各13千克；青花笋需水量较多，尤其在花球形成期要及时灌水，保持土壤湿润，在雨季应及时排水，以免引起烂根。

与普通青花菜不同，桑甜2号的主花球并不发达，经济产量以收获侧花球为主，所以要及时摘心，以利于侧薹的发育。一般在主花球3～5厘米、主花茎长10～15厘米时摘心。摘心时注意除去主花茎花蕾部分，多留花茎部分，以促多发侧薹，增加产量。

(3)*采收与贮藏*　采收以收侧花球为主，主薹长到高于最高叶片的叶尖（定植后50～60天），花蕾将近开放时，即可收获。采收时保留茎部4～5个侧薹，并注意不要伤及侧薹及叶柄。当侧薹长20～30厘米、花蕾尚未散开前及时采收。太迟采摘花蕾容易松弛开花，茎薹老化，影响品质。一般在摘心后7～10天开始采收侧花薹，以后每隔4～5天采收1次，可以连续采收8～15次。

花薹采收后对温度和水分比较敏感，因此需要使用保鲜膜包装并配合冷藏，或者在包装容器内加冰贮运。据跟踪销售商贮运试验，青花笋在4℃～5℃、空气相对湿度90%～95%的条件下可以保鲜30～35天。

7. 病虫害防治　青花菜的主要病害有黑斑病、霜霉病、菌核病，除避免与十字花科蔬菜连作外，可用75%百菌清可湿性粉剂500倍液或70%代森锰锌可湿性粉剂500～800倍液喷洒。虫害有菜青虫、小菜蛾、蚜虫，可用20%溴氰菊酯乳油1000～1500倍液喷杀。

(四)采收与贮藏

青花菜适收期很短,成熟后,即当花蕾已充分长大,但尚未露冠时采收。顶花球宜适当早采收。这样可以促进侧花球的生长,显著提高商品菜的总产量。采收时应把花簇及肥嫩的花茎一起割下。顶花球采收后,过几天,腋芽又可形成侧花球还可采收。这样,可陆续采收2～3次。

青花菜的食用部分为幼嫩的花蕾和花梗,呼吸代谢十分旺盛,采后在20℃～25℃室温中放置1～2天,花球便松散变黄,品质下降。因此,采收后若不能及时出售,可封装入厚0.03毫米的PE薄膜塑料袋中,置于－1℃～1℃的温度中能保存30～45天。

四、球茎甘蓝

球茎甘蓝又叫苤蓝、苤蓝、撇蓝、玉头、玉蔓菁、芥蓝头。因其茎肥大似球,而叶和花又似甘蓝而得名。是羽衣甘蓝的变种,世界各地,除德国外,栽培均不甚多。我国北方及西南各省栽培较普遍。球茎甘蓝的球茎纤维少,质脆味甜,耐贮藏运输,既可鲜食,又可加工腌渍成各种酱菜、咸菜。

球茎甘蓝适应性强,能在春、秋两季生产,各地都能种植。除单作外,常套种于韭菜畦埂上或渠埂上,管理简单,不需要专门施肥、灌水,通风采光条件又好,则生长健壮。

(一)生物学性状

球茎甘蓝的根系浅,茎短缩,叶丛着生于短缩茎上。球茎为圆球形,或扁圆形,外皮绿色,肉白色,叶似甘蓝,惟叶柄较细而长,着生稀疏。二年生,冬性比甘蓝弱,一般认为茎粗超过0.4厘米,真叶7片时,遇0℃～10℃的低温后,通过春化阶段,发生未熟抽薹。所以北方一般不宜秋播,长江流域秋、冬播种不可过早,华南则不宜迟。

球茎甘蓝喜温和湿润、光照充足的环境。生长适温15℃～20℃,肉质根生长期温度达30℃以上时易纤维化。抗盐碱,对土壤选择不严，各地都能种植，生长良好，产量高。

（二）类型和品种

按球茎皮色分绿、绿白、紫色 3 类；按生长期长短分早熟、中熟和晚熟 3 种；按球茎大小分为大型种和小型种两类：大型种球茎重数千克，甚至十多千克，晚熟，生长期 120 天以上。主要在秋季栽培，寒冷地区可春种秋收。陕西关中和陕北，甘肃、青海、内蒙古等地区主要种植的是这类品种。优良的品种有兰州大苴蓝、青海大苴蓝、内蒙古呼和浩特市大扁玉头、大同松根、潼关苤蓝等。小型种的球茎小，一般为 0.5～1 千克，但早熟，生长迅速，栽后 60～90 天可收获，适于春、夏季节栽培。代表品种有北京早白、捷克白、天津二路缨子等。

（三）栽培技术

1. 播种育苗 球茎甘蓝适于温和湿润的气候，对环境条件的要求与结球甘蓝相似，但比结球甘蓝耐热。早熟品种对播种期要求不严，一般春季在 1 月下旬至 2 月上旬用阳畦播种，3 月下旬至 4 月上旬露地定植，5 月上旬收获；夏季于 5～6 月份播种，8～9 月份收获；秋季于 7 月中下旬播种，8 月上旬定植，10 月份收获。中熟品种于 6 月上中旬播种，苗龄 25 天，生育期不少于 90 天。晚熟品种要严格掌握好播种期，在生长期短，夏季又不太热的地区，晚霜过后即可播种。甘肃、青海、内蒙古和陕北等地，一般在 4 月中下旬播种；陕西关中多于 5 月中下旬播种，苗龄 30 天，生育期不少于 100 天。

苗要壮而不旺，叶 6～8 片，淡绿色，叶柄短。

选择近 1～2 年未种过白菜、萝卜、甘蓝、油菜等十字花科作物的地块做苗床。每 667 平方米施腐熟厩肥 5 000 千克，碳酸铵 10 千克，过磷酸钙 30～50 千克作基肥，尽早耕翻，耙碎，耱平，肥土混匀，做成平畦。畦宽 1.3 米，踩实畦埂。基肥不足时，可于做畦后每 667 平方米撒施过磷酸钙 30 千克，尿素 5 千克或磷酸铵 15 千克，再将畦土挖松，搂平。

播种前1～2天晒种，淘汰霉籽、烂籽和秕籽，用50℃温水，恒温浸种15分钟，防治黑腐病。然后捞出，晾干表面水分后播种。

趁墒播种或用落水法播种：播前灌足底水，水渗入土中后撒入种子。最好点播，株行距各3厘米，覆土厚0.5～1厘米。为防治蝼蛄等地下害虫，播种后每667平方米撒5%丁硫克百威颗粒剂2～3千克，然后覆土。

播种后要加强保墒，严防床面板结。为此，出苗前最好在苗床上距畦面30厘米处绑竹竿，上盖草帘，遮阴保墒。

出苗后及时间苗、灌水、追肥和防治蚜虫、菜青虫等。

2. 整地　前茬作物收获后，每667平方米施土粪5000千克，过磷酸钙50千克，喷入25%甲萘威可湿性粉剂1～1.5千克，或5%辛硫磷颗粒剂2千克，随即翻耕，耙耱。

宜用高畦，高畦可以防止积水漫根，避免球茎着地腐烂。行株距按品种性状和栽培方式而定。晚熟种的最大株距为株幅的70%～80%，一般垄高10～15厘米，垄宽25～30厘米，垄距（行距）70～80厘米，株距50～60厘米定植，中早熟种略密些。

3. 定植　幼苗长至5～8片真叶时定植。每畦在畦顶栽1行，起苗时要带好土坨，栽植深度以不超过子叶为宜。

4. 管理　球茎甘蓝的产品器官，主要由上胚轴膨大形成。一般早熟种长出8片叶子，即形成1个叶环的叶子时，茎开始肥大；中晚熟种要长足2或3个叶环，甚至4个叶环后茎才开始进入迅速肥大期。所以，球茎膨大初期生长慢，叶生长快，到生长中期，当叶片生长减慢后，球茎才迅速生长。根据这个特点，管理中必须注意：球茎生长初期，肥水不可过多，以免徒长，影响球茎发育；生长中期后开始加紧追肥灌水。一般方法是，定植时浇足缓苗水；缓苗后，轻施1次提苗肥，每667平方米施尿素5～10千克，环施于苗周；然后深锄，控水，蹲苗10～15天，促进根系生长。

植株长到8～9片叶，球茎达到核桃大小时，生长速度逐渐加快，每667平方米再施人粪尿2000千克，或尿素10千克；浇水后，除草1次。8月初，立秋后，球茎迅速生长，应再追施1～2次肥料，每次每667平方米施尿素15千克，草木灰100千克，肥水配合，均匀供应。每次施肥和灌水量不要过大，以免球茎生长速度差异过于悬殊，引起球茎开裂。

浇水后，若发现植株倒地，应及时扶正，防止球茎贴地腐烂。

磷酸二氢钾能增进叶肉细胞持水能力，增强光合作用，降低蒸腾量。在球茎膨大盛期，用0.3%磷酸二氢钾水溶液，另加1%～2%尿素、0.1%洗衣粉喷2～3次，效果更好。

地下水位高，含盐碱量大的地区，过多灌水对生长不利，生长期间在畦面覆盖一层碎草，厚约3厘米，有保墒、防病效果。

5. 病虫害防治 主要病虫害有黑腐病、霜霉病、蚜虫和菜青虫。可及时用40%三乙膦酸铝可湿性粉剂150～200倍液；或1∶1∶200倍波尔多液，掺入2.5%溴氰菊酯乳油2000倍液，或40%乐果乳油1000～1500倍液防治。

若有根蛆、蝼蛄等地下害虫时，用50%辛硫磷乳油1000～1500倍液浇灌。

植株生长后期，若叶片过密，田间通风不良时，可将基部衰老、枯黄的叶片从距球茎5～6厘米处摘除。

球茎甘蓝的叶、叶柄及球茎有时发现腐烂发臭现象，这是由软腐细菌引起的病害。软腐病菌存在于土壤中，到处都有，可以危害白菜、番茄、萝卜等多种作物。它是伤口致病菌，借水流传播，高温、阴湿、虫害多时容易发生。防治的主要措施是：①避免连作，尤其忌与十字花科蔬菜、油菜连作。②早耕地，高垄栽培，渗水灌溉。③及时治虫，严防病虫、机械和生理等原因造成伤口。④灌水前挖出病株，穴内撒石灰，埋土后再灌水。⑤病轻的植株，可将病部切除后伤口撒干石灰粉，防止继续感染。⑥病害初发期用200毫克/升农用链霉素喷洒全株，7～10天1次，共喷洒2～3次。

6. 采收与留种 球茎甘蓝喜欢温暖和湿润的环境，秋栽的到8～9月份以后，当其适当大小时，可以开始采收，但供冬贮和加工用的应待轻霜后再收。收时用刀自球茎下根颈处砍断,打掉叶片,即可上市。如经窖藏,可延续供应到翌年 3～4 月份。

球茎甘蓝留种方法与甘蓝相似,秋季收获时选球形整齐、叶片少、具有本品种特征的植株,连根挖出,将外叶留短柄割去,保留心叶。冬季严寒处,例如甘肃定西,一般放入土窖中,一层土、一层球茎甘蓝放好,埋严。翌年清明节定植于采种圃。定植时可将球茎部分直接埋入土中,也可将其从中间自上而下分切成若干块,伤愈合后再行定植。8 月中旬收籽,每 667 平方米产 50～75 千克。

第四章　绿叶菜类

一、芹　菜

芹菜古代称胡芹，为伞形科 2 年生蔬菜，以棵大、脆嫩、味香而闻名。它的叶柄不论拌、炒均甚脆嫩，且营养价值高，富含维生素和无机盐，特别是钙和铁含量高；同时还含有挥发性的芹菜油，不仅味香，而且能促进食欲，特别是经软化后，组织柔嫩，风味更好。加之，对环境适应性强，能种多茬，又耐贮藏，因此深受欢迎。世界各地普遍种植，我国南北都有。河北宣化、山东桓台、河南商丘、内蒙古集宁，都是我国芹菜的著名产地。

（一）生物学性状

芹菜为浅根性蔬菜，主要根群分布在土面下 7～10 厘米处，不耐旱、涝。营养生长期茎短缩，叶着生于短缩茎的基部。为二回奇数羽状复叶，叶柄发达。叶柄中有纵向分布的维管束，各维管束间及维管束内侧充满着薄壁细胞。维管束韧皮部外侧是厚壁组织。叶柄外侧，接近表皮处有发达的厚角组织，这些厚角组织比维管束有更强的支持力，是叶柄中的主要机械组织。优良的品种，维管束、厚壁组织及厚角组织不发达，纤维少。但栽培条件也会引起叶柄构造的变化，水肥充足，温度适宜时，叶柄的薄壁细胞发达，充满水分和养分，质脆味浓。反之，常因薄壁细胞破裂造成空洞，同时厚角组织的细胞加厚，纤维增多，品质下降。在维管束附近的薄壁细胞中，分布着油腺，可分泌出挥发油，使芹菜具有香味。复伞形花序，花小，白色。虫媒。果实为双悬果，果实内也含有挥发油，外皮革质，透水性差，发芽慢。

芹菜为半耐寒性蔬菜，喜冷凉、湿润的气候条件。遇严霜和冰冻会受冻害，因此，成长的植株不能露地越冬。经过锻炼的幼苗，能忍受－4℃～－5℃的低温。成长植株可耐短期 0℃的低温。最适宜生长温度为 15℃～20℃，20℃以上高温会阻碍生长，品质变劣，因此栽培芹菜宜在冷凉季节。

种子发芽的最低温度为 4℃，适温为 15℃～25℃。播种后 48～72 小时开始发芽，5～6 天发芽率达 80%左右。15℃时需 4 天开始发芽，7～8 天达高峰；10℃需 10 天开始发芽，15～16 天达高峰；30℃以上不发芽。经 2℃～5℃的低温处理 48 小时，能显著地促进种子发芽。

芹菜在低温条件下通过春化阶段，长日照下通过光照阶段，属绿体春化型。据汤姆生试验，未充分长成的植株在 4.4℃～10℃的低温下经 15 天便抽薹开花，但在 15℃的温度下未见抽薹。浙江省农业科学院 1960 年的试验说明，芹菜萌动的种子不能通过春化阶段，具有 3～4 片叶的幼苗可接受低温的影响而通过春化阶段。通过春化阶段后，在长日照下才能抽薹开花。越冬和早春播种的幼苗都能在初夏长日照下抽薹。但当温度过高，如达 25℃～30℃以上时，则会抑制抽薹。

(二)类型和品种

1. 类型 芹菜有本芹(中国芹菜)和西芹(洋芹、西洋芹、欧美芹菜)2 个变种。本芹在我国栽培历史悠久，且较普遍。本芹的特点是植株高大，生长健壮，纤维少，品质好，耐热耐寒性强，也耐贮藏，生长期短。西芹是从国外引进的芹菜，叶柄宽厚，生长健壮，叶柄纤维少，质地脆嫩，多为实心，不易空心，香味较淡，生长期长，单株重量高达 0.5～1 千克，适宜稀植。

芹菜按叶柄的颜色分，主要有绿色、黄色和白色 3 种。绿芹叶片较大，叶柄绿色，粗壮，植株高大，强健，产量高，耐贮藏，不易软化。黄芹及白芹的株型较小，叶色淡，叶柄黄白色或白色，产量较低，但品质好，易于软化。

芹菜按叶柄充实程度有实秆与空秆之分。实秆芹菜叶柄髓部小，叶柄为实心，不易倒伏；纤维少，质脆嫩，品质好；抗病力强，适应性广，不易抽薹，耐贮藏，适宜秋季和越冬栽培。空秆芹菜叶柄的髓部大，叶柄为空心，质地细软，分蘖多，生长速度快，香味浓，但纤维多，品质差，不耐贮藏。

2. 优良品种 目前，我国栽培的优良品种很多，现择其主要的简介如下：

(1)开封玻璃脆 河南省开封市郊区农民从西芹天然杂交变异株中选择育成。植株生长健壮，株高 100 厘米左右，单株重 300～500克。单株分蘖 0.8～2.9 苗，叶片数 8～12 片，叶柄长 42～45厘米，叶柄中下部黄白色，腹沟较深，棱线明显，实心率 93%～96%。质地脆嫩，纤维少。中晚熟品种，定植后 90～100 天采收。抗逆性强，适应性广，全国各地都可种植。耐贮存，适宜春、秋露地及越冬保护地栽培，每 667 平方米产 7 500 千克左右。

(2)津南实芹 1 号 天津市津南区双港乡农科站从白庙芹菜的自然变异单株系统选择育成。株高 80～100 厘米，分蘖极少。叶片绿色，叶柄实心，长 52 厘米，宽 1.5 厘米，淡绿色，断面月牙形，单株重约 250 克。中晚熟，生长期 120 天左右。生长快，较耐寒，抗热，喜肥水，抗病毒病及斑点病力强。抽薹晚，冬性强，质地脆嫩。每 667 平方米产 5000～10000 千克。适宜全国各地露地和保护地春、秋、冬三季栽培。

(3)白庙芹菜 天津市地方品种。株高 75～80 厘米。叶色绿，最大叶柄长 70 厘米，叶柄白绿色，实心，单株重150～200克。纤维少，品质好，春季栽培不易抽薹。外叶容易脱落，商品芹有 4～5片心叶。耐肥，耐热，耐寒，耐贮运，适应性强，四季均可栽培，全国各地都能种植。

(4)大叶岚芹 山东省日照市农业局从地方品种岚芹中选育而成。晚熟，定植至采收 100～120 天。植株高 95 厘米。生长快，叶片大，单株叶片数 13～15 片。叶柄空心，黄绿色，含水量多，品质脆嫩，商品性好，单株重 200 克。抗低温，耐贮藏。每 667 平方米产 7 500～10 000 千克。适宜全国各地种植。

(5)津南冬芹　天津市津南区双港镇农科站和天津宏程芹菜研究所，利用津南实芹和美国西芹杂交育成。叶片大，深绿色。叶柄实心，绿色，叶柄长53厘米，宽1.83厘米，直立，光滑。植株高80～90厘米，实心率高，抽薹晚，分枝少。适应性广，抗病力强，每667平方米产6000千克左右，适宜冬季温室，大、小拱棚和露地栽培。

(6)铁秆芹菜　河北保定，山西太原、大同等地普遍种植。植株高大，叶色浓绿，实秆。单株重1千克左右。纤维少，品质好，耐贮藏，抽薹晚，适宜春季栽培，也可秋季种植。

(7)雪白芹菜　四川省广汉市蔬菜研究所从地方品种中选出。植株高大，紧凑，叶柄下部乳白色，向下逐渐为白色，叶柄横断面多为圆弧形。株高50～60厘米，叶色淡绿，纤维少，脆嫩可口，单株重0.25～0.7千克，每667平方米产6000～8000千克。适合我国各地四季栽培。

(8)大叶黄空心芹菜　山东省平度市城关镇东马家沟村从大叶黄空心芹菜与实梗芹菜杂交后代中选出。植株高100～120厘米，叶大，叶片薄而平展，黄绿色，有光泽。叶柄淡绿色，空心，最大叶柄长70厘米，宽1.0～1.2厘米，厚0.4厘米，单株重500克。生育期90～100天。纤维少，质地脆嫩，适宜四季栽培，每667平方米产5000千克左右。

(9)犹他西芹　原产于美国，欧美各国普遍栽培。植株健旺，高约70厘米，接合紧密。叶深绿色，叶片大。叶柄深绿色，肥大，宽厚，长30厘米，基部宽3～5厘米，厚1.5～1.7厘米，较光滑。生长期110～125天，定植后80～90天采收，单株重0.5～1千克。抽薹晚，纤维少，脆嫩，并容易软化。抗病毒病、叶斑病及缺硼症能力强。适合春秋两季栽培，尤其秋季生长更好。缺点是叶片容易老化，空心。

(10)文图拉西芹　由美国引入。植株高80厘米，叶片大，叶柄绿白色，有光泽，腹沟浅而宽，基部宽约4厘米。纤维少，质脆嫩。对枯萎病和缺硼症抗性强。定植后80天采收，单株重1千克，每667平方米产7 500千克左右。

(11)日本西芹　株型紧凑，生长势强。成株高80厘米，叶柄宽，叶肉厚，无筋。叶色淡绿，味清香，品质佳。早春抽薹晚，耐病，丰产，适宜夏秋季及越冬覆盖栽培，每667平方米可产8000千克。

(12)西芹5号　江苏省农业科学院蔬菜研究所从国外引入的数十个品种中筛选育成。株高74～76厘米，开展度小，叶深绿色，光洁，脆嫩。叶柄基部宽3.6厘米，厚1.5厘米，可食叶11～13片。中熟，生育期120天。抗热性强，抽薹晚，适合春秋两季栽培，每667平方米产4000千克左右。

(13)意大利夏芹　中国农业科学院蔬菜花卉研究所引进。生长势强，叶片直立向上，株高80～90厘米。叶深绿色，叶片较大。叶柄绿色，叶柄长而肥厚，平均长44厘米，宽2.2厘米，厚1.9厘米，棱线突出明显，实秆。生长期130天，单株重0.8～1.2千克。叶柄质地致密，脆嫩，纤维少，香味浓，品质好。能在高温下通过春化，冬性弱，适合夏、秋季栽培，每667平方米约产5000千克。

(14)意大利冬芹　中国农业科学院蔬菜花卉研究所引进。生长势强，株高60厘米，叶深绿色。叶柄平均长36厘米，基部宽1.5厘米，厚1厘米，实心。生长期130天，单株重约500克，叶柄肉厚，纤维少，易于软化。抗病，耐热，耐寒，一年四季均可栽培，每667平方米产6000～7500千克。

(三)栽培技术

1. 栽培季节　芹菜要求冷凉的气候，所以一般都以秋播为主。露地越冬栽培的方式因地区而异。冬季平均气温不低于−5℃的地区，不需保护设施可以越冬；冬季平均气温−10℃的地区，需加设风障及地面覆盖越冬；冬季平均气温低于−10℃的地区，利用早秋芹菜的老根，贮藏在地窖等保护场所内越冬，翌年春季再定植到露地。长江流域一般从6月中下旬开始播种，直到10

月上旬。6～8月份播种的，在9月中下旬至12月下旬收获；播种迟的，除当年供应外，也可延迟到翌年早春。早春，1～3月份播种育苗的，可用塑料薄膜进行短期覆盖，减少低温，避免早期抽薹。广州地区冬季温暖，由7月份开始播种，可延迟至10～11月份。早播的当年收获，晚播的翌年1～4月份收获。

北方春秋两季天气冷凉，适合芹菜生长。但冬季严寒，应充分利用各种形式的保护地栽培，可以达到周年供应（表4-1）。

秋芹菜6～7月份播种后，立秋后开始定植，9月下旬至10月中旬，天气凉爽，很适于生长。所以，不仅产量高，而且品质好，同时还能进行贮藏软化，一直供应到翌年1～2月份，因此秋芹菜是最主要的栽培方式。另外，由于芹菜能耐寒，故又常行露地越冬栽培。越冬芹菜，多在7月下旬育苗，10月下旬定植。翌年立夏前后抽薹前采收。由于春季气候凉爽，也较适于生长，而且其上市期正是缺菜之际，故栽培面积也较大。至于在3月上旬至4月上旬播种的春芹菜——麦芹菜，稍长之后即遇高温，故品质差，产量低，仅在城市远郊有少量种植。

2. 播种育苗 芹菜可以直播，也可育苗。因其种子小，发芽慢，苗期长，也不耐强光照射和干旱，为经济利用土地，便于管理，特别是秋、冬芹菜最好育苗。

芹菜定植时秧苗应高15～20厘米，有6～7片叶，要达到这种苗龄需70～80天。因此秋芹菜要在小满，越冬芹菜应在大暑播种。

秋冬芹菜育苗时正值高温季节，为促进发芽和幼苗生长，必须抓好以下4个环节。

表 4-1　北方地区主要城市郊区芹菜排开播种表

栽培方式	代表城市	播种期(月/旬)	定植期(月/旬)	收获供应期(月/旬)	备　注
秋芹菜	开封、保定、银川、北京、太原、西安、济南	8/上中	8/上中	10/下	行软化栽培的收获期可延迟至 12 月。假植贮藏供应至翌年 1 月至 2 月上旬
		6/中下	8/上中	10/下～11/上中	
		7/上中	8/中～9/上	11/上～11/下	
	沈阳、长春	7/中下	—	10/中下	直播
		7/中下	8/下～9/中	12/上～12/下	10 月下旬覆盖
	哈尔滨、呼和浩特	6/上	7/中	9/中～10/中	
越冬芹菜	北京	7/中～8/上	9/下～10/上	4/上～5/上	风障越冬加覆盖
	西安	7/下～8/上	10/中下	4/上～4/下	直播的 8 月下旬播种
	开封	8/中	9/下	4/中下	加风障可提前至 4 月上旬开始采收
	济南	9/上～9/下	—	4/上～5/上	直播
春芹菜	北京、济南、太原	2/上～3/上	3/下～4/下	5/下～6/上	阳畦盖玻璃或塑料薄膜育苗
		3/中～4/中	—	6/下～7/下	露地直播
	沈阳、长春、乌鲁木齐	2/中～3/中	4/中～4/下	6/上～6/中	温室或温床育苗
	呼和浩特、哈尔滨	3/下～4/下	—	6/下～7/上	露地直播
	西安、兰州、银川、开封	2/下～3/上	—	5/下～6/下	露地直播。割收的可收获至 10～11 月份
早秋芹菜	以上各地	4/下～5/上	—	8～9	直播，夏季温度不太高的地区也可育苗

(1)种子处理　芹菜种子小，顶土力弱，种皮革质，又有油腺，吸水和透气性差，出苗困难。为促进发芽，提高出苗率，最好浸种催芽后再播。夏秋季芹菜，栽植每667平方米需种子500克左右。因夏季温度高，可将种子直接放入凉水中浸泡12小时，搓洗2～3遍，换清水后再浸12小时，捞出，用湿布包好，拧净多余水分，抖散，放阴凉处，如空屋、机井房、地下室，或吊入水井中，距水面约20厘米处，使温度保持在15℃～20℃。包种子催芽时，最好将种子与湿沙混合，既可保湿又可通气。用瓦盆催芽时，盆内应放些干净湿润的麦草，将包好的种子放到草中间。也可将浸泡好的种子摊放到湿麻袋片上，再用湿麻袋盖好，或将麻袋卷起，扎住两头。还有一种土生催芽法，即将浸泡后的种子用布包住，埋到阴凉湿润的土里，其上盖土，厚3～4厘米。催芽期间，勤检查，每隔1～2天用清水冲洗1次，经7～10天即可发芽。

芹菜当年收获的新种子有3个月左右的休眠期，发芽率低，一般仅30%左右。为了打破休眠，提高发芽率，播种前最好先用0.1%(1毫克/克)的赤霉素液浸泡4小时，或0.1%的硫脲液浸种10～12小时，用清水冲净药液后再催芽。也可将种子在5℃温度中，冷藏30天后再行浸种催芽。这样经7～10天，发芽率可达70%左右。

芹菜芽催出后，不能及时播种时，可将其放到温度较低处摊开，掺入湿沙，搅匀，上面用湿布盖住，控制生长，过几天再播。

(2)苗床整理　选地势较高，排灌方便，土质疏松、肥沃的地块做苗床。前作收获后，耕翻，深约20厘米，整平整细地面后做畦。畦长10～12米，宽1.1～1.3米。每畦施入充分腐熟的有机肥100千克，或腐熟鸡粪50千克，另加三元复合肥1千克，深锄，使土肥混合均匀。地势较低，容易积水，或地下水位较高处，可做成高畦。畦面整平后，用脚踩一遍，使畦土松紧一致，防止浇水后塌陷。畦面踩实后再用铁耙搂平。

(3)细致播种　芹菜的播种方法有干播法、湿播法和催芽播种法3种。干播时在干种子中加少量细土或细沙，撒入畦中，用十齿耙搂松耙平，将种子混入土中，用脚踩实，浇明水。这种方法省工，但地面容易板结，出苗慢，出苗不整齐，用种量也多。湿播法是畦整好后浇足底水，再将浸泡好的种子撒入，盖细土，厚0.3～0.5厘米，再搭棚盖膜。催芽播种时，播前将苗畦灌透底水，水渗后，把催芽的种子撒入，覆土后春季加盖地膜，扣小拱棚；夏季育苗加盖草帘、玉米秸或树枝等遮阴、降温、保湿，幼苗出土后再将覆盖物除去。

夏秋季芹菜播种时，还可利用与其他蔬菜套种的方法进行遮阴育苗。一般有两种形式：一是将其套种于黄瓜、番茄、甘蓝、玉米等地中。播前，先将前作下部老叶摘去，拔净杂草，整好畦面，每667平方米用种子1千克，撒入后再用小锄锄松、打碎、搂平、盖好种子。出苗后逐渐增加光照。当黄瓜、番茄等高架作物收获完毕后，先把这些高架作物从地面剪断，待干枯后再行清除。之后，灌入淡粪水，经常保持土面湿润。二是与速生蔬菜如大青菜、小白菜等进行混播。利用速生蔬菜发芽早，生长快的特点，尽早覆盖地面，为芹菜创造适合发芽生长的条件。尤其是与大青菜混播的，因大青菜的叶较直立，空间大，效果更好。

(4)遮光降温　夏秋季芹菜育苗期，为防止高温、干燥及暴风雨等的危害，可以采用遮阳网覆盖的方法进行育苗。

遮阳网又叫遮阴网、遮光网、寒冷纱或凉爽纱。其产品大部分是用聚烯烃树脂作原料，经拉丝后编织成的一种轻量化、高强度、耐老化的新型网状农用塑料覆盖材料。有黑色、银灰色、白色、浅绿色、蓝色、黄色及黑色与银灰色相间的颜色等。生产上应用较多的是银灰色网和黑色网。遮阳网的遮光率和纬经拉伸强度，与纬经每25毫米的编丝根数呈正相关。编丝根数愈多，遮光率愈大，纬向拉强也愈大。

遮阳网的主要作用是防止强光高温、暴雨、大风、霜冻及鸟、虫等危害，为作物生长发育提供良好的环境条件。夏季用遮阳网覆盖后，地表温度一般可降低4℃～6℃，地下5厘米处地温降低3℃～5℃，地上30厘米处气温降低1℃左右。若作地上浮面覆盖，地下5厘米处地温可降低6℃～10℃。用黑色网覆盖，地表温度降低9℃～13℃，地下5厘米处降低4℃～7℃。覆盖后，在遮光降温的同时还可减缓风速，减少土壤水分的蒸发，有利于保湿防旱，并降低暴风雨对蔬菜造成的机械损伤、泥沙污染及土壤板结引起的倒苗、死苗等。此外，还能减少病虫危害。现在遮阳网除大量用于夏秋季绿叶蔬菜栽培外，主要用于高温多雨或容易发生病毒病危害的地区培育芹菜、莴苣、番茄、甘蓝、白菜、芥菜等幼苗，可以提高出苗率，保证全苗，育成壮苗。

夏秋季利用大棚育苗时，可将遮阳网盖在大棚骨架上，在大棚内育苗。覆盖遮阳网时，仅将棚顶盖住，网两边离地1.6～1.8米范围不盖，以便通风。通常6米宽的大棚，用宽1.8米的网4幅拼缝覆盖，用压膜线固定防风。有二重幕架的大棚，可将网固定在二重幕架上，以便开闭揭盖。覆盖时最好将塑料薄膜与遮阳网并用，将遮阳网盖在薄膜上面，既可遮光降温，又可防雨。

育苗量小时，可用中、小型拱棚，或矮平棚覆盖。中、小型拱棚用竹竿作拱架，宽约2米，高40～100厘米，网盖在拱架顶部，两边留20～30厘米的空隙不盖，有利于早晚光照和通风。为了防雨，也可在棚顶先盖塑料薄膜，薄膜上加盖遮阳网。为了避虫防病，还可采用全封闭式覆盖，用遮阳网将拱棚全部盖严，防止害虫侵入。

矮平棚覆盖时，按覆盖面的宽度有单畦小平棚和连片大平棚两种。前者，畦宽与网宽相似，一幅网盖一畦；后者用几幅网拼接成大网，可盖2～3畦。单畦小平棚覆盖，需用的架材少，用竹竿搭龙门架，方法简单，成本低，采用较多。覆盖时，先用矮竹竿、木桩等作支柱，在畦上每隔3～4米搭1龙门架，架高50～200厘米，如有强风，可降低至20～30厘米。也可搭成东高西低，或北高南低的倾斜棚架。棚架上盖遮阳网。盖网时，网要拉平、拉直、扎稳。广州地区菜农搭棚时，先按畦长剪裁好纱网，然后选2根长度较网宽约多20厘米的细竹竿，分别将网的两头卷到竹竿上，一般应卷5～7圈，扎紧。再把网拉开，平铺到畦上。再在畦两头各直插两根竹竿，竹竿长1.5米左右，将网固定到竹竿上，拉紧。然后，在畦上两端竹竿之间，用3根竹竿搭龙门架，将网撑起。这种搭法，速度快，效果好(图4-1)。

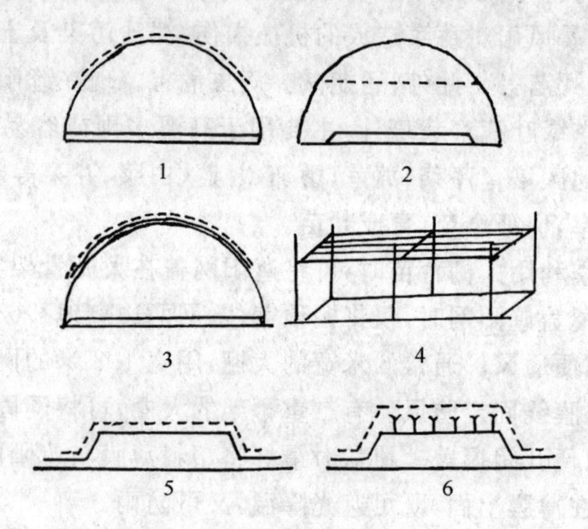

图4-1 遮阳网覆盖方法

1. 顶盖法 2. 棚内平盖法 3. 一网一膜法
4. 矮平棚覆盖法 5. 播种后至出苗前浮面覆盖法
6. 定植后至活棵前浮面覆盖法

(5)苗床管理 播种后注意保持床面湿润。洒水应在早晚进行。出苗后逐步除去覆盖物。除覆盖物应在傍晚进行，防止晒伤幼苗。与小白菜混播的，也要将小白菜逐渐拔除。间苗2次，第一次幼苗出土后20天左右，幼苗有1～2片真叶时进行，拔除密生苗；第二次在幼苗长至3叶1心时进行，将丛生苗、弱苗、小苗、病苗除去，使苗距保持2～3厘米。加强肥水管理，出苗后至第一片真叶展开，苗根浅，吸收力弱，忌旱，每隔2～3天轻灌1次水，保持畦面湿润。2～3片真叶后，结合浇水，施肥2～3次，每次每10平方米苗床施尿素0.4千克,或三元复合肥0.4千克。3～4片真叶时,根系已经强大,灌水量应减少,使畦面保持见干见湿状态,促进根系发育,加速幼叶分化。

芹菜苗期常有蚯蚓钻串畦面,并排泄出许多泥浆粪,影响出苗和生长。可于做畦前7～10天,每667平方米随水浇灌氨水15～20千克,将蚯蚓杀死。

芹菜幼苗生长慢,苗期长,容易产生草害,除拔除杂草外,可用除草剂清除:播种前或播种后,每667平方米苗床用48%氟乐灵乳油100～150毫升,或48%地乐胺乳油200～250毫升,或33%二甲戊灵乳油100～150毫升,对水60～80升,喷洒地面;出苗后有杂草时可用乙草胺或地乐胺或氟吡甲禾灵喷洒。

3. 整地和定植 芹菜属浅根性,主要根群分布在土表20厘米深处,特别是在密植、湿润的条件下根常露于地面,吸收范围小,不耐旱。宜选保水力强,富含有机质的肥沃土壤种植。前茬收获后翻耕、耙细、做畦。

芹菜株型小,且较直立,适于密植。一般行株距为15～18厘米。栽植深度以埋没根颈为度。太深,浇水后易浆住生长点;过浅,根易外露,生长不良。越冬芹菜为防冻害,可稍栽深些。定植后需连灌2～3次水,尤以立秋前后栽的更应如此。

供培土软化的壅芹,一般是按行距65～70厘米,开宽15厘米、深7厘米的沟,每沟栽2～3行,株距10厘米。栽时苗要放端正,根要展直,且宜在阴天或傍晚进行。

4. 管理 芹菜在日平均温度14℃～20℃下营养生长最快。旺盛生长期内,必须保证供给充足的肥水。加之,芹菜的主要食用部分是叶柄,叶柄以嫩而脆者为好,而叶柄组织的质量又以其内纵向的维管束和外侧的厚角组织的强度为转移。在高温、干旱、缺肥时,会使叶柄品质降低。所以芹菜定植后一经封垄,开始旺盛生长时,就要轻肥勤施,小水常灌。要多施氮肥,最好用腐熟人粪尿。如能在蹲苗后每667平方米施100千克饼粕,不仅能提高产量,而且叶柄肥嫩，风味好。加藤彻(1975)的试验指出，任何时期缺乏氮、磷、钾都比施用完全肥料的生育差，而初期和后期缺氮的影响最大，初期缺磷比其他时期缺磷的影响大，初期缺钾的影响小，后期缺钾的影响大。缺氮不仅使生育受阻碍，植株长不大，而且叶柄易老化空心。空心是生育进程中细胞的老化现象，失去了活性的细胞，随着果胶物质的减少，在细胞膜内外产生了空隙，于是开始从输导组织之间的大的薄壁细胞处形成空心。此外，当遇到高温、干燥或低温受冻时，使干物质的运输、分配受阻碍，也会引起空心。芹菜甚需硼，否则叶柄会发生劈裂。

越冬芹菜，冬前要灌冻水。之后，再撒一层厩肥，保护幼苗越冬。春天，当气温稳定后浇返青水，促进生长。

应特别提及的是芹菜的培土软化栽培。培土软化又叫壅芹，用垄沟栽培，沟距约70厘米，沟底宽约18厘米，垄顶到沟底深35厘米。4月上旬播种，有直播和栽苗两种。直播者将种子直接播入沟中；栽苗者于6月份浆栽，每沟两行，株距7～10厘米。立秋后，特别是在白露前后重施肥1次，之后，开始分次平沟，培土软化，俗称壅黄。小雪节气后，隔沟扒垄采收，或卖或贮均可。余者再培土，到大雪节气用土连梢盖住，直至春节再挖出应市。这种软化办法占地时间长，植株老化，常有腐烂者，产量也低，现用者少。陕西汉中的行子芹，是在处暑至白露时，将芹苗按10厘米的株距，每3行栽到宽18厘米、深7厘米的浅沟中，沟距65～75厘米。芹菜培土需在气候转凉，植株正旺盛生长时进行。先扶正植株，将土打碎培于株侧，以埋没叶柄为度，勿伤叶、压叶，最后一次培土要在霜冻前完成。培土时要把土培到叶片下边，将叶柄挤紧埋好，封住口，尽量使全叶柄都能软化。南方有些地方除培土软化外，还用夹木板或缠绕纸片等方法进行软化。前者是在收获前2～3周，于行的两侧夹木板，只露出上部叶片进行光合作用；后者是在每丛植株的中下部用纸片缠绕几层，上面叶片露出，进行光合作用。

另外，还应提及的是，春芹菜生长期较短，产量低，为延长供应期可用500～1000毫克/升的青鲜素(MH)喷叶,能抑制抽薹。收获前20～30天,用20毫克/升的赤霉素溶液喷洒,10天后植株可明显增高,茎叶颜色变淡。

至于寒害,一般除于寒流前在菜田的西面和北面设小风障,或用少量蒿草覆盖外,目前上海郊区是在寒流来临前,在用足肥水的基础上喷20毫克/升的赤霉素溶液后覆盖塑料环棚,可防冻保湿,还可加速生长,增产30%～40%。

5. 收获 芹菜植株长成以后,可按市场需要一次或分次收获。越冬菜应在抽薹前收完,麦芹常行割收。芹菜叶片分化能力强,生长也快,所以在保护地内,只要保温性能好,肥水充足,可用分批掰收外部大叶,留内部心叶继续生长的方法采收,直到快抽薹时再从根部一次采收。

芹菜忌霜冻,受冻后叶变黑,耐藏性降低。叶片能忍耐－3℃的低温,但在这种温度中叶柄易受冻害,而且受冻后很难恢复,所以露地芹菜冬前采收的最晚时间应在－4℃之前。

(四)贮　藏

1. 贮藏特性 芹菜性喜凉爽湿润,较耐寒,但忌霜冻。适宜贮藏的温度为－2℃～0℃。温度过高时,呼吸作用加强,蒸腾量也大,叶片很快变黄,萎蔫。贮藏的适宜空气相对湿度为90%～95%,在高湿微冻环境中能有效地延长保鲜期。空气干燥时,失水萎蔫严重。萎蔫的芹菜,质地粗硬,不堪食用。

贮藏中空气要流通,避免呼吸热积聚。在低温,高湿,3%氧气和5%二氧化碳条件下贮藏,可减少腐烂,延迟褪绿。

不同品种的芹菜,耐贮性差异很大。一般实心绿色品种,抗病性强,耐贮藏。

供贮藏的芹菜,要适期晚播,生长期间加强管理,勤施肥灌水,提高耐藏性。

2. 贮前预处理 芹菜仅能耐轻霜,一般应在霜前采收,严防受冻。采收时要连根铲下,除假植贮藏者连根带土采收外,其余贮藏方法带根要短，并抖净泥土。选择生长健壮，叶柄肥大，脆嫩的，摘除黄叶、病叶，并按贮藏要求打成小捆，置阴凉处，上盖草帘，预贮散热。

3. 贮藏方法

(1)微冻贮藏　黄淮中下游地区，冬季不太冷，一般用地上窖；东北辽宁等地常用半地下窖；黑龙江则用地下窖。现以地上窖为例，说明建窖的方法：窖宽约2米，四周用夹板填土打实筑成土墙，厚0.5～0.7米，高1米。打墙时在南墙中心，每隔0.7～1米立一根直径约10厘米的木杆，墙打成后拔出，使之成一排垂直的通风筒。然后，在每个通风筒的底部挖深、宽各约30厘米的通风沟，穿过北墙，在地面开进风口，使每一个通风筒、通风沟、通风口相连，成为一个通风系统。通风沟上铺2层秫秸、1层细土。芹菜捆成捆，每捆5～10千克，根向下，按45°～60°的倾角斜放窖内，使后排芹菜的叶片盖压住前一排芹菜的叶柄。摆放芹菜时，在每排芹菜中上部横放一层秸秆，防止芹菜挤压、倒伏，以利于通风。窖装满后，在芹菜上盖一层细土，至菜叶似露非露的程度。

芹菜贮藏后，初期温度尚高，进风口和出风口全部打开，使外界冷空气顺利进入贮藏沟，以便尽快降低温度。白天盖草帘，晚上取下。以后，视温度降低情况，适当增加盖土厚度。盖土总厚度，黄淮中下游地区一般不超过20厘米，东北寒冷地区可达80～100厘米。最低气温在－10℃以上时，开放全部通风系统；低于－10℃时，堵死北墙外进风口，并加厚覆土层，使窖温处于0℃～－2℃，叶片呈轻微冻结状态。

出售时，将芹菜取出，放0℃～2℃处缓慢解冻，使之恢复新鲜状态。也可在出窖前5～6天，拔除窖南荫障，改设于窖北，再在窖面上扣塑料薄膜，将覆土化冻一层，铲去一层，最后留一层薄土，使窖内芹菜缓慢解冻。解冻温度不宜超过7℃。在高温中迅速解冻，易使芹菜迅速脱水而不能恢复新鲜状态。

(2)假植贮藏　山西太原、北京、天津、辽宁、陕西西安等地常用。挖浅坑，宽约1.5米，深1～1.2米，使芹菜假植时，2/3在地面下，1/3在地面上，顶部距覆盖物0.5米即可。坑上用土打成围墙，将坑底土壤挖松，打碎。

芹菜带根收获，捆成小捆，根向下，假植沟内。假植时，捆与捆间留些空隙，以利于通风、散热。芹菜也可不捆成捆，将其单株或双株栽植沟中，每平方米约50千克，栽植后灌水、稳苗。以后，视土壤干湿情况，酌情灌水。沟上盖草帘，或搭设棚盖，棚顶留通风口。整个贮藏期间，温度保持0℃左右，防热，防冻。如果天气晴朗，无风，温度不太低，可将覆盖物打开，晾晒1次，防止闷热变黄。

(3)*沟藏*　在地势较高，地下水位较低处，东西向挖沟，深约1米，底宽1～1.5米，上口略窄些。挖出的土堆在南面，避免阳光照到沟内。

芹菜带根采收，捆成小捆，预贮散热。气温稳定通过－3℃时，将芹菜根朝下放入沟中，用草帘稍加覆盖。地面气温降至－5℃，芹菜上部1/4开始冻硬时，加厚覆盖层，并用草将沟口四周封严，防止透风，使沟上部温度保持－2℃～0℃。若发现覆盖物上有霜，菜叶上有水珠，或下部萌发新根，植株间发热、出汗，叶片发黄，应及时通风降温排湿，必要时进行倒菜。

(4)*冷库贮藏*　芹菜装入有孔聚乙烯薄膜衬垫的板条箱或纸箱内，堆积于冷库中，箱间稍留空间，以利通风散热，温度保持0℃～－2℃，空气相对湿度98%～100%。也可将芹菜装入厚0.08毫米，长100厘米，宽75厘米的聚乙烯薄膜袋中，每袋10～15千克，松扎袋口，分层摆放到菜架上，温度保持0℃～－2℃。约经1周，当袋内氧气含量降低至2%左右，或二氧化碳超过5%时，打开袋口，通风换气后再重新扎口上架。也可在扎口时留一小孔，即扎口时，在袋口先插入1根直径15～20毫米的圆棒，扎口后将圆棒抽出，使扎口处留一小孔。这样，贮藏期间不需人工解口调气。

用塑料袋包装贮藏时，于芹菜采收前用1～10毫克/升的BA

(6-苄基腺嘌呤)喷洒植株茎叶,可延长贮藏期。BA 是一种植物抗衰老剂,可抑制植物叶绿素的降解,延缓叶片变黄变老。常用于莴苣、甘蓝、芹菜等蔬菜的贮藏上。

(5)家庭简易贮藏　在墙根等荫蔽处,用砖垒起几道高约 20 厘米、宽 10 厘米的小台,台上铺木板秫秸,再铺湿土厚 5 厘米。把芹菜捆放到土床上,再用湿土或菜叶盖好。食用时,先将芹菜放到 7℃～8℃处,使其缓慢解冻即可。

(6)温室活贮藏　霜冻前采收,采收前 2～3 天灌水,带土掘收,留根长 6～7 厘米。除去黄叶、病叶,捆成小捆,每捆重 1～2 千克,最好捆 2～3 道,要松捆。温室内,将地整平,做畦,畦宽 1 米。畦两侧设立柱,柱上绑横杆,将芹菜一捆一捆松松地立码于畦内。畦埂留作通风道。全室贮满后,灌 1 次透水。温室上盖草帘,防止光照,并注意通风。初期,温度保持 5℃以下,11 月中旬后保持 0℃,12 月份后保持－1℃～－2℃,不可低于－3℃。一般每平方米可贮 35 千克。能贮藏到 1 月上中旬。

(五)病虫害防治

1. 斑枯病　又叫叶枯病、晚疫病,俗称火龙,是芹菜生长期中发生最严重的病害。危害叶、叶柄和茎。全国各地都有,尤以保护地中发生较多。一般先从老叶发病,后传至新叶。叶上病斑多散生,大小不等,直径 3～10 毫米,先为淡褐色油渍状小斑点,扩大后中部发生褐色坏死,外缘多为深红褐色,中部散生少量小黑点。有的病斑中央黄白色或灰白色,边缘聚生许多黑色小点,病斑外常有黄色晕环。叶柄及茎染病后,病斑褐色,长圆形,稍凹陷,中部散生黑色小点。

斑枯病由半知菌壳针孢属真菌引起,其中,大斑型病菌为芹菜小壳针孢,小斑型病菌为芹菜大壳针孢。该病菌主要以菌丝体在种皮内或病残体上越冬,在种子上能存活 1 年以上。带病种子播种后害及幼苗,产生分生孢子,在苗畦内传播。病残体上越冬的病原菌,遇适宜条件时,产生分生孢子器和分生孢子。借风雨及农事操作传播，芽管经气孔或穿过表皮侵入寄主。经8天潜育，又可产生分生孢子，进行再侵染。

菌丝和分生孢子的致死温度为48℃～49℃，30分钟。孢子萌发的温度范围是9℃～28℃，发育适温20℃～27℃。冷凉、高湿环境中，特别是连阴雨或白天干燥，晚上有雾或有露水，植株衰弱，抵抗力差时，发病更重。

防治方法：①选用无病种子，或用2年陈籽播种。对带病种子用48℃～49℃温水浸种30分钟，捞出晾干后播种。②加强管理，增强植株长势，提高抗病力。保护地中注意排湿，降温，减少结露。③棚室苗高3厘米后，每667平方米用40%百菌清烟剂200～250克熏烟，或用5%百菌清粉尘1千克喷粉。露地用75%百菌清可湿性粉剂600倍液，或60%琥·乙膦铝可湿性粉剂500倍液，或64%噁霜·锰锌可湿性粉剂500倍液，或40%多·硫悬乳剂500倍液喷洒，7～10天1次，连喷2～3次。

2. 叶斑病 又叫早疫病、斑点病、叶霉病、褐斑病，夏秋季容易发生。主要危害叶片，亦危害叶柄、茎和种子。叶上病斑，初为黄绿色水浸状病斑，发展后成为圆形或不规则形，大小为4～10毫米的病斑。病斑不受叶脉的限制，呈灰褐色，边缘颜色稍深。茎或叶柄上的病斑呈椭圆形，灰褐色，稍凹陷。湿度高时，病部长出灰色茸毛状霉层，霉层遇水或光照后容易消失。

该病由半知菌亚门真菌芹菜尾孢菌引起。以菌丝体附着于种子或病残体上越冬。春季条件适宜时产生孢子，通过雨水飞溅、风及农事操作传播，从气孔或表皮直接侵入。病菌发育的适宜温度为20℃～30℃。分生孢子形成的适宜温度为15℃～20℃，萌发的温度为10℃～35℃。高温，多雨，夜间结露重，且持续时间长时容易流行。

防治方法：①选用抗病品种如津南实芹1号等，并从无病株上采种，必要时将种子用48℃温水浸种30分钟。②实行2年以上的轮作，合理密植，科学用水，防止阴湿。③发病初期用50%多菌灵可湿性粉剂 800 倍液，或 50%甲基硫菌灵可湿性粉剂 800 倍液喷洒。保护地内每 667 平方米用 5%百菌清粉尘 1 千克喷粉，或 45%百菌清烟剂 200 克熏烟防治。

3. 菌核病 菌核病是芹菜上常见的病害，除危害芹菜外，番茄、黄瓜均可受害。主要发生在叶片上，叶柄及茎也可受害。叶片从边缘开始，向内发展，形成椭圆形或不规则形水浸状褐色斑点，叶柄和茎上呈现水浸状凹陷，表皮干燥纵裂，叶柄和茎腐烂，呈纤维状。湿度大时被害部软腐，表面生出白色菌丝，最后产生鼠粪状菌核。

该病由子囊菌亚门真菌核盘菌引起。菌核在土壤中或混在种子中越冬，翌年萌发后产生子囊孢子，借风、雨等传播，侵染老叶。田间大多通过染病组织与叶片、茎秆接触传播。菌核在土壤中可存活 3 年以上。菌核萌发的温度范围为 5℃～20℃，最适温度为 15℃，空气相对湿度 85%以上。子囊孢子在 0℃～35℃范围内都能萌发，以 20℃最适宜。菌核在 50℃下，5 分钟可以死亡。

防治方法：①实行 3 年以上轮作。从无病株上采种或用 10%食盐水选种，除去菌核，再用清水冲净后催芽播种。②前作收获后及时翻耕，或灌水浸泡。或闭棚 7～10 天，利用高温闷杀地表菌核。③发病初期，用 50%腐霉利可湿性粉剂，或 50%异菌脲可湿性粉剂或 50%乙烯菌核利水分散粒剂 1000～1500 倍液；或 70%甲基硫菌灵可湿性粉剂 600 倍液，或 50%多菌灵可湿性粉剂 500 倍液，或 40%菌核净可湿性粉剂 1000 倍液喷洒，7～10 天 1 次，连喷 2～3 次。

4. 软腐病 又叫腐烂病、腐败病、烂疙瘩。主要危害叶柄基部及茎。被害部先出现水浸状淡褐色纺锤形或不规则形凹陷斑，后呈湿腐状，变黑发臭，仅留维管束及表皮，植株枯死。

该病由胡萝卜软腐欧文氏杆菌胡萝卜软腐致病型细菌引起。该病菌生长发育的最适温度为 25℃～30℃，最高 40℃，最低 20℃，致死温度 50℃，10 分钟。不耐光或干燥，在日光下 2 小时大部分死亡。脱离寄主的土壤中只能存活 15 天左右。除危害芹菜等伞形科作物外，葫芦科、十字花科、茄科、百合科、菊科蔬菜等都可受害。主要靠带病残体及附着于害虫上越冬，通过雨水、灌水、昆虫及带菌肥料作媒介，从伤口入侵。大部在生长中后期，芹菜封垄后发生。重茬地、积水、阴湿、土壤紧实、通气不良、虫害多时容易发生。

防治方法：①实行轮作。早腾地，早耕翻，晒土，促进病残组织腐烂分解。②起苗、定植、中耕等作业中，避免伤根。培土不可过高，以免将叶柄埋入土中。雨后及时排水，并适当减少灌水次数，灌水量也勿过多，避免茎叶浸入水中。挖除病株，病穴撒生石灰消毒。③发病初期，用 72% 农用链霉素，或新植霉素粉剂 3000～4000 倍液，或 14%络氨铜水剂 350 倍液，或 30%琥胶肥酸铜(DT、二元酸铜)可湿性粉剂 500 倍液喷洒，7～10 天 1 次，连喷 2～3次。喷药时植株基部要多喷。

5. 病毒病 又叫皱叶病、抽筋病、花叶病。全株染病，从苗期开始感染。开始，叶片皱缩，呈现浓淡相间的绿色斑，或黄色斑块。后期出现褐色坏死斑，严重时叶片皱缩，向上卷曲，心叶停止生长，全株黄化矮缩。

该病主要由黄瓜花叶病毒、芹菜花叶病毒侵染引起。黄瓜花叶病毒寄主范围多达 39 科 117 种以上，汁液稀释限点1000～10000 倍，钝化温度 60℃～70℃，10 分钟。体外保毒期 3～4 天。不耐干燥。种子不带毒，主要靠多年生宿根植物越冬，靠蚜虫传播。芹菜花叶病毒寄主范围窄，主要侵染菊科、藜科和茄科中几种植物。病毒汁液稀释限点 100～1000 倍，钝化温度 55℃～65℃，体外存活期 6 天。在田间主要靠蚜虫传播，也可通过人工操作接触摩擦传播。干旱、高温、蚜虫多、操作粗放时容易流行。

防治方法：①防蚜，避蚜，特别是苗期要避免高温、干旱。最好用遮阴降温，网罩防蚜育苗。②加强肥水管理，提高抗病力。③发病初期用 1.5%植病灵乳剂 1000 倍液，或 25%病毒 A 可湿性粉剂 500 倍液，或 20%小叶敌 600～800 倍液，或增产灵 50～100 毫克/升喷洒。

6. 猝倒病 又叫化苗，主要危害幼苗。幼苗出土到第一片真叶出现前后最易发生。幼苗受害后，接近地面茎上，先产生水浸状暗色病斑。病斑绕茎扩展，茎缢缩成线状，发生卡脖，使幼苗倒伏。病来势猛，从发病至倒苗仅约 20 小时。刚倒的苗，叶为绿色。拔出幼苗，碰摸病部，表皮容易脱落。地面潮湿时，病部及其附近床面长出一层白色棉絮状的菌丝。

猝倒病是由鞭毛菌亚门真菌瓜果腐霉引起。该菌菌丝体生长繁茂，呈白色棉絮状。此外，引起猝倒病的病原菌还有刺腐霉、疫霉属某些种及丝核菌。病菌以卵孢子随病残体在表土下 12～18 厘米深处越冬。寄主很多，茄果类、瓜类、莴苣、洋葱、甘蓝等都能受害。腐生性很强，并能在土壤中长期存活。当遇到适宜条件时，萌发产生孢子囊，以游动孢子或直接生长芽管侵入寄主。此外，土中营腐生生活的菌丝，也可产生孢子囊，以游动孢子侵染植株。潜育期 1～2 天。田间再侵染主要靠病部产生的孢子囊及游动孢子，借灌水或雨水溅附到贴近地面的根茎上引起发病。病菌生长的适宜地温为 12℃～16℃，温度超过 30℃受到抑制。适宜发病的地温为 10℃，低温对寄主生长不利，但适宜病菌繁衍。所以，在阴雨、低温、高湿期，特别是幼苗子叶中的养分基本用完，新根尚未扎实，真叶未发生时容易发生。

防治方法：①苗床要避风，向阳，排水良好。床土要清洁无病。不要在重茬地上打苗床，或长期使用旧苗床。无条件的应选无病土壤或河滩新淤积土作床土。如果用旧苗床，可进行床土消毒：10 平方米苗床，撒 100 克硫磺粉与土混合。播种后在覆盖种子用的培养土中也加硫磺粉，每床 20～50 克。或播种时，每平方米苗床用 25%甲霜灵可湿性粉剂 5 克和 50%多菌灵可湿性粉剂 5 克，加10～15 千克干细土拌匀，作床土和盖籽土。也可用福尔马林进行土壤消毒：播种前 2～3 周，每 1000 千克培养土，用 200～

300毫升福尔马林加水25～30升，稀释后喷洒到土中，拌匀，堆积，用湿草帘或塑料薄膜盖严，闷2～3天。再摊开，待药气散完后使用。②种子用50℃～55℃温水烫种15分钟，再进行浸种催芽，或用50%多菌灵可湿性粉剂或福美灵拌种，用药量为种子重的0.2%～0.3%。③加强管理，早春育苗时要设法提高床温，使气温保持在15℃以上，20℃以下。尽量控制灌水，旱时，上午用小水轻灌。适时揭盖草帘，透光，保温，通风炼苗。④若苗床已经发生倒苗，应及时采取挽救措施。操作方法是：将病苗拔除，覆盖干细土或草木灰，降低床土湿度。同时，加强通风和光照，抑制病害发展。或每10平方米苗床用硫磺粉100克，加草木灰撒在床内。也可用1份敌克松加50份土，拌匀，撒到床内。撒土后把叶子上的药土扫净。如有条件，还可用铜铵合剂（硫酸铜2份，碳酸氢铵或碳酸铵11份，分别碾碎，过筛，混匀，立即装入玻璃瓶里盖严，或装入塑料袋中扎紧口，放置24小时）400倍液喷洒到床土中，每平方米4千克。用75%百菌清1000倍液喷洒；或72.2%霜霉威水剂400倍液，每平方米2～3升，或58%甲霜·锰锌500倍液，或64%噁霜·锰锌可湿性粉剂500倍液，或15%噁霉灵可湿性粉剂450倍液，每平方米3升灌根。

7. 蚜虫 整个生育期都可发生，可用80%敌敌畏乳油1000倍液，或21%增效氰·马乳油3000倍液，或10%氯氰菊酯乳油6000～8000倍液喷洒防治。

8. 烧心 多因缺钙引起，高温、干旱，施肥过多时容易发生，尤其酸性土壤中发生更重。开始发病时心叶叶脉间变褐，逐渐叶缘细胞坏死，呈黑褐色。生育初期少见，多在11～12片叶时开始发生。防治方法是避免高温干旱，实行适温适湿管理。酸性土壤中增施消石灰，调节到中性或近中性。适量施肥，氮、磷、钾配合，使芹菜健旺生长。一旦有烧心迹象，可用0.5%氯化钙，或硝酸钙水溶液喷洒叶面。

9. 空心 空心指叶柄髓部和输导组织细胞老化，细胞液胶质化，失去活力，和细胞膜间发生空隙。空心多从叶柄基部开始，向上延伸。同一植株上，外叶先于内叶。叶柄空心部位呈白色絮状，木栓组织增生。空心是生理老化现象，沙性土、肥水不足、植株衰老、贮藏时间过长、过量喷施赤霉素、温度过高或过低、受冻等都可引起空心。

防治方法：避免在沙性过大的土壤中种植芹菜。生长期间适时灌水，施肥，并防止高温、干旱。发现叶色变淡时可用0.3%尿素加1%白糖液喷洒。喷施赤霉素时加入0.3%的尿素。

10. 叶柄开裂 指茎基部连同叶柄一起开裂的现象。叶柄开裂后影响商品价值，而且容易腐烂。叶柄开裂的原因是低温、干旱使芹菜生长受到抑制，之后突然发生高温、多湿，植株迅速吸收水分，使组织充水、胀裂。所以应注意加强进行适温、适湿管理，土壤深翻，增施有机肥，增强根系发育，提高抗旱和耐低温的能力。

11. 缺硼症 主要症状是叶柄异常肥大、短缩，并向内弯曲。弯曲部分内侧组织变褐，逐渐龟裂，使叶柄扭曲以至劈裂。引起这种现象的主要原因是土壤缺硼，或土壤中其他无机营养元素过多，抑制了芹菜对硼的吸收。如果土壤缺硼，可每667平方米施1千克硼砂作底肥，或用0.1%～0.3%硼砂水喷洒植株。

（六）留　种

芹菜一般多在越冬芹菜中剔除病弱者后，作为留种田留种。但为保持品种特性，最好于秋芹收获时行单株选择，取生长健壮，无病，叶数中等，根小，特别是叶柄肥，实心，质脆，不分蘖者更为可贵。连根挖起后，留10厘米长的叶柄，截去顶梢后，贮藏。春季2月上中旬解冻后，按行株距30～50厘米的密度栽植。

芹菜在抽薹显蕾期，易分杈生枝，要多中耕，控制灌水，这样可使节间缩短、秆硬，开展度增大，籽粒饱满，否则会引起徒长，结籽反而减少。由于芹菜为复伞状花序，能陆续开花结果。因此，当头1～2层花序开花结籽后，应及时加足肥水，才能提高种子产量。

芹菜同株种子，上下成熟早晚差异很大。一般可于7月中下旬，当下部种子变黄时即可整株割下，晒干，脱粒。芹菜为双悬果，成熟时开裂成两半，各含一粒种子。种子小，暗褐色，千粒重0.4～0.5克，每克约1700粒。每667平方米产75千克左右。发芽力2～3年。新采收的种子有3个月左右的休眠期，发芽率低。因此，生产上多用陈籽。

芹菜通常为异花授粉，虫媒，自花也能结实。采种时不同品种应隔离。

二、菠　菜

菠菜又叫赤根菜、菠薐、角菜。属藜科，一年或两年生草本作物，我国各地普遍种植。菠菜含有较多的胡萝卜素、蛋白质、维生素C及钙、磷、铁等无机盐。耐寒力强，越冬时外叶的损失较少。春季返青早，可以早收，抽薹较晚，而且抽薹后仍有食用价值，所以春季供应期长，产量高，是重要的越冬蔬菜。在春秋冬三季生产中都占有重要地位。可凉拌、炒食或做汤，欧美一些国家还用于制作罐头。

（一）生物学性状

菠菜的直根似鼠尾，红色，味甜可食。抽薹前叶片簇生在短缩的盘状茎上，花茎嫩时可食。花单性，少数两性，胞果。雌雄异株，亦有同株的，雌雄比常为1∶1。风媒。

种子发芽始温4℃，适温15℃～20℃，如温度过高，则发芽率降低，发芽时间延长。叶片数在日平均气温为20℃～25℃时增长最快，日平均温度低于23℃时，苗端分化叶原基的速度，随温度的降低而减慢。叶面积在日平均气温为22℃左右时增长最快，日平均温度在27℃以上时则下降，净同化率的最适日平均气温为27℃左右。苗端分化花序原基后，基生叶数不再增加。花序分化时的叶片数，因播种期而异，少者6～7片，多者20余片。菠菜属长日照作物，在长日照下，低温有促进花芽分化的作用，但低温并非花芽分化必不可少的条件。在长日照中能够进行花芽分化的温度范围很广。夏播菠菜，未经15℃以下的低温，仍可分化花芽。花序分化到抽薹的天数，因播期不同差异很大，短的8～9天，长的140多天。这一时期的长短，关系到采收期的长短和产量的高低。菠菜很耐寒，成株在－10℃左右的地区，露地能安全越冬。耐寒力强的品种有4～6片真叶时，可耐短期－30℃的低温甚至－40℃的低温。菠菜需氮磷钾完全的肥料，在三要素俱全的基础上，应特别注意氮肥的施用。

菠菜的主要食用部分为绿叶，单位面积产量取决于株数、每株叶数、每叶重量三大要素。单位面积株数可用播种量控制，而单株重量是由叶数、单叶重组成，其中起决定作用的是单叶重；只有在单叶重相差不大时，叶数的多少，才对单株重量有影响。叶数主要决定于播种后的温度和日照条件等是否有利于叶原基的分化或花原基的分化。单叶重量与叶部生长期的长短，即抽薹的早晚以及温度、日照、营养等综合条件是否适宜有密切关系。抽薹晚，叶部生长期长，综合条件又较适宜时，单叶重量大。

菠菜在空气相对湿度80%～90%、土壤湿度70%～80%的环境下生长迅速。在沙质壤土、黏质壤土上比黏土中生长好。最适pH值为6～7，耐微碱性。如柴达木盆地土壤pH值一般都在7.5～8.5，英国菠菜仍能种植。菠菜的抗盐性仅次于恭菜和芜菁甘蓝，当土壤含盐量达0.2%～0.25%时尚可生长。pH值5.5时生长不良，pH值4时，植株枯死。喜氮磷钾完全的肥料，氮肥充足时，叶片增加，产量高，品质好。缺硼时，心叶卷曲，缺刻深，每667平方米施硼砂0.5～0.75千克，可防止缺硼现象。

(二)类型和品种

菠菜依种子外形分有刺种和无刺种两种。有刺种外有由宿存的花被发育成的棱刺，叶片薄，形似箭头，先端尖。耐寒，早熟，品质好，产量低。无刺种的种子呈圆形，刺不发达，叶形略圆，大而厚，耐热，产量高，现栽培的较多。优良的品种，有刺者如黑龙江双城冻根菠菜、青岛菠菜；无刺者如法国菠菜、上海圆叶、南京大叶、广东圆叶等。

(三)栽培技术

1. 整地 选择松软、肥沃、排灌方便处种植。菠菜生长期短,常插空种于主作物之前或之后,也常与蒜、小麦等行间作套种。菠菜植株不大,主要根群分布范围小,耕深0.3米许即可。也有锄松后立即播种者,但肥要足,特别是越冬或春播的要多施氮肥,否则株小,叶黄,易抽薹。前作收获后,宜施基肥,耕后耙耱平整,做成平畦,畦面要平,尤其伏菠菜更要如此。

2. 播种 菠菜1年大致可种4茬:早春播种,春末收获的称春菠菜;夏播秋收的为秋菠菜;秋播翌年春收的为越冬菠菜;春末播种,夏季收获的叫夏菠菜。

多采用直播法,以撒播为主,也可点播或条播。菠菜的种子为胞果,果皮外层为薄壁组织,可以通气、透水,而内层则为木栓化的厚壁组织,较硬,不易透水,发芽慢,尤其在高温或低温下播者更甚。故伏天播时宜行种子处理,上海地区将果皮用木臼捣破,而后浸种催芽,或将种子用凉水浸泡10～12小时,再铺于地窖内或吊到井内水面上。在低温下播种时宜用温水浸种,置于温暖处催芽,待出芽后再播。越冬菠菜宜在大地封冻之前40～50天播种。这样到冬前幼苗停止生长时,有5～6片真叶,主根长10厘米左右,即可安全越冬,翌年春季收获早。

菠菜一般用干籽撒播。早春及夏季,为保证全苗,宜催芽后采用落水播种,每667平方米播量4～6千克,越冬者播量常达10千克。

3. 管理 菠菜生长期短,生长速度快,要勤灌水,勤追肥,肥水结合。施肥要掌握轻施勤施、先淡后浓的原则。从真叶出现时开始施第一次肥,到3～4片真叶时再施一次。

应注意的是,不同的肥料对菠菜的产量、硝酸盐和草酸的含量有交互作用。据W·S里根(W·S·Regan,1968)对菠菜的施肥试验指出,过多地施用氮肥和钾肥会导致菠菜硝酸盐及草酸含量增加，增施磷肥会降低菠菜草酸的含量。因为硝酸盐和亚硝酸盐对人类健康有影响，所以施肥时应根据土壤含氮量、肥料种类及栽培季节等因素决定，以免硝酸盐积累过多。

越冬菠菜在土壤大冻前要灌 1 次水，之后盖粪土，保护幼苗安全越冬。翌年春要适时灌好返青水，促进生长。

春菠菜播种后由于温度、日照均有利于抽薹开花，叶部生长期短，所以栽培中在适期播种的基础上更要施足肥，浇足水，促进叶子生长。夏菠菜生长期正是高温季节，为了降温，宜用小水勤浇，最好用井水，井水凉，有降温作用。供贮藏用的菠菜，于寒露节气后，当苗高约 20 厘米时开始分次上土，直到霜降，共上土 7～8 次，上土总量厚 7 厘米左右。上土宜在晴天无露水时进行，先将地锄松后再上土。上土要匀，切勿压叶。及时上土的菠菜是红头，白帮，黄心，绿叶，不仅产量高，品质好，而且耐贮藏。

4. 病虫害防治 菠菜的主要虫害是潜叶蝇，可用敌百虫防治。主要病害是霜霉病，多在春秋季发生，天气阴湿时更甚。可用 65%代森锌可湿性粉剂 400～600 倍液或用 1∶1∶200 倍的波尔多液防治。

(四)收获与贮藏

一般当有 6～8 片叶时，结合间苗先选大株采收，也有一次收完者。春季菠菜生长快，最好在抽薹前收完。

小雪到大雪节气收获的可以贮藏。选择生长健壮的植株，除去黄叶、病叶后捆成把于荫蔽、高燥处整平地面后，将其根向下，叶向上排好，四周用湿土围住。温度最好维持在 0℃左右。天冷时可在菠菜上加一层湿土，厚约 3 厘米。出售时将其取出，置土窖内经 2～3 天，待缓慢解冻后再上市。切勿急置于高温处，否则会破坏组织，降低品质。

(五)留　种

采种菠菜除专作抗热品种可于晚春播种外，一般均行秋播，播期约在秋分前后。过迟，植株发育不良，产量低。种株要加强管理，入冬前间1次苗，淘汰杂苗、弱苗。要灌好防冻水，并用粪土覆盖。翌年春及时灌返青水，并择密处再间苗一次。留种菠菜在间苗过程中应尽量选择叶数多且密集、肥厚、短阔、纤维少者，或叶片虽长但叶丛较为直立者。此外，在间苗中要注意到植株的性别。

菠菜为雌雄异株，但亦有同株者。大致可分为绝对雄株、营养雄株、雌雄同株、二性花株和雌性株5类。菠菜的雌株花序都成簇状生于叶腋，而雄株花序多呈穗状生于茎的先端或叶腋。雄株只供给花粉，而不结籽。通常雄株要占总株数之一半，为提高种子产量宜早间除多余雄株。特别是绝对雄株，花期短，产量低，无实用价值，可根据其株型小，抽薹早，花薹先端叶片狭小、呈鳞片状的特点将其全部拔除。营养雄株大，产量高，花期也与雌株相近，为保证雌株有足够的花粉，每平方米内留1～2株即可，其余也应除去。

菠菜种株易倒伏。除应注意早间苗、施足肥料外，在苗期要适当控制灌水，蹲好苗。但开花期要加足肥水，促进生长；花谢后还要再追肥1次。菠菜种子在充分成熟后，休眠深，发芽慢，因此当其开始变黄，尚未充分成熟时即可割收，稍行堆贮后，再脱出种子。

菠菜为异花授粉作物，自然杂交率很高，不同品种地块间最少应相隔1000米。

三、莴　笋

莴笋是一种茎用的莴苣。我国南北各地都有种植。莴笋富含维生素和无机盐，其茎质脆、味美，除炒食外，还可经腌、酱、泡等加工成各种食用制品。江苏省邳州市土山地区的薹干菜，就是莴笋的干制品，为江苏名产，外销东南亚和我国香港等地。陕西潼关的酱笋也是国内外的名产品。莴笋叶不仅可以食用，而且可养蚕。莴笋内的乳状液，含有橡胶、糖、甘露醇、树脂、蛋白质、莴苣素和各种无机盐。其中，莴苣素是一种苦味物质，有催眠作用，在医药上有一定的利用价值。莴笋的适应性强，好栽培，产量高，供应期也长，除盛夏外均可种植，特别是春莴笋和秋莴笋对改善淡季供应更为重要。

(一)生物学性状

莴笋为菊科、一二年生、半耐寒的蔬菜植物。茎短缩,叶互生,披针形或长卵形。肉质茎圆筒形或圆锥形。头状花序,自花授粉。喜冷凉,忌炎热,又较耐霜冻。种子发芽温度为5℃～28℃,在此范围内升高温度,有促进发芽之效,最适宜的发芽温度为15℃～20℃,高于30℃时发芽受阻。这是由于高温限制了胚乳与壁膜之间的气体交换,在30℃下未发芽的种子,移入10℃下3～4天,发芽率可达90%左右。莴笋茎叶生长的适宜温度为11℃～18℃,温度在22℃以上会引起过早抽薹或降低产量。但不同品种间引起过早抽薹的温度差异很大:如早熟品种中,上海小圆叶、小尖叶等,在月平均气温20℃以上会过早抽薹;而晚熟品种南京紫皮香、上海尖叶等,生长期间温度升高至24℃～26℃时,亦有一定产量。因此,在不同季节,应选用适宜的品种。

莴笋的食用部分为肥大的花茎基部。花茎的肥大,是在叶数的增加速度趋于稳定状态时开始的。茎部开始肥大时叶面积对个体及群体产量有很大影响。叶面积大时,茎重有相应增加的趋势。但生产中也发生叶片肥大,但茎部细小的徒长植株。所以,从干物质生产角度看,莴笋的单位面积产量=叶面积指数(LAI)×净同化率(NAR)×干物质向茎部的分配率。叶面积指数与净同化率呈负相关,如果叶面积指数大,互相遮荫,则净同化率降低,尤其是在生育后期地上部徒长,叶面积指数提高时,净同化率减少。随着干物质生产的减少,向茎部分配的干物质也相应减少,从而影响到产量的提高。

幼苗生长的适温为12℃～20℃,日平均温度达24℃左右时生长仍旺盛,29℃时生长缓慢,当地表温度达40℃时幼苗根轴因受灼伤而倒苗。茎叶生长期的适温为11℃～18℃,在12.2℃中幼苗生长慢,但健壮。夜温较低(9℃～15℃),昼夜温差大时有利于茎的肥大。幼苗能耐-10℃的低温,但叶片有冻伤。莴笋的孕蕾、抽薹、开花，不需经过低温阶段。影响莴笋早抽薹的主要原因是长日照条件，莴笋的早中晚熟品种，无论经过春化或未经春化，长日照处理的比短日照处理的抽薹都早，生长在不同温度下的莴笋均呈长光照反应；随着光照长度的增加，显著地加速由营养生长转向生殖生长的过程，其中早熟及中熟品种对光照长度的反应，更为敏锐。

(二)类型和品种

1. 类型 莴笋的品种很多，大致有尖叶、圆叶 2 类。尖叶笋叶披针形，先端尖，叶簇小，节间稀，晚熟，苗期较耐热，可作秋季栽培或越冬栽培；圆叶笋叶长倒卵形，顶部稍圆，早熟，耐寒，不耐热，品质好，多作越冬栽培。在圆叶与尖叶类型中，不同品种又有早熟、中熟、晚熟之别。早熟品种生长期短，叶片稀而开展度小，叶茎比值小、产量低；而晚熟种则恰恰相反。也有依茎色分为青笋、白笋的。一般早熟种皮、肉色绿，而晚熟种皮、肉为绿白色或白色。早熟种感温性强，在月平均温度 20℃以上时易抽薹，纤维多，品质差，作春笋效果好；晚熟种对高温不敏感，抽薹晚，温度升至 24℃～26℃时仍有一定产量，故秋栽效果亦好。莴笋呈长光照反应，且随着温度的升高，发育速度加快，尤以早熟种比中熟种，中熟种比晚熟种更甚。所以，根据栽培目的，选择适宜品种是获得丰产的前提，特别是秋季栽培时，更应选择晚熟类型。

2. 常用品种

(1)尖叶莴笋(柳叶笋) 北京、陕西、内蒙古栽培普遍。四川大白尖叶笋也属于这一类型。生长健壮，株高 50～60 厘米，开展度 50～60 厘米。叶呈宽披针形，长约 30 厘米，宽 8～10 厘米，淡绿色，叶面有皱纹。茎呈棒状，白绿色，长 33～50 厘米，横径 5～6 厘米，单株重 500 多克，大者 1～1.5 千克。中熟，肉质脆，水分多，品质好，质量高，但抗霜霉病力差。较耐寒，苗期耐热，适宜我国北方和长江流域，可春秋两季栽培。

(2)紫叶莴笋 陕西、北京、山东都有栽培。株高 40 厘米，开展度55厘米。叶片披针形,长42厘米,宽14厘米,叶面多皱。苗期叶片、成株的心叶及大叶片的边缘为紫红色,大叶片的其他部分为淡绿色。茎棒状,一般长51厘米,横径6厘米,外皮白色,单株重1千克左右。中晚熟,较耐热,抽薹迟,抗霜霉病力强,肉质脆,水分较少,品质好。春季栽培较多,夏秋季也可种植。

(3)挂丝红　又叫洋棒莴笋,四川成都农家品种,适宜长江流域及黄河流域栽培,引入陕西表现好。作越冬莴笋栽培时,春季生长迅速,茎部肥大快。比尖叶白笋提前10～15天上市。叶倒卵圆形,绿色,嫩叶边缘微带红色,叶面有皱褶。茎皮色绿,叶柄着生处有紫红色斑块,肉绿色,质脆,单株重0.5千克左右。耐寒性和抗病性均较强,不耐热,抗旱力中等,耐肥,不易抽薹,适宜我国北方和长江流域等大部分地区。秋播作过冬春莴笋栽培,也可作冬莴笋栽培。春莴笋一般在白露至寒露播种,立冬至小雪定植,春分后开始采收。冬笋在立秋处暑间播种,寒露后收获。

(4)鲫瓜笋　北京市农家品种。植株矮小,叶长倒卵圆形,浅绿色,叶面多皱。笋中下部稍粗,两端渐细,似鲫鱼状。茎长16～20厘米,横径4～5厘米,单株重约250克。茎皮白绿色,较薄,纤维少。肉质浅绿色,质地脆嫩,水分少,略有涩味。耐寒,不耐热,早熟,适宜冬春保护地栽培。

(5)雁翎笋　北京、天津栽培较多。株高60厘米,开展度40厘米,叶色浅绿。肉质茎长棒形,长约50厘米,单株重300克。晚熟,笋肉致密、嫩脆。耐寒性及耐热性均较强。适宜春秋两季栽培。

(6)上海尖叶莴笋　上海市农家品种。叶簇小,节间密。叶片较小,披针形,浅绿色,叶面略皱。茎皮与肉质浅绿色。早熟,适宜冬春保护地栽培。

(7)二白皮密节巴莴笋　成都市农家品种。叶直立,倒卵圆形,浅绿色,叶面微皱。笋粗,节密,茎皮草白色,肉浅绿色。耐热,不易抽薹,适宜夏秋保护地栽培。

(8)咸宁圆叶莴笋　湖北省咸宁市农家品种。早中熟种，夏播定植后 35 天采收，秋播定植后 50 天采收。株高 50 厘米，开展度 40 厘米。叶倒卵圆形，叶面光滑。肉质茎棒槌状，长 25 厘米，横径 6 厘米，皮白绿色，肉绿白色，质地脆嫩，单株重 0.8 千克，最大 1.5 千克。抗病性较强，耐热，夏秋季栽培不易抽薹，每 667 平方米产 3 500～5 000千克。长江流域均可种植。春莴笋 10 月下旬播种，夏秋莴笋 7 月中旬至 8 月上旬播种，冬莴笋 8 月下旬播种。

(9)玉溪绿叶莴笋　云南农家品种。叶长椭圆形，淡绿色，叶面皱缩，节间较密。笋棍棒形，茎皮绿白色，长 30～50 厘米，横径约 6 厘米，肉质地脆嫩，单株重约 600 克。抽薹晚，适应性强，雨季不易裂口，每 667 平方米产 3 000 千克左右。

(10)尖叶鸡腿笋　甘肃省兰州市地方品种。株高约 56 厘米，开展度 42 厘米。叶宽披针形，黄绿色，叶面微皱。笋短而粗，下部膨大，形似鸡大腿，故名。茎外皮绿白色，肉绿色，质地致密脆嫩，单株重约 650 克。耐寒又耐热，晚熟，适宜作秋播越冬的春莴笋，或夏播秋收的秋莴笋栽培。

(三)栽培技术

1. 栽培季节　莴笋的主要栽培季节是春季和秋季，现在因保护设施的日趋完善，基本上可以排开播种，周年供应(表 4-2)。按其收获期可分为春莴笋、夏莴笋、秋莴笋和冬莴笋 4 类。

春莴笋是指春季收获的莴笋，要求供应期尽量提早，以缓解春淡蔬菜市场供需矛盾。这茬莴笋，一般采用露地栽培，如能利用塑料棚室栽培，采收期可比露地早 1 个月左右，效果更好。在能够越冬的地区，春莴笋应在秋季播种，秋末冬初有 6～7 片真叶时定植，露地越冬后翌年春季采收。因要越冬，所以死苗缺株严重，这是值得注意的。

表 4-2 莴笋排开播种周年供应表

栽培季节	代表城市	播种期	定植期	收获期
春莴笋	成都、贵阳、长沙、武汉、南京、上海、杭州、合肥	9 月下旬～10 月上旬	10 月下旬～11 月下旬	3 月下旬～4 月上旬
	西安、济南、郑州	9 月上旬～9 月中旬	10 月下旬～11 月上旬	4 月下旬～5 月中旬
	北京、保定、太原	9 月下旬～10 月上旬	3 月份	5 月中旬～6 月中旬
	银川、兰州	12 月中下旬～翌年 1 月上旬	3 月下旬～4 月上旬	5 月下旬～6 月上旬
	沈阳、呼和浩特、乌鲁木齐	2 月份	4 月中旬～4 月下旬	6 月上旬～6 月中旬
夏莴笋	成都、贵阳、长沙、武汉、南京、上海、杭州、合肥	2 月下旬～3 月中旬	4 月上旬～4 月下旬	5 月下旬～7 月上旬
	西安、太原、兰州、银川	3 月中旬～3 月下旬	4 月下旬～5 月上旬	6 月中旬～7 月下旬
秋莴笋	成都、杭州	7 月下旬～8 月上旬	8 月中旬～8 月下旬	9 月中旬～10 月上旬
	武汉、合肥	8 月上中旬	9 月上中旬	10 月上旬～11 月中旬
	北京、太原、济南、郑州、西安、兰州、银川	7 月上旬～7 月下旬	8 月上旬～8 月下旬	10 月上旬～10 月下旬
	乌鲁木齐	7 月上旬～7 月下旬	8 月上旬～8 月下旬	10 月下旬
	呼和浩特	6 月下旬	7 月下旬	9 月下旬
冬莴笋	成都、贵阳、长沙、武汉、南京、上海、合肥	8 月中旬～8 月下旬	9 月上旬至 9 月下旬	11 月下旬～12 月下旬
	北京、西安、济南、郑州	8 月上旬	8 月下旬～9 月上旬	11 月上旬至翌年 2 月份

摘自陆帼一《莴苣栽培技术》

夏莴笋是指6～7月份收获的莴笋。这茬莴笋生产中存在的主要问题是未熟抽薹。过早抽薹的莴笋，肉质茎细而长，商品性差，产量低。

秋莴笋指夏播秋收的莴笋。除有未熟抽薹现象外，主要问题是播种育苗期正处于高温期，种子必须经过低温处理才能迅速发芽。

冬莴笋是指秋播冬收的莴笋。其播种期和收获期均比秋莴笋晚，但播种育苗期温度仍然偏高，收获期晚，遇到0℃的低温后容易受冻，所以应在日平均气温下降至4℃左右时采收。采收时最好带根，将其假植贮藏后，陆续上市，可一直供应到春节前后。

2. 育苗与移栽 莴笋多行育苗移植栽培法。常用撒播法，干籽趁墒播种，或落水湿播均可。干播时，苗地整好后撒入种子，浅锄，搂平，轻踩一遍，使种子与土壤紧密结合，然后再轻搂一遍，使表土疏松，既有利于保墒，又便于幼苗出土。落水湿播时，先在苗畦灌水，水渗完后撒入种子，再覆盖细土，厚0.5厘米。

播种量要适当，每667平方米苗床约播600克种子，可供10 000～15 000平方米栽植之用。出苗后分次间苗，也可在3～4片真叶时分苗1次，使苗距保持4～7厘米。

应特别注意的是，秋莴笋播种期正值高温期，不仅对发芽不利，且常因胚轴灼伤而引起倒苗。所以这时行低温处理有促进出苗之效。莴笋的阶段性虽短，但5℃的短期低温处理对过早抽薹的影响并不大。秋莴笋的过早抽薹主要是由于感温性强的品种，受高温影响所致。低温处理时，先将种子用凉水浸泡8小时，捞出后用纱布包起，吊于井内约距水面30厘米处，或放到水缸后阴凉处。每日用凉水冲浇1次，在5℃～10℃中处理2～4天，或10℃中处理3～4天，当大部分种子发芽露白后于下午落水播种。播后用苇箔等覆盖，既能保持土壤水分，又能防止阳光直射，避免温度过高。

莴笋根系较强健，但分布浅，主要集中在20厘米左右的土层中，对深层肥水吸收能力较弱，而它的叶面积又大，故宜择肥沃、保水力强的土壤。春笋的前作多为十字花科、茄果类及豆类；而秋笋的前作则以早黄瓜、甘蓝等为主。多用平畦，地要整细。一般夏播后约30天，秋播后40～60天，当其有3～5片叶时定植。栽植深度以埋没根颈为度，过深不易发苗，过浅易受冻。越冬莴笋更要多带宿土，尽量少伤根，务必于小雪前后栽完，否则扎根不稳，容易受冻。

3. 田间管理 莴笋喜湿润、忌干燥，管理不当时，植株细瘦，产量低，品质差，甚至会过早抽薹，失去食用价值。这种现象俗称"窜"，它不论是在莲座叶形成期，或是在莲座叶形成之后，茎伸长肥大期，都能发生，尤其是在莲座叶形成之前发生，对产量影响更大。因这时尚未形成良好的同化器官，茎部不可能再肥大。实践证明，养分不足，水分过多或过少等都是窜的主要因素。因此，加强肥水管理是提高莴笋产量，增进品质的主要措施。另外，可在茎部开始膨大时，用0.05%～0.1%丁酰肼，或0.6%～1%矮壮素，或0.05%多效唑喷洒叶面1～2次，可推迟抽薹，增产30%以上。

莴笋在苗期对肥水的吸收利用较少。为促进根系发育，定植成活后应轻施速效肥1次；之后，为使苗敦实、健壮，应掌握在茎未充分生长前多中耕，适当控制肥水。莴笋在－6℃时叶片上常会出现冻伤斑点，尤以晚熟者更甚。因此，越冬莴笋更要加强管理：宜于大雪前后灌冻水、盖粪，保护幼苗安全越冬。开春后做好蹲苗，勤中耕，提温保墒，促进壮苗早发、稳长，使其尽早地形成强大的莲座叶；当其叶片已充分生长，茎部开始膨大时开始灌头水。莴笋的叶序为3/8，当其有2个叶环，心叶与莲座叶略呈平行时叶片已充分肥大，茎部开始肥大，应及时开始灌头水，促进生长。这次水切勿过早，否则容易引起徒长、苗高、茎细。而且灌水后幼叶变嫩，遇低温后叶片变黄，影响叶面积的扩大，同时，浇水后也易感染霜霉病。当然，过度控水，叶难以扩大，也不利于茎部的肥大。而且长期干旱后，再加大肥水，茎部易裂口。莴笋灌头水后开始进入旺盛生长期，特别是在抽薹前后，茎的伸长和增重更为显著，对肥水要求甚为迫切，缺水时生长慢，而且味苦。故当嫩叶密集，茎部开始膨大时要重施一次肥，最好顺水灌人粪尿或趁墒每667平方米施化肥15～20千克，促进发叶、长茎。若这时日温较高，夜温较低时更有利于养分的积累，抽薹慢，茎粗，产量高；若温度过高，特别是夜温过高时呼吸作用加强，抽薹快，茎细，产量低。茎肥大后期水分不宜过多，否则产生裂茎，易生软腐。

莴笋主要病害是霜霉病，春秋均可发生，尤以当植株封垄后，雨多时更是如此。除适当地摘除下部老叶、枯叶，加强通风外，应及时喷布波尔多液等防治。

(四)采收与贮藏

由于莴笋在肉质茎伸长的同时，就已形成花蕾，很快抽薹开花，所以采收期很集中。若迟收，则因耗费了肉质茎内的养分，不仅茎皮粗厚，不堪食用，也易空心；若采收过早，产量又低。一般认为以在花蕾出现前，当心叶与外叶相平时，采收为宜。但为了延长供应，抽薹后除可将其截除抑制伸长外，肉质茎开始膨大时用0.05%～0.1%青鲜素或用350毫克/升的矮壮素喷洒叶面，也有一定效果。但不能喷得太早，浓度也不要太高，否则会因过度抑制而减产。

莴笋含水多，采收后应及时上市。放置过久，肉质茎会失水变软，外皮增厚，品质降低，故多不贮藏。经销部门临时保管时可将其捆束后呈“井”字形码于筐内；或于露地根朝里、顶叶向外，分两行顺序排成高40～70厘米的长垛，上盖湿苫或席。但应勤检查，尤其是夏天要避免闷热，以免引起腐烂。若要久藏则可用沟藏，即于8月上中旬播种，9月上旬定植，11月下旬带根收获后，择荫蔽处筑一道土垄，莴笋摘去老叶后，根向下，头向上，一根根斜着靠垄排起，之间相距3厘米左右。摆好一层后覆土约3厘米，依次再放第二排。全部堆放后再覆一层稻草。贮藏期间勤检查，防热、防冻，温度经常维持在1℃～3℃，最高不超过8℃，也不宜低于0℃。

(五)留　种

莴笋属菊科一二年生作物,在短日照下开花迟,故多用春笋留种。

应选无病,抽薹晚,茎粗,节短,无旁枝,不开裂的作种株。生长期内遇湿极易发病腐烂,宜在高燥,排水良好处作留种田,种株间应保持较大的距离。留种时一般是先按普通食用密度栽植,之后,再行隔株采收留种。抽薹后设支柱防倒伏。

莴笋开花结实时要求较高的温度。从留种实践中看出,它在始花后10～15天就能进入盛花期,再经16～21天种子即可成熟。这时若气温在19℃～22℃以上,可以收到种子,若低于15℃时则会妨碍开花结实。

莴笋的花序为圆锥形头状花序,花托扁平,花浅黄色,每一花序有花20朵左右。因花期长,不同部位的种子成熟度差异很大;同时,种子又轻,且附有冠毛;雨天,种子吸水花序胀开后更易散落,所以一般应于7月份,当种子上面带有白毛,果皮呈灰色时,要及时整株割下,晒干,搓出种子,簸净贮藏。

莴笋为自花授粉,但有时也能异花授粉,特别是在气候干燥时品种间和变种间都能相互杂交,采种时应行隔离。

莴笋的种子为瘦果,长椭圆形,呈灰白色或黑色,扁平而细小,千粒重0.8～1.5克,每克有1 000～1 200粒。含油量高,在30℃以上时易变质。发芽能力可达5年,但2年的陈籽发芽率即约降至50%,宜将其妥贮于通风干燥处,尽量使其寿命长些。

四、结球莴苣

结球莴苣又名包心生菜、生菜。质地细嫩,味清香甜脆,适于生食、凉拌及做汤,是欧美、日本及我国港澳一带的重要蔬菜,它在新鲜蔬菜的消费量中占第一位。随着旅游事业的发展及人民生活水平的提高,国内对其需要量迅速增加,同时它又可大量出口,所以有广阔的发展前景。

(一)生物学性状

属菊科一年生草本蔬菜。种子为瘦果,白色、褐色或黑色,纺锤形,长 3～4.5 毫米,宽 0.8～1.5 毫米,厚 0.3～0.5 毫米,有休眠性。有结球和非结球之分,以结球品种发展较快。叶片薄,长圆形、圆形或扇形,全缘,波状或锯齿状,表面平滑或皱缩。叶色有淡绿、浓绿和红色等。

种子发芽的适温为 15℃～20℃,耐低温,在 1℃时即可开始发芽。忌高温,在 25℃以上的温度中,发芽率很低,甚至引起休眠。不经过催芽处理而发芽后,再置于高于 25℃的温度中也可生长发育。生长发育的适宜温度是 15℃～20℃,高于 25℃时会徒长,低于 10℃时生长缓慢。幼苗有 6～7 片真叶时,耐高温或低温的能力均较强,若逐渐使温度降低至－10℃也不会冻死。在高温长日照中容易引起花芽分化和抽薹。种子发芽时喜光,红光对生育和茎的伸长有良好作用。

对土壤的适应性强,但耐酸力弱,生育的最低酸碱度为 pH 值 4.7～5.2,pH 值 5.5～8.0 以内生育均好,其中以 pH 值 6.6～7.2 最好。耐干燥,但在地下水位高的地方,生育也好。地宜肥,特别是苗期对磷肥的反应良好。

(二)优良品种

1. 奥林匹亚　由日本引入的极早熟脆叶结球品种。叶片淡绿色,外叶小而少,叶缘缺刻多。叶球淡绿色,较紧实,单球重 400～500 克,品质脆嫩,口感好。耐热性强,抽薹极晚。生育期 65～70 天,适宜晚春、早夏、夏季和早秋栽培,株行距 25 厘米。定植后 40～50 天采收,每 667 平方米产 3 000～4 000 千克。

2. 皇帝　由美国引进的中早熟品种。外叶较小,青绿色,叶面有皱褶,边缘有锯齿状缺刻。叶球中等大,很紧实,顶部平,生长整齐,单球重约 500 克,脆嫩爽口,品质好。耐热,抗病,适宜春、夏、秋露地栽培。生育期 85 天,株行距均为 30 厘米,每 667 平方米产 3 500～4 000 千克。

3. 凯撒 由日本引进的极早熟品种。生育期80天，耐热，抗病，抽薹晚，适宜春秋保护地及越夏露地栽培。叶球高圆形，浅黄绿色，叶球内中心柱极短，单球重约500克。株行距40厘米，每667平方米产2 000～3 000千克。

4. 大湖系列品种 由美国引入，中熟或晚熟脆叶结球品种。叶片绿色，皱褶较多，叶缘缺刻。叶球圆形，大而紧实，产量高，品质好，耐贮运。目前引入的主要品种有4种：①大湖118。较抗顶烧病，中熟，单球重0.6千克。不易抽薹，适宜春、秋、冬露地栽培。从播种到收获约80天，每667平方米产2 500～3 500千克。②大湖366。叶翠绿色，结球紧实，单球重700克，抗病，耐热，中熟，播种后80天采收，每667平方米产3 000千克。③大湖659。中熟，外叶多，叶球大，单球重500～600克，耐寒性强，不耐热，抗顶烧病。生育期90天，适宜春秋露地和冬季温室栽培。④大湖659-700。外叶深绿色，抗顶烧病，成熟期一致，是大湖系列品种中品质最佳的晚熟品种。适宜秋季栽培，外叶多，单球重500克。

5. 爽脆 引自美国。外叶深绿，叶球大而紧实，外叶少，叶球绿白色，重800克。质脆爽，味清甜，品质好。耐顶烧病，对霜霉病、菌核病和软腐病抗性较强。早熟，不耐高温，适宜冷凉环境，每667平方米产3 000～4 000千克。

6. 萨林娜斯 引自美国。中早熟，叶深绿色，叶缘具波状锯齿。叶球圆形，绿白色，重500克，每667平方米产2 500千克。长势强，成熟一致，耐贮运，抗霜霉病和顶烧病力强，适宜春季保护地和露地栽培。

7. 柯宾 引自荷兰，属脆叶型。叶片绿色，有光泽，叶面微皱。叶球扁圆形，浅绿色，外叶少，包球紧，单球重940克，每667平方米产3 500千克。中熟，定植后50天采收，品质好。

8. 卡罗娜 引自荷兰。属脆叶结球类型。株高25.4厘米，开展度38～42厘米。叶片亮绿色，微皱。叶球高15.4厘米，横径16厘米，圆球形，白绿色，包球紧实，平均单球重840克，每667平方米产 3 800 千克。中晚熟,定植后 85 天采收。产量高,质地脆嫩。

9. 马来克 引自荷兰。属脆叶结球类型。叶片绿色,微皱,叶缘波状。叶球扁圆形,高 15 厘米,横径 17.2 厘米,浅绿色,包球紧实,平均单球重 610 克,每 667 平方米产 2 700 千克。早熟,定植后 45 天采收。品质脆嫩,耐热抗病,适宜春季露地和秋季保护地栽培。

10. 团生菜 北京市农家品种。脆叶类型,叶片深绿色,近圆形,叶面皱缩,叶缘波状。叶球近圆形,单球重约 500 克。耐寒性强,抽薹晚。不耐热,夏季栽培不易结球,适宜春季风障栽培,秋季露地栽培或冬季阳畦栽培。

(三)栽培季节

结球莴苣既不耐热,又不耐寒,生育期 90～100 天,所以露地栽培的适宜季节为春季和秋季。一般东北和西北的高寒地区,多为春播夏收;华北地区及长江流域,多为春播夏收及秋播冬收;华南地区则从 9 月份至翌年 2 月份都可播种,11 月至翌年 4 月收获。近年来随着保护地栽培的发展,秋冬季节利用日光温室、大棚等设施分期播种,冬春可随时上市。因结球莴苣怕热,夏季栽培多病,常发生焦边、烂球和徒长抽薹现象,结球不良。但只要采用遮阳降温,防雨,高畦,渗灌等措施,也可取得较好效果。特别是南京用结球莴苣残株培养再生幼苗成功,为亚热带和热带地区及北方夏季高温期结球莴苣栽培提供了一项新的技术。加之,结球莴苣生长期短,极适宜无土栽培。这样,只要选择适宜的品种,合理地利用露地及保护设施,就可以达到四季生产。现以北京为例,将其周年生产方式列于表 4-3。

表 4-3　结球莴苣周年生产表

茬口	播种期（月/旬）	定植期（月/旬）	供应期（月/旬）	栽培方法
春茬	10/中	11/中	2/上中	日光温室育苗，定植
	11/上	12/下	2/下～3/上	日光温室育苗，定植
	12/上	2/上	4/上中	日光温室育苗，定植
	1/下	3/上	4/下	日光温室育苗，日光温室或改良阳畦定植
	2/上中	3/中～4/上	5/中下	日光温室或改良阳畦育苗，小拱棚或日光温室定植
夏茬	3/上～3/下	4/下～5/中	5/上～6/上	日光温室或阳畦育苗，露地或棚室定植
	4/下～5/上	5/中～5/下	6/中下	阳畦或露地育苗，露地定植
	5/下	6/上	7/下	荫棚育苗，露地定植
秋茬	6/下～7/下	7/上～8/上	8/中～9/下	荫棚育苗，定植
	8 月	8/下～9/下	10/上～11/上	荫棚或露地育苗，日光温室或改良阳畦定植
冬茬	9/中～9/下	10/中～11/上	11/上～1/上	日光温室育苗，定植

(四)栽培技术

1. 育苗　莴苣种子小，顶土力弱，宜用育苗移栽法栽培。苗床地要肥沃、疏松、平整，耙细，做成平畦。

每平方米苗床播种 3～7 克，每 667 平方米种植面积，需苗床 6 平方米。可以用干籽趁墒播种，条播或撒播均可。夏秋季节播种时，正值高温期，种子发芽困难，可将其置冷水中浸泡 12 小时后取出，吊放到井中，温度保持 5℃～18℃，3～4 天发芽后再播种。新种子有休眠期，采种后不宜立刻播种，在 15℃下放置 10～20 天，可解除休眠。如能用 100 毫克/升激动素(6-BA)浸种 3 分钟，或用 100 毫克/升赤霉素浸种 2～4 小时，催芽效果更好。

苗床播种一般用撒播。播前浇足底水，水渗后向种子内掺入细沙，拌匀，使种子分散后撒入，覆土厚 0.5 厘米。播后遮阴，使床内经常保持疏松湿润状态。幼苗 3 片真叶时可按 6～8 厘米距离分苗。苗床温度白天控制在 18℃～20℃，晚上 8℃～12℃，经25～35 天即可定植。

2. 定植 莴苣根系分布在浅土层中，吸收力弱，栽植密度又大，生长速度快，需肥量大，平均每 1 000 千克产品需吸收氮素 2.53 千克，五氧化二磷 1.2 千克，氧化钾 4.4 千克。定植前每 667 平方米应施腐熟畜禽粪 3 000 千克，复合肥 20 千克，然后整地做畦。定植的行株距各为 30～35 厘米。结球莴苣高温期遇雨或大水漫灌，水漫叶球基部后极易引起烂叶、脱帮，所以最好用高畦栽培，或定植后培土，以便渗水灌溉。

春季幼苗长至 6～8 片叶，夏秋季 5～6 片叶时定植。趁墒挖苗，带好土坨。定植后及时灌水，促进成活。

3. 管理 春季定植后立即搭小棚，覆盖塑料薄膜保温。在缓苗和外叶生长期，棚内温度不要超过 25℃；温度过高容易提早抽薹，所以温度升高后要及时拆去拱棚。

苗期合墒时及时中耕。中耕宜浅，以免损伤根系。结合中耕，向根部培土，可促进茎部生根，并防止倒伏，而且灌水时水不漫根，病少。结球前 7～10 天，控制灌水，保持见干见湿，促进莲座叶生长，以利于结球。结球期生长速度快，切勿缺水。结球后适当控制灌水，防止裂球及软腐病的发生。采收前停止浇水，以利于收获后的贮藏和运输。应特别注意的是，结球期地面应经常保持湿润，防止忽干忽湿。缺水时不可大水漫灌，避免积水。否则，极易引起裂球及烂球。

莴苣喜氮素肥料，特别是生长前期更甚。氮肥以尿素和铵态氮较好，可以减少叶片中硝酸盐的含量。一般追肥 3 次，定植后 5～6 天，结合浇缓苗水，每 667 平方米施尿素 5～10 千克，促进幼苗生长；定植后 15～25 天，再重施 1 次追肥，每 667 平方米施复合肥15～20千克，然后蹲苗7～10天，促进莲座叶的生长；定植后1个月，开始进入结球期后，每667平方米再施复合肥10～15千克，促进结球。莴苣叶片薄而柔嫩，追肥时应尽量避免肥料与叶片接触，或进入心叶，防止烧叶腐烂。

(五)收　获

结球莴苣播种后，春季90～120天，夏季60～80天，秋季100～150天，当叶球包卷紧实，单株重100～300克时即可收获。收获应及时，特别是春夏季节，叶球成熟后若不及时收获，花薹迅速伸长，使叶球丧失商品价值。秋冬季节叶球成熟后，可延迟一段时间收获。叶球收获后去掉老叶、黄叶、烂叶及根，保持叶球清洁，无泥土，无杂质。装运时要轻拿轻放，防止叶球破损，影响商品价值。

结球莴苣零售时必须脆嫩，外叶绿色且无任何污点。结球莴苣收获后，品质极易变化，不耐贮藏。因此，收获后必须先用0℃～5℃的温度预冷，再置5℃中贮藏。这样经过7天，叶也不会腐烂。而在15℃中腐烂率达10%，常温下损坏100%。贮藏期间空气相对湿度保持95%，二氧化碳2%，氧气3%。

(六)留　种

春茬结球莴苣收获以前，选择符合原品种特征、特性，外叶少，结球早而紧实，不裂口，顶叶盖得严，抽薹晚，叶球圆而整齐的无病植株，把底部老叶摘掉，然后培土。叶球顶部用刀划十字，助花薹伸出。花薹伸长后，插杆防倒伏。开花前施1次复合肥，开花后不可缺水，顶部花谢后减少灌水，以防后期萌发花枝消耗养分。种株叶片发黄，种子变灰白色或褐色，上面着生白色伞状冠毛时，应及时收割，后熟5～7天，然后采收种子。若成熟后不及时采收种株，遇风雨种子飞散，影响产量。

五、茴　香

茴香又叫怀香、小茴香、谷茴香、席香、割茴香、片茴香、香丝菜及药茴香。茎、叶、根和种子中含挥发油，有特殊香味，供馅食，尤其种子香味更浓，是主要的食品调料和药材原料。世界年贸易量6 000～7 000 吨，主要出口国为我国和印度，其次是叙利亚、保加利亚、罗马尼亚和阿根廷；主要进口国为斯里兰卡、德国、新加坡、马来西亚、日本、英国、法国、荷兰、意大利、瑞典和一些非洲国家。我国茴香的主要产区是内蒙古、山西、甘肃和陕西，在四川、宁夏、吉林、辽宁、黑龙江、河北、云南、贵州、广西等省（自治区）也有栽培，其中以津谷茴和内蒙茴质量最佳，常年出口量 2 000 吨，每吨换化肥 7 吨。

（一）生物学性状

属伞形科小茴香属，多年生草本植物。直根系，主根入土深15～20 厘米。北方播种后当年抽薹开花，花茎高 1.5～2 米，开展度 80～90 厘米，分枝多。叶三回羽状丝裂，互生，叶柄基部膨大成鞘状抱茎。复伞形花序，花小，黄、黄绿色或紫色。双悬果，果上有5 条隆起的主棱和 4 条次棱，相间排列。次棱下有 1 油管，主棱下有 1 维管束。果面青绿色或黄绿色，有刺毛。种子小，褐色，千粒重 1.4～2.6 克。较耐寒，分布广，适宜潮湿凉爽的地区生长。北方种植普遍，四季都可栽培，尤以春季为主。夏季种植质量不佳。冬季可用保护地生产，对周年供应，增添淡季蔬菜品种有良好作用。发芽适温 16℃～23℃，出土适温 10℃～16℃。生长适温15℃～18℃，最高 21℃～24℃，最低 7℃，可忍耐短期－2℃的低温。为长日照蔬菜，喜弱光。土壤溶液含盐量达 0.2%～0.25%时可以生长。

（二）类型和品种

1. 大茴香　植株高大，高 30～45 厘米，全株 5～6 片叶，叶柄较长，叶距大，生长快，抽薹早。山西、内蒙古种植较多。

2. 小茴香　植株小，高 20～35 厘米，一般 7～9 片叶，叶柄短，叶距小，生长慢，抽薹迟。北京、天津等地种植较多。

3. 球茎茴香　由意大利、古巴、瑞士等国引入，性状与普通茴香相似，惟植株基部叶鞘部分肥大成球茎。球茎可炒食、生食，叶也能做馅。生长慢，抽薹迟，产量高，但香味较淡。

（三）栽培要点

按市场需要四季随时可播。最宜沙壤土，忌黏土及过湿处。多用平畦，沟播或撒播，每667平方米播种量3～5千克。寒冷季节最好用拱棚覆盖或阳畦栽培。再生力强，一次播种分次采收，可连续采收几年。种子发芽慢，宜浸种、催芽后播种。播后6～7天出土。生长期间加强灌水、追肥、除草和防治蚜虫等工作。

茴香在蔬菜区主要用嫩叶作蔬菜，一次播种，一次采收，也可分次割收。分次割收应留茬，并加强肥水管理。

（四）留　种

有老根采种和当年直播采种两种。前者又有2年老根、3年老根和4年老根之分。老根年限愈长，采种量愈多，种子质量亦愈好。2年生老根，每667平方米产量100千克，3年生150千克，4或5年生200～250千克。当年春播的种子产量低。

采种栽培时，苗期要控制灌水，加强中耕。花期注意防蚜虫和椿象为害。种子成熟后要分期采收，防止种子撒落。

种子收后晒干，装入麻袋或木箱中，置于通风干燥处贮藏。如果受潮、生虫，宜开包重晒。

（五）成分和食用方法

果实含挥发油3%～8%，挥发油的主要成分为：茴香醚、左旋小茴香酮、甲基胡椒酚、茴香脑、茴香醛等。胚乳中含脂肪油15%，蛋白质20%左右。此外，还有胡萝卜素、淀粉及糖类。

主作调料，烹调鱼、肉、菜时加入，味美。嫩茎叶与肉可作饺子馅。将枝叶盖在配好的菜上能防止虫、蝇叮爬。

茴香辛温，可入药。能行气止痛，健胃散寒，能治呕逆、食欲不振、小儿气胀等症。

六、落　葵

落葵又叫木耳菜、藤菜、软浆叶、繁露、胭脂菜、豆腐菜。以嫩叶、嫩茎供食，既可烹炒，做汤，焯后凉拌，滑嫩可口，也可蘸鸡蛋面糊油炸，脆嫩清香。我国南方栽培广泛，近年引入北方，生长健旺，是一种很有发展前途的夏季绿叶蔬菜。

(一)生物学性状

为落葵科一年生蔓性草本植物。茎柔嫩多汁，绿色、淡紫色或紫色，光滑无毛；分枝力强，高3～4米，具左旋缠绕性；接触湿土容易发生不定根，可扦插繁殖。叶互生，肉质，近圆形或心脏形，全缘，光滑无毛，绿色或紫红色。夏季开花，穗状花序，腋生，花小，白色或紫色。开花后花被增大，变成紫色，多汁，包裹果实。浆果，近圆形，初期绿色，成熟后紫红色。果实内有1粒种子，球形，直径0.4～0.6厘米，千粒重25克左右。

短日照作物、耐高温、高湿。种子发芽适温20℃左右，生育适温25℃～35℃，温度达15℃以上时出苗，超过35℃时只要水分充足，仍能正常生长。不耐寒，遇霜冻茎叶枯死。适于夏季栽培。耐湿性强，但积水时容易烂根。适宜肥沃疏松的沙壤土种植，土壤以微酸性，pH值6.0～6.8为宜。

(二)类型和品种

落葵按花色分红花落葵和白花落葵2种。红花落葵又叫红落葵、红梗落葵。主要特征是花萼上部为紫红色或淡红色，而萼筒下部为白色。按茎及叶的主要特征，又有3个品种：①红梗落葵。茎淡紫色至紫红色，叶片深绿，叶脉及叶片边缘为紫色。②青梗落葵。茎为绿色，其他特征与红梗落葵相似。③广叶落葵。嫩茎为绿色，老茎局部带粉红色至淡紫色，叶片深绿色，叶型大，平均长10～15厘米，宽8～12厘米，叶柄腹沟明显，平均单叶重约19克，故又称大叶落葵，是优质高产的品种，如贵阳大叶落葵、江口大叶落葵等。

白花落葵又叫白落葵、细叶落葵。茎淡绿色，叶片绿色，花白色，叶小，以采收嫩茎为主，栽培较少。

(三)栽培要点

多用种子播种，直播或育苗均可，也可扦插。自春至秋初均可陆续播种，但以春播为主。春季，当气温稳定通过15℃，终霜期过后开始播种。穴播或条播，行距50厘米，穴距20厘米，每穴3～5粒，深2厘米。

落葵种壳厚而硬，干籽播种出苗慢，可先用温水浸泡24小时后再播。出苗后间苗，每穴留1～2株。春季温度低，生长慢，不宜过多地施肥灌水。苗高20余厘米时，留3～4片叶，摘收嫩梢。采摘后追肥，可陆续摘收3～4次。采摘嫩叶者，苗高30厘米左右时，应设立支架，供其攀缘。6月份以后，生长旺盛，要勤施追肥，勤浇水。追肥以氮肥为主，配合磷、钾肥，效果更好。

栽培过程中应注意做到合理采收。因为落葵的食用部分是叶片和嫩梢，而叶片是进行光合作用，维持正常生长的器官，所以采摘要适量，以免因留叶太少而降低光合作用，影响长势。采摘时植株基部叶片要少采或不采，以养根壮棵；前期叶，旺长期多采少留；后期生长点过多，应多摘梢少留叶。若长势弱，宜多留叶，结合加强肥水管理，促进长势转强。生长正常的植株，可按嫩梢数量，摘2留1，叶片可按采1留1的方法采摘。

(四)留　种

落葵为自花授粉作物，不同品种留种时不必隔离。多用春播植株留种。花后30～40天果实成熟。因其系陆续开花结果，果实成熟后又会自行脱落，故应分次采收。采收后置容器中，发酵后洗净，晾干。贮藏低温干燥处，发芽力可保持5年。

(五)病害防治

1. 蛇眼病　又叫鱼眼病。危害叶片。开始时在叶表面出现紫红色、针尖大小的斑点。扩大后，近圆形，直径2～6毫米，边缘紫褐色，分界明晰，斑中央灰白色，稍下陷，质薄，潮湿时易穿孔。

由半知菌亚门真菌的尾孢菌引起。该病菌以菌丝体和分生孢子随病残体在土壤中越冬。翌年,以分生孢子传播和侵染,病部产生的孢子又借气流及雨水溅射传播。管理粗放,排水不良,氮肥过多,连阴雨时容易流行。防治方法是:避免和藜科蔬菜如菠菜、恭菜及落葵科蔬菜连作;种植地冬前要深耕;种子用福尔马林 100 倍液浸泡 0.5～1 小时,杀灭种子上附着的病菌;及时摘除病叶,并于发病前喷洒 1∶2∶200～300 的波尔多液进行预防。发病初期用 75%百菌清可湿性粉剂 600～700 倍液,或 25%多菌灵可湿性粉剂 400～500 倍液,或 40%多硫悬浮剂 600 倍液,或 50%腐霉利可湿性粉剂 2 000 倍液喷洒,7～10 天 1 次,连喷 2～3 次。

2. 灰霉病 危害叶、叶柄、茎和花茎。病斑水渍状,不规则,叶片萎蔫腐烂。茎折倒或腐烂,病部产生灰色霉层。由半知菌类真菌灰葡萄孢菌引起。病菌以分生孢子在病残体及土壤中越冬。病菌发育适温 20℃,分生孢子及菌核形成适温 15℃～20℃。低温、高湿、通风不良时容易流行。可用 50%腐霉利可湿性粉剂 1 500～2 000 倍液,或 30%甲基硫菌灵悬浮剂 500 倍液,或 50%乙烯菌核利可湿性粉剂 1 000 倍液喷洒。

3. 炭疽病 主要危害叶片,有时也危害茎和叶柄。叶片上病斑圆形至不定形,边缘褐色,略隆起,中部灰白色,稍具轮纹,潮湿时病斑上生稀疏小斑点,病斑易穿孔。茎及叶柄上的病斑菱形,或椭圆形。高温高湿环境中容易发生。可用 70%甲基硫菌灵可湿性粉剂 800 倍液,或 50%苯菌灵可湿性粉剂 1 500 倍液,或 75%百菌清可湿性粉剂 600 倍液喷洒防治。

七、荠 菜

荠菜又叫护生草、菱角菜、地地菜、鸡翼菜、饺子菜。原为野生,遍布世界温带地区,田地旁、河边随处可见。我国自古采集野生荠菜食用,19 世纪末至 20 世纪初,上海郊区开始人工栽培。

荠菜气味清香甘甜,营养价值很高,每 100 克可食部含蛋白质

5.2 克、脂肪 0.4 克、碳水化合物 6 克、胡萝卜素 3.2 毫克、核黄素 0.19 毫克、铁 6.3 毫克、钙 420 毫克、磷 73 毫克、硫胺素 0.14 毫克、维生素 C 55 毫克、尼克酸 0.7 毫克，炒食、做汤羹和馅菜均佳。荠菜还有药用价值，有明目、清凉、解热、利尿、治痢、止血等作用，可治疗血尿、肾炎、高血压、咯血、痢疾、麻疹、头昏、目痛等疾病。荠菜耐寒性强，高产稳产，生长期短，一次播种多次采收，可周年供应，所以甚受欢迎，发展很快。

(一)生物学性状

十字花科一二年生草本植物。基生叶丛生，塌地，叶羽状分裂，不整齐，深裂或全裂，顶片特大。叶片有毛，叶柄有翼。花茎高 20～50 厘米，总状花序，顶生和腋生。花小，白色，两性。短角果扁平，呈三角形，含多粒种子。种子小，卵圆形，金黄色，千粒重 0.09 克，发芽年限 2～3 年。

喜冷凉气候。种子发芽适温为 20℃～25℃。气温达 15℃时生长快，播种后 30 天开始采收；气温低于 15℃时，生长慢，播后 45 天才能采收。温度超过 22℃时，生长不良，品质差。耐寒力强，可忍受短期－8℃的低温。萌动的种子或幼苗，在 2℃～5℃中10～20 天通过春化阶段。喜光，属中日照作物，12 小时光照，气温 12℃左右时仍可抽薹开花。

(二)品　种

1. 板叶荠菜　又叫大叶荠菜、旱荠菜、粗叶头。叶绿色，塌地生长，叶片宽阔、平滑；长 10 厘米，宽 2.5 厘米，羽状浅裂，近似全缘。基部叶一般为全缘。耐热、耐寒性均强。生长快，产量高，但冬性弱，抽薹早，适宜秋季栽培。

2. 散叶荠菜　又叫百脚荠菜、花叶荠菜、小叶荠菜、碎叶荠菜。叶绿色，塌地生长，羽状全裂，缺刻深。叶长 10 厘米，宽 2 厘米，叶面平滑。抗寒力中等，耐热力强，抽薹晚，品质鲜嫩，香味浓郁，春夏秋均可栽培。

(三)栽培季节与方式

荠菜在春季、夏季和秋季都可种植，其中尤以秋季播种的最好。秋荠菜的栽培时期长，长江流域从7月下旬到10月上旬均可陆续播种，9月中旬至翌年3月下旬陆续采收。其中以8月份播种的产量高。8月份以前播种时，天热，天旱，雷雨又多，需用遮阳网遮阴。10月上旬后播种的，要有保温设备。春荠菜在2月下旬至4月下旬播种，4月下旬至6月中旬收获。

秋荠菜最好选番茄、黄瓜作前茬，春播的可用蒜苗地作前茬，不宜连作。因荠菜植株矮小，生长期又短，可与植株较高大、生长期长的蔬菜混播或套作。例如，8月上旬至10月下旬，将荠菜与菠菜混播，菠菜每667平方米用种子10千克，荠菜1.5千克，混合撒播。菠菜分两次采收，荠菜分4～5次采收。也可将过冬青菜种子与荠菜混播，青菜苗长大后及时移栽，以免影响荠菜生长。也可与青菜、春甘蓝、茄果类蔬菜套种：春季，3月下旬播种荠菜，每667平方米用种子0.5～0.7千克，然后定植番茄、茄子、辣椒。荠菜播种后40～60天1次收完，每667平方米产1000千克。与青菜套种时，9月份种荠菜，每667平方米播种量1～1.5千克，然后栽植青菜。青菜栽植后30多天，开始采收，采收后施肥，促进荠菜生长。

(四)栽培要点

选肥沃、杂草少的地块，耕翻后做畦。畦面要平整，细碎。每667平方米播种量1～2千克，均匀撒播后浅耙，轻踩一遍，使种子与土壤密接，以利于吸水发芽。也可先灌水，水渗后撒播种子，覆细土，厚0.5～1厘米。荠菜种子有休眠期，宜用头年采收的陈籽。如用新籽，可用泥土层积催芽法：将种子放入花盆内，上封河泥，放阴凉处7～10天，7月下旬取出播种，3～5天可以出苗。也可将种子放入冰箱中，温度保持2℃～7℃，7～9天后播种，播后4～5天可以出苗。

荠菜播种后，出苗前土壤要湿润。缺墒时用喷壶洒水，切勿漫灌，防止地面板结。春播后5～7天齐苗，夏、秋季播种后3～5天齐苗。齐苗后，喜湿怕涝，应经常小水勤浇，保持地面湿润。出苗后10天，开始追肥，每隔15～20天1次，共3～4次，每次每667平方米施尿素或硫酸铵10～15千克。若于每次采收前15～20天喷洒20～30毫克/升赤霉素，可显著促进生长，增产达20%左右。要勤除杂草。

主要病虫害是蚜虫和病毒病，其次是小菜蛾、黄条跳甲及霜霉病，应及时防治。

播种后30～50天，有10～13片叶时开始采收。一般用小刀挑采，收大留小，分3～5次收完。每667平方米春季产1 000千克，秋季产1 500～3 000千克。

(五)留　种

择高燥、排水良好、肥力中等的地块作留种田。南方及黄淮地区，秋季9～10月份播种，翌年春间苗1～2次，除去杂苗、劣苗、病苗，行株距保持12厘米见方。3～4月份开花，5月份种子成熟。北方寒冷地区，春季晚霜结束前播种，当年可以开花结籽。为防止角果开裂，当种子有九成熟，茎荚微黄时收割，晒干后脱粒。

八、茼　蒿

茼蒿又叫蓬蒿、蒿菜、蒿子秆、春菊。茼蒿营养丰富，每100克可食部含蛋白质0.8克、钙3.3毫克、磷18毫克、铁0.8毫克、胡萝卜素0.28毫克、维生素B_1 0.01毫克、维生素C 2毫克，还有13种氨基酸。且因富含挥发性精油而具特殊清香味，并有清血、养心、降压、润肺、清痰等功效。欧洲常作花坛花卉，我国以幼苗及嫩茎叶食用，生炒、凉拌、汤食、炖鱼或包馅均甚相宜。性喜冷凉，生长速度快，容易栽培，南方、北方都可种植，尤以春秋两季播种最好，加上大棚、日光温室等保护设施，则可四季生产，周年供应，对调节蔬菜市场供应有重要作用。

(一)生物学性状

茼蒿属菊科一二年生草本植物。叶淡绿色,互生,长而肥厚,叶缘深裂、浅裂或呈波状。根入土浅,须根多。营养生长期茎高20～30厘米,分枝力强。花茎高60～100厘米,先端着生头状花序,花黄白色或深黄白,舌状,似单瓣菊花,亦有重瓣的。瘦果,褐色,小而稍长,上有3个突起的翅肋,呈棱角状。翅肋间有数个不明显的纵肋。千粒重1.8～2.0克,每克约550粒。

半耐寒,喜冷凉,忌炎热,也不耐严寒。种子在5℃时开始发芽,发芽适温20℃～25℃,超过35℃时发芽不良。生长的温度范围为10℃～30℃,适宜温度为15℃～20℃,12℃以下生长慢,29℃以上生长不良,能耐短期－1℃～－2℃的低温。适宜春、秋两季栽培,秋季生长期长,产量高,品质好。对光照强度要求不严,以较弱的光照较好。属长日照,春播过晚,容易抽薹。各种土壤都能种植,以湿润沙壤,pH值5.5～6.8者最为相宜。

(二)类型和品种

根据叶片大小,分为大叶茼蒿和小叶茼蒿两类。大叶茼蒿又叫板叶茼蒿、圆叶茼蒿或宽叶茼蒿。主要食用叶片。叶片宽大,呈匙形,缺刻少而浅,叶肉厚。嫩茎粗而短,纤维少,质地柔嫩,产量高。但生长慢,成熟迟,不耐寒。如杭州木耳茼蒿、上海圆叶茼蒿等。小叶茼蒿又叫花叶茼蒿,或细叶茼蒿。以嫩茎及叶片供食。叶狭小,缺刻多而深,呈羽状。叶肉薄,嫩茎细,生长快,产量低,品质差,但较耐寒,成熟早,香味浓。如上海鸡脚茼蒿、北京蒿子秆等。

(三)栽培技术

1. 栽培季节 北方夏季不太热,春、夏、秋三季都可种植,但夏季产量低。南方夏季温度高,主要在春、秋两季种植。华北、陕西等地春季露地栽培,一般在3～4月份播种。为提早上市,可提前至2月中下旬播种,播种后用塑料拱棚覆盖。秋季在8～9月份播种。辽宁春季大棚栽培于3月15～20日播种,最晚在3月底;

露地一般在 4 月中旬播种。江南，春季在 2 月下旬至 3 月下旬播种，秋季在 8 月中下旬至 9 月上旬播种。广州从 9 月份至翌年1～2 月份随时可以播种。

2. 茬口安排 春茼蒿多以白菜、萝卜为前作，后作常为瓜类、豆类或茄果类。也可将早熟瓜豆等套种在茼蒿地中。秋茼蒿前作主要是早熟茄果类、豆类和瓜类蔬菜。

春茼蒿与蔬菜套种的方式，上海常用的有 3 种：

(1)茼蒿与春甘蓝或花椰菜套种　做畦后 1 月下旬至 2 月初撒播茼蒿，每 667 平方米播种量 3～3.5 千克，播种后盖地膜，天暖后撤除。甘蓝或花椰菜于 12 月下旬播种育苗，翌年 2 月底至 3 月初栽植于茼蒿地中，株行距 50 厘米见方。茼蒿出苗后 40 多天，苗高 15～30 厘米时 1 次采收。

(2)茼蒿套种马铃薯　马铃薯与茼蒿于 1 月下旬至 2 月初同时播种，或先播种马铃薯，然后播种茼蒿，播种后盖地膜。

(3)茼蒿套种春甘蓝或春花椰菜再套种冬瓜　1 月下旬至 2 月上旬撒播茼蒿，播后盖地膜。2 月底至 3 月上旬将甘蓝或花椰菜定植到茼蒿地中，株行距各 50 厘米。2 月上中旬，冬瓜播种育苗。4 月上旬收茼蒿，4 月中旬将冬瓜定植到畦面一侧，行距 3～4 米，株距 70～90 厘米，苗高 30 厘米左右时搭“人”字形架，引蔓上架。甘蓝或花椰菜 5 月份开始采收。

3. 整地播种 择肥沃、湿润的沙壤土，做成平畦或高畦。一般用直播，也可育苗移栽。条播或撒播，每 667 平方米播种量 2～4 千克。条播时先按行距 15～20 厘米，深 1～2 厘米开沟，顺沟灌水后撒入种子，覆土厚 1 厘米。撒播者最好用落水播种法：播前，种子用 30℃温水浸泡 24 小时，捞出冲洗后，摊开稍晾，再用纱布包住，在 20℃～25℃条件下催芽，经 3～5 天，露白后播种。播前先向畦内灌水，水渗后撒入种子，再覆土，厚 1 厘米。

秋茼蒿栽培期温度高，且常多雨，宜选排水较好的地段种植，畦沟要深。为加速出苗，防止烂种，最好用陈籽。播后用芦席、遮阳网等覆盖，降温保湿。

4. 管理 播种后出苗前，地面要保持疏松湿润。春季可用塑料薄膜覆盖保湿提温；秋季用草帘、遮阳网覆盖，出苗后再除去。出苗后水分不可过多，地面发白时再浇。子叶展开，真叶出现后施第一次肥，3～4 片叶时施第二次肥，以后视生长情况还可再施 1 次肥。每次施肥每 667 平方米施尿素 15 千克左右，露水干燥后撒入，再灌水。棚室栽培的，出苗前白天温度保持 20℃～25℃，晚上 10℃；出苗后白天保持15℃～20℃，晚上 8℃～10℃。采前 7～10 天用 20～50 毫克/升赤霉素喷洒，可显著促进生长，增产 10%～30%。

茼蒿生长期短，病虫害少，一般不用防治。但当畦面积水或阴雨高湿时，常有霜霉病、叶枯病和炭疽病发生，可用 75%百菌清可湿性粉剂 600 倍液，或 65%代森锌可湿性粉剂 500 倍液，或 70%甲基硫菌灵可湿性粉剂 500 倍液防治。如有蚜虫可用 40%乐果乳油 800～1 000 倍液，或 25%溴氰菊酯乳油 3 000 倍液，或 50%马拉硫磷乳油 1 500 倍液防治。

5. 采收 播种后 30～40 天，苗高 20 多厘米时开始采收。采收方法有 3 种：①高度密植者，花蕾出现后一次性全部从地面割下，或全部拔收后切去老根茎，捆成小把上市；②先摘大苗、密生苗间收，待小苗长大后再次采收；③分次摘收嫩茎梢：苗高约 25 厘米时，在茎基部留 2 个叶节，摘取上部。收后侧芽萌发，长成 2 个嫩枝，嫩枝长大后若田间植株不太密闭，可将其从基部留 1～2 叶摘收，使再生侧枝继续生长。也可将植株全部采收。一般每 667 平方米产 1 500～2 000 千克。

6. 留种 北方多用春播茼蒿留种。播期宜早，苗长大后剔除杂苗、病苗、弱苗，株距保持 25 厘米，5～6 月份种子成熟，分 2～3 次采收。先收主茎，再收侧枝。收后晒干，压碎果球，簸净。我国南方，例如江苏常州常用秋茼蒿留种。方法是：选择背风向阳处作种子田，迟播，9 月中下旬间苗采收 1 次供食用。冬至前后在采种田内按 50 厘米见方距离挖穴。选择种株，并将其挖出栽于穴中。有霜冻时盖稻草防寒，立春后壅土培根，将穴填平，使之抽薹。这种留种法，种子产量高，后代耐寒性强，抽薹迟。

九、蒌　蒿

蒌蒿又叫藜蒿、蒌蒿薹、芦蒿、水蒿、柳蒿、香艾蒿、小艾、水艾，菊科蒿属多年生草本植物。我国东北、华北和中南地区及日本、朝鲜等地均有，野生于荒滩、路边、山坡等湿润处，是一种古老的野生蔬菜。现在云南、湖北、江苏等地已开始较大面积的人工栽培。

蒌蒿抗逆性强，很少发生病虫害，是一种很有发展前途的无污染的绿色食品。

蒌蒿以地下根茎和地上嫩茎供食。根茎肥大，富含淀粉，可作蔬菜、酿酒原料或饲料，含侧柏莶酮($C_{10}H_{16}O$)芳香油，可作香料。每 100 克嫩茎叶含蛋白质 3.6 克、灰分 1.5 克、钙 730 毫克、磷 10 毫克、维生素 B_1 7.5 微克、胡萝卜素 139 毫克、维生素 C 49 毫克、铁 2.9 毫克、天门冬氨酸 20.42 毫克、苏氨酸 115.15 毫克、谷氨酸 34.30 毫克、脯氨酸 6.82 毫克、苯丙氨酸 8.72 毫克、赖氨酸 0.97 毫克、组氨酸 5.08 毫克、精氨酸 9.05 毫克、亮氨酸 5.55 毫克、丝氨酸 38.85 毫克。可凉拌或炒食，清香脆嫩，还有清凉，平抑肝火，预防牙病、喉病和便秘等作用，利用价值很高。

(一)生物学性状

蒌蒿的地下茎形似根，呈棕色，新鲜时柔嫩多汁，长 30～70 厘米，粗 0.6～1.2 厘米。节上有潜伏芽，并能萌生不定根。地上茎从地下茎上抽生，直立，高 1～1.5 米。早春上部青绿色，下部青白色。无毛，紫红色，上部有直立的花枝。叶羽状深裂，叶面无毛，叶背被白色绒毛。头状花序，直立或向下。9～10 月份开花，花黄色。瘦果小，具冠毛，成熟后随风飞散。

蒌蒿耐热，耐湿，耐肥，不耐旱。早春外界气温回升至5℃以上时，地下茎的潜伏芽开始萌动，15℃～25℃时茎叶生长很快。对土壤要求不严，但以潮湿、肥沃的沙壤土最好，适宜沟边、河滩沼泽地生长。

(二)栽培要点

蒌蒿的繁殖方法有茎秆压条，扦插，分株和种子播种育苗等。茎秆压条时，于7～8月份按45厘米行距开沟，深约6厘米。将蒌蒿齐地割下，去顶，选中段茎，头尾相连平铺沟中，覆土浇水，当年即可新芽出土。扦插时，可于5～7月份剪取健壮枝条，除去上部嫩梢和下部已木质化的部分，剪成长15厘米左右的段，上部留2～3片叶，下端切成斜面。开沟，灌水，扦插，培土，培土厚达插条长2/3处，保持湿润。分株繁殖时，四季均可进行，先从距地面5～6厘米处剪去地上部，然后整株连根挖起，分成单株，带根直接栽植。播种育苗者，多在2～3月份利用棚室播种，约经10天出苗，生长至10～15厘米高时定植。

蒌蒿是多年生植物，种植前要把种植地的杂草除净。每667平方米施有机肥3000千克，或饼肥50千克，过磷酸钙25千克，再耕翻、碎土、耙平、做畦，畦宽2～3米，再栽植。生长期间勤浇水。一般是采收后追肥，再浇透水。冬季最好盖层河泥，防寒，增肥。几无病害，但常有蚜虫为害，可用乐果防治。

蒌蒿以嫩茎供食用，南方多于12月份至翌年1月份采掘地下茎食用，2～4月份收割嫩梢供食。一般当苗高8～15厘米，顶端心叶尚未展开，茎秆未木质化，颜色白绿色时从地表割收。割收后的茎秆仅留上部少数心叶，其余叶片全部摘除。按粗细分类，捆成把，用水清洗后码放阴凉处，湿布盖好，经8～10小时，略经软化即可上市。食用时再进一步摘除嫩茎上所有叶片及老茎，炒食或凉拌均可。一般每隔1个月收1次，1年可收3～4次。

十、番　杏

番杏又叫新西兰菠菜、夏菠菜、洋菠菜、蔓菜、蔓菠菜。为番杏科番杏属，以肥厚多汁嫩茎叶为产品的一年生半蔓性草本植物。

盛夏生长繁茂，嫩梢茎叶柔嫩，炒食，味淡，清香，是夏秋淡季供应的好品种，但茎叶中含有单宁，烹调时须先用开水煮透，脱涩后再食用。

番杏主产于热带和温带。现在，我国广东、福建及北方各大城市都开始试种。番杏适应性强，既耐热，又较抗寒，栽培容易，生长旺盛，采收期长，产量高，而且病虫害少，是一种很有发展前途的盛暑期淡季绿叶蔬菜。

(一)生物学性状

番杏根系发达，茎横切面圆形，色绿，半蔓性，易分枝，匍匐丛生。叶三角形，互生，绿色，叶面密布银色细粉。夏秋间叶腋着生黄色花，不具花瓣，花被钟状，4 裂。坚果，菱角形，每果含种子数粒，千粒重 80～100 克，使用年限约 4 年。

番杏对温度的适应范围较广，种子发芽适温为25℃～28℃，适宜生长温度为 15℃～25℃，在 30℃温度中可以正常生长，也可忍耐 1℃～2℃的低温，冬季无霜区可露地越冬。耐旱、忌涝，土壤过湿，枝条容易腐烂。属长日照作物，春播后，于夏季开花结实。对光照强度要求不严，强光或较弱光照中均可生长。

(二)栽培要点

番杏用果实繁殖，直接撒播或条播，也可育苗移栽。果实皮厚，坚硬，吸水困难，发芽期长达 15 天，播前应浸种催芽，用温水浸种 24 小时，置 25℃～30℃条件下催出芽后再播；也可将种子与细沙混合研磨，使果皮略受些伤，然后再浸种催芽。宜春播，当 10 厘米深土温达 15℃后尽量早播。少雨处用平畦，多雨低湿处用高畦。株距 30～40 厘米，每穴播种 3～4 粒。出苗后中耕，除草。4～5 片真叶时结合定苗，每穴留 1～2 株，拔除弱苗上市。生长期间，分次追施速效氮肥。定苗后随着植株的生长，陆续摘收嫩梢，直至降霜。留种时，留主茎或侧枝，不打尖，可自然结果。果实成熟后易脱落，宜及时采收。

番杏病虫害极少，有时有菜青虫为害，可用 20％溴氰菊酯乳油 20～30 毫升加水 50～75 升喷雾防治。生长期最多喷洒 3 次，最后一次喷药距采收期不得少于 3 天。

十一、菊 花 脑

菊花脑又叫路边黄、菊花叶、黄菊仔。原产于我国，湖南、贵州等省有野生种。江苏南京种植历史较长，现在苏南、苏北及沪、杭等大中城市菜区也开始种植。以嫩梢、嫩叶供食，可炒食、凉拌或做汤，具有菊花清香气味，有清凉解暑，润喉，明目，开胃，治便秘，降血压等作用。

(一)生物学性状

菊花脑为菊科草本野生菊花的近缘种。茎直立，高 25～100 厘米，茎细，直立或匍匐生长，分枝性强。叶卵圆形或椭圆形，绿色，叶缘具粗大复齿状或羽状深裂，先端尖，叶柄具窄翼。枝顶着生头状花序。舌状花，黄色。瘦果，灰褐色，可作种子。

耐寒，耐热。冬季地上部枯死后，根系和地下匍匐茎仍然存活，越冬后翌年早春萌发新株。成株有一定耐热力，夏季可正常生长。耐干旱，耐瘠薄，对土壤适应性强，田边、地头都可种植。成片栽培时应选富含有机质，排水良好的肥沃地块，才能提高产量，增进品质。

(二)品　种

菊花脑按叶片大小，分为大叶种和小叶种两类。大叶种又叫板叶菊花脑，叶片卵圆形，先端较钝，叶缘缺刻细而浅，品质好，产量高。小叶种叶片较小，叶缘裂刻深，叶柄常呈淡紫色，先端较尖，产量低，但适应性强。

(三)栽培技术

1. 播种与育苗　菊花脑可作为一年生栽培，也可作多年生栽培。一般用种子繁殖，也可用分株繁殖或扦插繁殖，一次栽培多次收获。用种子繁殖时可以直播，也可育苗移栽。种子小，千粒重仅 0.16 克，每 667 平方米用种量 0.5 千克。南方于 2 月份播种，华北于4月上旬播种。土壤要疏松，细碎，平整，趁墒播种或落水播种。出苗前保持土壤湿润，苗高5厘米时间苗，并随水追施速效氮肥。苗高10～15厘米时开始用剪刀剪收。收两次后，茎已粗壮，可用刀割取嫩梢。育苗移栽时，最好于初春用阳畦或塑料拱棚播种，苗出齐后间苗，苗距5厘米。苗高6～8厘米时定植，穴距10～15厘米，每穴4～5株。4～10月份采收。可连续采收3～4年，之后再行更新。

2. 扦插与分株 菊花脑在整个生长期内都可扦插繁殖，其中以5～6月份扦插的成活率最高。扦插育苗的方法是：用清洁的沙质壤土、河沙、泥炭各1份混匀，或直接用沙质壤土，浇透水。取菊花脑嫩枝，长6～7厘米，摘去基部2～3片叶，插入床土中，深3～4厘米。遮阴，保湿，约经15天即可成活，成活后移植大田。

分株繁殖大多在春季地已解冻，新芽刚长出时进行。将老桩菊花脑根际的土壤刨开，露出根颈，将部分老根连同其上的侧芽一起切下栽植。栽后及时浇水。分株繁殖的，植株生长快，但苗量小，适宜小面积繁殖用。

3. 适时采收与留种 菊花脑以嫩茎叶供食用，最早从3月份开始采收，一般从5月上旬开始采收。株高10～15厘米左右时剪收嫩梢，每15天左右收1次，直至9～10月份现蕾开花时为止，采后扎成小捆上市。采收时注意留茬高度，春季留茬高3～5厘米，秋季6～10厘米，每667平方米产4 000～5 000千克。

留种时，夏季过后不再采收，任其自然生长。10～11月份开花，12月份种子成熟时剪收晒干脱粒，每667平方米收种子约10千克。

4. 病虫害防治 菊花脑病虫害较少，天旱时有蚜虫为害，可用40％乐果乳油1 000倍液防治，最后一次用药距采收期不可少于7天。

多年生老桩菊花脑常有菟丝子危害，可用微生物除草剂鲁保1号喷洒防治。使用浓度一般要求每毫升菌液含活孢子

2 000 万～3 000 万个。最好在高湿天气或小雨天施药，以利于孢子萌动和侵入菟丝子，使菟丝子感病死亡。

十二、金花菜

金花菜又叫黄花苜蓿、南苜蓿、刺苜蓿、草头。主产江苏、浙江，陕西、甘肃也有。嫩茎叶可炒食、腌渍及拌面蒸食，味鲜美。现蕾后刈除，可作青饲料及干料，也可耕翻，埋入土中作绿肥。金花菜的种子还可生产籽芽菜，每千克种子可生产 10～15 千克籽芽。

金花菜每 100 克鲜茎叶含蛋白质 4.2 克、脂肪 0.4 克、碳水化合物 4.2 克、粗纤维 1.7 克、钾 450 毫克、钙 168 毫克、镁 46.9 毫克、磷 68 毫克、铁 4.8 毫克、胡萝卜素 3.48 毫克、硫胺素 0.10 毫克、核黄素 0.22 毫克、尼克酸 1.0 毫克、维生素 C 85 毫克，营养丰富。另外，还含有植物皂素，能与人体内的胆固醇结合，使胆固醇排泄加强，降低人体胆固醇含量，对防治心血管病有良好效果。

(一)生物学性状

属豆科苜蓿属，一二年生草本植物。茎匍匐或半直立，分枝性强。复叶，具三小叶，小叶近三角形，先端略凹入。总状花序，腋生。花黄色。荚果螺旋形，边缘有毛或疏刺，刺端钩状。种子肾形，黄色，千粒重 2.83 克。

性喜冷凉，耐寒性强。生长适温 12℃～17℃，温度低于 10℃或高于 20℃时，生长缓慢。低于－5℃时，叶片冻死，但腋芽仍好，翌年春气温回升后仍可萌芽生长。尚耐热，夏季可以生长。

喜湿润土壤，但不耐涝。适宜中性土壤，也能适应酸性土，还较耐盐碱。

(二)栽培要点

金花菜的品种有江苏常熟种、浙江东台种和上海崇明种等，各品种间性状差异不大。春、夏、秋三季都可播种，以秋季为主。长江流域各省，2～9 月份分期播种，周年采收。2～3 月份播种，4～5 月份采收的为春茬；4～6 月份播种，6～7 月份采收的为夏茬；7～9

月份播种，8 月至翌年 3 月份采收的为秋茬，秋茬供应期最长。

金花菜喜湿润土壤，在富含有机质，疏松，排水良好的沙壤土或壤土中生长良好。地要深耕灭茬，多施有机肥。北方多用平畦，南方多雨，阴湿处常用高畦。

一般用撒播，也可条播，播后用钉齿耙耙一遍，踩实，使种子与土壤密接，然后灌水。早春气温低，又较干燥，最好用落水播种法：先灌水，水渗完后撒种，再覆土，既保湿，又可避免土面板结。夏季播种时，温度高，发芽慢，播前应浸种催芽。将种子在凉水中浸泡 10 小时，取出摊放在 15℃～17℃阴凉处，上盖湿布，每天用凉水喷 2～3 次，降温、保湿，出芽后播种。播种后，若温度高，每天用井水轻浇 1 次。也可用遮阳网覆盖，减光降温，保湿。其他时间播种时，温度适宜，干籽趁墒播种，或播后灌水，保持地面湿润即可。

金花菜出苗后，除夏播者高温期适当用遮阳网覆盖降温外，主要是适时浇水，特别是 2 片真叶后浇水要勤，并开始追肥。主要用氮肥，每 667 平方米施硫酸铵 15～20 千克。金花菜生长快，播种后 25～30 天开始采收嫩梢。第一次采收宜早，以利于早发侧枝。一般可收 3～4 次，每次收后隔两天待伤口愈合后再施化肥。采收时，留茬要低，要平。每 667 平方米产量 500～1 000 千克，春茬产量低，秋茬产量高。

留种田多在 9 月份播种，生长期间不采收，冬季加强防寒。翌年 3～4 月份开花，6～7 月份种子成熟，每 667 平方米收荚果 80～100 千克，可用荚果直接播种。

主要病害是病毒病，7～9 月份容易发生。靠蚜虫传播，要及时用 40％乐果乳油 1 000 倍液防治。另外小地老虎为害严重，常从地面咬断茎部，使整株死亡，可于 1～3 龄幼虫期用 90％敌百虫可溶性粉剂 800 倍液，或 50％辛硫磷乳油 800 倍液，或 2.5％溴氰菊酯乳油 3 000 倍液喷杀。

十三、蕹　菜

蕹菜又叫藤菜、藤藤菜、蓊菜、空心菜、无心菜、空筒菜及通菜。我国华南、西南栽培最多，华中、华东和台湾省普遍种植。我国北方近几年也已开始种植，发展甚快。

蕹菜以嫩梢嫩叶供食，营养丰富，而且清淡、鲜爽、滑利、不抢味，不管和什么菜同煮，都不夺其原味。同时，还有较高的药用价值，可清暑祛热，凉血利尿，解毒和促进食欲。烹调方式多种多样，炒食，做汤，凉拌，作泡菜均可。适应性强，旱地、低洼水田和零星水面都可生产，产量高而稳，是夏、秋季节极为重要的绿叶蔬菜。

(一)生物学性状

蕹菜为旋花科一年生或多年生蔓性草本植物。茎中空，圆形，匍匐生长，长可达数米。单叶互生，叶柄长，叶片长卵圆形，基部心脏形，也有短披针形或长披针形的。全缘，叶面光滑，浓绿或浅绿，或略带紫红色。根为须根，易从节上生出。聚伞花序，1 至数朵，腋生。苞片 2，萼片 5，花冠漏斗状，完全花，白色或浅紫色。子房 2 室，蒴果，卵形，含 2～4 粒种子。种子近圆形，黑褐色，皮厚，千粒重 32～37 克(图 4-2)。蕹菜用种子或嫩茎繁殖。喜温暖湿润，耐高温。种子在 15℃左右开始发芽，生长适温 20℃～35℃，低于 10℃时停止生长，遇霜后枯死。种蔓腋芽萌发初期，温度达 30℃以上时，萌芽快。光照要充足，对密植的适应性较强，喜肥，耐肥，对氮肥的需要量大。属短日照，特别是藤蕹比子蕹对短日照要求更严，日照稍长就难于开花结实，故常用无性繁殖。

(二)类型和品种

蕹菜根据叶型可分为大叶种和小叶种两类。大叶种一般称为小蕹菜或旱蕹菜，用种子繁殖；小叶种称大蕹菜或水蕹菜，多不结籽，常用茎蔓扦插繁殖。按花色不同，可分为白花种和紫花种两类：白花种叶长卵形，基部心脏形，白花，叶绿色，品质好；紫花种的茎、叶背、叶脉、叶柄、花萼均呈紫色，花为淡紫色。按种植方式不

图 4-2　蕹菜的形态

1. 叶　2. 须根　3. 花序
4. 花　5. 果实　6. 茎

同，分为水蕹菜和旱蕹菜两类：旱蕹品种适宜旱地栽培，味较浓，质地致密，产量低；水蕹适宜浅水或深水栽培，茎叶较粗大，味浓，质脆嫩，产量高。按能否结籽分为子蕹和藤蕹。子蕹用种子繁殖，也可扦插，茎较粗，叶片大，叶色浅绿，耐旱，一般栽于旱地，也可水生。主要品种如广东大骨青、白壳、大鸡白、大鸡黄，杭州白花子蕹，湖南、湖北的白花和紫花蕹菜，四川旱蕹菜，浙江游龙空心菜等。藤蕹不结籽，用扦插繁殖，一般用水田或沼泽地栽培，也可在旱地生产，如广东细叶通菜、丝蕹，湖南藤蕹，四川大蕹菜，江西三江水蕹菜等。

（三）栽培技术

1. 育苗　春季，当气温达到 15℃时开始繁殖，华南多在 2～3 月份，西南在 3～4 月份，长江中下游地区在 4 月中下旬育苗。用种子播种或茎段扦插均可。为提早上市，最好用阳畦或棚室等保温苗床育苗。蕹菜种子大，每 667 平方米苗床需种子 15～20 千克，可供 1 000～1 300 平方米移栽之用。条播或点播，播后用细土盖严种子，上覆稻草，再用竹片插成拱形棚，外用塑料薄膜覆盖。

出苗后及时揭除稻草，注意通风、保温和灌水，尽量使床温上升到20℃～30℃，促进生长。约经4周，苗高12厘米时定植。用母茎扦插繁殖育苗时，先将种茎从窖中取出，温水泡湿，再密植于温床中，使温度上升到35℃，约经1周，芽子发出后再将温度降低到25℃～28℃。约经20天，当侧枝长7～10厘米时，再移栽到秧田中，每隔17厘米，埋压1条藤，让芽伸出泥土外。苗高20厘米时，再将其压倒，使节处向下生根，向上发生二次侧枝。二次侧枝长大后，从基部2节处剪下作种苗，扦插于本田中。四川渡口，冬季不太严寒，霜降前用渣肥及草覆盖老根蔸后，可安全越冬，不需另行窖藏。翌年老根蔸发芽，长至7～10厘米时，分栽于苗床中育苗。广州常以上年宿根长出的新侧芽直接栽植到旱地中。

2. 栽植 旱地栽植时，选湿润肥沃处，按20厘米见方距离直播或移栽。浅水栽植时，放水后按20～25厘米距离，将苗茎基部和根栽插泥土中，深4～5厘米。栽后放浅水，使大部分叶片露出水面，提高土温，促进发根。深水浮植者，将秧苗按13～20厘米距离编插到辫形藤篾或粗稻草绳上，一般绳长10米左右，两端套在木桩或竹竿上，使之能随水面涨落而上下漂浮。

3. 管理与采收 蕹菜管理的原则是早栽植，多施肥，勤采摘。定植后前期气温低，旱地应勤中耕，水田应放水晒田提高地温。夏季植株生长快，应经常浇水施肥，中耕除草。追肥要勤，每次用量要少。直播蕹菜出苗后，移栽苗或扦插苗成活后，结合中耕，每667平方米施人粪尿1 500～2 000千克，或尿素5～10千克，以后每采收1次，追肥1次，每次施尿素5～10千克。

采收要及时，一般当株高25～30厘米时采收。方法是从茎基部2～3节处割下，侧枝发生后在侧枝基部1～2节处割下，后期茎蔓过多时应将部分茎蔓从基部删除。大致10天采收1次，直至下霜。

4. 留种 以种子繁殖的品种，宜择旱地，按行距60厘米，穴距33厘米，每穴2株栽植，立支柱或搭“人”字形架，引蔓上架，并将脚叶摘除，亮出花朵，促进结实。一般在8～9月份开花，种子成熟后及时分批采收，以防遇雨霉烂和落粒，11月份收完，每667平方米产40～100千克。

用藤蔓留种时，宜选旱地，培育健壮种株。霜降前1～2周掘起，剪去叶片和嫩梢，将老茎蔓用50%多菌灵或70%甲基硫菌灵600～700倍液可湿性粉剂喷洒消毒后，晾晒1～2天，捆成小捆，放入坛形窖或防空洞中，上覆一层干细土，厚10～13厘米，保持温度10℃～15℃，空气相对湿度60%～70%。定期检查，除去腐烂坏死者，春暖后，取出育苗。

(四)病虫害防治

1. 虫害 主要害虫有小菜蛾、斜纹夜蛾、卷叶螟、蚜虫和红蜘蛛。前3种害虫可用90%敌百虫可溶性粉剂，或80%敌敌畏乳油800～1 000倍液，或50%马拉硫磷乳油1 000倍液，或30%乙酰甲胺磷乳油80～120毫升，对水40～50升喷洒。蚜虫和红蜘蛛可用40%乐果1 000～1 500倍液，或20%氟胺氰菊酯2 000倍液喷洒。若专治红蜘蛛，可用73%炔螨特30～50毫升，对水75～100升，或20%双甲脒乳油2 000～3 000倍液，喷洒。

2. 主要病害

(1)白锈病 由真菌类病原菌蕹菜白锈病菌侵染引起。本菌为专性寄生菌，只危害蕹菜。主要危害叶片、叶柄及茎。叶正面病斑呈淡黄绿色至黄色，边缘不明显，叶背面为白色疱斑。疱斑表皮破裂后散出白色粉末状物——孢子囊及孢子囊梗，严重时叶片凹凸不平，变黄枯死。叶柄上症状与叶片上的相似，也发生白色疱斑。在茎上，被害部肿胀呈畸形。该病菌以卵孢子在土中病残组织内越冬。卵孢子萌发时外壁开裂，伸出1个薄膜状泄囊，在泄囊中形成游动孢子，通过雨水飞溅传播侵染，在病部产生芽管侵入危害。着生在孢囊梗上的串珠状孢子囊，成熟脱落后随气流传播，萌发时产生游动孢子，或直接产生芽管，进行再次侵染。防治方法是：实行1～2年轮作，清除病残组织；健株留种；发病初期及时摘除病叶、病茎；适时用 1∶1∶200 倍波尔多液，或 40%三乙膦酸铝可湿性粉剂 300 倍液，或 25%甲霜灵可湿性粉剂 800 倍液，或 64%噁霜·锰锌可湿性粉剂 500 倍液，或 65%代森锌可湿性粉剂 500 倍液喷洒，10 天 1 次，连喷 2～3 次。

(2)褐斑病　由真菌类病原菌帝汶尾孢侵染引起。除危害蕹菜外，还危害甘薯。受害叶片，病斑圆形、椭圆形或不正圆形，初为黄褐色，后变黑褐色，边缘明显，严重时叶片早枯。病菌以菌丝体在地上部病叶内越冬，翌年产生分生孢子，借气流传播危害。防治方法同白锈病。

(3)轮斑病　由蕹菜叶点霉真菌引起。主要危害叶片。病斑初期为褐色小斑点，扩大后呈圆形、椭圆形或不规则形，红褐色或浅褐色。病斑较大，具明显同心轮纹。后期，轮纹斑上出现稀疏小黑点，即分生孢子器。该病菌在病残体内越冬，翌年春季随雨水溅淋，近地面叶片先发病，再传至上部。6 月份开始发病，阴湿多雨处病重。防治方法：冬季清除残株病叶，结合深翻，加速病残体腐烂，并实行 1～2 年轮作；发病初期开始，用 1∶0.5∶150～200 倍波尔多液，或 75%百菌清可湿性粉剂 600～700 倍液，或 58%甲霜·锰锌可湿性粉剂 500 倍液喷洒，7～10 天 1 次，连喷 2～3 次。

十四、叶甜菜

叶甜菜又叫莙荙菜、厚皮菜、牛皮菜、光菜。我国各地普遍种植，尤其南方栽培更多。以嫩叶作菜用，煮食、凉拌、炒食均可，也可作饲料，是春、秋两季的重要蔬菜，也是较好的度夏佳蔬。有些品种有涩味，最好用沸水烫漂后再烹调。

(一)生物学性状

为藜科甜菜属二年生草本植物。根系发达，上粗下细，其上密生两列须根。茎短缩，叶片卵圆形或长卵圆形，叶面皱缩或平坦，光滑有光泽，浅绿色、绿色或紫红色，叶柄发达。依叶柄颜色不同，有白梗、青梗和红梗之分。复总状花序，每 2～4 朵花簇生于叶腋处，两性花。种子成熟时外面包有花被形成的木质化果皮，肾形，种皮棕红色，有光泽。因数朵花密集着生，花器发育过程中形成聚合(花)果，内含 2～3 粒种子。

喜冷凉湿润的气候，对温度的适应性强，既耐寒，又耐热。种子在 4℃～5℃中可缓慢发芽，发芽适温 22℃～25℃。营养生长适温 15℃～20℃，能耐短期－2℃～－3℃的低温。日平均温度达 8℃时开始生长，日平均温度 26℃，最高温度达 35℃时仍可继续生长，所以一年四季都能栽培。适宜于疏松、肥沃、保水、保肥力较强的沙壤土及壤土中生长，适宜的土壤 pH 值 5.5～7.5，较耐盐碱。

(二)品　种

1. 普通种　叶柄较窄，浅绿色。叶片大，长卵圆形，浅绿色、绿色或深红色，叶缘无缺刻，叶肉厚，叶面光滑稍有皱褶。优良品种有广州青梗莙荙菜、重庆四季牛皮菜、华东绿甜菜等。

2. 宽柄种　叶柄宽而厚，白色，叶片短而大，叶面有波状皱褶，叶柔嫩多汁。如广州白梗黄叶莙荙菜、浙江披叶莙荙菜、长沙早甜菜等。

3. 皱叶种　叶柄稍狭长，扁平，白色。叶面密生皱纹，叶片卵圆形，叶面皱缩，心叶内卷抱合，品质好。如重庆白秆二平桩甜菜、云南卷心莙荙菜等。

(三)栽培季节

1. 露地栽培　因叶甜菜适应性强，既耐寒，又耐热，所以南方可四季栽培。春季，一般 3 月上旬至 4 月下旬播种，撒播或条播，5 月上旬至 6 月中下旬收获。夏季，5 月上中旬至 6 月下旬播种，7～9 月份收获。秋季，7 月下旬至 8 月下旬播种，9～11 月份收获。越冬栽培的 9 月上旬至 11 月上旬播种，冬前定植，翌年 3 月下旬至 5 月中下旬收获。

我国北方冬季严寒，华北地区 1 年种 3 次。春季 3 月上旬播种，4 月上中旬定植，5 月中旬至 9 月上旬采收。秋季，6 月下旬播种,8 月下旬至翌年春季采收。越冬者,则于 9 月下旬播种,10 月下旬至 11 月上旬定植,翌年 4～5 月份采收。东北、西北高寒地区,则 1 年 1 季,春播秋收。

2. 保护地栽培 多用越冬的莙荙菜,土壤封冻前在畦上架设小拱棚,盖塑料薄膜,或将其种植在塑料大棚中,使之提前返青应市;也可将其种植于日光温室中的边缘空地上,或阳畦中,早春采收,供应市场。

(四)栽培技术

1. 播种育苗 采收嫩苗者多撒播,剥叶多次采收者多行条播,行距 25～30 厘米,间苗后株距 20～25 厘米,或者育苗移栽。播种时应将聚合果搓散,地整平后撒入种子,用小锄浅耕,将种子埋入土中,随即耙平,浇水。播种后 5～6 天出苗,苗出齐后浇 1 次水,以后经常保持湿润。夏季播种时,种子须经低温催芽处理,方法是:将搓散的小球果,用凉水浸泡 10～12 小时,捞出,放在温度为 17℃～20℃的地方催芽,经 4～5 天,胚根露出后便可播种。夏季温度高,最好在日落后温度较低时播种。播种前先浇水,水渗后撒入种子,用细土盖严,再盖遮阳网或苇帘,降低土温,促进出苗。出苗前,尽量不浇水,防止土壤板结和冲掉覆土。出苗后,将覆盖物除去。如果天气炎热,或有暴风雨,可在畦上搭小棚,棚上盖遮阳网。

育苗移栽者,真叶出现后开始间苗,株距 5 厘米,4～5 片真叶时带土定植。

2. 管理与采收 采收嫩苗者,播后 60 天开始采收。剥叶采收者,长出 6～7 片叶时开始,先剥收外层 2～3 片大叶。采收后结合浇水,每 667 平方米施速效氮肥 5 千克。一般每 10 余天采收 1 次。每次剥叶时,至少要留 3 片叶,以便进行光合作用,制造养分,供叶片继续生长。剥叶时留叶过少,易使植株衰弱,降低产量。

(五)留　种

叶甜菜是低温长日照蔬菜,在低温下通过春化,日照加长、温度升高时分化花芽，抽薹开花。所以春播后，因具备低温、长日照的条件，播种后60～70天就可分化花芽，抽薹开花结籽。而秋播者，则需到翌年才能抽薹开花。

留种一般在9～10月份播种，翌年春季选择生长健壮，具本品种特征特性的植株作种株，其余植株间拔上市，使株距保持30厘米左右。前期少浇水，抽薹后适当控制浇水，开花后增加灌水，盛花期需水最多，谢花后追施氮、磷复合肥，并增加灌水。种子成熟期适当降低土壤湿度，促进种子成熟。种子7月间成熟，每667平方米产100～150千克。种子千粒重13～20克，使用年限3～4年。

(六)病虫害防治

1. 褐斑病 由甜菜生尾孢菌引起。主要危害叶片和叶柄。叶片初生水浸状灰褐色小斑点，扩大后形成圆形或椭圆形病斑。边缘紫褐色至紫色或红色，中央灰褐色至灰白色。湿度大时病斑上长出稀疏的灰白色霉状物，即分生孢子梗和分生孢子。该病菌生长适温27℃～30℃，低于5℃或高于37℃时不发育，45℃10分钟致死。分生孢子萌发适温26℃～31℃，适宜相对湿度98%～100%。除侵染叶甜菜外，还危害甜菜、菠菜等。以菌丝块或分生孢子在病残体或种子上越冬，翌年春在适宜条件下，菌丝块上产生分生孢子，借气流或雨水传播，由气孔侵入，多雨时容易流行。

防治方法：实行2年以上的轮作；选用无病或贮存2年以上的陈种子播种；发病初期用50%多菌灵可湿性粉剂600倍液，或50%多·硫悬浮剂600倍液，或50%异菌脲可湿性粉剂1 500倍液喷洒，10天1次，连喷2～3次。

2. 黑斑病 一般先从外叶开始发病，病斑近圆形或圆形，淡褐色或褐色，有明显的同心轮纹，周围有黄色晕环，病斑上有黑色霉状物。叶柄和茎上病斑较集中，严重时植株枯死。该病菌由寄主表皮或气孔侵入，低温高湿有利于发病。

防治方法：种子用75%百菌清或70%代森锰锌可湿性粉剂拌

种,用药量为种子重的0.4%。发病期用75%百菌清可湿性粉剂600倍液,或70%代森锰锌可湿性粉剂500倍液,或50%多菌灵可湿性粉剂500倍液喷洒,5～7天1次,连续喷洒2～3次。

3. 蚜虫 以成虫和若虫在叶背吸食汁液,形成褪绿斑,使叶片发黄、卷缩,影响光合作用,并引起病毒病。可用2.5%溴氰菊酯乳油2 000～3 000倍液或20%氰戊菊酯乳油2 000～3 000倍液,或50%抗蚜威可湿性粉剂2 000～3 000倍液喷洒,5～7天1次,连续喷洒3～4次。

4. 甘蓝夜蛾 又叫菜夜蛾、地蚕蛾、夜盗虫。食性很杂,十字花科蔬菜、瓜类、豆类、茄果类和藜科等45科120种以上的作物都可受害。主要以幼虫为害,啃食叶片,造成孔洞或缺刻。1年发生2～4代,成虫昼伏夜出,卵多产在叶背,幼虫4龄以前多在叶背取食叶肉,昼夜为害。4龄后,昼伏夜出暴食。老熟幼虫入土吐丝做茧,在茧内化蛹。

防治方法:秋冬深翻土壤,将越冬蛹翻出冻死;抓住3龄前幼虫期,50%辛硫磷乳油1 500～2 000倍液,或40%菊·马乳油或40%菊·杀乳油2 000倍液,或20%氰戊菊酯乳油2 000倍液,或20%甲氰菊酯乳油3 000倍液喷洒。

5. 甜菜象甲 为害甜菜、菠菜、白菜、甘蓝和瓜类。幼虫咬根,成虫食害地上部分,使幼苗枯萎,造成缺株。成虫体长12～14毫米,长椭圆形,宽5～6毫米。体、翅基底黑色,密被灰至褐色鳞片。喙长而直,端部略向下弯。1年1代,以成虫在15～30厘米土层内越冬,翌年春季开始为害菜苗。成虫寿命长达120天,不善飞翔,主要靠爬行觅食。喜温暖,怕强光,多潜伏于土块或树木落叶下。5月中旬开始产卵,卵多产在寄主根际表土上、碎叶上或表土下。卵球形,卵期10～12天。幼虫体长15毫米,乳白色,肥胖弯曲,多皱褶,头部褐色,无足。在土中觅食,咬断苗根。

防治方法:成虫出土为害始期,喷洒或浇灌4.5%高效氯氰菊酯乳油2 000～3 000倍液,或50%辛·氰乳油2 000～3 000倍液。

十五、苋　菜

苋菜又叫米苋、苋、青香苋、红苋、彩苋。长江以南普遍种植，是主要的绿叶蔬菜。近几年北方各大城市也开始种植，市场看好。

苋菜以嫩茎叶作食用，营养丰富。每100克可食部分含蛋白质1.8克、脂肪0.3克、碳水化合物4.4克、粗纤维0.8克、钾577毫克、钙190毫克、磷46毫克、镁74.1毫克、铁4.1毫克、胡萝卜素1.91毫克、硫胺素0.04毫克、核黄素0.15毫克、尼克酸0.7毫克、维生素C 33毫克。另外，红苋菜中含有大量的β-花青素，可提取食用红色素。

(一)生物学性状

苋菜为苋科一年生草本植物。茎肥大，质脆，分枝多，高2～3米。叶互生，全缘，先端尖或钝圆，有披针形、长卵形或卵圆形。叶面平滑或皱缩，绿、黄绿、紫红或杂色。穗状花序，花小，顶生或腋生。种子极小，圆形，紫黑色而有光泽，千粒重0.7克，使用年限为2～3年。

苋菜喜温暖，较耐热，不耐寒。种子发芽适温为25℃～35℃，10℃以下很难发芽。生长适温23℃～27℃，20℃以下生长缓慢。要求土壤湿润，但不耐涝，具有一定的耐旱力，对空气湿度要求不严。在高温短日照下易抽薹开花，在气温适宜，日照较长的春季栽培，抽薹迟，品质柔嫩，产量高。生长期30～60天，全国各地在无霜期内，可分期播种，陆续采收。

(二)类型和品种

苋菜的种类很多，我国有13种，大部分为野生，其中很多可作蔬菜。目前，作蔬菜栽培的按叶的颜色分为绿苋、红苋和彩苋3类。

1. 绿苋　叶和叶柄为绿色或黄绿色，耐热性强，质地较硬，适宜春季和秋季栽培。

(1)白米苋　上海市农家品种。叶卵圆形，先端钝圆，叶面微皱,叶及叶柄黄绿色。较晚熟,耐热力强,适宜春播或秋播。

(2)柳叶苋　广州市农家品种。叶披针形,先端锐尖,边缘向上卷曲。叶绿色,叶柄青白色。耐热和耐寒力较强。

(3)木耳苋　南京市农家品种。叶片小,卵圆形,叶深绿发乌,有皱褶。

2. 红苋　叶片、叶柄和茎均为紫红色,叶面微皱,叶肉厚,质地柔嫩,耐热性中等,适宜春季和秋季栽培。

(1)大红袍　重庆市农家品种。叶卵圆形,叶面微皱,正面红色,背面紫红色。早熟,耐旱性强。

(2)红苋菜　昆明市农家品种。茎直立,紫红色,分枝多。叶卵圆形或菱形,紫红色,叶面微皱。

(3)红米苋　上海市农家品种。叶片卵圆形或近圆形,基部楔形,先端凹,叶面微皱,紫红色,有光泽。叶片边缘有窄绿边,叶柄红色带绿。叶肉厚,质地较柔嫩。早熟,耐热力中等。

3. 彩苋　叶片边缘绿色,叶脉附近紫红色。质地较绿苋柔软。早熟、耐寒性较强,适宜早春栽培。

(1)尖叶红米苋　又叫镶边米苋,上海市农家品种。叶片长卵形,先端锐尖,叶面微皱,叶边缘绿色,叶脉周围紫红色,叶柄红色带绿。较早熟,耐热力中等。

(2)尖叶花苋　广州市农家品种。叶长卵形,先端锐尖,叶面较平展,叶边缘绿色,叶脉周围红色,叶柄红绿色。早熟,耐寒力强。

(3)鸳鸯红苋菜　湖北武汉市农家品种。因叶片上部绿色,下部红色而得名。叶片宽卵圆形,叶面微皱,叶柄淡红色。茎绿色带红,侧枝萌发力强。早熟,品质好,茎、叶不易老化。

(三)栽培技术

1. 栽培季节　从春季到秋季无霜期内都可栽培。春播抽薹开花迟,品质柔嫩;夏秋季较易抽薹开花,品质差。为春季提早上市,可采用地膜覆盖栽培及拱棚栽培等方式,使采收期提前15～

20 天，收益随之增加。

2. 整地播种 选择地势平坦，灌排方便，杂草少的田块种植。以采收嫩苗为主的，用种子直播；以收嫩茎为主的，可以育苗移栽。播前每 667 平方米撒施腐熟有机肥 1 500～2 000 千克，浅耕，深 15 厘米，耙碎，耱平后做畦，畦面要平整细碎。播种量按季节而异，早春温度低，出苗差，每 667 平方米约需种子 3 千克，晚春约 2 千克，夏秋季 1 千克即可。春季温度低，为促进早出苗，需进行浸种催芽。即将种子装入织布袋中，放温水中浸泡 3～4 小时，取出置于 30℃左右条件下，催出芽后再播。低温，土壤干燥时，宜先灌水，水渗后撒入种子，然后盖粪土，厚 0.4 厘米。若温度适宜，土壤墒情好，可在撒入种子后盖粪土，或用十齿耙轻轻搂耙，将种子埋入土中。若土壤水分不甚充足，撒入种子后用十齿耙反复搂耙，将种子埋入土中，再轻踩一遍，或用铁锨拍实，使种子与土壤紧密结合，再用十齿耙轻搂一遍，使表土疏松。这样土壤较紧实，能借助土壤毛细管作用将土壤下层的水分提升到地表，促使发芽；又可使地表疏松，有利于保墒，所以出苗好。

苋菜除单独种植外，可以套种在瓜、豆架下，或与茄子等间作。一般是先种苋菜，在预留的空行中，适时定植主作物；也可在主作物生长后期，在行间播种苋菜。

3. 管理 苋菜播种后，春季需 10 天，夏、秋季需 4～5 天开始出苗。当其生长到 2 片真叶时开始追肥，4～5 片真叶时再追肥 1 次，以后每收 1 次，追肥 1 次，每次每 667 平方米施尿素 5～10 千克。结合施肥，进行浇水。加强肥水管理是苋菜高产优质的主要措施，肥水不足时，生长慢，容易抽薹，品质差，产量低。

4. 采收 一般是一次播种，多次采收。苗高 7～10 厘米时开始间收大苗及密生苗。以后根据苗情再间收 1～2 次，使苗距达 13 厘米左右。当苗高 25 厘米左右时，基部留 5～10 厘米，割收嫩梢。待侧枝长到 12～15 厘米时再继续采收。

春播苋菜，播种后 50～60 天开始采收，一直采收到 6～7 月份，每 667 平方米产 1 500～2 000 千克。夏秋季苋菜，播后 30 天开始采收，只收 1～2 次，每 667 平方米产 1 000 千克左右。

5. 病虫害防治 主要病害是白锈病。该病由苋白锈菌引起，主要危害叶片。叶片上初现不规则褪色斑块，叶背生圆形至不定形白色疱状孢子堆，直径 1～10 毫米。叶片凹凸不平，终至枯黄，不堪食用。病菌以卵孢子随病残体遗落于土中越冬，翌年卵孢子萌发，产生孢子囊或直接产生芽管侵染致病。借气流或雨水飞溅传播。阴雨多，偏施氮肥时发病重。可用 25%甲霜灵可湿性粉剂 800 倍液，或 64%噁霜·锰锌可湿性粉剂 400～500 倍液，或 64%甲霜铝铜可湿性粉剂 500～600 倍液喷洒。

主要虫害是蚜虫，可用 40%乐果乳油 1 500 倍液，或 50%马拉硫磷乳油 1 000 倍液，或 2.5%氯氟氰菊酯乳油 2 000 倍液防治。

(四)留　种

直播或移栽的，春播和夏播的都可留种。苗期注意去杂，使株行距保持 25～30 厘米。春播的 6 月份抽薹，7 月份开花，8 月份种子成熟。夏播的 7 月上旬播种，10 月份种子成熟。种子呈黑色时，收割，晒干脱粒，每 667 平方米可收种子 70～100 千克。

十六、紫　苏

紫苏别名荏、桂苏、香苏、红苏、红紫苏、杜荏、白苏、赤苏、黑苏、回回苏、山苏、苏叶、皱紫苏、油三苏里娜等，紫苏为通称。

紫苏的叶、茎、果均可入药，历代本草著作均有记载。原产于我国，主要分布在东南亚各国。我国、印度、日本、韩国栽培也较普遍。我国野生紫苏分布于黑龙江、辽宁、河北、山西、山东、陕西、安徽、江苏、浙江、湖北、湖南、江西、福建、广东、广西、四川、云南、贵州、台湾等省、自治区，资源非常丰富。然而历史上紫苏在我国并没有得到大规模的生产利用。近些年来，其特有的活性物质和营养成分备受世界关注，为目前国际市场新兴的时尚蔬菜和医用保健品原料。

世界不少国家如美国、前苏联、日本、加拿大等，已进行紫苏开发利用的研究，并已在食用油、药品、腌渍品、化妆品等方面研发出了几十种产品。我国从20世纪90年代研究开始，现在已开发出紫苏营养保健油、预防心血管病的紫苏油胶囊、紫苏汁保健饮料以及紫苏胡萝卜素微胶囊等产品。此外，紫苏提取物与环糊精、薄荷油、柠檬油、姜油等混合，可制除臭剂。苹果脯经氯化钠、硫酸氢钠等溶液处理后，用紫苏叶包上，再泡在氯化钠和柠檬酸中，是一种降低血压的保健食品。近年来，食品工业上将红色紫苏叶中提取的色素作为食用色素日益增多，这主要是因天然色素比人工合成的色素安全。紫苏醛反肟是一种甜味剂，其甜度是蔗糖的2 000倍，可用于卷烟业和食品加工业。苏籽水溶性部分分离的迷迭香酸或迷迭香酸盐，是一种很好的皮肤保护剂。紫苏种子的油饼，经磷酸化和磺化后，可作离子交换剂。丁香油酚、β-竹烯和β-萜品醇在香料工业中可分别作防腐剂和增香剂。

紫苏叶是日本菜肴的常用调味配料，更是食用生鱼片、生虾的必需佐料。日本市场上现已有健康饮料紫苏水。仅日本消费色价60的液体紫苏色素已达10吨。我国每年向韩国出口紫苏籽、腌渍紫苏叶和富含α-亚麻酸(50%～70%)的新产品调味紫苏营养油等品种。我国台湾地区民众认为，紫苏是一种相当好的保健食品，食用后可以增强人体抗毒能力，当地菜馆及酒店推出了紫苏菜谱，如炒紫苏叶、紫苏炒田螺、紫苏炖排骨等。紫苏叶加工简单，国际市场以5～10片和30～50克小包装为主，且价格不菲，目前主要出口日本、韩国和东南亚及销往我国台湾省，具有较好的市场前景。

(一)生物学性状

1. 植物学特征 紫苏是唇形科、紫苏属中以嫩叶为食用部分的栽培品种，一年生草本植物。全株特异芳香。株高160～170厘米。主根入土25～30厘米，侧根发达，主要根群分布在10～18厘米的土层中，横向延伸40～50厘米。主茎发达，绿色或紫色，具四棱，茎节较密，分枝力强，从叶腋中抽生分枝，密生细柔毛。叶片广卵圆形，顶端锐尖，边缘粗锯齿状，两面绿色或紫色，或面青背紫，交互对生。叶柄长3～5厘米，密生长茸毛。总状花序，顶生及腋生，两花对生，成轮状。每花一苞片，苞片卵圆形。花萼钟状，花冠5裂，筒状唇裂，上唇3裂，下唇2裂，紫红色或粉红色。雄蕊4枚，花药2室。单株花朵数可达3500～4000朵，小坚果，近圆形，棕褐色或灰褐色，内含1粒种子。千粒重0.98～2克，白苏种子千粒重3.4克，种子含油率47%～50%，种子寿命短，自然状态下为1～2年，1年后发芽率骤减。

2. 生长发育需要的条件 紫苏性喜温暖湿润气候，耐湿，耐旱，耐阴，耐瘠薄，很少发生病虫害。

种子的休眠期长达120天。如果用刚收获的种子，则需打破休眠：将种子置于0℃～3℃条件下冷藏5天，并用浓度为50毫克/升赤霉素处理，可促进发芽。种子发芽最低温度为5℃，适温为20℃～25℃。湿度适宜时，3～4天可发芽，7～9天出苗，苗期可忍耐1℃～2℃的低温，30天后开始分枝。茎叶生长期适温为22℃～28℃，在30℃左右的温度下可正常生长。6月以后气温高，光照强，生长旺盛。当株高15～20厘米时，基部第一对叶的腋间萌发幼芽，开始了侧枝的生长。7月底以后陆续开花。开花结实期适温为21℃～23℃，在15℃左右的温度下仍可正常结实。从开花到种子成熟约需1个月，花期7～8月，果期8～9月。

紫苏的根系发达，吸水吸肥力强，在瘠薄土壤上也可生长，但为了获得优质高产，宜选择排水良好、疏松肥沃、土壤pH值6～6.5的沙质壤土或壤土种植。前茬以小麦、黄瓜、番茄为好。施肥以氮肥为主，产品形成时，要保持土壤湿润，不要过干，否则茎叶粗硬，纤维多，品质差。耐湿、耐涝性较强，亦较耐阴。对盐敏感，采用温室中营养液沙培，氯化钠、硫酸钠浓度增加时，紫苏对钾、钙、镁的吸收会降低。对二氧化硫及臭氧敏感，可用作环境监测。需要充足的阳光，可在田边地角或垄埂上种植。属典型短日照蔬菜，秋季开花，光对紫苏的生长发育有着重要影响，红外线可刺激光合作用，光周期的变化与紫苏开花、呼吸作用和体内氮的积累有一定关系，光照能减少愈伤组织的增长，增加精油的含量。

(二)种类和品种

1. 种类 紫苏包括两个变种，一是皱叶紫苏，又称回回苏、鸡冠紫苏、红紫苏。叶大，卵圆形，多皱，紫色，叶柄、茎秆外皮也呈紫色。二是尖叶紫苏，又叫野生紫苏、白紫苏，叶片长椭圆形，叶面平，多茸毛，绿色，叶柄茎秆绿色。各地栽培的皱叶紫苏较多，庭院栽培还有观赏意义。通常依叶色分为赤紫苏、皱叶紫苏和青紫苏(绿叶紫苏)等品种。依熟性可分为早熟、中熟、晚熟等。按利用方式分为芽紫苏、叶紫苏和穗紫苏。根据叶的形状分为平滑叶品种、皱缩叶品种。根据种子的颜色分为紫苏和白苏。紫苏叶两面紫色、面绿背紫或两面绿色，花冠紫红色至粉色，小坚果棕褐色；白苏叶上面淡绿色，下面灰白色，花冠白色，小坚果灰白色，种子灰白色。

2. 品种简介

(1)紫苏　一年生草本，高 30～100 厘米，有香气。茎四棱形，紫色或紫绿色，多分枝，有紫色或白色长柔毛。叶对生，叶柄长3～5 厘米。叶片皱，卵形至宽卵形，长 4～11 厘米，宽 2.5～9 厘米，先端突尖或渐尖，叶片两面紫色或面绿背紫，两面均疏生柔毛。背面有腺点。轮伞花序，组成偏向一侧的顶生及腋生。苞片卵状三角形，花萼钟形，先端 5 裂，外面下部密生柔毛。花冠二唇形，紫红色或淡红色。雄蕊 4，2 强。子房 4 裂，花柱基底生，柱头二浅裂。小坚果，倒卵形，灰棕色或灰褐色。花期 7～8 月，果期 8～9 月。全国各地广泛栽培，长江以南各省有野生，见于村边或路边。种子坚果，棕灰色，黄棕色或暗褐色。千粒重 1.2 克，为出口紫苏籽的选择品种。

(2)日本大叶青　从日本引进的紫苏品种。一年生草本，高60～100 厘米，茎四棱，多分枝。叶色青绿，叶对生，叶柄长 3～4

厘米，叶片皱，长 5～12 厘米，宽 4～8 厘米，先端突尖。轮伞花序，组成偏向一侧的顶生及腋生总状花序。苞片卵状三角形，具缘毛。花萼钟形，先端 5 裂，外面下部密生柔毛。花冠二唇形，紫红色或淡红色。雄蕊 4，2 强。子房 4 裂，小坚果倒卵形，灰棕色或灰褐色，含 1 粒种子，是出口保鲜紫苏叶的主要品种。

(3)白苏　一年生草本，高 50～150 厘米，有香气。茎绿色，四棱形，光滑，上部被白色柔毛。叶对生，叶柄长 4.5～7 厘米，叶长卵圆形，长 3～11 厘米，宽 2.5～9.5 厘米，先端急尖或尾尖，基部圆形，外缘有粗锯齿，两面均绿色，被毛，沿脉毛较密，触之有粗糙感，背面有腺点。轮伞花序组成偏侧的穗状花序，顶生或腋生。小苞片卵形，比花稍大。花萼 5 齿裂，外被粗长密毛。花冠二唇形，白色。小坚果倒卵圆形，直径 2 毫米左右，灰白色，有网纹。花期 7～8 月，果期 8～9 月。南北各省均有栽培，也有野生于村边、路旁或山坡者。种子小坚果，卵圆形或长圆形，长径 2.5～3.5 毫米，短径 2～2.5 毫米，表面灰白色至灰棕色，有不规则网纹，网纹间有白色点状物。小坚果较尖一端有一棕色浅凹，凹中心有一突起的种脐。果皮薄脆，易碎裂，含 1 粒种子，种皮灰白色，千粒重 3.4 克。

(4)野苏　本变种果萼小，长 4～5 毫米，下部被疏柔毛。叶较小，卵形，长 4.5～7.5 厘米，宽 2.8～5 厘米，两面被疏柔毛；小坚果较小，土黄色，直径 1～1.5 毫米。生于路旁、林边荒地，或栽培于村舍旁。分布于河北、山西、江苏、浙江、江西、安徽、福建、台湾、湖南、广东、广西、云南、贵州和四川等省、自治区。

(5)回回苏　植物体被短柔毛。叶皱曲，全部深紫色。其主要特征在于边缘流苏状或条裂状，形如公鸡冠，故有鸡冠苏之称。江苏、四川、云南等省均有栽培。北方个别地区有引种。

(三)栽培技术

紫苏是性喜温暖气候的一年生植物，主要的栽培季节为春季播种，夏季到秋季收获。如长江流域及华北地区，可于 3 月下旬至

4月上旬露地播种，也可育苗移栽；6～9月份采收，至抽薹为止。保护地栽培9月份至翌年2月均可播种育苗，11月份至翌年6月收获。基本上可以做到周年生产。

1. 春露地栽培 选择向阳地势、排水良好、土层疏松肥沃的沙质壤土为好，黏质土壤较差。深耕30厘米，耙细整平。为减轻土传病害和地下害虫的发生，一般每667平方米可用1.5%多抗霉素2～3千克配成500～800倍液，加40%辛硫磷乳油1～2千克配成1000～1200倍液浇灌。施药后土壤用薄膜覆盖密封2～3天消毒。

选用日本的食叶紫苏或国内的大叶紫苏品种，3月下旬至4月中旬露地直播，也可育苗移栽，6月中旬开始采收，9月上中旬采收结束。垄作时在垄上开沟，深2厘米，每667平方米约需种子0.7千克，均匀撒入后，不必覆土，稍加镇压，喷水后盖地膜或稻草，保温增温，十多天后即可出苗。畦作时可在畦面上开沟条播，一畦播两行，天旱时可用喷壶浇水，保持土壤湿润。每667平方米用种量1.5～2千克。在苗高6～7厘米间苗一次，株距6～7厘米，在6月中旬定苗，株距16厘米，多余的苗可选粗壮者另行移植。如果苗不齐，在间苗时，要随时补苗。

育苗移栽时，播种时间和方法同直播。移栽时间以5月中下旬为好，移苗前一天，先将育苗床浇透水，保证移苗时根部完整。随起苗随栽，株距16～18厘米。

紫苏种子属深休眠类型，休眠期长达120天，采种后4～5个月才能逐步完全发芽。种子忌干燥贮藏，宜于阴凉处风干2～3天，后与等量河沙混合，保持湿度，分装箱内，埋于土中，以利于发芽。有硫酸-氨基磺酸铵处理紫苏种子，可促进发芽。将刚采收的种子用100毫克/升赤霉素处理，并置于低温3℃及光照条件下5～10天，后置于15℃～20℃光照条件下催芽12天，种子发芽可达80%以上。

做1.2米宽的平畦，畦内每667平方米撒施氮磷钾复合肥50

千克，深锄耙平，播前，喷洒除草通 300 倍液，喷后 4 天播种。按 30 厘米行距开沟，沟深约 2 厘米，条播种子。也可以按行株距各 30 厘米挖穴点播，每穴 3～4 粒种子，每 667 平方米播 250 克，播后覆土，浇水。或设小拱棚盖膜，压严。出苗后分 2～3 次间苗，条播的定苗距离为 30 厘米，穴播的最后每穴留 1 苗，每 667 平方米定苗 6000～7000 株。

定苗后，结合浇水施尿素，每 667 平方米 10 千克，土壤湿度适宜时，合墒中耕，除草保墒。7～8 月份，对水、肥的需求量大增，此期田间要经常保持湿润状态，并结合浇水，追施氮磷钾复合肥 2 次，每 667 平方米每次施 20～30 千克。

为加速叶片生长，提高叶片质量，每月用 0.5%尿素溶液根外追肥 1 次。生长期间，干旱时，早晚要浇水。紫苏耐阴性很强，可以和大田作物玉米等套种，既可合理利用地块，又有利于紫苏的生长。

紫苏分枝性较强，平均每株分枝可达 25～30 个，叶片数达 300 片以上，花数 3500 朵，所以要适当摘心。方法是：摘除花芽已分化的顶端，使之不开花，维持茎叶旺盛生长。同时，对已成长 5 个茎节的植株，将第四节以下的叶片和枝杈全部摘除，促进植株健壮生长。摘除初茬叶 1 周后，当第五茎节的叶片横径宽 10 厘米以上时开始摘叶片，每次摘 2 对叶片。并将上部茎节上发生的腋芽从茎部抹去。5 月下旬至 8 月上旬是采叶高峰期，平均 3～4 天采收 1 对叶片。9 月初，植株开始生长花序，此时对留叶不留种的可保留 3 对叶片摘心，打杈，使之达到成品叶标准。全年每株可摘叶 36～44 片，667 平方米可产鲜叶 1700～2000 千克。

紫苏的采收期因用途及气候不同而异。一般认为枝叶繁茂时，即花穗刚抽出 1.5～3 厘米时，挥发油含量最高。因此，蒸馏紫苏油的全草，在 8～9 月份花穗初现时收割。作为药用的苏叶、苏梗，多在枝叶繁茂时采收，南方 7～8 月份，北方 8～9 月份。苏叶、苏梗、苏籽并用的全苏，一般在 9～10 月采收，等种子部分成熟后选晴天全株割下，运走加工。

2. 保护地越冬栽培 越冬紫苏栽培多采用冬暖式大棚或大棚栽培。棚内土壤先用1.5%多抗霉素500～800倍液，加40%辛硫磷乳油1000～1200倍液浇灌后，用薄膜覆盖，密封2～3天消毒。棚室每立方米空间用2.5克硫磺加5克木屑拌和，点燃熏蒸闷棚3天后再行播种。

苗床用砖和水泥砌成。苗床宽1米，长3米，高60～70厘米，床土深40厘米。床底每隔30厘米留1个出水口，以利于排水。床土用未种过紫苏的田园土，经日光消毒后使用。苗床基肥使用沤制腐熟的堆肥，每667平方米用量1500千克，加三元复合肥100千克。将土和基肥捣匀后放入苗床内，厚度大于40厘米。播前选种、晒种，然后用种子量的5倍细沙拌和后播种。播种育苗时间为8月下旬至9月上旬，翌年2～4月份供应。春提前，1～2月份播种，2～3月份定植于日光温室，4～6月份供应；秋延后，大棚8～9月份播种，9～10月份定植，11月份至翌年1月份供应。

种子繁殖，直播或育苗均可。直播生长快，收获早，省劳力，但要及时间苗，掌握好株行距。种子播前，隔夜湿润床土，播后覆细土，并用木板稍加镇压。出土后要数次间苗，株距8厘米，行距5厘米。

紫苏生长期长，长势旺，一生中需从土壤中吸收大量有机肥料。定植前土壤要深耕，高畦深沟，畦面平整，畦宽90厘米，沟宽45厘米，深35厘米，一般667平方米施发酵腐熟有机肥5000～6000千克，三元复合肥80千克。真叶2～3对时定植，株距25～30厘米，定植后及时浇活棵水。缓苗后一般每半月追施20倍菜饼发酵浸出液1次。对发苗不良的部分田块或植株，也可用1%尿素水溶液作追肥补救。浇水宜采用微喷或滴灌，一般春秋每天上午滴灌1次，每次30分钟；夏季早晚各滴灌1次，在中午进行，每次30分钟。

紫苏生长的适宜温度为20℃～28℃，夏季温度过高，叶片容易老化，因此必须采用遮阳网降温，冬季温度低于10℃，要实行补温，晚上温度控制在10℃～15℃。冬季低温短日照期间，紫苏保护地栽培时，可在真叶3～4片时，夜间用电灯进行补光处理，延长光照到14～16小时，弥补冬季低温短日照的影响，抑制花芽分化，增加叶片数和产量。生产中补光时，可适当增加蓝色光。一般不能补施甲瓦龙酸盐。以出口紫苏叶为目的，生产中经常采叶，势必造成伤口，蓝色光可诱导愈伤组织的生成，甲瓦龙酸盐可抑制愈伤组织的生长。

定植成活后长到15厘米高，有7～8片叶时摘去顶心。侧芽发生后保留不同方向生长的3个培养，基余全部摘除。当侧枝有7～8片叶时，及时摘心，促进分枝生长，防止进入生殖生长。随时除去老叶、黄叶、病叶及畸形叶。

3. 春紫苏的栽培 1月上中旬育苗，2月上中旬定植，3月上中旬开始采收叶片，可持续到5月下旬或6月上旬。

种子播前或幼苗移栽前，土壤必须消毒。一般667平方米用1.5%多抗霉素2～3千克500～800倍液，加40%辛硫磷乳油1～2千克1000～1200倍液浇灌。施药后土壤用薄膜覆盖，密封2～3天，提高消毒效果。管棚采用硫磺加木屑消毒，方法是以1连栋大棚为单位，每立方米用2.5克硫磺加5克木屑，均匀拌和，点燃后进行熏蒸并闷棚3天，然后进行耕作。

选择日本大叶青紫苏品种，在保温性较好的大、中棚或日光温室育苗。苗床可用砖和水泥砌成，宽1米，长30米，高60～70厘米，床土深40厘米。床底每隔30厘米，留1个出水口，以利于排水。床底采用未种过紫苏的田园土，经日光消毒后使用。苗床基肥用腐熟的堆肥，667平方米1500千克，加三元复合肥100千克，将土和基肥混匀，放于苗床内，厚度大于40厘米。播种前要选种、晒种，然后，用种子量的5倍的细沙拌匀，待种子有70%～80%发芽时播种，每667平方米苗床播1.5千克。播后，覆细土，并用木板稍加镇压。并尽量采用盖厚草苫，经常揭盖换气。出苗后间苗。

约经40天左右，株高10～15厘米，2～3片真叶时，按行株距60厘米×20厘米定植。定植前3天，可用除草通，喷洒表土除草，并用糠麸拌和敌百虫500倍液，洒在畦面诱杀地老虎。

定植后5～6天为缓苗期，应扣严塑料薄膜，夜间加盖草苫，提高土壤温度，白天保持25℃，夜间15℃，促进缓苗生长。缓苗后，及时通风。紫苏追肥以有机肥为主，也可用0.5%～1%尿素作追肥。灌水宜采用微喷或滴灌，一般每天上午滴灌，每次30分钟。如遇高温干旱，早晚浇水。

紫苏大叶生长的适宜温度为20℃～28℃。夏季温度过高，叶片容易老化，品质下降。因此，必须用遮阳网遮阴降温。冬季低于10℃，要用柴油车补温，晚上温度控制在10℃～15℃。紫苏每天要保持16小时以上的光照，在光照时间较短的月份，必须采用灯光补救，促进营养生长。

定植后20天，苗高长到15厘米，7～8片叶时要摘去顶心，侧芽发生后，保留不同方向生长的侧芽3个，培养侧枝，其余全部摘除。当侧枝有7～8片叶时要及时摘心，促进分枝生长，防止植株进入生殖生长。有的当长成5个茎节时，将第四节以下的叶片及枝杈全部摘除。摘除初茬叶1周后，当第五茎节的叶片横径宽10厘米以上时，开始摘叶片，每次2片，并将上部茎节上发生的腋芽从茎部抹去。

采叶前操作者应修剪指甲，防止指甲过长给叶片造成机械伤口，并应轻摘轻放。进出棚内要注意随时关闭进出口，防止带入害虫。

4. 防虫网越夏栽培　夏季栽培最主要的是防治病虫害。因此不宜露地栽培，应充分利用日光温室或塑料大棚进行栽培。旧棚膜可完整留在温室或大棚架上，使之继续发挥遮阳避雨作用。晴天时，要将整个日光温室前部和顶部等所有通风通气口全部打开，并安装具有预防害虫侵入的防虫网。如用拱形大棚，可将大棚两侧裙子部分的薄膜卷起或撤下，并安装防虫网。防虫网宜选用20～25目/平方厘米的白色或银灰色尼龙网。

夏紫苏适应性强，对土壤要求不严，在疏松肥沃的中性或微碱性土壤中生长良好。管理的重点是遮阳降温、保湿防旱和治虫防病。3月上中旬至4月中下旬，保护地播种育苗，4月上中旬至5月中下旬露地定植，5月中旬开始采收，9月上中旬采收结束。在阳畦或塑料拱棚中播种育苗，每10平方米苗床面积施15千克氮磷钾复合肥，翻匀耙平后，按10厘米行距开沟，深约2厘米，条播种子，覆土，浇水。也可以撒播，但苗生长不如条播的整齐。每10平方米苗床面积用种量为8～10克。播种结束后覆盖薄膜，必要时加盖草帘保温保湿。白天温度保持在20℃～25℃，夜间保持在15℃左右。出苗后温度稍降低，白天20℃～22℃，夜间13℃左右并注意通风换气，防止苗徒长。间苗2～3次，定苗距离3厘米见方。4月上中旬，晚霜期过后，苗有3～4对真叶时定植到露地，并用尼龙防虫网覆盖。

定植前10～15天，整地做平畦，畦宽1.2米。畦内撒施氮磷钾复合肥，每667平方米约50千克，翻匀耙平后按行株距各30厘米挖穴栽苗，浇水。土壤表面发白时浅锄保墒，以利于缓苗。缓苗后浇水，合墒时中耕除草。以后土壤经常保持湿润状态。开始采摘叶片及进入采摘高峰期(7～8月份)前，各施1次氮磷钾复合肥，每667平方米每次20～30千克。

定植后1个月，开始采摘苏叶、苏梗，一般持续到采种子入药。9月中旬将植株下部的大叶摘下晒干入药，10月上旬，种子大部分成熟时全株割下晾晒，打出种子晒干。一般每667平方米产苏籽100～125千克，每667平方米产苏叶200～250千克。

5. 秋延后栽培 9月份露地播种育苗，10月份在保护地内定植，元旦至春节分期分批采收。

露地建苗床，条播或撒播。育苗期的温度正适合种子发芽和幼苗生长，播种后5～6天可出苗，出苗后幼苗生长速度快，要适当控制浇水，及时间苗，防止幼苗徒长。最后一次间苗的苗距保持在4～5厘米。

早霜来临前，将苗定植到塑料拱棚或日光温室中。每667平方米施腐熟圈肥3000～4000千克及过磷酸钙30千克，深翻耙平后，按40厘米行距做小高垄，带土挖苗，按25厘米株距定植在垄中央，向垄沟浇水。定植后，温室内温度白天保持在22℃～28℃，夜间15℃左右，缓苗后白天25℃左右，夜间12℃左右，水、肥管理参见露地早熟栽培。

元旦至春节期间，可分期分批采摘嫩叶，扎成把出售，3～4月份气候转暖后，逐步撤除覆盖物，继续采收。以后，根据市场需求情况及后茬作物安排，确定采收结束期。

6. 芽紫苏栽培 将种子用300毫克/升赤霉素溶液浸湿，播于酿热温床或大棚或日光温室，当长至真叶3～4片时，用剪刀齐地面剪断，装箱出售。为保证幼苗鲜嫩，生长迅速，发芽后给予充足光照，保持湿润，提高产品质量。

7. 穗紫苏栽培 选择矮生品种。先在温室育苗，真叶3～4片时移植于另一保护地。每3～4株1丛，丛距10～12厘米。育苗期间，早晚可用黑色薄膜覆盖，使日照缩短到每天6～7小时，促进花芽分化。移栽后不再进行遮光处理，但要保持20℃左右的温度。一般长至真叶6～7片时抽穗，穗长6～8厘米时采收。每10～15株扎成一把，以花色鲜明，花蕾密生者为上品，称为穗紫苏。

(四)采　种

紫苏为异花授粉植物，虫媒花。紫叶紫苏和绿叶紫苏不能在同一田块中种植和留种，隔离距离1000米以上，以防止品种间杂交，造成原品种纯度降低，甚至种性退化。

规模化生产时应设立留种圃。农户自行留种时，可在紫苏田中选留部分优良植株作采种植株。整个生长期应根据叶形、颜色、生长势等，及时拔除杂株。还应适当进行摘心处理，即摘除部分茎尖和叶片，促进分枝，减少茎叶的养分消耗。

种株从第二十三节到第二十四节不再采摘叶片，使上部叶片制造的养分供给种子用。总状花序上的花是由下往上陆续开放的,先开的花先结种子,当花序上部开花时,中下部的种子已成熟,如不及时采收,已成熟的种子就会脱落。所以,当花序中部的种子成熟时,就应将整个花序剪下,装入容器中,以防种子脱落,然后,连同花序晒干后脱粒贮藏。一般种子成熟期为 9～10 个月,每 667 平方米采种 100 千克左右。

十七、菊　苣

菊苣别名欧洲菊苣、苞菜、荷兰苦白菜、苣荬菜、法国苦苣、水贡、吉康菜、野生苦苣、日本苦白菜。原产于地中海、亚洲中部和北非。4000 年以前,古埃及人就利用其根作咖啡代用品饮用,嫩叶作菜食用。荷兰约在 1616 年开始栽培,以后欧洲其他国家也陆续种植。目前各国都有栽培,尤以欧洲的意大利、法国、比利时、荷兰栽培最多,亚洲的日本也不少。在欧美被视为高档蔬菜,食用部分为嫩叶、叶球或根,可作色拉,蘸酱生食,凉拌,也可炒着吃。直根可作软化栽培的材料,软化后的直根可作饲料,或作咖啡的代用品。我国一般没有食用菊苣的习惯,但随着对外交流的扩大,人们对西方菜肴的逐步接受,菊苣必然会被青睐。

菊苣营养丰富,每 100 克鲜菊苣芽球中含蛋白质 1.3 克,脂肪 0.2 克,碳水化合物 3.4 克,膳食纤维素 0.9 克,维生素 A 205 微克,胡萝卜素 1.4 微克,维生素 C 7 毫克,硫胺素 0.08 毫克,核黄素 0.08 毫克,烟酸 0.4 毫克,钾 314 毫克,钠 22 毫克,钙 52 毫克,镁 15 毫克,磷 28 毫克,铜 0.1 毫克,铁 0.8 毫克,锌 0.79 毫克,锰 0.42 毫克。菊苣中还含有一般蔬菜中没有的成分马栗树皮素、马栗树皮苷、野莴苣苷、山莴苣素和山莴苣苦素等,具有苦味,可清肝利胆,镇静催眠,开胃健脾,明目,去油腻,降低血脂、胆固醇,活跃骨髓造血功能,对防治心脑血管硬化,营养不良性贫血,糖尿病、高血压等病有一定作用。其肉质根中含有菊糖、咖啡酸和奎宁酸所形成的苷——绿原酸和苦味质。主要用于生吃,切忌高温煮、炒,因经高温后即变黑褐色。可剥叶芽,整叶蘸酱或作鲜美开胃的色拉菜,芽球外叶可以爆炒。植株的嫩叶也可炒食、作凉拌菜,欧美人还把菊苣的根佐以鲜酱或蒜泥,口味独特鲜美,也可用作火锅配料;或经过烤炒磨碎,加工成咖啡的代用品或添加剂,全美国都有这种咖啡混合品出售,其在南美最受欢迎。

(一)生物学性状

1. 生物学性状 菊苣为菊科菊苣属两年至多年生植物。菜用菊苣是野生菊苣的一个变种。主根膨大,呈圆锥形肉质直根,短而粗,似胡萝卜形。全部入土,外皮光滑,主根受损后容易产生歧根。白色,长20～25厘米,直径3～5厘米。入土深40～50厘米。肉质柔软,幼嫩时可煮食,干品具咖啡香味,常作咖啡添加料或代用品。叶为根出叶,绿色或紫红色,长倒披针形或卵圆形,先端锐尖,叶缘粗锯齿状,形似蒲公英叶,或全缘,浓绿色,味苦。食用时将叶用开水焯后再凉拌,老叶可作饲料。黑暗环境水培后的叶,包成芽球,芽球呈淡黄色或白色,可做色拉,蘸酱、炒食。茎夏季抽生,直立,有棱,中空,多分枝。头状花序,花冠舌状,青蓝色,聚药,雄蕊蓝色,每个花序上着生20个左右的小花。异花授粉,虫媒。每朵花着生一粒种子。果实为瘦果,有棱,顶端戟形。种子小,褐色,有光泽,千粒重1.2克,每克800余粒,种子发芽力可达8年,一般仅2～3年(图4-3)。

2. 生长发育需要的条件 菊苣具有极强的抗逆性,喜冷凉湿润,在10℃～20℃下生长良好,5℃低温下能缓慢生长。耐寒,遇霜冻不枯萎,严冬季节地上部枯死,地下肉质根不受冻。耐干旱,喜阳光,不耐高温。种子在5℃～30℃条件下均可发芽,发芽的适宜温度为18℃～20℃,25℃～30℃时4天出苗,5℃～15℃时7～8天出苗。叶片生长期适温为15℃～19℃,叶球形成期适温为10℃～15℃。软化栽培适宜的温度为11℃～17℃。温度过低,生长缓慢;温度过高,芽球松散、纤维化,品质下降。根株在北京地区可露地越冬,夏季高温长日照下抽薹开花。幼苗期对温度的适应

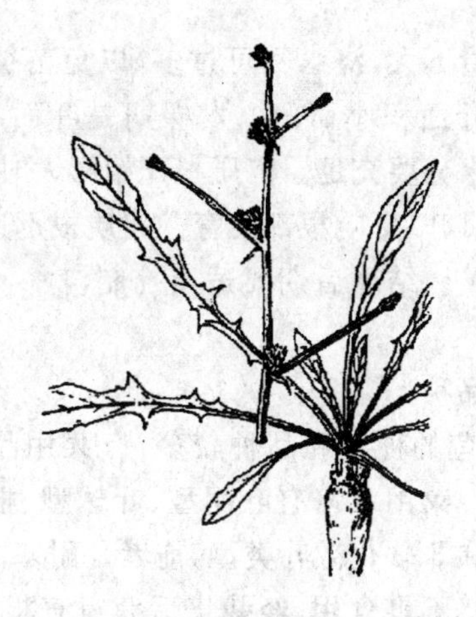

图 4-3　菊苣

范围较广（12℃～25℃），温度过高（40℃）时，幼苗茎部受灼伤而倒苗。冬季气温在－3℃～－5℃时，叶片仍是深绿色。在夜温较低，温差较大的情况下，可降低呼吸消耗，增加养分积累，根在－2℃～－3℃时不致冻死。

菊苣为低温长日照作物，长日照是促进抽薹开花的主要因素。田间营养生长期光照强，叶片深绿色，肥厚，光合作用强，有利于肉质根的养分积累，形成较大的肉质根。光照弱，叶色浅，易感病，肉质根较细小，产量低。室内软化栽培时不需要光照，要求黑暗条件，若具光，芽球叶片变绿，产生纤维，影响品质。菊苣怕涝，需高垄栽培。喜排水良好，土层深厚，富含有机质的沙壤土和壤土，土壤要疏松，土壤中有石块、瓦砾时，易形成杈根。注意氮、磷、钾的配合，田间栽培每 667 平方米需纯氮 7.3 千克，有效磷 4.7 千克，钾素 16.6 千克。生长期对氮、磷、钾吸收的比例为 2.1∶1∶3.6。任何时间缺氮都会抑制叶片的分化，使叶数减少；苗期缺磷，叶数少，而且植株变小，产量低；缺钾主要影响叶重，尤其结球期缺钾，会使叶球显著减产。

菊苣喜 pH 值为中性的土壤。菊苣田间生长期需要湿润的环境。幼苗期需水量不大，浇水不可过多，以免苗徒长，但不可过度控水，使苗老化，叶面积小而薄。发棵期是叶面积开始快速增长期，需水量增大，水分要充足。肉质根开始膨大时，适当控制水分，以防地上部生长过旺，影响根部发育。肉质根迅速膨大时，要增加浇水次数和浇水量。结球后期要适当控制浇水，以防叶球开裂和引发软腐病。

（二）类型和品种

1. 类型 菊苣的种类和品种较多，有菜用品种、饲用品种和花卉观赏用品种。菜用栽培有叶用型、叶球型、根用型品种，又有需软化结球类型和非软化散叶类型，前者是耐寒的散叶菊苣，其叶苦味过浓，且质硬，不堪食用，经栽培后获得直根，秋季挖出直根，经贮藏后进行软化栽培，获得黄白色小叶球，具香味，脆而嫩，可做色拉。后者是半耐寒的叶用菊苣，叶色有红、绿之分。尤其是红菊苣，天寒时采收，叶片呈红葡萄酒色，食用时取叶丛的心部，从而使沙拉的色彩更加艳丽，并因其叶基部略带有清苦味，从而提高了沙拉的风味。

目前意大利主要栽培的是结球类型的菊苣，只需一次栽培即可生产出产品，较少受季节的限制，易于做到周年生产供应。法国、比利时、荷兰等国以软化菊苣栽培为主。软化类型的菊苣需要经过两次栽培才能获得产品，过程较复杂，但经济价值较高。我国目前菜用栽培的软化品种和非软化品种均有。软化品种可分为奶白色和红色两种，主要是从荷兰、英国和日本引入，生产上应用的品种主要从荷兰引入的根用型芽球菊苣。非软化品种能自然形成叶球，也有红色和绿色两个类型。红色叶球品种，叶球鲜红色，叶鞘部及主叶脉奶白色，主要是从荷兰、法国、德国引入的品种；绿色叶球品种，叶球绿色，主要是从荷兰、日本引进的品种。

按植株休眠期长短可分为需经低温贮藏处理的和无休眠期的两种。

2. 良种简介

(1)中选1号　中国农业科学院蔬菜花卉研究所将引自荷兰的软化用菊苣,经8年混合选择育成中选1号。该品种主根肥大,为肉质根,圆锥形,全部入土,平均根长37.1厘米,根头部直径4.3厘米。叶簇生,具功能叶29片,茎叶互生,倒披针形,半直立,先端尖锐,绿色叶缘齿状深裂或全缘。茎直立,有棱,中空,多分枝。芽球炮弹形,乳白色,长12～16厘米,中部横径4～6厘米。球叶20～30片,单球重75～150克。头状花序,花冠舌状,蓝色花。瘦果有棱。种子小、褐色、有光泽。千粒重1.42克,发芽力可达8年。

(2)绿菊苣　由荷兰引入。叶片合抱,直根肥大,呈长圆锥形。以叶片、叶球或软化后的芽球供食用,含有苦味。主要用作凉拌生食,适宜北京、河北、吉林、山东及其他生态条件相似地区种植。华北以秋播为好,一般于7月下旬至8月上旬直播或育苗,株行距20厘米×50厘米。11月上旬收获肉质根。剔除侧根及老叶后囤积日光温室,用黑色膜遮光,在12℃～22℃条件下,25天即可上市。

(3)中囤1号芽球菊苣　中国农业科学院蔬菜花卉研究所育成。肉质根粗壮肥大,呈长圆锥形,外皮灰白色,平均单根重155克,叶面绿色,被有细茸毛。营养生长期茎短缩,叶簇生,倒披针形,多数板叶,少数花叶。叶缘具深缺刻,呈半直立。适应性强,病虫害较少。较耐寒,生长适温17℃～20℃。喜光照,怕涝,较耐贫瘠。在排水良好,土层深厚肥沃,富含有机质的沙壤土上,有利于获得优良的肉质根。肉质根软化后可长出纺锤形乳黄色芽球,称芽球菊苣。菊苣芽球多在春节前后上市。适应性强。较少发生病害。苗期较耐热,地上部植株能耐短期－2℃～－1℃低温,肉质根能耐短期－4℃～－3℃低温,生长适温17℃～20℃。软化期适温8℃～14℃。适宜长江流域及其以北地区的华北、西北、东北等地栽培。一般在7月下旬至8月初播种。多用高垄直播,定苗株行距20厘米×20厘米。播后95～110天成熟，收后在0℃～2℃下贮藏待用。囤栽时宜在完全黑暗的条件下，也可水培。囤栽密度以每平方米200～250条肉质根为宜。温度8℃～15℃，空气相对湿度90%，一般30～35天即可采收芽球。每个肉质根可收主芽球1个，重100～150克，每平方米可采芽球25千克左右。

(4)软化菊苣　又称法国苦苣，由法国引入。属散叶型，肉质直根。叶长椭圆形，绿色，叶缘锯齿状或全缘，叶苦。经软化后形成黄白色芽球。适宜北京、河北、吉林、山东等省、直辖市种植。一般7月下旬播种，8月下旬至9月上旬定植，11月下旬采收肉质根。收后于根上5厘米处切除叶片，然后置于0℃～5℃处保存。根据上市时间提前25天软化。

(5)红色结球菊苣　由荷兰引进。根小，叶面圆而宽，叶红色，心叶抱合形成叶球。生长期110～120天。喜温和气候，生长适温11℃～18℃。在较低气温下，叶片和叶球的红色明显加深，高温下颜色变浅、变绿。适宜北京、河北、吉林、山东等省、直辖市种植。春季保护地栽培，12月上旬至翌年1月中旬播种育苗，2月中旬至3月中旬定植，4月下旬至6月上旬收获。夏季冷凉地区栽培，3月中旬至4月中旬播种育苗，5月上旬定植，7月中旬至8月中旬收获。秋季露地栽培，7月下旬播种育苗，9月上旬定植，10月下旬收获。冬季保护地栽培，8月下旬至9月下旬播种育苗，10月上旬至11月上旬定植，翌年1月上旬至2月上旬收获。栽植密度株行距30厘米×40厘米。

(6)玛祖卡　引自比利时。早熟，植株长势旺盛。叶色深绿，叶缘缺刻较深，叶背有瘤刺毛，叶脉具红色。肉质根长25～30厘米，直径2.5～3.5厘米。直根入土深，耐瘠薄，无休眠期，芽球纺锤形。

(7)比尔　引自比利时。早熟，植株前期长势较玛祖卡弱，性状与其相似，只是叶脉少有红色，肉质根直径略小，成熟较早。

(8)爵士　引自比利时。叶绿色，光滑，叶片较宽，叶缘缺刻较浅。肉质根较粗短，一般长 20 厘米左右，直径 3～5 厘米，较晚熟。软化前需将肉质根在 5℃～10℃低温下贮藏 10～15 天。芽球椭圆形，较粗。

(9)美杜莎　从荷兰引进的杂种一代早熟品种。耐热、高产。外叶绿色，叶球红色，紧实。种植时要求昼夜温差±10℃，才能保证叶球颜色及紧实。从定植至收获 60～70 天。适于密植，种植株行距 30 厘米×35 厘米。

(10)古斯特　从荷兰引进的品种。较耐热，晚抽薹。植株中型。叶球圆球形，红色，早熟。从定植至采收约 65 天。种植株行距 30 厘米×35 厘米。

(11)乐培特　从荷兰引进的杂种一代品种。较耐热，早熟。叶球圆柱形，浅绿色，外叶少，株高 30～35 厘米。种植株行距 30 厘米×30 厘米。从定植至采收约 65 天。

(12)皮罗托　从荷兰引进的杂种一代品种，中晚熟。叶球圆柱形，浅绿色，外叶少，株高 35～40 厘米。种植株行距30 厘米×35 厘米。从定植至采收 70～80 天。

(13)柯士里塔斯　从日本引进的品种。植株较直立。株高 35～40 厘米。叶球纺锤形，黄绿色。从定植至采收约需 70 天。不宜软化栽培。

(14)梅切丽斯　从荷兰引进的品种。软化后的菊苣芽球非常整齐、紧凑。可用作中晚熟水栽培软化。软化栽培前需经低温贮藏处理。

(15)特利劳夫　从荷兰引进的品种。肉质根需冷藏后再行软化栽培。芽球紧凑，产量高，质量好，可不用土覆盖，但不适宜水栽软化。

(16)艾切利尼莎　从英国引进的品种。植株生长势强，容易栽培，宜直播。软化芽球整齐、肥厚，乳黄色，单芽重 100～150 克。

(17)沃姆　从日本引进的品种。株根没有休眠期，挖根后可以直接进行软化栽培，品质优良。

(18)沙拉撒菊苣　河南省农业科学院园艺研究所从欧洲引进。种子小，叶片绿色，长倒披针形，叶长30～40厘米、宽6～9厘米，叶面微皱，叶缘有锯齿。单叶互生，叶片柔嫩，内含有白色乳汁，苦味较重。肉质根白色，长成后长20～25厘米，直径3～5厘米，一般每667平方米产肉质根2000～3000千克。黑暗条件下，对肉质根软化栽培后萌发的嫩黄色椭圆形的芽球，形如含苞待放的玉兰花，食用口感脆嫩，微甜，后味稍苦。

(三)栽培技术

菊苣有结球类型和需经软化栽培后收获芽球的散叶类型两种。菊苣的种植以意大利、法国、比利时、荷兰等国较多，其中意大利以栽培结球类型为主，其他3国以软化菊苣为主。结球菊苣只需1次栽培即可生产出产品，栽培上较少受季节的限制，易于做到周年生产供应，而软化类型的菊苣需要经过2个阶段的栽培才能获得产品：第一阶段是露地营养生长形成肉质根，每二阶段是用肉质根在黑暗条件下软化栽培培养芽球。肉质根的培养一般可分为春季播种和秋季播种。主要栽培季节为秋冬季，其次为春季栽培。夏季栽培需在温度较低处，如东北及华北一些冷凉地区，2～3月份棚室育苗，4月下旬露地定植，6～8月份收获。或于6～7月高温多雨季节，遮阴防雨育苗，8月上旬定植，9～10月份采收。中原地区田间生长期为90～100天，河南省可在春季3月上中旬播种，7月上旬收获肉质根。秋季8月中下旬播种，11月下旬收获肉质根。软化栽培不需光线，只要温度合适，一年四季均可生产，周年供应。

1. 秋季露地栽培　根据各地的实际条件而定，北京地区如用现代推广的品种Zoom、Bergere、Flambor、红菊苣等，最适播期为6月下旬至7月上旬。山东即墨地区，7月下旬播种，8月份定植，10～11月份采收。植株有充分的生长时间而又不会出现先期抽薹现象。如播种过早，先期抽薹率甚高，直根不能应用；过迟播种，直根又太小，影响软化后芽球的产量。

播种育苗处于夏季高温期，种子发芽困难，昼夜温差小，夜温高，苗容易徒长，因此在栽培过程中，要注意选择抗热品种；同时，播前种子须进行低温浸种催芽：播前5～7天浸种，用45℃～50℃的热水烫种，并不断搅动，冷却至室温，浸种4～5小时。然后将种子捞出，用纱布包好，放在25℃条件下催芽3天左右，待种子露出白尖时即可播种。播种后遮阴降温。苗龄30天左右，4～5片真叶时定植。

菊苣宜直播，因为育苗移栽常因伤根易形成歧根或弯根，须根增多，软化栽培时占用土地较多，而产量较少。但直播用种量大，每667平方米用种子150克或以上，否则易出现缺苗断垄，并增加间苗的工作量。每667平方米施腐熟的粪肥3～5立方米，磷酸二铵25千克，草木灰100千克，深翻25～30厘米，捡净根茬，前茬收获后，耙平起垄。垄宽50厘米，沟宽20厘米，高15厘米，小高畦。直播时每畦播双行，行距35厘米，于畦两边开浅沟，沟深3厘米。若土壤干旱，土质坚硬墒情差，最好犁前先浇水润地，使土壤湿润，便于播种出苗。由于种子太小，可掺入少量细沙，用两手指捏着掺沙的种子撒籽，可条播、短条播或穴播，播种深度要一致，穴播的穴距为17～20厘米，每穴3～4粒。播后沿播种行用锄头趟平塌实，覆土1厘米即可。播种后要浇透水，水流不要过大过猛，防止冲塌播种垄或串垄。出苗前后，隔天一水，做到三水齐苗、五水定棵。2～3片叶时进行第一次间苗，间苗后浇水。4～5片叶时第二次间苗，除去病弱苗，适当疏开，间后再浇水。地表能下锄时中耕。7～9片叶时定苗，每穴留1株，株距17～20厘米。

定苗后，在行边开一小沟，埋施腐熟豆饼每667平方米100～150千克或优质粪肥750千克，也可追施磷酸二铵15千克或撒可富15千克，追后浇1次水，然后中耕蹲苗，控制浇水。莲座后期，视苗情还可追尿素10千克或硫酸铵15～20千克。追后浇大水，以后见干见湿，尽量少浇。

秋季气候渐变凉，适宜菊苣叶部的增长和肉质根的形成，产量较高，一般每667平方米可达2000～3000千克。

2. 秋延后栽培 利用温室秋季播种，生长期100～110天，冬春季即元旦至春节前后收获，此期栽培产量高，收益大，是一年中最主要的一茬。

一般选择抗病、耐寒、结球性良好的中、早熟品种，如荷兰的皮罗托、乐培特、斯卡皮亚等。

一般在8月中旬至9月中旬露地播种育苗，9月下旬到11月下旬定植，12月下旬至翌年2月上中旬采收。如河南安阳地区最适宜于7月上中旬播种，封冻前采收根株并贮藏，然后在阳畦、大棚、地窖中进行软化栽培，冬春季节收获芽球。如有控温设施的冷库，采收期可持续到翌年的5～6月份。在江苏南京地区以8月15～30日播种较适宜，8月15日播的产量最高。在湖北武汉地区，在株高、株幅方面，以8月15日播种的价值最大，8月25日播的价值最小；在单株叶重、芽球球长方面，7月25日播的价植最大，其次是8月5日播种的，8月25日的最小；而在叶长、叶数、根的直径、芽球球径、小区产量方面，8月5日播的最大，其次为7月25日，8月25日播的最小。可见武汉地区最佳播期为7月底至8月初。

最好采用直播，播种时气候已转凉，可用种子播种，播前不一定要进行浸种催芽。育苗时宜用营养钵，露地建苗床，每10平方米苗床施腐熟有机肥50千克，复合肥0.5～1.5千克，翻匀耙平后浇底水。水渗完后撒一薄层细土，再撒种子，然后覆土。也可将种子先用温汤浸种，然后在25℃～30℃清水中浸泡4～5小时，捞出后晾至半干，按种子重量0.3%掺入50%多菌灵可湿性粉剂拌种，加适量细沙均匀撒在苗畦中，上覆细土厚0.5厘米，盖地膜保墒，出苗后撤膜。

播种至出苗，保持地面湿润。子叶展开至2叶1心时，保持畦面见干见湿。幼苗2叶1心期间苗，苗距5厘米×5厘米。2叶1心后结合浇水，喷1～2次叶类菜用叶面肥。若后期夜温低于

10℃，可搭小拱棚，盖草苫。苗龄30天左右，5～7片真叶时，定植到日光温室或塑料大棚中。

在定植前1周，每667平方米施腐熟有机肥4000～5000千克，三元复合肥50千克，深翻20厘米，耕细整平，沿南北向按45～50厘米的行距筑小高垄，垄高15厘米，并覆地膜。

定植前1天，苗畦先喷洒72%霜脲氰可湿性粉剂800倍液，同时浇透水。起苗时要带土坨，按40厘米的株距栽于小垄上，深度与土坨相平，不能埋住心叶。而后浇足定植水，忌大水漫灌，防止低温高湿环境。

定植后温度可稍高些，白天保持20℃～22℃，夜间15℃～17℃，缓苗后白天降至17℃～19℃，夜间13℃～15℃。叶球形成期白天15℃左右，夜间10℃左右。收获期为延长供应期，应适当降低温度，白天10℃～15℃，夜间5℃～10℃。及时清除棚膜上的灰尘，同时做好通风降湿及保温工作，使植株在适宜的环境中生长。

结球菊苣需肥较多，除施足底肥外，定植后还要追施速效性氮肥和复合肥。追肥可分3次进行，缓苗后5～6天，结合浇水追施尿素10千克，促进叶片生长。团棵期追施三元复合肥30千克，硫酸锌5千克。包心后追施三元复合肥20千克，促进叶球肥大。

定植后浇小水，以后以中耕、保湿、缓苗为主。缓苗后一般5～7天浇1次，气温下降后不旱不浇水。团棵期需水量大，要保证水分供应，以后保持土壤见干见湿，防止病害发生。采收前15天停止浇水，防止叶球开裂。

及时中耕除草，保持土壤疏松，降低室内湿度，提高地温，促进根系发育。注意防治病虫害。

采收时叶球要紧实，自地面割下，保留3～4片外叶即可上市。

3. 春露地早熟栽培 1月下旬至2月份播种，2月下旬至3～4月份定植，5～6月份采收。2月份至3月上旬在阳畦或日光温室中播种育苗。在整理好的苗床上或装有营养土的育苗盘中播种。营养土可用3份腐熟的马粪或牛粪，3份菜园土，1份河沙组成，每穴点播2～3粒种子，盖上一层腐烂的麦糠或0.3厘米厚的细土，浇透水。具2～3片真叶时分苗（假植），行株距6～8厘米见方。苗期温度白天12℃～20℃，夜间8℃～10℃。苗龄40～50天，有4～5片真叶时定植到露地。定植时，如温度偏低，可搭小棚或中棚防霜冻。

一般采用平畦，畦宽1.3米。宜择耕作层深厚的壤土或沙壤土，定植前，每667平方米施腐熟圈粪2000～3000千克，过磷酸钙40千克，翻匀耙平后按行株距50厘米×30厘米栽苗。带土挖苗，主根留4～5厘米长，栽时将根颈部分埋入土中，稍压紧，使根与土壤密接。定植后浇水，合墒（土壤湿度合适）时中耕松土，保温增温。缓苗后，结合浇水施尿素，每667平方米10千克。再合墒中耕松土，促进根系生长。团棵时施第二次追肥，穴施氮磷钾复合肥，每667平方米30～40千克，随后浇水，促进叶面积增大。封垄前施第三次追肥，每667平方米施复合肥25～30千克，促进叶球肥大。结球后期，适当减少浇水，以防叶球开裂，导致软腐病发生。

菊苣易受斑潜蝇危害。发生初期可用0.9%阿维菌素乳油3000倍液喷雾防治，同时，兼治菜青虫等食叶害虫。有条件的可在喷药后盖防虫网，保证生产的菊苣符合绿色无公害的要求。

也可直播。用小高畦，畦宽80厘米。在畦面两侧开沟，沟深3厘米，行距40～50厘米，条播。播后，覆细土，厚1厘米，镇压后浇水。直播地出苗后应进行1～2次间苗，留苗距离15～20厘米。定苗后浇1次水，随后蹲苗10～15天。幼苗长到17～18片叶时结束蹲苗，每667平方米施复合肥50千克，然后浇水。以后根据天气及墒情浇水，做到见干见湿。

定植后50天左右，在菊苣内部叶片向上向内卷，花薹尚未伸长时采收，收获后剥去外部老叶，修削内部叶片即可上市销售。

4. 夏季露地遮阴栽培　6月份露地播种育苗，7月份定植，8～9月份采收。北京地区播种期一般在6月下旬至7月上旬。

此时种植的肉质根，有充分的时间生长，而又不会出现抽薹现象。

播种时，如温度偏高，种子发芽慢，播前应进行低温浸种催芽。先用凉水浸种 5～6 小时，再放在 15℃～18℃温度下见光催芽。在农村可将浸泡的种子装在纱布袋里，吊在水井内，距水面 20 厘米左右。2～3 天胚根露出后，加细沙混匀播种。由于夏播出苗率低，因此应增加播种量。每 667 平方米土地用的苗需要 30～50 克种子。

苗床整平后浇底水，水渗完后盖一薄层细土，再撒播种子，而后覆土，厚约 0.5 厘米。播种后搭拱棚或平棚，上盖遮阳网降温。出苗后分次间苗，苗距 3～4 厘米，不可过密，以免苗徒长。苗龄 30 天左右便可定植。

定植时正值高温期，应在午后温度下降时栽苗。为了便于遮阴降温，可在空闲的大棚里定植，上面覆盖遮阳网，根据天气变化情况进行揭、盖。定植后浇水的要求是：傍晚，用井水轻浇勤浇，降低棚内温度，同时，将遮阳网揭开通风，防止因棚内空气湿度过大而诱发病害。

5. 软化栽培技术 软化栽培也叫囤栽，可在地窖中进行，也可在设施中进行。软化栽培的菊苣是利用菊苣肉质根根颈部分的顶芽，在遮光条件下培育出的乳白色叶球，称芽球。芽球是由叶片层层抱合而成，形状似小型炮弹。一般长 10～16 厘米，中部横径 3.5～6 厘米，重 75～150 克。色泽鲜艳，呈鹅黄色或乳白色，有的品种呈暗紫色。芽球菊苣可做色拉，蘸酱生食，也可炒食或作火锅配料涮食，口感清脆，营养丰富。每 100 克鲜重含 β-胡萝卜素 230 微克，视黄醇 38 微克，抗坏血酸 13 毫克，钾 245 毫克，锌 0.2 毫克。因其含有马栗树皮素、野莴苣苷、山莴苣苦素等特殊物质而略带苦味，对人体有清肝利胆功效。

荷兰芽球菊苣肉质根采用一年一季栽培，将采收后的肉质根进行前期冷藏，经一段时间低温处理即可进行软化生产。其余的肉质根可在 0℃～3℃条件下周年贮存。在荷兰，芽球菊苣已实现工厂化立体无土箱槽式水培。栽培槽多为木槽，长宽均为1.2米，深15厘米。槽中央装有排水管，供水循环使用。栽培槽可以叠放，一般放6～7层，层间距50厘米。温、湿度等管理，均采用自动化控制。合格的肉质根只需25～30天即可长成肥硕的芽球。多采用自动化采收，将芽球的肉质根从栽培槽中取出，放在切割、包装自动线上，完成包装程序。采用纸箱包装，每箱码放两层，为防止芽球见光变绿，每层上盖有紫色或蓝色不透光塑料膜。包装好的芽球在3℃～4℃条件下可存放15天。

芽球在软化过程中，不施农药、化肥，是利用肉质根内贮藏的营养进行生长，便于进行无公害生产。同时，分批对肉质根进行软化，可以延长供应期。

(1)箱式立体无土软化栽培　据张德纯等(2000)报道，采用无窗式保温隔热厂房，进行菊苣箱(槽)式立体无土软化栽培已获得成功，对实现软化菊苣的集约化生产，提高生产效率，加速产业化进程，开辟了新的途径。

①生产场地　采用无窗式保温、隔热厂房，坐西面东，面积20平方米左右。砖瓦房，三七墙，内壁衬垫厚5厘米聚丙烯发泡板材。房(吊顶)高2.5米，周墙无窗户，仅在南北墙分别设30厘米×30厘米自然通风百叶窗。在东墙设强制通风口，安装一台60.96厘米排风扇，门户内外设置挡光门帘。室内温度保持在5℃～20℃(最佳为8℃～14℃)。严寒冬季用水暖加温，炎热夏季采用人工空中喷雾、低温水循环、强制通风、空调等降温措施。室内作业时采用绿色光照明。软化期间室内空气相对湿度保持85%～95%。

为提高生产场地利用率，设计研制了多层栽培架。栽培架由50毫米×50毫米角钢制成，长180厘米，宽60厘米，高180厘米，共分4层，每层可放置栽培箱4个。要求放置平稳，横梁保持水平，角钢表面涂刷防锈漆。栽培箱(槽)选用轻便、不渗水、便于清洗、易于焊接的工业塑料制品，规格为长60厘米，宽40厘米，高

20 厘米，箱底中部设有用于水循环的溢水管，由管径为 20 毫米的塑料管穿插入人工开挖的底孔，交接处用塑料膜密封粘接防漏，上端管口离箱底高 9 厘米，以保持栽培箱(槽)有 9 厘米深的水层，下端管长 5～7 厘米，以便使循环水能依次从上一层箱(槽)溢入下一层箱(槽)。

为了使囤栽时菊苣肉质根之间保持适当间隔距离，避免芽球因郁闭而引发病害，可安装特制的扶植网片。该网片由防锈铁丝编织，可悬挂在栽培箱内，扶持肉质根不倾倒。网片有 40、50、60 毫米见方 3 种规格，以适应不同粗细肉质根分级后使用。

水循环系统，包括进水管、分水管、分水管出口、箱(槽)和溢水管、回水槽池、消毒过滤装置以及水泵等 7 部分(图 4-4)。水循环系统内的管道，均采用 20 毫米塑料管，各个栽培架采取并联循环。为便于作业，也可以 1 个或多个栽培架组成水循环单元，每单元配备 1 个大小相应的水泵。

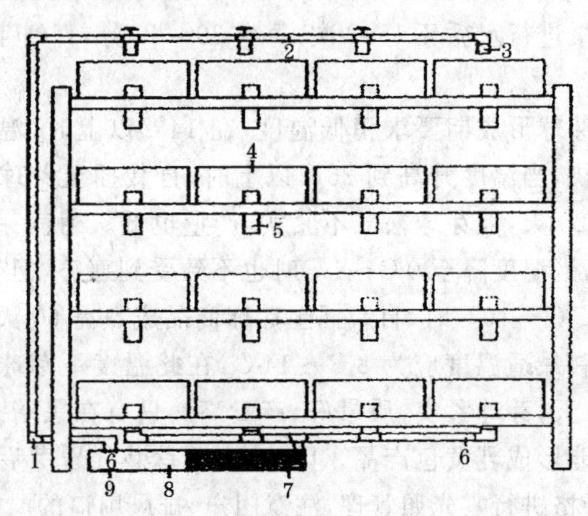

图 4-4 水循环系统示意图 (仿张德纯等)

1. 进水管 2. 分水管 3. 分水管口 4. 栽培箱
5. 溢水管 6. 回水管 7. 消毒过滤装置
8. 回水槽池 9. 水泵

②软化栽培(囤栽)技术　肉质直根囤栽前处理:从窖(库)内取出肉质直根,洗净,用利刀斜向由根头部莲座叶柄基部向上,从不同方向削切3～4刀,使残留莲座叶柄呈金字塔状。然后,在根头部以下留13厘米长,将尾根切去,并在背阴通风处摊晾4～8小时,待切削伤口稍愈合后囤栽。

栽插:将肉质直根按根头部直径小于30毫米、30～40毫米、大于40毫米大小分成3级,分别插入挂有不同规格扶植网片的栽培箱(槽),每箱为70～150根。栽插时注意不要使肉质根歪斜,务必使根头部保持在一个水平面上,以促进芽球整齐生长。囤栽应按批分期进行,一般于11月底开始第一期栽插,产品最早在元旦前后应市。

栽插后的管理:肉质直根全部栽插完毕后,即向箱(槽)内注水,直到回水槽池满槽时止;同时检查每一栽培箱(槽)水位是否达到预定的9厘米深度,整个水循环系统是否畅通。此后每天应定时启动水泵进行水循环1～2次,每次30～60分,直到芽球采收时止。

菊苣芽球形成期要求稍低温度,在14℃以上时,温度越高生长速度越快,当温度升高到25℃以上时,自栽插至芽球商品成熟只需15～20天,但芽球松散不紧实,产量也低。菊苣芽球具有较强耐寒性,当温度降至0℃～1℃时也不致受到寒害,但生长缓慢。当温度在5℃～10℃时,自栽插至芽球商品成熟需60天以上。芽球菊苣囤栽最适温度应为8℃～14℃,在此温度下芽球商品成熟期30～35天,芽球紧实、质量好、产量高。只有在黑暗条件下,芽球菊苣才能形成乳黄色产品。因此,自菊苣栽插冒芽后至芽球采收,均应严格进行零光照管理,注意门户、排风扇口的严密遮光,须敞开门户大通风时,只能在夜晚进行。

空气相对湿度对菊苣芽球的形成与品质有较大影响。在空气相对湿度较低比较干燥时,不仅芽球口感变劣,而且生长缓慢;在较高的空气相对湿度下形成的菊苣芽球,品质脆嫩;但若空气相对湿度长期处于饱和状态，尤其在生长后期，又较易引起发芽球的腐烂。因此，管理上需随时采取地面泼水或强制排风、开启门户大通风等措施进行调节，控制空气相对湿度在90％左右。

近年，国外为了减少培土和退土所需的劳动消耗，开始采用不培土的软化技术。不培土软化首先应选择适宜的品种，目前国外使用较多的是200M系列的杂交种。此外，需用质地较好的基质，如泥炭等，将肉质根栽培在基质中，并装设喷雾装置，保持湿度，然后在遮光条件下即可成功地进行软化（图4-5）。

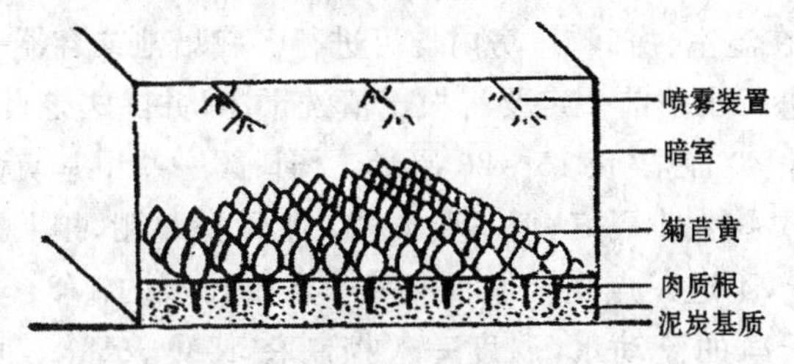

图4-5　菊苣不培土软化暗室结构　（仿刘高琼）

③采收及采收后处理　采收应及时进行，采收时切割位置切勿过高，否则易使外叶脱落。一般每箱产芽球25千克左右，折合每平方米产量104千克左右。采收后应及时剥去有斑痕、破折、烂损的外叶，然后进行小包装，目前芽球市场价格每500克5～12元。

据2年生产试验结果估算，建成一个50平方米的菊苣箱（槽）式立体无土房室集约化软化栽培设施，并投入使用，需投资约25万元（含设施及当年生产费用），全年按生产10个月计，据1999年产品最低市场价格，年产出可达18万元左右，约一年半即可收回投资。

(2)民间习用软化栽培　菊苣软化栽培的场所主要有土窖、塑料大棚和日光温室。也可用高塑料桶、木箱等器具盛装，置于室内或利用山洞或地窖，甚至露地进行。先在日光温室或小暖窖内，南北向挖深0.5米、宽1.2米、长5米左右的栽培池。备好黑色塑料薄膜、麻袋片或草苫、竹竿、水管等。然后，将菊苣根按粗细分成不同等级。囤栽时间应根据计划上市时间，向前推 35～40 天，如元旦上市，应在 11 月 20 日前后入池。

囤栽有水培和土培两种方法。土培法设施简单，操作容易，长出的菊苣头比较坚实，但生长期较长，环境不易控制。土培法的缺点是生产的芽球菊苣不洁净，外观较差，净菜率低。水培法需要一定的设施，操作也比较复杂，但环境条件容易整体控制，生产出的产品洁净美观，更适合于大规模机械化生产。

水培法在温室、房间、厂房内均可进行。栽培池或容器一般深 40 厘米，在进行水培前一定要将根子清洗干净，并除去老叶柄，切去部分肉质根尖，使根长 15～20 厘米。伤口蘸一些甲基硫菌灵消毒。码根时要按大小码好，但不要太紧。上面搭小棚，扣上黑色塑料薄膜，盖严，不透一点光。加水深度一定要在根的 1/3～1/2 以上，最好用干净的流动水，温度一般控制在 15℃～18℃，间断供液，每隔 2 小时 1 次。经 20～30 天，芽球长 15～16 厘米，粗 6～8 厘米，嫩黄色，洁净，紧实，重 120～150 克时即可收获。收后用塑料袋包装，每 4～6 个芽球装一袋，密封后再装箱，或用黑色或深蓝色塑料薄膜包装好，直接送市场销售。也可放入冷库，在 1℃～5℃下存放 10～15 天。

土培法是在大棚或日光温室内进行。软化培育时，先挖一深约 20 厘米的沟作软化床，将晾晒好的肉质根放入沟中，竖直紧密排列，然后培上细土，呈高垄状，并应高出地面约 20 厘米。垄表盖草，草上压上波状铁皮或石棉瓦之类重物，使软化后形成之芽球紧实(图 4-6)。也可按南北方向或东西方向挖沟，沟宽 1～1.5 米，深 40～50 厘米，沟底整平，铺地热线。地热线间距离 10 厘米，每 10 平方米铺 600 瓦功率地热线。铺好后，线上覆土 5 厘米，盖好地热线。将整理后的菊苣肉质根，一个挨一个互相靠紧码在沟中，根与根之间保留 2～3 厘米距离，用湿沙土将根间隙填满。上覆 3～5 厘米的细土。然后浇水，使细土和水相互渗透到根株间，然后再覆

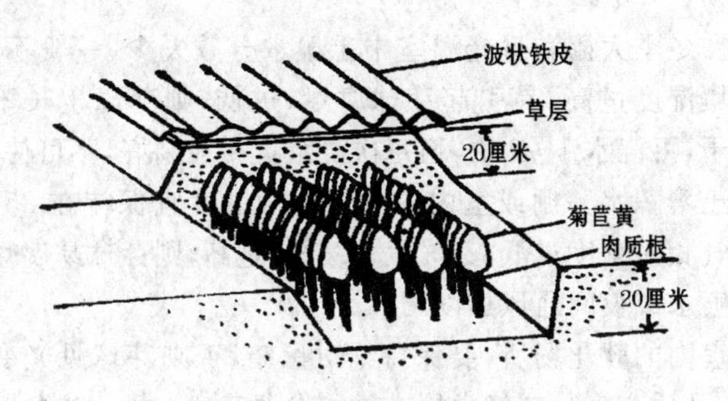

图 4-6 菊苣软化栽培畦结构 （仿刘高琼）

15～20 厘米的细土，以后不再浇水，以防湿度过大。最后在其上面覆盖黑色塑料薄膜，在温度较低时，加盖草苫或调节地热线的温度，使其达 12℃～20℃，20～25 天就可以收获。如温度过低，生长期可延长到 30～40 天。在大棚内软化时，在棚内挖深 40 厘米，宽 70～100 厘米的深沟，将肉质根残留的叶柄用利刀削成金字塔状，不损伤顶芽生长点，清除肉质根主芽点周围的叶茎和小芽点，只保留一个主芽点。开沟码埋，一条沟一条沟码埋，并使肉质根之间相距 2～3 厘米，埋土深浅以露出根头生长点为度，做到顶部平齐。栽完后，浇透水。灌水时水管应伸到池子底面，防止水流冲倒肉质根。浇水后，栽培池上面如不平，再撒些细土补平，必须保证土层厚度。然后在栽培池上面架上竹竿，覆盖黑色塑料薄膜，保证密封不透光线，膜上再盖草苫。为调节湿度，早晨天亮前盖膜，天黑前揭膜，降低床内湿度。据龙启炎等人试验，不同材料覆盖对芽球产量有一定影响：用锯木屑覆盖芽球，球径、球长、小区产量分别为 6.3 厘米、15.4 厘米、3.9 千克；仅用黑色塑料薄膜覆盖芽球，球径、球长、小区产量分别为 6 厘米、15.1 厘米、3.1 千克；而用土覆盖，其球径、球长、小区产量分别为 5.4 厘米、13.8 厘米、2.7 千克。可见用锯木屑覆盖效果最好。

囤栽后对软化菊苣有直接影响的是土温，10～15 厘米土层温度保持在 8℃～15℃，温度太高，叶球徒长，结球松散，产量低，且有苦味，不脆，应揭开草苫降温；温度太低，芽球生长慢，应增加覆盖物保温。冬季大棚和日光温室中土壤水分散失少，一般不需要浇水。土壤湿度过高，易引起芽球腐烂；过低，则芽球生长不良。如土壤偏干，可浇水1～2次，但每次浇水量要控制好，不可使根冠部上面的土壤积水。棚或室内的空气相对湿度宜保持在85%～90%。空气相对湿度过低，芽球生长缓慢；过高，则芽球易腐烂，可通过地面喷水或夜间通风加以调节。

棚或室内的软化场所，要保持绝对黑暗，否则芽球见光变绿，球叶散开，品质变劣。应经常检查。如发现芽球有拱土迹象时，要及时覆土。

(3)采收　从囤栽肉质根到芽球达商品成熟需要的时间，即软化期的长短，取决于软化时的温度。温度为8℃～14℃时，需30～35天；15℃～20℃时，需20～25天；21℃～25℃时，需15～20天；5℃～10℃时，需60多天，当有黄色芽梢略伸出覆盖物，芽球呈乳黄色，肉厚紧密，长12～15厘米，径粗6厘米，单球重约100克时即可采收。采收过晚，芽球外叶开张，品质下降；采收过早，产量降低。从沟的一端逐次挖开泥土，用小刀将叶球从根头处割下，切割部位不可过高，以免球叶脱落。

主芽球采收后，如需要继续培养肉质根，还可不定期地陆续采收小的侧芽，称芽球菊苣仔。侧芽的形成时间比主芽生长时间要长，侧芽数量多，细长，一般每株可形成10～12个。芽球收获后，整理干净，用保鲜膜包装，保藏于0℃冷库，空气相对湿度95%以上，或随即包装上市。

(四)贮　藏

春季栽培的菊苣产量较低，肉质根也小，一般在播种后90～100天，长到25～28片叶时，肉质根直径达3厘米以上时，选晴天上午采收，收后在肉质根上保留3厘米长的叶柄，切去其余叶片，以利于贮放。秋季栽培的收后，一般不需要低温，可以直接进行温室软化栽培。收后切掉叶片，晾晒一天，减少肉质根含水量。一般秋季栽培，冬季在最低温度降低到－2℃以前，挖出肉质根，挖收时,注意勿使根部受损伤。除去抽薹株,连叶带根叶朝外,根朝里,就地码成直径为1米左右的馒头状小堆,防止肉质根受冻和失水。晾晒2～3天后,去除黄叶、老叶,留2～3厘米的叶柄,剪去上部叶片。然后,挑选软化用的肉质根,一般要求根长18～20厘米,粗3～5厘米。休眠期短的品种,可直接进行软化栽培;休眠期较长的品种,可将入选肉质根整齐码放在土窖或冷库中。如用库藏,可将盛肉质根的容器用硫磺或甲醛熏蒸,对入贮的肉质根先用800倍多菌灵液喷雾,晾干后装箱或装袋。贮藏期保持温度－1℃～2℃,空气相对湿度95％～98％,氧气2％～3％,二氧化碳5％～6％。贮藏初期每隔3天掀开薄膜通风一次,半个月后隔7～10天换气一次。贮藏1个月左右应翻堆检查一次。检查时,应轻拿轻放,避免碰伤。如欲进行软化栽培,将其取出即可。也可挖沟贮藏。贮藏沟应在背阴处,东西向,沟宽1.2米,深1米。贮藏时先在沟底码40厘米厚的肉质根,然后在上面覆盖一层细土,再码40厘米厚的肉质根。沟的东西向,每隔2米树一草把,沟顶部先用麻袋片或破草苫盖上。气温下降后可盖一层黄土。气温降到0℃时,加盖草苫。要经常检查贮藏沟内的温度,使温度控制在0℃～2℃,在0℃～5℃温度下,可保存3～5个月。温度不宜太高,以保持菊苣肉质根不腐烂、不抽干、不生芽为原则。经7～10天打破休眠后,再进行软化栽培。有些品种如日本的沃姆和白河,没有明显的休眠期,可以挖起后立即进行软化栽培。

(五)留　种

菊苣属低温长日照作物,在低温下通过春化,长日照下抽薹开花。通常从秋冬季栽培中选出芽球外观好,外叶少,无病虫害,无干烧心,无裂球,合乎商品标准的根株拔起,集中种植于采种圃,与其他品种和苦苣隔离,夏季拔除过早抽薹开花的植株。大批种株于盛长期后去顶,植株中部种子转黄色时割下,晒晾干燥后脱粒,风净保存备用。少量植株采种,应分批采收,随熟随采摘。种子小,褐色,千粒重1.2～1.4克。

第五章 薯芋类

一、山 药

山药本名薯蓣，又叫山薯、淮山。是薯蓣科薯蓣属中栽培作物的总称。我国南北各地如桂、滇、黔、湘、鄂、苏、赣、浙、川、冀、豫、晋、秦等省(自治区)都有栽培，但主要产区在黄河流域，尤以河南、山西、河北、陕西栽培面积最大。陕西关中山药，历史悠久，品质优良，主要产地是华县。华县山药的根茎身粗，条长，皮薄，质细，味道浓郁。

山药的主要食用器官是地下块茎，其含有大量的淀粉、糖和蛋白质，钾、磷、铁、锌、铜、镁、钙、锰等无机盐及薯蓣皂苷元、黏液质、尿囊素、胆碱等成分，是大众化的珍贵蔬菜，经常食用能增补人体的营养。

山药的适应性强，产量也高，一般每667平方米产2000千克，高的可达5000多千克。山药除鲜销作菜外，干制品是重要的药材，可大量出口。所以，进一步掌握它的栽培技术，提高经济效益，对促进这一特产作物的发展，有重要的意义。

(一)生物学性状

山药为草本缠绕植物。茎细而长，光滑无毛，常呈紫色。叶卵状三角形，或长圆形，叶面光滑，全缘。叶腋间的腋芽可形成珠芽(即气生块茎，俗称零余子)。肾脏形或球形，当叶腋遮光，蔓下垂时很易产生。每一叶腋生1～3个珠芽。秋末成熟后自行脱落，收集、晾干，放入木箱或埋于土中，可用作繁殖或食用。

山药为雌雄异株，罕有雌雄同株异花或两全花者。雄花序近于直立，数枚簇生，花轴多呈曲折状。雄花乳白色，具香气，径约2毫米，花被6，背面除棕色毛外，常散生紫褐色腺点。雄蕊6个，着生于花托边缘，花丝短。雌花序下垂，长8～12厘米。蒴果倒卵状圆形，具3翅，翅半月形，果翅长、宽相近，表面常被白色粉末。每果有6粒种子，种子周围有栗褐色薄翅。山药的块茎，即使是同一种，变异也很大。长山药的块茎为长圆柱形、棒形、扇状或块状，具明显的垂直向地生长习性。上端较细，先端具一隐芽和茎的斑痕，可用来作种，称山药栽子。块茎外皮褐色，生有须根。中上部至下部较粗，作食用，栽子不足时也可切成小段栽植。

山药为宿根性植物。播种后，种薯先端发芽，随着植株的生长，种薯中的养分逐渐消耗，约经40天，当新根和新叶开始生长后，开始形成新薯。8月份，茎叶生长旺盛，种薯中的养分大致消耗到一半时，新薯迅速肥大。9月份，茎叶停止生长之际，新薯还在迅速增重。

山药出苗后到现蕾，以茎叶生长为主，此期茎叶的生长量，占一生干重的1/3以上，块茎只占1/5。现蕾后两个月内，茎叶及块茎都生长旺盛，重量增加快，茎叶干重增加到100％，块茎增加到近90％。之后，茎叶不再生长，块茎体积也不增大，但重量仍在增加。下霜后茎叶渐枯，块茎才进入休眠期。

山药的茎叶，喜温怕霜。土温达15℃左右时发芽。茎叶生长的最适温度为25℃～28℃；块茎在20℃～24℃的土温中生长快，低于20℃时生长慢。地下块茎及休眠芽在－15℃条件下能安全过冬。耐阴，但在强光中生长的产量高。

(二)类型和品种

山药的种类很多，我国栽培的有普通山药和田薯2种。

1. 普通山药 又叫家山药。茎圆形，常为紫色，无棱翼，左卷；叶腋易生零余子。主要栽培地区是我国中部及北部。按块茎形状，分为扁块种、圆筒种和长柱种3个类型。扁块种的块茎扁形似脚掌，入土浅，适合浅土层及多湿黏重土壤栽培。主要分布在南方，如江西、湖南、四川的脚板薯，浙江瑞安的红薯等。圆筒种的块茎为短圆形或不规则团块状，主要分布在南方，如浙江黄岩薯药、台湾圆薯等。长柱种的块茎呈柱形，长 30～100 厘米，直径 3～10 厘米。主要分布于陕西、河南、山东、河北等省。块茎入土深，适合在土层深厚的沙壤土中栽培。其著名品种有以下几种。

(1)华州怀山药　主产于陕西华县，为陕西特产。华州山药身粗，条长，皮薄，质细，味浓，《华州志》中称其为“天下之异品”。主要分布在城关、下庙、侯坊、毕家、杏林、东赵、赤水等地。在我国主要作药用，近年已开始销往国外。

(2)菜山药　又叫花子山药、水山药。是江苏特产，主要产地是丰县。块茎长 143 厘米，周长 16.5 厘米，表皮薄而光滑，瘤少而小，毛少而短，质脆而甜，经济性状优于淮山药。产量高，但含水量多，适宜鲜食和加工。不生零余子，需用块茎繁殖，种性易于退化，必须严格选种，淘汰山药嘴子呈紫红色者。

(3)嘉祥细长毛山药　又叫明豆子。是山东省著名特产。块茎棍棒形，长 80～110 厘米，横径 3～5 厘米，单株重 400～600 克，皮薄，黄褐色，有一至数块黄褐色斑痣，毛根细长，肉质细、面，味香甜。茎紫绿色，叶绿色、卵圆形。叶腋生零余子，可作繁殖用。

(4)吉林细长毛山药　主产于吉林省集安县。块茎最长可达 1.2 米，直径 7 厘米，表皮光滑，根痕小，单株重 1.5 千克。

2. 田薯　又叫大薯、柱薯。主要特征是茎多角形而具棱翼。叶柄短，叶脉多为 7 条，块茎大，有的重达 40 千克以上。主要分布于台湾、广东、广西、福建、江西等省(自治区)。块茎的形状也有 3 个类型，即扁块种、圆筒种、长柱种。扁块种：块茎扁并具褶皱，分为 2～3 瓣，如福建银杏薯、广东葵薯等。圆筒种：块茎为短圆柱或不规则的团块状，如福建观音薯、广东早薯、广西苍梧大薯。长柱种：块茎长 33～66 厘米，较耐寒，如福建雪薯、秆薯，广州鹤颈薯，台湾长白薯，广西广丰千金薯等。

(三)栽培技术

1. 加深耕层，施足基肥　栽培山药的目的是获得大而整齐的薯形，而薯形受环境条件，特别是土壤条件的影响很大。山药对土壤的适应性虽然很强，黏壤、沙壤均可种植，但因其根状块茎深生于地下，而块茎的向下生长又是借助于茎端分生组织细胞数量的增加和体积扩大的方式进行的，所以茎端非常柔嫩，呈洁白色或淡黄色，栽培时必须选择疏松、肥沃、土层深厚的土壤才有利于伸长。陕西省华县山药的主要产地分布在渭河沿岸的冲积沙壤土地带，生产的山药块茎较长，皮光、色亮，产量高。当地山药的前茬主要是玉米、谷子、白菜和萝卜等。前茬收获后于冬前或初春深翻 70 厘米左右，同时必须拣净瓦砾石块，否则块茎容易分杈。

山药块茎表面密生须根，且较短，特别是愈近下部者愈短，故吸收作用弱。只有顶部靠近主茎周围的根（俗称嘴根，华县叫胡子根）很长，分枝也多，是吸收养分和水分的主要部分。因嘴根呈水平伸长，大部分生长在深 15～20 厘米的土层内，所以施肥宜浅。一般是把地深翻后先用大水漫灌 1 次，使虚土下塌，防止“闲苗”。播种前每 667 平方米再铺施腐熟圈粪 5 000 千克或黑豆 150 千克，或饼粕 100 千克；然后，再行浅耕，做畦。忌用生粪，否则易招引蛴螬、地老虎等地下害虫，咬坏块茎，且生粪亦会直接烧伤块茎，致使外皮细胞失去水分，发生许多黑色的坏死斑。所以，基肥必须用充分腐熟的肥料。

2. 选用良种 山药块茎按形状分，有长形种、扁形种和块形种等。作蔬菜或供药用栽培的，应选择块茎比较粗长，外表呈圆柱形，肉质为白色的品种。目前北方普遍栽培的怀山药即太谷山药和铁棍山药等就属于这个类型。其块茎长度一般可达 50 厘米，粗 3～7 厘米，重 0.5～1.5 千克，大的可超过 2.5 千克，有较强的垂直向地下生长的习性，形状整齐，产量高，加工后的成品个大，色白。

山药多为雌雄异株，种子小而又不易获得，因而生产上都用龙头、零余子和山药段子作栽子进行栽培，尤以龙头最为常用。

龙头又叫芦头、山药尾子或芽嘴子，系指山药根状块茎上端较细而品质粗硬的部分，将其从颈部切下后供播种用的材料。龙头先端有顶芽，发芽快，是最常用的播种材料。龙头与块茎食用部分显著不同处是其较细瘦，外部颜色较深，呈深褐色，有时尚略具淡青色，品质粗硬，煮不烂，不堪食用。龙头大小与品种及栽培技术等有关，老山药的龙头甚粗短，长仅 3 厘米，很难切留作种，所以好山药龙头经常不足。因为山药在发芽出苗期，长根以及甩条所需养分几乎全靠母体供给，所以栽子大的，出苗后长势强，发棵快，当蔓高达 60～100 厘米后才展叶；而栽子小者，长势弱，刚出苗就展叶，发棵慢，秧小，产量低。所以，切取龙头时都要带些食用部分，使长度达 12～15 厘米，重 70～100 克。龙头切下后晒 2～3 天，促进伤口愈合；也有先用石灰涂抹伤口，然后再晒的效果更好。

龙头一定要选颈部粗短、芽子饱满，且无病虫害者。切取后断面颜色要白，黏液要多。切龙头时如感觉较硬，切开后伤口靠外层处有黄色斑点，或黄眼圈，稍经晒干表皮即皱缩，则均属退化类型，应汰除。对表皮有瘤块或分杈，形成一窝蜂者，也不宜作种。

由于山药龙头数量较少，而且连续种植 4 ～5 年后，生活力变弱，产量下降，所以每年都须用零余子播种，培育新栽子，进行更换和补充。

零余子是山药地上茎叶腋间的腋芽肥大形成的珠芽，常呈不规则的圆球形或肾脏形。小者如玉米粒，大者似拇指。秋末成熟后收藏，翌年春季 3 月下旬至 4 月上旬，按行距 15～28 厘米开沟，株距 7 ～10 厘米，择大者点播。当年秋末或次年春季收获后用整个小山药作栽子。栽子形似棒槌，又未受伤，所以又叫圆头栽子。这种栽子发芽快，生长健旺，产量高，是最好的播种材料。

山药段子又叫山药截，是在栽子不足时将地下块茎横向切成长 6～10 厘米的小段作为种子。因其播后需重新产生不定芽，出苗比龙头晚半个月，故一般不用。

山药栽子，特别是秋末冬初挖收山药后切取的龙头，要经长期的贮藏后才能播种。其间，除常因湿热引起霉烂外，还可因受冻而出水发虚，所以需要妥善保藏，使之安全越冬。收后略加晾晒，待伤口愈合后，选阴处挖深50厘米，宽60厘米的土坑，将栽子头顶头，横向平铺到坑内，用土封严。天冷时加盖草帘，使坑内保持7℃～8℃的温度。

3. 适时播种，保证全苗 山药块茎在地温达10℃以上时开始萌动，当地温升高到20℃时进入旺盛生长期。但不耐冷，地上部遇到霜冻即凋枯。经验证明，要使块茎长得粗大，必须有150天以上的霜前生长期。所以，在不受冻的情况下应力争早种。一般当土壤5厘米深处温度达9℃～10℃时开始播种，一般福建、广西、江西在3月上中旬，四川在3月下旬至4月，河北、陕西在4月上中旬。适期早播的根系发达，生长期长，产量高。在无霜期短的地方，播前2～3周先把龙头放在25℃的湿沙中，催出芽后再播。

山药宜密植，一般先按35～50厘米的行距开沟，宽13～16厘米，深13～15厘米，再将栽子按纵向平放于沟中，以芽嘴为准，按株距20～25厘米摆好，轻轻踩踏，使栽子与土壤紧密结合，以便生根发芽。如播种后先顺沟施入充分腐熟的粪肥，然后盖土，效果更好。

4. 田间管理 山药生根萌芽后，地下很快形成块茎原基。随着植株生长，块茎也逐渐伸入土中，但前期主要是茎叶的生长；小暑后，当侧枝发生减少，茎上出现花蕾，产生零余子，茎叶生长趋于稳定时，块茎才迅速增长、增粗，直到茎叶停止生长后，块茎的形态才基本形成，但重量仍在增加。霜降时节茎叶枯萎，块茎进入休眠期。所以，前期应尽量促进植株健旺生长，形成繁茂而又不致贪青的同化器官，是获得高产的前提；小暑后，当块茎相对生长最快时，特别要加强肥水管理，保证和延长其最大的生长速度，是夺取高产的保证。

浇水是山药管理中的最重要的环节。不定根吸收水分后才能促进块茎下端分生组织细胞的活动。灌水的基本原则是：不旱不灌，灌水量应按块茎下扎的深度由小到大，再由大到小。灌水适当时，山药长得粗而长，外形整齐，两头粗细均匀。一般，在播种后出苗前只要土壤湿润，最好不灌，防止降低地温；出苗后灌1次，促苗快长，但水量要小。否则，墒大，块茎难伸长，容易形成疙瘩山药，或长成锤子状。这次灌水后，接着灌第二次水，严防地面板结，崩断根系。以后，水量逐渐增加，5 月份平均气温已达 19.7℃，植株生长逐渐加快，特别是 6～8 月份温度已升高到 26℃，正是植株生长旺盛之际，需要充足的水分。大致从小满前后开始，地面应经常保持湿润，尤其伏天切勿受旱。应注意，每次灌水后水渗入土中的深度不宜超过块茎下扎的深度。立秋后，为使山药发粗，防止继续延长，可灌 1 次大水。山药最怕积水，否则块茎不能向下生长，容易分杈，甚至发病死亡。所以，灌水时应看准天气，防止灌后遇雨。如果发生积水，应及时排除，使地下水位保持在 1 米以下。

山药主要靠嘴根吸收营养，追肥要施在浅层。一般施 3 次：出苗后先施 1 次稀粪尿，每 667 平方米约 1000 千克；现蕾开花期，重施 1 次饼肥，每 667 平方米约 150 千克，保证块茎迅速膨大的需要；8 月下旬每 667 平方米再施复合肥 30 千克，使块茎更加充实。

山药为蔓性缠绕植物，善分枝，特别是中下部的侧枝生长更旺。而茎秆又纤细脆嫩，长达 3～4 米，在自然情况下极易爬地生长，使下部叶子很快枯落，因此需搭架栽培。一般当蔓高 30～60 厘米时，趁墒每株插 1 根竹竿或高粱秆等，搭成"人"字形架。大面积栽培时，每 4 株插 1 根，每 3～4 根交叉从上部捆成 1 束，及时将落地蔓扶上架，保证通风透光。此外，阴暗有利于零余子的形成，所以搭架还可抑制零余子的肥大，减少养分消耗。

山药的嘴根分布在浅土层植株附近，特别是搭架后不宜中耕。如有杂草应早拔除。

(四)采收与贮藏

1. 采收 从 10 月下旬霜降后，茎叶发黄时开始，直到翌年 4 月份出苗前均可收获。因块茎深埋土中，即使气温降到 -15℃ 也不会受冻，所以最好在临近出售时再掘收，如此可以避免贮藏期间因腐烂等造成的损失。为防止冬季收获时土壤冻结，冬前应在地面上盖一层玉米秸、麦草等，厚 7～10 厘米。

商品山药除要求干净外，最重要的是条要长，无伤疤，否则贮藏时容易腐烂，加工时损耗也大。所以掘收时要特别细心，从一端开始，于第一行山药附近，先用铁锹挖1条60厘米深的沟，将山药上层的土壤剔除，找到龙头后，再从两株中间顺着块茎向下深挖，把土翻到旁边沟中，当将山药下部全部挖出后再连土一起提出，略加晾晒后再剥净泥土。

2. 贮藏 山药对温度变化的适应性较强，耐贮藏，然而因富含淀粉，所以性喜干燥，若空气过于潮湿容易发生湿腐病。染湿腐病的山药，块茎两端发红，流出黏液，进而发霉腐败，特别是有伤痕者发病更重。所以，贮藏时应选择粗壮、完整、无伤，未受热、受冻者，并且先经摊晾，待外皮收干老结些再贮。常用的贮藏方法是埋藏：选通风干燥处，挖深、宽各30～40厘米的坑，放一层山药，加一层细干土或黄沙，逐层装满后上面用土封严。天冷时加盖草帘，一般可放到3月底。这时，可将其取出，置篮内挂于室内，可延贮至6月份，食用价值仍然很高。

山药为热带作物，对低温敏感，适于贮藏的温度为29.4℃，在12.8℃低温中4周，块茎内会因低温伤害出现灰色、红褐色或浅黄色等颜色变化，进而使组织变软、腐烂。特别是将其从低温移入高温处后，腐烂速度更快。所以贮藏温度要稍高，而且要稳定。

(五)加工干制

新收的山药叫鲜山药，主供蔬用。入药者需加工制成成货。成货有两种规格：一种是将鲜山药制成毛山药(毛条)，另一种是再将毛条做成光山药(光条)。后者外形美观，主供外销。

1. 毛条的加工方法 宜选长20厘米以上，直径3厘米，无虫伤，无霉烂，条直的山药及时加工，不可久放，否则水分蒸发太多，根茎变软，不便去皮，折干率也低。将块茎先端长6～10厘米，较粗硬，肉色较深的龙头全部切除。然后，将块茎放入水中洗净泥土，泡在水中用竹刀刮净外皮，削除须根；每100千克去皮鲜山药用硫磺0.5～1千克熏蒸，熏蒸时间短的10～12小时，长的1～3

天，使山药内部的黏液与硫发生反应，以便排出水分，迅速干燥。

熏硫需搭建熏炉。熏炉用砖砌成，大小按需要而定。一般长1.5米，宽1.3米，高1.3米。炉的一侧下部有一高宽各10厘米的炉口，以便放入燃硫容器。炉内四周用砖支起，在离地20厘米处每隔20～35厘米交叉绑1根木条，将山药放置其上。装满后用草包或麻袋盖严，不断加入硫磺点燃，直至熏透，使色泽洁白。用硫黄熏蒸后，山药变软，内部液汁渗出，全身发汗出水后晒干或烘干。有的是先熏6小时左右，取出，晒到外皮稍干时再重熏，如此反复至干为度。用火烤时火力要小，要匀，防止烤焦、发空或外干里湿。在干燥过程中，如管理不善，外表发霉时，应速用水洗净，另行熏烤。熏后遇雨，可将其留在熏炉中，能保持10天。

加工成的毛条，略呈圆柱形，稍扁而弯曲，长10～30厘米，直径1.5～5厘米，表面黄白色或棕黄色，质坚实，不易折断，其断面白色，颗粒状，粉质，散有浅棕黄色点状物。无臭，味甘，微酸，嚼之发黏。

2. 光条的加工 由毛条中选出的直径超过1厘米的山药进一步加工而成。熏硫脱水后，一般应趁其尚软时，放在光滑桌案上，再用一光滑带柄的小木板把山药搓成圆柱形。如果山药已干燥，须先用清水泡软，至无干心时再搓。山药搓圆后切齐，再晒干。晒干后用小刀将山药上的病斑及残存的表皮刮净，并刷去污物。再用细木砂纸搓磨，直至山药上无干皱，无黄点，无坑，外表洁白，平滑，两头平齐，无马蹄形及坑洼现象，立放能站住为止。修整打磨后再搓挂上绿豆粉浆，晒干。干山药易破碎，多装入木箱，箱内衬防潮纸，用猪血加石灰密封箱缝，放干燥处保存。

由鲜山药制成毛条的折干率，与鲜山药存放时间的长短及本身的含水量有关，大致4～7千克鲜山药可制成1千克毛条。

二、生 姜

生姜简称姜，其食用部分是根状肉质块茎，有特殊的香辣味，是一种很好的调味蔬菜，为我国古老的药、蔬兼用食品。世界上我国、日本、印度栽培的最多，东南亚国家很少，欧美几乎不栽，但用量很多，故需进口。我国的姜种植甚广，主要产地在南方，最北分布到东北的丹东。粤、闽、苏、浙、赣、川、湘、鲁、皖、秦都是有名产区。

民间有“家备生姜，小病不慌”，“女不可百日无糖，男不可百日无姜”的说法。根据各种典籍记载，生姜具有清胃、促进肠蠕动、降低胆固醇、治疗恶心呕吐、抗病毒感冒、稀释血液和减轻风湿病等多种功能。过去由于人们无法解释它为什么具有如此之多的功能，就把它视为“仙草”。现代研究发现，生姜里含有一种特殊物质，其化学结构和阿司匹林中的主要成分接近，所以生姜就具有了和阿司匹林类似的稀释血液和减轻风湿病痛的作用，对关节疼痛、肿胀、发炎及牙痛等都有一定效果。

（一）生物学性状

属姜科，多年生宿根植物，通常作一年生栽培。根系不发达，无主根，入土浅，主要分布在地表30厘米以内。茎有地上茎和地下茎之分。地上茎由叶鞘抱合成假茎，直立不分枝。地下茎肥大呈扁平状的肉质根状块茎，因其腋芽不断地萌发，长出许多姜苗，姜苗基部膨大后依次形成由母姜、子姜、孙姜……组成的完整根茎。一般苗数愈多，姜块愈大，产量也愈高。叶披针形、互生，排列成两行。

生姜耐阴，怕强光，光的补偿点为500～800勒，饱和点为25000～30000勒。个体光合作用较适宜的光照度为15000～30000勒。生产中为使中下层叶得到适宜的光照，光照度以保持稍高于3000勒为好。生姜喜温、畏寒，遇霜即死。16℃时开始发芽，幼芽生长的适温为22℃～25℃，茎叶生长的适温为25℃～28℃，根茎生长期白天20℃～25℃，晚上18℃左右较好，低于15℃时基本停止生长。

适宜土层深厚、疏松、肥沃、有机质丰富、排灌方便的土壤，pH

值 5～7 为宜。不耐碱，pH 值大于 8 时植株小，叶发黄，产量低。对土壤水分要求严格，既怕涝，又怕旱。

(二)类型和品种

我国姜的品种很多，常以根茎的皮色或芽的颜色、形状或地方命名。以根茎的皮色和芽色分，主要有白姜、红爪姜和黄爪姜(黄姜)3 种。我国各地比较有名的品种有广东疏轮大肉姜和密轮细肉姜、湖北来凤姜、福建竹姜、浙江黄爪姜和红爪姜、陕西城固的水姜(又叫黄姜)、四川犍为和安徽铜陵的白姜、河南张良姜、山东莱芜片姜、安徽铜陵姜、江西兴国姜及长沙红爪姜等。

(三)栽培技术

1. 整地 姜忌连作，一般要隔 3～5 年以上。连作后，根茎小，质量低，易生腐败病(姜瘟)。陕西汉中每年多与水稻倒茬，也有以胡豆、豌豆或大麦当前作种回茬姜的，但产量低。陕西宝鸡的倒茬方式多为生姜→小麦或油菜→水稻→生姜，两年三料。

因姜原产在热带多雨的森林地区，喜温暖湿润的气候，不耐强烈日光与炎热。姜的根系为须根，不甚发达，入土浅，主要根群分布在 15～25 厘米深的耕层内，所以怕旱又怕涝。对土壤湿度要求严格，喜湿而忌积水。如长期干旱，则茎叶枯萎，地下茎不能膨大；而当水分过多时，又会引起徒长或导致地下茎腐烂。但很耐肥。要选择肥沃，疏松，灌排方便，不积水而保水力又强的土壤。沙性地姜表皮较光滑，但姜块薄而轻，含水少，味辣，适于制干；肥沃的壤土或黏土，姜味淡，质细，宜当鲜姜作蔬菜食用；黄泥田土壤过于黏重，易板结，排水差，生长不良。

姜地在前作收获后犁 1～2 遍，立槎过冬；翌年春施稀粪后浅耕 2～3 次，精细整平，开沟做高畦。沟深 15～30 厘米，宽 25～33 厘米；畦面宽 1.3 米，长 4～5 米。

2. 种姜的准备和催芽 姜除在热带种植外，多不开花，而用根茎来繁殖。种姜要于初霜期、植株充分成熟时采收，采收后振落附土，在距根茎 2～3 厘米处切去叶子，贮藏过冬，翌年栽植。

种姜块茎上的芽数很多，但在低温下幼小的芽发芽很慢，所以栽植前宜行催芽。催芽也叫熏姜，方法是：于播前20天将种姜取出，为防治姜瘟病，宜先用20%草木灰浸出液、农用链霉素、新植霉素或卡那霉素500毫克/升浸种48小时消毒后，再晒1～2天；然后置于室内堆放2～3天，堆上覆草帘，促使种姜中养分分解，供姜芽萌动生长，俗称"困姜"。

一般要反复晒困2～3次。在最后一次晒姜后，趁热堆排到室内地上或缸中，四周用麦糠或草纸覆盖，有的是放到厨房炉灶的楼板上，或者用熏姜灶，在18℃～20℃温度下进行生芽。约经20天，当芽长1～1.5厘米时，为最适播期。若芽茎已吐须根，应立即下地。宝鸡试用温床催芽，约经1周即可发芽。生姜催芽后出苗快，整齐，叶数多，产量也高。

3. 播种 姜是多年生宿根植物，因其不耐寒，地上部遇霜即死，地下部也不能忍耐0℃的低温，所以常作一年生栽培。姜的产量高低和苗数有关，苗数愈多，根茎愈大，产量也愈高。而苗数又和生长期成正相关。种姜播后，先从种姜上生出1苗，即主茎。其基部膨大后形成第一个根茎——姜母；再由姜母两侧腋芽生出2～3个侧芽，形成子姜，各子姜之外侧腋芽，又能生出1～2个分枝，形成孙姜，如此继续生长，直到霜冻进入休眠为止。因此，适当早播就能延长生育期，提高产量。姜生长的适温为25℃～28℃，一般多于清明、谷雨间栽植。早播分枝多，产量高；晚播分枝少，产量低。

播前将姜种再选1次，每块大种姜可分成50～100克重的小块，每块留芽1～2个，余用利刃削去。每畦2行，株距25厘米，播深7～10厘米，开沟或挖穴均可。

播种时一般是将种姜顶端朝上，但若将来准备及早回收种姜，则芽面朝下，这样新根就长在种姜下面，便于回收种姜。播后用堆肥，即用草木灰或饼粕、人粪尿等混合肥料覆盖。因种姜不易腐烂，虽与肥料接触，亦无甚大碍。

每667平方米播量250千克，播量大的产量较高。因种姜组织内大部分为粗纤维，播入土中后不会腐烂，以后仍可收回。所以用种量虽大，损失并不多，民间常说“姜够本”就是这个道理。

4. 施肥和灌溉 姜耐肥力极强，对肥料三要素的要求依栽培目的而异。以采收嫩姜为主者，为使其肥嫩，少辣味，要多施氮肥；而供作干姜栽培的则应增施磷、钾肥，可促进质地充实而辛味浓重。

生姜需要完全肥料，施肥量按当地土壤肥力及产量指标而定。在中等肥水条件下，每生产1000千克鲜姜，吸收纯氮10.4千克，磷2.64千克，钾13.58千克。若每667平方米预产2500～3000千克，在种植7500～8000株，种块平均重85～95克条件下，需施氮25.7～31.5千克，磷8～10千克，钾30.7～35.3千克。在每667平方米种植6000株，种块平均重100～125克条件下，需施氮45千克，磷15千克，钾50千克，才可能获得3500千克以上的产量。生姜对氮素反应敏感，每667平方米产鲜姜1500～1750千克，需纯氮19～22千克；产2000～2250千克，需纯氮23～24.5千克；若产3000～3750千克时，则需纯氮28.5～30.5千克。

生姜生长发育过程中对肥料的需要量与鲜重的增长速度成正相关。生长前期，从主茎发生到冒二芽（即生出子姜芽）时苗数不多，生长量小，若基肥充足，在播种时又施了盖窝肥，前期肥料基本够用，可不再施肥；否则可于冒二芽时，每667平方米施人粪尿3000千克，或硫酸铵15～20千克，作壮苗肥。

出苗后约经1个半月，孙姜发生。这样，植株已有4～5枝，到爪姜形成期，即重孙姜形成期，地上部有9～11叶，形成第四次分枝，俗称四马叉时期，新枝又陆续发生，一发生就是一丛苗，进入旺盛生长期，是大量积累养分并形成产品的主要时期，对肥水需求量大，必须充分供给。因此立秋前后应进行第二次追肥。这次追肥要把迟效性的农家肥与速效性化肥结合施用。每667平方米可施细碎饼肥70～80千克，或腐熟优质厩肥3000千克，另加复合肥，或硫酸铵15～20千克。在姜苗北侧距植株基部15厘米处开沟施入。9月上旬，当姜苗具有6～8个分枝时，是根茎迅速膨大时期，可根据植株长势，每667平方米施复合肥或硫酸铵20～25千克，补充营养。

生姜生育过程中，还需要锌、硼等微量元素，特别是根茎旺盛生长期增施锌和硼对茎叶和根茎的生长有很大促进作用。因此，生长中期后，每667平方米可施硫酸锌2千克，加硼砂1千克，这样可比对照田增产达38%以上。

姜抗旱力不强，喜湿而忌水淹，对土壤湿度要求严格。但在播种后，为提高地温，促进出芽，土面要维持一定的干燥状态。在地下水位高、环境阴湿时，出苗前一般不灌水，天旱时才浅浇，但水量也不要超过沟深的2/3。若土壤保水力差，出苗前则要常浇水。从出苗后到采收前，土壤不能干旱，特别是黏土地，易于板结龟裂，引起断根，更应经常浇水。所以有“春浇缓，夏浇赶，秋浇大水莫迟延”之说。汉中有在田边栽种芋头作指示植物的习惯，若中午芋叶翻转，即示缺水应灌。为避免烫姜，灌水最好在下午或傍晚进行，灌水时用细流渗灌，每次灌水量不超过沟沿。水分太多，土壤过湿，易烂姜，故多雨时应及时排水。

5. 松土、培土及除草　姜根系分布浅，分枝能力弱，不耐中耕。一般在冒二芽及四马叉时结合灌水浅中耕2次，用锄划破地皮即可。以后有草宜随时拔除。

生姜根茎在土壤里生长，要求黑暗、湿润的条件。生姜生长期间，为避免根茎露出地表，应分次培土，一般培土3次，每次厚3～7厘米。这样生长的姜，皮薄，节间长，品质好。

6. 遮阴　因姜长期生长于热带多雨森林地带，故喜阴湿、温暖的环境。不耐热，高温强光常使叶子变黄枯萎，根茎生长不良，产量降低，所以栽培上宜遮阴。遮阴的方式很多，北方传统的方式是“插姜草”（插影草），即种姜播种后趁土壤潮湿松软时，在姜沟南侧将谷草、玉米秸等按10～15厘米距离，交叉斜插土中，并编成花篱，高 70～80 厘米，稍向北倾斜 10°～12°，使姜沟沟面呈花荫状。南方多搭棚遮阴，称搭姜棚。姜苗高 15～18 厘米时，用木棍或竹竿作支架，架高 1.6～1.7 米，架上铺盖茅草、麦秸或油菜秆，用绳固定。有的地方采用姜菜或姜麦套种的方式为姜遮阴。如广东实行姜芋间作，在姜畦四周栽芋头，芋头植株高大，可为生姜遮阴降温。9 月份以后，光照渐弱，温度降低，芋头便可收获。陕西临潼将甜椒栽于姜沟南侧为姜遮阴。湖南新邵、邵阳、邵东等地，在姜田行间，或畦沟旁种植玉米、向日葵等高秆作物遮阴。山东莱芜市及滕州市姜区，采用麦姜套种方式，即第一年收姜后按 50 厘米行距种植 3 行小麦，第二年立夏前后在小麦行间套种生姜，芒种前后小麦成熟后只收割麦穗，留下麦秆为生姜遮阳。

生姜需要遮阴，但遮阴不能过度。当自然光强为70 000～80 000勒时，遮阴姜田株间光照降为 24 000～26 000 勒，约为自然光强的 30%较为适宜。过度遮阴，阳光不足，容易徒长，影响产量。北方地区在立秋后，长江以南在处暑以后，天气逐渐转凉，光照渐弱，可以拔除姜草或拆除姜棚，不再遮阴。否则也会引起徒长，根茎不易膨大，肉薄，产量低。

(四)病虫害防治

1. 姜腐烂病 又叫姜瘟病或青枯病，主要危害地下根茎及根部。病株基部的叶片开始向下卷，上部茎叶黄萎。掘出的子姜，鳞片叶色淡而发暗，呈水渍状。根茎内维管束先呈黄褐色，而后出现黑色小粒，逐渐腐烂，仅留外皮，挤压病部有污白色米水状汁液流出，具臭味。根呈淡黄褐色，腐烂。

姜瘟病由青枯假单胞杆菌引起。该病菌除危害生姜外，亦侵染番茄、茄子、辣椒、马铃薯等作物。病原菌在根茎和土壤中越冬。在土壤中可存活 2 年以上，带菌种姜是主要初侵染源。靠灌水、地下害虫及雨水溅射传播，从根茎部伤口侵入，经薄壁组织进入维管束中迅速扩展，使全株枯萎。病菌发育的适宜温度为 26℃～31℃，温度越高，水分越多，时晴时雨，土温变化激烈，发病越重。

姜地连作，低洼，土质黏重，无覆盖物，多中耕锄草和偏施氮肥的发病重。

防治方法：①无病地留种。严格选择无病种姜，单收单贮。②轮作换茬。染病地应隔3～4年再重新种姜。姜地应选高燥、排水良好的地段。地要平整，姜沟不要过长，并设置排水沟，防止积水。③姜种用农用链霉素、新植霉素或卡那霉素500毫克/升浸种48小时，或福尔马林100倍液浸、闷各6小时，或30%氧氯化铜800倍液浸6小时。姜种切口蘸草木灰后播种。④及时清除病株。病穴用5%硫酸铜，或5%漂白粉，或72%农用链霉素3 000～4 000倍液灌注，每穴0.5～1升。并用20%叶枯宁1 300倍液，或30%氧氯化铜800倍液，或50%琥胶肥酸铜(DT)可湿性粉剂500倍液，每667平方米喷淋75～100升，10～15天1次，共喷淋2～3次。

2. 姜斑点病　主要危害叶片。叶斑黄白色，菱形或长圆形，细小，长2～5毫米，斑中部变薄，易破裂或穿孔。严重时病斑密布，全叶星星点点，故又叫白星病。病部可见针尖状分生孢子器。

由半知菌亚门姜叶点霉菌引起。主要以菌丝体和分生孢子器随病残体遗落在土壤中越冬，以分生孢子作为侵染源，借雨水飞溅传播蔓延。环境温暖、高湿、郁闭、湿度大，重茬连作易发病。

防治方法：①实行轮作，排灌要方便。②避免偏施氮肥，增施磷、钾肥及有机肥。③发病初期开始，用70%甲基硫菌灵(甲基托布津)可湿性粉剂1000倍液，加75%百菌清可湿性粉剂1000倍液喷洒，7～10天1次，连喷2～3次。

3. 姜炭疽病　危害叶片，多先自叶尖及叶缘现病斑，初为水浸状褐色小斑，后向下、向内扩展成椭圆形，或梭形至不规则形褐斑，斑面云纹明显或不明显。数个病斑连成大病斑，使叶片变褐干枯。潮湿时，斑面现小黑点，即分生孢子器。

由半知菌亚门真菌辣椒刺盘孢菌和盘长孢状刺盘孢菌引起。两种菌均以菌丝体和分生孢子盘在病部，或随病残体散落土中越冬。分生孢子借雨水飞溅，或借昆虫活动传播。除危害生姜外，还侵染多种姜科和茄科作物。连作重茬，田间湿度大，偏施氮肥，容易发病。

防治方法：①避免姜地连作。②注意田间卫生，收集病残物烧毁。③增施农家肥，注意氮、磷、钾配比施肥。高畦深沟，清沟排渍，防止积水。定期喷施植保素等生长促进剂，使植株健旺生长。④及时用70%甲基硫菌灵可湿性粉剂1000倍液，加75%百菌清可湿性粉剂1000倍液；或40%多·硫悬浮剂500倍液，或50%苯菌灵可湿性粉剂1000倍液，或50%复方硫菌灵可湿性粉剂1000倍液，或30%氧氯化铜悬浮剂800倍液喷洒，10～15天1次，连喷2～3次。

4. 姜螟　又叫钻心虫。除为害生姜外，还为害玉米、高粱、甘蔗、番茄、青椒、豆类等作物。成虫为灰黄色蛾。幼虫体长2.8毫米，初孵时为乳白色，老熟时淡黄色。1年发生1～6代，以末代老熟幼虫在作物或野生杂草的茎秆内越冬，翌年春在茎秆内化蛹。成虫羽化后，白天隐藏在作物及杂草间，傍晚飞行。有趋光性。卵产于叶背中脉两侧。幼虫孵出2～3天后，便成群从叶鞘与茎秆缝隙或心叶侵入。被害叶片呈薄膜状，残留有粪屑。叶展开后呈不规则的食孔，茎、叶鞘常被食成环痕。幼虫在第四至六天，多在茎秆中上部蛀食，使害部以上部分枯黄凋萎或茎秆折断。

防治方法：①秋冬浸沤玉米、生姜茎秆，消灭越冬虫源。②用50%杀螟硫磷乳油500～800倍液，或80%敌敌畏乳油1000倍液，或90%敌百虫可湿性粉剂800～1000倍液喷洒。

5. 姜弄蝶　又叫银斑姜蝶。为害生姜、姜花、艳山姜等姜属植物。幼虫吐丝粘叶成苞，隐匿其中取食。受害叶呈缺刻，或在1/3处断落，严重时仅留叶柄。1年发生多代。幼虫从5月中旬开始为害，以7～8月份为害最烈。

防治方法：①生姜收获后，及时清理茎叶，烧毁或沤制，减少虫源。②人工摘除虫苞。③幼虫期用25%喹硫磷乳油800～1000倍液，或20%氰戊菊酯乳油2000倍液喷洒。

(五)采收与贮藏

收姜分种姜、嫩姜和老姜3种。因种姜从播种发芽到长出新姜,种姜中的营养物质并未完全消耗,重量只比播种时减少10%～20%,也不易腐烂,而且组织变粗,辣味更浓,故可回收,这就是一般所称的"娘姜"。回收的时期有二:一是在姜生长期中,多于夏至,当苗高15～20厘米,有4～5片叶子时进行;二是于霜降前与老姜一起收获。为避免伤根和引起烂姜,也有不收种姜的。立秋后,新姜初具雏形,可收嫩姜。嫩姜组织柔嫩,辣味少,虽不耐贮运,但它是供作糖、醋和酱等加工原料和鲜食的佳品。霜降前后,叶部开始转黄时姜已成熟,即可择晴天掘收,切除茎叶,抖净泥土,随运随贮藏。每667平方米产1500多千克。

姜贮藏中不耐低温,10℃以下即易受冻,空气相对湿度过低也会使其萎缩,所以贮藏时应保持较高的温度和湿度,贮藏的适温为16℃～20℃。姜多行窖藏,收姜后,不晒立即入窖,将姜放到窖的周围。直对窖口的底部,温度升降差异大,易引起腐烂,不可放姜。姜刚入窖时因呼吸旺盛,发出湿热,大量"出汗",此时不要盖窖口,以使空气流通,达到降温、降湿的目的。否则,易受热,生白毛,皮色变红,易烂。到12月初,当窖温降至10℃左右时,再用稻草封住窖口,防止冷气侵入,不然姜易受冻,受冻后外皮脱落,发软,按压时流水。

生姜经销者,在夏秋为防热害,多将其装于筐中,放阴凉、潮湿通风处;冬春,为避免受冻则存于库房中。亦有在库房内用湿沙埋藏的,但不便翻捡。

三、芋

芋又叫芋头、芋艿、毛芋。原产于印度、马来西亚和我国热带沼泽地带。印度、斯里兰卡和我国南方及西部青藏高原的林区都有野生芋。现主要分布于华南、西南和长江流域,愈向北种植的愈少。日本、印度、埃及、菲律宾和印尼也盛行栽培。

芋是菜粮兼用作物，食用地下球茎，含淀粉10%～25%，蛋白质1%～2.5%，由于芋的淀粉微粒很小，作成的塑料可以发生递降分解，如制造的食品袋大约6个月内就分解。纤维素的含量较少，钙的含量虽多，但多以草酸钙的形式存在，不易被肠胃吸收。也可作工业原料，制成淀粉。耐贮，耐运，容易栽培，叶柄和叶片可作饲料，经济效益高。

（一）生物学性状

芋属天南星科，多年生湿生植物，温带常作一年生蔬菜栽培。球茎供食并用之繁殖。根白色，肉质，弦线状，着生于球茎下部节上。根系发达，但根毛少，吸收力弱，不耐旱。球茎有圆、椭圆、卵圆或圆筒等形，上具显著的叶痕环，节上有棕色鳞片毛为叶鞘残迹。节上有腋芽，可发育成新球茎或匍匐茎，再于先端膨大成球茎。球茎中含草酸钙，生食涩味重。叶互生，叶片大，多呈盾形。叶面密集乳突，保蓄空气，形成气垫，使水滴形成圆珠，不沾湿叶面。叶柄长，中空，直立或披展，下部膨大成鞘，抱茎，中部有槽，风大时易受损。花为佛焰花序，花黄色，温带罕见开花。果为浆果，多不结籽(图5-1)。

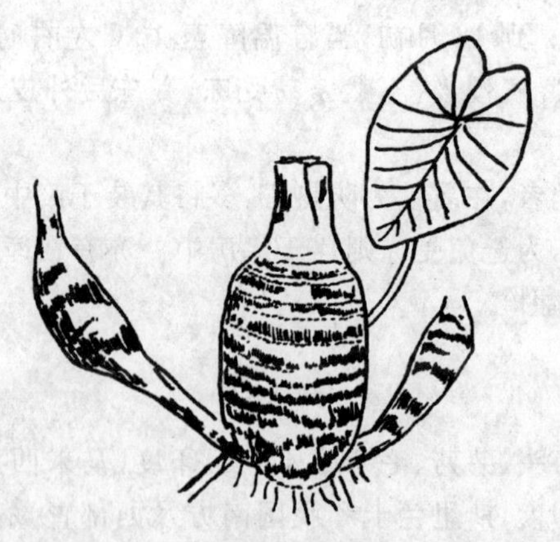

图5-1 芋的形态

芋喜高温多湿，13℃～15℃时开始发芽，生长最低温度为20℃，球茎在27℃～30℃时膨大快。为短日照植物，对光照强度要求不严，在阴湿环境中生长较好。不耐强烈日照，尤其强光又较干旱时容易使叶片枯焦。适宜肥沃疏松的土壤，喜钾，土壤pH值4.1～9.1范围内均可生长。

供繁殖用的球茎称种芋。种芋播种后顶芽基部首先生根，向上长出新叶，形成新生植株。之后，顶芽基部逐渐膨大成球茎，为母芋。母芋每伸长1节，地面上就长出1个叶片，进行光合作用，供给植株营养。幼小叶片若遭受损害，就影响球茎生长，使球茎形态不正。当植株生长健旺时，母芋中下部的腋芽可以膨大形成小球茎，谓之子芋，子芋与母芋一样可以长叶、生根，腋芽膨大又形成小球茎，称为孙芋。每个芋头常有10～20节，中部以下各节的侧芽，多发育成子芽，但最下部的1～2节的侧芽，常处于休眠状态，中部和稍下各节，所生的子芋非常肥大。种芋随新芋的长大逐渐干缩，四川农民称为“后把”。如此继续生长，产量逐渐增加，因此延长生长期，适当扩大叶面积是提高产量的有效措施。

(二)类型和品种

芋的变种和类型很多，大致可分为叶用芋和茎用芋两个变种。前者以涩味较淡的叶柄作产品供食，球茎不发达或商品价值低，不能食用，如广东红柄水芋、四川武隆叶菜芋等。茎用芋，以肥大的球茎为产品。其中按母芋、子芋发达程度及子芋着生习性又可分成3个类型。

1. 魁芋类 母芋大，重达1.5～2千克，占球茎总重的1/2以上，品质比子芋好，粉质，香味浓。如四川宜宾串根芋、长魁芋，福建槟榔芋，广西荔浦芋等。

2. 多子芋类 子芋多，无柄，易分离，产量和品质比母芋好，一般为黏质。其中按其对生态条件的要求又有水芋、旱芋和水旱芋之分。如宜昌白荷芋(水芋)、上海白梗芋(旱芋)、长沙白荷芋(水旱芋)等。

3. 多头芋类 球茎丛生，母芋、子芋、孙芋无明显差别，相互密接重叠成整块，质地介于粉质与黏质间。一般为旱芋，如广东九面芋、江西新余狗头芋、广西狗不芋、四川莲花芋等。

(三)栽培技术

1. 土地选择及整理 一般在水田、低洼地或水沟旁栽培，旱芋宜于潮湿地种植。地要肥沃、疏松、土层深厚，最好用高畦。忌连作，至少3年轮种一次。深耕40～50厘米，每667平方米施农家肥4000千克，配合磷、钾复合肥20千克，可促进生长，提高球茎的品质及风味。

因芋播种后需20～30天才能出土，同时苗期生长较慢，为充分利用土地，可与生长期短的叶菜，如小白菜、葱苗以及早番茄、早黄瓜、早菜豆等套作，或与小麦、黄瓜、茄子、瓠瓜等间作，夏季阳光强烈的地区可用架瓜与芋间作。

2. 栽植 从无病田中的健壮植株上，母芋中部的子芋中择顶芽充实，球茎粗壮、饱满、形状完整的球茎作种芋。有白头(顶端无鳞片毛)、露青(顶芽已长出叶片)和着生长柄(大多为母芋基部的子芋)及组织不充实的，质量差，不宜作种。种芋一般以重50克左右，每公顷用种量800～3000千克较为适宜。种芋取出后晒2～3天再行催芽。催芽最好用温床或冷床，温度保持20℃～25℃，经20～30天，旱芋当芽长3～4厘米，水芋苗高25厘米左右，终霜期过后定植。气候温暖、生长期长的地方也可不经催芽直接播种。播种期，长江流域在4月上旬，华南在2～3月份，华北在4月下旬。

多用宽窄行，行距60～80厘米，株距25～30厘米。栽前开沟，深20～25厘米，栽后覆土，厚2～3厘米，盖土要少，以埋住种芋，微露其芽为准。然后再盖些垃圾、堆肥等，沟内再用乱草盖满，保温，保湿。

3. 田间管理 芋生长期长，植株高大，除多施基肥外，出苗后，苗高20～30厘米和封行前各需追肥1次，结合追肥进行中耕除草和培土。芋对水分要求严格，苗期土壤保持不干不湿，结芋期正值秋旱季节，要勤灌，保持湿润。水芋移栽成活后先放水晒田，提高地温，促进生长，以后水深保持4～7厘米。7～8月份须降低地温，水深保持13～16厘米，天气较凉后再放浅水。子芋和孙芋形成时培土2～3次，厚约20厘米，抑制侧芽生长，并促进球茎膨大。

(四)采收与留种

芋叶变黄衰老后，表示球茎成熟，这时淀粉含量高，风味好，是采收的适宜时期。但为延长供应期，采收可适当提前或错后。留种及供贮藏的，须待充分成熟时，早霜后采收，稍经晾晒后窖藏。

四、菊　芋

菊芋又叫洋姜、鬼子芋头、鬼子姜。我国各地均有，惟系零星种植，极似野生。意大利栽培最多，主供蔬食，为常食之球茎菜类。茎叶、块茎可作饲料，块茎为制造酒精和醋的好原料。

(一)生物学性状

菊芋属菊科多年生宿根植物。茎粗硬，高2～3米，有茸毛，先端分枝多。叶尖卵圆形，下部对生，上部互生。秋季各分枝顶端着生头状花穗，花黄色，似菊花，可结种子。块茎系由地下茎之先端肥大而成，圆形或长椭圆形，块茎着芽处常向外凸起。皮色有黄、白、红3种。质致密，脆嫩，纤维少，味淡，生熟食均宜，最适腌渍。

菊芋喜温暖而稍清凉、干燥的气候。甚耐寒，在－30℃～－25℃处，块茎能安全越冬。也很耐旱，地上部喜光，但块茎需在黑暗中才能形成。

(二)栽培技术

对土壤选择不严，其中以沙壤土最好。目前多利用不适于其他蔬菜生长的瘠薄荒地或房前屋后零星地种植。地耕翻后按行距0.60～1米，株距30～50厘米开穴点播，每穴1株。种球用整芋或将其切成小块均可，覆土厚7厘米。生长期间结合中耕，除草，向根际培土。花蕾出现时打顶,以节省养分。

10月底,茎叶枯死后掘收,每667平方米产2000~2500千克,高的可超过5000千克。收获后土中残留的块茎,翌年可以萌发新株,不必另行种植。

菊芋一般是随收随上市。如需保藏,可装入筐中,放在干燥通风、避光处或埋于沙(土)中。

菊芋主供腌、酱,炒、炖亦可。广东妇女用之与猪蹄炖煮,加糖醋食用,可增进体力,并有催乳作用。

(三)加　工

除酱洋姜、泡洋姜、洋姜脯外还可加工成菊芋粉、菊芋汁、菊糖、果糖、低聚果糖。

五、草 石 蚕

草石蚕又叫地溜、甘露儿、宝塔菜、螺丝菜。食用部分是地下块茎,肉质脆嫩,无纤维,盐渍酱制,风味良好,为酱菜中的珍品。原产于东亚,我国自古栽培,各地均有。江苏如皋、河南洛阳和偃师、湖北荆门、陕西西安及大荔县均有大面积生产。

(一)生物学性状

属唇形科草本宿根球茎植物。浅根性。地上茎半直立,善分枝,接触地面处,节节生根,萌蘖力强。形如薄荷,茎四棱,株高60厘米许。叶对生,长卵圆形,叶柄短或无柄,先端尖,叶缘钝锯齿,带紫红色,茎叶上密生茸毛。

花序着生于主茎及上部侧枝顶端,穗状。立秋后开花,果实为小坚果,含种子1粒,无胚乳,黑色,卵圆形或长卵圆形。

秋季地下茎先端膨大形成连珠状球茎,长约3厘米,粗如拇指,似蚕蛹,节间膨大,节上芽对生,色白,质脆。除直接煮熟、炒熟食用外,主要供作加工腌制酱菜,也可做成蜜饯。球茎小,每500克约有250个。

草石蚕为短日照植物,喜湿润,不耐高温干旱。地上茎遇霜枯死，地下球茎耐寒力强，可以露地越冬。地下块茎在春分前后，当地温达 8℃时开始萌发，清明出土。立夏至夏至温度上升到 20℃～24℃时生长渐旺，6 月中旬至秋分温度达 28℃时开花。处暑后地上部生长缓慢时地下茎先端开始膨大，霜降后块茎成熟。因块茎先端较大，似蚕，故名草石蚕、螺丝菜；加之，色白质脆，味甘甜，又有甘露儿之名。

(二)栽培技术

草石蚕对气候适应性强，南北各地均可种植，尤以秋季稍清凉处更为相宜。因植株矮小，又喜阴湿，除可在房前屋后零星地种植外，大量的是常与蔓生作物或高秆作物如丝瓜、玉米等间作套种。又因其发芽出苗期较晚，苗期生长又慢，所以也可和小麦、洋葱、黄瓜、豇豆等早熟作物套种。江苏如皋采用大麦、春玉米、草石蚕三熟制栽培方式，效果良好。方法是：秋播时做成宽 0.5 米的畦，畦侧开排水沟。畦中间按行距 18 厘米种 4 行大麦，翌年 3 月中下旬，在大麦两侧各播 2 行玉米。为使玉米早熟，采用育苗移栽，或播种后用塑料薄膜覆盖。初春再将草石蚕点种到排水沟旁及麦行间，每畦 7 行。

选土质疏松，保水力强的壤土或沙壤土，耕后做成平畦。3 月上旬或 10 月下旬按行距 40 厘米，株距 33 厘米开穴，每穴放 1 个球茎，覆土厚 5 厘米，每 667 平方米需种球 15～30 千克。种球不足时，也可将块茎分切成小芽块播种，或用移栽甚至压条的方法。生长期间勤中耕，勤除草，一般不浇水。立秋后球茎开始迅速肥大，尤以 9～10 月间肥大最快，10 月底肥大结束。一般可于开花前追施 1 次粪水。夏季生长旺盛，可摘心 1～2 次，控制茎叶生长。霜降后，茎叶枯黄时开始，至翌年初春陆续采收。一般每 667 平方米产 700 千克左右，高产者 1500 千克。

生长期间，及时锄除多余苗。如果缺苗，可用压条的方法补苗：将植株压倒，用泥土埋入 1～2 节，仅将植株顶端露出即可。利用压条法能增加植株数量，充分利用地力，而且可以抑制地上部的生长，提高产量。

忌连作，播种当年产量最高，翌年后常因残留的球茎长成大量植株，枝叶密闭，根茎入土深浅不一使产量锐减。因此，如需连作时，应于整地时尽量挖净球茎，另行播种，使株行距及种球入土深浅一致。

球茎耐寒，不经采收，在土中可以安全越冬。留种时宜选大小适中的球茎，埋藏过冬后播种。

（三）加工腌制

采收后洗净泥土，剔除杂质，每 100 千克用 19 波美度浓度盐水 4 千克，食盐 16～18 千克，分层盐渍，每隔 10～12 小时翻 1 次，共翻 4 次。2 天后捞出即成咸坯。换用 22 波美度的盐水浸泡贮存备用。贮存时要压紧，缸上用盐封严。

酱制时，每 100 千克咸坯加水 105～110 升，浸泡 2～3 小时，漂洗拔盐。然后装入布袋中，放入 1∶1 重量的二酱内，经 4～5 天，拔去咸涩味，再换用新鲜甜酱复酱。每日翻转酱袋 1 次，一般夏天 1 周，冬天 18 天，春秋半个月即可。

酱腌成熟的宝塔菜，酱香气浓，具有酱菜所特有的风味，氨基酸含量在 0.18%以上，糖分在 10%左右，盐分在 12%以下，具甜、脆、嫩 3 大特点。

第六章　水生菜类

一、莲　菜

莲又叫藕、荷。古代大多将荷实称莲，现代荷、莲通用，一般叫莲藕。异名甚多，如水芝、芙蕖、芙蓉、水华。因其行根如竹行鞭，节生 1 花 1 叶，花叶常成偶数，故谓之藕。又因花实相连齐生，所以也叫莲。正因为“莲”有“连”的意思，“藕”有“偶”的含义，因此，人们常借它们来表达青年男女之间的爱情。

中国莲起源地是我国，科研人员用 ^{14}C 测定证明，我国至少在 7 000 年前已种植莲了。莲菜除我国外，印度、日本、前苏联和非洲各国都有种植，但产量、质量都不及我国。近代已传入欧美，但仅供观赏，不作食用，因而它是我国的特产。

中国科学院武汉植物研究所 1983 年对 33 个品种的地下茎(藕)分析测定表明，其淀粉含量为 8.4%～22.7%，总糖量为 1.4%～4.8%，还原糖 0.2%～2.4%，蛋白质 0.94%～2.44%，游离氨基酸 0.07%～1.02%。每 100 克中含维生素 C 25.9～35.0 毫克，维生素 B_2 0.13～0.19 毫克，维生素 B_6 0.14～0.17 毫克。此外，还含焦性儿茶酚、α-没食子儿茶酚，新绿原酸，无色矢车菊素，无色飞燕草素等多酚化合物，及少量的过氧化物酶。地下茎肉质脆嫩，芳香甘醇，可作水果生食，或加工成藕粉，易于消化吸收，是妇幼老弱疾病患者理想的滋补性食品，还能制作蜜饯、罐头、糖藕片等，更可经炒、煮、蒸、煨等，做成各种菜肴。莲子老熟后能作蜜饯，甜食和汤菜，或加工成莲子粉，以及制成各种副食品。莲是中医常用的药物，植株各个部分都可入药。

(一)生物学性状

1. 植物学特征　属睡莲科多年生大型水生草本植物。经济栽培的用藕作播种材料，称为种藕。种藕的顶端有1个顶芽、1个棒状叶芽和1个较小的副芽。节上有鳞片和侧芽(图6-1)。插植后，顶芽和侧芽均可萌发新梢，形成细长如手指的鞭状根茎，俗称莲鞭或藕鞭。从棒状的叶芽萌发第一片新叶。副芽在顶芽受伤时才萌发成新梢代替顶芽。

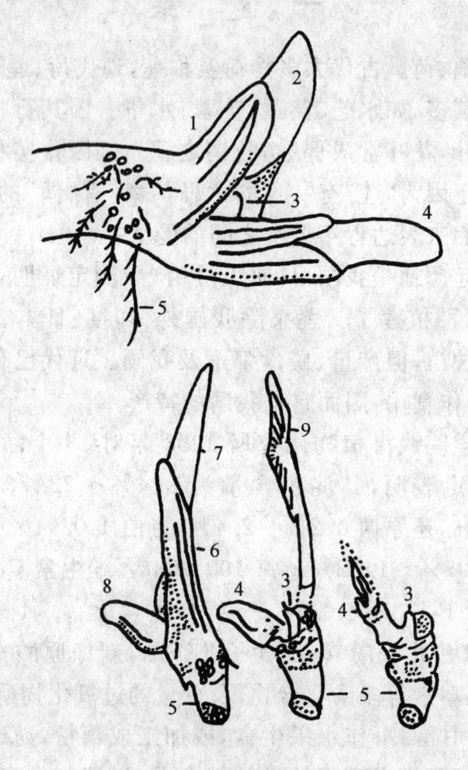

图6-1　莲芽的形态

1. 苞叶　2. 叶芽　3. 侧芽　4. 顶芽　5. 地下茎
6. 第一苞叶　7. 第二苞叶　8. 第三苞叶　9. 叶

种藕抽鞭时要求充足的阳光和温暖的环境，否则出鞭慢。所以，当其发芽时，芽先向上生长，然后水平延伸，到结藕时再向下生长。另外，如需延迟种藕发芽时，可把其先端深埋于荫蔽的水田中，待机另栽。

莲鞭上有节，初抽生时节间甚短。第一节长6～10厘米，第二节、第三节长约30厘米，第四、五节45～60厘米，生长旺盛期节间长度可达1米以上，有的可达2.6米。莲鞭一般长1～2米，最长达30米，计5～30节。

各节环生须根，向上生叶，在强壮的莲鞭上与叶并生着花梗。在同一节上，花芽、叶芽和腋芽（侧鞭芽），从后向前依次纵向排列。主鞭节上可发生一次分枝，一次分枝上又可发生二次分枝。环境条件适宜时，1个种藕能发生数十条分枝，每个分枝有6～10节或更多，侧鞭一般依次向左右互生。若以主茎顶部为界，莲茎分布的三角形面积可达40平方米。主鞭和一次分枝都能形成新藕，而二次分枝，有的能形成新藕，有的只能长出1～2节或3～4节，然后死去，有的只形成芽。

藕是由根茎先端膨大而成的，它着生于莲鞭的先端，由3～8节构成，一般为3～4节，全长1～1.5米。先端一节较粗，称为藕头或藕钻子；其次1～2节为藕身，最后接近莲鞭的一节细而长，称为后把。亲藕节上还可发生子藕和孙藕（图6-2）。

藕形成后，莲鞭、叶子、花梗等都枯死腐烂，留下新藕不断繁衍。

荷叶圆盾形，直径30～90厘米，高出水面。叶柄着生于叶背中央，有梗刺。叶面上部为蓝绿色，有白粉，下面淡绿色，叶面表皮细胞有细毛，能保留空气。水滴落到叶面时，因空气阻隔，不能和叶面直接接触。由于表面张力的作用，水滴呈圆珠形，宛如珍珠滚来滚去，非常好看。荷叶叶柄中的气孔与地下茎相通，所以不可将叶柄折断，否则会使地下茎腐烂。

莲叶的生长位置不同，性状各异。种藕上的幼叶、荷梗细软，不能直立，沉于水中，叫钱荷。种藕顶芽抽生的主鞭及侧鞭上的第一、二片叶，不能直立，叶片浮于水面，叫浮叶。随后长出的叶片增

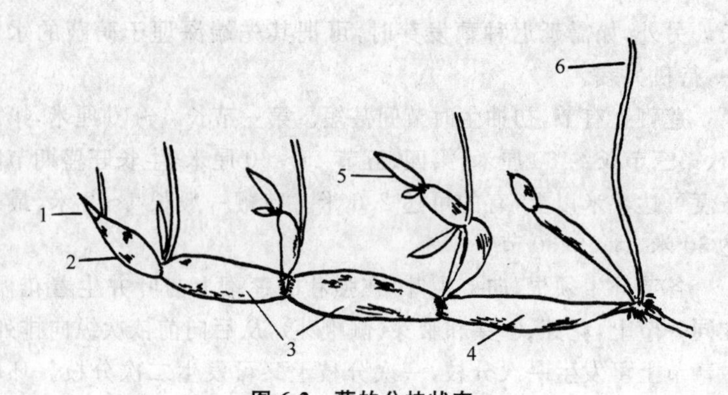

图 6-2　藕的分枝状态

1. 顶芽　2. 藕头　3. 中节　4. 后把　5. 子藕　6. 叶柄

大，直立水面，叫立叶。初生的立叶小，以后渐大，最后又小，叶面大小与植株生长势呈正相关。立叶由大变小时，是地下茎开始结藕的标志。每片叶子开始为卷合状，卷合方向与莲鞭延伸方向一致。莲鞭上最后一片叶矮小，厚，叶色深，叶柄刺少，向前方卷合，叫终止叶。它的出现，标志已到结藕期。终止叶后面一片叶，着生在后把上，叫后把叶。挖藕时，先找到终止叶和后把叶，二者连线所指位置，即藕着生处(图 6-3)。

莲开花与否，及开花多少，与品种、环境等有关。结藕良好，种藕大，高温干旱时花多，反之则少。一般从主鞭六、七叶时起到后把叶止，可连续开花。多的一株可开 20～30 朵，花梗与荷梗着生于同一节上，荷梗在前，花梗在后。花常单生，观赏品种有两朵并生的，叫并蒂莲。花两性，着生于花梗顶端。萼片 4，绿色，早落。花瓣多数，长椭圆形，白色，红色或淡红色。雄蕊 200～400 枚，群生于倒圆锥形的肉质花托下。花丝黄色，细长。雌蕊柱头顶生，花柱短，子房上位，心皮多数，每一心皮形成一个果实，果实散生于花托内。花托(莲蓬)肉质，圆锥形，直径 5～10 厘米，内部海绵状，有小孔 15～30 个，每孔含一坚果——莲子。莲子成熟后，子房壁呈黑色，很硬，俗称莲乌或石莲子。莲子果壳不易透水，落入

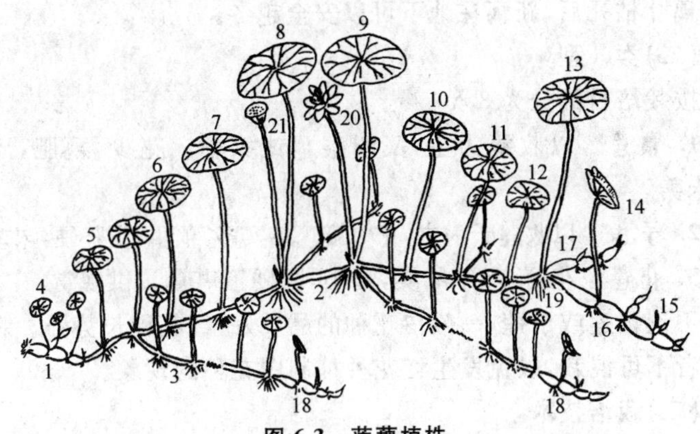

图 6-3　莲藕植株

1. 种藕　2. 主藕鞭　3. 侧藕鞭(分枝)　4. 水中叶　5. 浮叶
6. 立叶　6～8. 上升阶梯叶群　9～12. 下降阶梯叶群　13. 后把叶
14. 终止叶　15. 叶芽　16. 主鞭新结成的新藕　17. 主鞭新结成的子藕
18. 侧鞭新结成的藕　19. 须根　20. 荷花　21. 莲蓬

水中后很难发芽,可以长期保存发芽能力。在辽宁普兰店泡子屯村古代泥炭层中发现的古莲子,用放射性碳测定,寿命是 1041±210 年,发芽率仍达 90%以上,播种后还发芽开花。

2. 生育过程

(1)萌芽期　清明后,气温达 15℃时,种藕开始发芽出土。为使幼苗健壮,种藕要大,土壤要肥,水位宜浅。

(2)旺盛生长期　从立叶发生开始,到出现后把叶为止,是植株迅速生长期。这时,既要使其尽快封行,又不致生长过旺,才能保证丰产。为此,要加强肥水管理,温度最好保持 25℃～30℃,水位保持 1 米左右。

(3)结藕期　早熟种从夏至起,晚熟种大暑后开始结藕。结藕期的适宜气温为 20℃～25℃,昼夜温差要大。一般每隔5～7天生 1 节藕,从开始结藕到采收嫩藕,约需 20 天,但要使其充分成熟,需到秋分以后,叶片完全枯萎时。

结藕期怕风,若风吹断叶柄,水从通气口进入后,易使新藕腐烂。藕叶枯死后，新藕在地下可以安全越冬。

(二)类　型

按栽培目的分为3类。

1. 藕莲　以收藕为主，又叫菜藕或家藕。花少，藕肥，质松脆，味美。

2. 子莲　以收莲子为主，花单瓣。结实多，藕小，质坚硬，味差。

3. 花莲　花瓣多，不结实，藕小，坚硬不堪食。供观赏。

不论藕莲或子莲，一般白花种的品质好，红花种长势强。栽培时二者不可混栽，以免发生红花种抑制白花种的现象。

(三)栽培技术

1. 藕田整理　藕田需要肥沃、土层深厚、疏松而较黏重的土壤。忌砂砾土。因砂砾土耕锄后，砂砾下沉，影响莲鞭延伸，且易使藕表面产生凹形麻斑。水位不宜超过1.3米。结合耕地，施入农家肥。

2. 藕种的选择和排藕　种藕在临栽前挖出。选藕身粗壮，节疤细，皮光滑，充分成熟，无伤的整藕作种。为使莲鞭有规律地生长，子藕应向同一方向生长。用子藕作种时，藕身应达2节以上。

清明谷雨后，10厘米地温达10℃以上，气温12℃时排藕。过早，地温低，种藕容易烂；过迟，芽子长，易折断。藕要随挖随栽。栽植密度早藕为(1.5～2.5)米×(0.6～1)米，晚熟种2.5米×2.5米，每穴3～4个藕头，每667平方米播量150～250千克。一般栽植深度为15～20厘米。按30°角将种藕先端斜向插入泥中，藕种后节可露出地面，使藕身接触日光，促进发芽。为使萌芽后莲鞭分布均匀，排种时要注意种藕顶芽的方向：四周近田埂的种藕，顶芽一律指向田中心，防止莲鞭伸出田埂；其余种藕分行排列。为避免田中心莲鞭过密，中心两行藕间的距离应大。深水藕，按种藕形态，用脚踩泥开沟排种。排藕时要注意保护好藕芽。

3. 田间管理

(1)掌握水位　排种后为提高水温，水深保持3～6厘米，浮叶出现时保持6厘米，2～3片立叶时保持10厘米，旺盛生长期保持12～15厘米，坐藕期，即采收前1个月，保持3厘米左右，使温度接近25℃～28℃。

生长期不可断水，也要注意防涝，避免淹没立叶。

(2)追肥　一般追两次，第一次在排种后20天左右，在立夏前后，生出6～7片叶时，每667平方米施人粪尿1000～1500千克；第二次在芒种到夏至，荷叶将封行时，每667平方米施硫铵15～20千克。追肥宜在无风的晴天进行。施肥时先放浅田水，肥料施入土中后再加深水层。

(3)除草、摘叶、折花蕾　排藕后十多天开始至封行前，有杂草时及时拔除，埋入土中。排藕后1个月，立叶将布满田面，浮叶逐渐枯萎，可摘除，使阳光透进水中。立叶一般不摘，仅于生长末期或挖藕前摘除，以便采收。藕莲主收藕，可尽早将花梗折曲，避免开花消耗养分。

(4)转藕梢　生长盛期，莲鞭生长快，若田中莲鞭生长过密，或卷叶离田边过近，为防止藕头穿过田埂，每隔2～7天将藕梢向田内拨转1次，共拨5～6次。新梢位置在最前端1片卷叶前方30～60厘米处。新梢很嫩，转头宜在中午后茎叶柔软时进行。

(四)渭河沿岸莲藕栽培

渭河沿岸地势平坦，土壤肥沃，土质为沙壤，地下水位高；光热资源丰富，年平均气温13℃左右，适于种植莲藕。目前种植面积已达1200公顷，生产上一般产量为22500～30000千克/公顷。产品除供西安、咸阳等省内大中城市外，还远销兰州、银川等西北城市。

1. 藕田筑建　选择地下水位较高、无水污染的地区种植。浅水莲池要选择阳光充足、水源丰富、灌排方便、土壤肥沃、土层深厚、保水性强的田块筑建。要求埂高60厘米，底宽65厘米，顶宽50厘米。深翻耙平，松土层保持40厘米以上，达到埂直如线，池底平整，池面如镜，不漏水。藕池建好后每667平方米施腐熟有机肥 5000 千克，过磷酸钙 750 千克，施后深翻 30 厘米。

2. 藕种选择 宜用当地的浅水白皮莲藕品种。选择藕身粗壮、整齐、无损伤、无病、老熟、顶芽完好、带有 2～3 个藕身(子藕)的整藕作种。

3. 栽藕 露地栽培时，当 10 厘米地温稳定在 10℃以上，气温稳定在 15℃以上时开始下种，渭河地区在 4 月 20 日前后。栽植行距 1.0～1.2 米，株距 0.67～1.00 米，每穴全藕 1 个，每 667 平方米需种藕(全藕)350～500 千克。种藕要随挖随栽，轻拿轻放，严防碰伤幼芽。每行排藕位置要相互错开，四周藕头向内。具体方法：顺向挖沟，然后每 667 平方米穴施种肥油渣 25～50 千克、复合肥 5 千克或过磷酸钙 25 千克、尿素 5 千克，与沟内土混匀，随即将种藕轻放入沟内，用泥土压好，藕尾微伸出水面，藕头埋入泥中 10 厘米左右，顶芽浅埋泥内，栽后水深保持 5 厘米左右。

大棚栽培的藕田选好后，于 2 月下旬至 3 月上旬搭建塑料大棚莲池。一般为竹架大棚，方向以南北走向为好，长 30～50 米，宽 3.5 米、高 1.7～1.8 米，竹拱间距 0.6 米，上部覆盖 6.0 米宽塑料薄膜。东西两侧用泥土压紧，南北两端临时封压，以便进出作业。塑料大棚栽藕宜在 3 月中旬，晴天上午进行。栽后将棚四周封好，以利于升温。栽植密度及方法与露地栽培相同。

4. 田间管理 露地栽培的莲池灌水应本着浅、深、浅的原则，即栽藕池水保持在 5 厘米左右，以利于提高地温，促藕芽早发；长出浮叶时，池水保持 7 厘米左右，促进立叶早发；长出 2～3 片立叶时，池水保持在 10 厘米左右，6 月 20 日后，池水保持 15 厘米左右；7 月 23 日至 9 月 23 日，池水保持在 5 厘米左右，过深则地温低，发藕慢。为避免直接用井水浇灌降低地温，可采用循环串池灌水或早、晚灌水的方法。要常检查池水水位，水位低时及时补灌。一般不排水，以免养分流失。

第一次追施提苗肥，莲藕长出 1～3 片立叶时，即栽后 20～25 天，约 5 月上旬每 667 平方米施腐熟的人粪尿 1500 千克或尿素

15千克;第二次追肥在莲叶开始封行时进行,即栽后40～45天,约6月上旬,每667平方米施腐熟的人粪尿200千克、草木灰100千克或氮磷复合肥(二铵)30千克、尿素10千克、硫酸钾10千克;第三次追肥在开花后,约7月上旬,此次追肥视长势而定,一般情况每667平方米施氮磷复合肥(二铵)10～15千克。每次追肥应注意选择晴天无风的上、下午进行,施肥前先放水至浅池水,施后再灌至原来的深度。

莲藕栽后半个月至莲叶封行前要进行3～4次除草,将草埋入泥中作肥料用。花蕾出现后应及时扭曲花梗或将花摘掉,减少养分消耗。6月中旬至8月上旬,土中藕鞭迅速伸长,有少数藕头向池埂方向生长,如发现有新生卷叶离地埂50～60厘米时,应及时转头回池,以防藕头穿过池埂。

大棚栽培的,棚温白天保持20℃～30℃,超过30℃应及时通风,日落前封棚收风,到5月中下旬,当外界日平均气温达20℃以上,白天气温在25℃以上时,可彻底揭去薄膜。

露地栽培的,7月中旬莲花盛开,叶片长齐,开始成藕。以后大约10天长成一节。9月23日以后,立叶叶绿开始变黄,标志莲藕已经成熟,即可排水挖藕。但9月下旬采收为嫩藕,产量低,一般为2000千克,10月下旬莲藕已充分成熟,产量高,一般为2300千克左右。采收可延续至翌年5月上旬。大棚莲藕在覆盖条件下生长发育提前,成熟早,可在8月中旬采收。其产量在1700千克左右,收后尽快上市,以提高经济效益。

(五)子莲栽培

子莲以采收莲子为主,根茎不发达,为使莲子高品质,栽培时应注意以下几点。

1. 选用优良品种 我国优良的子莲品种很多,常见的有湖南的湘莲,江西的红花、白花,江苏青莲,浙江处州白莲、龙游白莲,福建建莲等。这些品种,植株生长健壮,叶梗粗短,一般从第三片立叶开始,一叶一花,从不间断。花多,蓬大,籽多,颗粒丰满洁白,产量高，品质好。

莲虽采用无性繁殖，种性较稳定，但也常因环境条件的影响发生变异，使种性变劣。因此，要年年选优除劣，才能确保其优良性状。选种的标准是：从第二至三片立叶开始着生花，以后，一叶一花，第一朵花的莲子数达18个以上；叶梗短，藕节间短，粗壮，扁鼓形，节细。这种植株将来长出的莲鞭，节间短，单位面积内的节数多，花密，结籽量大；此外，藕的顶芽和藕身要完整，至少有2～3节，并带有1～2个子藕，重量在0.5千克左右，株选后混合留种。

2. 丛栽密植 为促进子莲提早开花结果，种植要密。一般可按行距2米，穴距2米定植，每穴3株，每株除亲藕外，各带1～2个子藕。

3. 勤施追肥 莲子生长量大，需肥多，在施足基肥的基础上，要多施追肥。追肥要做到早、勤、稳。“早”指追肥要早，莲苗生长前期，即种植后1个月，当其长出1～2片立叶时，每667平方米施尿素5千克或碳酸氢铵15千克，过磷酸钙7千克，拌细肥土10千克，放干水后从卷叶两侧10～13厘米处施入土中，作为提苗肥。此后，每隔半个月追肥一次，这就是“勤”。大部植株开始开花时，生长量最大，是需肥的临界期，可于露水干后向莲叶下每667平方米撒施尿素10～15千克或碳酸氢铵30～45千克，过磷酸钙10～15千克，氯化钾5～10千克，催花增蕾。7月份，莲子采收前后10～15天，再按植株生长状态适当补肥1～2次。若植株有早衰现象时，可施尿素5～10千克或碳酸氢铵15～20千克，过磷酸钙5～10千克，氯化钾7～10千克，增强植株长势，使籽粒更加充实。追肥时还要注意“稳”，特别是5月下旬至6月，如果莲叶过分密集，肥大，色浓绿，而花苞少时，则应停止追肥，或不用速效肥而用枯饼、畜粪等有机肥，使之稳健生长发育。

4. 清除老藕和摘老叶 5月下旬至6月上旬，当莲鞭长出5～6片立叶时，种藕中贮藏的营养物质已耗尽，变黑腐烂，产生有毒物质，不利于新鞭生长，可将其折断取出，并将老藕处的泥土深翻一遍，换来新土，施入枯肥，调入新莲鞭。子莲生长旺盛，叶叶带花，田间容易密闭，因此随时可将已经枯黄或已变成黑褐色的浮叶及过于密集的分蘖小叶摘埋泥中；莲子开始采收后，每收一个莲蓬，可将其旁着生的老叶摘除，增强通风透光，能有效地提高产量。但应注意，秋季当气温下降到25℃左右时，田中立叶生长缓慢，不要再摘除老叶，以利于地下结藕留种。

5. 分次采摘 子莲开花结果早而多，延续时间又长，一般从7月份开始至10月陆续成熟，因此，必须分次适时采收。7月份采收的莲子，果实在黄梅天发育成熟，称为“梅莲”；8～9月份采收的，果实在伏天发育成熟，称“伏莲”；9月下旬至10月采收的，果实在秋天发育成熟，称“秋莲”。梅莲和伏莲，开花后30～40天成熟，秋莲40～45天以上成熟。莲子成熟时，莲蓬呈青褐色，干缩；子房孔格边缘略带黑色，充分胀裂，摇动有响声，莲子壳呈灰黄或灰褐色，坚硬。但应注意，伏莲因常受烈日照晒，莲蓬易变黑，当其已经变黑，部分莲子在莲蓬孔格中可以摇动时即可采收。而秋莲在成熟过程中，温度较低，莲蓬不易变黑，只要呈灰褐色时就可采收。莲子成熟后，适时采收的，粒大，饱满，颜色洁白，干制率高，适宜加干。采收过早，莲子嫩，不充实；过晚，莲子不仅容易自然脱落，而且果皮坚硬，不易去皮加工。莲子成熟后一般每隔2～5天采一次，伏子勤采，秋子可以缓采。采收时，先每隔2～3米开一条道路，每次采收时沿同一路线进行，用手或带钩的竹竿，钩下莲蓬，敲剥出莲子，晒干，筛净杂质，贮藏。

6. 短期倒栽 子莲栽植后一般可连续采收三年。第一年生长发育不太旺盛，产量低，每667平方米仅收30～40千克；第二年生长旺盛，产量最高，每667平方米产量可达50～100千克；第三年生长衰退，每667平方米只收40～45千克，故三年必须挖去老株，重新栽植，才能丰收。

(六)采收与留种

1. 采叶 秋分至寒露，当叶片已充分成熟，仍很完整未残破时进行。采时，将叶子对折，自叶脐下折断。一般上午摘叶，下午用绳子从叶脐处串起晒干，每667平方米收3000～4000张，约60千克。摘叶后留下的叶柄（莲秆）自行干枯。以后再把留下的约10厘米长的槎子割下，以便从槎子认出藕的位置。

采叶时将后把叶和终止叶留下不采，作为采藕的标志。

2. 采藕 藕供应期长，早熟品种可以从小暑开始收，一直延迟至翌年清明萌芽前。立秋前收的嫩藕，含糖量多，宜生吃；立秋后收的含淀粉多，宜熟食。叶片全部枯死、充分成熟的藕，淀粉含量最高，适于制藕粉。

采藕时可以终止叶为标志，确定藕的位置。莲的后把叶高大，柄粗，刚刺短。终止叶长出得晚，叶片小而厚，两边向中间卷折，叶柄短，嫩绿。后把叶和终止叶向前倾斜的方向即藕着生处。江苏苏州等地利用藕身各节通气道相连的特点，将呈下降阶梯形中的某张叶片摘除后用手把叶柄潜入水中，再将其后面一张叶也摘去，用嘴向叶柄通气孔中吹气，如前面一叶柄在水中发出气泡，便可证明藕着生的方向。

挖藕时，先将藕身下面的泥掏空，露出藕体，再将藕的后把节，从藕鞭上6厘米左右处折断，以免泥水浸入藕的孔道中。

深水田中，终年有水，无法用手扒挖，或用铁锹刨出，常用脚踩入泥中探藕，找到藕后先将藕身两侧的泥土蹬去，再从后把叶节的外侧将藕鞭踩断，用手抓住藕把，托住藕身，提出水面。

藕留种时，种藕要在藕田中越冬。越冬期间，田里要保持一层浅水，不能干燥，冻裂。在不能经常保持浅水处，要用稻草覆盖防寒，翌年栽藕前挖出种藕，随挖随栽。每667平方米留种田，可供3300～4000平方米地用种。连作藕田留种时，在采藕时，用采八留二的方法留种，即每采2米宽留0.5米宽不采，作为翌年种藕。以后各年，轮换采收和留种部位。

（七）莲子和藕的贮藏

1. 莲子的贮藏 莲蓬采收后立即脱出莲子，薄薄地摊晒到场上，每天上下翻动2～3次，经5～7天，当莲子能脱离壳皮时即示干燥。一般100千克新鲜莲子(俗称水籽),可晒干籽80～86千克。晒干的带壳莲子叫干壳莲。将干壳莲装入麻袋中,置阴凉干燥处,下垫一层干谷壳,厚约20厘米,再铺上油毡和芦席防潮,可以长期贮藏。

江西省广昌县有一种传统特产叫通心白莲子,是指莲子去壳、去嫩皮和除去莲心剩余的莲肉。通心白莲子贮藏期容易吸湿发霉和生虫。因此,贮藏时要特别注意保持低温和通风干燥的环境。当地少量贮藏时的传统方法是:每50千克干莲子配1.5～2.5千克干辣蓼草,先将辣蓼草垫到容器下部,再装入莲子,然后加盖密封。这样可保存到翌年新籽上市,一般不生虫,不发霉。大量贮藏时多用冷库,用麻袋或油纸箱包装。先将麻袋晒干,用6丝厚的薄膜袋作内袋。为防止贮藏期间发霉生虫,装袋时每60千克莲子用20克二硫化碳,将二硫化碳放入小布袋中,用棉线扎紧袋口,同莲子一起装入麻袋。然后,先将薄膜袋口封住,再将麻袋锁口。油纸箱能防潮,还可避免鼠害。用时先在箱底垫一块纸板,用薄膜袋作内袋,将莲子和二硫化碳同时装入内袋中,封口后再放一块纸板,用纸胶带封住箱口,纸箱外再加二根塑料带扎紧。莲子包装好后放入仓库货架上。货架离地面约30厘米,四周离墙要远。货堆高度以不超过3米为宜,以防挤破内袋、倒塌及包装变形。贮藏期间,若有受潮或发霉现象,应及时翻晒,使含水量在12.5%以下。

2. 鲜藕的贮藏 莲藕皮薄肉嫩,保护层差,容易损伤,加之果胶物质分解快,在空气中暴露时间略长,表皮容易变成淡紫色,进而转变为铁锈色,严重影响商品和食用价值。藕出水后冬天可保存1个月,晚秋和早春可保存10余天。贮藏时除应选择充分老熟,稍附泥土的,因为藕组织内含有单宁类物质,暴露到空气中氧化后,会使藕身变成紫黑色。藕上带泥时,会延迟变色。煮食时加入0.1%醋酸和亚硫酸,也可防止变色。另外,藕节要完整,无伤,无病。贮藏中还要保持高湿和5℃～10℃的温度,贮藕时藕堆要小,堆的上下垫藕叶或杂草,并适当洒水。常用的贮藏方法有以下四种。

(1)泥土埋藏　莲收获后立即埋藏于室内或露地。室内埋藏时，先用砖或板条箱、木板等封围成埋藏坑。然后，一层泥土，一层藕，共5～6层，再覆一层细泥，厚10厘米。贮藏用泥要细软带潮，手捏不成团。在水泥地坪上贮藏时，坑底先用木板或竹架垫起10厘米，形成隔底。然后，铺一层细泥土，厚10厘米，再放一层藕，如此一层泥一层藕。这样既有利于藕的呼吸，又可防止有害微生物的侵害。在室外露地埋藏时，应选地势高，背阳避光处，将泥和藕分层堆积成斜坡或宝塔形，用泥盖严，周围挖好排水沟，防止积水。雨天及时遮盖，防止冲散泥土。贮藏期间，约每20天翻桩检查一次，剔除有病腐烂的，这样一般可保存30天。

(2)薄膜帐贮藏　藕挖出后，立即放入薄膜帐中封严。贮藏后，因藕的呼吸和蒸腾，使帐内二氧化碳含量和空气湿度过大，应隔1天揭开帐子透气1次。这样，经过50天，自然损耗仅2.5%。超过76天，腐烂率增加，脱水现象也较严重，不宜继续贮藏。

(3)简易堆藏　将藕顺次码放于室内或荫棚中，形成长方形平堆，堆高约80厘米，上用水草或洁净的湿稻草盖严，经常洒水，保持湿润，以防受冻或发热及干缩。

(4)水藏法　藕挖出后，稍洗一下，装入蒲包。每70千克左右一包，放在1米多深，温度较低的水中，使蒲包下不贴泥土，上不露出水面，上面盖一层水草，厚6～10厘米，防止太阳直射。这样，即使结冰，也只冻一层水草，藕包不会受冻，可以随时取出出售。

二、茭　白

茭白又叫茭瓜、茭笋、菰笋及菰首(手)，四川叫高笋。原产于我国及东南亚。我国和越南作蔬菜栽培。目前在我国分布很广，北起黑龙江，南至两广，西到新疆都有种植，其主要产区在南方，特别是苏州、无锡一带产的最有名。除内销外，还大量出口。日本对茭白的研究开始于20世纪80年代初期，1986年成立了全国性茭白研究会。日本除种植正常茭白作蔬菜外，还专门种植灰茭，将其中的黑粉菌孢子混入清水中作为加工装饰品的原料。

茭白肉质柔嫩，可食部中含有蛋白质1.5%、糖4%，此外还有脂肪、维生素、无机盐等。营养价值高，滋味鲜美。除鲜食外还可罐藏，对解决秋淡季蔬菜供应有重要作用。

(一)生物学性状

1. 形态 为大型禾本科水生植物。株高1.5～2米，叶披针形，长1～1.5米，宽2.8～3.8厘米，叶鞘长40～60厘米，互相抱合为假茎。叶片与叶鞘相接处有三角形的白斑，为叶枕，通称"茭白眼"。此处组织较嫩，病菌容易侵入，灌水深度不可超过此处。茎有地上茎和地下茎之分。地上茎短缩，部分埋入土中，其上着生多数分蘖，呈丛生状态(图6-4)。地下茎是从主秆及分蘖苗接近

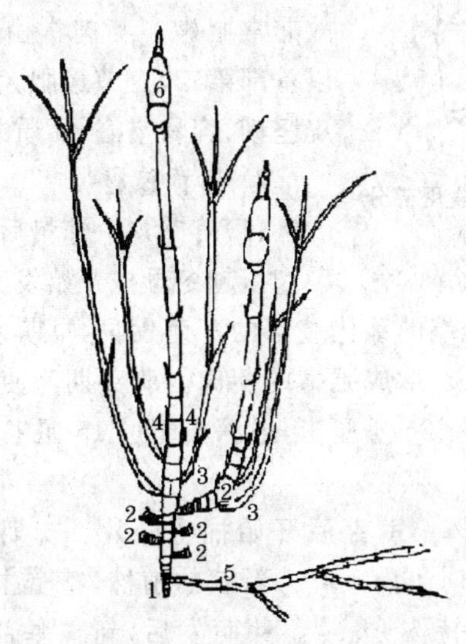

图6-4 茭白植株的形态

1. 主秆(除去叶鞘和须根) 2. 有效分蘖(除去叶鞘、须根和地下茎) 3. 无效分蘖 4. 侧芽 5. 地下茎(除去须根和变态叶，从它的节上可发生分枝或芽) 6. 茭白的食用部分

基部各节的腋芽形成的变态茎，呈匍匐状。刚抽生时为白色，逐渐经黄色、绿色，变成茶褐色，直径1～1.5厘米。其上有节，每节有1个腋芽，1片苞叶状退化叶和许多须根。匍匐茎上的芽，当年能萌发成二次甚至三次匍匐茎。匍匐茎的先端，向上生长能形成新分株，俗称"游茭"，是茭白进行营养繁殖的主要器官。茭白的主茎及早期分蘖的顶端能抽生花茎。这种花茎因受黑粉菌(Ustiago esculenta)的寄生和刺激而使先端数节畸形发展、膨大，形成肥嫩的肉质茎，这就是茭肉，是供食用的部分。茭肉在假茎中有叶鞘保护，且在水中发育，故非常肥嫩。茭肉常由5节组成，其中以基部第二、三节最肥大，基部第一节表皮坚韧，容易空心，品质差(图6-5)。

图6-5 茭白的食用部分

左：孕茭外观

右：剥壳后的产品

2. 生育过程

(1)萌芽期　惊蛰后，当气温上升到5℃时，越冬母株开始发芽。一般短缩茎上部和匍匐茎先端的芽比基部的芽萌发早，早萌发的芽大多为有效分蘖，容易膨大，形成肥嫩的茭肉。萌芽期为使发芽整齐，数量适中，水位宜保持3～4厘米，最深不超过15厘米，温度达15℃～20℃。

(2)抽叶生根　萌芽后开始抽生叶片。初期每10天左右1叶，气温达15℃时1周1叶。新栽的植株，整个主茎可抽生20～25片叶，经常保持5～8片。芽萌发后，新株基部各节上环生须根，主要根系集中在20～30厘米深的土层中。

(3)分蘖和分株　一般茭春季定植后，约经1周开始返青，谷雨后当气温达20℃～30℃时，主茎基部10节萌发第一次分蘖；气温达30℃时，从第一次分蘖基部产生第二次分蘖。与此同时，在健壮分蘖基部的侧芽，发生匍匐枝。5月中旬至6月下旬，平均每周发生 1 个分蘖。7 月上旬至 8 月上旬,每周增加 2～4 个分蘖,9 月上旬,气温低于 25℃时停止分蘖,开始孕茭。1 株春季萌发的单株,到夏季可发生 10～20 个分蘖,其中发生早的健壮分蘖,能孕茭,后期发生的分蘖,生长期短,瘦弱,多为无效分蘖。大致越冬茭墩上 1 个老茎能产生 4～6 个分蘖,全墩能产生 60～100 个分蘖,其中有效分蘖数为 20%～50%。为促使分蘖早发壮长,分蘖前期要提高土温,使其尽量达到 20℃～30℃,施足苗肥;分蘖后期适当加深水位,以抑制无效分蘖的发生,并做好疏苗,使前期分蘖都能孕茭。

(4)孕茭期　分蘖停止后,一般到 8 月中旬至 9 月中旬,开始孕茭。孕茭的适宜温度为 15℃～25℃,高于 30℃,或低于 10℃时孕茭不良。孕茭时肥料要充足,水位保持 15～25 厘米,必须将孕茭处浸没。孕茭时茎基部老叶逐渐枯黄,心叶缩短,叶色较淡,假茎发扁,基部膨大,约经半个月开始成熟。成熟期间,每 5～6 天采收 1 次,共收 3～4 次。

茭白的肉质茎之所以肥大,是因黑粉菌寄生于植株内,分泌异生长素——吲哚乙酸,刺激花茎所致。黑粉菌蔓延于地下匍匐茎中,春季新芽萌发后,菌丝逐渐延伸到花茎中。此外,茭白体内的黑粉菌在秋末冬初形成的厚垣孢子,翌年产生的小孢子也可侵入嫩茎,进入生长点,刺激茎部。

茭白受黑粉菌寄生后,因二者之间生长强弱的差异,而使植株性状发生变化,产生雄茭、雌茭和灰茭等。

①雄茭　植株高大,叶片长而宽,先端下垂。因生长点未寄生黑粉菌,故叶鞘不膨大,不孕茭。有的能抽薹开花。

②雌茭　又叫正常茭。长势中等,偏弱,叶片宽阔,花茎受黑粉菌的强烈刺激,可肥大,形成茭肉。

③灰茭　花茎刚开始抽生就充满病菌孢子,使茭肉呈芝麻斑状黑点,甚至变成黑包,不堪食用。

用雄茭和灰茭繁殖的后代,仍为雄茭和灰茭。所以,严格选种是减少雄茭和灰茭的重要措施。

(5)越冬期　深秋后气温低于5℃时,地上部枯死,以土中的分蘖芽和根茎越冬。越冬期间,土壤要湿润,阳光要充足。

(二)类型和品种

按收获次数,分为两熟茭和一熟茭两大类。前者于春夏间育苗,早秋栽插,当年秋季,于9月下旬至11月上旬初次采收,俗称"寒露茭"或"八月茭",产量较低,谓之小熟。翌年5月初至6月下旬,又从萌发的新株上收获夏茭,俗称"四月茭",产量高,谓之大熟。主产于苏州。常见品种如大头青、二头早、小蜡台、中蜡台、大蜡台和无锡的中介茭等。一熟茭在春夏间栽植,当年秋季采收1次,产量虽低,但采收期比两熟茭的秋茭早,恰好在蔬菜淡季上市,对调节市场供应有重要作用。主要品种有江苏苏州的晚白种,江苏常熟和山东的寒头茭,浙江杭州的一点红和象牙茭等。

按孕茭的适宜温度、熟期和产量,可分为夏秋兼用型和夏茭为主型两大类。夏秋兼用型,孕茭的适宜温度为(22±4)℃～(23±4)℃;秋茭收获期较早,夏茭收获较迟;秋、夏两季产量较接近。如无锡的广益茭和刘潭茭。夏茭为主型的,孕茭适宜温度为(17±4)℃～(18±4)℃;秋茭收获期较迟,夏茭收获期较早,夏茭产量高于秋茭。如苏州的"小蜡台"和"中蜡台"。江南地区,夏秋兼用型的收获期,秋茭为9月中下旬到10月中旬,夏茭为5月下旬至7月中旬。夏茭为主型的收获期为5月中旬至6月初;秋茭为10月上旬至11月初。

(三)栽培技术

1. 整地　多用浅水洼地或稻田栽植,水位不宜超过25厘米,最好为黏壤土。

可放干水的田块,宜干耕晒垡,然后灌入浅水耕耙。不能放干水的低洼水田,可带水翻耕。北方茭白,大部分栽于湖畔、沟边及藕田周围,成片栽培的不多,故很少冬耕。

茭白生长期长,植株茂密,需肥多。北京市海淀区农业科学研究所试验表明，每生产1000千克茭白需氮14.41千克，五氧化二磷4.87千克，氧化钾22.78千克。特别要重施基肥，基肥数量应占总用肥量的60％以上。基肥以有机肥为主，并配合些磷、钾等化肥。增施磷、钾肥，能提早成熟，提高经济效益。

2. 选种与育苗 采用分株繁殖。因其种性容易变异，必须年年严格选择优良母株留种。

选种的标准：生长整齐，植株较矮，分蘖密集成丛；叶片宽，先端不明显下垂，各苞茎叶高度差异不大，最后一片新叶显著缩短，茭白眼集中，白色；茭肉肥嫩，长粗比值为4～6；表皮不太光滑或皱缩，薹管短，膨大时假茎一面露白，孕茭以下茎节无过分伸长现象，整个株丛中无灰茭和雄茭。另外，茭白包茎叶的平均宽度和由心叶向外数第二片叶的宽度常与茭肉重量呈正相关，这种相关性可作为选种的参考。

种株选好后，做出标记。翌年春，苗高30余厘米时，将茭墩带泥挖出，先用快刀劈成几块，再用手顺势将其分成小丛，每丛5～7株。分劈时应尽量少伤老茎。分墩后将叶剪短到60厘米左右，减少水分蒸发。然后直接插栽到大田中。

育苗：春季从选好的茭墩上取下新株，每2～3株为1丛，按25厘米×20厘米的密度插于秧田。待苗高1.5米，有6片叶时再移栽大田中。

3. 定植 晚熟种在孕茭前100～200天定植，早、中熟种70～80天定植。定植时气温以15℃～20℃为宜。力争定植后20～30天内开始分蘖，当年能产生10个有效分蘖。

栽植密度，一般行距60～100厘米，株距25～30厘米，每穴2株，入土深6～15厘米。最好用宽窄行，2行1组。

茭苗要随挖随栽。从外地引种时运输中要保持湿度。栽前割去叶尖。

4. 灌水 根据生长时期和季节严格掌握水层深度：萌发期到分蘖前保持3～5厘米，提高土温；分蘖后期，一般从大暑开始保持

10～12 厘米，控制无效分蘖；孕茭开始后，保持 15 厘米左右，使茭白浸于水中，促其软化；越冬期保持 3～6 厘米。水位要恒定，忽干忽湿容易产生雄茭。水位超过茭白眼时，容易感染病害。

5. 追肥和中耕 定植后 10 天开始施第一次肥。施肥后将行间的泥掘松，培于植株旁；孕茭期追施 1 次浓粪，催茭。生长期间中耕 2～3 次。

6. 割墩疏苗 立秋后将植株基部的黄叶剥除，以利于通风透光。翌年立春前后，用快刀齐泥割低茭墩，除去母茎上部较差的分蘖芽。谷雨前后，当分蘖高 30 厘米时，每隔 9～12 厘米留 1 苗，将多余的用手拔除，这叫疏茭墩。疏墩后 10～15 天，向株丛上压 1 块泥，使分蘖向四周散开，改善通风透光条件。

7. 病虫害防治 小暑后，天气湿热，容易发生锈病，叶片先产生铁锈色小斑点，以后全叶枯黄。防治方法是控制氮肥，增施草木灰等含磷、钾多的肥料。并用 0.2 波美度的石硫合剂或 80%代森锌可湿性粉剂 600～800 倍液，或 25%三唑酮可湿性粉剂 40～60 克，加水 50 升喷洒。

主要虫害是大螟和二化螟，蛀食茭肉。可在摘除老叶后用 90%敌百虫 1000 倍液，5%杀螟硫磷乳油 200 克，加水 400～500 升灌心。如果有叶蝉和蚜虫吮吸汁液时，可喷 40%乐果乳油 1500～2000 倍液防治。

(四)采收与贮藏

1. 采收 茭白成熟不整齐，每隔 4～5 天收 1 次。成熟的标准是：孕茭部显著膨大，叶鞘一侧裂开，微露茭肉；心叶相聚，两片外叶向茎合拢，茭白眼收缩似蜂腰状。

采收方法：用刀从茭白下 10 厘米左右处割下，从茭白眼处切去叶片。留 30 厘米左右的叶鞘，装入蒲包销售。带叶的茭白，俗称水壳，较易保持洁白、糯嫩的品质，也便于运输和贮藏。一般每 667 平方米产 1000～1300 千克。如果收后立即上市，应将叶鞘全部剥除，称为玉茭。1000 克水壳可剥 600～700 克玉茭。

2. 贮藏 供贮藏的茭白，最好用晚熟品种，适时采收。采收时外面要带2～3张保护壳。叶鞘要削短，剔除青茭、灰茭、老茭、小茭及断裂茭。剥壳时，动作要轻，防止损伤。运送中严防风吹日晒，以免引起老化发青。进仓前置阴凉通风处摊晒，降温。

茭白贮藏的适宜温度为0℃～2℃，空气相对湿度95%～100%，并注意通风、消毒和防腐。

具体贮藏方法有6种。

(1)冷藏　有冷风贮藏和箱藏两种。前者，夏、秋两季均可。先将带壳茭白装入筐中，用骑马式堆藏，或扎成小捆，每捆重5～7千克，放于货架或垫仓板上。箱藏是将茭白剥光，装入板条箱或纸箱内，每箱约15千克，堆于库内。冷藏期间温度保持0℃～1℃，一般可保存2个月。

(2)地下室摊藏　采收旺季，将带壳茭白摊放于地下室或库内地面上。这样在14℃～24℃温度下，能保存1周；在0℃～8℃温度下可保存2个月。

(3)清水贮藏　将带壳茭白放入大水缸或水池中，放满清水后，用石头压住，使茭白浸入水中，以后经常调换清水即可。清水保藏的茭白，重量无损失，外观、肉质均好。

(4)明矾水贮藏　茭白削去外壳，或不去壳均可。先分层铺放于缸内或池内，至距缸口15～20厘米高时，用消过毒的竹片呈“井”字形夹好。上压石头，再倒入明矾水，淹没茭白。明矾水的配法是：50升清水，加入0.5～0.6千克明矾，搅匀，溶解即可。贮藏期间，每3～4天检查一次，及时清除液面泡沫。若泡沫过多，水色发黄时，要及时调换新溶液，以免茭白变质腐烂。

(5)盐封贮藏　先在缸(或桶)底铺1层食盐，厚约5厘米，再将茭白剥去鞘，带2～3张壳，顺次平铺缸内，至离缸口5～10厘米时加盐密封。

此法在空气干燥、冷凉地区效果较好。温度高、湿度大的地方，封盐易溶化，引起茭白发黄、变质。

(6)塑料袋密封贮藏　将去壳的茭白，装入0.04毫米厚的聚乙烯袋中密封。在0℃～1℃温度下可保存2个月。

三、慈　姑

慈姑又叫茨菰、慈菰、藉菇、水萍、白地栗，因叶形似燕尾，又有燕尾草、剪刀草、剪搭草、槎丫草之称。

慈姑原产于我国，亚洲、欧洲、非洲的温带和热带均有分布。欧洲多作观赏，我国、日本、印度、朝鲜作蔬菜用。我国南北各地均有，尤以长江以南各省、太湖沿岸及珠江三角洲为主要产区。黄河中下游河谷沼泽处，野生者甚多。

慈姑栽培历史悠久。虽被当作珍奇蔬菜，但因植株大，不易密植，单株结实不多，产量较低，故栽培面积不大，特别是成片种植者少。大多利用田畔沟边种植。近年常将其与水稻、茭白、席草等进行轮作或套作，增加复种指数，提高土地利用率，效益尚好。随着耕作制度的改进，慈姑种植面积必将扩大。

慈姑以地下球茎供食。100克球茎中含蛋白质5.6克，脂肪0.2克，碳水化合物25.7克，粗纤维0.9克，灰分1.6克，钙8毫克，磷260毫克，铁1.4毫克，钠19.5毫克，氯48毫克。味鲜，有清香味，可煮食、炒食、油氽及充作各种配菜，如慈姑鸡、慈姑肉、慈姑豆腐等。也可制淀粉。

慈姑的球茎味甘涩，微温，无毒，入肺、心经，可敛肺，止咳，清热止血，解毒，散肿，消炎，实肠，下石淋；全草味淡，性凉，可清热，利水。慈姑中含有胆碱和甜菜碱等植物碱类，对金黄色葡萄球菌、化脓性链球菌有强烈的抑制作用，是中医常用的解毒药。例如，将鲜慈姑捣烂加生姜汁，敷患处，可治疗无名肿毒，红、肿、热、痛等局部炎症；皮疹、痱子、瘙痒症者，全草捣烂取汁，加蛤粉调至糊状敷患处，每日1～2次，连用数日有效；毒蛇咬伤后，取鲜慈姑捣烂敷伤口，两小时换一次，并用全草取汁内服，可消毒、止痛。

(一)生物学性状

1. 植物学特征 属泽泻科,多年生浅水草本植物。株高1米,叶箭形,具长柄。茎短缩,秋季由其上向四周斜生匍匐茎,每株10余个,匍匐茎先端着生球茎。球茎高3～5厘米,横径3～4厘米,球形或卵形,有2～3道环节,环节上覆有很薄的膜质鳞片。每节一芽,芽按1/2到2/5的叶序,呈150°的角度排列。球茎顶端有弯曲成弓形的喙状顶芽,大约由10节构成,其上也覆有鳞片。总状花序,雌雄异花,花白色。瘦果,扁平,内有种子,种子可发芽(图6-6)。

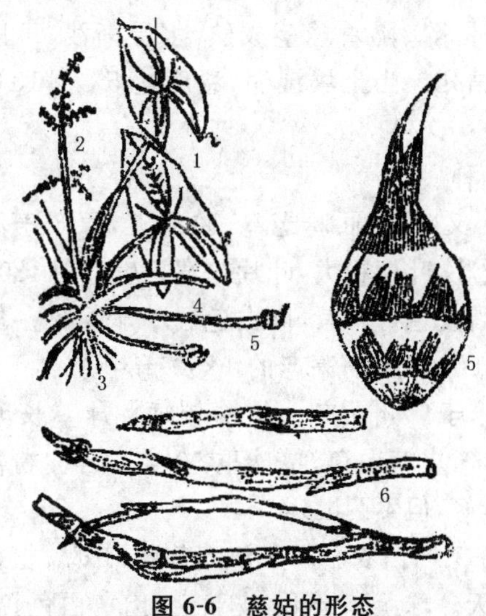

图6-6 慈姑的形态

1. 叶片 2. 花序 3. 根 4. 地下匍匐茎 5. 球茎
6. 匍匐茎的形态和球茎形成的状态

2. 生育过程 生育期180～210天。喜温暖和湿润,适宜水层深9～15厘米。土壤要肥沃,软烂。

清明谷雨间,平均气温达14℃时,开始发芽。立夏后生长加快,每5～10天抽生一片新叶。小暑后,当气温达27℃,一般有7片左右大叶时,短缩茎各节叶柄基部,有叶柄一侧的腋芽伸长成匍匐茎。一次匍匐茎长 60～100 厘米，粗 6～18 毫米，有 5～6 节。从一次匍匐茎的节上还可产生二次匍匐茎。匍匐茎先从主茎下部节位开始逐渐向上发生。初期发生的匍匐茎细而短，栽后 45 日到 8 月份时，匍匐茎变粗，变长，以后再发生的又变细，直到结球茎时也不加粗。8 月中下旬，随着气温的降低，发生的匍匐茎又变粗，长度可达 1 米，这是形成正常大小球茎的匍匐茎。与匍匐茎发生的同时，也抽生花枝。一般早抽生的匍匐茎较长，结的球茎也大。匍匐茎抽生后 15～25 天，开始形成球茎，再经 25～35 天达到成熟。每株可结球茎 11～14 个。球茎形成期间，要求日夜温差大，水层保持 6～9 厘米。随着球茎成熟，水层渐浅，可以促进早熟。霜降后，地上部枯死。当土壤湿润，温度达 5℃～10℃时，球茎可以安全越冬。

(二)主要品种

1. 刮老乌 又叫紫圆、咵老乌、咵老五，原产于江苏高邮、宝应一带。植株矮壮，叶柄粗大，叶片较宽。生育期 180～190 天，较早熟。球茎圆形，皮色青带紫，肉白色。单球重 20～30 克，每 667 平方米产 750～1000 千克，高产的 1250 千克。

2. 沙姑 产于广州市郊。植株较矮。球茎长卵形，高 5 厘米，横径 4.3 厘米，皮黄白色，单球重 50 克。含淀粉量多，肉质松爽，无苦味，品质好，但不耐贮运。

3. 苏州黄 又叫白衣。产于江苏苏州市郊。植株较高大，生育期 190～200 天。球茎卵圆形，皮黄色，肉黄白色，高 5～5.6 厘米，横径 3.5～4 厘米，单球重 30～32 克，具三道环节。品质好，肉质细，苦味少，有栗香。每 667 平方米产 750～1000 千克。

4. 沈荡慈姑 产于浙江海盐沈荡。中熟偏晚，常作早稻后作。球茎扁圆，皮淡黄色，肉黄白色，单球重 33 克。质柔软，品质好。

5. 白肉慈姑 产于广州市郊区洋塘一带。抗逆性强，生长期 110～120 天。球茎卵圆形，皮肉均为雪白色，单球重 50 克左右。

产量高,品质好,多作出口。

6. 梧州慈姑 产于广西梧州市郊区,南宁、桂林、玉林、苍梧等地都有。球茎扁圆形,纵径 4 厘米,横径 5 厘米,皮肉均白色。淀粉多,风味好。一般每 667 平方米产 1500～2000 千克,耐贮运。

(三)栽培技术

1. 育苗 用种子或球茎繁殖。用种子繁殖的,当年只形成小球茎。生产上都用球茎繁殖。选择肥大端正、顶芽粗短而稍弯曲的球茎作种,用整个球茎或取其顶芽播种。清明前后,将种球用蒲包包好,浸湿,置室内,经常洒水,温度保持 15℃以上,经 15～20 天可以出芽。然后,按 7 厘米见方距离,栽插秧田中,深度以芽长二分之一位于土下为宜。插芽后,水深保持 2～4 厘米,经 2～3 个月,即可定植。

2. 栽植 定植期依前作不同,差异很大。早的可在清明前后催芽,不经育苗而直接插栽到大田中;晚茬可以延迟到立夏育苗,夏至后再栽植。

栽植前耕翻土壤,施足基肥,灌浅水。苗带根掘出,摘去外围叶片,用手捏住顶芽基部,将根插入土中,深 9～12 厘米。栽植密度早茬 36～40 厘米见方,晚茬 30 厘米见方。

3. 管理 整个生育期应保持浅水层,热天生长旺盛时水层也不超过 13 厘米。慈姑以基肥为主,如果基肥不足,生长前期可轻施人粪尿,立秋后再施些草木灰。植株有 6～7 片叶时开始中耕,共约 3 次。结合中耕,将杂草和外围的黄脚叶摘除,埋入土中,加强通风透光。白露后停止下田,保护叶片和根系,为球茎膨大积累营养。

慈姑对钾肥反应良好。戴同广试验表明,施钾肥后不仅产量显著增加,而且质量提高,球茎大,皮青色带紫,无锈斑,无苦味,耐贮藏。施过钾肥的慈姑,贮藏 5～6 个月后,未见腐烂和软化,而未施钾肥的有 15%～20 发生软化,5%左右发生腐烂。施钾肥的经济效益也好，每千克氯化钾可增产 4 千克以上，高的达 17.9 千克，投入与产出比高达 1∶26.3。施肥时，一般每 667 平方米施 13 千克氯化钾较好。钾肥要早施，并与氮肥配合。

4. 收获与留种 霜后叶片枯黄时开始，至翌年发芽前均可采收。采收前排干田水，用铁叉掘收，每 667 平方米产 700～1500 千克。

留种时应选匍匐茎短，结球集中，单株球茎数 10～13 个，肥大整齐的植株。收获后再选出个大，顶芽粗短而弯，有 3 道环节的球茎作种。这种球茎苏州群众称"短柄三道衣"，植株不疯长，产量高。种球选好后，从球茎上将顶芽带 1 环节切下，洗净切口黏液，晾干表面水分后贮藏。

(四)贮藏与加工

1. 贮藏 慈姑采收后到清明前为休眠期，生理代谢缓慢，耐藏，抗病，容易保存，只要将温度控制在 0℃以上，防止受冻即可。春天，温度上升，休眠结束，呼吸作用加强，开始发芽，要严格控制温、湿度，抑制萌芽。并可在清明前，用切除顶芽的方法阻止萌芽，以延长贮存时间。常用贮藏方法有如下。

(1)原地贮藏 冬季，冻土层不超过 10～15 厘米，气温在－8℃～－7℃以上的地区，可用此法。霜降前后，慈姑充分成熟时，割除茎叶，在原地田间每隔 3～3.5 米，开一条宽、深各 30 厘米左右的沟。开沟挖出的泥土，均匀地覆盖到两旁的地面上。开沟能防止积水，防止腐烂；覆土可以防冻，慈姑根系未受损伤。贮藏后，可根据市场需要随时采收，慈姑品质好，而且产量还略有增加。

(2)泥藏 可以在室外露天贮藏，也可在室内贮藏。露地贮藏时，选地势高又背阴处，用砖砌成坑形，坑底铺一层经过日晒消毒的细软且潮湿的土壤，厚约 5 厘米。然后放入慈姑 3～4 层球茎高度，盖一层泥土，如此一层慈姑、一层泥土，堆至离坑口 10 厘米左右时覆土，使坑面呈馒头形，以利于雨雪天排水。为防止坑内积水，可在坑边开排水沟。如遇雨天，及时用油毛毡、芦席等遮盖，以免泥土流失。

室内泥藏法与室外基本相同，仅无须开沟排水。

(3)*水控堆贮法* 这是一种将慈姑堆积于仓库、场地或棚内，经常浇水，利用流水带走呼吸热，并保持较高湿度的贮藏方法。先将慈姑分堆，每堆500千克左右，中间放一通风筒，上盖草包或蒲包，浇水至湿润。以后，每隔4～5天浇一次水。温度达15℃时，要多浇水。低于0℃时，除去湿草包，换上干草包，以防受冻。另外，遮盖用的草包，要经常调换，防止生霉，引起慈姑腐烂。贮藏期间，堆内湿度要大，要稳定，严防积水和忽干忽湿。积水会引起水胖病，慈姑表皮产生水胖性黑色斑点，进而导致腐烂变质；过分干燥，会造成脱水、萎缩，降低品质；忽干忽湿，会减弱抗病力和耐藏性，引起腐烂。

(4)*窖藏法* 选高燥、排水良好处，挖一地窖，窖深45～60厘米，窖口直径60厘米，拍实窖底及四壁。先在窖底铺一层干稻草，再将慈姑与细土拌和倒入。贮至近窖口6厘米左右时，盖一层干草，再用干土覆严，厚20～30厘米，使土面呈馒头形，拍实，防止雨水渗入。

2. 泡慈姑的制作 选新鲜、个大、无病虫害的球茎1千克，淘净泥沙，去皮后放清水中浸泡。然后，用沸水烫一下，捞出晾干，装入泡菜坛或盆内。加水1升，食盐20克，红糖10克，白糖20克，白酒10克，醪糟汁20克，泡红辣椒100克，白菌10克，调匀，用盖盖住，约经1天即可食用。成品颜色白净，咸甜微辣，脆嫩鲜香。

(五)病虫害防治

1. 斑纹病 主要危害叶和叶柄，形成病斑。病斑褐灰色，圆形、椭圆形或不规则形，上稍呈同心圈状灰色霉层，直径1.5～15毫米，周围有绿黄色或绿褐色晕带。严重时全叶变黄干枯。叶柄上的病斑，呈褐色，线状。

该病由真菌慈姑尾孢菌引起。主要以菌丝块附着于病部越冬，翌年其上生孢子而传播。除慈姑外，还加害于泽泻科杂草。一般从8～9月份开始发生，直至收获。

防治方法：①注意氮磷钾肥料的配合施用，避免氮肥过多。②清除泽泻科杂草，收集病残组织烧毁。③用1∶1∶200～250倍波尔多液，65%代森锌可湿性粉剂400～500倍液，或50%乙基托布津500～1000倍液防治。

2. 黑粉病 又叫泡泡病、火肿病，是慈姑的主要病害，发生普遍，而且严重。主要危害叶片和叶柄，也危害花和球茎。叶片上病斑最初为褪绿的圆形小黄点，逐渐发展成黄绿色不规则圆形泡状突起。泡状突起部分，表面粗糙，内部似海绵状；后期泡状突起枯黄破裂，散出许多黑色小粉粒状孢子团。叶柄上病斑初为褪绿圆形小点，发展成绿色椭圆形瘤状突起，上面有数条纵沟；后期，呈枯黄色，表皮破裂后也产生黑粉状孢子团。花器受害后，子房变成黑褐色。球茎上的病斑，多发生在植株基部与匍匐茎连接处，造成茎皮开裂。叶片和叶柄上的病斑，发展至呈隆起泡状时，可流出白色浆液。

该病由真菌慈姑虚球黑粉菌侵染引起。该菌以孢子团随病残组织留在土中，或附在种球上越冬。翌年春，月均温高于15℃时，孢子团萌芽，产生担孢子，通过气流、雨水或田水传播，进行初侵染。然后，病部产生孢子，再进行重复侵染。小暑后，高温高湿时，容易流行。

防治方法：①用无病球茎作种。加强轮作。②摘除老黄病叶，集中烧毁。③及早用15%三唑酮可湿性粉剂1000倍液，或80%抗菌剂402乳油1500倍液，或25%多菌灵可湿性粉剂600倍液加75%百菌清可湿性粉剂600倍液，或50%福美双可湿性粉剂500倍液，或40%多硫悬浮剂500倍液，或1∶1.5∶200～250倍波尔多液，隔10天喷1次，连喷2～3次。

3. 钻心虫 又叫慈姑髓虫。一般在7～9月份发生，幼虫钻入叶柄蛀食，被害叶折断凋萎。除摘除凋萎叶片，埋入泥中外，每平方米放置一粒5%杀虫双大粒剂防治。

4. 蚜虫　6月份开始发生，主要为害嫩叶。可用40%乐果乳油1500～2000倍液，或50%敌敌畏乳油1000～1500倍液防治。

四、蒲　菜

蒲菜又叫香蒲、甘蒲。世界各地几乎都有，多野生，美国间有作观赏栽培，只有我国作蔬菜栽培，是我国的特产。我国人民食用蒲菜至少已有3 000多年的历史。《诗经》的《陈风·泽陂》章上曰："彼泽之陂，有蒲与荷"。陆玑疏云："蒲始生，取其心中入地蒻，大如匕柄，正白，生噉之甘脆，鬻（古煮字）而以苦酒浸之，如食笋法。"可见周代已经食用蒲菜。

我国蒲菜分布极广，处处自生，尤以黄河流域以南多水泽处更多，惟作蔬菜栽培者，以山东济南大明湖产的蒲菜，河南淮阳的陈州蒲菜和云南建水、石屏、开远、昆明等地产的草芽最为著名。其他各地，常任其野生，以采其叶编制蒲包、蒲席、蒲垫为主要目的。

蒲菜须根繁茂，根系腐烂后在土壤中积累的有机质多，可改良土壤。种植蒲菜后，改种莲藕、慈姑等需肥多的作物，常可获得高产。多风地区，在藕塘周围种植蒲草，能防风稳浪，减少损失。

蒲菜的食用部分有四种：一种是由叶鞘抱合而成的假茎基部，即山东济南大明湖产的蒲菜（又叫蒲儿菜）。二是地下幼嫩的匍匐茎和芽，即云南建水一带产的草芽，长约30厘米，粗如指，象牙色，又叫象牙菜。炒食或烩菜，特别是做成汤菜，味更鲜美。稍微衰老的草芽还能加工腌渍成咸菜。三是老后更新时挖出的短缩茎，肥而粗，俗称席草笋或面疙瘩，可以煮食。第四种是地下较老的匍匐茎，俗称老牛筋，除去外皮后取心煮食，或腌渍。

蒲菜的营养尚好，每100克可食部分含蛋白质1.2克，脂肪0.1克，碳水化合物1.5克，粗纤维0.9克，钙53毫克，磷24毫克，铁0.2毫克，胡萝卜素0.01毫克，硫胺素0.03毫克，核黄素0.04毫克，尼克酸0.5毫克，维生素C 6毫克。氨基酸含量丰富，每100克干物质中含11.95克，其中人体必需的占36.066%。

蒲菜的质地脆嫩，颜色洁白，清香，是蔬菜中之珍品。蒲菜和草芽清蒸、炒食、烩制、做汤均可，还能腌制咸菜，酱渍成酱蒲菜。河南淮阳县（古称陈州）城关城湖中产的蒲草，每年 7 月和 10 月各挖收一次根茎。根茎青白色，长约 1 米，剥除外面硬青皮后，除生熟食外，主要是用甜面酱腌制成酱蒲菜，特称陈州蒲菜。目前当地生产的陈州蒲菜畅销省内外许多大中城市。蒲菜的老茎叶是造纸和人造棉的原料。用蒲草编织的地毯，美观、精致，受到国内外欢迎。蒲菜果实上的冠毛，叫蒲绒，柔软保暖，可制蒲鞋，垫褥，充装枕芯等。雄花的花粉叫蒲黄，可制花粉食品，如加蜜糖能作成蒲黄糕，又可入药。《神农本草经》云："蒲黄主治心腹膀胱寒热，利小便，止血，消瘀血"。久服可轻身，延年，益气。蒲笋可除烦热，利尿。

（一）生物学性状

蒲菜属香蒲科香蒲属多年生宿根性水草（图 6-7）。株高 1.5～2 米，每株叶片 6～22 枚，着生于短缩茎上，呈左右两行排列。扁平线形，长 1.5～2 米，宽 0.7～1.2 厘米，深绿色，断面月牙形，内具白色长方形孔格，质轻而柔韧。各叶鞘基部相互抱合，十分紧密，幼嫩时可食。春、夏间，由短缩茎的顶芽抽生花茎，挺立于叶丛中，高约 2 米，顶端着生圆柱状肉穗形花序。花序成熟时褐色，粗 3～4 厘米，似棍棒或蜡烛，谓之蒲槌。花单性，雌雄同株同花序。雌花序在花序下部，圆柱状，肥厚，黄褐色，子房基部着生多数白长毛；雄花序在花序上部，雌、雄花序间相隔约 1 厘米。狭穗状，黄色，花药细长，花丝短。雄花开放后散出黄色花粉，谓之蒲黄。

抽生花茎的短缩茎，粗如指，长约 25 厘米，比不抽花茎的粗大些，俗称席草笋，可以食用。

短缩茎的节间极短，埋于土中，其腋芽萌发后形成根状匍匐茎，延伸于泥土中，长 30～60 厘米。白色，有节，节上有鳞片，嫩时作蔬菜食，即草芽。若未及时采收，伸长到 0.5 米左右时，先端弯曲向上，长出地面，可形成新株。若气候适宜，从春到秋新株基部

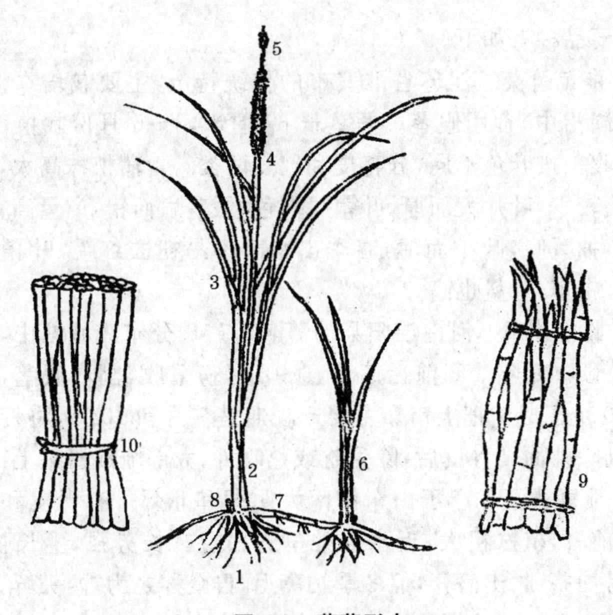

图 6-7 蒲菜形态

1. 根　2. 假茎　3. 叶片　4. 雌花序

5. 雄花序　6. 新株　7. 地下茎　8. 侧芽

9. 商品草芽　10. 商品蒲菜

的侧芽可陆续形成，不断萌发生长。

蒲菜短缩茎老熟后，积累着大量营养，颇肥大，称“面疙瘩”，可煮食。

蒲菜喜高温多湿，适应性强，不论高纬度或低纬度地区，在沼泽区或江河湖泊边都能生长。适宜于深 30～90 厘米的浅水中生长，也可在潮湿土壤中蔓延。冬季地上部枯死，以地下短缩茎和匍匐茎越冬。翌年春，惊蛰后气温达 10℃时，开始萌芽。夏至到立秋间，气温达 28℃时，大量发生匍匐茎，一个植株一年可发生5～10 个新株。芒种后开始抽薹开花。白露后进入休眠期。

(二)类型和品种

通常作菜用的香蒲有宽叶香蒲、长苞香蒲、水烛和东方香蒲等。主要品种有如下。

1. 淮城蒲菜 江苏省淮安市的传统特产，主要栽培在淮城、月湖等湖沼中，食用假茎。假茎长67厘米，3～5月份栽植，5～9月份采收。按叶色不同，分青皮和红皮两类。青蒲植株高大，长势旺，分蘖较少，叶片大而厚，叶鞘绿白色，假茎扁而粗，产量高；红蒲分蘖多，抽薹晚，叶小而薄，春季出水时不易褪去红毛，叶鞘带红斑，适宜密植，产量也高。

2. 陈州蒲菜 河南淮阳县的著名特产。分布在城湖中，面积近70公顷。每年清明前后萌芽，6～8月份采收，割取假茎，剥去外叶，10个捆成1把上市。主要产收期是7月和10月，将匍匐茎挖出，剥除外面硬青皮后，除生吃或熟吃外，大部腌成酱菜上市。

3. 济南蒲菜 产于山东济南大明湖和北郊。有青皮和红皮两种。前者，植株粗大，近水面处呈青白色。长势强，生长快，早熟，容易抽薹，长出蒲棒，但冬季枯萎迟，群众称之为"两头鲜"。叶片狭而厚，先端似蛇尾状。后者，植株较矮，近水面处呈红白色，分蘖力强，每株可分生20多个。晚熟，抽薹迟，质地细嫩，品质好。

4. 建水草芽 产于云南省红河哈尼族彝族自治州建水县，分布于开远、蒙自、个旧一带。食用地下嫩匍匐茎，因其形似象牙，所以又叫象牙菜。该品种分蘖力强，短缩茎上每节向叶片生长的左右两侧抽生匍匐茎——草芽，草芽长20～30厘米，粗1～1.5厘米，有5～6节。当地全年均可种植，生长旺盛，四季常绿。栽植后20～30天开始采收，4～8月每5～6天采收一次，每次每667平方米产40～50千克；秋冬季，每半个月收一次，每次20～25千克，全年可采30～40次，每667平方米产1500～2000千克。

（三）栽培要点

清明至小暑间，新苗高1～1.5米时，带根挖苗，将蒲叶剪短，按50～60厘米见方距离插入泥中，深12～15厘米。栽一次可收5～6年。

生长期间勤锄草。春季水位保持30厘米，渐长后增加到60

厘米，最大能耐短期150厘米深的水层。最好不要淹没假茎，以免引起腐烂。水位过浅时，生长弱，容易抽薹开花，产生“公蒲”，这时宜将其地面部分割去，加强管理，促其恢复生长。专供菜用的，水位可略深些，使假茎大部或全部浸在水中，促使软化。

（四）蒲菜软化栽培

为延长供应期，山东济南地区有采用软化栽培的。冬初，湖水结冰前，挖取蒲株，密植于地窖中，立即灌水。窖深2米，宽1.3～1.8米，窖顶用树枝、蒿秆、泥土密封遮阳，使之不见光。约经月余，即可采收。收后再灌水，1个月后又可采收，共收2～3次。

（五）采　收

1. 收蒲菜　栽植后2个月，当假茎高30厘米，粗如小指时起，每隔5～15天收一次。采收的方法有两种，一种是用镰刀从短缩茎上半部割下，另一种是将其与周围的匍匐茎切断后，用手拔出。收后，切取假茎，长0.3～0.6米，剥去外叶，捆成束出售。

2. 收草芽　栽植后50～60天，当地下匍匐茎长到20～30厘米时开始采收。云南省建水、开远一带，一年四季都可采收。草芽长在泥中，采收全靠手摸。匍匐茎伸长的方向与叶片排列的方向基本一致。为避免采收时踩断幼芽，应沿不长叶的方向前进。因匍匐茎是从下向上陆续长出，所以采收时，应将其从基部掐断后，再从植株侧后方抽出，以防碰断刚萌发出的小匍匐茎。

3. 收席草笋　席草笋是生产蒲叶时的副产品。云南元谋一带，野生蒲草分布广，长势旺，6月末，为促进新株生长，提高蒲叶产量，常将抽薹植株从地面处割除，剥去外叶后剩下中心白嫩似茭白的短缩茎，谓之席草笋，是一种味美的特产蔬菜。

4. 收蒲叶　蒲叶应在寒露到霜降间，植株停止生长，叶肉充实，外部呈深绿色时收割。收割宜选择晴天，露水干后进行，从假茎上部将叶片割下，留着假茎不割，俗称“齐苞斩叶”。然后晒干，捆好贮藏，每667平方米约产300千克。

(六)加　工

蒲菜可制成酱蒲菜。方法是:采收后,剥去外面老叶鞘,将基部用刀剖开,腌于18%盐水缸中,压实。每天翻一次缸,10天后捞出,洗净,放清水缸中拔盐。至含盐量降低到10%左右时,放入二酱中预酱,每天翻缸一次。20天后出缸,用50%甜面酱酱制,每天翻缸一次,计15~20天。再将30%~40%的甜面酱加热至100℃,晾冷后每千克加白糖5千克,将蒲菜泡入,8~10天即成。

五、荸　荠

荸荠又叫马蹄、地栗、乌芋、黑三棱、芍、凫茈。原产于我国南部和印度。世界上用之作蔬菜栽培的仅东亚各国,而以我国为最多。我国栽培历史悠久,《尔雅》(公元前300年~前200年)中已有关于凫茈的记载。长江以南各省都有栽培,以广西桂林,浙江余杭,江苏高邮、苏州,福建福州等地最为著名,长江以北如山东、河北有少量栽培。朝鲜、日本、越南、印度、美国也有栽培。是我国的特产蔬菜,也是主要的出口食品。

荸荠以球茎供食用。每100克可食部中含水分74.5克,蛋白质1.5克,脂肪0.1克,碳水化合物21.8克,粗纤维0.6克,灰分1.5克,钙5毫克,磷68毫克,铁0.5毫克,钾523毫克,钠19毫克,镁16毫克,氯110毫克,胡萝卜素0.01毫克,硫胺素0.04毫克,核黄素0.02毫克,尼克酸0.4毫克,抗坏血酸3.0毫克,营养丰富。其肉质清脆多汁,颜色洁白,可作水果鲜食,有"土中红水果"之称。也可熟食,炒、焯、烧、煨、炸均可,久煮不烂,清脆可口,风味清香,如荸荠炒虾仁、炒鸡丁、烧鸡、荸荠狮子头、荸荠肉卷、糖醋荸荠等,均甚可口。荸荠还可做成马蹄冻、马蹄露、马蹄糕、果汁马蹄条、糖葫芦等,加工成的饴糖、淀粉、蜜饯、罐头可出口。我国的清水马蹄,每年销往我国港澳地区、日本、南洋及欧美等地达2万吨以上,在国际市场上占有重要地位。但荸荠性寒,脾胃虚寒、胃溃疡和血虚者忌服食。生食必须洗净,消毒,去皮,以免食入姜片虫卵。

荸荠以球茎及叶状茎(通天草)可作药用。性寒,味甘,入肺、胃经,有清热、利咽、化痰、止渴、开胃、消食、益气、明目等作用。鲜荸荠和生石膏煮汤代茶饮,可预防流行性脑膜炎。现代医学研究证明:荸荠中含有一种不耐热的抗菌成分——荸荠英,对金黄色葡萄球菌、大肠杆菌、产气杆菌及绿脓杆菌均有抑制作用。将荸荠洗净切开,涂擦患部可治寻常疣;去皮,切片,浸陈醋中,文火煮十余分钟,取出捣烂装瓶,涂患处,用纱布擦至局部发红,贴净纸,绷带绑好,可治牛皮癣。值得注意的是,荸荠还含有防癌成分。上海肿瘤防治研究协作组在筛选中药时发现,荸荠各种制剂在动物体内均有抑癌作用。新加坡中医学报报道,用荸荠 10 只,带皮放铜锅内煮,每日服食可治疗食道癌。

(一)生物学性状

1. 植物学特征 荸荠为单子叶莎草科多年生浅水草本植物。茎分球茎、主茎、叶状茎和匍匐茎四种。球茎由匍匐茎的先端膨大而成,扁圆形,栗褐色。春季发芽后先抽生一发芽茎,长约 1.5 厘米,发芽茎顶生主茎,极短。主茎上丛生多数绿色的叶状茎,细长直立,高 60～100 厘米,管状,内具多数横隔膜,基部环生膜质退化叶。主茎四周抽生匍匐茎,横行土中,顶芽向上能形成新株丛,向下可产生球茎。叶退化,呈膜片状着生于叶状茎基部及球茎上。根为须根,细而长,无根毛。花序穗状,着生于叶状茎先端,小花呈螺旋状贴生。种子小,难发芽,一般不用其繁殖(图 6-8)。

2. 生育过程 立春后,地温达 5℃时,越冬球茎顶芽开始萌动。清明至谷雨,球茎全部萌芽并抽生发芽茎,向上抽生叶状茎,有 5～6 根叶状茎时,向下生根。发芽适温为 15℃～25℃,需 20～30 天。在 20℃～25℃中催芽,2 天可萌发,到苗高 15～20 厘米时,仅需 15～20 天。发芽茎先端在向上抽生叶状茎的同时,还向四周抽生匍匐茎。匍匐茎伸长 10～15 厘米后,顶端向上,产生叶状茎,形成新分株。之后,分株又生分株,直至生育后期。大暑到立秋间，气温达 25℃～30℃时，生长最快，每隔 10～15 天能产生一次分株。至白露前，共 120～150 天，一个种球可产生 4～8 次分株，共有 50～60 个，叶状茎多达 300～400 根。早期产生的分株，叶状茎多，晚期的少。每次分株，叶状茎数相差 3～4 根。分株期需要高温长日照的环境。栽培时，为使其在立秋前形成较大的株丛，定植期宜早。北方地区最好在大暑前定植完毕。因为处暑后植株的分株速度大大减低，并开始进入开花结球期。晚栽的植株，球茎小而嫩，产量低。荸荠在处暑至白露间，温度降低，日照缩短，分蘖、分株基本停止后，叶状茎绿色加深，自分株中心抽出花茎，开花、结果；同时，地下匍匐茎先端形成球茎。

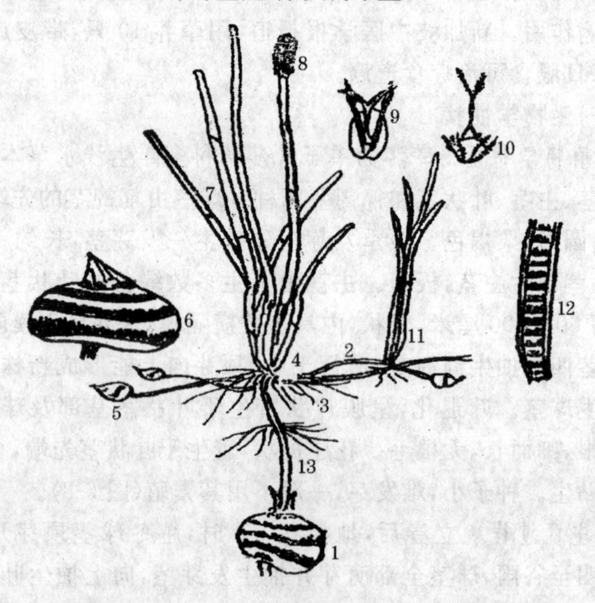

图 6-8　荸荠的形态

1. 种球　2. 匍匐茎　3. 须根　4. 短缩茎

5. 刚形成的小球茎　6. 成熟的球茎　7. 叶状茎　8. 花序　9. 花纵剖面

10. 雌蕊和带逆刺的须毛　11. 分生幼苗　12. 叶状茎纵剖面　13. 发芽茎

球茎是地上部分营养的贮藏器官,其形成要经过匍匐茎的伸长生长和顶端结球膨大两个阶段。匍匐茎是位于植株基部地下茎节上发生的侧枝,结构与正常地上茎相似。按发生的顺序分一次匍匐茎、二次匍匐茎等。按其功能有形成新的分蘖株的分株型匍匐茎和顶端形成球茎的球茎型匍匐茎。一般前期发生的匍匐茎多属于分株型,后期发生的多属球茎型。匍匐茎随植株不断进行分蘖而陆续发生,数目不断增加。在浙江杭州,9月下旬左右,单株匍匐茎数目基本不再增加,这时每株的匍匐茎可达30条。球茎大量形成的时间是9月中下旬,至10月上旬,以后各时期也有新球茎的形成。单个球茎从开始膨大到停止膨大约经历70天,其中生长最快的时间为球茎开始膨大后20天左右和40～70天。整个增大过程呈"S"形曲线,体积膨大约开始于定植后40天,至定植后110天。一般到寒露时节,球茎已形成,但地上茎中的同化养分还未全部转送到球茎中;所以球茎不充实,嫩而不甜,外皮呈白色。霜降后,叶状茎中的养分几乎全部贮藏到球茎中,地上部逐渐枯死,球茎逐渐转变成红褐色,进入成熟期。冬至小寒间,球茎内的糖分含量最高。结球期要求干燥冷凉的环境,平均气温以10℃～20℃,水层保持3～6厘米较好。冬季地上部枯死,球茎在土中越冬。

(二)类型和品种

荸荠品种间植株型态颇相似,而球茎的大小、荠底和顶芽的形态区别较大。球茎的顶芽有尖与钝之分,荠底有凹脐与平脐之别。一般顶芽尖的脐平,球茎小,肉质粗老,渣多,含淀粉多。顶芽钝而粗的脐凹,含水分多,淀粉少,肉质甜嫩,渣少,宜生食,但不耐贮藏。按球茎淀粉含量的多少分为水马蹄和红马蹄两类;水马蹄为富含淀粉类型,球茎顶芽尖,脐平,肉质粗,适于熟食或加工淀粉,如苏荠、高邮荸荠、广州水马蹄等;红马蹄为少含淀粉类型,球茎顶芽钝,脐凹,含水多,肉质甜嫩,渣少,适于生食及加工罐头,如杭荠、桂林马蹄等。

1. 苏荠 产于江苏苏州。较晚熟。单株球茎25～40个，重0.5千克左右。球茎扁圆形，脐凹较深，顶芽短直，皮深红色，肉白而脆嫩，味甜多汁，品质中等，耐贮藏。

2. 高邮荠 产于江苏高邮、盐城一带。球茎扁圆形，皮红褐色，芽粗直，脐平，单球重约20克。皮厚，生食品质差，耐贮藏。

3. 余杭荠 产于浙江余杭，又叫杭荠或大红袍。球茎扁圆形，皮深红色，芽粗重，皮薄，肉白，质细，味甜汁多，生食渣少。加工、鲜食亦好，品质最优，是目前长江中下游地区推广的良种。

4. 桂林马蹄 产于广西各地，以桂林产的最为著名。球茎大，高2.2厘米，横径3厘米，重15克。扁圆形，皮深褐色，含淀粉少，糖分高，肉质爽脆，耐藏，熟粉黏性不大，宜生食。

5. 孝感荸荠 主产于湖北孝感市的杨店、龙店、卧店、朋兴等地。球茎扁圆，红褐色，单球重约25克。顶芽短小，略倾斜，脐凹陷不明显，皮薄，味甜，质细，渣少，品质好。

6. 广州水马蹄 广州农家品种，球茎扁圆形，顶芽较尖长，皮红黑色，重15克。淀粉含量高，早熟，抗热，耐寒，耐浸，熟粉黏性大，100千克可制粉16千克。

7. 会昌荸荠 又称贡荠，江西会昌筠门岭乡农家品种。球茎扁圆形，重20～25克，水分多，淀粉少，渣少，微甜，品质特优。

8. 祥谦尾梨 产于福建闽侯县。单球重25克，大的42克。皮金红色，有光泽。皮薄，肉白，无渣，脆嫩多汁，甜爽可口，商品率高。

（三）栽培要点

1. 栽培季节 无霜期宜长，最好达210～240天。定植期不严格，长江流域从清明到小暑间随时可以育苗移栽，最迟不晚于8月中下旬，使霜前有100多天生长期，丰产才有保证。早栽的，分蘖分株多，产量高。所以湖南衡南一带有句俗话："种荸荠，冒（没）得巧，水足，泥肥，田底好，提前育苗适时栽，高产优质才牢靠。"这个经验是十分值得借鉴的。

2. 整地 选择日照充足，表土疏松，底土较坚实，耕层20厘米左右，水源充足的沙壤土。这种土壤中，球茎入土浅，大小整齐，肉质嫩甜。重黏土中生长的，球茎小，不整齐。腐殖质过多的地中，肉粗汁少，皮厚色黑，不甜。忌连作，连作时球茎小，病害多。一般与席草、慈姑、茭白、水稻等实行2～3年的轮作。荸荠生长期短，为使其尽快分株发棵，基肥应以速效肥为主，肥量也要适当增加。早稻地种荸荠时，早稻收后水不要干，否则耕后变成牛筋泥，影响生长。

地要整细，耕深15厘米，耙烂，泥土融活，弄成“奶浆”泥。

3. 育苗 育苗时先要根据用途选择适宜的品种。如生食鲜销，应选择桂林马蹄、孝感荸荠等球茎大、味甜、渣少的品种。加工制粉时，选择高邮荠、水马蹄等含淀粉多的品种；制罐时，则应选择球形整齐、脐平、出肉率高，削皮后无黄衣，又耐贮藏的品种，如余杭荠、苏荠等。

荸荠用球茎繁殖。田间越冬的种荠不宜过早挖取，早茬荠在惊蛰、春分间，晚茬荠在清明后挖出，堆在温暖屋角内，每堆200千克左右，用稻草围住，再封一薄层河泥，催芽。立夏前后萌芽后取出，选择皮色光滑鲜艳、个大、充实、未霉烂、未伤皮的育苗。种荠大小要匀称，1千克60个左右的较好，每667平方米约80千克即可。在窖里贮藏的种球，取出后也要进行粒选，然后摊在阴凉透风处晾几天。当其外皮起皱后，装入筐中，放塘水中浸泡2～3天，待吸足水分后再放到阴凉透风处，每隔8小时淋一次水，出芽后再育苗。

选择排灌方便处做苗床，最好是沙壤土。将出芽的球茎按2～3厘米的距离均匀插入泥中。排种后，若光照强、温度过高，应搭荫棚，出苗后再逐渐拆除。苗期要勤浇水。用分株法繁殖，催芽种球播种时，行距为20～25厘米，株距15～20厘米，约经40天，当有3～4个分株时，将其挖出，把母株和分株苗分开，再把母株顺分蘖拆开，使每株有3～5根叶茎，然后栽植。

4. 栽植与管理 起苗时应同种荠一起拔出，如果已产生分株，可将其与母株分开栽植。苗挖下后，将叶状茎从 26 厘米处剪短。按(0.3～1)米×(0.24～0.4)米密度定植，深约 10 厘米。生长期间耕田除草 2～3 次。苗过密时可拔去弱苗。大暑前，若植株生长衰弱，可追施氮肥一次，立秋后追施草木灰 1～2 次。水位一般保持在 3～7 厘米，定植后水位宜浅，分蘖期可以深些。遇风雨时，暂灌深水，防止叶状茎折断。

(四)采收与留种

早茬荸荠从立冬开始，晚茬从小雪后开始，直至翌年春分采收。大致当叶状茎先端色老转红时即示成熟，可以收获。过早采收的成熟度不足，皮薄，不耐贮藏。小雪到冬至间收的，含糖量高，品质好。此后，含糖量下降，表皮加厚，表皮与肉质间产生黄衣，脐部维管束明显，皮色呈黑褐色，品质降低。

为便于采收，收获前一天可排干田水，然后扒开泥，用手拣出球茎。收时严防破损。收后，当时不要洗去泥，洗湿了容易烂。应将泥晒干，这样耐藏。

留种时，荸荠最好不挖，就地越冬，到翌年立春后再挖。挖出后摊放到阴凉处，将泥晾干后再放入窖中贮藏，一直可保存到夏至前后，随时可以催芽播种。

(五)贮藏与加工

1. 贮藏 选择无破损及无病虫害的球茎，带泥摊晾，至附泥发白时收存。一般用沙藏：在室内挖一土坑，或用砖砌成池。坑底垫泥沙，厚约 6 厘米，铺 2～3 层荸荠，荸荠上再铺沙，层层相间，共厚约 1 米。最上面用稻草或麻袋盖严，保持湿润。每隔 10 天检查一次，若泥沙干燥变白时，喷洒清水。也可将荸荠与沙分层堆积后，四周用席围住，席外涂河泥，堆上盖土和稻草，涂泥封顶。还有一种窖藏法：挖一长、宽各 1 米，深 80～100 厘米，下部略大些的窖，将荸荠放入，每隔 20～25 厘米，撒一层细干土，吸收球茎散出的水分，至离窖口 20～25 厘米时铺细干土封口，窖口再用木板盖住。

2. 清水荸荠的加工 选择新鲜肥嫩、横径3厘米以上者,洗净,去根、蒂和外皮后,暂浸于清水中护色;按直径分为20～24毫米、24～28毫米、28～32毫米和32毫米以上的4级,分别倒入0.4%柠檬酸液中煮沸20分钟,荸荠与酸液比例为1∶1。每次煮后调节酸度,煮3次后调换预煮液。煮后用清水漂洗1～2小时脱酸。若要片装时,可切成厚3～7毫米的片。按级别分开装罐,8113罐号,装345～350克;15173罐号,装1970～2008克,加满汤汁(先配成浓度为1.5%～3%的糖液,加入0.05%～0.07%柠檬酸,加热至80℃以上)。装罐后放入排气箱中加热排气,罐中心温度达75℃以上后在封罐机上封罐。在真空封罐机上封罐时,真空度应达47.9～53.2千帕。罐封好后放入杀菌锅中灭菌。8113罐号,用110℃杀菌30分钟;15173罐号,用108℃杀菌75～80分钟,冷却后包装。

3. 荸荠粉的加工 选择新鲜老荸荠,洗净泥沙,去蒂后置石臼或打浆机内捣碎,再加等量清水,用石磨或小钢磨磨成浆。之后将浆乳盛于布袋中,用清水冲洗,至荠渣中无白汁流出时,把浆液在清水中漂1～2天。每天搅拌2次,澄清后去掉浮面的荸荠渣和底部泥沙。取中间夹层的粉浆放于另一容器中,加清水搅混再沉淀一次。至其呈白色时倒掉上面的水,摊于布上。布下垫洗净干燥的新砖瓦,使之吸干水分。再将半干半湿的荸荠粉掰成小块,放于竹匾中,晒干即可。

4. 糖荸荠的加工 选择含糖量高,组织较硬,新鲜及大小均匀的荸荠,放清水中浸泡25分钟左右,洗净表皮泥沙,沥干。用小刀削去两端,剥去周边外皮。形状过大的切成两半,随即投入清水中浸泡护色。将清水煮沸,倒入刨皮后的荸荠煮熟,再放入清水中浸泡12小时,捞出沥干。另取砂糖15千克,加清水35升,置铝锅内加热溶解成糖液后,倒入浸泡过的荸荠100千克,渍12小时后捞出。沥出糖液,再加糖10千克,加热煮沸20分钟,使糖溶解后趁热倒入盛有荸荠的容器内继续浸渍。然后,按前法每隔24小时加四次砂糖，每次加 7.5 千克。最后将糖渍过的荸荠同糖液一起倒入铝锅内煮沸 10 分钟，加入剩余的 2.5 千克砂糖，搅动。煮至糖液浓缩到滴入水中能结成团珠状时，沥去糖液，移入另一铝锅中，迅速翻动，促进水分散发，亦逐渐翻炒，即为成品。然后封装入塑料食品袋中。成品颜色透明微黄，含糖量约 70%，味甜适口。

第七章　茄果类

一、番　茄

番茄又叫西红柿、洋柿子，我国各地都有栽培。因其果实中含有丰富的维生素、糖类、有机酸、类胡萝卜素及多种无机盐，营养价值高，而且口感良好，既当蔬菜，又当水果，还可加工，因此市场需求量大，发展前景甚广。

（一）生物学性状

1. 植物学特征　番茄属茄科番茄属，草本植物，包括有限生长（自封顶）及无限生长（非自封顶）两种类型。根系比较发达，分布广而深，易生侧根。茎直立或蔓生，假轴（番茄植株在顶芽分化为花穗后，此穗花芽下的一个侧芽生长成强盛的侧枝，与茎连续而成为假轴）分枝能力强，每个叶腋都可发生侧枝。体表被淡黄色或暗黄色茸毛，丛密或稀疏，有长有短。叶为由深缺刻形成的1枚顶生裂片和几对侧生裂片、间裂片与小裂片组成的单叶。花为完全花，聚散花序，小果型品种多为总状花序，花萼5～6枚或更多，花瓣5～6片或更多。雄蕊5～6枚或更多，雄蕊花丝很短，花药长卵形，在花药药筒中有短柱状的花柱，容易引起自花授粉。子房因品种不同有3～4室或更多室的，种子着生在中轴胎座上。果实为浆果，重100～500克，果色有紫红、深红、大红、鲜红、橙红、深粉红、粉红、橘黄、黄、淡黄、白、绿或杂色。果形有圆球形、扁圆形、椭圆形、牛奶形、樱桃形、卵形、梨形和桃形。种子多数，心脏形，被有茸毛，胚呈环形，有胚乳。

2. 生长发育期　番茄生长发育期可分为发芽期、幼苗期、开花着果期和结果期4个时期。

（1）发芽期　从种子开始发芽到第一片真叶出现（破心）为发

芽期。在正常温度条件下这一时期为7～9天。发芽期的顺利完成主要决定于温度、湿度、通气等条件及覆土厚度等。种子在吸足水分后，在温度25℃、土壤湿度达田间最大持水量的80%左右，以及播种覆土1.5～2厘米的条件下，发芽最快。

(2)幼苗期　由第一片真叶出现至开始现大蕾的阶段。包括基本营养生长阶段和花芽分化及发育阶段。创造良好条件，防止幼苗的徒长和老化，保证幼苗健壮地生长、花芽的正常分化及发育，是这一阶段栽培管理的主要任务。

(3)开花着果期　由第一花序出现大花蕾至着果的阶段。在这一阶段，番茄从以营养生长为主过渡到以生殖生长与营养生长同步发展的转折时期，直接关系到产品器官的形成及产量，特别是早期产量。因此，促进早发根，注意保花保果，使营养生长与生殖生长平衡发展便成为这阶段栽培管理的主要任务。

(4)结果期　从第一花序着果到结果结束(拉秧)都属结果期。这一时期果、秧同时生长，营养生长与生殖生长的矛盾始终存在，所以，容易引起结果期产量消长呈波浪形变化。因此，应该创造良好的条件促进秧、果并旺，不断结果，保证早熟丰产。

3. 对环境条件的要求

(1)温度　性喜温暖，不耐霜冻和炎热，在15℃以下不能开花，10℃生长停止，－1℃时，植株受冻而死亡。如长期处于35℃以上的高温，生长停止，甚至死亡。番茄不同生育时期对温度的要求是有差异的(表7-1)。

(2)日照　番茄为短日照植物，在8小时的短日照环境下，第一花序着生节位最低。但对日照长短反应不敏感，所以，在春季和秋季均可栽培。番茄一般需3万～3.5万勒的光照度，才能正常生长，其光饱和点是7万勒。如光照度低于2.5万勒，植株生长较差，果实发育缓慢。

表 7-1 番茄不同生育期对温度的要求 （℃）

生育期	最低温度	最适温度	最高温度	致死温度
发芽期	11	16～29	34	
营养生长期	18	21～24	32	
坐果期晚上	10	14～17	20	−2
坐果期白天	18	19～24	30	
结果期	10	20～24	30	

(3)水分　番茄枝叶繁茂，蒸腾作用强，要求有较多的水分。尤其是盛果期，若水分严重不足，就影响果实膨大，造成减产。但番茄根系较发达，吸水力强，对水分的要求属于半耐旱的特点。番茄根系忍耐缺氧的能力较弱，在地温 20℃以上时，淹水 24 小时即死亡。

(4)养分　番茄生长期长，产量高，对土壤养分要求较高，必须施有充足的肥料，同时还要做好氮、磷、钾的合理搭配。番茄对氮和钾的吸收率为 40%～50%，对磷的吸收率仅为 20%，施肥时氮、钾、磷之比应为 1∶1∶2。尤其增施磷肥可显著促进根系发育和果实成熟。

(5)土壤　番茄对土壤要求不严格，适应性广，一般土壤都能生长。但为获得高产，以排水良好、土质疏松的沙壤土最为适宜。土壤酸碱度以 pH 值 6～7 为宜，对酸性或碱性过大的土壤应进行改良。

(二)类型和品种

1. 类型　番茄品种很多，依其食用方式，分为鲜食品种和加工品种；依其植株生长方式，分为有限生长类型和无限生长类型；依其熟性可分为早熟品种和中晚熟品种。目前我国各地栽培的品种按应用方式可分为 3 类。

(1)鲜食早熟品种　早魁、早丰、西粉 3 号、秦粉 2 号、金太阳 99、北京早红、秋丰、兰优早红、东农 704、浙江 10176、浙粉杂 3 号、浙杂805、浙杂804、浙杂8号、浙杂7号、陇番5号、津粉65、早杂1号、苏抗1号、苏抗2号、苏抗4号、苏抗9号、皖红1号、湘番茄1号、浦红6号等。

(2)鲜食中晚熟品种　毛粉802、中蔬4号、中蔬5号、中蔬6号、中杂7号、中杂9号、中杂4号、中丰、强丰、白果强丰、佳粉1号、佳粉2号、佳粉10号、齐番5号、齐研矮粉、L402、L404、辽粉杂1号、辽粉杂3号、451、春丰、陇番7号、853、郑南4号、郑番1号、冀番2号、鲁番茄3号、金丰1号、苏抗5号、苏抗7号、浙杂5号、浙江20号、洪抗1号、双抗2号、内番3号、湘番1号、浦红7号、浦红8号、浦红5号、特罗皮克、强力米寿、西农72-4等。

(3)加工番茄品种　910、奇果、478、NC×3032、扬州红、红玛瑙、红玛瑙144、简易支架18、浙杂9号、红杂18、红杂25、北京樱桃等。

2. 优良品种　优良的品种，一是品质要好，二是丰产性要好，同时，必须具有较强的抗(耐)病性，尤其是对番茄主要病害——烟草花叶病毒、黄瓜花叶病毒、早疫病和晚疫病具有良好的抗性。

(1)品系M6　陕西西安皇冠蔬菜研究所，西安金鹏种苗有限公司研究育成。无限生长类型，长势较强，叶片较稀。果实高圆形，光泽度好，成熟果粉红色，一般单果重200～250克，果实硬度、商品性均优于金棚一号。高抗根结线虫，高抗番茄花叶病毒病，部分地区高抗叶霉病，中抗黄瓜花叶病毒病，抗枯萎病。早熟，果实膨大快，结果集中，连续坐果能力强。适宜根结线虫严重地区日光温室、大棚、中棚及小棚秋延后、春提早栽培。

(2)西粉3号　陕西西安市蔬菜研究所选育，早熟一代杂种，矮秧自封顶类型。株高53～55厘米，生长势较强，第一花序着生于第七节。果型较大，圆形，粉红色，有青肩，单果重150克左右。品质好，抗烟草花叶病毒。适宜于塑料大棚和中小棚早熟栽培。每667平方米产4500～5000千克。

(3)铁甲　西安大唐种业有限公司选育。耐热性强，6～7月份保护地播种，高温期正常生长，不裂果，不死秧，不早衰，生长势强。露地种植，雨淋裂果少，成熟果2米高落下不裂，货架期长达20天，可集中采收，皮厚果硬，耐长途运输。高秧，粉红果，果实高圆形，单果重300克，大小均匀，果面光滑色泽鲜艳，每667平方米产量可达15000千克，坐果集中，节间短，比重大。高抗叶霉病，中抗病毒病、枯萎病，是无公害生产的理想品种。

(4)皖红1号　安徽省农业科学院园艺研究所育成，早熟一代杂种，有限生长类型。生长势中等，株型紧凑，株高60～65厘米，叶绿色。第一花序着生于第六至第七节，花序间隔1～2叶，2～4穗后自行封顶。果实扁圆形，大红色，果面光滑，果脐小，单果重150～200克。可溶性固形物含量5%，酸甜适中，品质好。高抗烟草花叶病毒，较抗枯萎病，不耐热。适合于早春保护地栽培和秋延后栽培。每667平方米产4000～5000千克。

(5)苏抗9号(苏粉1号)　江苏省农业科学院蔬菜研究所育成，早熟一代杂种，自封顶类型。生长势强，株高80～90厘米，叶色深绿。第一花序着生于第六至第七节，花序间隔1～3叶，2～3穗果后自行封顶。果实扁圆形，粉红色，有绿色果肩，果面光滑，果脐小，单果重110～130克。可溶性固形物含量5.1%，风味好。高抗烟草花叶病毒，耐黄瓜花叶病毒。适宜早春保护地栽培及露地栽培。每667平方米产4500～5000千克。

(6)毛粉802　陕西西安市蔬菜研究所育成，晚熟一代杂种，无限生长类型。50%的植株上有长而密的白色茸毛，50%为普通植株。第一花序着生于第八至第十节。果实大而圆，粉红色，有绿色果肩，果脐小，不裂果，平均单果重150克。维生素C含量高，风味好。抗烟草花叶病毒，耐黄瓜花叶病毒和早疫病。适宜春季露地栽培。每667平方米产6000千克左右。

(7)中蔬4号(鲜丰)　中国农业科学院蔬菜花卉研究所育成，中熟一代杂种，无限生长类型。普通叶，叶色深绿。第一花序着生于第七至第九节，花序间隔3叶。果圆形，粉红色，果肩绿色，果面光滑,单果重154克。高抗烟草花叶病毒,耐黄瓜花叶病毒和晚疫病。适宜春季露地和保护地栽培。每667平方米产5000千克以上。

(8)佳粉1号　北京市蔬菜研究中心育成,中熟一代杂种,无限生长类型。第一花序着生于第七至第九节,花序间隔3叶。果实扁圆形,粉红色,果脐较大,单果重200～300克。较耐低温,坐果率高,丰产稳产。对烟草花叶病毒病耐病性强。适宜春季露地和春秋保护地栽培。每667平方米产5000千克。

(9)浦红7号　上海市农业科学院蔬菜研究所育成,中熟一代杂种。第一花序着生于第七至第八节,花序间隔2～3叶。果实扁圆形,红色,单果重150克。抗烟草花叶病毒,耐黄瓜花叶病毒。适宜春季露地和塑料大棚栽培。每667平方米产4000～5000千克。

(10)红杂18　中国农业科学院蔬菜花卉研究所育成,中早熟加工用一代杂种,有限生长类型。果实卵圆形,鲜红色,着色均匀一致,果面光滑,果形美观,果肉厚,耐压,抗裂,耐贮运,单果重50～60克。可溶性固形物含量5.2%～5.5%。100克果实中番茄红素含量为10～12毫克。高抗烟草花叶病毒。每667平方米产4000千克以上。

(11)红玛瑙100　中国农业科学院蔬菜花卉研究所育成,早熟,有限生长类型。一般4～5序果自行封顶。果实长圆形,鲜红色,着色均匀,单果重50～60克。可溶性固形物含量5.2%。100克果实中含番茄红素9毫克。系加工品种,适宜矮架密植栽培和无支柱栽培。每667平方米产3000～3500千克。

(12)特罗皮克　晚熟品种,无限生长类型。第一花序着生于第七至第九节。果实圆形或扁圆形,成熟果鲜红色,单果重200～300克。皮厚,不易裂果,耐贮运。适宜春露地及晚夏栽培。每667平方米产5000千克以上。

(13)东农711　东北农业大学园艺学院以94208为母本、以

94125为父本育成的中晚熟番茄一代杂种。无限生长类型，长势强，果红色，中型果，圆形，果面平滑，果脐小，单果重160～180克，畸形果率0.2%，裂果率0.3%，整齐度极高，果肉厚，耐贮运，室温下(25℃)货架期长达25天。耐高温和弱光能力强，高抗ToMV、黄萎病和枯萎病，每667平方米产量8500～13000千克，适合全国各地保护地和露地栽培，尤其适合早春和秋延后保护地栽培。

(14)金鼎一号　北京中农绿亨种子科技有限公司利用远缘三系杂交育成的保护地3～4穗、打顶专用粉果新品种。植株长势强，叶量中等偏少，叶色浓绿，半停心类型，早熟。果实圆形偏高，粉红艳丽，单果重220～250克，高硬度，耐贮运。高抗病毒病、叶霉病等多种病害，抗逆性特强，在低温和高温下均不易产生畸形果和裂果。有矮秧集中坐果特性，又有高秧的长势和连续坐果性，单株产量4～5千克，适宜春茬温室、大小拱棚抢早栽培和秋延后覆盖栽培。必须坚持疏花疏果，第一穗留2～3个果，以后每穗留3～4个果，每株留8～12个果，过多会使商品果变小。

(三)栽培技术

番茄可周年供应，栽培的茬次较多。生产上重要的栽培形式有中棚早熟覆盖栽培、夏番茄栽培和秋番茄栽培。

1. 中棚早熟覆盖栽培　这是目前番茄保护地栽培的主要形式。由于其投资少，棚架结构简单，拆建容易，经济效益显著，易为广大菜农接受。

(1)品种选择　中棚早熟覆盖栽培适宜的品种有早魁、早丰、沈粉1号、皖红1号、秦粉2号、红玛瑙100、西粉3号、苏抗9号等早熟或中早熟品种。

(2)培育壮苗　培育壮苗是番茄早熟丰产的重要基础。在苗期就进行花芽分化、培育壮苗，可提早花芽分化，增加花数，从而使定植后开花早，结果率高。壮苗抗逆性强，可在早春低温时适当早定植，以提高早期产量，增加经济收入。

早熟栽培可用酿热温床、电热温床或温室等方式育苗。苗龄以 65 天左右为宜。定植前秧苗应具 6～7 片真叶，茎粗 7 毫米左右，株高 23～25 厘米，叶片肥厚有光泽，侧根数多。要达到上述壮苗指标，要求培养土松（通透性良好）、壮（营养完全、浓度适宜）、净（无病虫害）。一般用腐熟厩肥与茬口良好（蒜地或葱地）的菜园土配合而成，并拌入一定数量的过磷酸钙、硫酸钾。苗床温度，出苗前昼温 25℃～30℃，夜温 15℃～20℃；出苗后昼温 20℃～25℃，夜温 13℃～15℃。2～3 片真叶时分苗移入营养钵中。缓苗期间宜较高温度，缓苗后保持昼温 20℃～25℃，夜温 15℃左右。定植前 8～10 天进行低温锻炼。在具体温度管理过程中，既要注意防寒保温，又要防止徒长，保温与放风要统一考虑，阴天幼苗易徒长，要注意放风，温度宜低些；久阴猛晴要回帘，防温度过高，失水萎蔫。此外，早春光照弱，光照时数短，必须加强光照管理，尤其是阴雪天，须坚持揭帘见光，晚揭早盖，并经常保持玻璃、薄膜洁净。

(3)重施底肥　番茄喜肥耐肥，随冬前深翻，每 667 平方米施厩肥 4000 千克左右，开春后施人粪尿 3000 千克，饼粕 150 千克。这样，肥力充足，肥效长，可满足番茄生长需要，为早熟丰产打好基础。

(4)提前扣棚　提早扣棚，不仅可以提高地温，而且可以防雨。因此，在实践生产应提早 1 周左右扣棚。

(5)适时定植　定植期的早晚与中棚的保温条件有关，当棚内 10 厘米地温稳定在 10℃以上时，即可定植。

(6)定植后管理　定植后气温偏低，必须做好前期保温工作。根据天气及棚内温度变化情况，夜间可在中棚周围加盖草帘防寒，白天可去掉草帘，使植株尽可能得到阳光，以利于提高地温。番茄定植后 3～5 天内棚密闭不通风，保持棚内高温高湿条件，以利于番茄扎根缓苗。缓苗结束后，棚温白天应保持 25℃～28℃，夜温保持 15℃～17℃。棚温过高时，应及时通风排湿。通风应掌握循序渐进的原则，逐步加大通风量，在通风 5～7 天后，土壤分墒时应及时中耕培土。此后，随着外界气温的逐渐升高，薄膜可逐步昼揭夜盖，直至全部去掉。

塑料中棚保温、保湿性能好，棚内高温、高湿、弱光照的条件，容易使秧苗徒长而延迟结果。因此，及时整枝打杈，调节和控制根、茎、叶与果实的生长发育，对中棚番茄早熟丰产至关重要。中棚番茄多采用早熟或中早熟的自封顶品种。这类品种生长到一定节位后，主茎、侧枝均长出花序，不再延伸。有的品种在6～7片叶时现蕾，连续出现2个花序封顶，花序下第一侧枝长出1个花序封顶。有的主茎连续发生3个花序，第一侧枝连生2个花序封顶，通常可不整枝打杈。但为了早熟、丰产，应在主茎上留2穗果，在第一侧枝上再留1穗果摘心。有些半高秧自封顶品种，应在主茎上留3穗果摘心，叶腋发出的侧枝可全部摘除。有报道称，矮秧番茄保留营养枝（留第一花序下第二侧枝，侧枝上留2～3片叶摘心），不仅可促进地下部根系发育，提高根系活力，而且也可促进地上部的生长发育，增强植株的光合强度，提高早期产量和总产量。

中棚番茄，前期温度低，使用植物生长调节剂，可防止落花落果，促进营养进入果实，使之早熟高产，而且番茄的品质也可得到提高，表现为甜度增加和形成无籽番茄。生产上应用的植物生长调节剂有2,4-D和番茄灵。2,4-D点花使用的浓度，第一花序20毫克/升，第二花序15毫克/升，第三至第四花序为10毫克/升。使用番茄灵时可在第一花序已开放2～3朵花时喷花。棚温低于20℃时用50毫克/升，20℃～30℃时用25毫克/升，30℃以上时用10毫克/升。番茄灵比2,4-D安全，不易发生药害，且使用方便，但效果差。

果实开始膨大时，要及时供给足够的水分。第一水最关键，一般在第一穗果坐稳后灌，尤以果径1.5厘米左右时较适宜，并要结合追肥。第一水过早会延迟果实成熟，过迟影响植株生长，导致后期早衰。早熟矮秧番茄，营养生长弱，坐果前要保证一定水分，以促为主，轻蹲苗。果实肥大后，每隔5～7天灌1次水，一般前3次灌水应夹带人粪尿或化肥，每667平方米用人粪尿500千克或尿素15千克，硫酸钾10千克。

中棚番茄栽培，主要病害是早疫病（轮纹病）、晚疫病（疫病）和灰霉病。早疫病一般在高温高湿条件下发病较重，叶、茎、果实均受害，以叶为主；晚疫病、灰霉病一般在低温、高湿和光照不足条件下易发病，前者主要危害叶子和果实，后者主要危害果实。中棚番茄病害防治，除采用抗病品种，加强栽培管理，注意提高棚内温度，降低棚内湿度外，还要注意病情测报，及时用80%代森锌可湿性粉剂800倍液，或70%代森锰锌400～500倍液，或50%甲基硫菌灵可湿性粉剂800倍液，或50%多菌灵可湿性粉剂800倍液喷洒，每隔7～10天喷洒1次。喷药应细致周到，特别要注意中下部的叶片和果实，不要漏喷。也可摘去病叶和老叶后，进行喷药。

为了提早供应市场，增加早期产量，提高经济效益，对已充分长足的果实可进行催熟。生产上常用的催熟剂是乙烯利。催熟时最好在秧上进行。可手戴线手套、乳胶手套或用抹布蘸2000毫克/升乙烯利溶液，在每个绿熟果上抹一下。这种处理方法效果好，但较费工。简单的方法是把绿熟果采下来用2000毫克/升乙烯利溶液浸泡3分钟，捞出放置在19℃～24℃条件下，待4～5天后开始转色，但色泽差一些，有些发暗、偏黄，品质也有些下降。

2. 夏番茄栽培 夏播番茄是近年发展较快的一种栽培形式，它打破了常规栽培番茄的播种期、定植期、收获期，对弥补淡季鲜菜供应，增加市场花色品种，满足人民生活需求，增加农民收入等诸方面起着重要作用，具有广泛的推广前景。

（1）品种选择 夏播秋收番茄生育前期高温干旱，时有暴雨，后期雨量增多，高温高湿。因此，要选择耐热、抗病、高产、抗裂、耐运、耐贮、质佳的品种，如鲜丰、特罗皮克、强丰、西农72-4等。

（2）适时播种，培育壮苗 夏播番茄播种期一般在5月上中旬，此时温度偏高，秧苗易徒长，培育壮苗的主要措施是遮阴、防雨、降温、避蚜。苗床可以起平床，也可利用阳畦育苗。培养土以

7份园土、3份厩肥的比例为宜。种子经55℃恒温热水烫种10分钟，随后将其放入10%的磷酸三钠溶液浸泡15分钟，以防种子传病（毒），再在自来水中浸种3～4小时，之后在25℃～28℃下催芽。催芽期间每天应用清水淘洗1～2次，以满足种子发芽所需环境条件。在种子露白后即可播种，播种方式有直播法和撒播移苗法。直播法是将种子直接播在营养土块（塑料钵、河泥块、纸筒，或在苗床浇水后划成10厘米见方的土块）上，每个营养土块播2～3粒，出苗8～10天后每穴留1苗，将其余的幼苗掐除。撒播移苗法是将种子撒播在苗床内，出苗后8～10天将幼苗移至营养钵。苗期根据天气状况可用竹箔遮阴，遇雨要及时用薄膜防雨，注意保持床土湿润。齐苗后，每隔7～10天可用70%代森锰锌500倍液或多菌灵500倍液进行喷雾，防止立枯病、猝倒病、早疫病的发生。如发现蚜虫，应立即用乐果防治。经35天左右，秧苗具有7～8片真叶、叶色浓绿、节短叶展、外观健壮、花蕾略现时，即可定植。

（3）施足底肥，提早定植　定植前每667平方米施优质厩肥5000千克以上，最好再辅以15千克磷酸二铵或40千克过磷酸钙。施用过磷酸钙时应提前与厩肥混匀沤制发酵。若肥料较少，应集中沟施。为使秧苗在高温来临前根系发育良好，安全越夏，应提早定植。密度每667平方米控制在3500～4000株。

（4）田间管理　夏播番茄定植后正值高温，地上部蒸发量大。因此定植当日要浇足定植水，3～5天后浇1次缓苗水，随即中耕保墒蹲苗。当第一穗果长至栗子大小时，结束蹲苗，开始浇水追肥，每667平方米追施尿素13～15千克。此时由于进入结果盛期，应6～7天浇1次水，使整个结果期土壤保持湿润，防止忽干忽湿，并要注意减少病害的发生。第二次追肥可在第二果穗青果期进行，同时，可用0.1%～0.5%磷酸二氢钾根外喷施，促进植株的生长发育，增加生长后劲。在第三层果膨大期也应追施速效肥，促进营养生长和生殖生长同步进行，以提高单果重和产量。

夏播番茄通常采用单干整枝，也可采用一干半整枝。在拉秧前40天左右摘心。摘心时应于顶部果穗上留两片叶，以利于果实生长。为改善田间郁闭环境，增加通风透光量，减少呼吸消耗，对于基部衰黄的枯叶、病叶等应及时摘除。

夏播番茄开花坐果期正值高温多雨季节，授粉受精不良，易落花落果。可用10～15毫克/升2,4-D点花或30～50毫克/升的番茄灵喷花，进行保花保果。

夏播番茄的主要病害是疫病和病毒病。疫病防治同中棚番茄栽培；病毒病主要防治措施是实行轮作，选择抗病品种，培育适龄壮苗，增施磷、钾肥，并注意防蚜。

果实成熟后应及时采收上市。由于秋季雨量偏多，已转色的果最好在雨前采回，防止雨后裂果，影响商品性。

3. 秋番茄栽培 秋番茄对弥补秋冬淡季，增加市场蔬菜品种具有重要的意义。秋番茄幼苗期正处于高温多雨期，幼苗容易衰弱多病，花芽发育较差，落花落蕾较重；后期温度逐渐下降，光照减弱，果实发育缓慢且不易充实，果实着色也较差，甚至受到低温霜冻的危害。栽培中必须注意以下几点。

(1)品种选择 根据秋番茄生产的特点，应选择耐热、抗病、耐贮藏、丰产的品种。经各地试验示范，苏抗5号、早丰、浦红2号、西农72-4、特罗皮克、皖红1号、扬州红、浦红6号、北京大黄、佳粉10号等品种较为适宜。这些品种在高温下坐果能力强，果型较大，果面光滑，耐贮藏，品质好，是秋番茄栽培的理想品种。

(2)培育壮苗 秋番茄育苗正处于高温多雨季节，因此，育苗场所要有遮阴，防雨，通风条件。育苗畦要选在地势高燥、空气流通处，畦上边要搭荫棚。荫棚要能形成花荫，以利于通风透光。下雨时要在荫棚上盖薄膜，晴朗的热天中午要用帘子遮阴，防止秧苗被烈日暴晒。畦内床土中每平方米施腐熟农家肥7～8千克，外加过磷酸钙100克(或磷酸二铵25克)，翻耕8～10厘米深，使粪和园土掺和均匀。播种时间应考虑防病、稳产、高产和延长供应期。陕西关中、北京、郑州、辽宁等地的适宜播期为7月中旬，上海、江苏等地以7月底至8月初为宜。可干籽播种。为了保护好根系，最好在营养钵或纸钵中播种，每钵播2～3粒种子。出苗后间1次苗。为防止徒长，要控制浇水。同时也可用植物激素处理。在3片叶时用1000毫克/升矮壮素喷叶片，7天1次，共喷2～3次，可使幼苗敦实粗壮。播后20～25天，秧苗具有5～6片真叶时定植。

(3)整地定植　在定植前清除田间残株杂物，深翻细耙，每667平方米施腐熟优质农家肥3000千克，掺入磷酸二铵20千克或饼粕70千克。定植前扣上顶薄膜，既可防止晴天强光直射秧苗，又可防止暴雨直接拍打秧苗。定植密度一般每667平方米3000～3500株。

(4)追肥灌水　秋番茄定植缓苗后，应轻追肥1次，促秧保蕾早坐果。果实肥大生长期，再追肥1～2次，每次每667平方米施尿素10千克。秋番茄前期生长正处于夏季高温季节，为降低土温，防止病毒病，应经常灌水。但水分过多，尤其是土壤积水，很容易引起植株徒长、沤根、落花，因此，以浇小水为宜。

(5)植株调整与保花保果　秋番茄可适当晚些绑蔓打杈，使茎叶在高温期覆盖地面，遮阴降温。生产上常用单干整枝，在头层果采收后陆续剪除下部老叶、病叶，以利于通风透光，并留3层果打顶，促使上层果充分膨大，提高商品率。为提高秋番茄在高温下的坐果率，需要在花期用2,4-D或番茄灵处理。处理方法与中棚早熟覆盖番茄基本相同，但用药浓度有些差别，如用2,4-D，第一、二花序应采用10毫克/升，第三、四花序用15毫克/升。

(6)防病治虫　苗期和定植后以防治蚜虫为主，可喷洒40%乐果乳油1000倍液；生长期可用25%甲霜灵可湿性粉剂800～1000倍液防治疫病；后期可用40%乐果乳油1000倍液或2.5%溴氰菊酯乳油3000倍液防治蚜虫、棉铃虫。

(7)防寒保暖　随着外界气温的下降，应及时扣棚防寒保温，以满足番茄结果期对温度的要求，促进上层果实充分膨大。

(8)采收　果实成熟后应及时采收。10月中下旬棚内温度已不能满足番茄继续生长的需要，此时，可采收青熟番茄贮藏，待后熟变红后上市。

（四）贮藏保鲜

贮藏用的番茄应选用干物质多，果皮和果肉较厚，种子少，果形匀整，中等大小的品种。满丝、强力米寿等都是比较耐贮的品种。最好选用生长中期的，果形整齐，发育充实，已长到品种固有的大小，果脐部分开始变白的绿熟果。开始着色的果实不能长期贮藏。收获要在午前或傍晚，雨后或灌水后不宜采收。收获和运输要避免机械损伤。入窖前要严格选择，剔除破伤果、裂果和病虫果。

贮藏番茄，就是要创造一个适宜的环境，延缓绿熟果的后熟过程，以达到较长时间贮藏，延长供应期的目的。贮藏番茄绿果的适温是10℃～13℃，空气相对湿度85%～90%。温度高会加速后熟，缩短贮藏期；温度低会产生“冷害”，短时间8℃以下的温度，就会引起果实生理失调，果蒂部位出现裂纹，表皮出现褐色凹陷的小圆斑点或水浸状，水分外渗，随即引起腐烂。湿度过高会增加腐烂损失，湿度过小又会造成脱水萎蔫。光线对番茄果实有催熟作用，因此，贮藏番茄要避光。

1. 筐（箱）贮藏 先用0.5%漂白粉液将筐（箱）消毒。筐（箱）底垫一层毛纸，将无伤、无病虫、不裂的好果装入，每筐（箱）装12～15千克，留筐深1/3的空间。如果番茄采收后外温还高时，要放在菜窖或地下室里，筐（箱）底下用圆木等垫起来，以利于通风。每隔7～8天倒果1次，挑出病、烂果和红果。

2. 架藏 用木杆、竹竿或三角铁等搭成架子，分成几层，每层放2～3层番茄果实。经常检查挑选，熟果及时上市，剔除病虫果。夏季窖贮可贮藏20～30天。秋番茄在适宜环境条件下可贮藏2个月。

（五）采　种

番茄采种田的栽培方法与生产田基本相同。番茄虽属自花授粉作物，但也有1%～5%的异交率。原种田应与其他番茄品种隔离100～300米，生产用种田隔离30～50米。

早熟品种在授粉后40～50天果实开始着色成熟，中晚熟品种50～60天成熟。种子于开花授粉后35天左右就有发芽能力，但为了保证种子质量，以果实完全红熟后留种为好。选种方法是：在第一花序着果期先进行株选，要选择生长健壮、抗病，株型、叶形、第一花序着生节位等符合拟选品种的典型特征特性的植株进行标记。第一果穗及上层果穗发育不良，不宜留种；待第二、第三果穗成熟后，在入选的种株上，选择果形、大小、色泽符合拟选品种特征特性，不裂果，无病虫害的果实作种果。需注意的是用生长激素（如2,4-D、番茄灵）处理的植株不能留作种株。如果采收的种果未充分成熟，需经后熟再采种，这种种子的发芽率一般可达90%左右。完全红熟的种果，不需后熟，可用果刀切成两半，挤出种子。有条件的，可采用脱粒机取种。

取出的种子，要经过发酵将种子周围的部分果肉和胶状黏液分开。发酵要用非铁质容器如木器、陶瓷、缸、搪瓷等。种子倒入发酵容器后，应用塑料布将容器包盖严实，严防雨水进入容器造成种子发芽。发酵时间依温度高低而定，温度高、时间短，种子色泽、质量均好。一般在25℃条件下大约需发酵48小时。如果发酵时间过短，则胶状物不易与种子分离，洗出的种子带有粉红色；发酵时间过长，种子皮色变黑，发芽率降低。因此，掌握好适宜的发酵温度和发酵时间对提高种子质量极为重要。

发酵好的种子用木棒或手搅动，使果胶与种子分离，种子沉底，将漂浮的杂质去掉，用清水反复冲洗，去掉混杂在种子里的果皮、果肉杂物及漂浮的秕籽。

种子清洗后应立即晒干或烘干。但烘烤温度不能超过37℃。待种子充分干燥后，即可贮藏于通风、干燥、阴凉处。

番茄种子的单产，因品种而异。一般300～450千克番茄果实可采1千克种子。

二、茄　子

茄子,又名昆仑瓜。起源于亚洲东南热带地区,野生种果实小,味苦。现代茄子是原产于印度的一种或几种亲缘关系密切的野生种茄子的改良变种。早在公元前5世纪,我国已开始种植茄子。远在中世纪以前,阿拉伯人和波斯人把茄子传入非洲,稍后(于公元14世纪),从非洲传入意大利。到16世纪,欧洲南部已普遍栽培。17世纪传及欧洲中部,后传入美洲。18世纪由我国引入日本。茄子古称"伽子",西汉杨雄作《蜀都赋》有:"盛冬育笋,旧菜有伽"之句,表明当时在蜀中已引入叫"伽"的新型蔬菜。唐朝中叶,将茄子称"落苏",意为熟食茄子如同品尝"酪酥"一样绵软可口。

茄子含有丰富的蛋白质、碳水化合物及无机盐。每100克嫩果含蛋白质2.3克、碳水化合物3.1克。此外还含有少量特殊苦味物质茄碱苷,有降低胆固醇,增强肝脏生理功能的功效。茄子可炒、煮、煎食,干制和盐渍。在世界范围内,茄子的栽培面积以亚洲最多,占74%左右,欧洲次之,占14%左右。我国各地均有栽培,现已成为我国城市蔬菜基地的主要蔬菜。茄子适应性强,易于栽培,采收期长,是解决春淡和秋淡的重要果菜之一。

(一)生物学性状

1. 形态　茄子根系发达,根深50厘米左右,横向伸展范围120厘米,大部分根系分布在30厘米的土层中。根系木质化较早,不定根发生能力弱。茎直立,粗壮,株高80～110厘米,紫、深紫或绿色,木质化程度高。主茎在一定节数时顶芽变为花芽,花芽下两个侧芽伸长生长,形成一级侧枝,侧枝分化1～2片叶原基后,顶端又分化花芽,其下两个侧芽再伸长形成二级侧枝。依此分枝方式,形成各级侧枝,故称假轴分枝。单叶互生,叶卵圆形或长椭圆形,紫或绿色。花单生或簇生,两性花,花瓣、花萼各5～6枚。萼片基部合生成筒状。开花时花药顶孔开裂散出花粉。花柱高于花药的叫长柱花，单生花多为长柱花，簇生花中第一朵花多为长柱花，其余为短柱花。长柱花花大色深，为健全花，能正常授粉坐果。短柱花花小，花梗细，为不健全花，一般不能正常授粉坐果。茄子属自花授粉，天然杂交率3%～7%。果实为浆果，果形卵圆、圆至长筒形。果皮黑紫、紫、紫红、绿或白色。种子近似肾形，扁平，黄色具光泽，千粒重4～5克，一般寿命2～3年。

2. 生长发育期 茄子生长发育期分为发芽期、幼苗期和开花结果期。

(1)*发芽期* 从种子吸水萌动到第一真叶显露为发芽期。温度是发芽期长短的主要限制因子，在30℃左右条件下，需6～8天，且发芽率较高；在20℃条件下，发芽期可延长20多天，且发芽率很低。温度过高，胚轴伸长，秧苗往往较弱。

(2)*幼苗期* 从第一片真叶露出到显蕾为幼苗期。这一时期同时进行营养器官和生殖器官两个不同质和量的器官的分化和生长，两者的临界形态交点在4片真叶期。因此，在4片真叶期前应以控制为主，适当促进，积累营养，为进行生殖生长奠定基础。

(3)*开花结果期* 从门茄显蕾到拔秧的整个过程为开花结果期。门茄瞪眼以前，植株处在营养生长与生殖生长的过渡阶段，并以营养生长为主，这时仍应对营养生长进行适当控制，促进营养物质分配转到以果实生长为主。此后，应加强肥水管理，促进秧果并旺。

3. 对环境条件的要求 茄子对环境条件的要求与番茄有许多共同之处，但也有其特点。

(1)*温度* 茄子比番茄要求更高的温度，耐热性也强。生长最适温度为20℃～30℃，在15℃以下果实生长缓慢，低于10℃生长停顿，5℃以下遭寒害，0℃以下即可冻死，高于35℃～40℃时，茎叶虽能正常生长，但严重落花落果，果实畸形。茄子种子出苗前要求25℃～30℃，出苗至真叶显露，白天以20℃左右，夜间15℃左右为宜。茎叶和果实生长的适温为白天25℃～30℃，夜间16℃～

20℃。

(2)日照　茄子对日照长短要求不严格,但对光照要求较高。光补偿点为2000勒,光饱和点为40000勒。光照充足,果皮有光泽,皮色鲜艳;光照弱,落花率高,畸形果多,果皮色暗。

(3)水分　茄子叶片肥大,结果较多,需水量较大。田间土壤持水量以80%为适,水分不足结果少,果面粗糙,品质差。耐涝力比番茄、辣椒强,但水分过多,排水不良易引起烂根。

(4)养分　茄子喜肥耐肥,较番茄、辣椒需肥量大。施用氮肥效果明显,不易疯长,但需磷、钾肥配合施用。每生产1000千克果实需吸收氮3.3千克、磷0.8千克、钾5.1千克、锰0.5千克。

(5)土壤　茄子对土壤的适应性广。但以土层深厚、保水性强、pH值5.8～7.3的肥沃壤土或黏壤土最为理想。

(二)类型和品种

1. 类型　根据茄子的果形,可将茄子分为圆茄、长茄和矮茄。

(1)圆茄　植株高大,生长旺盛,果实大,圆球、扁球或椭圆球形,果色有黑紫色、紫红色、绿色和白色。多数品种为中晚熟,如西安紫圆茄、武功白圆茄、辽茄2号、辽茄4号、内茄1号、丰研1号、快圆茄、晚茄2号、农岗2号、农岗3号、内茄2号、北京圆茄、济南大红袍、天津二民茄、六叶茄、九叶茄等。这些品种适应气候温暖干燥、阳光充足的夏季大陆性气候条件,是典型的北方生态型,在我国北方栽培较为普遍。

(2)长茄　植株高度及生长势中等,果实细,长棒状,长者达30厘米以上,皮较薄,果实有紫、青绿和白色等。单株结果数较多,单果重小。多数品种属中早熟。如南京紫线茄、紫长茄、沈茄1号、苏长茄、苏崎茄子、龙茄1号、早熟墨茄、三月早茄、早茄2号、济南长茄子、油瓶茄、齐茄3号、长茄1号、齐杂茄2号、济南早小长茄、广东紫茄、成都墨茄和竹丝茄等。这些品种适应温暖湿润而多阴天的气候条件,在我国南方普遍栽培,北方多栽培于温和湿润的地区。

(3)*矮茄*　植株低矮,茎叶细小,生长势中等或较弱,果实较小,果形卵形或长卵形,产量较低,品质差,多为早熟品种。如济南一窝猴、北京小圆茄、鲁茄1号、天津牛心茄和小电灯泡茄等。

2. 优良品种

(1)*辽茄4号*　辽宁省农业科学院园艺研究所选育,中早熟一代杂种。株高约52厘米,开展度66厘米,植株半开张形。茎秆深紫色,叶长椭圆形,深紫色。第一果着生于主茎第六、第七节。果实长棒槌形,黑紫色,有光泽。果皮薄,果肉松软,平均单果重160克。抗黄萎病、绵疫病。适宜东北各省露地和保护地栽培,每667平方米产3000～4000千克。

(2)*内茄1号*　内蒙古自治区呼和浩特市蔬菜研究所选育,中熟一代杂种。株高约75厘米,生长势强。茎秆绿紫色,叶长卵圆形,绿色,有茸毛,叶脉紫色。第一果着生于主茎第八、第九节。果实近圆球形,外皮紫红色,色泽鲜亮。果肉白色,质地较紧密,籽少,平均单果重400克左右,最大1000克以上。从定植到始收约51天。耐寒、热、旱、涝性中等,抗病虫能力较强,对肥水条件要求较高。适宜内蒙古各地露地和保护地栽培。每667平方米产5000～6000千克。

(3)*快圆茄*　天津市地方品种,早熟。株高60～70厘米,开展度70厘米。茎秆紫色,叶长卵形,绿色,叶缘波状,叶柄及叶脉浅紫色。第一果着生于主茎第六节。果实近圆形,纵径10厘米,横径12厘米,外皮紫红色,有光泽。肉质紧实,单果重500克左右。定植至始收约45天。果实生长快,前期产量高,耐寒性强,抗病虫能力较强。适宜华北各地春早熟栽培,每667平方米产2000千克。

(4)*晚茄2号*　湖南省农业科学院蔬菜研究所选育,晚熟一代杂种。株高85厘米,开展度91厘米,生长势强。果实卵圆形,果长12.7厘米,直径6.7厘米,外皮紫黑色,有光泽。肉质细嫩,品质好,单果重180～240克。抗病性较强,耐热,耐肥。适宜湖南、湖北、江西、四川等地春季露地或晚夏栽培。每667平方米产3000～3500千克。

(5)*农岗2号*　西北农林科技大学园艺系选育,早熟一代杂种。株高90～100厘米,开展度90厘米,叶片绿色,叶脉紫色。第一果着生于第七节,果实椭圆形,纵径18～21厘米,横径9～12厘米。果皮紫黑色,顶端带绿,有光泽,肉质较松,品质好。单果重300～500克。适宜全国各地春季覆盖或露地栽培,每667平方米产5000千克。

(6)*六叶茄*　北京市地方品种,早熟。株高约70厘米,开展度90厘米,生长势中等。第一果着生于主茎第六节,果实扁圆形,外皮黑紫色,有光泽。果肉浅绿白色,肉质致密,细嫩,品质好,单果重400～500克。耐低温,耐热性差,不耐涝,抗病虫能力弱。适宜华北各地春季露地栽培和日光温室栽培。每667平方米产2500～3000千克。

(7)*七叶茄*　北京市地方品种,中早熟。株高80～90厘米,开展度1～1.2米,生长势强。第一果着生于主茎第七、第八节。果实扁圆形,外皮黑紫色,有光泽。果肉浅绿白色,肉质致密,细嫩,品质好,单果重600～800克。耐热性较强,抗病性较差,不耐涝,耐短期贮运。适宜西北、华北各地塑料大棚和中小棚栽培。每667平方米产3000～5000千克。

(8)*苏崎茄子*　江苏省农业科学院蔬菜研究所选育,中早熟一代杂种。株高1米左右,开展度80厘米,株型高大,生长势强。茎秆紫色带绿。果实长棒形,长25～30厘米,直径4厘米,外皮深紫色,有光泽。皮薄、籽少,肉质松软,味稍甜,较耐老,品质好,单果重130～150克。耐热性较强,丰产。适宜长江流域、西南、华南及辽宁省等地春季露地早熟栽培及塑料大棚或秋延后栽培,亦可作夏秋季晚熟栽培。每667平方米产4000～5000千克。

(9)*早熟墨茄*　四川省农业科学院园艺种苗研究中心选育,早中熟。株高1～1.2米,开展度60～65厘米。茎秆墨紫色,有灰色茸毛，叶卵形，绿色。第一果着生于主茎第八至第十节。果实长圆柱形，纵径 35～40 厘米，横径 6～7 厘米，外皮黑紫色，果脐小，果肉细嫩，水分多，果皮薄，籽少，品质好，单果重 300～400 克。抗病性、抗寒性、抗逆性均强，适宜四川省各地春季露地和保护地栽培。每 667 平方米产 3000～4000 千克。

(10)三月早茄　四川省农业科学院园艺种苗研究中心选育，早熟种。株高 90～100 厘米，开展度 50～60 厘米。茎秆紫色，有灰色茸毛。叶卵圆形，绿色，叶柄及叶脉黑紫色。第一果着生于主茎第七、第八节。果实长棒形，纵径 25～30 厘米，横径 7～8 厘米，外皮紫黑色。果肉白色，肉质细嫩，皮薄，籽少，品质好，单果重 250～350 克。耐寒性强，抗病性抗逆性较强。适宜四川省各地春季保护地和露地栽培。每 667 平方米产 2500～3000 千克。

(11)早茄 2 号　湖南省蔬菜研究所选育，早熟丰产一代杂种。株高 69 厘米，开展度 79 厘米。果实粗条形，纵径 25.8 厘米，横径 4.4 厘米，外皮紫红色，有光泽。肉质细嫩，品质好，单果重 140～180 克。早期产量高，抗枯萎病能力较强，适宜华中、华南各地露地地膜覆盖早熟栽培。每 667 平方米产 2500～3000 千克。

(12)济南长茄子　济南市地方品种，中熟。株高约 1 米，生长势强。门果着生于主茎第九节。果实长卵形，纵径 20 厘米，横径 8～10 厘米，外皮紫黑色，有光泽。果肉较疏松，品质好，单果重 400～500 克。适宜山东省各地露地栽培。每 667 平方米产 4000 千克左右。

(13)齐杂茄 2 号　黑龙江省齐齐哈尔市蔬菜研究所选育，早熟一代杂种。株高 65～70 厘米，开展度 48～50 厘米。茎秆紫黑色，稍有绿纹，叶长卵形，叶缘缺刻浅。第一果着生于主茎第八、第九节。果实长棒形，纵径 25～30 厘米，横径 5～5.5 厘米，果顶渐尖，外皮黑紫色，有光泽，果肉青白色。早熟，生长期 110～115 天。较抗黄萎病。适宜黑龙江省各地栽培。每 667 平方米产 2500 千克。

(14)油瓶茄子　河北省地方品种，中熟。株高1米左右，侧枝稍开展。第一果着生于主茎第七、八节。果实瓶形，纵径20～25厘米，最大横径8～10厘米，外皮薄，紫色发亮，果脐小微突，果柄较长。果肉白绿色，质地细柔，平均单果重400克左右。抗病性、耐寒性均较强。适宜河北、内蒙古、辽宁等地露地栽培。每667平方米产3500～4000千克，高产的可达5000千克。

(15)济南早小长茄　山东省济南市农业科学研究所选育，早熟一代杂种。株高约70厘米，开展度约80厘米。第一果着生于主茎第六、七节，每隔1叶着生1花序，每序1～3朵花。果实长灯泡形，纵径15厘米，横径6～7厘米，外皮黑紫色，有光泽。肉质松软，细嫩，籽少，品质好，单果重250～350克。耐寒，较耐黄萎病和绵疫病，较耐弱光，早期产量高。适宜保护地栽培。每667平方米产4000～5000千克。

(16)中茄1号　湖南省农业科学院蔬菜研究所选育，中熟一代杂种。株高73厘米，开展度88厘米，生长势强。果实细长条形，果长27.7厘米，直径4.3厘米，外皮紫红色，有光泽。肉质细嫩，品质好，单果重150～190克。抗逆性和抗病性均较强。适宜江苏、浙江、上海、湖南等地春季露地栽培和秋夏栽培。每667平方米产3000千克以上。

(17)长茄1号　吉林省长春市蔬菜研究所选育，中晚熟。株高90～100厘米，开展度60厘米，茎秆紫绿色。第一果着生于主茎第八、九节。果实细长，顶端似鹰嘴，纵径20～24厘米，横径5～6厘米，外皮黑紫色，有光泽。果肉细嫩，籽少，品质好，单果重150～250克。耐热，耐低温，抗黄萎病，后期易感染绵疫病，喜水肥，耐贮藏。适宜内蒙古哲里木盟和黑龙江省佳木斯等地种植。每667平方米产3500～4000千克。

(18)鲁茄1号　山东省济南市农业科学研究所选育，早熟一代杂种。株高70～80厘米，株型较矮，生长势较弱。茎秆较细，黑紫色，叶小而狭长。第一果着生于主茎第六、七节。果实长卵形，外皮黑紫色，有光泽。果肉嫩软，籽少，品质较好，单果重 200～250 克。抗病性一般。适宜山东省，华北、西北部分地区春季露地早熟栽培和小拱棚覆盖栽培。每 667 平方米产 4000 千克左右。

(三)栽培技术

茄子的栽培形式较多，其主要形式为春播露地早熟栽培、夏播露地栽培和中小棚早熟栽培 3 种。

1. 春播露地早熟栽培

(1)品种选择　宜选用早熟或中熟品种。如绿茄、三月青、竹丝茄、六叶茄、七叶茄、辽茄 4 号、内茄 1 号、快圆茄、农岗 2 号、早熟墨茄、早茄 2 号、齐杂茄 2 号、济南早小长茄、鲁茄 1 号、辽茄 1 号和辽茄 2 号等品种。

(2)培育壮苗　早熟茄子育苗通常采用阳畦、日光温室等育苗场所。每 667 平方米生产地需准备播种床 5 平方米，分苗床 30 平方米。床土可用园田土和优质农家肥配合而成，一般 10 平方米苗床应加入腐熟过筛优质农家肥 100 千克，过磷酸钙 0.5 千克。

茄子浸种常用热水烫种法，即用 70℃～75℃的热水，将种子处理 1～2 分钟，通过不断地搅动水，使水温降到 35℃左右，继续浸泡 24 小时。催芽前要用力擦去种皮上的黏着物，再用清水漂洗后，放入 35℃左右的环境中催芽，2 天后将温度降至 25℃～30℃，每天应淘洗种子 1 次，一般经过 5～7 天即可露白。

春播露地早茄子的播种期应根据各地的终霜期和育苗所需天数向前推算而定。春播茄子一般需要 85～90 天苗龄。茄子育苗需要较高温度，出苗前白天保持 25℃～30℃，夜间18℃～20℃；苗齐后白天 20℃～25℃，夜间 15℃～18℃。苗床土温过低，根系发育不良，且易发生苗期病害。

分苗时期不应晚于真十字期，并要保持较大的营养面积，一般分苗株行距不应小于 8 厘米见方。分苗后的缓苗阶段要提高苗床温度，白天以 25℃～30℃，夜间 15℃～18℃为宜。茄苗成活后温度降至白天 25℃，夜间 12℃左右。

定植前1周要逐步加大苗床通风量，加强秧苗锻炼，提高秧苗对露地气候条件的适应能力。从播种到定植，经过85～90天，秧苗应具有6～7片叶，叶色紫绿，开张度15厘米以上，初现蕾，茎粗0.5厘米以上。这样的壮苗，定植后成活率高，缓苗快，生长发育迅速，为早熟丰产奠定良好基础。

(3)选地施肥，适时定植　黄萎病、绵疫病、立枯病是茄子的主要病害。因此，应选5～6年内未种过茄子的地块，并要选择有机质含量丰富、土层较深、保水保肥、排水良好的土壤。这样的土壤，雨多时不积水，干旱时地返润，地不龟裂，根不断，茄子生长旺盛，抗病力强。

茄子喜肥耐肥，生长期长，为了获得高产必须施足基肥，一般每667平方米施优质农家肥4000～6000千克，并加施过磷酸钙30～40千克。过磷酸钙最好先和农家肥拌和后施入，尽量避免磷肥与土壤直接接触，以减少土壤对磷的固定，增加磷肥的有效性。

露地早熟茄子的定植期各地应在晚霜期过后尽早进行。可露地平畦栽培，也可地膜覆盖半高垄栽培。早熟品种密度每667平方米掌握在3200～3800株，中熟品种为2100～2600株。栽植深度以子叶节与地面相平为准。栽后灌1次大水，以利于缓苗。

(4)田间管理　茄子耐旱力弱，需水量大，除定植水外，定植后1周浇1次缓苗水，促进茄苗生长。门茄开花前浇第二水，随后进行中耕蹲苗。在门茄瞪眼时浇1次催果水，结合浇水进行第一次追肥。进入盛果期，每隔7～10天浇1次水，并在每层果实开始膨大时追肥，每次每667平方米施尿素10～20千克或硫酸铵20～30千克。

早熟茄子，前期温度低，易落花，坐果困难。因此，进入开花期，可用30～40毫克/升2,4-D点花，方法是用毛笔蘸药液涂抹在柱头、花瓣、花萼或花柄上。也可用番茄灵50毫克/升喷花。注意每朵花只能涂抹或喷花1次，不宜重复进行。

茄子的分枝相当有规则，一般不必整枝，但为了通风透光，减少病虫危害，提高果实质量，在门茄和对茄开花坐果前把花蕾下的1条侧枝留下，其余侧芽全部摘除。在植株进入生育盛期枝叶繁茂，可摘除植株基部的黄叶和病叶。

(5)病虫害防治　茄子主要病虫害有黄萎病、绵疫病、红蜘蛛、茶黄螨和蚜虫等。防治病虫害除选用抗病品种、培育壮苗、实行轮作、加强田间栽培管理外，要及时做好病虫预报。如发现病害可用50%多菌灵可湿性粉剂500倍液，或70%甲基硫菌灵可湿性粉剂500倍液，或75%百菌清可湿性粉剂600倍液防治。红蜘蛛、茶黄螨可用73%炔螨特乳油1200倍液防治。蚜虫用40%乐果乳油1000倍液，或0.4%杀蚜素水剂100～600倍液加0.1%中性洗衣粉防治。

(6)及时采收，保证商品质量　茄子以嫩果供食。果实已充分长大，果皮光泽未退，手感较柔软就应及时采收。否则待茄子偏老时再采收，不仅果皮厚，肉质老，品质差，而且因种子形成时消耗养分较多，造成单位面积产量降低。采收以上午10时以前进行为宜。盛果期每隔2～3天采收1次。采收时用镰刀或剪刀齐萼片与果柄之间切断，不宜带果柄，以免装运时相互扎伤。

2. 夏播茄子栽培　夏播茄子正值秋冬淡季上市，且果大肉嫩，味美无籽，品质胜于春茄，颇受群众欢迎。同时，城市远郊农民的麦茬地也得到了利用，既不影响主栽作物的产量，又增加了经济收入。因此，夏播茄子是一种很有发展前途的栽培方式。

(1)品种选择　夏播茄子的整个生长发育过程中，前期高温干旱，时有暴雨，后期雨量增多。因此，应选择生长势强、抗热、抗病的品种。如九叶茄、中茄1号、晚茄2号、济南长茄子、齐茄3号、墨茄、长茄1号、大民茄、辽茄3号、丰研1号等。

(2)培育壮苗　育苗床要选前茬非茄科作物的阴凉地块，除去杂草，深翻暴晒10天左右，于播前1～2天均匀泼施腐熟人畜粪尿，整平后做育苗畦。育苗畦可做成平畦(在育苗期雨水不多的地区)，也可做成高畦(在育苗期时有暴雨的地区)。

夏播茄子播期通常在晚霜期过后15～25天。播种量每平方米5克，播前用水均匀泼透床土，均匀撒播，随即撒盖营养土，以盖住种子为度。播种后用塑料薄膜搭棚以防暴雨和烈日暴晒引起伤害，棚高1.0～1.5米，棚面略斜，以利于排水，夜启昼盖。

根据天气状况及时喷水，保持土壤湿润。当苗现真叶后每隔1周喷施0.2%磷酸二氢钾，以健壮秧苗，减少病虫害发生。并及时将畸形苗、病苗、弱苗、纤细苗剔除。当茄苗长至2叶1心时进行分苗，分苗方法基本同春播露地早熟茄子。分苗后要继续遮阴防晒，2～3天后浇1次缓苗水。当秧苗达6～7片真叶时即可定植。

(3)重施底肥，移栽壮苗　选择地势平整、排水良好、土壤肥沃，在5～6年内未栽过茄子的地块。结合耕地每667平方米施腐熟农家肥5000～6000千克，并掺入过磷酸钙30～40千克。定植前挑选壮苗，按50厘米×70厘米的株行距定植。

(4)田间管理　定植后2～3天浇缓苗水，水后中耕蹲苗7～10天。此后在少雨或无雨的情况下，5～7天浇1次水；在多雨的情况下，应视降雨情况灵活掌握。夏茄子生长中后期正值雨季，应注意排水防涝。

缓苗水后进行1次中耕培土。在茄秧封垄前，每次浇水后或雨后都要进行中耕除草。茄子需肥量大，定植后2周左右可追肥1次。进入结果期，每2周追施1次，每667平方米每次追施硫酸铵20千克左右。

夏播茄子只在门茄开花前进行1次整枝，摘除主干下部的侧芽。生长中后期摘除下部老叶、黄叶、病叶。

夏播茄子的病虫害防治和采收与春播露地早熟栽培相同。

3. 中小棚茄子早熟栽培技术

(1)品种选择　中小棚茄子早熟栽培应选用耐低温、生长迅速、抗病、早熟品种。如辽茄1号、快圆茄、丰研1号、绿茄、苏崎茄子、三月早茄、鲁茄1号等。

(2)培育壮苗　中小棚茄子以早熟栽培为目的,需要育长龄大苗,苗龄以80～100天为宜。育苗期处在严寒季节,需在温室或电热温床中进行。温室育苗管理比较方便,根据不同地区中小拱棚内地温达到12℃以上的时间,向前推算,即可确定播种期。选择天气晴朗的上午播种,以井水或30℃的温水湿透床土,水渗下后播种。播种后覆土,近床面处盖地膜,床面上塑料薄膜四周要压严。

播种至出苗前,要提高温度,白天30℃左右,夜温18℃～20℃;出苗后适当降低苗床温度,白天25℃,夜温15℃,促使苗生长粗壮。早春光照弱,日照时间短。因此,苗床要多见光,使每天日照时间不少于8小时。一般播种1个月以后,幼苗长到2～3片真叶时进行分苗。中小棚茄子常用切块分苗,做法是:用60%的疏松未种过茄科作物的熟土,40%的农家肥,过筛掺和均匀,铺入床中,厚10厘米,耙平。从床的一端开始,按行距10厘米开沟浇水,株距10厘米逐行栽苗,边栽苗边盖塑料薄膜,待床栽满后,把床四周的薄膜用土压严,密闭提高床温。

缓苗后床内温度白天保持25℃～30℃,夜间15℃。随着外温逐渐升高,加大通风量。定植前7～10天灌大水,切坨晒块。

(3)施肥整地,适时定植　茄子喜肥耐肥。定植前每667平方米施入腐熟农家肥5000～7500千克,然后深翻土壤。中小棚多采用高垄或高畦栽培。为提高棚内温度,应在定植前7～10天扣棚,提高棚内地温。待棚内10厘米深地温稳定在12℃以上时定植。

早熟品种定植行株距为60厘米×(30～40)厘米,每667平方米栽苗3000～3500株。定植时在垄畦上开一浅沟,深10～15厘米,宽10～13厘米,将苗栽入,再浇水覆土。浇水不宜过多,以免降低土温。

(4)定植后到缓苗前的管理　定植后将棚密闭,不放风,即使白天超过35℃也不需放风,尽量多蓄积热量,使棚内地温不低于

15℃。

(5)缓苗后到结果期的管理　白天温度保持在25℃～30℃,超过30℃时放风。门茄坐果前不浇水。如果定植水不足,缓苗后还可再浇1水。此时浇水仍以控为主,少浇水,多松土。门茄开花或现蕾时结合中耕,向植株周围培土。为了保花保果,可用20毫克/升2,4-D点花。当门茄直径有5～6厘米时,进行第一次追肥,每667平方米施入人粪尿500千克或尿素10～15千克。

(6)盛果期管理　要加强通风,只要棚温不低于15℃,夜间可不关棚。随着外界气温的升高,逐渐加大放风量,延长放风时间。当外界温度稳定在15℃以上时,应撤除中小拱棚。盛果期重点是肥水管理,应大肥大水,保证果实发育。一般每隔两水追肥1次,化肥和人粪尿可交替使用,施肥量与第一次相同。茄子忌暴雨,6～7月份进入高温季节,暴雨之后,应及时用井水灌溉,降低土壤温度和空气温度,以防烂果。

(7)病害防治　茄子主要病害有绵疫病、褐纹病、黄萎病。高温高湿时,病原菌繁殖迅速,发病重。防治方法:除选择抗病品种外,床土需消毒,并加强管理和及时喷药。在发病初期,可用75%百菌清可湿性粉剂600倍液或50%甲基硫菌灵可湿性粉剂800倍液,每7～10天喷1次,连续喷3次。

(四)采　种

茄子是自花授粉作物,但仍有一定的天然异交率。因此,采种田内,不同品种间至少要相隔100米以上。茄子选种方法是在门茄采收前1～2天,选择植株生长健壮,抗病,门茄着生节位低,株型、叶色、叶形、果形、果色等符合所繁殖品种典型特征特性的植株作种株,留对茄作种果,每个种株留1～2个种果。入选的种果要系上标签。

茄子的种子发育较慢,一般开花后50～65天种子成熟。当采种果的果皮变黄发软时即可采收。摘下后置于干燥阴凉处后熟7～10天,然后采种,否则对发芽率影响大。实践表明,以开花后

50天采摘种果，后熟10天的种子质量最好。后熟的温度以20℃～25℃，空气相对湿度70%为适。采种时要将果皮揉软，使种子与果肉分离，然后剖开用水冲洗。大量采种，先将近果柄处无籽部分切去，再竖着剖开4瓣，然后放在水中揉碎揉出种子。这样，充实的种子沉于水下，果肉、秕籽漂浮在水面。将果肉、秕籽漂洗除去，最后将种子淘洗干净晒干，使水分降低到10%以下，即可装袋贮藏。1个果实的采种量随品种和果实大小而有差异，一般每个种果可采1000～3000粒种子，每60～70千克种果可采1千克种子。

三、辣　椒

辣椒又名辣茄、番椒、海椒、线椒、秦椒、甜椒、菜椒、青椒。

辣椒果实含有丰富的蛋白质、糖、有机酸、维生素以及多种无机盐，有很高的营养价值，尤其是维生素C的含量堪称蔬菜之最，每100克鲜果含量为73～342毫克。辣椒的辣味是由于果实中含有一种辣椒素（化学名称为8-甲基-6癸烯酸香草基胺）所致，适量食用可以促进胃液分泌，增进食欲，帮助消化，兴奋精神。辣椒的食用方法多种多样，可以生食，熟食，腌渍，做辣椒酱、辣椒油、辣椒粉、辣椒砖、辣椒罐头等，深受广大城乡人民喜爱。

辣椒干制，尤其是陕西椒干以其独有的“身条细长，皱纹均匀，颜色鲜红，辣味佳美”四大特点著称于世，畅销我国港澳地区和东南亚各国。因此可以说，辣椒已成为城乡人民生活中的重要蔬菜之一。同时，搞好辣椒生产不仅可提高农民收入，而且对于增加国家出口创汇也有重要意义。

(一)生物学性状

1. 形态　与番茄、茄子相比，辣椒根系不发达，根系再生能力弱，根群主要分布在30厘米的土层中。茎直立，黄绿色或紫色，基部木质化，分枝力强，且较有规律。一般为双杈分枝，也有三杈分枝。绝大多数品种主茎长到5～15片叶时，顶端现蕾，花蕾以下

2～3 节生出 2～3 个侧枝，果实着生在分杈处，但生长至上层后，由于果实生长的影响，分枝规律有所改变。而簇生椒主茎生长至一定叶数后顶部发生花簇封顶，在植株顶部形成多数果实。花簇下面的腋芽抽生分枝，分枝的叶腋还可能发生副侧枝，在侧枝和副侧枝的顶端都形成花簇封顶，但多不结果。辣椒叶为单叶互生，卵圆形、披针形或椭圆形，全缘，先端尖，叶面光滑，微具光泽。

雌雄同花，为常异交植物，虫媒花，天然杂交率因种类和品种而异，一般为 7%～37%。花器较小，单生或丛生 1～3 朵，花冠白或绿白色。花萼基部连成萼筒，呈钟形，花冠基部合生，先端 5 裂，基部有蜜腺。雄蕊 5～7 枚，排列于雌蕊周围。雌蕊的柱头与雄蕊的花药靠近，长度较一致，而一些线椒品种柱头明显伸长，天然异交率较高。

果实为浆果，果皮肉质，于心皮的缝线处产生隔膜，2～4 心室，果身直、弯曲或螺旋状，表面光滑，通常具腹沟，凹陷或横向皱褶。果形有长(短)羊角形、长(短)圆锥形、长(短)指形、长(方或不规则)灯笼形、扁圆形、萝卜角果形、针形、麦粒形等。果实在茎上着生状态有下垂、向上、侧生和混生。青熟果色为橙、乳黄、浅黄绿、浅绿、绿、深绿、墨绿和黑紫，老熟果色常有深红、暗红、鲜红和黄色等。种子肾形，淡黄色，胚珠弯曲，千粒重 4.5～7.5 克，种子寿命 3～7 年。

2. 生长发育期 辣椒的生育周期包括发芽期、幼苗期和开花结果期 3 个时期。

(1)发芽期 从种子萌动到真叶显露为发芽期。这一时期的顺利完成主要取决于温度、湿度和气体条件。发芽期要求的适温为 25℃，土壤空气含氧量应在 10% 以上，苗床土壤持水量 70%～80%。

(2)幼苗期 从真叶显露到第一花现蕾为幼苗期。幼苗期要完成基本营养生长和花芽分化，因此，提供适宜的环境条件是培育壮苗的基本措施。这一时期幼苗生长适温白昼25℃～30℃，夜间

20℃～25℃。当2片真叶展开时，应提供较短的日照和较低的夜温，促进辣椒的花芽分化。

(3)开花结果期　从第一花现蕾至拉秧为开花结果期。这一时期的前期(从第一花现蕾至第一果坐果)，应适当控水，防止落花；此后进入结果期，应加强肥水管理和防治病虫害，保护好叶片，维持植株的生长，协调营养生长和生殖生长的关系，促进秧、果并旺，延长采果期，夺取丰产。

3. 对环境条件的要求

(1)温度　辣椒属喜温蔬菜，发芽期以25℃为宜，低于15℃不能发芽。辣椒幼苗期要求较高温度，白昼以25℃～30℃，夜间以20℃～25℃为宜。开始开花期，授粉时的适宜温度是白昼20℃～25℃，夜间15℃～20℃，低于10℃授粉困难，易引起落花落果。在进入结果期以后，对温度的适应能力逐渐增强，夜温即使降至10℃以下，仍能正常开花结果，高于35℃时，花器发育不全，或柱头干枯不能受精。一般来说，小果型品种对高温和低温的适应能力比大果型品种强。

(2)光照　辣椒对日照长短不敏感，光饱和点也较低，仅3万勒，日照过强，易引起日灼病。但辣椒生长期，尤其是开花结果期要求干燥的空气和充足的阳光，阴雨天阳光不足，授粉不良，结果少，成熟慢。

(3)水分　辣椒不耐旱，不耐涝。单株需水量并不太多，但由于其根系不发达，必须经常供给充足的水分，尤其是大果型品种，对水分要求更加严格。短期淹水，植株会萎蔫，严重时导致死亡。在土壤湿润而空气干燥(空气相对湿度55%～60%)环境下，最适合辣椒生长。

(4)养分　辣椒对土壤营养要求较高。如营养不良，尤其是氮素不足或过多，或磷肥不足，往往导致大量落花、落蕾、落果。辣椒要求氮、磷、钾三元素并重。沙培试验表明，当氮与钾的浓度相近，而钾略多时，促进果实肥大的作用明显。因此，栽培中以收红辣椒为主时,钾的用量可以比氮多些;而以收青椒为主时,钾比氮少些好,否则茎叶发育不良。磷主要影响花的品质,所以植株生育中期以前不可缺磷。

(5)土壤　辣椒对土壤的要求不严格,一般沙土、黏土均可栽培,而以土壤肥沃、土层深厚、排水良好的壤土为佳。

(二)类型和品种

辣椒的品种很多,可分为干(线)椒和青椒两类。前者以生产辣椒干和加工为主,后者主要用于鲜食。

1. 干(线)椒类

(1)8819 线椒　陕西省辣椒育种协作组选育,早熟。植株长势健壮,株高 50～60 厘米,株幅约 40 厘米,株型紧凑,叶片厚实深绿。果实簇生,线状,果长 15.2 厘米左右,横径 1.25 厘米。嫩果绿色,完熟后色泽鲜红发亮,辣味强,品质好,高抗病毒病、白星病、炭疽病和枯萎病,适应性强。每 667 平方米产干椒 250～300 千克左右。

(2)新椒 4 号　新疆石河子蔬菜研究所育成,早熟。株高 60 厘米,株幅 30 厘米左右,株型紧凑,叶片卵圆形,长约 6.5 厘米,宽 3 厘米,叶绿色。果实线形细长,顶部渐尖,果长 14～16 厘米,横径 1.2 厘米左右,果面皱褶较多,青熟果绿色,完熟后深红色,无青肩现象,单果鲜重 3～5 克。味辛辣,易制干。适应性强,对病毒病、疫病有一定的抗耐性,对肥水条件要求不严格,丰产潜力大。每 667 平方米产干椒可达 300 千克以上,最高可达 400 千克。

(3)石线 1 号　新疆石河子蔬菜研究所育成,早熟。自封顶类型,株高 35 厘米,株幅 15～20 厘米,株型紧凑,分枝少。果实簇生,每簇 1～6 果,果长 12～13 厘米,横径 1～1.2 厘米。干椒枣红色,无青肩现象,辣味浓,较抗病毒病,适应性强。每 667 平方米产干椒 250～300 千克,最高 420 千克。

(4)8212 线椒　陕西省蔬菜花卉研究所育成,中晚熟。株高 70 厘米,株幅 35～40 厘米,株型紧凑,叶量大,叶色深绿。果簇生，单株结果数50个左右，果长13厘米，横径1～1.2厘米，果面皱纹细密，完熟果色泽鲜红，品质好，抗病毒病、炭疽病和枯萎病。每667平方米产干椒250千克以上。

(5)石线2号　新疆石河子蔬菜研究所育成，中晚熟，无限生长类型。株高40厘米，株幅18～25厘米，分枝力中等。果实一般单生，少数2～3果簇生，果长14～15厘米，横径1厘米，干椒大红色，味极辣。对病毒病和枯萎病抗性较强。每667平方米产干椒300～500千克。

(6)耀县线辣椒　陕西耀县农家品种，中晚熟。株高50厘米，株幅40厘米，分枝短，植株紧凑，结果集中，单株结果可达70多个。果实细长，果长14～16厘米，横径1.1厘米，单果鲜重5～6克。干椒果面皱褶密细，颜色红润，有光泽，辣味中等，抗枯萎病力强，易感染炭疽病及病毒病。每667平方米产干椒200～250千克。

2. 青椒类

(1)农城椒1号　西北农林科技大学园艺系育成，中晚熟一代杂种。植株长势强，株高80厘米，开展度52厘米，叶色深绿，叶量大。果实粗羊角形，果长22～24厘米，果径3.5～3.7厘米，平均单果重53克，微辣型。高抗病毒病和青枯病，对炭疽病、疫病、日灼病也有较强的抗性。耐涝。适宜露地和秋延后栽培。每667平方米产4000～5000千克。

(2)农城椒2号　西北农林科技大学园艺系育成，中早熟一代杂种。植株长势强，株高72厘米，开展度51厘米左右。叶色深绿，叶量大，结果多而大，果实粗羊角形，果长18厘米，果径2.8厘米，肉厚0.4厘米，平均单果重47克，果面光滑，果色深绿，辣味强。抗病毒病、炭疽病、疫病、日灼病。耐热，不易早衰。适宜地膜覆盖露地及越夏栽培，也适宜早春中小棚栽培。每667平方米产4000～5000千克。

(3)湘研1号　湖南省农业科学院蔬菜研究所育成，早熟一代杂种。植株高50厘米左右，株幅45厘米，株型紧凑，分枝性中等。果实粗牛角形，长约10.7厘米，横径约5厘米，单果重31克，果肉厚约0.25厘米，质脆微辣，风味好。抗病毒病、炭疽病、疮痂病。不耐热。适合早熟栽培。每667平方米产1600～2500千克。

(4)早丰1号　江苏省农业科学院蔬菜研究所育成，早熟一代杂种。植株长势强，株高70厘米左右，株幅70～80厘米，有8～9个分枝，叶片卵圆形，较小。果实呈不整齐长灯笼形，果长8～10厘米，横径3.5～4.5厘米，果肉厚2.0～2.5毫米，单果重25～50克。肉质较嫩，略带辣味，抗病性差。适于早熟栽培。露地栽培每667平方米产2000～2500千克，大、中、小棚栽培3000～4000千克。

(5)洛椒2号　河南省洛阳市辣椒研究所培育，早熟，大果型羊角椒。果长20厘米左右，横径3.5～4厘米，单果重50～100克。果色深绿，肉厚，味微辣，品质佳。每667平方米产4000～5000千克。

(6)早杂2号　江西省南昌市蔬菜研究所育成，早熟一代杂种。植株长势强，株高56厘米左右，株幅63厘米×54厘米。叶色深绿。果实牛角形，长10～12厘米，横径3.1～3.2厘米，果肉厚0.22～0.28厘米，单果重21～23克，果面光滑，深绿色，辣味中等。较抗炭疽病、青枯病、病毒病。每667平方米产2000～3000千克。

(7)伏地尖　湖南省衡阳市地方品种，早熟。长势中等，株高36厘米，株幅51厘米，株型紧凑，分枝细而多。叶卵状披针形，叶量小，叶色浓绿。每株结果20个左右，果实牛角形，长11厘米，横径2.2厘米，果肉较厚，平均单果重12.3克，果面光滑，辣味中等。较耐寒，耐湿，耐肥，早期低温多雨环境中坐果稳，后期耐旱力差，也不耐热，对病毒病的抵抗力弱，容易早衰。每667平方米产2000千克左右。

(8)湘研4号　湖南省农业科学院蔬菜研究所育成，早熟一代杂种。株高 52.2 厘米,株幅 55.1 厘米。果实长牛角形,果长 16.2 厘米,横径 2.5 厘米,果肉厚 0.24 厘米,单果重 28.4 克,果色深绿,光亮无皱,味辣而不烈。耐寒性强,遇低温落花少,挂果能力强。每 667 平方米产 2500 千克左右。

(9)中椒 6 号　中国农业科学院蔬菜花卉研究所育成,中早熟一代杂种。生长势强,结果多而大,果实粗牛角形,果肉厚 0.4 厘米,果面光滑,绿色。微辣型,风味好。抗病性强。适合露地栽培。每 667 平方米产 3500～4500 千克。

(10)苏椒 2 号　江苏省农业科学院蔬菜研究所育成,中熟一代杂种。果实粗牛角形,纵径 7～9 厘米,横径 3.0～4.7 厘米,果肉厚 2.5～4.5 毫米,果实绿色,果面光滑。微辣型。抗病毒病,耐高温高湿。每 667 平方米产 3500～4000 千克。

(11)湘研 7 号　湖南省农业科学院蔬菜研究所育成,早熟一代杂种。株高 48.5 厘米,株幅 53.3 厘米。果实长灯笼形,果长 9.5 厘米,横径 4.8 厘米,果肉厚 0.38 厘米,单果重 40 克,青熟果绿色,微辣。抗病毒病。每 667 平方米产 2000 千克左右。

(12)湘研 8 号　湖南省农业科学院蔬菜研究所育成,中熟,杂种一代。株高 56.8 厘米,株幅 65.1 厘米。果实长灯笼形,果长 8.9 厘米,宽 5.5 厘米,果肉厚 0.51 厘米,单果重 80 克,果色深绿,微辣。耐热抗病。每 667 平方米产 4000 千克以上。

(13)吉椒 3 号　吉林省农业科学院蔬菜花卉研究所育成,中晚熟。植株半开张。果实长圆锥形,纵径 10 厘米,横径 6 厘米,果肉厚 3.5 毫米,单果重 80 克,微辣。抗病毒病。适宜露地栽培。每 667 平方米产 3000 千克。

(14)津椒 3 号　天津市农业科学院蔬菜研究所育成,早熟一代杂种。植株较直立。株高 65 厘米,株幅 60 厘米。果实灯笼形,长 9.2 厘米,横径 8.1 厘米,果肉厚 3.3 毫米,单果重 87～139 克,果面稍皱褶,青果深绿色,微辣。抗病毒病。每 667 平方米产 3000 千克左右。

(15)中椒2号　中国农业科学院蔬菜花卉研究所育成，早熟一代杂种。植株长势较强，株高68厘米左右，株幅73厘米。叶片较大。果实长灯笼形，果柄下弯，果肉厚3.5～4.5毫米，单果重50～110克，青熟果绿色，味甜质脆，品质好。抗病毒病。适宜保护地或露地栽培。每667平方米产2600～4000千克。

(16)农乐　中国农业大学园艺系育成，早熟一代杂种。植株长势强，坐果率高，连续结果性能好。果实长灯笼形，果肉厚约4毫米，单果重90克以上，果面光滑具光泽，味甜质脆，商品性好。抗病毒病。适宜保护地早熟栽培。每667平方米产3500～4000千克。

(17)辽椒1号　辽宁省农业科学院园艺研究所育成，早熟。植株长势中等，株高50～60厘米，株幅60～70厘米。果实扁灯笼形，果肉厚0.35厘米，平均单果重120克，最大250克，果面多棱沟，味微辣，品质好。适应性强，适宜保护地和露地栽培。每667平方米产3000～4000千克，最高可达5500千克以上。

(18)甜杂2号　北京市蔬菜研究中心选育，早熟一代杂种。植株长势强，多为三杈分枝。茎叶绿色。果实灯笼形，果顶向下，纵径8.4厘米，横径6.6厘米，果肉厚3.5～4.0毫米，平均单果重50克，味甜，品质好。抗病毒病。适于保护地和露地栽培。每667平方米产2000～3000千克。

(19)辽椒3号　辽宁省农业科学院园艺研究所育成，中早熟品种。植株生长势强，叶片大。果实灯笼形，纵径14.5厘米，横径13厘米，果肉厚4.2毫米，单果重150克，果面凹凸不平，味甜。抗病毒病。每667平方米产4000～5000千克。

(20)吉椒2号　吉林省蔬菜研究所育成，中早熟。植株长势强，株高60厘米，横径7～8厘米，果肉厚2.5～3.0毫米，平均单果重90克，青熟果绿色，果肉脆甜。抗病毒病。每667平方米产3000千克。

(21)农大40号　中国农业大学园艺系育成，中晚熟品种。植株生长势强，茎秆粗壮，株型紧凑。果实灯笼形，纵径 13～18 厘米，横径 8～9 厘米，果肉厚 6 毫米，单果重 150 克，果面光滑，果肉脆甜，品质优良。对病毒病抗性较强。适于露地栽培。每 667 平方米产 4000～5000 千克。

（22）双丰　中国农业科学院蔬菜花卉研究所和北京市海淀区农业科学研究所育成，中熟一代杂种。植株长势强，株高 53 厘米左右，株幅 61 厘米。坐果率高，果实灯笼形，纵径 9.4 厘米，横径 5.7 厘米，果肉厚 5.5 毫米，单果重 75～100 克。果实绿色，果面光滑，味甜质脆。抗病毒病。露地栽培每 667 平方米产 2000 千克以上，保护地栽培可达 3000～4000 千克以上。

（23）茄门　上海地方品种，中晚熟。植株生长势强，茎秆粗壮，节间短，株高 65 厘米，株幅 50 厘米，分枝力较弱。叶片大而厚，卵圆形，深绿色。果实方灯笼形，果长 10 厘米，横径 8 厘米，果肉厚 3～5 毫米，单果重 100～150 克，果面光滑，嫩果绿色，成熟后红色，质地紧实，味甜，品质好。耐贮藏，对解决八九月份淡季蔬菜供应有一定作用。不耐低温和高温，干旱时容易感染病毒病。每 667 平方米产 3000～5000 千克。

（三）干椒露地栽培

1. 播种育苗　干椒可以直播，但很费种子，且出苗不齐，生长期短，产量低，所以最好采用育苗移栽。

育苗可用阳畦，也可用平畦小拱棚。辣椒的适宜苗龄为 55～60 天，因此，适宜的播期可根据当地晚霜期向前推 60 天。播前将种子先放在 15℃～20℃清水中浸泡 15～20 分钟，淘汰漂浮秕籽，再浸泡 4 小时后捞出，晾干表面水分，用 1%硫酸铜溶液浸泡 15 分钟捞出，再用清水反复淘洗。这样处理后放入 55℃热水中迅速搅拌，等水温降至 30℃左右时停止。经上述处理，可以杀死种子上带有的病原菌。

消过毒的种子再浸种 6 小时，使种子吸足水分，然后用纱布包裹，放在 25℃～30℃温度下催芽。每天用清水将种子淘洗 1 次，经 4～6 天即可出芽下种。

培养土由 40%～60%非茄科作物地的表土和 40%～60%腐熟厩肥组成。此外，每立方米培养土中再加入过磷酸钙 1 千克，硫酸钾 0.25 千克，尿素 0.25 千克。育苗床不论采用阳畦还是小拱棚，均应选择背风向阳，地势较高，排灌方便，距离移栽大田较近的地方。培养土装床后按每平方米 10～15 克种子播种。播后立即均匀覆盖一层培养土，厚约 1 厘米。6～7 天即可出土。种子顶土和齐苗时各撒培养土 1 次，每次撒土 0.5 厘米厚，可防止子叶夹壳带帽，并且可以防止床面裂缝，减少水分蒸发，促进幼苗根系发育。苗子在 6 片真叶前要间苗 2～3 次，最后使苗距呈 6 厘米见方。

发芽出土期一般不通风，出苗后要逐渐加大通风量，苗床温度保持在白天 20℃～30℃，夜间 16℃～20℃。定植前 1 周视天气情况可揭去塑料薄膜进行炼苗。这样经过 55～60 天育出的苗具有 12 片左右展开叶，株高 20 厘米，茎粗 0.3 厘米，节间短，叶深绿，无病虫害，植株顶端已显花蕾。如苗子生长弱，可用 0.2%的磷酸二氢钾根外喷施，以促苗、壮苗。

2. 施足底肥，适期定植 辣椒根系弱，在土层中分布浅，吸收能力差，需要定植在土壤肥沃、疏松的地块中。定植前要深耕晒垡，减少病虫来源。结合整地每 667 平方米施优质厩肥 5000 千克，过磷酸钙 50 千克。露地定植期以 10 厘米地温稳定在 10℃～12℃时为准。定植过早，地温低不易缓苗；过晚，到高温季节来临植株尚未封垄，地温高，病毒病严重。定植密度行穴距 66 厘米×20 厘米，每穴 3 株。

3. 田间管理 定植后，为了提高地温，加速根系生长，促进花芽的形成，防止徒长，在坐果以前，应控制灌水，合墒中耕，并在根际培土成垄，防止植株后期倒伏。坐果后，特别是大量结果时，必须加强肥水管理，保证营养生长和生殖生长均衡发展，对提高产量有重要作用。

在缓苗后和结果盛期每 667 平方米各追施尿素 10 千克，过磷酸钙 10 千克。在结果初期可追施饼粕 100 千克。大部分果实红熟后，为防止植株贪青，应停止灌水追肥，促进营养物质迅速向果实转运，提高红果率。

亚硫酸氢钠是一种光呼吸抑制剂，笔者在西农 20 号辣椒上试验表明，在门椒或对椒蕾期喷施 80～160 毫克/升的亚硫酸氢钠，可显著增加产量，平均增产幅度为 23.2%～27.7%。

4. 病虫害防治 露地辣椒的主要病虫害有病毒病、炭疽病、疫病、疮痂病、蚜虫、烟青虫和棉铃虫。除了做好各种农业防治外，还要积极做好药物防治。对于病毒病，要从防蚜入手，可用 40% 乐果乳油 1000 倍液在定植前喷 1～2 次，定植后喷 3～4 次；炭疽病在发病初期用 65%代森锌可湿性粉剂 500 倍液，或 75%百菌清可湿性粉剂 600 倍液喷雾防治，每 7～10 天喷 1 次；疫病在发病前或发病初期用 1∶1∶200 波尔多液，或 75%百菌清可湿性粉剂 500 倍液，或 25%甲霜灵可湿性粉剂 800 倍液喷雾防治，每 7 天 1 次；疮痂病用 1∶1∶200 波尔多液喷雾防治。烟青虫、棉铃虫常引起辣椒大量烂果、落果，一旦发现，可立即用 2.5%溴氰菊酯乳油 4000～5000 倍液，或 50%辛硫磷乳油 1500～2000 倍液喷雾防治。

5. 采收 红椒分期采收，不仅可减少损失，增加红椒产量，而且能提高品质。采下的红椒应及时制干。用人工干制时，分次采收的红椒，每 4～5 千克可干制 1 千克干椒。人工干制方法可使红椒在较短时间内通过烘烤杀死入侵的病菌，使病斑不再扩大蔓延，可溶性糖比自然晒干的有所增加。而且可以提早供应市场，商品价值较高。自然晒干时，常受天气影响及病虫继续危害，易造成腐烂变质，干制率降低，一般需 5～6 千克鲜红椒方能晒干椒 1 千克。

(四)青(甜)椒春季覆盖栽培

青椒春季覆盖栽培，上市早，售价高，经济效益显著，是近几年来城郊普遍采用的栽培形式。

1. 品种选择 青椒早春覆盖适宜选择早熟抗病、丰产、优质、耐低温和弱光照的中、早熟品种。如小矮秧、早丰 1 号、湘研 1 号、湘研 4 号、中椒 2 号、农城椒 2 号、津椒 3 号、辽椒 4 号等。

2. 培育早壮苗 春季早熟覆盖青椒苗龄一般为 85～90 天，定植期往往在晚霜结束前 1 个月进行。因此，播期可从当地晚霜结束期向前推 115～120 天为宜。定植前，秧苗应具 12～13 片叶，高度在 13 厘米以下，现花蕾，叶色深绿。

播种可在温床或温室里进行。播前将种子放入冷水中预浸 6 小时，再用 55℃温水浸种 15 分钟，也可将种子用 1%硫酸铜溶液浸种 5 分钟后，经用清水反复冲洗后，在 25℃～30℃下进行催芽。催芽期间每天要用清水淘洗 1～2 次，一般经 4 天约有 60%以上种子露白即可播种。

播种后要注意保温保湿，以利于出苗整齐。幼苗子叶展开后，应及时通风、降温、排湿，温度保持在白天 25℃，夜间 15℃左右。苗期床土湿度以湿润为度。低温、高湿往往易引起秧苗叶片脱落，病害蔓延。当幼苗具有 3～4 片真叶时应及时分苗。在整个苗期要注意防治猝倒病、疫病、灰霉病和立枯病，除在苗期管理上通风排湿外，可用 65%代森锌可湿性粉剂 500 倍液或 50%甲基硫菌灵可湿性粉剂 1000 倍液喷雾防治。

3. 施足基肥，盖膜提温 青椒生长期长，施足基肥十分重要。施肥原则是以农家肥为主，氮、磷、钾肥配合。一般每 667 平方米应施厩肥 3000 千克，鸡粪 1500 千克，并加施硫酸钾 10 千克，过磷酸钙 20 千克。这样，迟效肥与速效肥结合，氮、磷、钾营养搭配，可以基本上满足青椒秧、果生长发育的需要。

为了满足青椒早春生长对温度的要求，可采用拱棚加地膜的覆盖形式。在定植前 1 周，应铺好地膜，搭好拱棚并盖严，以提高地温。

4. 适时定植，合理密植 经烤棚 1 周后，地温在 12℃以上时，即可适时定植，促进秧苗早发根、早发苗。青椒株型比较紧凑，适于密植，适当密植有利于在高温季节到来前封垄。由于地表覆盖遮阴，土温及土壤湿度变化小，暴雨后根系不致于被暴晒，从而可起到保根促秧的良好效果。同时密植可以防止日灼病，提高产量。因此，在生产上青椒一般采用双苗定植。具体密度依品种不同而不同，如早丰1号、农城椒2号适宜行穴距为66厘米×33厘米；湘研1号、上海羊角椒行穴距50厘米×33厘米；小矮秧行穴距50厘米×25厘米；包子椒行穴距60厘米×33厘米；中椒2号、海花3号、同丰37号等适宜行穴距为50厘米×30厘米。每穴均两苗。

5. 田间管理 定植后，为了提高地温，促进生根，一般1周内不通风。缓苗后要及时通风，调节棚内温湿度。要防止高温高湿造成植株徒长、落花及病害的发生。又要注意防止揭膜不当引起植株受冻而影响结果。一般应在外界气温稳定在15℃以上时揭除拱棚薄膜。

青椒定植前只要施足了基肥和浇足定植水，从定植至开花挂果前一般不再施肥灌水。当进入结果期，为补充肥水的亏缺，应追肥灌水，促进秧果并旺。尤其是盛果期，如果肥水跟不上去，容易引起椒秧早衰，造成减产。每次每667平方米可施三元复合肥15千克左右，或随水灌1～2次人粪尿。在盛果期根据秧果生长发育情况可用0.2%的磷酸二氢钾或0.3%尿素进行根外追肥，每7～10天1次，共进行2～3次。

青椒覆盖栽培，水肥充足，茎上往往产生许多侧枝，影响通风透光，引起落花落果。因此，在生长中后期，可将徒长枝及过分旺盛生长的枝条剪掉，以利于通风。

6. 病虫害防治 青椒覆盖栽培的主要病虫害有炭疽病、病毒病、蚜虫、烟青虫和棉铃虫，其防治方法同干椒露地栽培。

7. 采收 青椒以绿熟果为生产目的，因此，采收标准应以果实充分膨大，皮色转为浓绿，果实坚实且具光泽时较为适宜。

(五)青椒大棚、日光温室栽培

利用塑料大棚、日光温室栽培青椒，虽一次性投资较大，但其成熟期比露地栽培可提早30～40天，比中、小棚栽培提早7～10

天。若管理得当，可在撤膜后度过炎夏，秋季继续扣棚，生长期能延长至秋末冬初，采收期比露地栽培延迟 20～30 天。高产棚每 667 平方米可产 6000 千克以上，收益好。因此，近年来，塑料大棚、日光温室栽培面积不断扩大，已发展成为青椒生产的一种重要形式。

1. 品种选择 选用抗寒、耐热、耐弱光照、抗病、早熟、丰产和适用密植的品种，是青椒大棚、日光温室早熟栽培的关键。辛辣型品种可选用湘研 1 号、早杂 2 号、洛椒 2 号、早丰 1 号、伏地尖、湘研 4 号等；甜椒型品种可选用甜杂 2 号、茄门、农乐、中椒 2 号、湘研 7 号、辽椒 1 号、吉椒 2 号、津椒 2 号等。对于大棚、日光温室早熟栽培越夏后再转入延后栽培者，可选用辛辣型品种，如农城椒 1 号、农城椒 2 号、苏椒 2 号、吉椒 3 号、湘研 8 号等，或甜椒型品种如农乐、双丰、农大 40 号等。

2. 培育壮苗

(1)播种期　大棚、日光温室青椒栽培的适宜日历苗龄，早熟品种为 85～90 天，中晚熟品种 90～100 天；生理苗龄应为幼苗株高 20～25 厘米，茎粗 0.5 厘米以上，具有 9～11 片真叶，着生大花蕾或部分植株已开花，叶色青绿，茎节短粗，根系发达，无病虫害。大棚、日光温室青椒栽培的适宜播期要依据青椒定植时棚(室)内 10 厘米地温稳定在 12℃以上为原则。

(2)育苗方式　采用阳畦电热温床，或日光温室电热温床，或加温温室育苗，用纸筒或泥筒分苗。现以加温温室育苗为重点介绍育苗技术要点。

苗床消毒与床土准备。温室在 8～9 月份的休闲期间，耕后晒垡，然后浇足水分，覆盖旧塑料薄膜进行高温消毒灭菌 3～4 周；床土装好后，再用 50％多菌灵或代森锰锌可湿性粉剂，每平方米 6～8 克，与土混匀撒于苗床。

浸种、催芽与播种与青椒春季覆盖栽培相同。

温度管理。播种至出苗前，白天保持 28℃～32℃，夜间

18℃～20℃；出苗后应逐渐降低温度，白天 25℃～28℃，夜晚 15℃～18℃。3 叶期加大通风量，白天 18℃～25℃，夜晚 13℃～17℃；3～4 叶期分苗于纸筒或泥筒中。分苗后，烧火升温，白天 28℃～32℃，夜晚 18℃～20℃，时间约经 1 周。随后，再降低温度，白天 18℃～25℃，夜晚 13℃～17℃。定植前 7～10 天，要加强低温炼苗，加大通风量，温室逐步停火，最后使夜温降至 10℃左右，不高于 15℃，加强幼苗的抗寒锻炼，为定植入大棚或日光温室做好准备。

通风见光。育苗期，温室要坚持揭帘见光，通风排湿。白天应有 8～10 小时以上的光照条件，阴天也要揭帘 4～6 小时，尽可能延长幼苗的光合时间。除播种后 1 周和分苗后 1 周，为提高苗床温度一般不能通风外，其他时间均应坚持每天通风换气。

苗期叶面喷肥。苗期结合喷药喷施 0.1%～0.2%的磷酸二氢钾溶液 2～3 次，或 0.2%的尿素 1～2 次，或多元复合肥（尿素 0.2%，磷酸二氢钾 0.2%，硫酸锌 0.05%，硼酸 0.15%，硫酸镁 0.15%）1～2 次，以利于秧苗茎叶生长及花芽分化。

3. 整地做畦 大棚、日光温室复种指数高，机耕困难，可用铁锹深翻土地。结合翻地，每 667 平方米施腐熟农家肥 7500～10000千克。青椒根系浅，不耐旱，不耐涝，整地做畦要仔细、平整。一般用平畦，畦宽 90～100 厘米；南北走向大棚，可做成两排平畦。两排畦之间留出宽 50～70 厘米南北向水渠（人行道）。日光温室做成南北向平畦一排。平畦定植，中耕时结合培土做成宽 50～60 厘米，高 10～15 厘米的半高垄，两畦半高垄之间做成宽 40 厘米的浇水沟（操作道）。

4. 扣棚升温 定植前 15～20 天大棚要扣棚，日光温室要覆盖塑料薄膜，结合翻地，充分晒土，提高地温。

5. 适时早定植 在大棚或日光温室 10 厘米地温稳定在 10℃～14℃时应及时定植。春季气温不稳定，应选择寒潮刚结束，气温开始回升的“冷尾暖头”的晴朗天气上午 9 时至下午 14 时进行，栽后立即盖小棚，然后灌水。为了不降低地温，最好采用小水灌溉或点水定植。定植时，在90～100厘米宽的畦两边各留20厘米，每畦定植2行，行距50～60厘米，穴距30～35厘米，每667平方米3000～4500穴，每穴2苗，折合每667平方米6000～9000株。

6. **温湿度管理** 青椒定植后，要保持较高的温度和湿度，以促进缓苗。通常的作法是定植后5～7天内密闭棚、室，不通风，使棚(室)内温度保持在25℃～35℃。夜间棚外四周增设草帘、地裙，覆盖保温；日光温室南窗塑料薄膜上也要加盖草帘，避免幼苗受冻。

缓苗后，棚(室)内温度保持20℃～30℃，空气相对湿度50%～60%，土壤湿度80%左右。大棚、日光温室内温度高，湿度大，一方面造成花粉粒从花粉囊中飞散困难，影响授粉受精，引起落花；另一方面，高温高湿容易使植株徒长，导致落花落果，使青椒产量不高。调节棚室内温湿度的有效措施是通风。通风管理原则是：早揭膜，棚室温度达到25℃左右时开始通风，下午气温降至15℃左右时盖膜。通风的方法是：由小到大，逐渐通风，并经常调换通风位置，使植株生长一致，严禁高温突然通风。大风天气，要压好薄膜，以防大风揭膜。

进入结果期，棚、室内温度要保持20℃～25℃，空气相对湿度50%～60%。此时外界气温逐渐升高，应逐渐加大通风量和延长通风时间。通风适宜，植株矮壮，节间短，坐果多，单株产量高。因此，青椒一旦开始坐果，就要做到早揭、晚盖、撩起棚边，揭开日光温室南窗塑料薄膜，进行大通风。若外界温度最低在15℃左右时，可昼夜大通风。阴雨天也要适当通风，排湿降温。

进入炎夏高温季节，当外界气温稳定在20℃左右时，可将塑料薄膜撤除。夏季较冷凉地区，可不撤除塑料薄膜，而将大棚四周的薄膜掀起呈天棚状，进行越夏栽培。

7. **防止有害气体** 进行大棚、日光温室生产，要防止有害气体的危害。大棚、日光温室内的有害气体主要有两种：一是肥料分解产生的氨气和亚硝酸气;二是有的塑料薄膜添加了不适当的增塑剂,散发出有害气体,被植株吸收后致害。棚室内温、湿度越高,青椒遭受有害气体的危害越严重。

为防止棚室内有害气体危害,应注意以下几点:一是要合理施肥。大棚、日光温室内氮肥的使用应以基肥为主,追肥为辅,施氮肥的原则是少施勤施,施后盖土,并立即浇水。不宜施用挥发性较强的碳酸氢铵。二是要坚持通风换气。上午棚室内温度达20℃~25℃时,打开通风口,使棚室内外空气流动,减少有害气体的危害。三是要注意选用无毒塑料薄膜。四是在使用二氧化碳施肥时,要避免使用含有有害物质如硫化铁、硫化锰等杂质的原料,防止产生有害气体毒害植株。

8. 中耕、培土 缓苗后要及时中耕松土。中耕松土要做到“头遍浅,二遍深,三遍四遍不伤根”。并结合中耕,将畦埂挖成畦沟,将土培在青椒行上,形成宽50~60厘米、高10~15厘米的半高垄,使原来的低平畦变成深沟高垄,以利于灌溉和排涝,并可防止倒伏。

9. 水肥管理 青椒根系浅,吸收水肥能力差。定植时浇水不要太大,否则,容易降低地温。定植后4~5天,浇1次缓苗水。缓苗水也宜轻灌。此后,连续中耕2次,即可蹲苗。缓苗后到门果采收前,一般不轻易浇水,否则容易落花落果。待第一层果实开始膨大时起,开始浇水,此后每隔7~10天浇水1次。浇水应选晴天早晨,浇水要均匀,要小水轻浇,切忌大水漫灌。

青椒喜肥、耐肥,而且大棚、日光温室青椒从定植到秋延后栽培,生长期长达200余天,要丰产,必须不断追肥。施肥的原则是重施基肥,多施厩肥,增施磷钾复合肥,前期侧重氮肥,盛果期保证充足的磷、钾肥,有利于丰产并能提高果实品质。封垄前最好采用开沟或挖窝追肥,封垄后多采用顺水施肥。在第一层果膨大期进行第一次追肥,每667平方米施尿素10千克或稀粪500千克。开始采收后追施2~3次,每次每667平方米施尿素5~7千克,或磷酸二铵15千克，稀粪500千克。为防止早衰，应勤施轻施氮肥，2～3周施1次，进入秋季结果期应再追肥1次。

结合喷药，在开始采收后，进行根外追肥，对促秧保果具有显著作用。可在第一层果实采收后，每隔7～10天向叶面喷施0.2%的磷酸二氢钾和0.3%的尿素各1次。此外，在开花坐果期，每667平方米喷施6克亚硫酸氢钠(配成180毫克/升的水溶液)，可以显著提高产量。

10. 增施二氧化碳肥 棚、室管理通常是以温度为指标的，一般在晴天情况下，日出以后，由于室外温度升高，室内温度也随之升高。当室内温度达到25℃～30℃时，才通风换气，下午当室温下降到15℃～20℃时，关窗防风保温，这样棚室内二氧化碳浓度变化就形成了一个规律。即白天在通风换气之后室内室外基本相同，傍晚关窗以后，由于室内气体与室外隔绝，大气中的二氧化碳不能补充，室内二氧化碳浓度主要靠土壤中的释放，植物体的呼吸加以补充。据试验表明，早晨日出前大棚内二氧化碳浓度达到最高点，为万分之五，随着阳光的照射，室内光照强度和温度升高，植物光合作用加强，二氧化碳被植物吸收。以每立方米二氧化碳浓度150克计算，按100立方厘米面积每小时光合作用消耗二氧化碳50毫克计算，即20分钟内就可用完，使青椒处于饥饿状态。等到25℃～30℃时，通风后二氧化碳浓度才能恢复到万分之三。因此，增施二氧化碳，提高大棚、日光温室二氧化碳浓度，对于保证青椒正常的光合作用，提高产量是一条重要的技术措施。

二氧化碳来源较多，生产上可使用液态二氧化碳、干冰、燃烧碳氢燃料，利用化学反应产生二氧化碳等。液态二氧化碳、干冰，二氧化碳含量高，无污染，使用方便，但成本较高，大棚、日光温室多不采用。燃烧碳氢燃料，需二氧化碳发生器、强力通风设备等，在发达国家应用较多。目前国内生产上广泛采用化学反应法来产生二氧化碳，其投资少，使用方便。

采用化学反应法产生二氧化碳，生产上常采用两种方法，一种是碳酸钙和浓盐酸($CaCO_3 + 2HCl \rightarrow CO_2 + CaCl_2 + H_2O$)反应,另一种是碳酸氢铵和硫酸[$2NH_4HCO_3 + H_2SO_4 \rightarrow 2CO_2 + (NH_4)_2SO_4 + 2H_2O$]反应。前者原料广泛,成本低,易于反应,但常因所使用的碳酸钙矿石中含有硫化铁、硫化锰等杂质,使反应时产生大量有毒气体如硫化氢等,危害植株;后者则较好地克服了前者的缺点,取材方便,成本较低,易于使用。

反应中碳酸氢铵和硫酸的使用量,因青椒不同生育期及棚室的大小不同而有差异。青椒幼苗期,碳酸氢铵的使用量为3.5～3.9克/米^3,96%硫酸2.3～2.5克/米^3;定植缓苗后至坐果期,碳酸氢铵用量为5.0～6.5克/米^3,96%硫酸为3.2～4.1克/米^3;盛果期,碳酸氢铵用量为8.5～11.0克/米^3,96%硫酸为5.5～7.3克/米^3。

青椒大棚、日光温室进行二氧化碳施肥可在晴天上午进行,苗期在日出后1.5小时,定植后在日出0.5小时,当棚内温度在12℃～15℃以上,光照达2000勒时即可施用。施用后,待棚室温度升至25℃～28℃时通风。

进行二氧化碳施肥前,要先将96%浓硫酸稀释3倍,即将适量的浓硫酸倒入3倍的自来水中,并不断搅动,使其冷至常温再用。将碳酸氢铵分装到塑料袋中密封。反应时先把稀释好的硫酸倒入反应桶中,再将装有碳酸氢铵的塑料袋底部刺若干小孔,放入反应桶即可。反应桶在大棚、日光温室内的分布要均匀,以40平方米的面积摆放1个为宜。

进行二氧化碳施肥必须注意以下几点:第一,浓硫酸为强酸,操作时必须佩戴手套,以免造成人身烧伤;第二,在稀释浓硫酸时,必须把浓硫酸倒入水中进行稀释,如把水倒入浓硫酸中会引起浓硫酸飞溅,引起人身烧伤;第三,施用二氧化碳肥期间,大棚、日光温室内二氧化碳浓度高,禁止操作人员在室内久留,否则容易使人产生窒息;第四,为提高二氧化碳使用效果,施放时要密封大棚、日光温室,并要清除塑料薄膜上的稻草、灰尘,以增加透光率。

11. 保花保果 大棚、日光温室青椒容易产生落花落果,造成减产。为防止落花落果，棚室前期要及时保温，中期要及时通风，控制适宜温度、湿度。施足基肥，增施磷、钾肥，保证养分供应均衡。此外，可用15～20毫克/升的2,4-D，或30～40毫克/升的番茄灵点花。

硼可加速青椒花器发育速度，增加花粉量，促进花粉萌发和花粉管伸长，提高受精能力，防止落花。因此，在蕾期喷施0.1%硼酸也有较好的保花保果作用。

12. 植株调整 大棚、日光温室中生长的青椒，由于温度高、湿度大、肥水充足，因而生长旺盛，株型高大，枝条易折。为防止植株倒伏和枝条折断，可用聚丙烯绳吊枝，或在畦垄外侧用竹竿水平固定植株。在青椒封垄后，可将第一分枝下的侧枝全部摘除，在生长的中后期摘除下部老叶，剪去由下部长出的直立徒长枝，以节省养分，并有利于通风透光。

13. 越夏及秋延后管理 青椒大棚、日光温室栽培，若选用中晚熟品种，并加强管理，也可越夏进行秋延后栽培，采收后，经短期贮藏可在元旦供应市场。具体做法是：夏季高温过后，把顶层的枝条留两个节剪去。修剪后追肥灌水，促进新枝发育，开花坐果，力争在扣棚前果实已坐住。入秋后，当外界最低气温低于15℃时，覆盖塑料薄膜。

晚夏扣棚可逐步进行，开始只将棚顶扣上，呈天棚状。随着气温的下降，棚四周的薄膜夜间也要压严，白天再揭开。当外界气温下降到15℃以下时，夜间要将全棚扣严，白天中午棚内气温高于25℃时，再进行短期通风。当外界气温急剧下降后，棚内气温在15℃以下时，基本上不再通风，并且要在大棚四周或日光温室南窗塑料膜上加盖草帘，防寒保温，防止冻害。

扣棚后果实进入膨大期，每667平方米可追施人粪尿500千克，或尿素10～15千克。同时，结合加施二氧化碳肥，要加强保温，少通风，促进果实迅速膨大。为避免棚内湿度过大，要控制灌水，只要土壤不过分干旱，原则上不再浇水。此时，若棚内湿度过大，可用草木灰或晒干的培养土撒在畦内除湿；也可采用人工擦珠降湿法：准备毛巾、盆或桶，用毛巾轻轻地在棚膜上擦动，吸收凝集在上面的水珠，当毛巾吸足水时，再将毛巾中的水拧于盆或桶内，泼洒到棚外。

当外界气温过低，棚室内青椒不能继续生长时，要及时采收、贮藏，以防受冻。

(六)青椒贮藏保鲜

供贮藏的青椒应选色深肉厚，果面光滑，不易失水萎蔫，抗病力强的品种，如三道筋、世界冠军、大同甜椒、猪嘴椒和茄门甜椒等。贮藏的青椒一定要在早霜来临前采收，不要遭受霜害。拱棚等保护地青椒，可晚一些时间采收，采收时最好在清晨或傍晚气温低时带果梗采下。采收后应立即进行挑选，淘汰病、虫、伤果，放在阴凉避风处进行短期预贮，待果实的温度降低再贮藏。

青椒比较耐贮藏，贮藏最适温度是8℃～10℃，空气相对湿度为85%左右。贮藏方法较多，这里仅介绍几种简易贮藏方法。

1. 超薄膜袋贮藏法 选择成熟度较高的果实贮藏。预冷后在果梗上蘸熔化的白蜡，单果包装(12厘米×10厘米超薄膜袋)，或放入0.5千克袋内(20厘米×27厘米)密封，置于温度8℃～12℃和空气相对湿度66%～74%的地下室(窖)中，可贮放45天，其单果包装完好率为92%，0.5千克袋装完好率97%。贮藏期间温度不能高于14℃，不能低于8℃。

2. 沟藏 贮藏前在露地挖一条东西延长的沟，沟宽1米，长不限，深度依各地冬季气温不同而定，一般最低不得小于1米。沟底铺一层沙子或垫一层秫秸。采收的青椒经短期预贮后，轻轻摆放在沟里，也可装筐下到沟里，也可一层细沙一层辣椒层积贮藏，层积厚度不超过60厘米。沟上盖草帘，防止雨水进入沟里。随外界气温下降，逐渐增加覆盖物。天气再冷时，覆盖物四周用土盖严。青椒入沟初期注意散热通风，每隔7～8天翻倒1次，挑出红、烂果实。翻倒2～3次后，每隔半个月翻倒1次。这种方法贮藏管理得好，可贮藏2个多月，损耗率为10%～30%。

3. 缸贮法 缸藏前，用0.5%～1%漂白粉溶液将缸洗净、擦干。缸底垫上草帘，装入选好的青椒。大缸装缸高的1/2，小缸装缸高的2/3。装好后缸口用牛皮纸或塑料薄膜封好。贮藏初期隔1周，中期后隔2周，翻检1次。

4. 阳畦贮藏 把阳畦床底铲平，将青椒分层平放畦内，厚20～30厘米。放好后，可通过盖席调温，前期温度高，昼盖夜揭；温度逐渐降低时，昼夜均盖；后期温度较低，晚间可加盖双席。通过上述措施使贮藏的青椒始终处在贮藏的最适条件下（温度8℃～10℃，空气相对湿度85%左右）。当外界气温低于0℃以下，用加盖双席的办法已无法满足青椒对贮藏环境的要求时，应立即上市。

5. 窖藏 窖藏方法比较稳妥，各地都可采用。窖的深浅、大小依各地气候条件而定。一般深30～150厘米，宽1.5米左右，长度根据贮藏量而定。窖坑挖好后晾几天，再用玉米秸绷好上盖。长窖每隔2米设1个15厘米大小的通风眼。窖底可铺草帘或沙土，将辣椒堆放在上面。辣椒堆厚度一般不超过1米。也可装筐下窖，一般可放两层筐。装筐前最好在筐底和四周铺一层喷有50毫克/升仲丁胺溶液的普通卫生纸，然后再装青椒。无论青椒在窖内直接堆放或装筐，采收后先堆放在冷凉处，再用草帘盖住预贮，以降低青椒温度。入窖后，根据气候，通过通风、加盖不同防寒材料，保持青椒果实适宜的贮藏条件。

6. 筐藏 将选好的青椒装在经0.5%漂白粉消过毒的筐里，筐内衬牛皮纸。将青椒装入筐中，用塑料薄膜封严筐口。也可先将装入青椒的筐子堆成堆，再用塑料薄膜封盖全堆。青椒入库后，贮藏库每天要放风1次，藏果每隔10天左右挑拣1次，取出红果、烂果。

(七)采　种

辣椒是常异交作物，异交率可达7%～37%。所以，采种田与不同品种的生产田要隔离500～1000米。采种田的栽培技术与生产田的栽培技术基本相同，但在辣椒开花坐果期严禁使用植物生长调节剂(如 2,4-D,番茄灵等)，以免造成无籽果实。可在门椒或对椒蕾期喷施 200 毫克/升的亚硫酸氢钠，能显著地提高辣椒种子的产量和质量。

选种方法：对于干制辣椒品种重点是进行苗选、株选。选择生长健壮，抗病，植株紧凑，叶色、叶形、果形等符合所繁殖品种特征特性的作种株，并做上标记。对品种纯度较高的干椒品种田，可通过严格去杂去劣，进行片选。青椒品种，除了苗选和株选外，还要进行果选。笔者以"410"牛角椒为试材进行的试验表明，牛角椒不同层次间种子在千粒重、发芽率和发芽指数上均有一定差异，其中以第二、第三层果实的种子质量较好；同时，疏去门花和满天星花能有效提高第二、第三层果实种子的质量；采种果在室温下后熟 1 周也具有同等效果。因此，对于青椒品种，在入选种株的基础上，可除掉门花和满天星花，选择已经红熟、整齐、无病虫害的对果和四面斗果，放置室内后熟 5～7 天后进行剥种。

干椒品种采种最好采摘中前期红熟果实，晒干或烘干(40℃)后用脱粒机分选种子。青椒品种种果采收，要红一批，采收一批，一般以每隔 2～3 天采收 1 次为好。如久熟不采，则种果易被烈日晒伤腐烂。青椒果实取种，可用手掰开果实或用果刀自萼片周围割一圆圈，将果柄向上一提，把种子与胎座一起取出。取出的种子应清除胎座、果肉等杂质，并应立即晾晒。需强调的是，种子不宜在水泥晒场或金属容器里暴晒，以免影响发芽率。

辣椒果肉厚的大型品种，每 400～450 千克种果采 1 千克种子；果肉较薄的中型果品种 300～350 千克果实采 1 千克种子；干椒品种需 12～20 千克鲜果可采 1 千克种子。

种子晾晒至含水量低于 10％时，即可装袋，放在干燥、阴凉、通风处保存。

第八章　瓜　类

一、黄　瓜

黄瓜又名胡瓜、王瓜。黄瓜生长期短，上市早，产量高，经济价值明显，并能周年生产供应市场。加之肉质脆嫩，多汁爽口，营养成分较全，可生食、熟食或腌渍，深受人们喜爱。我国南北各地普遍栽培。

(一)生物学性状

1. 植物学特征　黄瓜为葫芦科黄瓜属一年生攀缘性草本植物。浅根性，根群主要分布在30厘米耕作层内，根系吸收力差，维管束木栓化较早，再生能力差。茎蔓性，分枝多，断面具4～5棱，表皮有刺毛。子叶对生，长椭圆形，真叶互生，五角形，掌状，深绿或浅绿色，被茸毛。雌雄异花同株，花单性。果实为瓠果(假浆果)，果面平滑或有棱、瘤、刺，果皮深绿、绿、浅绿、黄绿、黄白色等，完熟果皮为黄白或褐色等，果形为筒形至长棒状。种子长椭圆形，新鲜种皮乳白或黄白色，千粒重25克左右，一般寿命2～5年。

2. 生育周期　黄瓜的生育周期大致分为发芽期、幼苗期、初花期和结果期4个时期。

(1)发芽期　由播种后种子萌动到第一真叶出现，需5～6天。本期应给予较高的温、湿度和充分的光照，同时要及时分苗，并防止徒长。

(2)幼苗期　从真叶出现到4～5片真叶，约需30天以上。本期营养生长和生殖生长同时进行，在温度和水肥管理上应本着促、抑结合的原则。

(3)初花期　由定植至第一瓜坐住，需25天。本期花芽继续形成，栽培上要求既要促根，又要扩大叶面积，确保花芽的数量和质量，并使之坐稳。

(4)结果期　由第一瓜坐住至拉秧。春黄瓜和春到夏黄瓜，需30～60天，秋黄瓜一般为40多天。本期的栽培原则是尽量延长结果期。

3. 对环境条件的要求

(1)温度　黄瓜是典型的喜温蔬菜，植株生长发育的适温一般是15℃～32℃，白天适温为20℃～32℃，夜间15℃～18℃，极限低温为10℃，低于10℃～12℃生长缓慢，4℃受寒害，0℃引起冻害。如果育苗期对幼苗进行低温锻炼，则可忍耐短期低温。能忍耐30℃～40℃高温，但高于35℃时，易引起生理失调，45℃时叶片褪绿，50℃茎、叶坏死。黄瓜对高温的耐力与湿度大小成正相关。

最适地温为20℃～25℃，最低为12℃～14℃。地温过低，不仅生长缓慢，且易烂根。一般气温低时，地温应高些，但两者不能相差过大。相差大于4℃，就会影响正常的生长发育。

(2)光照　黄瓜喜光，但又耐弱光。光照充足的条件下，产量和品质都能提高；光照不足，则产量低，易化瓜。最适宜的光照度为4万～6万勒。黄瓜为短日照植物，一日之内有8～10小时的日照及较低的温度有利于雌花的分化与形成，并能提早开花结果。

(3)水分　黄瓜根系浅，地上部叶片又大，消耗水分多，喜湿而不耐旱，最适宜的空气相对湿度为70%～90%，超过80%～90%，会影响光合强度，使植株衰弱，病害蔓延。在又冷又湿的环境下，常会发生寒根、沤根现象。

(4)土壤肥料　黄瓜喜疏松肥沃、pH值5.5～7.0的中性沙壤土，其他质地的土壤虽能生长，但产量低，品质差。根系吸收氮、磷、钾的比例为100∶35∶170，一般每生产1000千克果实，需吸收氮2.8千克，磷0.9千克，钾3.9千克，钙3.1千克。

(二)类型和品种

黄瓜品种资源极为丰富，可从不同角度进行分类。

1. 按生态学分类　可分为华北型和华南型2大类型。

(1)华北型　这类黄瓜植株生长势中等，喜土壤湿润、天气晴朗的自然条件，对日照长短的反应不敏感。嫩果棍棒状，绿色，瘤密，多白刺。熟果黄白色，无网纹。代表品种有长春密刺、农城3号、西农58号、津研系统、鲁春32号等。

(2)华南型　植株茎叶较繁茂，耐湿热，为短日照性植物。果实较小，瘤稀，多黑刺。嫩果绿、绿白、黄白，味淡。熟果黄褐色，有网纹。代表品种有昆明早黄瓜、上海杨行、早青2号、夏青4号等。

2. 按栽培季节分类　可分为春黄瓜类型、春到夏黄瓜类型及秋黄瓜类型。

(1)春黄瓜类型　一般雌花节位低，节成性强，耐弱光及耐低温性较强，早熟性好。品种有长春密刺、中农5号、农城3号、碧春、828黄瓜、津杂1号、津杂2号等。

(2)春到夏黄瓜类型　这类黄瓜生长势强，耐热抗病。多为中熟品种，春夏秋均能正常结果。品种有津研1号、津研4号、津研5号、津研6号、西农58号、丝瓜青、夏丰1号等。

(3)秋黄瓜类型　一般抗病、耐热，在长日照和高温下能正常结瓜，适于秋季栽培。春季虽可栽培，但较晚熟，产量低。主要品种有津研2号、津研7号、西农棒槌秋、秋棚1号、秋棚2号、津杂3号等。

(三)栽培技术

黄瓜喜温怕寒，露地只能在无霜季节栽培，一般露地可种春秋两茬，结合保护地栽培，可做到周年栽培，随时上市(表8-1)。

1. 春季保护地栽培　主要有中小棚栽培、大棚栽培和温室栽培等形式。

(1)育苗　适宜的苗龄为40～50天。根系生长的最低地温为12℃，达到这一温度时即可定植。根据定植期及苗龄可推算出适宜的播种期。陕西关中一般大棚栽培的播种期为1月下旬至2月上旬，中小棚为2月上中旬，日光温室为12月下旬至翌年1月上旬。

表 8-1　西北主要地区黄瓜栽培方式

地　区	栽培方式	育苗期	定植期	采收始期
西　安	地　膜	2月下旬～3月上旬	4月上中旬	5月上旬
	中小棚	2月上中旬	3月下旬	4月下旬
	大　棚	1月下旬～2月上旬	3月中旬	4月中旬
	秋大棚	7月中旬	(直播)	9月上旬
兰　州	地　膜	3月上旬	4月中旬	5月中下旬
	大　棚	2月中旬	4月初	4月下旬
	温　室	1月上旬	2月中旬	3月初
银　川	地　膜	3月中旬	5月中旬	6月中旬
	大　棚	2月中下旬	4月上旬	4月下旬
	秋大棚	7月中旬	(直播)	9月上旬
	温室(秋冬茬)	8月下旬～9月上旬	(直播)	11月中旬
西　宁	大　棚	2月中下旬	4月中下旬	5月中旬
	温　室	2月中旬	4月上中旬	5月上旬
乌鲁木齐	地　膜	2月下旬	4月下旬～5月上旬	5月下旬
	中小棚	2月上旬	4月中旬	5月中旬
	大　棚	2月上旬	4月中旬	5月上中旬
	温　室	8月中旬	9月下旬	翌年2月上中旬

育苗可因地制宜，在温室、阳畦、塑料拱棚等各种环境中，采用纸筒、切块、塑料钵、玉米芯等各种保护根系的方式进行。苗钵直径不小于8厘米。

培养土一般由腐熟圈肥和未种过黄瓜的园土，按6∶4或5∶5的比例混合，每立方米混合土中再加0.5千克尿素，2～3千克过磷酸钙。

种子催芽后再播。播种前要灌足底水。播种后至出苗的温度，白天维持30℃，夜间不低于20℃。出苗后至真叶出现前需较低的温度,白天25℃,夜间13℃～15℃。真叶出现至定植前1周,白天最高温度25℃～30℃,夜间10℃～20℃。定植前1周进行通风锻炼,白天全部揭开覆盖物,夜间仅盖草帘。

除注意温度管理外,幼苗生长期间要多见光,做到及时揭盖草帘。幼苗对水分需求量不大,一般播种时水分充足,播后不再灌水。如发现缺水,可少量补充。对于肥料可采取叶面喷肥加以补充。

(2)整地施肥　每667平方米施腐熟厩肥5000～10000千克作基肥。基肥中氮、磷、钾的比例为3∶1∶2.5。中棚栽培多用平畦,畦宽1.3米,一棚盖两畦。定植前10天盖膜烤地。小拱棚畦宽1.3米,定植时随栽随插拱,盖膜。大棚栽培的,畦宽1.2米,在畦埂两边开15～20厘米深的沟,提前晾晒田土。定植时顺沟每667平方米再施腐熟饼粕250千克或复合肥20千克。定植前15天扣棚升温。

(3)定植　棚内地温稳定在10℃～12℃时定植。陕西关中以3月中旬为宜,若在大棚内再扣小棚(双层棚),可提前到3月上旬定植。

定植宜选择晴天上午,采用坐水稳苗法,即先按行距开16厘米深的沟,顺沟灌水,当水渗过一半时,按株距摆苗,水渗完后覆土。或采用挖窝、灌水、栽苗、覆土的方法。如必须在阴天定植,为防低温高湿引起沤根死苗,可暂缓灌水,但定植后若放晴,应浇1次稳苗水,使根系与土壤密接,促进扎根还苗。栽苗不可过深,以土坨与地面相平为宜。另外,为了提高根际温度,土坨可稍露出地面,缓苗后再进行中耕培土。定植密度为每667平方米4000～4500株。

(4)田间管理

①温度　保护地黄瓜定植后主要是保温、防寒。一般缓苗前7天左右不通风,缓苗后白天温度最高可达35℃以上,中午天气好时可短时间通风。双层棚上午升温到10℃以上时要打开内层膜,可增加透光,提高温度。午后棚内温度降到24℃要覆盖内膜保

温。随着外界气温的升高，逐渐加大通风量，直至完全揭膜。陕西西安地区小棚于5月中旬揭膜，中棚于5月下旬揭膜，大棚于5月下旬至6月上旬揭膜。为防雨也可仅留顶膜，拆去四周膜。

②水肥及中耕管理　定植早的双层棚应浇小水，防止降低地温；3月下旬定植的单层棚可浇沟水。浇水后，中耕1～2次，增温散湿。浇过缓苗水再深中耕1次，进行蹲苗。采收根瓜时再进行浇水，以后每隔5天左右浇1次水。灌水的原则是：阴天不浇晴天浇，中午不浇早晚浇，而以早上浇为好。炎热夏季，暴雨忽晴后要抢浇一水。

定植至根瓜采收前可追肥1～2次，结瓜盛期每7～10天追肥1次，每次每667平方米施化肥约10千克或人粪尿500千克。化肥和人粪尿可交替使用。

③插架绑蔓　黄瓜长到5～6片叶时插架。插架方式有人字架、花架和直立架。一般用竹竿做支架，也可采用绑扎带吊蔓法，即在瓜秧上方横拉一道18号铁丝，尽量拉高，然后在铁丝上吊一根聚丙烯绑扎带，其下端系在瓜秧的根部，将瓜秧向右旋绕在吊带上。中棚架杆受棚架高度限制，绑蔓时茎蔓呈“之”字形分布。也可利用不同的绑蔓形式来调节植株高度。结合绑蔓进行整枝，侧蔓留1瓜后摘心，主蔓长至25～30节时打尖。

④病虫害防治　危害黄瓜病害主要有霜霉病、白粉病、炭疽病和枯萎病等。

霜霉病防治：霜霉病是真菌病害，湿度过大，叶上有水滴，是感染霜霉病的必要条件。栽培管理和发病有密切关系，特别是在缺肥的情况下容易发生。在管理上要注意通风换气，降低空气湿度。也可利用高温、高湿闷棚法杀死霜霉菌。具体做法是：在灌溉后棚内空气湿度较大的情况下，晴天正午密闭大棚，使棚内温度高达35℃以上，闷棚约2小时后，逐渐通风排湿降温。药剂防治可选用25%甲霜灵可湿性粉剂600～800倍液，或25%甲霜·锰锌可湿性粉剂500～600倍液，或40%甲霜铜可湿性粉剂500倍液，或

64%噁霜·锰锌可湿性粉剂400倍液,或40%三乙膦酸铝可湿性粉剂500倍液喷洒。在发病前和发病初可用百菌清烟剂熏棚2~3次。

白粉病防治:白粉病在空气稍干燥的情况下易发生。可用可湿性硫磺粉300倍液,或15%三唑酮可湿性粉剂1500~2000倍液,或40%敌菌酮800倍液及农抗120的200倍液防治。

炭疽病防治:用50%多菌灵可湿性粉剂500~600倍液,50%炭疽福美可湿性粉剂400倍液防治。

枯萎病防治:该病在连作的情况下危害极大,一般多在收获期开始时发生,但在苗期也有发生。主要采用综合防治。轮作倒茬,深翻土地,增施农家肥,采用小高畦栽培,适当控制浇水,加强中耕松土,用南瓜作砧木进行嫁接及土壤处理(每667平方米用多菌灵2.5千克与细土混匀,定植时撒到土坨周围,然后封土)。也可用64%菌枯净600倍液,治萎灵500倍液防治。

主要虫害有蚜虫、白粉虱、茶黄螨。白粉虱用噻嗪酮、氟氯氰菊酯等防治;蚜虫用氰戊菊酯、增效氰马及乐果等防治;茶黄螨用阿维菌素或扑虱灵防治。

2. 春露地栽培 陕西关中及河南一带,一般2月下旬至3月上旬育苗,4月上中旬晚霜期终止后,日平均气温达15℃左右,最低地温达13℃~14℃以上时定植。大部分采用地膜覆盖栽培,最好做成高畦,每667平方米4000~5000株。

另外,近年来采用一种新的地膜栽培法,即地膜沟栽法,也叫改良地膜栽培法。方法是:地整平后,开沟,宽67厘米,深23厘米,沟埂宽10厘米。定植前10天先把地膜盖好,栽苗时先把苗栽到沟内,沟面盖地膜,可防寒保温。待气温升高,黄瓜先端顶住薄膜时将膜剪开,放出瓜苗,用土将沟填平,放下地膜,用土封严膜口。这样,可以一膜两用,盖地又盖苗,比露地可提早半个月上市。

3. 黄瓜高低架套作栽培 黄瓜高低架套作栽培,是西北农林科技大学黄瓜课题组研究的一项早熟高效益栽培新技术。采用高低架套作栽培比常规栽培早期增产40.7%～65.1%，总产量提高20%左右，总产值提高48.6%～77.8%，每667平方米收入净增达432～741元。

(1)套作栽培方式　在普通高架栽培的基础上，于每两行黄瓜之间加栽一行，加栽的植株仅限留3～4条瓜，植株高度控制在0.8～1米，及时打尖，并设立1米左右高的直立架。两边两行按普通高架设支架和管理。低架植株瓜条采收结束后，及时除去瓜蔓和架杆，留高架植株继续生长。

(2)品种选择　高架和低架可以选用同一品种或两个不同品种。选用不同品种时，高架应选用生产上普遍栽培的品种，其中露地栽培时宜选用丰产抗病品种，如津研7号和西农58号等。春季大中棚早熟栽培时，宜选用早熟性、丰产性和抗病性较好的品种。如农城3号、津杂2号和长春密刺等品种。而低架应选择早熟性特别突出的品种，对抗病性和丰产性则不必强调。如长春密刺、农城3号和中农5号等。

(3)套作密度及栽植方式　高架植株密度与一般栽培相同，大中棚每667平方米栽植4 500株苗左右；露地晚熟栽培3 000～3 500株苗。低架植株密度为高架植株密度的1/3～1/2，大中棚每667平方米套栽低架植株2 000株苗左右，不宜超过2 500株苗；露地晚熟栽培套栽1 500株苗左右。

高低架套作栽培，一般畦宽1.33米，每畦栽植3行。高架株距为0.2～0.25米(大中棚栽培)或0.3米(露地栽培)。低架株距与高架株距相同，或略大于高架株距，大中棚栽培时，低架株距为0.2～0.3米，露地为0.3～0.5米。套作时，高低架植株最好错开栽培，以利于通风透光。

(4)水肥管理　高低架套作栽培，前期密度加大，要特别注意防止植株徒长，努力减少化瓜，促进及时结瓜。所以根瓜坐瓜之前要控制灌水和追肥，防止茎蔓过快生长，促进根系发育和开花结瓜。中后期则应加强灌水和追肥，确保水肥供应，促进瓜秧生长。

(5)加强病害防治　套作栽培前期，尤其在低架植株拔除前后，群体密度大，田间通风透光状况受到一定影响，较易发生叶部病害，如霜霉病、炭疽病等。要及时喷药防治，确保健壮生长。

4. 秋黄瓜栽培　秋黄瓜栽培对增加 8～9 月份淡季蔬菜供应，调节市场起着重要作用。在秋黄瓜的整个生长发育阶段，前期高温干旱，中后期低温多雨，给黄瓜栽培带来许多困难。为达到丰产、高效益，必须注意以下几点。

(1)品种选择　秋黄瓜栽培要选择耐热、抗病、丰产、耐涝的品种。如津研 4 号、津研 5 号、津研 7 号、秋棚 1 号、秋棚 2 号和津杂 3 号等。

(2)整地施肥　选择排水良好，地势较高的地块，前茬腾地后，每 667 平方米施充分腐熟的猪厩肥 5000 千克，不宜多施热性肥料和未腐熟的粪肥，以免增高地温，对秧苗生长不利。随后浅耕，做成行距 67 厘米、高 17 厘米左右的高垄，给黄瓜造成涝能排，旱能浇，透气好，死秧少的良好条件，为高产打好基础。

(3)播种　秋黄瓜的适宜播种期比较长，早播的和晚播的相差 20 多天。陕西关中以 6 月下旬到 7 月上中旬播种为好。秋黄瓜的生育期较短，从播种到开始采收仅 40～45 天，因此一般采用直播法，每 667 平方米播量约 0.25 千克，按 60 厘米×30 厘米的行株距穴播。播种后易发生鼠害，为此，可在田间放置灭鼠药诱杀。也可采用“瓣栽法”，即先将种子催芽后播种到育苗床中，待子叶展平时再定植。

(4)田间管理　秋黄瓜播种后，一般两水齐苗，出苗到采收根瓜阶段，要小水勤灌，保持土壤见湿见干。一般清晨或傍晚浇水，合墒时加强中耕，保持土壤水分。结瓜期要适当增加浇水次数，保持土壤湿润。但此时已进入雨季，浇水一定要视天气情况而定，切忌雨前灌水，否则，就会为病害的发生发展提供机会和条件。并且生长后期，要做好排水工作。

秋黄瓜采用直播的方式，幼苗营养条件相对较差，因此在 2 片真叶后追施1次提苗肥，每667平方米施硫酸铵10～15千克，以后随水再追施稀粪或化肥3～4次。

秋黄瓜生长速度快，绑蔓要及时进行，另外易发生侧枝，也要及时整枝。

（四）贮藏保鲜

黄瓜果实脆嫩，容易失水、受伤，呼吸作用又强，贮藏中必须严格控制温度、湿度、气体成分和微生物侵染等环节。过去短期贮藏时，一般选择阴凉、潮湿、通风处，把黄瓜堆于席上，加盖湿麻袋，隔2天翻倒1次，并洒透水，可保存7天。西安地区利用地沟贮藏也取得了良好效果。此外，尚有采用缸藏者，是先在缸中盛水，再将黄瓜棚架到水面上，然后密封。这样可以维持凉爽的环境和较高的空气相对湿度，并且缸中二氧化碳的累积也能增强贮藏效果。据中国科学院植物研究所等单位研究，认为黄瓜贮藏的适宜温度是10℃～13℃，超过20℃衰老快，低于7℃容易出现低温伤害的病斑。气调贮藏中气体比例以控制氧气2%～5%，二氧化碳气2%～5%效果最好。为了避免果实放出乙烯，加快果实成熟，可加入20∶1的高锰酸钾载体，同时在果实上涂上虫胶。最近的研究发现，密封贮藏时放入仲丁胺，能有效地防止腐败，延长贮藏期。

（五）留　种

一般品种可在采种田或生产田中留种，不同品种间应隔离1000～1500米。种株要严选，最好留第二、第三个果实采种。如果隔离条件不严，必须扎花或套袋，进行人工授粉。开花后40天，种子成熟，种瓜采收后最好后熟10～15天再采种。取出的种子连瓜瓤进行发酵。种子洗净晾干（不可暴晒），贮于凉爽、干燥处。

二、冬　瓜

冬瓜又叫东瓜、白瓜、枕瓜、地芝、水芝和蔬蓏，因其冬熟，故名冬瓜。原产于我国和东印度，广泛分布于亚洲的热带、亚热带及温暖地区。全国各地都有栽培，而以南方为多。冬瓜以果实供食用，东南亚一些地区还食用嫩茎叶。冬瓜含有大量水分和维生素 C，味清淡，是夏季消暑解热的佳蔬。除菜用外，还可加工糖瓜、冬瓜干、糖渍蜜饯等。冬瓜是益寿美容的佳蔬。冬瓜内含有丙醇二酸，能抑制糖类转化为脂肪，防止人体内脂肪的堆积，有消肥降脂美容的功效。古书记载："欲得体瘦健者，则可常食之"，"令人悦泽好颜色，益气不饥，久服轻身耐老"。冬瓜含钠量低，含糖量少，是肾病、浮肿病及糖尿病患者的食疗蔬菜。冬瓜因其含水较多，热量低，也适宜冠心病、肝硬化、高血压患者食用。冬瓜的皮、籽、肉、瓤、藤、叶皆可入药，有利水化痰，清热解毒，清胀，止痰吼等功效。

（一）生物学性状

1. 植物学特征 冬瓜为葫芦科一年生蔓性草本。生长旺盛。茎粗，5 棱，中空，叶腋可发侧枝。叶掌状，暗绿色，茎和叶面密布刺毛。花单生于叶腋，雌雄异花同株。中熟种和晚熟种的雌花从主蔓第十五至第十九节左右开始着生，子蔓从第八节左右开始着生，以后约每隔 7 叶 1 朵。早熟种雌花从主蔓第七至第十节左右，子蔓从第三、第四节左右开始着生，以后每 4～5 节 1 朵。个别极早熟小果型品种，也可连续出现雌花。果实为长筒、短筒或扁圆形。幼果密布茸毛，渐长后毛退而生白粉。果肉厚，白色，含水量大，味淡。种子灰白色，扁平，分有棱和无棱两类。种皮厚，发芽慢。生育最适温度为 25℃～32℃，盛暑期生育旺盛，秋季当温度降至 6.4℃时也能正常生育。

2. 生育周期 从种子萌动，至果实成熟采收需 100～150 天。其间可分为发芽期、幼苗期、抽蔓期和开花结果期 4 个时期。发芽期从种子萌动至子叶展开，时间为 10～18 天。幼苗期从第一真叶抽出至 6～7 片真叶展开，抽出卷须为止，计 28～45 天。抽蔓期从 6～7 片真叶展开，抽出卷须至植株现蕾，计 10～17 天。开花结果期从现蕾起至果实成熟，计 50～70 天，占全生育期 45%～50%。大型冬瓜一般约在生出 17 枚展叶时现蕾，以后进入开花结果期。开花至果实成熟，大型品种一般最少需 40～50 天；小果型品种花后21～28天可以采收，至生理成熟需35天左右。

冬瓜的光合强度以抽蔓期结束时最高，开花结果期逐渐降低。光合量从幼苗至结果中期不断增加，到结果后期才减少。植株各时期，中部叶和上部叶的光合效能都比基部的叶强，主要功能叶逐渐向高节位移动，所以果实发育期间叶面积和光合效能主要是抽蔓期以后形成的叶片。

冬瓜生长发育的温度范围为20℃～30℃，适温为25℃～30℃，低于15℃时生长慢，授粉不良，坐果困难。冬瓜耐热，喜光。特别是粉皮瓜比青皮瓜更能忍耐强光照，需提供充足的光照。但因幼果皮嫩，长时间的强光照容易引起日灼病，应注意防治。

(二)类型和品种

1. 类型 冬瓜按成熟迟早可分为早熟种和晚熟种两类，按果皮蜡粉的有无分为粉皮种和青皮种。通常按果实大小分为小型种和大型种。小型种早熟，主蔓10节左右，个别品种3～5节开始着生雌花，并能连续发生雌花。果实小，单瓜重1～5千克。单株结瓜数多，一般以嫩果供食。大型种冬瓜为中熟或晚熟，主蔓15节左右开始着生雌花，以后每隔5～7节发生1～2个雌花。果实大，一般单果重10～20千克，主要以成熟果供食。另外，还有一种节瓜（又叫毛瓜），是冬瓜的变种，广东、广西普遍种植。嫩瓜重250～500克，老熟后略大些。耐热，高产，嫩瓜、老瓜都可食用，也耐贮运。北方也已开始种植。

2. 品　种

(1)一串铃　北京市农家品种。植株长势中等，主蔓3～5节着生第一雌花，以后能连续发生雌花，结果多。果实扁圆形，长18～20厘米，横径18～24厘米，瓜皮青绿色，被白蜡粉，肉厚3～4厘米，一般果重1～2千克。早熟，纤维少，水分多，品质中上。

(2)吉林小冬瓜　吉林省吉林市农家品种。植株长势稍弱，第十节开始着生雌花。果实长圆柱形，长28厘米，横径13厘米，瓜皮浅绿色，密被白色茸毛，皮薄肉厚，一般果重1.5～2.0千克。

(3)五叶小冬瓜　四川省成都市地方品种。植株长势中等，主蔓上15节左右着生第一雌花。果实短圆柱形，长17～20厘米，横径24～26厘米，瓜皮青绿色，蜡粉少，一般果重5千克左右。

(4)广东青皮冬瓜　长势强，主蔓16～19节着生第一雌花。果长圆形，长60～70厘米，横径20～25厘米，肉厚5～6厘米，单果重10～15千克，瓜皮青绿色。肉质较致密，柔滑，水分多，味清淡。较晚熟，抗疫病力强。

(5)粉皮冬瓜　湖南省长沙市地方品种。植株长势强，以主蔓结瓜为主。第一雌花着生在22～26节，以后每隔7～8叶出现一雌花。果长圆筒形，长约88厘米，横径29厘米，重20～25千克，最大50千克。瓜皮浅绿色，密被毛刺和白色蜡粉，肉厚约3.2厘米，肉质稍松，品质中等。中晚熟，每667平方米产6000～7000千克。较稳产、高产，适应性强，耐日灼，耐热，抗病，适宜湖南、华东、华南等地春夏露地栽培。

(6)后基冲冬瓜　湖南省株洲市农业科学研究所从后基冲村的地方品种青皮冬瓜中系统选择育成。晚熟。主蔓平均长9.3米，第一雌花着生于19～21节。耐肥，耐热，不耐涝。果实长圆筒形，长82厘米，直径38.7厘米，重30～50千克，最大84千克。瓜皮青绿色，有瘤状突起和稀疏白色刺毛。瓜蒂部略凹陷。皮薄，肉厚8～11厘米，白色，质密，品质好。一般每667平方米产10000～15000千克，高产者达20000千克。适宜湖南等地春夏季露地栽培。

(7)车头冬瓜　北京市地方品种。晚熟。第一雌花着生在15～20节，以后每隔2～3叶着生一雌花。果实呈方圆形略扁，长24～26厘米，横径30～35厘米，单瓜重7.5～10千克。瓜皮灰绿色，成熟后被有白色蜡粉，并有少数针状刺毛，肉厚4.5厘米，白色，质密，纤维少，品质好。中晚熟，每667平方米产4000～5000千克。较抗热，不耐涝，高温多雨季节易感染疫病和枯萎病。适宜北方地区春季露地作中晚熟栽培。

(8)蜀剑1号　四川省剑阁县特种作物繁育场从爬地冬瓜与粉皮冬瓜杂交后代中定向选择育成。中熟，全生育期135天左右。主蔓长4.8～6米，分枝性强，叶色浓绿，大而肥厚，浅裂。第一雌花着生于16～18节，以后每隔5～7节出现一雌花。果实长圆柱形，长80～95厘米，最长105厘米，横径38～40厘米，单瓜重45～60千克，最大75.8千克。瓜肉白色，厚8～10厘米，肉质紧密。种子浅黄白色，扁平，千粒重85～89克。耐肥，耐热，耐日灼，较抗病，不耐涝，每667平方米产13000～15000千克，最高18429千克。

(9)菠萝种节瓜　生长势强，侧枝多，主蔓5～6节着生第一雌花，以后每隔4～6节着生一雌花。瓜短圆柱形，长23厘米，横径11厘米，重500克。瓜皮黄绿色，被茸毛，肉质致密，白色，品质好。早熟，生长期120～130天，每667平方米产2500千克。宜春植，较耐寒，耐贮运。

(10)七星仔节瓜　生长势强，侧枝多。主蔓5～7节着生第一雌花，以后每隔2～4节着生一雌花，或连续4～5节着生雌花。瓜圆柱形，长21厘米，横径6厘米，青绿色，有光泽，有绿白色斑点。肉白色，厚而致密，品质好，单瓜重约250克，成熟瓜被白色蜡粉。适应性强，早熟，春植为主，也可夏秋植。生长期90～120天。每667平方米产2000千克。

(11)孖鲤鱼节瓜　生长势较强，侧枝多。主蔓3～5节着生第一雌花。多数植株每隔2～5节连续着生2个雌花。瓜圆筒形，长21厘米，横径6厘米，被茸毛，青绿色，具光泽。瓜肉白色，单瓜重500克左右。春夏秋均可种植，生长期80～120天，每667平方米产2500千克。

(12)冠星2号节瓜　广东省广州市蔬菜研究所育成。生长势强，侧枝多。春植主蔓4～6节着生第一雌花，以后每隔2～3节着生一雌花，有时连续几节着生雌花。瓜圆筒形，长18.5厘米，横径7.3厘米，重500克左右。瓜深绿色，有点状黄色花斑，无棱沟，肉厚致密，微甜，品质佳。早熟，耐热性强，适应性广，抗病。春植每 667 平方米产 3000～5000 千克，秋植每 667 平方米产 1500～2000 千克。

(三)栽培技术

1. 栽培方式 分爬地栽培和棚架栽培两种。爬地栽培又叫地冬瓜，植株行距大，爬地生长，管理粗放，结果前期常摘除侧枝，结果后大多任其生长。缺点是花少，产量低。棚架栽培时，常用竹木作架材，搭成 1.7～2 米高的平式棚架，或高 1～1.3 米的拱棚式架，或篱壁式架。结合整枝，促蔓上架。优点是能充分利用空间，并可实行间作套种。

冬瓜喜高温，种植期晚，苗期生长慢，生长期又长，又系蔓性，需空间大，生长前期可以和其他生长期短、植株较矮或耐阴的作物间作套种。如北京地区，冬瓜从 4 月下旬定植后，到 7 月底 8 月初才收获，长达 100 天左右，比甘蓝类和绿叶菜类的生长期长 40～60 天。加之，它的茎蔓较长，如实行爬地栽培，可在延畦中间或株间种植青椒、四季豆、姜、番茄等。如实行棚架栽培，植株高出地面达 1.5 米以上，可在架下种植甘蓝类、绿叶菜类、葱蒜类或姜等蔬菜。这样可以充分利用土地和时间。

2. 育苗 冬瓜一般行育苗，其育苗方法与黄瓜相同。但因其种皮厚，吸水慢，所以除采用清水浸种外，还可用开水烫种。将种子浸入开水中，顷刻取出，用冷水散热后，再用温水浸 1 昼夜，然后催芽。冬瓜种子发芽时温度最好保持在 30℃～33℃，经 48 小时即可开始发芽。发芽时需要大量的氧气，应特别注意通风，严防二氧化碳聚积，引起闷籽和沤种。冬瓜苗期需要的温度较高，床温应达 30℃，湿度也要大。苗期要 40～50 天，到 3～4 片真叶时必须定植，过晚，则根已木栓化，缓苗慢。另外，冬瓜种子的发芽还受贮藏方法的影响，干燥贮藏的种子发芽率低。为了促进种子发芽，可把成熟的果实直接放到温度稳定处贮藏，播种时再将种子从果实中取出，发芽良好。有的地方农户采用湿法贮藏种子，这样的种子出芽整齐而迅速。方法是:伏天收种瓜,后熟 10～20 天后剖出种子,洗净,沥干水,用棕皮包好或置于瓦罐中,埋于室内或干燥的竹林中,使土壤湿度保持 18%左右,翌年春季取出。采用此法贮藏的种子种皮柔嫩,播后出芽快而齐,叶大,苗壮。

3. 整地和定植 冬瓜枯萎病的病菌(镰刀菌)潜存于土壤中,为土传性病害,所以必须严格实行轮作。凡栽过冬瓜或黄瓜,尤其是发生过枯萎病的土壤,应隔 3～5 年后再种。要选择土层深厚,保水保肥好的土壤,地势要平,排灌方便,地要深耕,每 667 平方米施农家肥 3000 千克,增加土壤的排水透气性,促进植株健旺生长,减轻病害。

冬瓜喜温,根系伸长和根毛发生的最低温度分别为 12℃和 16℃,所以一般要到 4 月下旬才定植。

冬瓜爬地栽培的一般用平畦,栽植畦宽 0.5～0.7 米,爬蔓畦(延畦)宽 2.5 米左右,每畦栽一行。近年来因枯萎病严重,逐渐改为搭架栽培,搭架栽培有利于通风透光,可减轻病害,并可充分利用土地,瓜形整齐,单位面积产量也高。搭架栽培一般用半高畦,畦宽 1.5 米,长 6～10 米,栽 2 行。

经验证明,冬瓜与甘蓝、芹菜、韭菜等矮生蔬菜隔畦间作,通风透光良好,能改变小气候温、湿度状况,对高产稳产有良好作用。

4. 田间管理 果实数量及大小是丰产的重要因素,而果实的形成与发育和叶面积关系密切。小型冬瓜要争取早结果,多结果,单株结果数量多。大型冬瓜 1 株只结 1 个瓜,要争取结大瓜。

因为果实的发育速度和大小与叶面积大小有关,特别是结瓜前叶片面积越大,结的瓜也越大。如广东青皮,17～22 节后结的瓜,平均单果重为 12.9 千克,23～28 节后结的瓜,单果重 13.9 千克,29～35 节后结的瓜,单果重达 14.5 千克。所以要结大瓜,不能留瓜太早,但也不能过晚。从广东青皮看,留瓜节位以 23～35 节较为适宜。瓜后也应留叶,一般15～20叶节即可,以增加叶面积,并有遮光,防止日晒的作用。

留瓜后，也要注意适当保留侧蔓，特别是大型冬瓜保留瓜旁1个侧蔓的，比不留侧蔓或留2个以上侧蔓的，单株产量高。至于主蔓打顶与否，对坐果及产量无明显影响。

爬地栽培的，当蔓长0.5～0.8米时压蔓，压蔓后，浇1次透水。并随水每667平方米追施尿素5～8千克，促使植株生长。根瓜长到1～1.5千克重以前，控制灌水，防止徒长。果实膨大后及时灌水，坚持小水轻灌，水不漫根，经常保持表土湿润，满足植株对水分的需要，又能防止烂根死秧。冬瓜需肥较多，营养充足时，蔓顶端的叶片肥厚而紧密抱合，节间密；结瓜后因养分流向果实，如果顶叶"散泡"，就要及时追肥。

冬瓜喜光，宜搭架，特别是大型冬瓜搭架栽培后产量更高，品质也好。冬瓜结果较晚，大型种，常在20节左右才开始着生雌花。所以搭架栽培时宜盘条压蔓，将瓜坐落在地面上，使瓜以上的蔓上架。蔓上架后，每隔30厘米左右绑蔓1次，结合绑蔓，去掉侧枝、卷须和多余的雌花。当茎蔓生长超过支架后，进行摘心，使养分主要供给果实的发育。

刮大风或暴雨骤晴，要及时整理植株，将瓜蔓绑好。如瓜面被暴晒，要用瓜叶或草进行遮阴。冬瓜着地后，要用草圈、砖块或石块等垫起，并翻瓜，以防烂瓜及地下害虫为害。架冬瓜应行吊瓜。

大型种冬瓜每株留1～2个果实。小型种早熟，果小，果数可适当增加。第一个瓜坐果率低，多发育不良，一般以留第二个瓜为宜。为了提早结果，可于4叶期用300毫克/升乙烯利喷洒。如落花严重可用2,4-D处理或人工辅助授粉。

高温干旱季节，可在根部覆土或盖草，降温保墒，保护根系。

(四)采收与留种

冬瓜主要是采收老瓜，一般于开花后40天，当果实停止生长，果毛脱落，果面呈暗绿色或出现白粉时即示成熟。采收时宜带果柄，采收后贮藏于阴凉处，可随时供应市场。大型种冬瓜的贮藏力很强，秋季带瓜柄剪收后，置于温度为15℃的干燥处，可贮藏到冬天。

早熟种7月上旬即可采收,中晚熟种8月份开始采收,可收获到10月份,每667平方米产5000～10000千克。

开花后35～40天种子成熟。种子发芽年限10年。冬瓜种子晒干后发芽较困难,农家自行留种时,待果实成熟后,用小刀刮去表皮,全果晒干保存。播种前剖开,取出种子播种。

三、西 葫 芦

西葫芦原产于美洲南部,又名美洲南瓜、角瓜、倭瓜、茭瓜等。营养丰富,多以嫩瓜炒食或做馅,种子可加工成干香食品。近年来利用保护地栽培,4月上中旬至5月上中旬就能大量上市,经济效益高。

(一)生物学性状

西葫芦为葫芦科南瓜属一年生草本植物。茎蔓生或矮生,5棱,多刺。叶梗直立,粗糙,多刺。叶片宽三角形,掌状深裂,具有少量白斑。花单生,雌雄异花同株。果实多为长圆筒形,果面平滑,皮绿、浅绿、黄褐或白色,常具绿色条纹。成熟果实黄色,蜡粉多。种子扁平,灰白或黄褐色,千粒重140克左右。

较喜温暖,植株生长发育最适温度为25℃～30℃,超过35℃时,授粉不良,坐果差,且易患病毒病。西葫芦较其他瓜类耐低温性强,对光照要求不甚严格,充足光照可以促进早熟,短日照可以增加雌花数,降低雌花节位。适宜于春季早熟栽培。根系强大,分布直径可达2米以上,吸收力强。耐旱又耐涝,生长速度快。对土壤条件要求不甚严格,各种土壤均可种植。对营养物质的要求较严格,氮肥过多时,会增加两性花的比例,肥料不足时,雌花数明显减少。

(二)类型和品种

按植物学性状分为3种类型。

1. 矮生类型 早熟。蔓长0.3～0.5米,节间很短,第一雌花着生于第三至第八节,以后每节或隔1～2节出现1雌花。主要品种如下。

(1)一窝猴　主蔓第八节出现雌花,以后连续 7～8 节均有雌花,全株结瓜 3～4 个。嫩瓜圆筒形,长 36 厘米,单瓜重 1～2 千克。皮墨绿色,上面有 5 条不明显的纵棱,并有细密网纹。早熟,耐寒,耐热性弱,不抗病,每 667 平方米产 3000～3500 千克。春季种植。

(2)早青一代　山西省农业科学院蔬菜研究所选育。一般从第四节开始结瓜,可同时结 2～3 个瓜。瓜长圆筒形,皮浅绿,有稠密的绿色网纹,并间有白色小点。植株矮小,每 667 平方米可产 5000 千克以上。在保护地中播后 45 天开始采收。

(3)阿太一代　山西省农业科学院蔬菜研究所选育。蔓长 0.3～0.5 米,叶色深,叶面有稀疏的白斑点。嫩瓜深绿色,有光泽。高产,每 667 平方米可产 5000 千克左右。

(4)花叶西葫芦(又名阿尔及利亚西葫芦)　蔓长 0.3～0.5 米,主蔓 4～5 节结瓜,以后节节有雌花,单株成瓜 3～4 个。瓜长圆筒形,皮绿色,有浅绿色相间条纹,单瓜重 1～1.5 千克,每 667 平方米产 3000～4000 千克,适于春覆盖栽培。

(5)寒玉　山东省淄博市农业科学院蔬菜研究所选育。株型紧凑,长势旺,叶色深绿,叶片肥厚,节间短。第一雌花节位低,节节有瓜。定植后 30 天左右可采收嫩瓜。嫩瓜翠绿,长圆柱形,长 22～26 厘米,横径 7～8 厘米,瓜条顺直,有光泽。茎蔓粗壮,1 株 4～5 个瓜可同时生长。平均单株可采果 30 个以上,采收期 150～200 天,每 667 平方米产量秋延后露地 3000～3500 千克,日光温室 1500 千克。

2. 半蔓生类型　中熟。蔓长 0.5～1.0 米,主蔓 8～10 节着生第一雌花,目前很少栽培。

3. 蔓生类型　较晚熟。蔓长 1～4 米,节间较长,主蔓在第十节以后开始出现雌花。耐寒力弱,抗热性强。主要品种如下。

(1)长西葫芦(又名笨西葫芦)　北京地方品种,蔓长2.5～3.0

米，果实圆筒形，皮墨绿、乳白或花色，长34～38厘米，横径16～19厘米，单果重2千克左右。

（2）扯蔓西葫芦　甘肃地方品种，蔓长4米左右，果实圆筒形，果面有棱，皮白色，间有深绿色花纹。生长势旺，晚熟，产量高。

（三）栽培技术

1. 栽培方式　西葫芦常用栽培形式有4种：①地膜覆盖栽培。比露地提早上市10天左右，增产幅度为20%～40%，每667平方米可产5000千克左右。②中小棚栽培。能显著促秧发棵，提早成熟，增产幅度大。陕西、新疆、青海、甘肃广泛采用。③大棚栽培。西葫芦植株矮小，大棚栽培者较少，但青海西宁等地春季气候寒冷，夏季温度又不太高，利用大棚春夏栽培，可起到提早延后供应市场的作用。④温室栽培。宁夏银川、青海西宁、甘肃兰州有少量应用，面积小，但产量高，上市早，经济效益好（表8-2）。

表8-2　西北主要地区西葫芦栽培方式

地区	栽培方式	育苗期	定植期	采收始期	备注
西安	地膜	3月上中旬	4月上旬	5月中下旬	或4月下旬直播
	中小棚	2月上中旬	3月上中旬	4月中下旬	
	大棚	2月上旬	3月上旬	4月上旬	
	秋露地	8月上旬		9月下旬	
兰州	地膜	2月中旬	3月下旬	5月上旬	冷床育苗
	大棚	2月上旬	3月中旬	4月下旬	温室育苗
银川	地膜	4月上旬	5月上旬	6月中旬	或4月中下旬直播
	大棚	3月上旬	4月上旬	5月中旬	
	温室	3月上旬	4月上旬	5月中旬	3月上旬直播
西宁	地膜	4月下旬至5月上旬	5月下旬至6月上旬	7月上旬	直播
	大棚	3月上旬	4月中旬	5月下旬	
	温室	3月上旬	4月上旬	5月中旬	

续表 8-2

地　区	栽培方式	育苗期	定植期	采收始期	备　注
	地　膜	4月上旬	5月上旬	6月中旬	
乌鲁木齐	中小棚	3月中旬	4月中旬	5月下旬	
	大　棚	3月上旬	4月上旬	5月上旬	

2. 培育壮苗　西葫芦的苗龄一般为25～30天，播种期宜在定植前30～40天。早春温室或大棚栽培者采用温室育苗。中小棚栽培者可用电热温床育苗。地膜覆盖者采用冷床育苗。催芽后播种，苗距要大，最好用切块、纸筒或塑料钵等保护根系的方式育苗，苗钵直径不小于10厘米。

播种后白天温度维持在30℃～35℃，最高不超过40℃，夜温18℃～20℃；空气相对湿度为80%～90%。约经3天齐苗。幼苗出土后，温度白天控制在23℃～25℃，夜间10℃～12℃。

3. 整地、扣棚及定植

(1)整地　西葫芦根系发达，对土壤要求不严格，但因是以嫩果供食，多次采收的蔬菜，所以宜选择肥沃、保水力强的土壤。沙壤土提温快，用于早熟栽培效果更好。应避免重茬，最好选择2年未种过葫芦科作物的地，耕翻晒垡，每667平方米施猪厩肥或鸡粪5000～7500千克。耕地后做高畦，畦宽1.0～1.3米，沟宽0.4米，深0.1米左右。

(2)扣棚　定植前1周扣棚，并铺上地膜，以提高地温。

(3)定植　定植期宜早，露地栽培的可于4月中旬晚霜过后定植，覆盖栽培的可提早栽苗。最好用暗水栽苗法，即开沟灌水，放苗后覆粪土。这样底水充足，又盖有疏松土壤，可保持水分，同时地面疏松，地温高，有利于发根缓苗。幼苗长到4片真叶时，选择晴天上午定植。定植密度因品种而异，一般矮性种的行株距为0.6米×0.7米，蔓性种为1.7米×0.5米。采用保护地覆盖栽培的，为提高棚温，定植后，1周内一般不通风。之后，待中午温度升至25℃时才放风。方法是:先揭开薄膜两头,再随着苗的长大,从一侧卷起,并逐渐加大通风量。4月底霜期已过,气温业已升高,植株即将或已经开花,就可酌情除去薄膜。

4. 肥水管理及中耕 西葫芦定植较早,这时因地温低,最好用暗水稳苗,合墒时立即尽早多次中耕,既保持水分,又提高了地温,还可收到蹲苗的效果,植株生长健壮。前期缺水时,最好是开沟渗灌。

5月上旬气温已经升高,苗子开始迅速生长,对肥水的需要量增加。当约有半数瓜秧坐果后,结合灌水每667平方米追施硫酸铵20千克,满足早期果实生长的需要。到6月初再追肥1次,使植株生长更加健壮,为提高中后期产量奠定基础。结瓜期若每隔7～10天向叶面喷1次0.1%～0.3%的尿素或磷酸二氢钾,效果更好。

5. 保花保果 西葫芦是异花授粉作物,授粉受精是保证结果的重要条件。但在5月底以前,一则温度低,花器发育较差;再则雌花常比雄花开得早,授粉困难,所以落花落果严重。这时除行人工辅助授粉外,可用30毫克/升的2,4-D涂抹子房上端,以防早期落花,从而增加早期产量。但涂抹后营养物质转向果实,致使枝叶生长缓慢,所以更要加强水肥管理,增强植株长势,以期达到增产的目的。

6. 勤采收,壮秧促果 西葫芦多以采收嫩瓜为目的,必须适时早采,特别是根瓜更要早收。一般花谢后7～10天,瓜重0.5～1千克时就要及时采收,这样可减轻植株负担,有利于雌花的形成,促使多结瓜,提高产量,增加效益。

7. 加强病虫害防治 西葫芦常发生的病害有病毒病、白粉病、霜霉病和炭疽病。虫害有蚜虫。其中最重要的是病毒病,该病一般在5月中旬前后发生,它的流行与蚜虫传毒有明显的关系。此外,也可通过汁液接触和种子带毒传播。在高温干旱蚜虫多时最易发生,特别是苗期大水漫灌,缓苗迟,结瓜期又缺肥缺水时发病更重。主要的预防措施:选择健株留种,避病栽培,加强肥水管理,促进瓜秧生长,尽早灭蚜。因该病的传毒过程时间很短,常规药剂治蚜不能明显减轻发病,所以应在前期用银灰色塑料薄膜覆盖地面避蚜,后期再用药剂防蚜,效果更好。

(四)留　种

根据西葫芦的性状,选择具有本品种原有特征的健壮植株进行留种。为防止和异品种杂交,品种间隔距离应达 1000～1500 米。选留第二、第三雌花形成的果实作种。

西葫芦仅靠自然授粉结果率不高,故应进行人工辅助授粉,以提高采种量。雌花在开花前已具有受精能力,花在每天清晨开放较早,开花后受精能力很快减退,所以人工授粉应在清晨尽早进行,最迟要在上午 8 时结束。1 朵雄花能授粉 3～4 朵雌花。如预报次日有雨,开花前 1 天可摘雄花插入水中培养,次日雨中授粉。授粉完后要将雌花花瓣合拢扎住,以防雨水进入雌花中。在有隔离条件下,也可利用蜜蜂授粉。

雌花授粉 40 天以后,可收获充分着色的果实(即果梗木栓化并变色,全部龟裂时)采种。

将收获的种瓜放在通风好,不太受阳光直射的地方后熟 20 天以上,然后剖开,取出种子,晾干,贮藏。

四、苦　瓜

苦瓜又叫凉瓜、锦荔枝、癞葡萄、金荔枝、癞蛤蟆、癞瓜、红姑娘、红绫鞋。因其果实中含糖苷量高,有苦味,故名苦瓜。原产于东印度热带地区,明初传入我国。日本的宾馆、餐厅常用鲜苦瓜汁加工成冰冻饮料,味甘略苦,饮后顿感清凉舒爽。苦瓜果实中除含有较多的脂肪、胡萝卜素和磷外,维生素的含量很高,营养丰富,多以嫩果供食,印度和东南亚人食用嫩梢和叶,印尼和菲律宾还食用花。苦瓜中的维生素 C 含量居瓜类之首,是黄瓜的 14 倍,冬瓜的 5 倍,西红柿的 7 倍,与号称水果维生素 C 之王的猕猴桃含量相当。苦瓜中还含有苦瓜苷、5-羟基色胺和多种游离氨基酸，如谷氨酸、丙氨酸、苯丙氨酸、脯氨酸，α-氨基丁酸、瓜氨酸，以及果胶等物质。苦瓜肉质柔脆，味甘带苦，可开胃清热，明目止痢，提高机体免疫力，民间常以其治疗中暑、痢疾、赤眼疼痛和痛肿丹毒等症。苦瓜中的配糖体，味苦性寒，能刺激唾液及胃液的分泌，有增进食欲和帮助消化的作用。近年来，苦瓜药用价值的研究有了很大进展，已从苦瓜茎、叶、果中提取出苦瓜素。苦瓜素是葫芦素三萜类物质，目前已发现 6 种苦瓜素，它有降低血糖的作用，治疗糖尿病的苦瓜针剂已运用于临床。苦瓜中的有些成分可抑制正常细胞的癌变和促进突变细胞的恢复，具有抗癌作用。美国科学家发现，苦瓜中有抗艾滋病病毒的功能成分苦瓜蛋白 MAP_{30}，它能阻止艾滋病病毒 DNA 的合成，抑制艾滋病病毒的感染与生长。我国南方普遍种植，是良好的夏季佳蔬，现已引入北方，备受消费者青睐。

(一)生物学性状

苦瓜为葫芦科一年生蔓性蔬菜。茎细长，分枝多，主侧蔓都能结果。叶掌状浅裂，光滑无毛。花单生。第一雌花一般着生在主蔓上 8～20 节处、侧蔓 1～2 节处，以后每隔 3～7 节再生雌花。果实长圆锥形或短纺锤形，果面有许多瘤状突起。嫩果浓绿或绿白色，老熟后橙红色，易开裂。果瓤红色，味甜。种子被果瓤包被，种子盾形，种皮厚，千粒重 150～200 克。每果含种子约 30 粒。

Ghosh 等(1982)研究了赤霉素(GA_3)、矮壮素(CCC)、6-苄基腺嘌呤(BA)和青鲜素(MH)对苦瓜性别表现的作用，较高浓度(150 毫克/升)青鲜素处理可促进雌花形成，降低第一雌花节位，降低雄花与雌花比率。而较低浓度的矮壮素和 6-苄基腺嘌呤才有这些效应，4 种浓度的赤霉素处理对苦瓜两个品种都有促进雌性的效应。结果表明苦瓜的性别表现与黄瓜、甜瓜和丝瓜有所不同，即赤霉素处理在低浓度时促进雌性，高浓度时则抑制雄性。

苦瓜喜温暖。种子发芽适温为 30℃～33℃，生长适温 20℃～30℃。耐热，温度达 30℃时，生长仍甚繁茂，也能适应 10℃的低温。采果从6月下旬起，一直可以采收到9月下旬。根系发达，喜湿，但不耐涝，多雨季节要注意排水。

(二)类型和品种

按果实形状和果面特征，分长圆锥形和短圆锥形两类。前者果实长20～25厘米，最长达50厘米以上，横径5～6厘米，单果重0.2～0.3千克，早熟，品质好。如广东滑身苦瓜、湖南长白苦瓜等。按果实颜色的深浅，分为浓绿、绿和绿白等类。绿色和浓绿色品种味较苦，长江以南栽培较多；淡绿和绿白色品种，苦味较淡，长江以北栽培较多。

我国苦瓜资源丰富，著名品种有：大顶苦瓜，又名雷公凿，广东广州市郊地方品种，瓜短圆锥形，长约20厘米，果皮青绿色，肉厚，适应性强，耐热，耐肥；南昌扬子洲苦瓜，瓜长棒形，长53～57厘米，果皮绿白色，肉厚，微苦；江西吉安长苦瓜，瓜长67～85厘米，最长达1米，重0.75～1千克，果皮淡绿色，肉质脆嫩，清香，品质好，为全国稀有品种。如玉5号，福建省农业科学院育成。早熟，第一雌花着生于主蔓8～15节，果实平蒂棒状，长30～34厘米，横径6.5～7.5厘米，肉厚1.1厘米左右，几无内纤维素层，平均单果重400克以上。皮青绿色，有光泽，纵条间圆瘤，瓜形美观，品质好，主侧蔓雌花率高，结果量大，产量高，耐寒、耐热性较强，较抗枯萎病。春帅，湖南省蔬菜研究所育成的早熟苦瓜一代杂种。早熟，播种至始收75天，蔓生，第一雌花节位10～12节。果长圆筒形，果皮白色，半突瘤，长28～30厘米，横径5厘米，肉厚0.85厘米，重400克，每667平方米产3400千克左右。绿箭，四川省农业科学院园艺研究所育成的苦瓜一代杂种。早熟，第一雌花和坐果节位在主蔓7～9节，中部侧蔓2～3节，以后主、侧蔓每隔2～3节出现1雌花或连续2节出现雌花。瓜长棒形，长30～40厘米，横径5～7厘米，肉厚1～1.3厘米，重500～700克。果皮绿色，肉质脆嫩，味微苦。每667平方米产2500～3000千克。此外，成都大白苦瓜、汉中长白苦瓜、正源玉绿白苦瓜等都属优良品种。

(三)栽培要点

一般在春夏栽培。1年1季,终霜前30～50天播种育苗,华北、西北多在3月中下旬用阳畦育苗,4月下旬至5月上旬定植。行距0.7～0.8米,株距0.3米。蔓长20厘米左右时搭架。一般任其自然生长,不整枝。但因分枝力强,为保证主蔓正常生长开花,最好进行整枝。爬蔓初期,人工绑蔓,引蔓上架,并随时将主蔓1米以下的侧芽大部摘除,仅留几条粗壮的分枝让其开花结果。生长中后期时,注意摘除老叶、黄叶、病叶,以利于通风透光。

苦瓜早熟栽培常出现先开雌花、后开雄花的现象,加上气温较低,昆虫较少,传粉困难造成化瓜。可选晴天上午8～9时,用剥去花冠的雄花,涂抹当日开放的雌花柱头,进行人工辅助授粉。也可用20～40毫克/升的2,4-D涂抹雌花,防止化瓜。

苦瓜喜肥,结瓜后要勤追肥,勤浇水。

(四)采收和留种

苦瓜以嫩果供食,加之,种子发育迅速,因此采收要及时。一般开花后12～15天,当果实的条瘤状突起比较饱满,果皮有光泽,果顶颜色开始变淡时即可采收。留种时,应选植株中部结的果实,当果顶转黄时采收,后熟2～3天再剖开取出种子,洗净,阴干,贮藏。

五、蛇　瓜

蛇瓜又叫蛇丝瓜,有的误称蛇豆、大豆角。果实长条形有扭曲,似蛇。原产于印度、马来西亚,广泛分布于东南亚各国和澳大利亚。西非、美洲热带和加勒比海等地也有种植。我国广东、贵州、河南、山东、陕西、甘肃等省都有种植。蛇瓜特别耐热,耐旱,耐瘠薄,喜肥水,对土壤适应性强,容易栽培,高产稳产,是8～9月份供应的较好蔬菜品种。近年来在陕西西安、咸阳等地已大量种植,甚受欢迎,是很有发展前途的蔬菜新品种。

(一)生物学性状

蛇瓜为葫芦科栝楼属一年生攀缘性草本植物。主根 4～6 条,粗壮,略呈肉质,分枝少。蔓长 6 米,分枝多。茎 5 棱,粗 0.6～1 厘米,节间长 20 厘米,具短毛。叶互生,叶柄长约 9 厘米,幼苗时叶近圆形,成株叶由浅裂至深裂,裂片 3～5 个,通常 5 裂。阔卵圆形,叶基为深而宽的心脏形。叶片长 15～18 厘米,宽 16～22 厘米,叶表深绿色,稍带亮光,有少数刺毛。叶背浅绿色,常沿叶脉上生短茸毛,脉间生多数短茸毛。卷须先端 2～3 个分叉。叶与卷须间生侧枝和花。雌雄同株异花,花单生。雄花成总状花序,每 9～15 朵着生于总花梗之先端,花序柄长 10～15 厘米;雌花单生,子房长棍棒状,长 4.5 厘米。雌雄花的花萼管状,上裂成 5 片,绿色,披针形,向后反卷;萼筒长 3 厘米左右。花冠白色,5 裂,与萼片相互排列,花瓣边缘分裂成流苏状长丝。花冠直径 5 厘米,雄蕊 3,花药连合,雌蕊子房 1 室,侧膜胎座 3。一般在 14～18 节发生第一雌花,此后可连续发生雌花。嫩果淡绿色,稍灰,细而长,上有绿色条斑;长成后长达 1 米,甚至 2 米。中间粗处直径约 5 厘米,两端渐细,稍弯,形状似蛇,故名蛇瓜。嫩果果肉绿白色,完熟时果皮橙红色,变软,果肉变成红色。果重 0.5～1 千克,每果有种子25～35 粒,多者达 65 粒。鲜种子被红色肉瓤包裹,除去后为深灰色或灰褐色,长 1.7～2 厘米,宽 0.9 厘米,略呈长卵圆形,中部有不规则的长圆形斑纹,边缘有锯齿状凸起,表面粗糙,皮厚。生长势强,抗病,丰产,每株结果可达 11 条之多。

耐热,不耐寒。生长适温为 30℃～35℃,超过 40℃或低于 5℃时生长不良。要求月平均适温 21℃以上,最高 35℃,最低 18℃。对光照要求不严,在长日照和短日照下都能开花结果。对土壤适应性强,对土壤含盐量的适应范围为 0.25%～0.3%。

(二)栽培技术

1. 播种育苗 蛇瓜从播种到果实商品成熟约 100 天,到果实生物学成熟需 130 天。所以无霜期在 100～130 天以上的地区都可种植。因其耐热,畏寒,所以1年中只在夏季种植。一般多于3月底至4月初用阳畦播种育苗,5月上旬露地定植;无阳畦育苗设备时,也可在4月中旬露地播种育苗,5月中下旬定植。

蛇瓜种子种皮厚,吸水慢,发芽困难。播前可用70℃～80℃的热水烫种,种子投入水中后不断搅动。约经10分钟,当水温降至40℃时停止搅动,浸泡12小时,然后用湿布包好,置25℃～30℃温度处催出芽后播种。

宜用纸钵或切块育苗,株行距各8～10厘米,苗龄约30天,有3～4片真叶时定植。

2. 整地和定植 蛇瓜生长势强,蔓叶茂盛,蔓长达6米以上,且分枝多,加之果实为长圆筒形,细而长,通常达1～2米,横径4～7厘米,所以宜用宽窄行架式栽培。蛇瓜对土壤适应性强,各种土壤都能种植,除成片大面积生产外,也可利用田边地角零星地栽培。喜肥,耐瘠薄,但为求丰产,定植前要多施基肥,深耕耙耱后,做成宽窄畦。窄畦宽60～80厘米,宽畦1.5～2米。根据茬口安排和苗大小,从4月下旬断霜后开始至6月上中旬单行定植于窄畦中,穴距60厘米,双株丛栽。

3. 肥水管理 缓苗后勤中耕,适当少灌水,促进根系发育,植株生长健壮。一般从14～18节起开始着生第一雌花,以后能连续发生雌花,单株结果数可达10余条。结果后,植株生长旺盛,必须经常灌水,并每隔10～15天追肥1次,每次每667平方米追施稀粪500～700千克,或尿素10千克,促其生长。蛇瓜采收期长,从开始采收到结束,前后延续60～90天,所以到8月中旬应再追肥1次,使后期结果增多。

4. 整枝、搭架 植株基部0.7～1米的茎蔓,爬地生长,应及时压蔓,扩大根系,其上着生的侧枝宜早摘除,以后再发生的侧枝除将弱者摘除,减少养分消耗外,其余均任其生长。

5月下旬,苗高30厘米左右时,在爬蔓畦上搭平棚架,高1.8～2米。架材要结实,横杆要多,防止茎叶下垂。在架前植株旁插立杆，引蔓上架。蛇瓜以支蔓结瓜为主，一般不打顶，上架后需摘心，促使分枝，开花结果后需再摘心，以利于果实肥大。需及时绑蔓，使茎叶均匀地分布在棚架上。

蛇瓜幼果细而长，较脆嫩，生长过程中稍遇阻力容易盘扭变形，因此结果期要勤检查，对有夹挤现象的及时进行顺果，使瓜由架上向下垂直生长。

(三)采收和食用

蛇瓜对采收期要求不严格，开花后 10 余天，当瓜个基本长足，长 1 米左右，果皮尚呈绿色，质嫩时采收。因瓜条很长，容易折断，采收后最好用与瓜条长度相等的筐、箱盛放，或用与瓜条长度相似的竹竿夹托捆好，防止折断。

蛇瓜以嫩果供食，成熟果实有苦味，供观赏或饲用。此外，蛇瓜果面分泌物有腥臭味，食用前要先用清水冲洗至无腥臭味后再炒食，荤、素均宜，尤其与肉共炒，清脆可口，味美。此外，也可切成丝，焯熟凉拌或生食均可。常食能促进尿液分泌，消肿清热。肠胃有燥热性疾患者，煮食蛇瓜有缓解之效。

(四)留　种

选瓜条粗长，形状端正，色泽鲜艳，生长健壮、无病的植株作种株，每株留 2～3 条瓜作种果。瓜皮呈火红色，充分成熟后摘下，切开，将种子从红色瓤肉中取出，洗净，晒干，贮藏。每果有种子25～35 粒，少者 10 余粒，鲜有超过 50 粒者。种子深灰色或灰褐色，长 1.7～2 厘米，宽 0.9 厘米，略呈宽长卵形，中间有不规则的椭圆形斑纹，边缘有锯齿状凸起，表面粗糙，千粒重约 300 克。

六、丝　瓜

丝瓜别名天丝瓜、天罗、天络、布瓜、蛮瓜、胜瓜。原产于亚洲热带地区，分布于亚洲、非洲和美洲等热带和亚热带地区。2 000 年前印度已有栽培，6 世纪传入我国。丝瓜适应性强，生长势旺盛，病虫害少，我国南北方均可栽培，尤以南方栽培面积大。

丝瓜耐热耐湿,适于高温多雨的季节生长。采收期正值夏秋蔬菜淡季,是度淡蔬菜之一。以嫩果供食,每100克嫩果含蛋白质3.6克、糖4.3克、维生素A 72.6毫克、维生素C 22.0毫克、脂肪0.1克、碳水化合物2.9~4.5克,还含有其他维生素和钙、磷、铁等矿物质,营养价值较高。丝瓜嫩果和茎叶汁液中含有多种生物碱,嫩果中含有皂苷、丝瓜苦味素、瓜氨酸等,用来做汤或炒食,有清热化痰、凉血解毒之功效,可以治疗热病烦渴、咳嗽痰喘、便血尿血等症。丝瓜汁具有活血、美容、祛痘、去毒、清斑、嫩肤功效。丝瓜叶和藤中含皂苷,有止咳祛痰及抗菌作用。瓜叶内服可清暑去热,外用可止血消炎,捣烂外敷可治疗疮痈肿。瓜藤有舒筋活血、止血、健脾、杀虫的药用。瓜藤的汁液又叫天罗水,是霜降后取粗大瓜藤近地剪断,插入瓶中收集到的,可以镇咳和治疗头痛、腹痛、感冒、水肿、酒精中毒以及神经性皮炎等。丝瓜花中含多种氨基酸,性寒味甘,可清热祛痰、止咳、止咽喉痛。丝瓜籽有下泻作用,能润燥通便,并能清热化痰,还可杀虫。成熟果实纤维发达,称丝瓜络,可作洗涤工具,或煅烧,其灰入药,有通经活络、清热化痰、利尿解毒、消肿止血的功效。果皮可治疗疮,瓜蒂可治咽喉肿痛。

(一)生物学性状

丝瓜属葫芦科丝瓜属,一年生攀缘性草本植物。

根为主根系,侧根多,主根深1米以上,水平分布2米以上,主要分布于10~30厘米的耕作层。根的再生能力较强,耐湿,较耐涝,也较耐旱。茎节容易发生不定根。茎蔓生,5棱,绿色,长5~10米,分枝力强,一般发生2~3级侧蔓,主、侧蔓均可结瓜。茎上有卷须和花芽,卷须分枝。叶单生,掌状或心脏形,3~7裂,绿色,密被茸毛。叶柄圆,长10~15厘米。花腋生,雌雄同株异花。萼片5,深裂绿色。花瓣5,黄色,被茸毛。雄花着生于总状花序上,每花序10余朵花,偶有顶端着生雌花,但一般不能结果。雄蕊5,常两对连合,一单独,成为离生的3组;也有一对连合,另3枚单独离生的,还有5枚离生的。花药折叠弯曲,盘绕于花丝上,淡黄色。

雌花单生，但有的品种在较低温度下有时同节着生多个雌花。柱头3裂，子房下位。异花授粉，花多在16～17时后开放，黄昏时开放多。虫媒。单性结实差，在保护地生产中，可进行人工辅助授粉。丝瓜花具有可塑性，雌、雄花的发生与外界条件关系密切。一般早熟品种在5～10节出现第一雌花，晚熟种通常在20节出现第一雌花，侧蔓上一般在1～5节出现第一雌花。果实短圆柱形至长圆柱形，嫩果绿皮，老熟后褐色或黑褐色。果面分有棱和无棱两类。无棱丝瓜（普通丝瓜）表面粗糙，有数条浅纵沟。有棱丝瓜（棱丝瓜）表面有皱纹，有7棱。一般嫩果面上着生茸毛，果肉白色或淡绿色。老熟果面光滑或有细皱纹，外皮下形成网状强韧的纤维称丝瓜络。种子扁平椭圆形，每果含100粒，有时多达400～600粒。种皮革质，坚硬，光滑。普通丝瓜种皮较薄，表面平滑，有翅状边缘，灰白色或黑色，千粒重90～100克。棱丝瓜种皮厚，表面有网纹，黑色，千粒重120～180克。种子发芽年限5年左右。

种子发芽期5～7天，幼苗期15～25天，抽蔓期约10天，开花结果期60～90天，自播种至采收结束需100～120天。在正常条件下，丝瓜在幼苗期便开始花芽分化。花芽分化初期为两性未定阶段，后期有些花芽的雌蕊原基正常发育，而雄蕊原基不能正常发育而成雌花，相反则形成雄花。在广东，有棱丝瓜主蔓多在9节以后发生雌花。出现第一雌花后能连续发生雌花20个左右，少数30个以上，结果1～4个，结实率约10%。侧蔓雌花着生节位比主蔓早，多在3～6节开始发生。

丝瓜喜温而且耐热。种子发芽适温25℃～35℃，20℃以下发芽慢，茎叶和开花结果都要求较高温度，温度在20℃以上时生长快，在30℃时仍然能正常开花结果。40℃以上时，功能失调，亦会造成死亡。15℃左右生长缓慢，10℃以下生长受抑制甚至受害。怕霜，－1℃时植株冻死。喜短日照，短日天数越多，对丝瓜越有明显的促进作用，不但能降低雄花和雌花的着生节位，甚至可使植株首先发生雌花。丝瓜短日照处理在子叶展开后便有效。

Bose等(1970)报道,有棱丝瓜种子在播种前用6种生理特性不同的生长调节物质的溶液浸种24小时,播后观察其对最初10节性别的影响。处理后的影响一般都达到第7节,萘乙酸稍微促进雌花的发生;赤霉素也能稍微促进雌花,且抑制雄花的形成;6-苄基腺嘌呤能明显刺激雌花的形成,即使在长日照下也有这种作用;矮壮素只有很不明显的作用;形态素则完全抑制雌花而明显增加雄花;乙烯则没有作用。Hideyuki Takahashi等(1980)研究了6-苄基腺嘌呤对普通丝瓜性别表现的影响。用6-苄基腺嘌呤直接处理雄性花序可诱导两性花和雌花,最后使花序顶端发育成茎。雄花序的性转变顺序自下而上为雄花、两性花、雌花和叶(茎)。摘除侧蔓的同时,进行主蔓摘心,可进一步使花序顶端发育成茎(叶),植株上叶数增加时,6-苄基腺嘌呤诱导雌性会加强。另一方面,于两真叶期在主茎茎端用6-苄基腺嘌呤处理,则降低主蔓上的雄花花序和雌花的节数。

丝瓜果实发育从开花至果实成熟需40～50天。果实长度和横径在开花至花后15天迅速增长,以后保持稳定,最后果长略有缩小。果实鲜重在开花至花后18天内达到最大。果实重在开花至花后10天左右缓慢增加,花后10～18天增长迅速,至后期有所降低。

丝瓜可耐高湿,适宜空气湿度较大和土壤水分充足的环境。当植株高达9米时,只要顶芽和幼嫩部分不受水浸,48～72小时的水涝也不会死。对土壤营养要求较高,尤其进入生殖生长后,若营养不足,则茎叶生长变弱,坐果率降低。

(二)类型和品种

1. 类型 分普通丝瓜和有棱丝瓜两个种。普通丝瓜,别名圆筒丝瓜、蛮瓜、水瓜。生长势强,容易栽培。叶掌状,3～7裂。果实无棱,绿至绿白色,短圆柱形至长棒形。表面粗糙,并有数条墨绿色纵纹。种子扁平,表面黑色光滑,四周常带有羽状边缘。有棱丝瓜别名棱角丝瓜、棱丝瓜、胜瓜。植株长势比普通丝瓜稍弱,需肥多。果长圆锥形、棒状或纺锤形,具6～11条凸起的棱线。种子表面较厚,粗糙而有不规则的突起,无明显边缘。

按果实大小又可分为长棱丝瓜和短棱丝瓜。长棱丝瓜果实长棒形,长30～70厘米,有明显的棱丝8～11条。皮色青绿,无茸毛。肉质细嫩,清香味浓。短棱丝瓜果实纺锤形,长20～30厘米。有明显的棱线6～8条。表皮光滑,内部纤维发达,品质较差,适宜采收小嫩瓜供食。

2. 优良品种简介

(1)翡翠2号　湖北省武汉市蔬菜科学研究所育成的早熟一代杂种。植株蔓生,分枝力一般。生长势和抗逆性较强。叶掌状,绿色。主、侧蔓结瓜,以主蔓结瓜为主。主蔓7～8节着生第一雌花,连续3～4朵,间隔1节后又可连续出现3朵左右。商品瓜浅绿色,长条形,光滑顺直,有光泽。瓜顶部平圆,果面有少量白色茸毛。瓜长40～50厘米,横径4厘米,重300克。果肉绿白色,肉质柔嫩香甜,不易老化,耐贮运。一般每667平方米产量3 000千克,高产的4 000千克。种子千粒重105克,每667平方米需种子200～250克,设施栽培需300克。长江流域利用日光温室、大棚设施于1月下旬至2月上旬播种,早春露地早熟栽培于2月下旬至3月上旬育苗。

(2)早冠　湖南省衡阳市蔬菜研究所2001年育成的极早熟一代杂种。生长势和分枝性中等,主蔓4～7节着生第一雌花,以后连续着生雌花。嫩瓜深绿色,长棒形,瓜蒂大,瓜纵径25～40厘米,横径5.0～5.6厘米,单瓜重800～1 000克,嫩瓜外皮披浓霜,肉瘤明显,肉厚味鲜,口感微甜,风味极佳。极早熟,从定植至始收30余天。产量高,前期每667平方米产量1 500～2 000千克,总产量每667平方米4 500～6 000千克。抗枯萎病,较耐热,适宜长江流域栽培。

(3)江蔬一号　江苏省农业科学院蔬菜研究所1999年培育的早熟一代杂种,具有耐低温、早熟、抗病、丰产、耐老化、商品性佳、前期产量高等特点。长势旺盛,第一雌花着生于主蔓5节,以主蔓结瓜为主,连续结瓜能力强,瓜条发育速度快,一般花后7天左右即可采收。商品瓜长棒形,长40厘米左右,横径4厘米左右。粗细均匀,瓜皮绿色,有光泽,瓜面较平。商品性好,皮薄籽少,果肉绿白色,肉质嫩,有香味,不易老化。单瓜重400克左右,每667平方米产量5000千克以上。耐贮运,抗病毒病和霜霉病,适宜于长江中下游地区作早春保护地栽培和露地早熟栽培。

(4)绿旺　广东省广州市蔬菜研究所育成的新品种。生长势强,蔓长4～6米,叶长24厘米,宽28厘米,绿色。主蔓7～8节着生第一雌花。果实长60厘米,横径4.5厘米,绿色,具10棱,棱墨绿色。单果重300～500克,耐贮运。早中熟,播种至初收,春栽约需60天,延续采收50～80天;秋栽约需45天,延续采收30～40天。丰产,一般每667平方米产量2000千克。适应性强,较耐旱。纤维少,味甜,品质优良。

(5)夏绿一号　广东省广州市蔬菜研究所育成。蔓长500厘米,叶长15.4厘米,宽23.2厘米,叶柄长12.6厘米,叶色深绿。生长势强,耐热,耐雨水,早熟,主蔓7～11节着生第一雌花,侧枝少,主蔓结果为主,连续结果能力强。商品瓜长50～60厘米,横径5厘米,瓜皮深绿色,少花点,棱角色墨绿,瓜条直,匀称,棱沟浅,肉质密,味甜,口感爽脆、较滑。北方播种期4～7月上旬,播种至初收35～45天,连续采收50～60天。单瓜重400克,每667平方米产量2000～2500千克。

(6)特长2号　四川省通江县两河口农校选育的优良品种。植株蔓生,生长势强,分枝力强,主侧蔓均结瓜。瓜呈长圆柱形,一般长60～90厘米,最长可达150厘米,横径4～8厘米,单瓜重2～3千克。瓜皮绿色,有纵条纹,肉厚,白色,质脆细嫩,不易老化,品质佳。采收期长,每667平方米产量10000千克左右。老熟瓜的瓜络洁白,可作中药材,也可加工成天然植物浴巾等多种保健用品,供出口。较耐热,耐湿,喜肥,忌碱,怕旱。北起黑龙江,南至海南岛，凡有丝瓜栽培史的地区皆可种植。

(7)早杂1号肉丝瓜　湖北省咸宁市蔬菜科技中心选育的一代杂交种，1999年通过湖北省农作物品种审定委员会审定。生长势强，根系发达，茎蔓生，主茎长达10米，分枝力较强，但很少发生二级分枝，节间长度中等。叶色深绿，掌状，5～7裂。结瓜早，一般主蔓5～6节着生第一雌花，以后每节均着生雌花，雌花节率高达78%以上。雄花为总状花序，自第一雌花出现后，每个叶腋都着生雌花。果实长圆柱形，长38～48厘米，粗7～10厘米，4心室。果皮绿色，果面多细小皱纹，披白霜，皮薄，纤维少，肉厚，洁白细嫩，柔软有弹性。味甜，风味清香淡雅。营养丰富，每百克鲜重含维生素70毫克，蛋白质1.2克，脂肪0.35克，纤维素1.2克，氨基酸0.8克。单瓜重450克左右，一般每667平方米产量5500千克以上。极早熟，从播种至初收55～60天，从开花至成熟约需10天，持续采收期60～70天。抗逆性强，耐热，耐涝，耐瘠薄，早熟，丰产，品质好，耐贮运。适宜于我国南北各地栽培。

(8)浙丝一号　浙江省农业科学院园艺研究所选育的杂交一代。植株长势强，侧枝多，结实率高。叶掌状。早熟，第一雌花着生于主蔓5～8节，连续结瓜能力强。果实长棒形，粗细一致，长40厘米左右，品质好，单瓜重0.3～0.5千克。种子黑色。从定植到初收45天左右，采收期长。早熟，高产，优质，抗病，耐热，耐涝，适合早熟设施或露地栽培，一般每667平方米产量3000千克左右。

(9)五叶子　四川省成都市地方品种，成都市郊区普遍栽培。植株蔓生，分枝力中等，叶掌状深裂。第一雌花着生于主蔓10叶节左右。果实棒形，长20厘米，横径3.0厘米左右，果皮绿色，光滑，具明显深绿色条纹，肉质细嫩，白色，单瓜重约100克。抗病，耐热，耐涝，适于春夏季露地栽培。每667平方米产量1000～1500千克。

(10)线丝瓜　又叫马尾瓜，云南、四川等省栽培较多，长江流域及长江以北地区均有种植。植株蔓生,生长势强,分枝力强,叶掌状5裂。主蔓10～12叶节着生第一雌花。瓜长圆柱形,长50～70厘米,最长100厘米以上,横径4～6厘米,果皮浓绿色,有细皱纹或黑色条纹,肉较厚,品质中等。单瓜重500～1000克。较耐热、耐湿,具有较强抗逆性和适应性,适于春夏季露地栽培。每667平方米产量2000千克左右。

(11)棒丝瓜　北京地方品种,北京市郊区有栽培。植株蔓生,生长势强,掌状裂叶。单性花,雌雄同株。果实棒形,下部略粗,长33～37厘米,横径3～3.6厘米。果皮绿色,有10条淡绿色线状突起,多茸毛。肉厚0.5～0.6厘米,白色,肉质细软,品质中等。单瓜重150克左右,生长期180天左右。耐热性强,不耐寒,较耐湿,病虫害较少,适于春夏季露地栽培。每667平方米产量1500～2000千克。

(12)蛇形丝瓜　又称南京丝瓜,是从南京市雨花台区地方品种中经系统选育而成的优良品种。长江流域各地均有栽培。植株蔓生,生长势强,主蔓长7.37米、粗0.76厘米左右,分枝力强,分枝数平均8.8个。掌状裂叶,主蔓7～8叶节着生第一雌花,此后能连续着生雌花。果实长棒形,长1.3～1.7米,最长2.0米以上,横径上部约3厘米,下部4～5厘米,似长蛇形,外皮墨绿色,棱纹密生白色茸毛,肉质柔嫩,纤维少,品质好。

(13)白玉霜　湖北省武汉市地方品种。武汉市郊区有栽培,近年来北方等地区引种较多。植株蔓生,生长旺盛,分枝性强,掌状裂叶。主蔓12～15叶节着生第一雌花,侧蔓第1～2叶节着生雌花。瓜长圆柱形,长约60厘米,横径4～5厘米,果皮淡绿色,中部密布白色霜状皱纹,两端皮质粗硬,具纵纹。肉乳白色,柔嫩,品质好,单瓜重500克左右。耐涝,耐热,不易老,但耐旱力较弱,适于春、夏季露地栽培。每667平方米产量5000千克左右。

(14)冷江1号丝瓜　湖南省冷水江市蔬菜种子公司从长沙肉丝瓜中经19年精心选育而成。具有早熟、高产、抗病、生长势强、适应性广、商品性好的特点。一般主蔓上5～7节着生第一雌花，一节一瓜，每株可结30～40条瓜，多的可结60条以上。外形美观，商品性好，瓜条长筒形，绿色，长0.4～0.6米，直径5～8厘米，单瓜重0.5千克左右，重的可达2千克以上。品质好，肉质白色细嫩，纤维少，不易老，味鲜美，品质佳。现已推广至湖南、四川、湖北、江苏、上海、浙江、福建、广东、北京、河北、新疆等地。一般每667平方米产2000千克，高的可达2500千克。

(15)早杂1号丝瓜　扬州大学农学院园艺系育成的一代杂种。植株繁茂，蔓生，主茎长10米以上，分枝力较强，但分枝上很少发生第二侧枝。叶色深绿，叶掌状5～7裂。结瓜早，一般主蔓上5～6节着生第一雌花，以后每节均着生雌花，雌花较粗壮，雌花节率高达78%以上。果实长圆柱形，长38～48厘米，横径7～10厘米，4心室。果皮绿色，果面多小皱纹，披白霜，皮薄，纤维少，肉厚，洁白细嫩，柔软，有弹性，味甜，风味清香淡雅。营养丰富，每100克鲜重含维生素70毫克，蛋白质1.2克，脂肪0.35克，纤维素1.2克，氨基酸0.8克。耐贮运。单瓜重450克左右，一般每667平方米产5500千克以上。极早熟，从播种至初收55～60天，持续采收期60～70天。抗逆性强，耐热、耐涝、耐瘠薄，南北方均可栽培。

(三)栽培技术

1. 日光温室冬春栽培

(1)栽培季节　淮北地区一般在9月下旬至10月上旬播种，春节前后上市，一直供应至翌年6～7月。华北地区冬茬丝瓜宜在8月中下旬至9月中下旬播种，冬春茬可于12月下旬至翌年6月上旬播种。

(2)播种育苗　选用耐低温，耐弱光，长势旺，主蔓连续结瓜能力强，瓜条发育速度快，对霜霉病、白粉病及根结线虫有较强抗性的品种，如五叶香、江蔬1号、早杂一代等。一般每667平方米需种子250克左右，浸种8～10小时，催芽2～3天后用营养钵等护根育苗。

丝瓜新种子有休眠现象，收后如需马上播种，可用剪刀剪破种子单侧沿种皮，然后催芽。

(3)整地定植　施基肥后深耕耙平，沿南北向做宽50厘米的小高垄，垄距70厘米，或做宽130～150厘米的畦，幼苗4片叶时定植。华北地区冬茬可在9月中下旬，冬春茬在2月上旬，每畦(垄)定植两行，垄栽株距20～30厘米，畦栽20～40厘米。

(4)管理　一般采用单蔓整枝，摘除第一雌花以下侧枝，以后侧枝留1叶摘心，同时剪除卷须。随着茎蔓生长，及时落蔓。对中下部的老叶、病叶及时除去。全田留1/3的植株保留雄花作授粉用，其余雄花全部摘除。丝瓜是异花授粉作物，冬春温室内昆虫少，须进行人工授粉，或用植物生长调节剂保花、保果。如用0.1%氯吡脲可溶性液剂10毫克加水750～1000毫升，于雌花开放当天或前后1天浸花或子房1次，可促进细胞分裂，诱导单性结实，促进坐果和果实肥大；或当瓜蔓生长到5～6片叶时，用40%乙烯利水剂1毫升加水3.5～4升稀释喷施；或于雌花开放时，用1.5% 2,4-D水剂2.5～3毫升加水5升，涂抹瓜柄或点花心，均可提高坐果率，增加产量。开花结果期每10～12天追施稀粪水或每667平方米随水冲施尿素10～15千克。整个开花结果期保持土壤湿润。施肥水后及时通风排湿，以免棚内湿度过大。整个生长期间注意防寒保温，草帘应早揭晚盖，保持室内温度白天25℃～30℃，夜间不低于15℃，至翌年5月份气温较高时撤去覆盖物。

(5)采收　日光温室丝瓜以主蔓结瓜为主，同一条瓜蔓上同时能保证有2～3条瓜，如不及时采收，就会影响高节位瓜和正在发育着的雌花的发育，引起化瓜。另外，丝瓜以嫩瓜供食，若采收过迟，纤维增多，种子变硬而不堪食用。因此，需适时采收。一般从开花至果实采收需10～12天，以瓜皮颜色变为浅绿色，果面茸毛减少，用手触果皮有柔软感，而无光滑感，即达商品采收标准。采收宜在早晨进行，并用剪刀齐果柄处剪断。采收时必须轻放，忌压。一般每667平方米产量2000～3500千克，高的可达5000千克以上。

2. 大棚早春栽培 一般于1月中下旬至2月中下旬育苗，4月中下旬上市，一直供应至8～9月份。品种要选早熟、产量高、耐热、耐低温、耐弱光性强、长势旺、连续结瓜能力强的品种，如蛇形丝瓜、早杂1号、五叶香等。采用电热温床或其他加热设施育苗，苗龄40天左右。多层覆盖，定植时盖地膜，小拱棚，草帘，大棚等保温，棚内温度保持白天25℃～30℃，夜间不低于15℃。一般实行大小行栽培，大行行距70～80厘米，小行行距50厘米，株距30～40厘米。植株调整、肥水管理等基本同于日光温室栽培。

3. 露地栽培 华东、华北、华中等地，主要利用丝瓜耐热特性作为度秋淡季栽培，所以露地可于3月下旬进行保护地育苗，断霜后定植大田。华南地区以春播为主，但广东、广西的大中城市分春播、夏播和秋播，延长供应期。品种多选耐热性强、抗病毒病性好、产量高、品质优良的品种，如棒槌丝瓜、蛇形丝瓜、白玉霜、八棱丝瓜等。多在断霜前40天左右保护地育苗，3～4片叶时定植。畦宽150厘米，每畦栽两行，株距30～50厘米。也可与其他作物，如苋菜、夏小白菜等间作套种。蔓长40厘米时搭棚架，开始植株调整，一般不摘侧蔓，可选留3～4条壮蔓，引蔓上架。结瓜后加强肥水管理，一般每收1～2次追1次肥，每次施硫酸铵15千克或尿素8千克，或硝酸铵10千克，也可施复合肥10千克。还可结合喷药进行叶面施肥，如0.4%尿素。丝瓜喜湿，须及时灌水，但雨季应注意排水。

(四)留　种

常规品种留种，可结合生产进行，但须进行品种间隔离，一般要求不同品种间相隔1000米以上。最好用精选的丝瓜原种专门设繁种田进行采种。留种时，选择生长健壮，无病虫害，具有本品种典型特征的植株，以离地面1米左右的雌花作留种瓜，将1米以下结的瓜全部摘除。对隔离条件好的采种田，利用昆虫自然授粉的同时，结合人工辅助授粉，可使采种量提高 30%～40%。在不能满足品种隔离时，可采用人工授粉、扎花、标志的方法进行留种。

杂交制种时，父母本按 1∶10～12 比例分行或分田定植。父本加大密度，株行距均为 30 厘米。母本大小行栽植，大行行距 60 厘米，小行行距 40 厘米，株距 40 厘米。为使花期相遇，常将熟期相同的父本较母本提前播种 7～10 天。蔓长 30 厘米左右时搭“人”字形架，架高 1.8 米以上。母本上架时打去侧蔓，仅留主蔓结瓜。蔓长 1.5 米时，可选留 2～3 个侧蔓，增加光合面积。人工杂交常从主蔓第一雌花开始。为了省工，可采取授粉前不扎(套)雄、雌花，而在开花期的下午 3～4 时摘下将要开放的雄花，待其开始散粉时，剥去花瓣，露出花药，直接与当天将要或刚刚开始开放的雌花柱头轻轻摩擦，然后将已授粉的雌花进行束花隔离，并在花柄上扎线标志。一般每株人工授粉 3～5 朵雌花，选留 1～3 条种瓜即可。

还有一种隔离去雄制种的方法：周围 1000 米范围内无其他丝瓜品种，父本与母本按比例隔行或隔株种植。在母本雌花开放始期，除去母本上所有雄花和小的雄花序，确保始花 15 天内母本上无雄花开放。任由蜜蜂等昆虫自由授粉，同时进行人工辅助授粉。

雌花授粉 50～60 天后，种瓜皮色枯黄，重量变轻时，及时采收。采收后后熟 7～10 天，使其自然干燥。也可在瓜的顶部打几个小孔，或切除尖部，挂在通风处，使瓜内的水分迅速散发，待瓜条充分晾干后，再掏取种子。一般一条瓜可采收 200～400 粒种子，种子千粒重 100～200 克，每 667 平方米采种量 70～80 千克。

七、瓠　瓜

瓠瓜别名扁蒲、蒲瓜、葫芦、夜开花等，原产于赤道非洲南部低地，主要分布于热带非洲以及哥伦比亚、巴西、印度、斯里兰卡、印度尼西亚、马来西亚和菲律宾等国家。我国和美洲远在 4000～6 000 年前已有之，《诗经》早有记载，明《本草纲目》记述了各种瓠瓜的性状。瓠瓜在我国各地都有栽培，是夏季的重要瓜类蔬菜之一。食用嫩果，西非国家还用其嫩梢和嫩叶做菜。充分成熟的果实，果皮坚硬，取出瓜瓤和种子可作贮水容器等。此外，可作西瓜等砧木。每百克嫩果含蛋白质 0.6 克，脂肪 0.1 克，碳水化合物 3.1 克，此外，含有胡萝卜素、维生素 B、维生素 C 及矿物质。

(一)生物学性状

瓠瓜属葫芦科葫芦属一年生攀缘性草本植物。根系发达，呈水平伸展，主要分布在表土下 20 厘米深处，耐旱力中等。茎节接触土壤易发生不定根，根系吸收面积大。茎五棱，横茎 1～1.4 厘米，茎间长 10～15 厘米，绿色，密被茸毛。分枝力强，如广州青葫芦，在主蔓长 1 米左右时摘心，保留 2 子蔓，任其自然生长，子蔓最长达 14 米以上，最多具 110 节以上。发生 15 枚孙蔓，最短子蔓有 46 节，最少也有 3 节。每个茎节上均生腋芽、卷须、雄花或雌花。主蔓 5～6 节开始发生雄花，以后每节都发生雄花，很少发生雌花。子蔓 1～3 节开始发生雌花，孙蔓上发生得更低，一般在 1 节开始发生，以后隔数节发生 1 个雌花或连续 2～3 节都发生雌花。5～6 节开始发生卷须、分歧 4，其中一个极短。雌雄异花同株。花一般单生，个别 1 对着生。钟形，花萼和花瓣各 5 枚。瓣白色，每个花瓣具 3 条浅绿色纵纹。雄花花丝很短，花药 5 枚，呈旋曲状，2 室。花柄长 20～23 厘米，被茸毛。雌花子房形状因种类而异。柱头 3 枚，膨大，2 裂。子房下位，被白色茸毛。花柄长 10～12 厘米。有时也发生两性花。果实为瓠果，短圆，长圆柱或葫芦形。嫩果表皮绿色，淡绿色或有绿色斑纹，被茸毛。果肉白色，胎座发达，完全成熟时果肉变干，茸毛脱落，果皮坚硬，黄褐色，单果重 1～3 千克。瓠瓜从开花至果实成熟需 50～60 天，开花后 25 天内鲜重增加并达到最大，以后减少。种子短矩形，扁平，淡灰黄色，边缘被茸毛，千粒重 125～170 克。

瓠瓜适宜温暖、耐高温、怕低温霜冻的气候。种子发芽的始温 15℃，在 30℃～35℃时发芽最快。生长发育适温 20℃～25℃，15℃以下生长慢，10℃时停止生长，5℃以下受害。属短日照，日照较短，有利于雌花形成。对光照强度较敏感。在晚上或弱光下开花。阴雨连绵、空气湿度过大时,易烂花、化瓜。生长前期喜湿润,开花结瓜期宜适当降低土壤及空气湿度。瓠瓜要求湿润、疏松、通透性良好的肥沃土壤。黏重低洼地种植易感病,产量低且不稳。全生育期需适量的氮肥,结瓜期需充足的磷、钾肥。

瓠瓜在自然条件下,主蔓上多发生雄花,侧蔓上的雌花发生早,发生多。Singh 等(1983)报道,瓠瓜用硼、乙烯利、赤霉素和青鲜素等处理,可以促进雌花的发生,而以乙烯利处理的效果最佳。瓠瓜的雄花芽发育初期,都有雌蕊和雌蕊发育的雏形,是花芽发育的两性期。李曙轩(1981)指出,当雄花的花蕊长度在 0.2～0.4 毫米以下时,才能为乙烯利处理转变为雌花,如果雄花药已发育到 0.4～0.5 毫米以上,则不能为乙烯利处理所转变。在 5～6 片真叶的苗期用 100 毫克/千克乙烯利处理,无论光周期长短,都使主蔓在 10 节(长光照)或 11 节(短光照和自然光照)以上发生雌花。用 50 毫克/升赤霉素处理,不论长光照、短光照或自然光照,每节都生 1 雄花。用乙烯利与赤霉素混合处理时,赤霉素对乙烯利促进雌性有拮抗作用,作用大小与赤霉素的浓度有关。1500 毫克/升赤霉素与 150 毫克/升乙烯利混用时,在主蔓 10 节以上均生雄花,但 10～20 节间有一半左右的节位着生雌花。以 50 毫克/升赤霉素与 150 毫克/升乙烯利混用时,则大部节位着生雌花。这表明高浓度的赤霉素对乙烯利的诱导雌性有拮抗作用。乙烯利与 2000 毫克/升赤霉素混用时,主蔓 1～12 节仍只生雄花,但 12～20 节,在长光照和自然光照下,只有一部分节位着生雄花,而在短光照下则几乎大部分节位着生雌花。这表明,高浓度赤霉素对乙烯利性别效应的拮抗作用,在长光照和自然光照下较明显,而在短光照下则不明显。应振土等(1987,1989)证明,ACC(1-氨基环丙烷-1-羧酸)对瓠瓜也有促进雌花的效应。瓠瓜不同品种对乙烯利的反应不同,赤霉素和 STS(硫代硫酸银络合物)几乎都能抵消乙烯利诱导瓠瓜产生雌花的作用。

(二)类型和品种

1. 类型 瓠瓜按果实的形态和大小分为5个变种:

(1)瓠子 古代称长瓠。李时珍描述其"长如越瓜,首尾如一者",唐朝苏恭提到它具有"夏中便熟"的早熟特点。果实圆柱形,在我国栽培普遍,品种较多。按果实长短又分为长圆柱和短圆柱两类,前者果长42~66厘米,最长1米,横径7~13厘米。如浙江长瓠子、南京面条瓠子、湖北孝感瓠子和广州大棱等。短圆柱类型的果实长20~30厘米,横径13厘米左右,如江苏棒槌瓠子、湖北狗头瓠子、江西三河瓠子、七叶瓠子等。

(2)长颈葫芦 古称悬瓠。李时珍描述其"瓠之一头有腹,长柄者为悬瓠"。果实棒形,蒂部圆大,向上渐细,至果柄处细而长。如广州长颈葫芦、鹤颈,石家庄瓠子,江西长颈葫芦等。

(3)大葫芦 古称匏。李时珍称"无柄而圆大形扁者为匏",亦称圆瓠、楼蒲。果实圆形、近圆形或扁圆形,横径20厘米左右。如温州圆瓠、江西米勺蒲、武汉百节葫芦、河北青龙葫芦等。

(4)细腰葫芦 李时珍以"壶之细腰者"称之,其果实蒂部大,近果柄部分较小,中间缢细,呈葫芦形。嫩时可食,老熟可做容器。如广州青葫芦、大花、花葫芦等。

(5)观赏腰葫芦 果实形状与细腰葫芦相似,但果实小,果径10厘米左右,作观赏用,无食用价值。

2. 品种简介

(1)长棒种 又叫线瓠子。茎叶繁茂,蔓长3~4米,侧蔓结瓜为主。瓜形长圆筒形似棒状,瓜长50~60厘米,粗6~10厘米。瓜皮淡绿色,有白色茸毛,单瓜重0.5~1.0千克。早熟性好,生育期80~90天。瓜肉细嫩,纤维少,品质好。

(2)长筒形种 俗称牛腿瓠子。瓜圆筒形,颈部细,稍弯曲,形似牛腿而得名。瓜长30~40厘米,粗15厘米,瓜皮绿色,品质中等。茎蔓长势强,较抗热,为中熟丰产品种。

(3)短筒种 瓜形似圆筒,长20~33厘米,粗13~15厘米,瓜皮嫩绿色，表面有茸毛，单瓜重0.5千克。侧蔓结瓜为主，较早熟，抗热性强。

(4)青雅　湖北武汉顶峰种业有限公司与武汉市蔬菜科学研究所选育。早熟，商品瓜深绿色，瓜长50厘米左右，横径4.5～5.0厘米，单瓜重0.5～1.0千克，每667平方米产量3500千克。适宜大棚、温室和早春露地栽培。

(5)丽秀　湖北武汉顶峰种业有限公司与武汉市蔬菜科学研究所选育。早熟，商品瓜绿色，长圆筒形，瓜长40厘米左右，横径4.5～5.0厘米，单瓜重0.5～1.0千克。品质佳，商品性好，是蔬菜基地栽培的首选品种之一。

(6)娇龙　湖北武汉顶峰种业有限公司与武汉市蔬菜科学研究所选育。早熟，商品瓜浅绿色，短圆筒形，瓜长25～30厘米，横径5厘米左右，单瓜重500克。品质佳，侧蔓结瓜为主，较耐白粉病和炭疽病。适宜大棚、温室和早春露地栽培，亦可作西瓜嫁接的砧木。

(7)浙蒲2号　浙江省农业科学院蔬菜研究所育成。早熟，耐低温，弱光能力特强。瓜长棒形，长40厘米，皮绿色，单瓜重约0.4千克。肉质致密，微甜。特适于保护地栽培。

(8)超级早生　湖南常德市鼎牌种苗有限公司培育。早熟，从移栽到出现雌花坐果仅28天，从第一批瓜采收，经过1个月，每667平方米产量达4250千克，总产量为6500千克。果实长棒形，上下大小基本一致，果形美观，嫩绿色，果肉细白，柔嫩多汁，口感好，具超级商品性。保护地、露地都可栽培。

(三)栽培技术

1. 播种育苗　育苗与直播均可。华南地区在2～3月份播种，冬春寒冷处在断霜后播种。育苗可以提前，华南地区在12月中旬开始，长江流域和长江以北，一般在3月下旬至4月初。播前先用温汤浸种20～30小时，然后在30℃～35℃处催芽，有1/3露白时在0℃～1℃处冷冻2天，然后播种到温室或大棚的营养钵中，每钵1粒。播后覆一层薄膜，上面扣一层小拱棚，有条件的应在营养钵下加一层电热线，保持床温 30℃～35℃，出苗后白天保持20℃～30℃，夜间不低于 15℃，地温 20℃～25℃。当子叶展平后，喷施 0.2%磷酸二氢钾 1～2 次，并结合浇水，施一次腐熟的人粪尿稀液。一般苗期 40～50 天。

2. 整地定植 种植前深翻土壤 20～30 厘米，充分晒白，使之疏松，为根系生长创造良好条件。一般畦宽 1.5～2 米，支架栽培的双行定植，株距 60 厘米。也可在宽 2.7 米的畦上两边各栽 1 行，株距 20～33 厘米。地爬或棚架栽培，行距 2.7～3.0 厘米，向一个方向引蔓的株距 45～60 厘米；向四面引蔓者穴距 2.7～3 米，每穴留 4 株。定植期可在露地断霜后。

由于幼苗柔嫩，定植时宜用手轻捏子叶，不宜捏嫩茎，以免损伤幼苗。定植后周围地面可撒些切碎的稻草，以免雨溅泥浆黏附幼苗。

3. 立支架、整枝与性别控制 瓠瓜一般于抽蔓后用 2.7～3.0 米长的竹竿搭“人”字形架，在约 1.3 米处交叉。为了便于侧蔓攀缘和进行人工分层缚蔓，在“人”字形架上用小竹竿或较粗的草绳，设横架 2～3 道 。晚熟葫芦用平棚栽培，地爬瓠瓜不设支架，仅压蔓以防风害。

瓠瓜主蔓发生雌花迟，而子蔓、孙蔓发生早。晚熟品种，主蔓、子蔓发生雌花迟，而孙蔓、曾孙蔓发生雌花早。所以栽培晚熟品种时，在蔓上棚后将主蔓及子蔓提早摘心，促使孙蔓及曾孙蔓的发生。中熟品种在主蔓上棚后也即行摘心。子蔓结果后又行摘心，促使多生雌花。栽培地爬瓠瓜也进行 2～3 次摘心。早熟架瓠瓜可不进行摘心。

李曙轩等(1979)研究发现，当杭州长瓠瓜幼苗在 4～6 片叶时用乙烯利 150 毫克/升喷 2 次，可使主蔓从 8～9 节起到 20 节，从原来只生雄花改变为每节都发生雌花，使前期产量较对照增加 64.2%，总产量增加 25.5%。中熟品种温州圆葫芦用 200 毫克/升处理可提前 1 周左右采收，较早熟种采收仅迟了 3～4 天；晚熟种杭州牛腿，用300毫克/升处理，采收期较对照提前1个月。瓠瓜为雌雄异花同株植物，虫媒花。露地生产，昆虫传粉授精，坐瓜良好。早春保护地栽培，昆虫活动受阻，坐果率低，须人工辅助授粉，方法是：每天清早，将当天盛开的雄花摘下，去掉花瓣，将花粉均匀涂在雌花柱头上，一般1朵雄花粉可供2～3朵雌花授粉。

4. 施肥灌水 瓠瓜需多次施肥，一般定植后及次日浇清水，第三天浇10%人粪尿，以后晴天每天施一次10%人粪尿。主蔓摘心后，结合培土压蔓和上架前用复合肥和有机肥进行施肥，结果盛期可再追肥。灌溉方面，定植后根系未扎稳，可适当灌溉，结果期间，如晴天干旱，也应灌溉。雨季或雨天注意排水，防止渍涝。

5. 瓠瓜变苦的原因及其防治 瓠瓜出现全株严重变苦是由于不同基因型的品种天然杂交，后代因基因互补而产生葫芦苷B($C_{32}H_{46}O_8$)引起的。此种变苦与外界环境及栽培条件无关。防止变苦的措施是引入外地品种时，必须先与本地品种杂交，测定是否属于同一基因型，如属同一基因型的才可大量引种。

(四)采收与留种

瓠瓜以嫩果食用，采收延迟，果实各部分纤维化，品质迅速下降，丧失商品价值。采收嫩果，以开花后15～20天，而旺果期则在开花后11～14天。此时，胎座组织已相当发达，种子只有初期生育，果肉表皮茸毛减少，果肉呈淡绿色，皮薄幼嫩，品质佳。每667平方米产量一般1500～2500千克，中、晚熟瓠瓜2000～2500千克。

留种时且选植株生长健壮，无病害，形长而粗细一致的第二个为种瓜，并将其余雌花和果实摘除。待果实表皮十分坚硬，由淡绿转为褐色，为开花后50～60天，达到完全成熟时采下。置室内通风处自然干燥，翌年播种时取出种子播种，或经后熟一段时间，取出种子洗净晒干贮藏。每个种瓜可收籽250～350粒，大约50个种瓜可收1千克种子。

第九章　豆类蔬菜

一、菜　豆

菜豆又叫芸豆、肉豆、梅豆、四季豆、二季豆、豆角、绵豆、荷包豆、龙芽豆、白豆、玉豆、油豆。南方有的地方称刀豆，把蔓生的菜豆叫架豆或棚豆，矮生的称墩豆。目前世界主要生产国是印度、巴西和我国。因为菜豆的适应性强，引入我国后经长期的培育和选择，已经形成了很多类型和优良品种。现在我国大部分地区可在春夏间和早秋露地播种，采用保护地还能在冬春栽培。菜豆食用部分以嫩荚为主，也有少数品种是以豆粒为主的。菜豆种子中含有丰富的蛋白质和碳水化合物，既是菜又是粮；嫩豆荚富含维生素和钙，营养丰富，鲜美可口，深受群众所喜爱；除鲜食外还可晒干菜、盐渍、做泡菜和制罐头。菜豆还可入药。种子性味甘平，有滋补，温中下气，益肾、解热、补元、利尿、消肿的作用，可治虚寒呃逆、呕吐、腹胀、肾虚腰痛、痰喘和脚气等；菜豆壳有通经活血、止泻功能，用于治疗腰痛、久痢、闭经等症；根有止痛功效，可用于治疗跌打损伤。现代医学研究表明，菜豆种子中所含的植物血细胞凝集素，有凝集人体红血素，刺激活淋巴细胞胚形转化，促进脱氧核糖核酸和核糖核酸合成等功用，可用于癌症的治疗与诊断。但血球凝集素和溶血素，对人体有害，因此菜豆须煮熟后才能食用。

(一)生物学性状

菜豆属一年生草本植物。根系发达，在表土下 20～60 厘米形成强大的根群，分布广，生长旺盛。茎分为蔓性和矮性两种。蔓性种顶芽为叶芽，可无限生长，为缠绕茎，随支柱左旋向上缠绕，高达 3 米多。矮性种顶端着生花芽，故不能继续伸长。茎直立，高 30～60 厘米。叶为三出叶。总状花序，每花轴着生 2～8 朵花，花蝶形，龙骨瓣呈螺旋状卷曲。花色有白、红、紫色等。自花授粉，杂交率很低。嫩荚多为绿色，也有黄色或带红、紫色条斑的。荚果为扁圆柱或圆柱形，种子多为肾形或圆形。不同品种的种子大小、颜色差异很大。

菜豆性喜温暖，不耐霜冻。种子在8℃～10℃开始发芽，最适温度为25℃。在18℃～25℃温度下，生长发育、开花结荚良好。温度增高到32℃以上，影响花粉生活力，使授粉、受精不良而引起落花。菜豆属中光性作物，对日照长短要求不严格。有较强的抗旱能力，过湿易引起病害和烂根，但过分干旱又会引起落花落荚，在一般情况下从开花末期到结荚期，需供给充足的水分。适宜微酸性和中性土壤，在黏重、排水不良的土壤中，容易发生病害。在幼苗期和花蕾期，需要适量的氮肥；磷肥能促进根系发育，宜作基肥；钾肥对菜豆的生育有良好的影响，应注意施用，做到氮、磷、钾搭配。

(二)类型和品种

菜豆依据其生长习性可分为蔓性、半蔓性、矮性3大类型。

优良品种如下：

1. 法国促成菜豆(嫩荚菜豆) 20世纪60年代从国外引入。早熟矮生种。株高30厘米左右。长势旺，分枝性强，一般从2～4节开始分枝，每节有侧枝1～2个，每株有侧枝10个左右。叶深绿。花浅紫色。嫩荚浅绿色，圆棒状，稍弯，长约15厘米。种子肾形，浅黄褐色，并带有不明显的红色花纹。肉厚、纤维少、品质好。生育期80～90天，较抗病，每667平方米产1 500千克左右。

2. 黑梅豆(矮箕圆刀豆) 陕西西安市农家品种。为春秋两用矮生菜豆品种。长势强，株高40厘米左右，分枝力中等。叶大，深绿色。花紫色。嫩荚绿色，马刀形，长15～18厘米。种子黑色。早熟，品质中等，易老化。再生结果能力强，春播后到早秋仍能继续正常结果。较丰产，每株结荚30～40个，每667平方米产1 000千克左右。

3. 河南肉豆角 蔓生。中熟种。植株健壮，叶大，深绿色。花白色。嫩荚绿白色，扁圆棒状，长18～20厘米。荚肉肥厚，纤维少，质柔嫩，耐老，品质好。种子大，肾形，灰褐色，有深褐色条纹。抗热，较抗病。春秋均可栽培。每667平方米产2 000千克左右。

4. 白梅豆(西安架豆) 蔓生。叶绿色，花白色，每花序结荚4～5个。青荚浅绿色，圆棍状，长12～15厘米，荚肉厚，质脆。种子白色。长势强，结荚多，易老化。中熟，春秋均可栽培。每667平方米产1 500千克左右。

5. 丰收一号 又名泰国白粒架豆，为早熟、丰产蔓生品种。长势强，高3米左右，一般从6～7节开始着生第一花序，花白色，每花序结果3～4个。嫩荚浅绿色，稍扁，表皮光滑，荚面略凹凸不平，肉厚，纤维少，不易老。种子白色，肾形，略小。耐热性强。春秋均可栽培，每667平方米产2 000千克左右。

6. 双季豆 又名泰国褐粒架豆。蔓生，早熟。长势强，主蔓3米左右，分枝4～5个。叶色深绿色，叶柄浅绿色，叶面光滑。花白色。嫩荚草绿色，成熟后深绿色，结荚多，质脆，肉厚，品质好。荚扁圆棒形，长20厘米。种子长圆形，深褐色。春秋两季均可栽培。每667平方米产2 000千克左右。

7. 春秋95-1架菜豆 从自然变异株中系统选择育成。蔓性，株高3米多，结果早，坐果力强，荚长16厘米，横断面椭圆形，直径约1.5厘米，种子小，黄褐色。肉厚、质嫩、耐老，品质佳。抗寒、抗病、耐热，高产稳产。1995年陕西关中夏初高温、干旱，在试种的13个品种中，只有该品系坐果良好，其余均颗粒无收。

春秋两季均可种植。春季地膜栽培，3月下旬播种，露地4月上中旬播种；秋季7月上中旬播种。行距60厘米，穴距30厘米，每穴3株。早设支架，因结果早，挂果稠，要早灌水，多施追施。

8. 春秋95-2架菜豆 从自然变异株中系统选择育成。蔓性，株高约3米，结果早，坐果力强，荚长20厘米，横径1.2厘米，近圆棍形，嫩果绿色，纤维少。每果有种子8～10粒，种子白色。早熟，第一花序着生于2～3节处。春秋均可种植。

9. 秋紫豆 晚熟种。蔓性，主蔓6节以后坐荚。荚深绿色带紫晕，长25厘米，横径1.6厘米，厚1.0厘米，单荚重16克以上。无筋，籽粒少，品质优。不耐热，抗寒性较强，丰产潜力大，适宜秋季栽培，我国北方各地均可种植，每667平方米产3000千克左右。

10. 一尺莲 由国外引进的品种(933)经系统选育而成。植株蔓生，生长势强，株高3～3.5米。叶色深绿，叶长肥厚，叶柄较长。分枝力强，主蔓可分5个侧枝，侧枝还可分枝。主蔓3～4节着生第一花序，花白色，每花序5～8朵花，可成荚3～6个，单株结荚70～120个。果荚绿色，圆棍形，长30～33厘米，横径1.3厘米，单荚重30克左右。果荚实心耐老，品质极佳。抗病，抗热，耐涝，耐旱。中早熟从播种到收嫩荚约77天。每667平方米产3500～4000千克。种子褐色，千粒重380克。适于华北地区春播。

11. 超长四季豆(8-23) 中国农业科学院蔬菜花卉研究所从法国引进。植株蔓生，生长势强。叶片大，深绿色，始花着生5～6节，花白色。嫩荚浅绿色，长圆条形，稍弯曲，酷似豇豆荚，长20厘米以上，最长26厘米，宽1.1～1.2厘米，厚1.3～1.4厘米，单荚重15～16克。嫩荚纤维少，味甜，品质极佳。每荚有种子7～9粒。种子间距离较大，种子粒大，深褐色，筒形，光泽强。千粒重350克左右。春播生育期65～70天，秋播50余天。单株结荚多，丰产。每667平方米产1000～1500千克。适应北京、辽宁、山东及天津等地栽培，也适宜保护地栽培。

12. 29号菜豆 广州市蔬菜研究所选育。蔓生，萌发侧蔓力中等。主蔓5～7节着生花序，花白色，每序结荚5～7个。嫩荚棒形，长14.2厘米，宽1.15厘米，厚0.9厘米。单荚重约10.5克。嫩荚浅绿色，荚形整齐，结荚多，品质好。播种至初收，春季需65～70天，秋播需47～50天，可延续采收25～30天。抗锈病力强，最适南菜北运和出口。适宜全国各地棚室栽培。

13. 双丰1号 天津市蔬菜研究所选育的极早熟、丰产、质优、耐热的品种。蔓生，株高3米，单株有2～3个侧枝，主蔓第一花序着生于2～5节，主蔓节数18～22。叶色淡绿。白花，每花序坐荚2～6个。单株结荚30～50个。荚嫩绿色，长18～20厘米，横径1.1厘米，厚1厘米。单荚重14～17克。种皮白色，种子肾形，千粒重420克。春季播种至收嫩荚需55天，秋季为45天，采收期30天，全生育期85天。抗锈病力强，高抗枯萎病，耐热力强。适于春秋两季露地种植。也适于冬季塑料棚室，秋冬茬、越冬茬及冬春茬栽培。每667平方米产6000千克。

14. 鲁菜豆1号(86-77) 山东青岛市农业科学研究所选育的高产品种。蔓生，中早熟类型，株高2.5米，分枝力强。第一花序着生于主蔓3～5节。花白色。嫩荚白绿色。荚扁条形，长25.5厘米，无筋，脆嫩。单荚重26.5克。自花授粉，结实率高。种皮白色，千粒重390克，适于露地春秋两季和棚室栽培。每667平方米产6000千克。

15. 秋抗19号 天津市农业科学院蔬菜研究所选育。植株蔓生，生长势强，株高约2.8米，侧枝2～3个，主蔓3～4节处着生第一花序，每花序4～6朵花，花白色。每花序结荚2～4个。嫩荚近圆棍形，稍弯曲，荚长20厘米，横径1.2～1.3厘米。单荚重15克。嫩荚深绿色，肉厚，纤维少，品质好。每荚有种子7～10粒，种子肾形，种皮灰褐色。中熟，从播种到收嫩荚需60～65天，采收期持续30天。每667平方米产2000千克左右。抗枯萎病、疫病。耐盐碱。适于天津、河北及辽宁等地春秋季栽培，特别适宜秋季种植。

16. 满架联 山西省大同市南郊蔬菜研究所育成。植株蔓生，长势强，叶片肥大。花白色，第一花序着生在2～3节，节节着生花序，每花序结荚4～6个。嫩荚翠绿色，圆条形，种粒处略突起，稍弯曲，长20～22厘米，重23克，纤维少，品质好。种子白色，肾形，略扁，千粒重450克。中熟，播种至收嫩荚75天。耐涝，抗旱，抗炭疽病和锈病，适宜春季栽培，也可越夏栽培。每667平方米产3000千克以上。

(三)栽培技术

1. 春菜豆栽培技术 菜豆根系发达,要求土层深厚,排水良好的壤土或黏壤土。蔓生菜豆生长期长,须施足底肥,每667平方米施入腐熟农家肥4 000～5 000千克,并加施过磷酸钙25千克,然后翻耕。开春浅耕1次,耙耱保墒。做畦前最好撒施草木灰,每667平方米50千克左右。一般畦长10米,宽1.2～1.3米,架豆每畦2行,矮生菜豆可种3行。

播种有直播和育苗2种。直播要在断霜前约10天,当5厘米地温达到8℃～10℃时播种。过早,土温低,如果湿度再大,种子易腐烂。为了早熟丰产,可育苗移栽,陕西关中地区一般在3月下旬或4月初进行冷床纸筒育苗,断霜后露地定植。蔓生种每667平方米6 000～7 000株,矮生种8 000～10 000株。

出苗后,间苗1～2次,一般留双苗,幼苗期勤中耕。从抽蔓到开花前控制灌水,进行蹲苗。结荚期供给足够的水分,如受干旱,易引起落花,并影响豆荚品质,降低产量。蔓生种在苗高30厘米左右时,需设立支架,每穴插杆一根,搭成"人"字形架。抽蔓或移栽恢复生长后,每667平方米随水追施稀人粪尿1500千克左右。结荚期,每隔2周左右追施尿素1次,每667平方米施10～15千克。也可与人粪尿交替施用,共追肥3～4次,促使多结荚。

菜豆要适时采收,一般青荚至食用采收期时,果形肥大,色泽鲜亮,肉质柔嫩,应及时采收。采收过晚,荚果老化,纤维多,会影响品质。采摘时不要碰掉或损伤幼荚和花朵,以免影响产量。

主要病害是炭疽病、病毒病和根腐病。炭疽病系真菌性病害,冷凉、多雨时易流行。防治时除选择健株留种和实行轮作外,可采用1∶1∶200波尔多液,65%代森锌可湿性粉剂400～500倍液或50%代森铵可湿性粉剂1 000倍液喷洒。病毒病危害后叶先呈明脉,缺绿而皱缩,形成颜色淡浓不一的花叶状,植株矮化,开花延迟。高温、干旱、管理不善时更甚,尤其种子带毒者危害严重。所以防治时应以选用无病毒种子为主,在加强肥水管理的同时,及时防治蚜虫。根腐病是由镰刀菌引起的。该病菌能在土壤中存活多年，但只有在高温利于病菌繁殖和高湿不利于发根的条件下，才能发病。在防治上除轮作外，主要是加强管理，适时早播，开沟排水，垄背点豆和用代森铵、敌可松等灌根。

主要虫害是豆荚螟，可于开花前、后各喷 1 次 90% 敌百虫可溶性粉剂 1 000 倍液。若有蚜虫则用乐果或溴氰菊酯杀灭，效果更好。

2. 秋菜豆栽培要点 秋菜豆的幼苗期，正是夏季高温季节，开花结荚期温度渐低，故应选耐热抗病的品种，在栽培上应防止早期高温和后期低温，以提高产量。

秋菜豆宜直播，播种期必须及时，最好在当地霜前 100 天左右播种。播种过早，开花初期遇高温容易落花落果；播种过晚生长期短，影响产量。播种时土壤水分要充足，以防在高温烈日下种子发芽时缺水。如地墒足，可以趁墒播种；地墒不足，应先开沟灌水，水渗后播种。雨后及时松土通气。秋菜豆生长前期温度高，主蔓生长快，以后温度渐低，侧枝发育差，应适当密植。

秋菜豆幼苗期气温高，蒸发强，消耗水分多，且生育期短，苗期要浇水保湿降温，并增施追肥，促进植株生长发育，争取在短时期内形成强大的株型，早开花，早结荚。开花初期适当控制水分。坐荚后虽然植株需水分多，但气温低，日照短，浇水要比春菜豆少些。结荚后期要保花保荚，并免受低温影响，争取延长生长期。秋菜豆可与其他作物间作套种，在菜豆播种后，利用前作遮阴，有利于菜豆出土和幼苗生长，可减少菜豆的落花落荚，提早采收应市。

3. 菜豆保护地栽培技术 菜豆保护地栽培主要是能起到春提前、秋延后和轮作倒茬的作用。利用小拱棚短期覆盖栽培，主要育苗移栽矮生菜豆，其采收期可比露地移栽提早 20 天左右，比露地直播提早 30 天左右。

大棚春菜豆栽培，一般在温室育苗，催芽播种。苗床温度白天保持 20℃～25℃，夜间保持 15℃左右，苗龄 25 天左右。保护地应提前扣棚烤地，当 10 厘米地温稳定通过 10℃，气温不再降到 0℃时，即可定植。定植后密闭保温，遇到寒潮可在大棚四周围草帘或在畦面扣小拱棚防寒。生育期间追肥2～3次，把化肥撒在垄沟中，然后灌水。每次追肥数量硫酸铵20千克，或硝酸铵15千克左右。定植后35～45天开始采收嫩荚，采收期可达40天左右，每667平方米可收3000千克以上。

大棚秋菜豆的播种期应在大棚出现霜冻前85～90天，用干种直播。播种期正处在高温、光照强的时期，应把大棚围裙卷起，只留上部薄膜起凉棚和防雨作用。菜豆出土后立即中耕，促进根系生长，防止地上部徒长。现蕾时松土，追肥，搭架。结荚期7天左右灌1次水，隔1次清水追1次化肥或人粪尿。随着气温的下降，缩小放风量后减少灌水次数，不再追肥。夜间大棚气温降到15℃以下时，放下围裙不再放风，白天超过25℃时再放风。初期在豆荚长到最大限度，尚未鼓粒时采收；后期尽量延迟采收，霜冻前一次收完，以防受冻。

日光温室栽培菜豆主要在秋季进行，一般于8月中下旬播种。秋冬茬日光温室栽培，开花结荚期处在短日照、温度比较适宜的条件下，荚果纤维少，品质好，初期按成熟度陆续采收，后期尽量延迟采收。

4. 提高菜豆结荚率，保证丰产丰收 菜豆属腋芽分化为花芽的类型，花芽数很多，蔓性种能分化20个花序，每个花序又可着生5～10朵花。但在高温(25℃以上)、潮湿(空气相对湿度75%以上)及其他不利条件下，常会引起落花落荚，降低产量。据观察，一般菜豆结荚率占花芽分化数的5%～10%，占开花数的20%～35%，说明提高菜豆结荚率的潜力很大。为减少菜豆的落花，有效地提高结荚率，可采取以下措施。

(1)浇水做到“干花湿荚” 初花期以控水为主。此时如供水多，植株营养生长过旺，消耗养分多，致使花蕾得不到足够的营养而发育不全或不开花。水分管理应“看天、看地、看庄稼”。若土壤和空气过于干燥，临开花前浇1次小水，以供开花所需；若墒情良好，应一直蹲苗到荚果长3～4厘米时灌头水。坐荚后，植株逐渐进入旺盛生长期，既长茎叶，又陆续开花结果，需要大量的水分和养分，此时以促为主。结荚初期1周浇1次水，以后逐渐加大浇水量，使土壤水分稳定在田间最大持水量的60%～70%。进入高温季节，采用轻浇、勤浇、早晚浇、压清水等办法降低地表温度，恢复土壤通气，使根系活动正常，保证枝叶和荚果同时迅速生长。

(2)施肥必须氮、磷、钾配合　除施足基肥和早期轻施追肥，以促进植株发育，多生侧枝，增加花数，降低结荚部位外，开花结荚期还应施2～3次追肥，达到长荚保叶的目的。氮肥用量要适宜，以免造成植株徒长，导致落花落荚和影响根瘤菌的形成。施肥一般以人粪尿、厩肥为主，并应适当加施一定量的过磷酸钙和氯化钾或草木灰等。

(3)注意通风透光　蔓生种的支架虽形式多样，但以南北向的“人”字形花架较好。试验证明，在后期及时摘除下部枯黄的老叶，能改善通风透光条件，减少同化养分的消耗，是保花保荚的有力措施。

(4)及时采收，调节供应　及时采收既可保证豆荚品质鲜嫩，又可减轻植株负担，促使其他花朵开放结荚，减少落花落荚和延长采收期。前期气温低时，开花后半个月采收，后期开花后10天左右采收。

(5)药剂防治　据试验，在开花期用5～25毫克/升的萘乙酸或β-萘氧乙酸，2毫克/升的磷氯苯酚代乙酸喷洒花序，对抑制离层形成，防止落花，增加结荚率，有较好的效果。

(四)贮藏保鲜

不同品种的菜豆耐藏性不同。耐藏的品种有青岛菜豆、丰收1号、沙克沙、矮生棍豆、法国芸豆等。一般秋豆比夏豆耐贮藏，紫色比绿色耐贮藏，白色居中。受霜冻和冷害(低于1℃～2℃)的菜豆不能贮藏。注意防止豆荚尖部受机械伤。

菜豆采后，豆荚易发生褐变(锈斑)、老化(纤维化、黄化、豆粒膨大)、冻害失水(萎蔫)、受气体伤害和腐烂等,这是导致菜豆保鲜难、贮藏期短的根本原因。菜豆贮藏的最佳条件是:温度8℃～10℃,空气相对湿度90%～95%,氧气6%～8%,二氧化碳1%～2%。菜豆采收后呼吸作用旺盛,而且对低氧和高二氧化碳十分敏感,氧气大于5%和二氧化碳大于2%都会促使锈斑加重。菜豆为对低温敏感蔬菜,低于8℃时产生冷害,其症状是呈水浸状斑块或凹陷,或出现锈斑等;温度超过10℃又易老化、腐烂。因此,国外常有人提出将菜豆置于6℃以下,甚至0℃贮藏,在冷害之前食用。一般冷害发生的时间与温度的关系是:0℃～1℃时2天,2℃～3℃时4～5天,4℃～7℃时12天。受冷害菜豆的货架寿命仅1～2天。据北京市农林科学院蔬菜贮藏加工中心等单位研究结果,贮藏温度以10℃为最好,6℃时发生冷害,14℃时商品率下降。

人工气调贮藏时,可松开袋口通风或抖入一些氢氧化钙,使袋内氧气和二氧化碳含量保持在2%～4%。如库温比较恒定地保持在9℃～10℃,袋内不出现水汽,贮藏期可长达60天左右。

贮藏方法如下。

(1)*筐藏与箱藏*　将适期采收的豆荚去掉过小、鼓粒、破损的,再将鲜嫩、整齐的豆荚装入干净的木箱或筐内。上面盖两层纸,摆在菜窖的架子上,每隔5～7天翻检1次,可贮藏1个月不变质。

(2)*塑料薄膜帐贮藏*　选好豆荚,一层一层地平摆在筐里或木箱里,中间留出空隙,搬入菜窖后,将筐或箱罩上塑料薄膜密封。开始每天把薄膜帐打开1次换气,以后每隔3天打开1次换气,此法可贮藏2个月左右。也可用塑料袋小包装,注意定期换气。将塑料袋放入菜窖内,温度保持在7℃～10℃,可贮藏1个多月。

(3)*沙子埋藏法*　窖内铺5厘米厚的湿沙子,上面摆5～7厘米厚的菜豆,而后铺一层沙子,再摆一层菜豆,共摆3层,上面覆盖5厘米厚的沙子。每隔10天倒1次堆,可贮藏1～2个月。

(4)*白菜夹菜豆贮藏法*　立秋前,每畦种2行菜豆,开花期设风障防风。立秋前后将播种的大白菜移栽到豆角畦里侧。下霜前,选个大、柔嫩、未鼓粒的豆荚摘下，夹于白菜叶片中，每叶 1 根，中心也插些，再将白菜梢捆上，使之继续包心。1 棵白菜可插 20 多根豆荚。立冬时随白菜一起收获，入室贮藏，到需要时扒开，抽出菜豆上市。

(5)减压贮藏　将采摘并整理好的菜豆放入密封冷藏室，用真空泵抽气，使贮藏室内气压降低，形成一定的真空度。当达到要求的低压时，新鲜空气首先通过压力调节器和加湿器，使空气相对湿度接近饱和，形成一个低压、高湿的环境，有利于菜豆的贮存。

(6)低温贮藏　将菜豆装入筐或木箱等容器中，存放于冷库中，将冷库温度调为 8℃左右，空气相对湿度为 85%～90%，可使菜豆贮藏 1 个月以上。

(五)留　种

菜豆属自花授粉作物，但不同品种间亦有天然杂交者。特别是天气晴朗，气温高时，自然杂交率较高。所以采种时不同品种间应相隔 20 米，确保种子纯度。试验证明，用秋菜豆作采种母株，能提高种子蛋白质的含量，使种子粒大饱满，增加每荚种子数。春菜豆种荚生长期遇高温多雨，易感染病害，种株积累养分少，种子小而轻，荚内种子也常因湿度过大而发芽，或萌动后又干燥而丧失发芽力。应选用抗病力强，具本品种特征的植株作种株。蔓性菜豆采收 1～2 次嫩荚后，在植株中下部留种，矮生菜豆留中部荚作种。因为中下部荚果生长期植株健壮，环境条件较好，籽粒饱满充实，播后发芽早，发芽率高，幼苗发根旺，扎根深。基部过低的豆荚容易触地腐烂，其余豆荚应及时采摘。

当种荚由绿变黄色，全株有一半以上豆荚干枯，手弯豆荚不易折断时摘下阴干，后熟 1 周再脱粒。研究证明，后熟能明显提高种子的发芽力，如开花后 25 天收的种子，收后立即播种的发芽率仅 55.6%，后熟 5 天的种子，播种发芽率增加到 97.7%。种子晒干到含水量达 14%左右时，最适宜于长期贮藏。种子含水量过低，贮藏库空气相对湿度在 30%以下时，容易变成不透气、不透水、不易发芽的硬种子，丧失发芽力。

二、豇　豆

豇豆又叫长豆角、长豇豆、婆豇豆、带豆、裙带豆、长豆、饭豆、㩓豆、豆角、腰豆、黑脐豆、篷双。在我国自古就有栽培，南北各地均有分布。其特点是生长迅速，从播种到收获只要60～80天，产量稳定，在瘠薄土壤上亦可生长。耐阴，可作为间作作物种植，所以栽培广泛。豇豆含蛋白质达9.4%，并富含维生素和无机盐。嫩荚可炒、煮、腌、泡，口味极佳，是炎夏不可缺少的主要蔬菜。李时珍称赞豇豆"可菜，可果，可谷，备用最多，乃豆中之上品"。豇豆性平，能健脾补肾，籽煎汤服食可治白带，白浊；生嚼缓咽，能消积食，治腹胀，呃气；带壳煎服能治糖尿，口渴、多尿等症。

近年来，豇豆生产在全世界发展很快。豇豆已成为发展中国家主要的蛋白质来源之一。

(一)生物学性状

豇豆为一年生草本植物。有蔓性、半蔓性和矮性之分。我国作为蔬菜栽培的有长豇豆和短豇豆2种。长豇豆茎蔓生，荚果长30～100厘米，下垂，柔软，以嫩荚供食；短豇豆茎直立，或半蔓性，果较短，青绿时坚硬，主食豆粒，是制作糕点和豆沙的原料。

豇豆的子叶小，出土后很快萎缩。第一对真叶为单叶，对生，呈三角形；以后再生的叶为三出羽状复叶，叶柄长，基部具托叶。总状花序，花梗着生于叶柄基部，每花序形成的花芽数少者1～2朵，多的可达4～5对，一般两朵花同时开放。花为白、黄白或紫色，在夜间和早晨开放，中午闭合凋谢。每个花序着果最多可达8～10条，但一般常因采摘技术不当，病虫危害、脱肥及高温落花等仅收1～2条，多则3～4条。果实多为条形，较细，长度依品种而异。果肉厚，横断面多呈圆形。每果有种子15～20粒，种子长肾形，有红色、黑色和白色等不同颜色。

豇豆喜温，生育的适宜温度为20℃～25℃，但耐热性很强。种子发芽的最低温度为8℃～12℃，最适温度25℃～30℃。植株生长适温20℃～25℃;10℃以下时间稍长,生长就受抑制,不耐5℃以下的低温。当盛夏温度达35℃以上不适于菜豆结荚时,仍能生长结荚,但在高温中植株的长势差,且会大量落花,所以在酷暑期常有20～30天的伏歇。豇豆根系发达,较耐旱,适应性强,对土质要求不严,但最适于排水良好,又不过分干燥,含有腐殖质多的壤土,或沙质壤土。过于黏重和低温处不利于根系和根瘤菌的发育,且易得炭疽病。

(二)类型和品种

1. 类型 豇豆广泛分布于热带和亚热带,豇豆属有160～170个种,其中120个种在非洲,22个在印度和东南亚,少数在美洲和澳大利亚。Verdcourt根据自己的研究结果,确定有5个亚种。

(1)普通豇豆 广泛栽培于非洲、东南亚、东亚和南美。株型有直立、半直立、半蔓生和蔓生性或攀缘性。荚有盘绕、圆形、新月形和线形。以收干豆粒为主要用途。

(2)短荚豇豆 多半蔓生,有时攀缘。荚比普通豇豆小,在花轴上向上生长。种植目的为收干豆和做饲料。种子一般小而圆,荚和种子与野生豇豆很相似。主要栽培于印度和斯里兰卡,其次为东南亚各国。

(3)长豇豆 栽培目的主要是用其多汁的荚做蔬菜,嫩叶亦可做蔬菜。广泛种于我国、印度、东南亚各国和澳大利亚。植株多攀缘性,成熟时荚出现皱疵和萎软,荚长20厘米以上,种子在荚内较疏松,花大于其他亚种。

(4)野生豇豆亚种 有2个,均分布于非洲,是栽培豇豆的祖先。荚很短,荚面粗糙,开裂性强,种子小,种皮吸水性差,故有休眠。

2. 优良品种

(1)红嘴燕豇豆 蔓性。早熟,丰产。长势中等,分枝力较弱,以主蔓结荚为主。主蔓一般从6～9节开始结荚,从2～3节开始发生侧枝,侧枝1节即能开始结荚。每花序一般结荚2个,有的可达

3～4 个。嫩荚淡白绿色，先端紫红色，故名红嘴燕。荚长60～70 厘米，肉厚，纤维少，质脆嫩，味稍甜，品质好。每荚有种子约 20 粒，种子小，黑色。因叶量小，适宜密植，增产潜力大。

(2) 罗裙带豇豆　蔓性。晚熟，丰产。长势强，善分枝，以侧蔓结荚为主，茎叶繁茂。花淡紫色。豆荚绿色，长 50～60 厘米，圆形，肉厚，耐老。种子深紫褐色，带条斑。叶量大，不适于密植。

(3)之豇 28-2　蔓性。早熟，长势强，叶量小，主蔓结荚。4～5 节开花结荚，7 节后各节均有花果。荚长 55～65 厘米，最长 80 厘米，圆形，淡绿色，不易老。种子红紫色。抗花叶病毒力较强。

(4)宁豇 1 号　早熟，春季定植后 55～60 天成熟，秋季35～45天成熟，全生育期 110 天。蔓生，分枝约 5 个，主侧蔓同时结荚，主蔓 2～5 节出现第一花序，每花序结荚最多达 6 个。嫩荚绿白色，长约 60 厘米，横径约 0.9 厘米，单荚重 26 克左右，种子红色。喜大肥、大水，不耐热。抗病毒病，不抗锈病和煤霉病。适宜于长江中下游地区春季和夏季栽培。

(5)秋豇 512　早熟，播种到采收需 46 天。蔓生，分枝性强。叶片大，绿色。主蔓 7 节着生第一花序。嫩荚银白色，长约 40 厘米，横径约 0.9 厘米，单荚重 20 克。籽粒黄褐色，近圆肾形。抗病毒病和煤霉病。耐低温，适宜秋季栽培。每 667 平方米产1200千克以上。适宜华东、华南及西南等地区种植。

(6)青豇 80　早熟蔓生种，播种至采收需 50～60 天。豆荚青绿色，长 80 厘米，最长 1 米。荚坚实，不易空软，品质优良，单荚重40～60 克。抗病性强，一般每 667 平方米产 2000 千克，最高 3000 千克。适宜全国各地春播或夏播。

(7)美国无蔓豇豆　早熟，从播种到始收需 55～60 天。矮生，茎短粗，节间短，株高 20～25 厘米。茎基部着生 3～5 个侧枝，每个侧枝 3～4 个花序，花序梗长约 40 厘米，粗壮直立。单株结荚 15～20 个，荚长 40 厘米，单荚重 20～30 克。软荚，灰白色，着粒密，品质优良。春播采收期 2～3 个月，夏播采收期 1～2 个月。较抗锈病、叶斑病。夏秋栽培每667平方米产1800千克。适于四川、云南、贵州、湖南、安徽、福建等省种植。

(8)杨早豇12　春季早熟新品种。蔓生，长3.2米，分枝弱，叶小。主蔓3节开始结荚，以主蔓结荚为主，连续结荚8～10个，单株结荚达18个以上。较耐低温，耐肥，丰产潜力大。春播出苗后到采收约55天，比之豇28-2少5天以上。荚长60厘米，颜色与之豇28-2相同。早期产量比之豇28-2高20%以上，总产量高10%，每667平方米产1600千克。荚形整齐，无鼠尾现象，肉质厚而紧密，耐老化。

适宜春季早熟栽培。棚室内2～3月份育苗，3～4月份定植，露地栽培时，清明前后播种。每667平方米用种1.7千克。畦宽1.4米，种2行，穴距20～25厘米，每穴2～3株。适时搭架，挂果后重施追施。

(9)杨豇40　优质、高产、耐热，中晚熟新品种。适宜春夏季栽培。生长势强，蔓生，主蔓长3.5米，中上部有1～2个分枝，主侧蔓结果均好。主蔓一般在7～8节处开花结荚，肥水充足时翻花现象显著。春播出苗后到采收约需60天，比之豇28-2少5～7天。荚长70厘米，荚色与之豇28-2相同。嫩荚耐泡性强，不易老，并无鼠尾现象，肉厚而紧密，商品性极佳。春播比之豇28-2产量高15%，夏播高20%以上。

(10)翠皮肉豇　江苏省苏州市蔬菜研究所与苏州市蔬菜种子有限公司近年选育的早熟肉质青皮豇。长势强，主蔓2～3节着生花序，每花序结荚2～4条，荚呈青绿色，长80厘米，耐弱光，耐热，耐寒性特强。肉嫩质脆甜，纤维少，品质佳，早熟，产量高，春秋季均可栽培。

(三)栽培技术

1. 春豇豆栽培技术　播种分直播和育苗移栽2种。直播主根深，茎叶茂盛，如管理不慎，极易徒长而影响开花结荚，降低产量。育苗移栽，可抑制其营养生长，促进开花结荚。一般采用冷床或平畦塑料薄膜拱棚覆盖育苗，苗龄以20～25天为宜。苗期应加强苗床管理，注意幼苗锻炼。

定植田应施足基肥，精细整地。前茬多为秋菜地，不宜连作。冬前深翻土地，立茬过冬，春季每667平方米施有机肥约10 000千克，过磷酸钙25～50千克，钾肥25千克。多次浅耕耙耱，做成1.3米宽的畦，以备栽苗。豇豆根系再生力差，移栽时应尽量保护根系，定植时按畦内行距50～60厘米开沟，按株距20厘米摆苗，沟内灌水，水渗下后封沟，暗水定植。

定植后一般经5～7天，在畦中间开沟浇缓苗水。苗期需水量少，但缺水往往引起第一对真叶变黄、脱落，浇水应视天气情况而定。应勤中耕，促进根系发育，早缓苗。在苗高30厘米左右时搭"人"字形架。主蔓结荚的品种，第一花序以下的侧芽应及早抹去，对第一花序以上出现的侧芽，可以摘除，也可等萌发成侧枝后留1～2叶摘心，促进侧枝叶腋间花芽发育；对侧枝结荚品种，侧枝可留1～2叶摘心，留叶多少视密度而定。当主蔓长到2米左右时摘心封顶，控制植株高度，对顶端萌发的侧枝，留1叶摘心，控制植株生长，使营养集中供应花序发育。若蔓过高，茎蔓互相缠绕，形成遮阴影响光照，同时结荚部位太高，给采摘带来不便。产量第一高峰过后，叶腋间产生侧枝，对这些侧枝也应摘心，俗称打群尖。

豇豆比较耐旱，苗期水分过多，营养生长过旺，容易出现空蔓现象。一般浇第一水需在第一层果荚长达15厘米左右时进行，结合浇头水每667平方米追施尿素10千克。头水以后营养生长和生殖生长齐头并进，需水量大增，应保持地面湿润。进入初采期，每667平方米施饼粕肥100千克，整个生长期施尿素2～3次，人粪尿1～2次。豇豆一个花序能开8～10朵花，一般能结荚2～4条，多者结6条。豇豆的花蕾是成对发育的，同一花序的坐果由基部向顶部推移，采摘时要特别注意保护小花蕾不受损害。适时采收对防止植株衰老有很大的作用，一般隔1天采收1次，盛产期必须1天采收1次。

当气温过高时，豇豆常出现停止开花的伏歇现象，干旱、脱肥时衰败更快。这时，重新加水加肥，能促使侧芽萌发生长，并使原花序上的副花芽继续开花坐荚。到秋后每 667 平方米可多收 1 000 千克左右秋茬子豇豆。

豇豆的主要病害是病毒病和锈病。病毒病发生后植株不能伸长，叶片皱缩褪色。除注意选用无病株留种外，要注意防治蚜虫。锈病病菌在土中的病残组织上越冬，主要靠气流远途传播，由植株表皮和气孔入侵，多在 6 月份开始发生。特别是当环境过于湿热，枝叶太密，通风不良，多雾、多露时更甚。主要危害叶片，其次是茎和荚。可喷 65%代森锌可湿性粉剂 500 倍液，0.3 波美度的石硫合剂或每 667 平方米撒喷硫磺粉 1.5 千克，另外，还要注意避免雨前浇水，春秋豇豆间不要连片。

主要虫害是蚜虫和豆荚螟。蚜虫可用乐果或敌杀死防治。豆荚螟除为害豇豆外，还为害菜豆、大豆、豌豆、豆科绿肥、刺槐等，因其食性较窄，要着重轮作；在成虫发生期可用 2.5%敌百虫，或 2%杀螟硫磷粉剂，每 667 平方米 2～2.5 千克，或 50%杀螟硫磷乳油 1 000 倍液喷洒。

2. 夏豇豆栽培技术　夏豇豆指 5 月上中旬至 6 月底播种，7～9 月份蔬菜淡季上市的豇豆。夏豇豆生长期温度高，生长期短，且常遇暴雨或干旱，对生长不利，产量低。因此，要注意下列问题：①选用生长势强，耐热，耐旱，耐湿，嫩荚耐老，植株不易早衰，增产潜力大的品种，如宁豇 3 号等。②选择排灌方便的肥沃田块，深耕晒垡，整地做畦，开好排水沟渠。施足基肥，每 667 平方米用生物菌肥中的果菜专用肥 100～120 千克，适当配以其他农家肥，或施农家肥 5 000 千克，尿素 10 千克，过磷酸钙 20 千克，氯化钾 10 千克，或氮磷钾复合肥 30 千克。③一般夏豇豆比春豇豆栽培密度略大，行距 67 厘米，穴距 21 厘米，每穴 2～3 苗，多为直播。为保证全苗，应灌足底水，浸种播种，出苗前要遮阴，保持播种沟的土壤潮湿。套种豇豆应避免拥挤，如套种黄瓜，出苗后 1～2 天，应及时将已采收结束的黄瓜蔓清除，并行中耕，防止徒长。高温干旱时，要勤浇少浇水，并掌握在天凉、地凉和水凉的情况下浇灌，以达到防旱和促进根壮、苗壮的目的。④用高2米以上的架材，搭成倒“人”字形架，以利于通风透光。搭架后，清沟培土；抽蔓后，按逆时针方向理蔓上架，隔4～5天理1次，一般需理3次。⑤肥水要先控后促。抽蔓时，结合搭架重施肥1次；结荚始期后，嫩荚和茎蔓生长旺盛，每隔4～5天追施1次速效肥，连续追施3～4次并辅以叶面肥，可有效地增加结荚盛期和后期的长荚率，防止植株早衰，提高盛期的荚重。如果要想增收翻花豆类，需在采收盛期结束前4～5天，重施1次肥，以延长叶龄，促进有效侧蔓萌发和侧花芽的形成。此后，再追1次速效肥，可延长采收期。⑥播种前后，喷洒防治单子叶杂草的除草剂。苗期注意防治地老虎和蚜虫；生长期注意防治豆野螟和锈病、灰霉病。

3. 秋豇豆栽培技术要点 秋豇豆对秋淡的供应作用很大，栽培技术与春豇豆基本一致，但应特别注意以下几点。

(1)选用良种 选用抗热性强的中早熟品种，如红嘴燕、秋豇512等。并应种植在凉爽处，秋季多雨，须重视排水。

(2)适时播种 红嘴燕豇豆播种后50～60天开始采收，应以此推算播种日期。如陕西关中地区一般在6月中下旬播种。因当时气温高，一般不育苗，可趁墒播种，或按播种行开沟，在沟内灌水，水渗后按20厘米的穴距，用干籽播种，每穴3～4粒。为了防止烂籽，保证全苗，要把种子点在沟的半坡上。东西长的沟，点在沟的南坡，这样温、湿度适合，可保证全苗。播后如遇大雨，土面板结，应及时锄松土面，以利于出苗。

(3)加强管理 苗期要控制灌水，如灌水过多，易引起徒长，影响结荚，所以要少灌水，勤中耕，并结合最后一次中耕，培土做垄。垄高10～15厘米，以免秋季雨多时，土壤积水过多，影响植株生长。豇豆虽耐旱，但在结荚期要给予充足的水分。除施足基肥外，结荚期结合灌水追肥1～2次。苗期要注意防治蚜虫，现蕾后加强防治锈病和豆荚螟。

4. 豇豆保护地栽培技术 利用日光温室或大棚提前培育壮苗，是实现豇豆早熟丰产的重要措施。适龄壮苗的标准是苗龄20～25天，高 20 厘米左右，开展度 25 厘米左右，茎部直径 0.3 厘米以上，真叶 3～4 片，根系发达，无病虫害。

小拱棚加地膜覆盖栽培，在终霜前 40 天左右播种。苗期床内气温白天 28℃～30℃，夜间 20℃左右，不能低于 10℃。苗期一般不用追肥，但需加强水分管理，防止苗床过干过湿，空气相对湿度保持70%左右，移栽缓苗期保持 80%～90%。注意防治低温高湿引起的锈根病，以及蚜虫和根蛆。

小拱棚豇豆定植的适宜温度为棚内 10 厘米地温稳定通过15℃，棚内气温稳定在 12℃以上，定植前 10 天左右扣棚烤地。直播的可采取先播种后覆盖地膜，幼苗出土时及时破膜放苗。定植宜在晴天上午进行，定植后 3～5 天不通风，闷棚提温，促进缓苗。棚内气温白天保持 25℃～30℃，夜间不低于 15℃～20℃，当外界气温稳定通过 20℃时揭棚。

定植时适量浇水，开花前严格控制水分，始花期每 667 平方米追施硫酸铵 20 千克，过磷酸钙 40 千克，然后浇透水。以后每隔10～15 天浇水 1 次，注意掌握浇荚不浇花的原则。为促进早熟丰产，从开花后每隔 10～15 天叶面喷施 0.2%磷酸二氢钾，并喷施0.01%～0.03%硫酸铵和硫酸铜。

植株高 30～35 厘米时搭架。为促进早熟，主蔓第一花序以下萌生的侧蔓一律打掉，第一花序以上各节萌生叶芽留 1 片叶打头。在主蔓爬满架后，应及时打顶，促进各花序上的副花芽及各侧蔓上的花芽发育。当豇豆果荚已经形成，种子开始生长时，为商品嫩荚收获的最佳时期，应及时采收上市。

(四)留　种

豇豆宜选用植株中下部的果荚留种，荚身要圆滑，头尾大小一致，粒密而不显露。基部的果荚容易着地腐烂和遭虫害，应将其离地挂起，当果荚变黄发软时采收，采收后散挂于阴凉处，使其后熟，当营养转入籽粒后，再晒干脱粒。

豇豆种子发芽年限一般 5 年，但如贮藏条件好，发芽年限还可延长。果荚不脱粒带荚封藏，经 7 年发芽力仍可达近半数，但占空间太大。为避免虫蛀，最好将种荚晒干后，放至冬天再脱粒。种子脱粒后，最好拌入粮虫净，随即装入袋中封严，置于通风干燥处贮藏。据试验，种子采收后半个月内，豆粒中的豌豆象幼虫未变成成虫时，用开水杀虫效果可达百分之百，且不影响发芽率。操作方法是：把种子放在竹筐里，再置开水中浸几分钟，烫后立即取出倒冷水中散热，然后晒干。但在操作过程中一定要严格掌握时间，以免将种子烫死。

三、豌　豆

豌豆又叫荷兰豆、寒豆、青斑豆、淮豆、麻豆、青小豆、留豆、金豆、毕豆，因其幼苗柔弱宛宛而得名。也有人认为，因自西域大宛引入，故称豌豆。因其耐寒力居豆类之首，世界上凡能栽培麦类的地区，几乎都可种植，所以又叫寒豆或麦豆。我国各地均有栽培。近年来，豌豆生产发展迅速，食荚豌豆的栽培面积不断扩大，除露地生产外，保护地栽培面积也不断增加，在人工控制环境下，还可周年生产豌豆苗。豌豆嫩荚、鲜豆粒和苗梢均可做菜。产品含有多量蛋白质、糖和维生素等，营养价值高。

（一）生物学性状

豌豆的主根发达，侧根较多，主、侧根上都长有根瘤，根瘤内充满根瘤菌，可以固定空气中的游离氮素。茎为圆而不明显的四方形，基部抽生分枝。短总状花序，蝶形花，白色或紫红色。天然自花授粉，杂交率为 10%左右。荚圆棍形或扁形，表面光滑，少数皱缩。种子球形、圆形稍有棱角或桶形，表皮光滑或皱缩。菜用豌豆的种子有白色、黄色、绿色、青灰或粉红等色。

豌豆属半耐寒性蔬菜，种子在 3℃～5℃时开始发芽，但在低温下发芽很慢，13℃～18℃时发芽快而整齐。幼苗的耐寒力较强，5 个复叶的幼苗能耐－5℃的低温，随着复叶的增加，耐寒力减弱。幼苗也能适应较高的温度，但25℃以上时生长细弱，容易染病。茎叶生长的适温为10℃～23℃。开花的适温为16℃～20℃。开花结荚期适宜温和气候，不耐低温和炎热。豌豆大多是长日照作物，春播和秋播越冬的豌豆，在初夏日照渐长时开花结荚良好。豌豆喜湿，在整个生育过程中都要求较湿润的空气和土壤，不耐干旱和雨涝。豌豆对土壤适应性广，对土质也要求不严，但以通气性良好的微酸性和中性的沙壤土和壤土最适宜。

(二)类型和品种

1. 类型　栽培豌豆有粮用、菜用和软荚3个变种。按茎的生长习性分蔓生、半蔓生和矮生3种类型；按豆荚结构分为硬荚和软荚2类。硬荚类型的内果皮、厚膜组织发达，荚不可食用，以青豆粒供食，品种有以制作罐头为主的阿拉斯加和以鲜食为主的解放豌豆等；软荚类型的内果皮厚膜组织发生迟，纤维少，采收嫩荚，品种如大荚、大菜豌一号等。此外，还有专供采摘嫩苗的品种，如麻豌豆、白豌豆和无须豆尖1号等。

2. 品种

(1)中豌4号　硬荚种。株高40～50厘米，单株结荚5个以上。花白色，开花早，膨粒快，每荚有种子6～7粒。成熟豆粒黄白色，略呈椭圆形，表面较光滑。生长期65～70天，丰产，较耐低温。

(2)小青荚　又叫阿拉斯加，从美国引入。植株半蔓性，高1米，分枝3～6个。10～14节着生第一花序，花白色。嫩荚绿色，长6厘米，宽1.5厘米。每荚有种子4～7粒，硬荚种。鲜豆粒绿色，品质好，适宜速冻和制罐。干豆粒黄白色。适应性强，但耐寒力弱。

(3)食荚大菜豌　四川省农业科学院作物所育成。株高70～80厘米，生长健壮，株型紧凑，适宜密植。茎粗，节间短。花白色。荚长12～16厘米，宽3厘米。嫩荚翠绿，味美清香，脆嫩醇甜。每荚有种子5～6粒，干种子白色，扁圆形。适应性广，耐旱，耐寒。

(4)大白花豌豆　植株半蔓性，高90～100厘米，分枝2～3个。

叶绿色。花白色。软荚种。荚绿色，每荚有种子4～6粒。老熟种子黄白色，圆而光滑，脐淡褐色。生长期间可先收嫩梢，以后再收嫩荚。

(5)无须豆尖1号　四川省农业科学院作物所育成。蔓性，蔓长130～160厘米，茎粗壮。叶大肥厚，色碧绿，质地柔软，味甜清香。生长迅速旺盛，植株健壮，无卷须，是生产豌豆苗的专用品种。生长期内可连续采收嫩梢6～8次，产量高。嫩梢肥嫩多汁，清香脆甜。干豆粒白色，扁圆形。

(6)上海豌豆苗　蔓性，节间短，分枝多，匍匐生长。嫩叶大而繁茂，浅绿色。花纯白或浅紫色。荚黄绿色。成熟种子黄白色，圆形，光滑。生长期较短，主要收获嫩梢做菜，产品质地柔嫩，味甜而清香。

(7)脆甜软荚豌豆80-11　系美籍华裔专家赠给浙江宁波市农业科学研究所的优良品种，曾获美国国家金质奖。株高180厘米，茎粗0.8厘米。白花，青荚肥厚，双荚率高，单株分枝5个，每荚平均粒数3.6粒，百荚鲜重410克。种子千粒重184.5克。种子绿色皱粒，鲜荚品质优良。抗病，耐寒，适应性广。每667平方米产鲜荚575千克，可食率97.6%。适于华北、东北、华东、西南地区种植。

(8)极早熟　极早熟，属地方品种。株高20～40厘米，茎直立，节间短，分枝2～3个。花白色，种子浅黄色，粒大，圆形，表皮光滑。早熟，播后50～60天收青豆。适宜与其他作物间作套种。

(9)绿珠　中国农业科学院品种资源研究所从国外引入的硬荚种。株高约40厘米，茎直立，主茎12～15节，分枝2～3个。株型紧凑，适宜与其他作物间作。花白色。单株结荚6～10个，嫩荚绿色，荚长8厘米，宽1.3厘米，平均单荚重4～5克。每荚种子5～7粒，嫩豆粒深绿色，千粒重450克。成熟豆粒碧绿色，圆形，大而光滑，外形美观，味甜，适口性好，千粒重220克。早熟，播种至嫩荚采收70天，每667平方米产嫩荚600～700千克，或干豆粒100～150千克。耐旱，适应性强，产量高，贮藏期间很少被豌豆象为害。适于华北部分地区种植。

(10)中豌7号　中国农业科学院畜牧研究所育成。株高50厘米左右,茎叶绿色,白花,硬荚,花期集中。籽粒绿色,种皮光滑,圆球形。单株结荚7～11个,多的15个以上。荚长6～8厘米,宽1.2厘米,厚1厘米,每荚种子5～7粒。干粒千粒重180克左右,鲜青豆千粒重350克,青豆出粒率47%左右。早熟,每667平方米产青荚400千克左右。耐旱、耐寒性强。适宜华北、西北、东北等地栽培。可作青豌豆荚、芽菜,也可作粮用或饲用。适宜与其他作物间作套种。

(11)中豌8号　中国农业科学院畜牧研究所育成。株高50厘米左右。茎叶绿色,白花,硬荚,花期集中,籽粒黄白色,种皮光滑,圆球形。单株结荚7～11个,多的达15个以上。荚长6～8厘米,宽1.2厘米,厚1厘米。每荚有5～7粒种子。干豌豆千粒重180克左右,鲜青豆千粒重350克左右。青豆出粒率47%左右。早熟,每667平方米产400～500千克。耐旱、耐寒,适宜华北、西北、东北等地区栽培。可作青豌豆荚、芽菜,也可作粮用或饲用。适宜与其他作物间作套种。

(12)久留米丰　中国农业科学院蔬菜花卉研究所从日本引进。植株矮生,高40厘米左右。主茎12～14节封顶,侧枝2～3个。单株结荚8～12个。花白色,青荚绿色,荚壁有革质膜,为硬荚种。荚长8～9厘米,宽1.3厘米,厚1.1厘米,每荚含种子5～7粒。平均单荚重6.5～7克。青豆粒深绿色,微甜,速冻加工后色泽鲜绿。成熟种子淡绿色,千粒重200克。中早熟,从播种至开花50余天,至采收青荚约70天。每667平方米产青荚600～800千克。丰产性好,抗逆性差。适宜华北、华东、西南、西北等地区种植。

(13)白花小荚　上海市农业科学院园艺研究所从日本引进。植株蔓生,株高1.3米左右。花白色,软荚种。嫩荚绿色,荚长7厘米,宽1.4～1.5厘米。每荚有种子7～9粒。成熟种子黄白色,圆形,千粒重200克。嫩荚质地柔软,品质优良,是上海、浙江、江苏等地速冻荷兰豆出口的主要品种。早熟，耐寒，抗性强，适于浙江等地栽培。白花小荚主要作冬播，有时春播，常与棉花套种。

(14)草原21号　青海省农林科学院畜牧研究所选育的食荚品种。植株半蔓生，株高0.8～1米，分枝力中等。花白色，每株结荚12～13个，荚长10厘米，宽2.5厘米。嫩荚浅绿色，品质鲜嫩，适宜整荚炒食，也可速冻加工。春播，经60～70天收嫩荚，每667平方米产750～1000千克。适宜北京及河北等地种植。

(15)草原31号　青海省农林科学院选育。植株蔓生，株高1.4～1.5米，分枝较少，叶和托叶较大。11～12节着生第一花序。花白色，大，单株结荚10个左右，荚长14厘米，宽3厘米。每荚有种子4～5粒，粒大，扁圆形；成熟时白色，千粒重250～270克。对日照长短反应不敏感。全国大部分地区都可种植，尤以黑龙江、北京、广东和青海等地种植较多。早熟，每667平方米产500～900千克。适应性强，较抗根腐病和褐斑病。

(16)矮茎大荚荷兰豆　山东省农业科学院作物研究所于1989年引进筛选的新品种。茎秆矮壮，株高50厘米左右，茎圆中空，有卷须，花白色。荚果扁长，为大荚型，一般长8～10厘米，宽3厘米，为软荚种。单株结荚10个左右。鲜荚每千克120～140个。每667平方米产鲜荚800千克左右，干种子白色，扁圆形。

(17)甜丰豌豆　中国农业科学院蔬菜花卉研究所从日本引入，经选育而成。植株矮生，株高约40厘米，主茎12～15节，侧枝2～3个，花白色，单株结荚5～10个。青荚嫩绿色，长8～9厘米，宽1.3厘米。单荚重6.5～7克。每荚含种子5～7粒。荚壁有革质，为硬荚种。老熟种子淡绿色，近圆形，皱缩，千粒重约200克。早熟，从播种至采收青荚70天。味甜，速冻或煮熟后色泽鲜绿，品质佳。适应性强，耐寒，抗病。适宜春季栽培。每667平方米产青荚600～700千克，产干籽粒100～150千克。

北京市春季3月上中旬播种。单行条播，行距33～35厘米，株距25～30厘米。每667平方米播种量8～10千克。适于华北、华东等地区种植。

(18)内软 1 号　内蒙古自治区呼和浩特市郊区蔬菜研究所育成。植株矮生,高 15～25 厘米,分枝 3～5 个。花白色。单株结荚 15～20 个。青荚长 5～6 厘米。每荚种子 5～6 粒,荚壁无革质,为软荚种。老熟种子白色,近圆形。千粒重 135 克。极早熟,从播种至采收青荚 60～65 天。较耐寒,适应性强。成熟集中。适宜春季栽培。每 667 平方米产青荚 800～1 000 千克。

呼和浩特市郊春季栽培 4 月上旬播种,行距 18～20 厘米,株距 5～7 厘米。每 667 平方米播种 5～7.5 千克。适于内蒙古和长江以南地区种植。

(19)浙豌 1 号　浙江省农业科学院蔬菜研究所以 1998 年引进的 GW10 为材料,经系统选育,于 2001 年育成。植株蔓生,高 110 厘米,主侧蔓均可结荚。每株 3～5 蔓,结荚 20～25 荚。茎叶浅绿色,托叶大,白花。始花节位 11～12 节。播种至鲜荚采收 135～140 天,全生育期约 135 天。嫩荚绿色,平均荚长 9.3 厘米,荚宽 2.1 厘米。每荚种子 7～8 粒,豆荚与豆粒大小均匀,单荚重约 10 克,剥鲜率每千克约 475 克,百粒鲜重约 66 克。每 667 平方米产青荚约 1 000 千克。豆荚大,豆粒大,品质佳,符合鲜食和速冻加工出口要求,而且适合生产,抗寒力强,产量高,适宜全国各地种植。

(三)栽培技术

1. 露地栽培技术　西北、华北和东北地区为豌豆的春播区。春播豌豆须在盛夏前收获,适宜的生长期短,以栽培矮生种和半蔓性种为主,可适当加大播种密度。3 月上中旬土壤解冻后,5 厘米地温稳定在 2℃～3℃时即可播种。长江流域和华北南部主要为秋播区,幼苗越冬,翌年 5 月上中旬开始收获。华南地区 9～12 月份分期播种,11 月份至翌年 3 月份收获。

豌豆忌连作,须实行 3～4 年轮作。播前施足基肥,并增施磷、钾肥,一般每 667 平方米施腐熟农家肥 3 000～4 000 千克,过磷酸钙 20～30 千克,硫酸钾 10 千克。地力差的田块和生长期短的早熟品种，基肥中应增施10千克尿素，以满足幼苗生长的需要。

播前精选粒大、饱满、整齐和无病虫害的种子，保证播后出全苗。采用平畦穴播或条播。矮生种穴播行距30～40厘米，穴距15～20厘米；条播株距5～8厘米。蔓生种穴播行距50～60厘米，穴距20～30厘米；条播株距10～15厘米。覆土3～4厘米。

齐苗后中耕2～3次，苗高8厘米左右时，追施尿素10千克或浇人粪尿500～1 000千克，促进幼苗健壮生长和根系扩大，早生大分枝，增加花数和提高结荚率。第二次中耕时进行培土，护根防寒，以利于幼苗安全越冬。

早春返青后中耕1～2次，间去过密的幼苗。设支架前结合中耕浇水追肥1次，每667平方米施复合肥20～30千克和过磷酸钙10～15千克，冲施或沟施。坐荚后每667平方米施尿素5～10千克，结荚期叶面喷施0.2%～0.3%磷酸二氢钾液，促进豆荚膨大。

苗期以中耕保墒为主。抽蔓开花时开始浇水，干旱时可提前浇水。坐荚后1周左右浇1次水，保持土壤湿润，浇2～3次水后即可采收。

软荚种在开花后12～15天，豆荚已充分长大，肉厚约0.5厘米，豆粒尚未发育时采收嫩荚。硬荚种在开花后15～18天，荚色由深绿变淡绿色，荚面露出网状纤维，豆粒明显鼓起而种皮尚未变硬时采收豆荚，剥食豆粒。干豆粒在开花后40～50天采收。采摘时要细心，以免折断花序和茎蔓。

2. 保护地栽培技术 保护地栽培时应选用较耐低温、抗病、产量较高和品质好的品种。

利用大棚栽培春茬豌豆时，早春建大棚暖地，解冻后施肥、整地、做畦。春茬早熟豌豆一般于1月上旬在温室内用营养钵或切块育苗。催芽播种，播后畦面上盖地膜保墒增温。早播或温度低时，可支小棚并盖草帘保温。播后室内保持15℃～18℃，使出苗整齐。定植前1周加强通风，使幼苗接受2℃～5℃的低温锻炼，有利于豌豆通过春化和提高产量。

2月中下旬，棚内最低气温稳定在4℃时定植。底水适宜时，一般不浇缓苗水，及时中耕松土2～3次，增温保墒，使根系下扎。现蕾后浇水并重施追肥。坐荚后10天左右浇1次水，隔水追1次肥。抽蔓后设支架，并适当疏除密枝和弱枝。开花结荚期白天保持15℃～20℃，夜温保持10℃以上。4月下旬至5月初始收。

在7月中下旬至8月下旬露地育苗时，苗床应适当遮阴防雨，经常浇水降温，多雨时排水防涝，保证幼苗健壮生长。直播的出苗前，如畦面板结，需浅松土，以利于出苗，栽培后3～4天浇缓苗水，保证成活。北方地区，10月中旬以后气温已低，只在晴天中午通风，10月下旬后一般不再通风，进入11月份，夜间需加盖草帘。10月下旬至11月下旬开始收获。

3. 豌豆苗栽培技术 豌豆嫩梢肥嫩多汁，具有独特的清香味，质地柔软，颜色翠绿，润滑可口，是广大城乡人民喜食的鲜叶菜，除高温的6～8月份外，都可种植。

收嫩梢的豌豆宜选用茎秆粗壮，叶片肥厚，生长旺盛，再生力和发枝力较强，不易早衰的品种，以利于延长采收期和提高产量。因为其生长期长，收获次数多，应多施基肥，并配合施用氮肥。

早春土地解冻后即可播种，秋季播种时，种子要先经浸泡吸胀。穴播行距25～35厘米，穴距15～25厘米，每穴播种子5～6粒；宽幅条播时，行距25～30厘米，幅宽10厘米。春播后出苗前畦面可盖地膜；秋季播后出苗前后保持土壤湿润疏松，以利于出苗和幼苗生长。

豌豆苗不耐旱，不耐涝，应经常浇水保湿，雨涝时排水。苗期浅中耕1～2次，苗高8厘米左右时施1次追肥，每667平方米施尿素5～10千克，配合适量过磷酸钙，促进幼苗生长。

播种后30～50天，苗高16～20厘米时开始收获。第一次在植株主茎基部7～8节处割下，收顶端嫩梢，多留茎节，促使多生侧枝，以利于以后生长。以后每隔12～20天收1次，气温高时间隔要短。为防嫩尖受伤，宜用小刀收割。每次收后浇水追肥，每667平方米施尿素5千克，加水配成0.3%肥水施或冲施。也可施1次腐熟人粪尿。肥水充足可使产品质地柔软，产量高，植株不易早衰。播种1次可连续收割6～8次。

(四)贮藏保鲜

1. 青豌豆 最佳贮藏条件是温度为0℃，氧气3%～5%，二氧化碳5%～7%，空气相对湿度90%～95%。冰点－0.61℃，可贮藏15～20天。

青豌豆要适时采收，过早或过晚采收的，耐藏性都差，而且食用品质低。

豌豆适合小包装或大帐自发气调贮藏，去壳与否均可，不去外壳的比去壳的更好保存。采收后要及时预冷4～6小时，风冷的，在－0.5℃～0.5℃的库中，摊开20～24小时；水冷的，将豌豆装入篮子中，浸入1℃冷水中12分钟，可由20℃降至2℃；真空预冷时，将豌豆打湿，效果同水冷。

豌豆贮、运、销期间，均适于在上层加冰降温，并可保持高湿度，防止萎蔫。

豌豆采后的主要生理变化是糖分水解，因此，0℃＋95%空气相对湿度＋自发气调贮藏（二氧化碳5%～7%）是最佳保鲜技术参数。因为自发气调贮藏，是利用薄膜包装的简易气调（CA）贮藏，通常在应用自发气调贮藏包装中，气体组成是由产品的呼吸作用和包装材料对个别气体的渗透性来决定。自发气调贮藏包装中的气体主要是氮气、二氧化碳和氧气。包装后，由于呼吸作用，使氧气浓度比大气氧浓度低，二氧化碳浓度较高，从而降低呼吸速率，使贮藏期延长。

2. 圆粒豌豆 圆粒豌豆贮藏的最佳温度为4℃～5℃，空气相对湿度95%，低于4℃时会发生冷害。带荚的贮藏期为6～8天，豆粒24～48小时。气体条件未定，但可用塑料小包装贮藏。

贮藏时应在绿熟期采收。在常温下，带荚圆粒豌豆，2天内可保持最佳销售品质，第三天豆荚变黄，第四至第六天明显腐烂。4℃～5℃＋95%空气相对湿度＋自发气调贮藏，可保鲜6～8天。

去荚圆粒豌豆更难保鲜，在 30℃下，7 小时即产生异味；在 25℃下，几个小时会失绿，变黄，甚至腐烂；在 4℃～5℃下，可保鲜 24 小时。一般田间采收时，箱内温度可高达 38℃。因此，圆粒豌豆去荚保鲜的难度很大。

（五）留　种

1. 留种　留种一般结合生产田进行。选择纯度高、长势好、产量高的田块留种。再选择具有品种典型性状、无病、分枝和结荚多的植株作采种株，以中下部的荚为种荚。花谢后 50 天，荚发皱变黄时采收，后熟 10～15 天后脱粒，晒干到种子含水量为 12%～14%，用牙咬即破碎时贮藏。豌豆种子生活力一般能保持 2～3 年，在良好的贮藏条件下，可保持 8～10 年。

2. 种子贮藏　豌豆种子贮藏，除温度和水分含量需符合要求外，主要是解决豌豆象为害的问题，一般被害率可达 30%左右，严重的可达 90%。豌豆象在豌豆开花结荚期间产卵在嫩荚上，幼虫孵化后咬破豆荚，侵入豆粒中，以后随着豌豆的收获进入仓库，继续在豆粒中发育、化蛹，最后羽化为成虫，隐匿在仓库隙缝或屋檐瓦缝里越冬，到翌年豌豆开花期又飞到田间交尾产卵，所以开花结荚期就要喷药，以杀灭飞到嫩荚上产卵的豌豆象成虫和虫卵。为减少豌豆象的为害，收获后的种子用以下方法贮藏：①开水浸泡法。先用大锅把水烧开，将豌豆倒入竹筐内，浸入开水中，用棍快速搅拌，经 25 秒钟，立即将竹筐提出放入冷水中浸凉滤干，在日光下摊薄晒干，可将豆粒内的害虫烫死，然后装入缸、坛中贮藏。采用沸水烫泡对豌豆的食用和发芽力均无影响。②窒息法。农家少量贮藏时，可用柜、桶、缸、坛等容器装入豌豆，在豆面先铺一层麻袋或布料或草纸或报纸，在容器口上盖一层塑料薄膜，扎紧，再在塑料薄膜上面压一层装有细沙的布袋，将坛子封严，使内贮的豌豆与外界隔绝。由于豌豆较干燥，贮温很快升高，可利用自身强烈的呼吸，消除豌豆堆中的氧气，增加二氧化碳，使害虫窒息而死。③植物油拌和法。将生豆象的豌豆放入木盆或铁桶内，每 50 千克豌豆放250克毛棉油，充分搅拌，使豌豆表面均匀浸上一层薄油，然后装进干净的坛罐中，可杀死豌豆象幼虫，且不影响食用种子质量和发芽力。④套囤法贮藏。大量的种子可采用。在豌豆收获后，趁晴天晒干，使含水量降到14%以下。当豌豆籽粒晒到相当高的温度时，趁热入囤密闭，温度可继续上升到50℃以上。入仓前，预先在仓底铺一层经消毒的谷糠，压实，厚约30厘米以上，糠面铺一层席子，将圆囤置于席子上，然后将晒干的豌豆倒进囤内，再在囤外围做一套圈，内外囤圈距离33厘米以上，密封30～50天，囤内温度上升到50℃～55℃时，豆粒内的豌豆象幼虫会因高温缺氧而死。然后拆囤，重新晾晒，干燥后装袋贮藏。

四、毛　豆

毛豆又叫黄豆、大豆。起源于我国。目前，我国同美国、巴西一起被列为世界大豆三大主产国，其总产量约占世界大豆总产量的95%。大豆既是粮食作物，又可作蔬菜食用，一般是在未成熟时采收青豆作鲜菜用，可炒、煮或制罐头。成熟的干种子即为大豆，是制豆腐、豆干和豆芽菜的主要原料，在我国蔬菜供应上占重要地位。

毛豆富含蛋白质，据测定每百克嫩豆粒中含蛋白质13.6～17.6克，蛋白质中含有易于吸收的多种氨基酸。此外，还含有多种维生素和无机盐。大豆营养十分丰富，被称为“天然营养宝库”、“绿色乳牛”、“植物肉”，利用大豆作原料，开发的功能保健食品，在国内外受到高度重视。我国大豆制品除传统的豆油、豆腐、豆浆、豆奶粉、腐竹、豆丝外，大豆分离蛋白、大豆卵磷脂、大豆低聚糖、大豆乳清粉、大豆纤维等产品的生产，也获得巨大进展。特别是大豆分离蛋白，在国内已有多家大型企业生产，设备、工艺、产量和质量等已达到或接近世界先进水平。吃整粒的大豆，由于大豆蛋白质被包在厚厚的植物细胞里，牙齿咀嚼，不能充分粉碎细胞壁，肠液难于完全接触蛋白质而将其消化。另外，大豆含有一种叫胰蛋白酶抑制素的物质，在加热不充分时不能彻底破坏，可抑制肠液消化蛋白质，使蛋白质消化率只有 60%，经水泡、磨碎、充分煮沸制成豆制品，大豆蛋白质消化率可提高到 90%以上。

大豆在我国分布很广，北起黑龙江，南至海南岛，东起山东半岛，西达新疆伊犁盆地，均有种植。随着人们对大豆营养价值和保健功能认识的深入，开发利用大豆资源，研制出更多更好的豆制品，对调整和优化我国人民的食物结构，提高饮食质量，具有重要意义。

(一)生物学性状

毛豆为一年生草本植物。根系发达，主、侧根上均有根瘤。毛豆的根瘤形成早，而且发达。茎秆坚韧，圆形且有不规则的棱角；幼茎绿色或紫色，老茎灰黄色或棕褐色，密生茸毛。子叶出土后在子叶节上面先长两片对生单叶，以后的真叶为 3 叶型复叶。花细小，颜色分白、淡紫和紫色。短总状花序，腋生或顶生。自花授粉。荚形较直或呈弯镰刀状，侧面扁平或半圆形，先端尖。嫩荚绿色或黄绿色，老熟荚呈灰白、草黄、灰褐或深褐等颜色。每荚有种子 2～3 粒。

毛豆为喜温作物。种子发芽的最低温度为 6℃～8℃，适温为 15℃～25℃。生育期适温为 20℃～25℃。开花结荚期适温为 22℃～28℃，在昼温 24℃～30℃、夜温 18℃～24℃下开花提早。在不低于 16℃～18℃的环境下开花多，昼温超过 40℃时，结荚率明显下降。生长后期对温度的反应特别敏感，温度过高生长提早结束；温度急剧下降或霜冻过早，则种子不能完全成熟，影响产量和品质。

毛豆为短日照作物，每天 12 小时的光照即可起到促进开花，抑制生长的作用。出苗后 1 周左右，第一片复叶出现时就能对短日照发生反应。

毛豆是需水较多的作物。种子发芽期，水分充足可使出苗快而整齐。幼苗期比较耐旱，相对干旱一些，可使幼苗根系发达，生长健壮。从始花到盛花期，植株生长最快，应保持土壤水分充足，干旱或雨水过多均易引起落蕾落花。结荚期土壤水分充足，有利于豆荚生长，保证种子发育。

毛豆对土壤条件的要求不严，但以富含有机质和钙质、排水良好的微酸性和中性土壤为好。

(二)类型和品种

毛豆按主茎的生长习性分为直立型和半蔓性型。按开花结荚的习性分为有限结荚型、无限结荚型和中间型。栽培上结合毛豆对短日照反应的强弱和对温度的适应性分为早熟种、中熟种和晚熟种。早熟种的生育期在 90 天以内，对日照长短要求不严，易于结荚，植株矮小，分枝少，叶小，产量较低，品质一般；中熟种的生育期为 90～120 天，种子大小中等，品质尚佳；晚熟种的生育期120～170 天，植株高大，分枝多，种子大，产量高，品质好。

1. 三月黄 株高 45～50 厘米，茎节短，分枝 2～3 个。叶黄绿色。花紫色。荚扁圆，较小而直，着生密。每荚有种子 2～3 粒。嫩豆粒黄绿色，品质中等。干豆粒椭圆形，黑色，脐深褐色。生育期 90 天，适宜早春播种。

2. 矮脚早 中国农业科学院油料作物研究所育成。株高约 45 厘米，主茎 12 节，侧枝 2～3 个。花白色。结荚集中，每荚种子 2～3 粒，嫩豆粒绿色，椭圆形，质地脆松，品质好。干豆粒黄色。较耐寒，耐热，适应性广，不易裂荚。中早熟，生育期 95 天，适宜春秋两季栽培。

3. 鲁青豆 1 号 山东省烟台市农业科学研究所利用当地青豆和黄豆品种杂交育成的菜用品种。株高 70～75 厘米，有限结荚类型。主茎 13～14 节，被棕色茸毛。豆粒种皮绿色，子叶青绿色，种脐黑色。易煮酥，适口性好，适宜鲜食和加工制罐头。耐肥水，抗病和抗倒伏。生育期 95 天左右。

4. 大青豆 株高 80～100 厘米，分枝 2～3 个。主茎 18～20 节，有限结荚。叶较大，浓绿色。花紫色。荚宽大，茸毛白色。每荚有种子 2～3 粒，籽粒大，近圆形，种皮绿色，种脐褐色。喜肥水，抗倒伏。产量高，品质好，晚熟。

5. 绿光 引自于日本。株型较紧凑，主茎有 12 节，分枝 3～4 个。花白色。青荚绿色，每荚有种子 2 粒。青豆浅绿色、质嫩。老豆粒大，浅绿色，品质好，适宜速冻加工。

(三)栽培技术

1. 春播栽培技术 早春精细整地，每 667 平方米施入农家肥 2 000～3 000 千克，过磷酸钙 25～30 千克。地力差的田块，基肥中还应加 8～10 千克硝铵，供幼苗生长。

北方地区在 4 月中下旬至 5 月上中旬，5～10 厘米地温达 8℃～10℃时播种。因幼苗能耐短期轻霜冻，可在终霜前几天播种，地膜栽培的还可早播几天。南方宜在 3 月中下旬至 4 月中旬播种。行距 25～30 厘米，穴距 15～20 厘米，每穴播种子 3～4 粒；条播时株距 5～8 厘米，深度 2～3 厘米。按距离挖穴点播或开沟条播，覆土后再盖些草木灰，既可保持地面疏松，又能增加钾肥。

幼苗出现复叶时进行间苗，淘汰弱苗、病苗和杂苗，每穴留 2 株壮苗。在幼苗高 6～8 厘米和 15 厘米时各中耕 1 次，疏松土壤，提高地温。开花前进行最后一次中耕培土，防止根群外露和植株倒伏。

苗期一般不浇水，促进根系发育，使幼苗健壮生长。若过旱时可浇小水，保持 60%～65%的土壤湿度。从分枝到开花期，生长量逐渐加大，对水分的需要量也逐渐增加，应及时浇水。结荚期植株生长旺盛，需要多量水分，应浇水 2～3 次，使土壤相对湿度达到 70%～80%。

二叶期每 667 平方米施硫酸铵 10 千克或腐熟人粪尿 200 千克，促进根系生长和提早分枝。开花初期，每 667 平方米施尿素、过磷酸钙、硫酸钾各 10 千克，以满足结荚所需养分，提高结荚率。灌浆期肥水应充足，延长叶片的光合作用，防止早衰，促进蛋白质的形成，减少落花落荚。叶面喷施 2～3 次 2%～3%过磷酸钙浸出液或0.3%磷酸二氢钾液，对提高产量和改进品质都有良好的作用。在朝露未干时顺风向叶面撒草木灰和钾肥，即可通过叶面被吸收，补充钾肥，防治缺钾病害发生。每次每667平方米用草木灰50千克。

当豆荚由深绿变为黄绿色，豆粒仍保持绿色，粒仁四周尚带种衣时即可收获，此时豆粒的含糖量最高，品质好而鲜嫩。收获后的植株或豆荚应放在阴凉处，保持产品鲜嫩。

2. 夏播栽培技术 夏播毛豆能否高产，早播保全苗是关键。北方6月份至7月初播种，一般用中熟品种，迟播的用早熟品种。南方5月中旬至7月间播种中熟和晚熟品种。

夏播毛豆的前茬一般为小麦。夏季气温高，易跑墒，小麦收后及时用旋耕机灭茬整地，保墒省时，有利于早播，播种应以条播为主。为提早播种，可采用麦田插播的方式，一般可在麦收前10～20天进行。毛豆种子发芽所需的含水量约为50%，在有灌溉条件时，要视墒情灌好麦黄水或播前灌溉，以利于出苗。中熟品种行距40～50厘米，穴距20～30厘米，条播株距10厘米。晚熟品种行距50～60厘米，株距12厘米。

夏播毛豆出苗快，苗期短，应及时间苗、定苗，使个体分布均匀，以利于通风透光，达到合理密植，提高产量的目的。

苗期中耕除草2次，保持土壤疏松。干旱时浇水。幼苗生长弱时，施入适量氮肥，促苗生长，为丰产打下基础。初花期结合中耕每667平方米追施尿素8～10千克或碳铵20～30千克，视墒情浇水，保持土壤湿润，满足花荚发育的需要。鼓荚期喷施0.5%磷酸二氢钾1～2次，促进籽粒饱满。

采取综合措施，防治兔、鼠、病虫害，是夺取高产的重要措施。在苗期田间喷洒煤油、农药，严防野兔咬食茎叶，造成缺苗断垄。成株期豆荚螟、卷叶蛾、食心虫发生较严重，可用溴氰菊酯、氯氟氰菊酯、敌敌畏防治。在豆荚膨大至成熟期，投放鼠药，杀灭田鼠，减少为害。

中、晚熟品种开花后40～50天，豆粒长足后适时收获，可增加淡季蔬菜种类。除鲜食外，还可进行冷藏保鲜，冬春供应市场。

五、蚕　豆

蚕豆因其豆荚形状似老熟的蚕而得名，也叫胡豆、罗汉豆、佛豆、仙豆。山西一些地方称蚕豆为大豆。我国西南地区，长江中下游和西北各省产的小粒蚕豆称马料豆。日本叫空豆，英国和加拿大叫温沙豆。原产于里海沿岸。蚕豆主要以鲜豆粒作蔬菜，炒食、煮食、做汤或作其他菜肴的配料，翠绿清香，软嫩鲜美。豆粒经保鲜或罐藏后可周年供应。蚕豆营养价值高，鲜豆粒中含有丰富的蛋白质、碳水化合物和多种维生素，干豆粒中含有多量蛋白质和多种氨基酸。干豆粒磨粉后可做粉丝、粉皮、豆沙馅等，与面粉混合能制作各种糕饼。蚕豆所含蛋白质可延缓动脉硬化，粗纤维可降低血液中的胆固醇，磷脂是神经组织及其他膜性组织的组成部分，胆碱是神经细胞传递信息不可缺少的化学物质。因此，常吃蚕豆，对营养神经组织有较好的保健作用，可增强记忆力。蚕豆的豆、花、叶、茎和壳皮均可入药，性平味甘，有健脾利湿、凉血止血和降低血压的功效，并能治水肿。

蚕豆的生长期较短，茎直立，株型紧凑，适宜与其他作物间作套种，或在田头、地边和畦埂上零星种植。鲜蚕豆于初夏收获上市，可以增加淡季蔬菜的种类。

（一）生物学性状

蚕豆属一二年生草本植物。圆锥根系，主根粗壮，入土1米多深。茎四棱形，中空，分枝性强。与其他豆科蔬菜相比，蚕豆属有限生长型的矮生种，没有蔓性种。羽状复叶，叶面灰绿色，叶背略带白色。短总状花序，每一花序上着生花2～6朵，花蝶形，白色或紫白色，翼瓣中央有1个黑色大斑点。自花授粉，但常有30%左右的异交率。嫩荚绿色，每荚有种子3～4粒，种子大，扁圆或扁平形，嫩时淡绿色，柔软味甜，老熟后坚硬，呈褐色或绿色。

蚕豆喜温和湿润气候，不耐暑热，较耐寒。种子发芽的最低温度为5℃～6℃，适宜温度为15℃左右。幼苗能耐－4℃的低温，营养器官的形成以14℃左右的温和气候为好。开花期的适温为16℃～20℃。结荚期的适温为16℃～22℃。蚕豆生育期间20℃以内的温度持续时间愈长，分枝和开花就愈多。温度过高，生长发育减弱。大多数蚕豆品种为长日照作物，整个生育期间需要充足的阳光，开花结荚期如株间郁闭，遮光严重，会导致花荚大量脱落。蚕豆对土壤的要求不甚严格，但以土层深厚、肥沃，排水良好，并能保持水肥的土壤为好，适宜微酸到微碱性的土壤。

（二）类型和品种

蚕豆种子的大小各品种间差异很大，可分成大粒种、中粒种和小粒种3类。大粒种，植株高大，叶片大，结荚稀，鲜豆粒微甜细嫩，品质好，菜粮兼用。中粒种以粮用为主。小粒种的种子小，适应性强，产量较高，品质较差，主要用作饲料或作绿肥。

1. 大青扁　我国南北都有栽培。株高60～70厘米，开展度小，分枝1～3个。主茎5～6节处着生第一花序，以后连续生长4～5节，每一花序结荚1～3个，全株结荚十多个。豆荚大，平均长7.5厘米，宽2厘米，浅绿色，每荚有种子2～3粒。嫩豆粒肥大，肉质软糯，味道鲜美，种皮浅绿色，适宜菜用。

2. 牛踏扁　江浙一带的地方品种。株高，茎粗，分枝多。叶大。结荚较稀。荚大，每荚有种子3～5粒。豆粒大，外皮青白色，粉质细糯，鲜美沙甜，适宜煮青豆。干豆粒炒食，口感酥脆，是加工各种蚕豆制品的上乘原料。生长期较长，成熟晚。

3. 襄阳大脚板　因种子形似脚板而得名。株高115厘米左右，分枝性强，单株结荚20个左右。每荚有3粒种子，种子平均长1.8厘米，宽1.3厘米。

4. 青海3号　株高125厘米左右，茎秆较硬。单株有效分枝3～4个，株型较松散。叶浓绿色。花淡紫色。结荚部位稍低，单株平均结荚14个，每荚有种子2粒。豆粒大而略扁。比较抗病和抗倒伏。

5. 德国特大蚕豆 株高 80 厘米左右，单株有效分枝 4～5 个，每枝结荚 4～6 个，单株结荚 20～30 个。3～4 节开花。荚长扁形，每荚有种子 3～5 粒。鲜豆粒特大，宽而厚，肉质细嫩，适口性好。干豆粒黄白色，近方形。抗寒，耐热，抗病。生长期 120 天左右。

(三)栽培技术

1. 春播栽培技术 蚕豆在我国秦岭、淮河以北为春播区，其中华北南部或沿海地区，也可秋播越冬，秋播比春播的早熟，产量也高。蚕豆是需肥较多和喜钾的作物。主根入土深，侧根分布广，需深耕。每 667 平方米施农家肥 2000 千克，过磷酸钙 20 千克，草木灰 100 千克或氯化钾 10 千克，尿素 10 千克作基肥。3 月上中旬至 4 月上中旬，土壤解冻后，当旬平均气温稳定在 3℃以上时播种。采用地膜覆盖或小棚栽培则可提早播种。播前可进行种子低温处理：将种子吸胀水后置于 20℃左右下催芽 1 天，待露白时再移放到 2℃～5℃下处理 10～15 天，可降低着花节位，提早开花和增加产量。

春播区适宜蚕豆生长的时期较短，应选用早熟和中熟品种。在生长期较长和地力较好时，条播行距 40～50 厘米，株距 20 厘米；穴播时穴距 30～35 厘米，每穴播 3～4 粒；宽行单株密植时，行距 60～65 厘米，株距 12～15 厘米。在生长期较短或地力较差时，可适当密植，一般行距 33～40 厘米，穴距 20 厘米左右，每穴播种 2 粒。

春播蚕豆可与其他作物间作。与小麦隔畦间作时，带幅各宽 80 厘米，播 6 行小麦、2 行蚕豆。蚕豆还可和大蒜、甘蓝等隔畦间作，也有在洋葱和韭菜等的畦埂上或地边点种的。

苗期中耕 2 次，锄草松土，提高地温，促进根系生长。4～5 个复叶期，干旱时需浇水，随水每 667 平方米施尿素 10 千克，促进植株生长。开花结荚期，气温升高，耗水增多，浇水 2～3 次，保持土壤湿润，干旱缺水会导致落花落荚。结荚初期，每667平方米施尿素10千克，过磷酸钙10～15千克或复合肥10千克，可满足花荚生长的需要。

春播蚕豆主要依靠主茎结荚，一般不去主茎。分枝多的品种，开花后可剪去晚发的无效分枝，保证早发枝能正常结荚。在50%以上的植株下部已结成小荚，中部开始结荚，全株开花终结时进行轻度摘心，摘去带1片真叶和1个心叶的嫩尖，控制株高。

留种时选择具有品种典型性状，无病虫害，结荚率较高，成熟比较一致的植株作种株，再选其各分枝基部1～2个花序上的荚作种，采收后，后熟几天，然后脱粒。

2. 秋播栽培技术 蚕豆在秦岭、淮河以南为秋播区，10月下旬至11月初，当日平均气温下降到接近16℃时播种。早播，冬前植株易徒长，茎叶柔嫩，抗寒力弱，越冬时易受冻害；晚播，冬前发棵差，营养生长期短，有效分枝少，茎秆细，冬季也易受冻，结荚节位上移，有效荚数和籽粒数少。

植株高大、分枝多、生长旺盛的品种，在较肥沃的土壤上播种时，密度宜小些，一般行距80～100厘米，穴距33～40厘米，留双株，或按25厘米株距条播。分枝少的品种，或在肥力较差的田块上，则可适当加大密度，行距40～55厘米，穴距20～30厘米，条播时株距12～15厘米。播种过密，通风透光不良，易落花落荚，导致减产。蚕豆适宜与粮、棉作物或蔬菜进行间作套种，以提高土地利用率。

管理主要有灌水、施肥和植株调整。苗期生长量不大，气温逐渐降低，水分消耗少，一般不浇水，以控制地上部的生长，使根系入土深扎，为后期高产打下基础。冬前中耕，结合培土，保护根系，以利于幼苗越冬。苗高8厘米，有3～4片复叶时，每667平方米施尿素10千克，或人粪尿1 000千克，使幼苗生长健壮，提高抗寒力，并促进早发、多发分枝。

春天植株返青后，从现蕾到初花期正是植株旺盛生长时期，每

667平方米施尿素和氯化钾各5千克，以满足茎叶生长和蕾、花发育的需要。开花结荚期，植株生长发育最旺盛，花荚大量出现，茎叶继续生长，需要供应充足的肥水，使植株生长健壮，提高光合效率，养根护叶，防止早衰，提高结荚率，增加粒数和粒重。开花结荚初期，每667平方米施碳铵15～20千克，结荚中后期叶面喷1～2次0.3%～0.5%磷酸二氢钾、1%尿素液及0.02%硼酸液。灌水应视降雨情况，经常保持土壤25%～30%的含水量。

蚕豆植株有近一半的分枝为不显蕾、不开花、不结实的无效分枝，过多的分枝将会使植株营养生长过旺，消耗的营养物质过多，限制了产量的提高。合理整枝，可改善田间通风透光条件，减少病虫危害和养分的过多消耗，调节植株内部养分的合理分配，保证蕾、花、荚营养良好，提高坐荚率，增加粒重和促进早熟。所以，整枝是蚕豆栽培技术中的一项有效的增产措施。整枝工作宜在晴天中午进行，阴雨天和有朝露时不整枝，以免伤口进水而引起腐烂。

落花落荚是影响蚕豆产量的主要因素。要合理供应充足的肥水，防止干旱、缺肥和病虫害；合理整枝，调节营养分配，保证花荚发育所需的养分，减少落花落荚。在植株生长的中后期，叶面喷洒0.1%硼酸和10～20毫克/升萘乙酸混合液2～3次，可提高植株叶绿素的含量和光合强度，减少落花落荚。

青荚是在植株下部叶片开始变黄，中下部的嫩荚已充分长大，荚面微凸或荚的背筋刚显淡褐色，豆荚开始下垂，种子已肥大，但种皮尚未硬化时收获，分2～4次收完。

（四）留　种

选择具有品种典型性状，无病虫害，结荚率较高，成熟比较一致的植株作种株，选各分枝基部1～2个花序上的荚做种。

植株大部分叶片枯黄，中下部豆荚变黑褐色，表现干燥时立即采收。如果遇雨，种子吸水过多，容易发芽和霉烂变质。晒干脱粒后，入仓前暴晒2～3天，使含水量降至15%以下。注意防止贮藏期生虫，发热。有蚕豆象为害的地区，应用开水烫种，杀死幼虫。

贮藏要选干燥、阴凉、空气流通、光线充足的仓库，将墙壁上的裂缝裱严，并用20%的石灰水粉刷，消灭虫卵及成虫。贮藏方法较多，主要是拌糠贮藏。操作方法是：将细糠拌在种子内，30 千克糠拌 100 千克种子，先在仓底铺上 6～10 厘米厚的豆糠，中间放一个口朝下的空竹箩，一面放糠和豆，一面把它们踩实，而后盖 15～30 厘米厚的净糠。

蚕豆种子贮藏期间，豆粒种皮会由乳白色或浅绿色逐渐变成浅褐色或黑褐色，这种现象称“褐变”。变褐一般先从合点和脐的侧面突起开始，先为浅褐色，扩大后变成深褐色至红色或黑褐色。蚕豆褐变是由于种皮内含有多酚氧化物质及酪氨酸，这些物质参与氧化反应所致。反应速度与温度和 pH 值有关，还与光线、水分和虫害有关。在 40℃～44℃，pH 值 5.5 左右时氧化酶活性加强；强光、水分多和虫害，可使酶的活性加强，因而褐变加快，色泽加深。变褐的蚕豆，食用价值大为降低。二氧化硫可以防止蚕豆褐变，其原理是在豆壳内产生醌-亚硫酸盐的复合物，能钝化酚酶的活性，从而抑制褐变的发生。二氧化硫的用量一般是每立方米蚕豆用 90～150 克，用硫磺燃烧获得，或用亚硫酸盐饱和溶液加入浓硫酸产生。二氧化硫有毒，施药时要注意安全。甘肃省临夏市粮食局采用带荚干燥法，入库前再脱粒，在低温、干燥、密闭的地方贮藏，可延迟褐变 4 个月以上。

六、扁　豆

扁豆又叫蛾眉豆、眉豆、鹊豆、沿篱豆。我国南北各地都有栽培，主要利用宅旁、庭院和房前屋后空闲地块零星种植。近年来，有些地区利用保护地进行栽培。

扁豆主要以嫩荚供食，我国福建省福州地区，多剥食扁豆的鲜豆粒，日本有食扁豆叶的习惯。豆荚炒食、煮食有特殊的香味，也可腌制、酱渍、做泡菜或干制。种子可煮食、做豆沙或豆泥。扁豆中含有微量元素锌，锌是维持性器官和性功能正常发育的重要物质，是促进智力和视力发育的重要元素，还能提高人体免疫力，所以青少年常吃扁豆，对生长发育大有益处。扁豆含钠量低，是心脏病、高血压、肾炎患者的理想蔬菜。印度科学家经动物试验证明，扁豆还有降低血糖和胆固醇的作用。扁豆在夏、秋季蔬菜淡季时收获，对调剂市场供应，增加蔬菜花色品种有一定的作用。

(一)生物学性状

扁豆属一年生草本植物。根系深，侧根多，吸收力强，较耐干旱。初生 2 片叶为单生叶，以后为 3 叶型复叶。小叶卵圆形，光滑无毛，叶柄长。花序总状，花紫色或白色，少数为蓝色或玫瑰色。每一花序能结荚 3～10 个，豆荚扁平，荚形肥大，状似镰刀，柔嫩清香，荚色有青绿、绿白或深紫色。种子为厚的扁椭圆形，有白、黑、茶褐和赤褐等色，种脐白色，粗大明显，这是扁豆种子的重要特征。

扁豆喜温怕寒，较长时间 8℃以下的低温会阻碍其正常生长。种子发芽的最低温度为 8℃～10℃，适温 22℃～25℃。生育期适温 25℃～30℃。扁豆较能耐热，在 35℃～40℃下仍可正常生长发育。扁豆为短日照作物，大多数品种在日照短和昼夜温差较大的秋季有利于开花结荚；在长日照下，植株枝叶繁茂，延迟开花或不开花。扁豆适应性强，对土壤条件要求不严，但以排水良好、富含有机质的沙质壤土为好。

(二)类型和品种

扁豆按茎的特征分为蔓性和矮生 2 类，大多数栽培品种属于蔓性种；矮生种早熟，但目前生产中适用的优良品种较少。按荚的颜色分为白扁豆、青扁豆和紫扁豆 3 类。主要品种有如下。

1. 宽白扁豆 安徽地方品种。嫩荚绿白色，半弯月形，长 8～10 厘米，脆嫩，品质好。种子椭圆形，黑色，有赭色宽短条斑纹。中熟种。

2. 斧头扁 江西地方品种。茎分枝力强，结荚率高。嫩荚肥厚，长 8 厘米，宽 3 厘米，玉白色，脆嫩，品质好。每荚含有种子3～6 粒，豆粒较大，紫褐色。

3. 明枝白花豆　蔓高，绿色。花茎长，分枝力强。花序伸出于株丛的外部，花白色。荚绿白色，长 8.7 厘米，宽 2.3 厘米。荚肉厚，嫩而香，品质较好。种子圆形，呈淡紫褐色，种脐白色。

4. 大青芸豆　花紫色。荚宽眉形，长约 12 厘米，宽约 3.6 厘米，单荚重 10 克左右。种子黑色，长圆形，较大。中熟种。

5. 紫边扁豆　也叫猪耳朵扁豆。北京、唐山、承德等地郊区均有栽培。植株生长势强，枝叶繁茂。叶片微深绿色，叶脉和叶柄紫色。花淡红色。荚绿色，两边缝合线处为暗紫色，荚肥厚，长约 11 厘米，宽 4～5 厘米，荚肉脆嫩，易煮酥，品质好。每荚含有种子 5～6 粒，种子黑色。

6. 矮性鹊豆　引自于日本。植株矮生，株高 65 厘米，顶端着生花序。花梗长 33 厘米以上，花多，白色，结荚率低。荚小，长约 6 厘米，淡绿色，质佳。种子茶褐色。早熟，适宜保护地栽培。

7. 常扁豆 1 号　杂交种，湖南常德市鼎城蔬菜科学研究所育成。极早熟，蔓性，生长势旺，主侧蔓均可结荚。主蔓高 2 米左右，同一花序可多次结荚，花紫红色，荚果白绿，光滑嫩脆，口感极佳，种子黑色。从播至收 50 天左右，采收期长达 6 个月。搭架栽培，一般每 667 平方米产 3000～3500 千克。直播每 667 平方米用种 500～800 克。大棚及露地栽培均丰产，比当地主栽品种早上市 100 天。

8. 95-2-3 早熟扁豆　江苏无锡市蔬菜研究所选育的一个新品系。蔓性，生长势强，分枝着生节位低，主要着生于主蔓 1～4 节位上，单株分枝数为 3～4 个，以分枝结荚为主。从分枝 1 节、主蔓 5 节开始产生花轴，每个花轴结荚 5～8 个。叶为三出复叶，叶片呈阔卵形，叶长 9.3 厘米、宽 8.5 厘米，叶色深绿，幼茎为绿色，长成后为红色。果荚浅红色，荚长 7.5 厘米，宽 2.3 厘米，单荚重 5.6 克。每 667 平方米产 1500～2000 千克，出苗至始收期 75 天左右，比一般品种早熟 20～30 天。

9. 常扁豆 2 号　湖南常德市师范学院生物学特种蔬菜研究

所系统选育而成，是一个早熟、丰产、优质抗病的白花扁豆新品种。主蔓长 3.4 米，主、侧蔓均可结荚。第一花序一般产生于主蔓第 2 或第 3 节上，花序长 15.1～42.2 毫米，花白色，每花序结荚 7～12 个，单株花序 70 个左右。鲜荚长 9.66 厘米，宽 2.57 厘米，厚 0.57 厘米，单荚重 0.67 克，荚果眉形，淡绿色，每荚种子 6 粒。3 月上旬播种，11 月中旬采收结束，每 667 平方米产 4000～4500 千克，鲜荚比当地主栽品种早上市 90 天左右。

10. 崇明扁豆 上海市崇明县地方品种。蔓性，主蔓 2 米以上，深绿色。三出复叶，心脏形，叶长 10 厘米，宽 7 厘米，叶面光滑，叶脉明显。花小，白色，自叶腋抽生，为总状花序，授粉后渐转黄。每一花序结荚 2～3 个，嫩扁豆绿色，月牙形，光滑。荚长 7.5 厘米，宽 2.6 厘米，厚约 0.5 厘米。老熟荚黄褐色，每荚种子 2～3 粒，种子扁，近肾形，白皮白肉，百粒重 44.8 克。耐热，喜肥，不耐干旱，喜湿润土壤。露地 4 月中旬、保护地 3 月下旬至 4 月上旬播种，行距 70 厘米，株距 20～25 厘米。露地点播，每穴 2～3 粒，每 667 平方米用种子 350 克左右。7 月初采收青荚，每 667 平方米产 750 千克左右。

11. 极早翠绿 4 号 湖南常德市鼎城蔬菜科学研究所杂交选育。蔓性，生长旺盛，主侧蔓均可结荚，花紫红色，荚果翠绿，光滑脆嫩，口感好。比当地主栽品种提早 100 天上市，从播种至始收 50 天左右，采收期长达 6 个月，种子黑色。搭架栽培，每 667 平方米用种 500～800 克，产鲜豆荚 3000～3500 千克。大棚及露地栽培均能丰产。

12. 春扁豆(Ⅰ)号 湖南省株洲市小神农种苗经营部育成的一代杂交种。比常规扁豆提早 90～100 天上市。一般播后 65 天左右采收。植株蔓性，生长势强，分枝性强，主侧蔓均可结荚。一般主蔓 2～3 节开始着生花序，采收期 5～11 月份，每 667 平方米产鲜荚 2500～3000 千克，高抗豆类各种病害，嫩荚纤维少，肉厚清脆，色泽美观，品质极佳。

13. 春扁豆(Ⅱ)号 湖南省株洲市小神农种苗经营部育成的杂交种。比常规扁豆早上市90～100天。一般播后70天左右始收。主蔓长3米左右,荚色鲜红,柔嫩肉厚,主蔓2～3节开始结荚,主侧蔓均可结荚。采收期从5月下旬开始,至11月中旬结束,每667平方米产嫩荚3000千克以上。适宜早春露地、大棚栽培。

14. 五月红扁豆 福建光泽县农业科学研究所选育而成。因其在五月开花结果,故称之为"五月红"。蔓性,三出复叶,总状花序,荚果较厚,荚长7～8厘米,荚宽2～2.5厘米,荚果不开裂,每荚种子3～5粒,黑色或褐色,种脐白色,百粒重48克。茎蔓5节开始着生花序,侧蔓、子蔓、子蔓叶腋上均能抽生支蔓或花序,日平均温度20℃生育快,开花结荚多,0℃受害。

3月上旬直播或育苗,4月初定植。长江流域可在清明前后播种。大田栽培行距2米,株距1米,每667平方米种220株,每穴2～3粒,用种0.75～1千克。

15. 鲜绿5号 湖南常德市鼎城蔬菜科学研究所选育。蔓性,生长势强,侧蔓多,主侧蔓均可结荚,比常规种早上市60天左右。花白色。荚鲜嫩,荚果大于其他极早熟品种。该品种中后期要特别注意整枝,保持良好通风透光性,光照好,结荚多。一般每667平方米栽300～400株,其他管理措施同其他极早熟品种。

16. 红筋扁豆 又名月亮湾扁豆,湖北武汉市新州区阳逻镇农家品种。蔓性,分枝性强,生长旺盛,茎紫色带绿。叶绿色,叶柄紫红色。花紫红色,分枝节位低,花序着生密,侧蔓各节位均着生花序,单株着生花序150个左右,每花序每次生16～30朵花,结荚10～28个,可开两次花,结两次荚。现蕾至开花8天,开花至谢花4天,谢花后15～25天可采收,嫩荚红筋淡绿色,荚长8厘米,宽3厘米,单荚重8～10克,每荚4～5粒种子,种子褐色。5月底始收,11月中下旬结束。每667平方米产2800千克左右。

(三)栽培技术

1. 露地栽培技术 露地栽培以直播为主,从断霜后到6月下旬均可播种。播种过晚，收获期短，产量低。

播前每667平方米施农家肥5000千克，过磷酸钙30千克，钾肥20千克，然后翻地，整平，做平畦或起垄。

将种子进行晒种、粒选。早熟种行距40～50厘米，穴距33～40厘米；晚熟种行距50～60厘米，穴距40～50厘米，每穴播种3～4粒，落水播种，覆土3厘米。

真叶期间苗，每穴留苗2～3株。苗期中耕除草2～3次。定苗后施催苗肥，促进幼苗生长。抽蔓后视土壤水分情况浇水，保证植株正常生长。坐荚后浇水、追肥各1次，以提高结荚率，防止因干旱引起落花落荚。结荚盛期7～10天浇1次水，施1～2次追肥，施肥要氮、磷、钾配合。蔓长40厘米左右时设立支架，支架可用“人”字形架或单排篱架，零星栽培时可牵绳爬树或上房。一般在谢花后15天左右，荚已充分长大，豆粒初显时即可采收。收获时如不伤花轴，1个月后可继续结荚。矮生种或矮化早熟栽培时，7月上旬可始收，中晚熟品种8月下旬至9月始收，以后每3～4天采收1次，可一直收获到霜前。扁豆货架期短，一般仅1～2天，如贮藏温度为0℃～2℃，保持空气相对湿度85%～90%，最长可贮藏21天，嫩豆粒可保存5～7天。

扁豆留种应选择生长健壮，结荚多的植株作种株，用植株中部的果荚作种荚，上部嫩荚要及时采摘食用，以使养分集中，种子饱满。待荚果充分老熟并出现枯黄时采收，充分后熟后再脱粒晒干。

2. 保护地栽培技术　保护地栽培宜选用生长势旺盛，对日照反应不太敏感，发棵早，结荚早而集中，结荚率高，耐旱，耐热和抗病的品种，如紫边扁豆和矮生鹊豆等。

温室栽培时，9月中旬播种。中小棚栽培，2月中旬至3月中旬播种育苗。播前苗床先浇透水，再划切成方块后播种，或用营养土块育苗，以便定植时能带上大土坨。每钵播种2～3粒，覆土2厘米，上面再盖地膜保湿增温。播后苗床温度保持25℃～28℃，促进发芽。出苗时除去地膜，出苗后床温要降到20℃～25℃，防止幼苗徒长。苗期白天温度保持 20℃～25℃，不低于 12℃～14℃。2 叶时选择晴天适度通风，定植前要加大通风量，进行低温炼苗。苗龄 35～40 天，3～4 叶时定植。

定植前要施足基肥，每 667 平方米施土杂肥 3 000～4 000 千克，磷肥 50 千克，钾肥 20 千克。施后翻地，使肥土混匀，再整平耙细。4 月上旬定植到小棚内，挖穴栽苗浇水，或开沟顺水栽苗。如果基肥不足，可在沟或穴内施碳酸铵或尿素作种肥。栽植后 1 周内不通风，促进缓苗。缓苗后当棚温达28℃以上时开始通风，并选择晴暖天揭膜中耕松土，提高地温，促进根系生长。断霜后揭棚，6 月份开始开花，开花前浇水，每 667 平方米施 10 千克尿素，以利于茎叶的生长和开花结荚。结荚期 10～15 天浇 1 次水，结荚盛期每 667 平方米再施 10 千克尿素或复合肥，6 月底即可开始收获。

生长健壮的植株可越夏延秋。7 月底至 8 月间气温高，日照也长，植株生长受抑，开花结荚少。8 月下旬后气温下降，日照缩短，再次发枝长叶，开花结荚增多。8 月上旬施尿素或复合肥，以满足秋季结荚的需要。8 月下旬起可继续收获，直到霜前。

温室定植缓苗后，白天温度维持在 20℃～25℃，夜间12℃～15℃，不能低于10℃。如遇连阴天或寒流，应临时点火加温防冻。苗期一般不浇水，以防降低地温，增加空气湿度；干旱时可浇小水。开花结荚后需要较多的肥水，但因进入冬季后气温低，应适量浇水，保持土壤湿润即可。同时追肥 1～2 次，促进果荚生长。生长后期，叶面喷洒 0.3%～0.5%磷酸二氢钾。

抽蔓后应在室内拉绳吊蔓。待生长点伸到架顶时将蔓落下，继续生长。冬季温室的温度低，光照弱，容易落花落荚。故在开花期应喷洒 5～10 毫克/升萘乙酸。

3. 扁豆矮化栽培法　早熟栽培的扁豆，可以用多次摘心的矮化法管理。这样可以减少养分消耗，控制株高，促生侧枝，不搭支架。管理要点如下。

(1)早播　断霜到 6 月下旬播种。如河北省于 4 月下旬至 5

月中旬直播，7 月中旬始收，10 月霜降来临前结束。东北地区为争取霜冻前多收扁豆，常于 4 月下旬至 5 月初用育苗摘心方法栽培。

(2)选用早熟品种　因早熟品种的节间短，分枝性强，侧枝结荚多，有利于早熟丰产。

(3)适当密植　行距 43 厘米，穴距 33 厘米，每穴株数可适当增加到 4～5 株。

(4)多次摘心　当蔓长 50 厘米时留 40 厘米摘心，抽侧枝后留 3 个壮枝，到侧枝长出 3～4 片叶时再摘心，促生二次侧枝。照此连续摘心 2～4 次，使植株呈低矮丛状生长，茎部每节都长叶片和抽生花序。矮化后每节生一叶、一枝和一个花序，每花序有 9～11 节，每节可着生 7～8 朵花序。

如果管理得当，结荚较多，可提早到 6 月底或 7 月初收获。经摘心矮化的植株，不需搭支架，既节省架材，管理又比较方便。

第十章 葱蒜类

一、大 蒜

大蒜又名胡蒜，古名葫。分布甚广，我国各地都有栽培，是世界上大蒜种植面积和产量最多的国家之一。大蒜以肥大鳞茎（蒜头）、嫩花茎（蒜薹）及嫩苗（蒜苗或青蒜）为食用器官，每 100 克鳞茎中含蛋白质 4.4 克，碳水化合物 23.6 克，每 100 克嫩苗及嫩花茎中维生素 C 含量可达 40～70 毫克。大蒜的特殊成分大蒜素是一种挥发性硫化物，有特殊辛辣味，可增进食欲，还有杀菌等功能。另外，大蒜富含有机锗和硒，这两种物质已经被证实具有抗癌、防癌功效。需要注意的是，由于大蒜有较强的杀菌能力，过量食用在杀死肠内致病菌的同时，也会把肠内的有益菌杀死，引起维生素 B_2 缺乏症，从而导致口角炎、舌炎、口唇炎等疾病。所以建议适量食用。近年来，大蒜的综合开发利用受到世界关注。

（一）生物学性状

1. 形态特征 大蒜为弦线状肉质须根，在茎盘上蒜瓣背侧发根量多，腹侧根量较少。单株根数少则 20～30 条，多则 80～90 条，根群主要集中在 25 厘米深的土层内，横展直径约 30 厘米，表现喜湿喜肥的特点。萌发阶段发生一批新根，退母后又发生一批新根，采薹后根系开始衰亡。

在营养生长期茎短缩，呈盘状，节间极短，茎盘生长点不断分化叶芽，下边沿边缘着生根系。正常植株在幼苗期茎上不生侧枝，当花芽分化时顶端优势破坏，位于最上端（内层）的几片叶的叶腋中侧芽（鳞芽）活动，但因很快进入休眠而发育为肥大的蒜瓣。花芽在较高温度和长日照下抽生花薹。

叶包括叶身和叶鞘两部分。叶鞘互相套生形成假茎，起支持和输导等作用；叶身扁平披针形，绿色至暗绿色，横断面呈阔“V”字形，表面有蜡粉。叶分生组织位于叶鞘基部，一般紫皮蒜总叶数7～10片，白皮蒜11～15片，互生，对称排列。

鳞茎相当于植物学上的枝条，蒜瓣相当于枝条上的侧枝。鳞茎上蒜瓣数因品种及植株营养状况等而异。植株营养状况好的，可多达几十瓣；植株营养很差时，会直接由顶芽膨大形成独头蒜。一般品种在最内2层叶的叶腋中分化鳞芽，每个叶腋一般分化1个主芽和1～3对副芽，个别品种可在植株最内1～6层叶腋分化鳞芽。每个鳞芽的生长点也会分化叶原基，但在生长初期就遇到高温和长日照，未能抽生叶身就进入休眠，从而发育为肥大的蒜瓣。蒜瓣由外向内依次为保护叶（膜质）、贮藏叶（肥大）、发芽叶及普通叶（均以叶雏体进入休眠）。有时鳞芽上的叶也会抽生叶身，甚至从植株叶鞘顶部伸出，形成1个新蘖株，其基部甚至还会形成分瓣的蒜头和蒜薹，但一般仅能形成独头蒜，既是母株上的一个蒜瓣，又是蘖株上的蒜头。正常鳞茎上发生的这种现象叫内层型二次生长，也有人叫马尾蒜、胡子蒜。

在生育不正常时，外层叶腋也会分化鳞芽，因分化后缺乏长日照和高温条件，这些鳞芽在适宜的条件下往往抽生叶片，发育为1个新的分蘖株，到高温长日照来临时分蘖株也会形成鳞茎和蒜薹，这种现象叫外层型二次生长，也有人叫背娃、分杈或分蘖等。

大蒜花茎（蒜薹）由花轴和总苞两部分组成，花轴为主要食用部分。总苞内着生花器和气生鳞茎。一般花器退化或发育不良而不能形成种子，而气生鳞茎发育肥大。气生鳞茎构造与蒜瓣相似，外有保护叶，内为贮藏叶、发芽叶等，可作播种材料。每个花茎上气生鳞茎数多则上百粒，少则仅1粒。有时气生鳞茎的保护叶也会抽生叶身，产生新植株，这种现象称为气生鳞茎型二次生长。

2. 生育周期　春播大蒜生育周期仅90～110天，秋播大蒜达220～280天，但都经历了发芽期、幼苗期、鳞芽及花芽分化期、蒜薹伸长期、鳞茎膨大期和休眠期。

(1)发芽期　从播种到发芽叶出土展开，需10～15天。发芽期与气候、品种休眠性、播期等有关。温度3℃～5℃开始发芽，12℃以上发芽迅速整齐。生长特点是长根长叶，营养主要由种瓣供给。

(2)幼苗期　从发芽叶出土展开到鳞芽及花芽开始分化，春播需25～40天；秋播长达5～6个月，以幼苗越冬。4～5叶期幼苗抗寒力最强，能耐－10℃低温，生长适温为12℃～16℃。根系生长由纵向为主转入横向为主，植株生长由利用贮藏营养为主转入自己制造营养为主，蒜种中的营养逐渐消耗尽而干瘪，这个过程称为"退母"。这是植株营养利用的变更时期，在地上部一般表现为苗叶干尖现象。退母迟早与播种季节、品种、蒜种大小及栽培管理等有关。春播蒜退母早而快，在播后50天左右即完成；秋播蒜退母晚而慢，有的甚至延续至花芽分化。大蒜生长要求中等光强，在无光条件下不形成叶绿素，靠种瓣营养可生产蒜黄。

(3)鳞芽及花芽分化期　从鳞芽开始分化到分化结束，需10天左右。幼苗在2℃～5℃低温下可通过春化后生长点分化花芽，内层叶腋中同时分化鳞芽。此期根系生长再次加强，叶面积达最大叶面积的50％左右。

(4)蒜薹伸长期　从花芽分化完成到采收蒜薹，为期约30天，要求长日照和15℃～19℃的生长条件。此期叶面积达最大值，蒜薹与鳞茎同时生长，但鳞茎膨大缓慢，植株总生长量最大，是肥水管理的关键时期。

(5)鳞茎膨大期　从鳞芽分化结束到鳞茎收获，约需50天，其中前30天与蒜薹伸长期重叠。在13小时以上长日照和15℃～20℃温度下叶片逐渐衰老干黄，鳞茎迅速膨大。当温度达26℃时，鳞茎进入休眠。

(6)休眠期　蒜头收获后即进入生理休眠期。休眠期长短因品种而异，20～75天不等。在此期间，即使给予适宜条件也不发芽。生理休眠期过后，控制环境温、湿度条件可使鳞茎处于强迫休眠状态。

(二)类型和品种

1. 类型 大蒜的类型按鳞茎外皮色泽分为紫(红)皮蒜和白皮蒜;按能否抽薹分为有薹蒜和无薹蒜;按鳞茎中蒜瓣大小分为大瓣种和小瓣种。一般紫皮蒜较白皮蒜辛辣味强和早熟。大瓣种鳞茎中蒜瓣数量少(4～8 瓣),而个体大,外皮易脱落,辛香味辣,产量高,适于露地栽培,以生产蒜头和蒜薹为主;小瓣种蒜瓣狭长而数量多,皮薄,辣味较淡,产量低。

2. 良种

(1)蔡家坡红皮蒜 陕西蔡家坡农家品种。薹粗而大,蒜头一般横径 4～5 厘米,外皮浅红色,每头 11～13 瓣,平均头重 30 克,味辛辣浓香。主要特点是早熟,蒜薹产量高、质优。是生产青蒜苗的理想品种,也是生产早熟蒜薹和蒜头的优良品种。每 667 平方米产蒜薹可达 1 000 千克左右,蒜头 600 千克左右。

(2)苍山大蒜 山东苍山县农家品种,北方地区普遍栽培。有蒲棵、糙棵和高脚子等品种。适宜秋播,以蒲棵栽培面积为最大。中晚熟,适应性强,耐寒。蒜头较大而洁白,瓣少,整齐而肥大,每头 6～8 瓣,重 30～40 克左右。黏辣辛香,高产,优质,耐贮。蒜薹质嫩较粗,品质好,可抽采。每 667 平方米产蒜薹和蒜头均可达 1 000千克左右,是我国生产蒜薹和出口蒜头的主要品种之一。

(3)改良蒜 陕西生产出口蒜头的主要品种。鳞茎大而较早熟,每 667 平方米产近 2 000 千克,皮洁白光滑,横径一般 5～6.5 厘米,单头重 60 克左右,11～14 瓣,分内外两层。外层瓣肥大而较整齐,内层瓣大小差异较大,夹瓣细而长。蒜薹和蒜瓣味较淡。一般约有 60%植株可抽薹,薹细而较短,总苞有紫红色斑点,其余植株薹在发育中逐渐干缩,每 667 平方米产蒜薹 350 千克左右。

(4)新疆大白蒜 又名绿嘴白皮蒜,每头 6～7 瓣,重约 80 克,每 667 平方米产 1 500 千克,高产可达 2 250 千克。蒜薹产量低,一般每 667 平方米仅产 100～150 千克。

(5)辉县大蒜　河南省辉县地方品种。主要特点是蒜头整齐形正，皮白色光滑，每头8～10瓣，重约40克，品质好，耐贮藏，每667平方米产1 500千克左右，是生产蒜头较理想的晚熟品种。

(6)阿城大蒜　黑龙江省主栽品种。蒜薹粗壮，鳞茎外皮紫红色，每头5～7瓣，横径3.5～5厘米，重25克。味辛辣，品质优，早熟耐寒。

(7)嘉定白蒜　上海嘉定地方品种，抗逆抗寒，适应性广。鳞茎外皮洁白，肉质脆嫩，辣味浓烈。1号品系单头重30克，横径4～5厘米；2号品系单头重38～45克，横径4.2～5.5厘米。瓣大而整齐，每头6～8瓣。

(8)成都二水早　苗期长势旺，生长快，鳞茎外皮微紫色，单头重16.3克左右，7～8瓣。辛辣味浓，早熟，适于青蒜苗栽培。

(9)湖南茶陵大蒜　鳞茎外皮紫色，单头重56克左右，蒜瓣较大，每头10～14瓣。辛辣味浓，品质好，耐寒性强，产量高。

(三)大蒜栽培技术

1. 栽培季节　在北纬35°以南地区可露地越冬，多行秋播；北纬38°以北地区冬季严寒，宜春播；北纬35°～38°地区春秋均可播种(表10-1)。

表10-1　我国北方地区大蒜栽培季节

地　名	春播(月/旬)		秋播(月/旬)	
	播种期	收获期	播种期	收获期
西　安	—	—	8/下～9/上	5/下～6/上
郑　州	—	—	8/中下	5/下
济　南	3/中下	6/上	9/下	6/上
太　原	3/中	6/下～7/上	—	—
北　京	3/上	6/下	—	—
沈　阳	3/下	7/上中	—	—

续表 10-1

地　名	春 播(月/旬)		秋 播(月/旬)	
	播种期	收获期	播种期	收获期
长　春	4/上	7/中	—	—
哈尔滨	4/上	7/中	—	—
乌鲁木齐	—	—	10/中下	7/上中
呼和浩特	3/中下	7/中	—	—
长江流域	—	—	9/中下	6/上中

秋播适宜播期为月均温度 20℃～22℃的季节，并根据蒜种休眠解除程度决定。播种过早，发芽期长，而且二次生长严重；播种过晚冬前苗小，抗寒性差，且产量低。一般以冬前长出 4～5 片叶为宜。春播与秋播鳞茎收获期相近，为了充分延长生长期和提高产量，应尽早播种，在土壤开始解冻，10 厘米地温达 3℃以上时即可顶凌播种。

2. 整地施肥　大蒜对土壤适应范围广，肥沃的轻质土壤上产量高，但易发生二次生长；黏重土壤虽蒜头规则，但产量低。所以，对不易发生二次生长的品种应尽量选用疏松、肥沃、有机质丰富的沙壤土，并实行 3 年以上轮作。对二次生长严重的品种可适当选择较黏重的土壤。秋播应在前茬收获后立即耕翻晒垡，深度约 15 厘米，耕前每 667 平方米施腐熟厩肥 5 000～7 500 千克，临播种前再耕细整平后做畦。一般多用平畦栽培，畦宽约 1.7 米。春播大蒜冬前应尽早深翻晾垡，并施入厩肥，冬前就应整平做好畦。可做成平畦或高垄，垄距 70 厘米，垄高 8 厘米。垄作有利于早出苗和高产。

3. 播种技术　首先应根据不同的栽培目的等选用适宜的品种。播前应对拟用品种的蒜头和种瓣进行严格的选择，淘汰杂、病、伤、霉蒜头。播前破开蒜头，去掉蒜踵，将蒜瓣按大小分级。一般，蒜种越大，蒜头和蒜薹产量越高，但二次生长也越严重（表 10-

2)。而在一些情况下,小种瓣播种内层型二次生长会显著增多。所以,生产上一般用中等稍大的种瓣为宜。

表 10-2 蒜种大小和种植密度对大蒜产量及二次生长的影响

(程智慧、陆帼一,1990)

株距(厘米)	种瓣大小(克)	二次生长指数(×100)		产量(千克/667 米²)		
		外层型	内层型	蒜薹	蒜头总产	1 级商品蒜
15	5~6.5	3.07	15.64	546.2	783.6	615.7
	3~4.5	1.40	14.66	507.6	747.0	567.5
	1~2.0	4.53	10.32	364.8	513.4	218.1
10	5~6.5	2.46	8.04	789.4	995.9	571.3
	3~4.5	2.17	5.94	714.1	870.5	409.2
	1~2.0	1.69	4.35	521.1	706.4	135.1
7	5~6.5	1.47	2.86	1050.0	1208.3	467.1
	3~4.5	1.58	1.92	1023.0	1059.6	285.7
	1~2.0	1.50	1.16	739.2	808.7	42.5

品种:苍山大蒜,秋播,行距 25 厘米;1 级商品蒜指横径 5.0 厘米以上的商品蒜

秋播一般先干播后浇水,春播则趁墒播种为好。大蒜适宜浅栽,否则出苗晚、生长弱、抽薹晚、产量低;但播种过浅,发芽时易出现跳瓣现象。畦作适宜深度为覆土 2~3 厘米,垄作 3~4 厘米。秋播应比春播稍深。播种时将种瓣背腹线与行向一致,则出苗后叶片向行间分布,有利于密植和充分利用光能及空间。合理密植是增产的重要措施之一,适宜的密度与品种、蒜种大小、土壤肥力及播期等有关。由表 10-2 可见,苍山大蒜以大种瓣小株距播种,蒜薹及蒜头总产量均最高,商品性也好。一般大蒜种植密度为每 667 平方米 3 万~4 万株。

4. 田间管理 大蒜生长发育有明显的阶段性,田间管理就是在不同的生育阶段创造生长发育要求的各种条件。

(1)发芽期 出苗前应经常保持土壤湿润、疏松、不板结。但不宜浇水过多,应浇小水,浇后及时搂松土面。

(2)*幼苗期*　秋播大蒜幼苗期长达5～6个月之久，有秋季和初春2个主要生长季节。出苗后越冬前应适当控制浇水，以松土保墒为主，促进根系向深层发展，防止浇水过多幼苗生长过旺和退母过早。如果幼苗生长过旺，容易诱发大量外层型二次生长，严重影响蒜头商品性。具体做法是：播种后浇透水，使土壤与蒜种紧密接触，以促进发根长芽；5～7天后浇1次出苗水，幼苗出齐后浇1次缓苗水，以后浅中耕保墒。一般中耕2～3次，结合中耕进行除草。第一次中耕后灌水时随水追施1次稀粪或氨水，以后蹲苗。地封冻前灌1次冻水，并可覆盖马粪等农家肥，以保护幼苗越冬。翌年春返青时宜早中耕，以提高地温。中耕应浅，以1～2厘米为宜。返青水不宜早浇，最好避开鳞芽分化初期，因为鳞芽分化初期对水分敏感，灌水多时内层型二次生长显著增多，影响蒜头商品性。

春播蒜苗期25～40天，管理以中耕松土为主，尤其是刚出苗后不宜浇水，以免降低地温。退母前结合灌水追施稀粪或氨水1次。退母前后是蒜蛆为害严重的季节，可用90%敌百虫800～1 000倍液或40%乐果乳油800～1 000倍液灌根防治。

(3)*花芽分化及蒜薹伸长期*　退母后发生第二批新根，花芽和鳞芽开始分化，以后则进入旺盛生长期，对水肥需要量增加。在花芽和鳞芽分化期应控制灌水和追肥，尤其是偏施氮肥会增加内层型二次生长。分化完成后逐渐增加灌水和施肥量，保持土壤湿润，表土潮湿不干裂。蒜薹伸长期可随水追肥2次，每次每667平方米施硫酸铵30千克左右，或随水灌稀粪。后1次追肥应配合磷、钾肥或撒施草木灰，以便为鳞茎膨大打好基础。采薹前3～5天停止灌水。

蒜薹的生长过程是：当分化完成后蒜薹长至1厘米高时叫“坐脐”，当总苞顶端露出顶生叶出叶口时叫“露帽”或“甩缨”，当总苞的膨大部分露出顶生叶出叶口时叫“外苞”或“出口”，当蒜薹花轴向一侧弯曲时叫“打钩”，当总苞由绿变白时叫“白苞”，此时是蒜薹采收适期。对于易采薹的品种，如苍山大蒜应尽量采用抽薹的方法采收；对难采薹的品种可采取扎薹或划叶采薹的方法。采薹时应尽量少伤叶片，以利于采薹后鳞茎继续膨大。采薹应在晴天午后进行，以便蒜薹有较强韧性和采薹后伤口愈合。

(4)鳞茎膨大期　采薹后外界气温渐高，光照渐强，不利于叶部生长，叶片和叶鞘中营养迅速向鳞茎输送。为促进鳞茎充分肥大，采薹第二天下午应浇1次水，并随水追施速效氮肥硫酸铵10～15千克，保持土壤湿润，以减小鳞茎膨大的阻力。收获前5～7天停止灌水，以防茎盘腐烂散瓣和不耐贮藏。

5. 收获与贮藏　蒜薹收割后20天左右，叶片渐枯萎，由叶尖逐渐变黄干枯。当大部分叶片干至叶长的2/3时应及时收获蒜头；对于无薹蒜，当假茎变软倒伏时应及时收获。

收获后在田间就地整齐摊开晾晒2～3天，每天翻动1次，使蒜头表皮风干，伤口愈合。不要急于剪去茎叶，因在贮藏初期，茎叶中养分还会向蒜头继续转移。晾好后趁清晨天潮时编辫，在通风干燥的室内挂藏。

大蒜贮藏主要是靠控制环境温、湿度来延长贮藏期。一般可分为常温贮藏、低温贮藏及高温贮藏。常温贮藏即在室内自然温度和湿度条件下贮藏，贮藏期较短，生理休眠期过后即陆续萌发。低温贮藏的适宜温度范围很窄，一般在－1℃～－3℃效果好，贮藏期可长达10个月左右；0℃时即有打破休眠的作用，－3.8℃时会受冻，所以温度控制难度较大，需一定设备。高温贮藏即在35℃高温下贮藏，但应保持干燥，对贮藏的蒜头也要严格选择，除去有伤口的和外皮松裂的，适于鳞茎外皮较厚、紧实的品种。

6. 留种　大蒜以营养体繁殖，留种时主要根据蒜头形状与品种典型特征选择，淘汰杂、劣、病、伤和小蒜头，选留形状规则、瓣大小均匀、排裂紧密、皮色洁白的中大蒜头，分别编辫挂藏，留作生产用种。贮藏期间避免低温高湿环境，空气相对湿度达75%以上时会使生长期间二次生长增多。春播蒜越冬期间蒜种应避免长期接触自然低温条件。

(四)青蒜苗栽培技术

青蒜苗以嫩叶和叶鞘为产品,收获期不严格,可随时供应市场,南北方栽培都较普遍。一般可分为早蒜苗和晚蒜苗,前者主要供应秋、冬,后者供应早春。青蒜苗也可家庭盆栽,多茬收割。

1. 品种选择 早蒜苗栽培应选休眠期短、播种后发芽快、幼苗生长迅速旺盛、品质鲜嫩、味辛香浓郁的品种,如陕西蔡家坡红皮蒜、成都二水早等。所用品种鳞茎应无蒜蛆,否则因青蒜苗栽培时肥水充足,蒜蛆为害严重。晚蒜苗用一般苗期生长旺盛的品种即可。

2. 整地施肥 青蒜苗栽培可以单作,也可以套作。陕西早蒜苗多与夏玉米套作,单作时在前作收获后抓紧翻地晒垡,然后整地,做成 1.7～2 米宽的平畦,翻地前每 667 平方米施腐熟厩肥 5 000千克左右,创造疏松肥沃的土壤条件。

3. 蒜种处理和播种 早蒜苗播种前要"潮蒜",以便播种后迅速出苗。具体做法是:于播前 15～20 天掰下蒜瓣,去掉坚硬的茎盘,蒜瓣按大小分级。然后放入 15℃左右地窖内,铺成厚 7～10 厘米的蒜层,洒透水,以后每 3～5 天翻倒 1 次,并及时洒水补湿,经 15～20 天潮蒜即可发芽长根。为了防止潮蒜期间蒜种生霉腐烂,可喷福尔马林或百菌清预防。在播种前几天必须敞开潮蒜窖的窖口放风,在下窖取蒜前应先测试窖内是否缺氧和存在有毒气体,以免盲目下窖危及生命。没有地窖的可用竹篮将浸湿的蒜种吊入水井内近水面处,每 2～3 天提上来翻动 1 次。晚蒜苗可不必潮蒜或短期潮蒜。在有条件的地方,也可在 5℃～15℃低温冷库条件下处理蒜种 20～30 天,有明显打破休眠,促进幼苗生长的作用。

青蒜苗播期一般应在立秋至秋分期间。陕西早蒜苗多于 8 月上旬播种,单作或在夏玉米行间套作;晚蒜苗 8 月中下旬播种。北方多数地区早蒜苗多在 8 月上中旬播种,晚蒜苗多在 8 月下旬至

9月上旬播种。上海青蒜苗分为3种:大青蒜在7月下旬至8月上旬播种,9月中下旬上市;秋冬青蒜8月中下旬播种,10～12月份陆续上市;夏青蒜苗2月上中旬播种,4～5月份上市。

青蒜苗播种密度因品种、种瓣大小及茬次而异。一般早蒜苗行距13～17厘米,株距3～4厘米,每667平方米12万株苗,用蒜种200～300千克。晚蒜苗行距13～17厘米,株距4～7厘米,每667平方米用蒜种200千克左右。

夏玉米套作早蒜苗,玉米可用宽行密植,行距165厘米,株距17厘米,也可用(67～73)厘米×(23～33)厘米的普通行株距。在玉米抽"天花"时于行间点蒜,蒜行株距约17厘米×3厘米。

上海大青蒜采用满天星播法,蒜种一个挨一个排播,每667平方米用种量400～600千克;秋冬青蒜行株距约11厘米×1.7厘米,每667平方米用种量250～400千克。

由于青蒜苗播种量大,而且一般用的蒜种比较小,所以可以采用开沟撒播法,但为了叶在空间均匀分布,应采用点播法,并将种瓣背腹线与行向平行。播种后覆土1.5～2厘米,压实,播完后灌水,以利于出苗。

4. 田间管理 青蒜苗叶既是同化器官,又是食用器官,营养生长与产量的关系是一致的。因播种时环境温度还较高,管理上要经常灌水,保持土壤湿润,以降低地温和促进发芽及幼苗生长。但灌水应小量勤灌,以防过早烂母。苗出齐后追施1次硫酸铵或稀粪,以后根据收获迟早,每20～30天生长期追施1次速效氮肥或稀粪,以提高青蒜品质和产量。

对于早春收获的晚蒜苗于地封冻前灌冻水,翌年春季返青后及时浇返青水并追肥。

5. 收获 青蒜收获期依市场需要灵活掌握,一般早蒜苗播后45～60天即可收获,每667平方米产800千克左右。延长生育期则产量提高,到元旦前后收获时每667平方米可产3 000千克左右;晚蒜苗早春收获时每667平方米产量可达5 000千克,经济效益可观。上海栽培的大青蒜一般每 667 平方米产 2 000～3 000 千克,秋冬蒜产 3 000～4 000 千克;初夏播种的夏青蒜产1 000～1 500千克。

收获时,一块田可 1 次收完,以便腾地;也可间挖大株,留小株继续生长。

(五)蒜黄栽培技术

蒜黄是一种色浅黄至金黄,具特殊香味的鲜嫩蔬菜,在冬春淡季及新春佳节供应市场。蒜黄生长时期短,从栽种到收获仅需 20 余天,可根据需要适时栽培。

1. 品种选择 蒜黄栽培需遮光,植株不必进行光合作用积累产物,生长所需营养主要来自蒜种贮藏的养分。所以,应选大瓣种栽培,并要求发芽快,生长迅速。

2. 场地和土壤准备 蒜黄可以在空屋、地窖或地下室内栽培,也可利用温室空档时间栽培。栽培池一般深 60 厘米左右,宽以不超过 2 米为宜,以便下种和管理,长依栽培地而定。

栽培池宜用沙子或沙壤土,池底要平,铺栽培土厚 6 厘米左右,耙平后栽蒜。

3. 栽培时间和播种 蒜黄生产季节长,如在地下生产,则从立秋前后就可开始生产,直到翌年春分,连续不断生产。每 20 天左右可收割一茬,栽培 1 次可以连续收获多茬。所以播种时期可根据市场需要安排。

播前先选择无病无伤蒜头,用清水浸泡 18～24 小时,使蒜头吸足水分。然后将蒜头掰成两半,去掉坚硬茎盘,一个挨一个将蒜头排在蒜池内,空隙处用散瓣填满塞紧,用木板压平,上覆一层细沙土盖住蒜头。下种后浇水,用胶管顺池边浇,水量以淹没蒜头为度。灌水后再上 1 次沙土盖住蒜头,整个覆土厚度约 1.5 厘米。

4. 播种后的管理 包括光、温、水等管理。在地上栽培的,蒜苗大部分出土时要盖草帘遮光,这是长出蒜黄的保证。如遮光不严,则叶和叶鞘变绿,品质下降。对于在地下栽培的,则有自然黑暗条件。栽培池温度管理参考表10-3指标。温度过高,生长过快,植株容易倒伏,蒜种易腐烂。生长期一般以18℃～22℃为好。水分管理以经常保持蒜池湿润为原则,具体浇水次数依环境湿度、通风条件、温度等决定。一般收割前3～4天停止浇水。

表10-3 蒜黄生长期间的适宜温度 (单位:℃)

蒜黄生长阶段	白天气温	夜间气温	地温
出土前	25	18～20	18
出土至苗高24～27厘米	20～22	16～18	16
苗高27～33厘米	14～16	14～16	14
收获前4～5天	10～15	10～15	12

5. 收获 蒜黄收获时期没有严格要求,可以在植株高度达25～30厘米时就收获,这样从播种到收获约需10天,以后每7～10天收1次;也可以当株高达35～45厘米时收获头刀,从播种起需20～25天,以后每20天左右收1刀,一般可收3刀,第三刀连蒜瓣拔起。

收获时要割齐,割茬不要太低,以免伤及蒜瓣。每次收后要浇水,用细沙填补缝隙。收割的蒜黄要整齐、扎捆,每捆重0.5～1.0千克。把蒜黄捆放在阳光下晒一下,使蒜叶由白黄色转为金黄色,称"晒黄"。晒黄时间要根据阳光强弱及气温而定,晒时翻动蒜黄捆几次,以晒黄为准。然后装筐上市销售,注意保湿和适当遮光。

二、大　葱

大葱又叫葱,古代称"茖"、"芤"。我国是栽培大葱的主要国家,栽培历史悠久,分布面广,淮河、秦岭以北和黄河中下游为主产区。大葱耐寒抗热,适应性强,高产耐贮,适于排开播种,分期供应,春夏秋3茬以青葱供市,冬季主食干葱,还可保护地生产鲜葱。大葱以鲜嫩的叶身和嫩茎为产品,葱白部分不仅含有蛋白质、脂肪、糖类、维生素A、B族维生素、维生素C以及钙、铁、镁等多种营养元素，而且还含有非常重要的葱素，对痢疾杆菌、葡萄球菌及皮肤真菌等都有抑制作用，可诱导产生干扰素，增强人体免疫力，常年吃葱可预防呼吸道及肠道传染病；另外，葱素还有舒张血管的作用，可以清散血管内淤血，促进血液循环，有助于防治高血压。

(一)生物学性状

1. 植物学形态 根为白色弦状须根，粗1～2毫米，着生在短缩茎盘上，平均长30～40厘米，无根毛，吸收肥水能力较弱；再生力和分枝性较强，根数随株龄增加，生长盛期有根百余条。营养茎短缩，呈扁球形，黄白色，叶片呈同心环状着生，多层叶鞘抱合组成假茎，俗称葱白。假茎棒状，入土部分为白色，地上部黄绿色。叶片长圆筒形，中空，翠绿或深绿色，表皮光滑，有蜡层。叶对称互生，植株常保持5～8枚绿叶。花薹中空，一般1株1个花薹，位于植株中央，顶端着生伞形花序。花序被膜状总苞包被，有小花400～500朵，先后开放。小花为两性花，花瓣3枚，淡黄色；雄蕊6枚，子房上位3室，每室结种子2粒。种子黑色，盾形，千粒重2.4～3.4克，寿命1～2年，使用年限1年。

2. 生育周期 大葱属二年生耐寒性蔬菜，整个生育周期分为营养生长时期和生殖生长时期，历时15～22个月之久。营养生长期包括发芽期、幼苗期、葱白形成期和休眠期；生殖生长期包括抽薹期、开花期和种子成熟期。

(1)发芽期 从播种到第一真叶出现。种子在4℃～5℃低温下就能发芽，13℃～20℃适温下发芽迅速，只需7～10天便可出土。出土时子叶呈弓形，以后才伸直，要求苗床土壤湿润。

(2)幼苗期 从第一真叶出现到定植，秋播需8～9个月之久，春播需80～90天。生长适温13℃～25℃，10℃以下生长缓慢，25℃以上叶黄，植株细。秋播大葱在越冬前为幼苗前期，生长量较小，要防止苗过大引起先期抽薹，但苗过小越冬能力差。幼苗及种株在土壤和积雪保护下可耐－30℃～－40℃低温。从入冬到翌年春返青为幼苗休眠期，以防寒保墒为主；从返青到定植为幼苗生长盛期，长达 80～100 天，是培育壮苗的关键时期。适宜苗龄为株高 35～40 厘米，径粗 1.3～1.5 厘米。

大葱为绿体春化型植物，3 叶以上的植株在 2℃～5℃温度下经 60～70 天可通过春化。苗越大，低温感应能力越强。对日照长度反应呈中光性，只要通过春化，不论在长日照或短日照下均可抽薹开花。植株生长要求中强度光照，光补偿点 1 500 勒，饱和点 25 000勒。

（3）葱白形成期　从定植到葱白形成，需 90 天以上。10℃～20℃葱白生长旺盛，25℃以上生长迟缓。大葱对土壤适应性广，但土层深厚、保水力强的肥沃土壤有利于生长和培土软化葱白。土壤 pH 值以 7.0～7.4 为好，低于 pH 值 6.5 或高于 pH 值 8.5 对种子发芽及植株生长均有抑制。对氮肥最敏感，但应配合磷、钾肥才能生长良好。每生产 1 000 千克大葱需从土壤中吸收氮 3.0 千克，磷 1.22 千克，钾 4.0 千克。肥料应以农家肥为主，青葱注意多施氮。

（4）休眠期　收获后在低温下进入强迫休眠期，一般在此期通过春化。

（5）抽薹期和开花期　秋播葱越冬后，翌年春季气候转暖时植株长出新叶，地下部又生新根，以后抽生花薹。花序发育成熟时总苞破裂，露出小花。小花由中央向四周依次开放，每 1 小花花期 2～3 天，每个花序花期约 15 天。

（6）种子成熟期　从开花到种子成熟需 20～30 天，种子成熟时应分期及时采收花序。

（二）类型和品种

1. 长葱白类型　葱白长，葱白形指数（葱白长度与粗度比）大于 10，上下粗度均匀。

（1）山东章丘大葱　株高 120 厘米左右，葱白长 50～60 厘米，横径 3～5 厘米，单株重 0.5～1.0 千克，不易抽薹和分蘖，葱白肥大、洁白、柔嫩，味道鲜美，生熟食均可。有梧桐葱和气煞风两个品系，后者较前者叶色深，叶粗短，排列较密，植株粗壮而较矮，抗风力稍强，稍有辛辣味。

(2)陕西华县谷葱　株高90～120厘米，葱白长45厘米左右，横径3～4厘米，单株重0.5千克左右。耐寒，质嫩味甜，辛辣芳香，耐贮，生熟食均可。

(3)旱葱1号　陕西华县辛辣蔬菜研究所用章丘梧桐大葱中的23-5-25-6-1大葱作母本，韩国大葱67-1-1作父本培育的杂种一代。株高90～100厘米。叶色绿，叶面蜡粉少。不分蘖，假茎长45～50厘米，粗3～4厘米。葱白纯白色，光滑有光泽，组织细嫩，辣味小，品质好。中早熟，抗寒，耐旱，耐贮。生长势强，秋后生长迅速，增产潜力大，每667平方米产量3000～4000千克。

栽培要点：利用秋季多雨土壤湿润的条件突破出苗关，利用秋后早春冷凉气候，越过幼苗期，是旱葱成功的关键技术措施。

黄淮流域及东北、西北地区以8～9月份播种为宜，其他旱作区可适当偏晚种植。直播，每667平方米播种500克。按60厘米开沟起垄，垄底按10厘米开两行小沟，沟深、宽各2厘米，将种子匀播后覆盖镇压。利用旱葱1号生长快，宜于提早收获的特点，采用将旱葱1号和旱葱2号按顺序重复播种法，有利于旱葱1号采收后旱葱2号的延后生长。雨后施肥撒土保墒，苗高15厘米时按苗距3～4厘米定苗，缺苗处须补栽，保证667平方米5万株以上。8～9月份，视生长情况隔畦挖除，为预留葱苗创造培土条件。留葱在10～11月份收获。

(4)旱葱2号　陕西华县辛辣蔬菜研究所用日本全州61大葱作母本，太白野生24-3-1-5-1大葱作父本培育的杂种一代。株高80～90厘米，叶色浓绿，叶面蜡粉多，叶管粗短，叶壁较厚，直立性强，折叶现象少。假茎长40～50厘米，粗4厘米，不分蘖。葱白纯白色，包合紧密，辣味较小，品质好。晚熟，特抗寒，耐旱，特耐贮，每667平方米产3000～3500千克。

栽培要点参考旱葱1号。

(5)黑千本　从日本引进的专用于冻干脱水和抗热脱水的青葱新品种。叶色浓绿,葱白洁白细腻。叶肉厚,表皮蜡粉多,叶片上冲,茎叶比例达1∶(2.3～4),根系发达,生长势强,属异花授粉,自交结实。根据加工要求的标准不同,有小葱、中葱之分,小葱嫩叶直径0.5～0.8厘米,最粗不超过1.2厘米,中葱嫩叶直径大于1.2厘米。脆嫩,纤维少,味微辣稍甜,口感佳,品质好。从播种到收获一般只需50～60天,每667平方米产2000～2500千克。山东省每年从2月上旬顶凌播种,可持续到10月上旬,采收从4月延续到12月上旬土壤封冻前,基本实现周年种植。适应性广,密植抗倒伏、抗病,对气候要求不严,适合我国大部分地区种植。抗寒、耐热性强,短期低温(－5℃以上)仍保持叶色青绿。

(6)郑研寒葱　河南郑州市蔬菜研究所育成。葱白紧实致密,辣味较浓,有香味,脆嫩爽口,单株重可达0.5千克。抗寒性特强,黄淮流域及以南地区露地越冬叶不干。葱白紧实不空心,春节前后上市备受欢迎。作小葱栽培春节后返青早,可提前上市,售价高。

(7)辽宁盖县大葱　又称高脖葱。株高100厘米左右,葱白长约50厘米,横径3～4厘米,单株重0.5千克左右。叶细长,植株直立,不易抽薹,质嫩味甜。

(8)辽葱6号　辽宁省农业科学院蔬菜研究所用雄性不育系244A与保持系的姊妹系152杂交培育成100%不育单交种244-152A。之后再以244-152A为母本,以高代自交系2000Y24-3S98为父本培育而成。株高120厘米左右,葱白长50～55厘米,横径3.0～4.5厘米。叶鲜绿色,叶表蜡粉较多,叶片直立,生长期功能叶5～6片。葱白紧实、洁白、甜嫩。植株开展度较小,抗风力较强。营养生长期间独棵不分蘖,平均单株质量250克,最大单株可达800克。耐贮藏,每667平方米产4600千克左右,冬贮干葱可食用率60.63%,适宜北方各地种植。

2. 短葱白类型 葱叶粗短,葱白短而粗,或基部膨大成鸡腿形,葱白形指数小于10。

(1)山东鸡腿葱 株高90厘米左右,葱白长25~30厘米,单株重0.3~0.5千克。叶略弯曲,叶尖较细,假茎基部膨大,向上渐细,稍弯曲。辣味强,香气浓,品质好。主要以干葱供调味用。

(2)河北对叶葱 株高60厘米左右,葱白长20~25厘米,假茎基部膨大,横径4~5厘米,单株重0.5千克左右。味甜稍辣,生熟食均可。

(3)西安竹节葱 株高50~60厘米,葱白长40厘米,单株重0.25~0.4千克。不易倒伏,耐寒性强,品种好。

(三)栽培技术

1. 栽培季节和栽培制度 大葱耐寒抗热,适应性强,宜分期播种,周年供应。从供应市场的产品来看,一种是青葱,以新鲜的嫩叶及不太肥大的假茎为产品,其产品不论大小,可随时上市;另一种是冬葱,即主要以肥大的假茎为产品,冬贮供应市场。冬葱由于要形成充分肥大的假茎,须将葱白形成期安排在10℃~20℃的凉爽季节,并在葱白形成前有一段20℃~25℃的温暖季节,以使功能叶充分生长,所以播种期较严格。北方地区一般都行秋播,夏栽,秋冬收获,有些地区还行春播(表10-4)。

大葱忌连作,重茬地上生长弱,产量低,病虫害严重,最好行3~4年轮作。前茬可选小麦、大麦、豌豆等粮食作物,及春甘蓝、越冬莴笋等茬口。大葱收后冬闲,翌年种保护地或露地喜温果菜,或春小菜。

大葱植株直立,对光照要求不高,宜与其他蔬菜间作套种。如葱秧畦埂套种蚕豆、早熟豌豆、早甘蓝、苤蓝等,或者大葱与茄子、番茄、冬瓜等间作或套种。

2. 播种和育苗

(1)苗床准备 大葱幼苗期长,一般行育苗移栽。苗床宜选择土壤疏松、有机质丰富、地势平坦、灌溉方便的沙壤土。整床前每

表 10-4　我国北方地区大葱栽培季节　(月/旬)

地　区	播种期	定植期	收获期
西　安	9/中或 3/中下	6/下～7/上	10/中下
郑　州	9/中下或 3/中	6/上～6/下	10/上～11/中
太　原	9/下	6/下～7/上	10/中下
济　南	9/下	6/下～7/上	11/上
北　京	9/中	5～6	10/下
沈　阳	9/上	5/上～6/中	10/上
长　春	8/下～9/上	6/上～6/中	10/中
哈尔滨	9/上	6/上	10/中
乌鲁木齐	8/下～9/上	6/中	10/下
呼和浩特	9/上	6/中	10/上

667 平方米撒施腐熟农家肥 3 000～4 000 千克,可结合撒施过磷酸钙 25 千克。然后浅耕灭茬,耙平做畦。为防地下害虫,可用 90%敌百虫每 667 平方米 100～150 克加水少量,拌细土 15～20 千克在畦面撒施。

(2)播种时期　以秋播为主,秋分前后播种为好。幼苗越冬前至少有 40～50 天生育期,能长成 2～3 片真叶,株高 10 厘米左右,径粗 4 毫米以下为宜。这样的苗越冬安全,翌年先期抽薹少。春播产量较低,但不发生先期抽薹。

(3)播种方法　选用当年新种子,每 667 平方米播种量 3～4 千克,可供 0.53～0.67 公顷地栽植。可用干种子播,但为了提高发芽率,使苗生长整齐健壮和减少病害,可先行浸种和消毒。做法是:先将种子在清水中浸泡搅拌 10 分钟,除去上浮秕籽;然后将种子捞出放入 65℃左右温水中烫种 20～30 分钟,并不断搅动。浸种可提前 1～2 天出苗。

播种方法有撒播和条播。撒播时一般先灌足底水,水渗下后在床面上撒一薄层细土或草木灰,然后均匀撒上种子,覆土 1 厘米左右。条播先按15厘米行距开1.5～2厘米深的浅沟，种子撒在沟内，搂平畦面，踩实，浇水；或先浇地，水刚渗后覆1.5厘米左右细土，待畦面略干时搂平，开沟，播种，覆土。

(4)苗期管理　越冬前苗生长量小，应控制水肥，一般浇水1～2次即可，同时中耕除草，到土壤结冻前结合追粪肥灌足冻水。高寒地区还应覆盖1～2厘米厚的马粪或碎草，以利于防寒保墒。冬前苗不宜过大，以防增加先期抽薹株。翌年春季当日平均气温达13℃时浇返青水，并随水追肥。返青水不宜过早和过大，以免幼苗发黄。浇后及时中耕除草和间苗，以后可蹲苗10～15天，使幼苗生长粗壮。蹲苗后进入幼苗旺盛生长期，到定植以前可随水追肥1～2次，每次每667平方米施硫酸铵15千克左右或稀粪，并增加灌水次数和灌水量。苗高35厘米左右，有8～9片叶时应停水炼苗，以利于定植后缓苗。

春播育苗，出苗阶段要保持土壤湿润，可在播种后盖地膜，苗出齐后及时撤去地膜。3叶期以前要控水，促进根系发育。3叶期后再浇水追肥，促进幼苗生长。

3. 定　植

(1)定植时期　一般在芒种(6月上旬)到小暑(7月上旬)期间定植，以苗高30～40厘米，径粗1～1.5厘米时为适宜苗态。定植过早，幼苗较小，生长缓慢；移植过晚，则苗易徒长，且缓苗期遇高温雨季，易发病。在适宜时期内应争取早栽苗。

(2)整地开沟　应选择土层深厚、疏松、不重茬的土地，前作收获后及时清田，每667平方米普施农家肥5 000～10 000千克，然后深翻，使土肥混匀。定植前开沟，沟距因品种类型及产品标准不同而异。短葱白品种宜用窄行浅沟；长葱白品种根据对葱白长度的要求可用窄行浅沟或宽行深沟(表10-5)。沟内还应集中施入腐熟粪干和过磷酸钙，再把沟底刨松。

表 10-5　大葱不同品种类型的栽植要求

品种类型	要求葱白长（厘米）	行距（厘米）	株距（厘米）	沟深（厘米）	株数（万/667 米^2）
鸡腿葱	25～30	50～55	5～6	8～10	2.2～2.4
短白或长白类型	30～40	65～70	6～7	13～15	1.7～2.0
长白类型	45 以上	75～80	6～7	18～20	1.3～1.5

（3）选苗分级　定植前 1～2 天给苗床浇 1 次水，以便起苗。起苗时抖净泥土，淘汰病弱伤残苗和有花薹苗，将选好的苗按大、中、小分为 3 级，分畦栽植，大苗稀栽，小苗密栽。应该随起苗、随选苗、随栽苗。

（4）栽植方法　有排葱和插葱等栽植方法。排葱法适于栽植短葱白品种，方法是沿陡沟壁一侧按株距摆葱苗，苗基部用手按入松土内，并用小锄从沟底另一侧取土埋至葱秧外叶分杈处，用脚踩实，顺沟灌水；或先在沟内浇水，然后排苗、盖土。插葱法适于栽植长葱白品种，又分为干插和湿插。干插是直接用葱杈（先端为一小杈，把柄长约 33 厘米）将苗根按住，垂直插入沟底松土内，深度至苗外叶分杈处，然后灌水；湿插法即先在沟内灌 3～4 厘米深水，然后待水未渗完时插苗。

栽植深度以不埋没葱心为宜，过深不发苗，过浅降低葱白长度。栽时葱叶的着生方向应与行向垂直，这样便于密植，但行窄时培土易伤叶。为了既便于密植，又便于田间管理，葱叶方向可与行向呈 45°角栽植。

4. 田间管理　田间管理的重点是促进葱白生长，因强壮的根系和繁茂的管状叶是葱白形成的基础，所以管理措施主要是促根壮棵和培土软化。

（1）追肥灌水　定植后进入炎夏，缓苗较慢，天不过旱不宜浇水，注意排水防涝和加强中耕保墒，促进根系发育。这一阶段也不需施肥。立秋以后，气温渐低，根系基本恢复，进入发叶盛期，对肥水需要增加，结合灌水追第一次肥，每667平方米施硫酸铵10～15千克，配合施入100千克草木灰和15～25千克过磷酸钙。处暑追第二次肥，可施腐熟的农家肥加炕土4 000～5 000千克，或加硫酸钾15～20千克，施后培土成垄并浇水。在立秋至白露期间，灌水应掌握轻浇和早晚浇的原则。白露以后，天气凉爽，昼夜温差大，进入葱白形成期，是肥水管理的关键阶段。在白露和秋分应分别追1次肥，每667平方米每次在行间撒施硫酸铵15～20千克；灌水掌握勤浇轻浇的原则，经常保持土壤湿润。霜降前后，天渐冷凉，叶片生长日趋缓慢，应减少灌水，并不再追肥。收获前1周左右停止灌水，以提高贮藏性。

（2）培土软化　大葱叶鞘延伸生长要求黑暗和湿润的环境条件，所以分期培土是延长葱白和软化叶鞘的有效措施。培土越深，葱白越长，但培土宜在葱白形成期分次进行，高湿高温季节不宜培土，以免引起根茎和假茎腐烂。缓苗后结合中耕少量覆土，以后结合追肥分别在立秋、处暑、白露和秋分各培土1次，每次培土厚度均以培至最上叶片的出叶口处，切不可埋没心叶和叶身，不可损伤叶片。培土宜在下午进行，这时假茎和叶片不易折断。应注意土墒适宜，培土后土壤疏松而无裂缝。

5. 收获　一般青葱可随时收获上市，但作为贮藏供市的冬葱，要适时收获。收获过早，葱白未充分肥大；收获过晚，则假茎上端失水而变松软。各地因气温不同而收获有早晚。黑龙江多在10月中旬前收；辽南则有"寒露不收葱，越长心越空"的谚语；京津、河北在11月上旬，山东在11月中下旬，陕西关中在10月中旬至11月下旬收获。

收获时抖净泥土，摊在地上晾晒2～3天，待叶片柔软，须根和葱白表面半干时，除去枯叶，分级打捆，每捆7～10千克，即可上市。

（四）贮　藏

冬贮大葱收获后，就地晾晒2～3天，然后根朝下，按30～40

厘米行距将大葱斜放在阴凉通风处再晾，5～6天后倒1次行。为了便于通风，最好南北行堆放。当叶柔软，韧性增强时按每捆7～10千克打捆。

贮藏期间温度控制在0℃～－1℃，空气相对湿度80%。忌温度忽高忽低，反复冻融，应适当通风散热。大葱贮藏的特点是"怕动不怕冻"，能耐－30℃～－40℃低温，低温后只要缓慢升温，细胞仍可恢复到原来状态。大葱简易贮藏方法如下。

1. 浅坑假植法 在地面挖深3～6厘米浅坑，宽1.5米，长不限，坑底要平，底土刨松。坑晾晒1～2天后，将待贮葱捆依次根朝下直立排列在浅坑内，每1米长横放一小捆秸秆，以便通风散热。葱捆上方架横杆，白天晾晒，晚上在横杆上覆盖草帘或蒲席，以防低温和降雪。每2周左右抽捆检查，如温度过高需翻堆降温。翌年气温回升到5℃时出坑，经晾晒后在背光通风处可继续贮藏至5月份。

2. 地面贮藏 在院内通风处平地上，铺3～4厘米厚湿沙，11月下旬以后，将捆好的大葱根朝下码放在沙上，宽度1.5米，长度不限。码好后在四周葱根部培15厘米高沙土。葱上可盖草帘防霜雪及低温。

(五)留　种

大葱有成株采种和半成株采种2种方法。成株采种即先按一般大葱生产技术生产成品葱，收获时按品种典型性状选留种株，栽植后下年抽薹采种。由于可以根据品种性状严格选择，因此适于原种采种。半成株采种即第一年夏播育大苗，秋栽后翌年春夏季抽薹开花采种，由于未形成充分肥大的葱白，无法严格按品种性状选择，适于用成株采收的纯正高质量原种播种采收生产用种。

为了既保持品种种性，又降低生产成本，大葱良种繁育一般用成株和半成株结合采种。成株采种繁殖原种，于商品葱形成收获时选留种株，冬前或翌年春季栽于采种田，行距45～65厘米，开25～30厘米深的沟，沟内施基肥后按10～15厘米株距栽植，培土封垄。种株抽薹后及时追肥灌水，花蕾膨大期培土防倒伏，开花结籽时保持土壤湿润，种子成熟时减少灌水，及时收割花球采种，冬栽每667平方米可收种子75～125千克，春栽每667平方米50～75千克。采收的原种种子于当年6月下旬至7月中旬播种育苗，9月中旬定植大苗，淘汰杂苗、弱苗和病苗，施足底肥，窄行沟栽或平畦穴栽，每667平方米约4万株，冬前加强管理，培育健壮的大种株，地封冻前灌足冻水，翌年春季返青后管理与成株采种相同，经半成株采种收获的种子供生产田播种用。半成株采种周期短，采种量比成株采种还高，生产成本低，种性与成株种也无显著性差异。

(六)大葱旱作栽培技术

陕西华县辛辣蔬菜研究所多年来致力于大葱新优品种的选育，并总结出一套旱作栽培技术。经过2001～2007年在陕西省渭南、榆林、延安、铜川等市(县)生产试验，鲜葱每667平方米产量达到3000～4000千克。2006年秋，华县科技局在华县大明、东阳乡进行了用地总面积为13340平方米的旱葱栽培试验，11月下旬播种，在部分地块春后才出苗，经历冬无雪、春无雨以及50年不遇大旱等情况下，仍然取得了丰收。证明该技术在年降水量达到400毫米以下的旱作农耕区都适用。

种植旱葱的优点在于：高产，一般每667平方米产量4000～5000千克，高产田块达6000千克以上；葱白粗长，一般假茎粗3厘米，长50厘米左右，葱白脆嫩，包合紧密，品质好，因采用直播，省去育苗移栽环节；省水，从种到收一水不浇，耐旱，可在年降水量400毫米以下的旱地种植；耐寒，在－10℃～－15℃环境中，仍能保持3～4片绿叶；抽薹晚，一般大葱均在翌年清明前后抽薹，旱葱比其晚20天左右，同时，两次收获，第一次在8～9月份，第二次在11～12月份，亦可延迟至翌年4～5月份，均值淡季，价位好。

1. 播种时间　陕、甘、宁、晋、冀、鲁、豫、吉、辽、黑等省一般在8月下旬至9月上旬为适宜播期，以越冬前葱苗高15厘米，假茎粗0.4厘米为宜。也可参考气象资料，找出当地历年秋季日平均温度10℃之日，向前推移50日即为适宜播种日期。

2. 精细整地起垄 土地须精耕细耙，按55～60厘米行距起垄，畦垄在踩踏镇压后再用锹或平耙将垄底余土刨至垄上并拍打光滑，然后将垄底用小菜耙捣平，垄底宽度以10厘米为宜。

3. 播种 须选在雨后土壤松散时进行或干播待雨。一般须在小垄底按10厘米行距划两条小沟，将种子均匀溜入沟内，并在溜种后覆土1厘米左右，然后用脚踏镇压，待苗出齐后，须及时培土保墒。如雨量过小土壤干燥，影响出苗，需拉水顺沟浇灌。发芽率达85%以上的种子，每667平方米播量0.5千克，施用除草剂的田块播量为0.6千克。杂草多的田块，可选用葱、韭、蒜地专用除草剂二甲戊灵每667平方米用量30～50毫升，加水40～50升，整田喷施，喷施时间为播种覆土后至出苗前。

4. 定苗，补苗 在春后，在播种沟内按留双行定苗，株距3厘米，缺苗处须补栽。

5. 及时培土 雨后及时培土保墒，防止倒伏。前期采用撒土，即将垄上松散土撒沟内，后期用锹、平耙、耩子将土培在葱垄两侧。

6. 施用粪肥 在冬季及翌年春季将农家粪肥及磷肥分次施放沟内，每667平方米施入5000千克左右。氮、钾化肥可在生长全过程中结合降雨培土时施用。氮、磷、钾配合施用，比例按氮肥占50%，磷、钾肥各占25%。施用总量为：未施用农家土粪的，按氮肥50千克，磷、钾各25千克左右掌握；施用土粪肥的，化肥施量酌减。氮、钾化肥采用少吃多餐、先少后多的原则进行，前期以2.5～5千克，后期以5～10千克较好。

7. 叶面追肥 进入秋季后，植株生长迅速，除及时趁降雨追施化肥外，尚可采用叶面追肥的方法，补充氮、磷、钾肥及硼、钼、锌、铁、铜等微量元素。喷施浓度为：尿素、硫酸钾及过磷酸钙浸出液0.2%～0.5%，硼酸或硼砂0.05%～0.25%，钼酸铵

0.02%～0.05%，硫酸锌0.05%～0.2%，硫酸铜0.01%～0.02%，硫酸锰 0.05%～0.1%，硫酸亚铁 0.05%～0.1%，磷酸二氢钾 0.2%～0.5%，稀土动植宝 0.1%～0.15%。最好选择阴天喷施，晴天宜在下午至傍晚时喷洒，尽可能延长肥液在葱叶上的湿润时间。用量一般每 667 平方米施肥液 40～75 千克，以使葱叶均匀沾湿为度。

为增强黏附力，可在药液中加入 0.1%的洗衣粉。在大葱旺盛生长期，每隔 5～7 天喷一次，共喷 3～4 次。8～9 月间可根据大葱生长情况，采用隔畦挖取出售，以利于预留畦大葱的培土。预留畦大葱可在 11 月中下旬挖取。

（七）深秋青葱栽培要点

青葱指以叶片为主供应市场的鲜葱。商品葱要求，植株全高以 50～70 厘米，假茎粗 0.8～1.2 厘米，假茎入土部不超过茎长 1/5，茎叶颜色深绿，无干尖、黄叶、病虫者为佳。青葱主要用育苗移栽的方法生产。如受条件限制，可用直播法生产。为在短期内提供产品，生产中应注意以下 5 点。

1. 品种　要求用叶葱专用品种。黑千本表现好，也可用五叶黑青葱、章丘葱及华州谷葱代替。种子要新鲜，发芽率高，发芽势强。

2. 播种期　葱生长较适宜的温度为 7℃～35℃，其中以 13℃～25℃时生长最快，低于 10℃时生长慢，4℃～5℃时基本停止生长。据华县历年气象资料，8 月上、中、下旬平均气温分别为 27.8℃、25.8℃和 24.8℃；11 月为 8.6℃、6.9℃和 3.5℃。可见 9、10 两月为大葱生长最适宜的时期，11 月以后生长甚慢。另外，华县的平均初霜期为 11 月 1 日，因此青葱大体应在 11 月上旬前后收完。根据以上资料分析，要使深秋青葱获得较好效益，务必于 7 月底前播种完毕。

3. 精细整地，施足基肥　选择未种过葱蒜类作物的地。前作收获后，每 667 平方米施充分腐熟的有机肥 5000 千克，过磷酸钙

40千克，硫酸钾8～10千克作基肥。另外，为防除地下害虫，每667平方米用50%辛硫磷乳油1千克，稀释后拌入炉渣灰或细土中，撒施地面。耕翻、耙磨、平整后做成平畦。畦宽1.5米，长约15米。畦埂打直、踩实。

4. 播种 每667平方米用新籽1.2～1.5千克。干籽趁墒撒播，播后用十齿耙反复搂耙，深约2厘米，将种子埋入土中。然后，用脚轻踩，或用锨拍实，使种子与土紧密结合。欠墒时适时灌水。

如有条件，可用落水播种法：畦面整平后，灌水，水渗后撒入种子，然后覆细土，厚1厘米。落水播种时种子最好经催芽后播种。催芽的方法是将种子放入冷水中浸泡8～10小时，捞出，控干水，放瓦盆内。盆内下垫湿麦秸，铺层湿布，放入种子，再用湿布盖严，每天用清水冲淘1～2次。也可将浸泡过的种子混入湿沙中，上盖湿麻袋或湿草帘催芽。催芽期间温度保持15℃～20℃，经5～6天，当有30%～50%种子发芽露白时播种。

7月下旬至8月上旬，发芽出苗期正值高温季节，要注意适时灌水，经常保持地面湿润。灌水用清水，水量要小，严禁积水。条件许可时，播种后可用带叶树枝、草帘或遮阳网遮阳降温，促进出苗。出苗后逐渐除去遮阴物。

5. 管理 出苗后分次间苗，出现5～6片真叶时，使苗距保持5厘米左右。缺苗严重处，可用带土移栽法补齐。在施足基肥的基础上可分别于3～4片真叶、6～8片真叶时结合灌水进行追肥，每次每667平方米施尿素10千克。从苗期开始，每周用75%百菌清可湿性粉剂600倍液，或58%甲霜灵可湿性粉剂50克加水50升，或40%三乙膦酸铝可湿性粉剂50克加水50升，或50%多菌灵可湿性粉剂150克加水50升；另加40%乐果乳油50～70毫升加水50～60升；或80%敌敌畏乳油50毫升加水50升喷洒，防治霜霉病、紫斑病及蓟马等病虫害。如有地下害虫可用50%辛硫磷乳油1000～1500倍液喷洒地面。防虫药剂最后一次喷施时间，敌敌畏最迟应在采收前5天，乐果不少于7天，配药时最好在药液中加入0.1%中性洗衣粉，增加黏着性。

葱地容易长草，可于播种后出苗前，每667平方米用33%二甲戊灵乳油100毫升，对水喷雾。40～45天后再喷一次，可有效地控制全生育期杂草的危害。

青葱生长期间要勤灌水，经常保持地面湿润。但不可积水，特别是8月中旬前，高温多湿容易引起烂根死苗。

6. 采收 青葱达商品成熟后及时采收。采收时要轻拿轻放，保持茎叶完整，摘除病叶、黄叶，捆成束，尽快上市。

三、洋　葱

洋葱又名圆葱、葱头。我国各地均有种植，世界各国普遍栽培。耐寒，喜湿，适应性强，高产，耐贮，供应期长，对淡季供应有重要意义。其营养丰富，含有较多的蛋白质、维生素，尤其是含有硫、磷、铁等多种无机盐。除鲜食外，还是工业的重要原料和出口主要商品蔬菜。

（一）生物学性状

1. 植物学形态 弦线状须根，浅根性，根毛极少，主要分布在15厘米的耕层内。茎短缩，称盘状茎，其上环生叶，叶中空，横断面半月形，由叶片和管状叶片组成，直立生长，叶鞘抱合成假茎。鳞茎扁圆、圆球或长椭圆形，皮紫红、黄或绿白色。鳞茎有开放性肉质鳞片和闭合性肉质鳞片，前者由叶鞘基部膨大形成，后者由侧芽上叶肥大形成，每个鳞茎中侧芽数不等，一般2～5个。伞形花序，有小花200～1300朵，异花授粉，蒴果。种子黑色，千粒重3～4克，通常种子使用年限为1年。

2. 生育周期 洋葱为二三年生蔬菜，整个生育周期分为营养生长期和生殖生长期。前者包括发芽期、幼苗期、叶生长期、鳞茎膨大期和休眠期；后者包括抽薹开花期和种子形成期。

发芽期从种子萌动到第一片真叶出现，需15天左右，发芽缓慢，呈弓形出土。幼苗期由第一片真叶出现至定植，时间长短依播种和定植季节不同而异。秋播秋栽幼苗期40～60天;秋播春栽,冬前幼苗生长期60～80天,越冬期120～150天;春播春栽幼苗期60天左右。适宜苗龄为单株重5～6克,径粗0.6～0.9厘米,株高20厘米左右,有3～4片真叶。这样的苗先期抽薹少、产量高。叶生长期是植株生长最快的时期,随着叶片旺盛生长,叶鞘基部渐渐增厚,鳞茎缓慢膨大。鳞茎膨大期30～40天,此期随着气温升高,日照加长,地上部停止生长,叶片中的营养物质往叶鞘基部和侧芽中运输,鳞茎迅速膨大,叶渐枯萎,假茎松软倒伏。休眠期长短因品种及环境条件而异,一般生理休眠期60～90天。从开花到种子成熟为种子形成期。

3. 对环境的要求

(1)温度　洋葱对温度适应性强,种子和采种鳞茎在3℃～5℃即可缓慢发芽,12℃以上发芽迅速。生长适温幼苗为12℃～20℃,叶片为18℃～20℃,鳞茎为20℃～26℃,但健壮的幼苗可耐−6℃～−7℃低温。鳞茎膨大要求较高的温度,15.5℃以下不能膨大,27℃以上膨大衰退,进入休眠。膨大的鳞茎对温度适应性强,既能耐寒,又能耐热。洋葱为绿体春化植物,一般品种在幼苗茎粗达0.6～0.9厘米时,在2℃～5℃低温下经过60～70天可以通过春化,但品种间是有差异的,南方型品种只需40～60天,北方型品种则需100～130天。

(2)光照　洋葱在生长期间要求中等强度光照,但对日照长度要求较严格。长日照不但是花芽分化和抽薹的必要条件,也是加速鳞茎发育和成熟的主要条件。短日性和早熟品种在13小时以下较短日照下形成鳞茎,而长日性和晚熟品种必须在15小时左右的长日照条件下才能形成鳞茎。我国北方多为长日性晚熟品种,南方多为短日性早熟品种。

(3)水分　洋葱根系浅,吸收能力弱,在发芽期、幼苗生长盛期和鳞茎膨大期需供给充足的水分,但在幼苗越冬前应适当控制灌水,防止幼苗徒长。收获前适当控制灌水可提高鳞茎品质和耐藏性。洋葱叶身耐寒，适于60%～70%空气相对湿度，湿度过高易发病。土壤干旱可迫使鳞茎形成。

(4)土壤及营养　洋葱要求疏松、肥沃、保水力强的土壤，适宜的土壤酸碱度为pH值6～8，幼苗期反应较敏感。对营养要求较高，为喜肥作物，但绝对需要量居中，每667平方米氮、磷、钾的标准施用量为氮12.5～14.3千克，磷10～11.3千克，钾12.5～15千克。幼苗期以氮肥为主，鳞茎膨大期以钾肥为主，磷肥在苗期就应施用，以促进氮肥的吸收和提高产品品质。

(二)类型和品种

我国栽培的洋葱多属普通洋葱，每株形成一个鳞茎，个大，品质佳，按鳞茎皮色分为红皮种、黄皮种和白皮种。

1. 红皮种　鳞茎圆球或扁圆形，紫红至粉红色，辛辣味较强，丰产、耐藏性稍差，多为中晚熟品种。

(1)西安红皮　在陕西、河南等地广泛栽培。植株生长强壮，每株有8～9片成叶。鳞茎近圆球形，皮紫红，单个鳞茎重约350克。晚熟高产，耐贮性较差。每667平方米产2500～3000千克。

(2)北京紫皮　在北京郊区已有60多年的栽培历史。植株高大，有叶9～10片。鳞茎扁圆形，单个鳞茎重250～300克，皮鲜紫红色，鳞片肥厚多汁，但肉质稍粗，纤维稍多，辣味较浓。产量较高，每667平方米产2000～2500千克，高产可达4000千克。

(3)红平3号　陕西华县辛辣蔬菜研究所用红皮高桩与云南红皮平桩杂交后代经6代选育而成。中长日照，中熟，高产。植株生长势强，叶色深绿。鳞茎扁圆形，外皮紫红色，横径8～9厘米，纵径6～7厘米，平均单球重300克，每667平方米产5000～6000千克。品质好，耐贮运。

2. 黄皮种　鳞茎扁圆、圆球或椭圆球形，外皮棕黄或淡黄色，肉色白里带黄，质嫩、味甜而带辣，品质佳，耐贮运，多为中熟品种。其中扁圆种又称柿饼种，假茎紧细，耐贮藏，但产量低；圆球种又称高桩种，假茎粗大，贮藏性略差，产量高。

(1)金罐二号　陕西华县辛辣蔬菜研究所用美国品种与甘肃黄皮培育的一代杂交种。长日照，中晚熟。鳞茎高桩罐形，外皮浅棕色，单心率高，生长势强，外皮包裹紧密，整齐，抗抽薹，耐贮运。每667平方米产6000～7000千克，适宜北纬35°以北高寒地区种植。

(2)金太阳　陕西华县辛辣蔬菜研究所用113×165育成的杂交一代。中熟，中短日照品种。鳞茎高桩球形。生长势强，抗霜霉病、灰霉病，抗抽薹，单心率高。球形丰满，紧实，外皮铜黄色，假茎细，耐贮存，单球重250～300克，每667平方米产5000千克，收获后可以贮存到翌年2月。

(3)孟夏一号　陕西华县辛辣蔬菜研究所用两个美国品种培育的杂交一代。特早熟，外皮棕黄色，有光泽，内部鳞片白色，鳞茎球形，耐抽薹，耐贮藏，单球重250～300克。露地4月下旬可收获，每667平方米产量3000～4000千克。安徽宿州无籽西瓜研究所与大棚西瓜套栽，11月移栽，2月中旬扣棚，3月中旬上市，每667平方米产3000千克。

(4)牧童、黄皮02　从美国引进的黄皮长日照一代杂种。植株长势旺盛，整齐，叶淡绿色，下披，生长期124～126天，属中早熟品种。鳞茎均匀一致，硬度好，纵、横径均为9厘米，圆球形，外皮铜色，着色三层，亮度好，假茎收口紧，不易掉皮，耐贮运，品质好。单球质量364～367克，横径7厘米以上合格率95.3%～96.0%。区域试验每667平方米产10100～10700千克。抗霜霉病、轻感软腐病。已在甘肃酒泉市种植多年，是目前种植面积较大的品种之一。

(5)福圣、福星　从美国引进的黄皮长日照一代杂种。叶绿色、直立，生长期127天左右，中晚熟。鳞茎硬度好，纵径8.8厘米，横径9.0厘米，圆球形，外皮铜色，亮度好。单球质量346～361克，横径7厘米以上合格率84.7%～89.1%。区域试验每667平方米产9500～10240千克，甘肃酒泉市种植面积较大。

(6)金帝　从美国引进的黄皮一代杂种。幼苗叶下披，淡绿色，生长势旺盛。鳞茎纵径 9.2 厘米，横径 9.0 厘米，圆球形外皮铜黄色，亮度好，干皮着色三层，不易掉皮。单球质量 385 克，横径 7 厘米以上合格率 77.9%，畸形率高。区域试验每 667 平方米产量 10690 千克。感霜霉病、软腐病。在甘肃酒泉种植年限较短，但产量高，是该地区今后继续扩大示范的品种之一。

(7)天津大水桃　鳞茎圆球形，外皮黄褐色，肉质黄白，单球重约 200 克，水分较多，品质好，辣味稍淡，耐贮性略差，但产量较高。

(8)熊岳圆葱　新育成品种，鳞茎扁圆形，外皮橙黄色，肉乳白色，单球重130～160克，品质好，耐贮藏，高产。

3. 白皮种　在我国栽培较少。鳞茎扁圆球形，较小，白绿至微绿色，肉质柔嫩，品质极佳，但抗病性和耐藏性较差，产量低，多为早熟品种，适宜作脱水加工蔬菜的原料及罐头食品的配料，如新疆哈密白皮等。

(三)栽培技术

1. 栽培季节和栽培制度　在黄河流域以南多秋播秋栽，翌年夏季收获；华北多秋播，以幼苗定植后露地越冬或囤苗春栽，夏季收获；东北多秋播，囤苗越冬，春栽夏收，或早春育苗，春栽夏秋收(表 10-6)。

表 10-6　我国各地洋葱栽培季节　(月/旬)

地　区	播种期	定植期	收获期
哈尔滨	3/上中，8/上	4/下	9/上
佳木斯	2/下	4/下～5/上	7/上～8/上
长　春	8/中	4/上	7/中
沈　阳	2/中，8/下	3/下，4/上中	7/中下
呼和浩特	3/下	5/中下	8/上
北　京	8/下	10/中，3/下	6/下
天　津	8/下	10/下，11/上	6/下
石家庄	9/中	10/下～11/上	6/下～7/上

续表 10-6

地　区	播种期	定植期	收获期
济　南	9/上	10/下～11/上	6/中下
南　京	9/中	11/下	5/上中
杭　州	9/下	12/上	5/上
兰　州	9/上	3/下～4/上	7/下
西　安	9/中	11/上中	6/中
昆　明	9/下	11/上	5/上
重　庆	9/中	11/中下	5/中下

洋葱忌重茬。秋栽主要以喜温果菜为前茬，春栽多利用冬闲地，后茬可种秋黄瓜、秋架豆、秋土豆等早秋菜。洋葱适于与其他蔬菜间作套种。

2. 播种育苗

(1)*播种时期和方法*　秋播应选择适当时期。播种过早，幼苗过大，翌年会大量发生先期抽薹；播种过晚，幼苗过小，越冬性差，产量也低。适宜的播期以在越冬时幼苗达到径粗 0.6～0.9 厘米，叶 3～4 片，株高 18～24 厘米，翌年先期抽薹率在 20%以下为度。长到这样的苗态需 80～90 天，所以如果秋播囤苗越冬，翌年春栽的，播种期可以从当地冬季地冻日期向前推算；如果秋播秋栽，由于栽后幼苗还生长，适宜的苗龄应为 40 天左右，陕西关中一般为 9 月中旬播种，11 月下旬定植。适宜的播种时期还要考虑品种习性，冬性弱的品种对低温敏感，苗较小时就能感受低温而通过春化，应适当晚播；冬性强的品种对低温反应迟钝，应适当早播，苗大小取上限。

播种前，应选疏松、肥沃，2～3 年内未种过葱蒜类的地块做苗床。前作收后及时浅耕细耙，施足基肥，做成平畦。种子必须用当年采收的新种子，不能用陈种子。按每 0.4～0.53 公顷生产田需 667 平方米苗床，每 667 平方米苗床播种量 4～5 千克准备种子。

一般采用落水播种法，即先将苗床浇透水，然后撒播种子，再覆土。为了出苗迅速，可以用50℃左右温水浸种3～5小时，然后在18℃～20℃温度下催芽，至萌芽种子过半时播种。洋葱种子发芽慢，出土时子叶呈弓形，出土阻力大，所以苗床土壤一定要细碎，播种也要精细。播种后要始终保持床面湿润，防止板结。可以在床面上盖稻草，用水将草洒湿，出苗后及时揭去盖草。

(2)苗期管理　苗期管理的中心是培育适龄壮苗，既要防止苗过大，导致先期抽薹，又要避免秧苗徒长或过于细弱，降低越冬能力。幼苗生长量主要靠肥水控制。在出苗期间，通过洒水始终保持床面湿润，10天左右可出苗。出苗后每10天左右浇1次水，若秧苗发黄，结合浇水每667平方米追施10～15千克硫酸铵。苗期中耕除草2～3次，并用敌百虫、乐果等防治地蛆等害虫。

囤苗越冬春栽的，在土壤封冻前将幼苗挖起，在风障背后或就地挖沟，将幼苗成捆密集囤于浅沟内，分2～3次盖土，弥严土缝。在囤苗后3～5天内土壤封冻，即说明囤苗时期适宜。

3. 定　植

(1)整地做畦　栽培田土壤选择原则与苗床选择相同。定植前应耕翻土地，每667平方米施入圈肥5 000千克左右，结合施入50千克过磷酸钙或复合肥。将肥土混合均匀后做畦，北方做成宽1.6～1.7米的平畦，南方做成高畦。

(2)定植时期　洋葱定植时期分秋栽和春栽。秋栽冬前根系已恢复生长，返青后叶部生长迅速，较春栽产量高。定植期严格受温度条件控制。长城以北地区冬季严寒，以春栽为主；华北平原以南大部分地区行秋栽；过渡地区可秋栽或囤苗越冬春栽。秋栽洋葱苗龄40天时，日平均气温15℃为定植适期。春栽在大地解冻后应及早进行。

(3)定植方法　栽前严格选苗分级，淘汰病苗、无根苗、矮化苗、徒长苗、分蘖苗及极大极小苗。把选出的壮苗按大小分级，分畦栽植，以便通过分别管理使全田植株生长整齐一致。起苗后要立即栽植，以防根系干死。幼苗叶不宜剪掉。

洋葱一般每 667 平方米栽植 3 万～3.5 万株，按行距16～20 厘米，株距 10～13 厘米挖穴栽植，大苗可适当稀栽。栽植深度以 2～3 厘米为宜，过深时叶部生长过旺，鳞茎颈部增粗，不利于鳞茎膨大；过浅时植株易倒伏，鳞茎外露，日晒后变绿或开裂。一般，沙质土可稍深，黏重土应稍浅；秋栽可稍深，春栽应稍浅。

4. 田间管理 定植缓苗即进入叶生长期。秋栽洋葱叶生长经历冬前和冬后两段不同的温度环境。从定植到越冬，气温低、生长慢，应适当控制灌水，以中耕保墒为主。土壤开始结冻时灌足冻水，冬寒地区还应覆盖马粪、圈肥或炕土护根防寒，保护植株安全越冬。翌年春季返青后及时浇返青水，促苗返青生长。由于早春地温低，浇水不宜过勤，浇水量不宜过大。加强中耕保墒，保持土壤见干见湿。春栽洋葱定植缓苗后也以土壤见干见湿为灌水原则。进入发叶盛期后应适当加强灌水，鳞茎膨大前 10 天左右再浇一水后蹲苗，蹲苗期 10 天左右，以抑制叶部生长，促进营养物质向叶鞘基部运输。蹲苗后，鳞茎开始膨大，这时气温升高，蒸发量和植株生长耗水量增大，是追肥灌水的关键时期。浇水宜勤，经常保持土壤湿润，灌水时间以早晚为好。收获前 7～8 天停止灌水，以增加鳞茎耐藏性。

洋葱生育期间，施肥以分期适量为好。秋栽洋葱，在返青时结合浇返青水追肥，每 667 平方米施入硫酸铵 10～15 千克、过磷酸钙 20～30 千克，促其返青发棵。返青后 30 天左右，进入叶生长盛期，需肥量增加，每 667 平方米追施硫酸铵 15～20 千克。返青后 50～60 天，鳞茎开始膨大，也是追肥的关键时期，每 667 平方米再追施硫酸铵 20～25 千克，配合适量钾肥，或随水浇灌稀粪。鳞茎膨大盛期，根据需要适量施肥。对于中晚熟品种，当鳞茎有核桃大小时可顺水追施硫酸铵，每 667 平方米 15～25 千克，以保证鳞茎持续膨大。春栽洋葱分别在缓苗后、叶生长盛期、鳞茎膨大始期和鳞茎膨大盛期追肥。

洋葱草害较严重，从返青到鳞茎开始膨大以前，须中耕除草2～3次，中耕深度3～4厘米。在定植前用48%氟乐灵乳油，每667平方米用药90毫升，加水45升喷于地面，然后盖约1厘米厚细土或覆盖地膜，防除一年生杂草效果达90%以上。

在生产田中，发现先期抽薹的植株，应及早摘除花薹，以减少养分消耗和促进侧芽长成鳞茎。

洋葱在贮藏期常有发芽现象，可用青鲜素处理，抑制发芽。处理时间必须在收获前2周左右，每667平方米用0.25%青鲜素液50～75千克，喷于绿叶上。喷洒后从叶部吸收后便可向生长点运转，阻碍脱氧核糖核酸和核糖核酸的合成而抑制细胞分裂和萌芽。因洋葱叶部有蜡质，不易沾药，须在配好的药液中，每升加2克洗衣粉作展布剂。一般每667平方米用药液60～70升即可。处理后，可使贮藏期延长6～8个月，发芽率仅10%左右。

5. 收获 洋葱成熟的特征是：约有2/3的植株假茎变软，地上部倒伏，下部1～2片叶枯黄，第三、第三四片叶尚带绿色，鳞茎外层鳞片变干。成熟后要适时收获，早收减产，迟收鳞茎外皮破裂，不耐贮藏。收获应选晴天，带秧连根拔起，就地晾晒2～3天（只晒叶不晒头），促其后熟和鳞茎表面干燥，然后编辫贮藏。

(四)贮　藏

洋葱耐藏，在一般通风条件下，如气温0℃、空气相对湿度70%时，自然休眠期长达5～6个月。休眠过后，鳞茎渐萌芽松软，失去食用价值。在我国，洋葱多为常温贮藏（挂藏或堆藏），近年发展了冷库和气调贮藏。

1. 挂藏 将晾干的鳞茎编成1米长的辫，两条葱辫扭在一起，顺序挂在阴凉、干燥、通风的门道或屋檐下贮藏；量多时挂在专用屋子、荫棚或木架上，四周用席围上，防日晒雨淋。此法贮藏效果较差，不宜长期贮藏。

2. 堆藏 在天津、北京、唐山等地区多采用。贮藏期长，效果好。选择地势高燥的地方作贮藏场所，先垫枕木，再铺上高粱秆或玉米秆，然后将已晾晒干的葱辫纵横交错码成长约5米，宽1.5米，高1.5米的垛，每垛5 000千克左右，垛顶盖4层苇席，四周用席围上两层，用绳子横竖将垛扎紧。封垛初期，根据气候情况倒垛1～2次，排除垛内湿热空气，严防日晒雨淋，保持干燥。雨后应检查，有漏雨应晾晒。此法可贮藏到休眠终止期，但不能供应冬季市场的需求。

3. 气调贮藏 7月下旬将充分干燥，尚未度过休眠期的鳞茎装筐，在凉棚里码成长方形垛，每垛约1 000千克。在垛底垫上砖，再铺一层塑料布，以利于通风。然后罩上塑料帐密封，利用快速降氧法（充氮）或自然降氧法，使帐内氧维持在5%，二氧化碳维持在13%左右。中途尽量避免开帐倒动，四周要遮光，以减少温度波动和降低湿度。进入冬季低温后可揭掉塑料帐，利用自然低温抑制发芽，但应注意防寒。这种方法可贮藏至春节，商品率达90%左右。

4. 冷库贮藏 在自然休眠结束时，转入冷库低温环境，强迫休眠，延长贮藏期。方法是在8月中下旬自然休眠结束前转入冷库内堆藏，温度调节以入库时为起点，每天降0.5℃，直至降到－2℃时为止，以后每天通风以降低热量。

（五）留 种

目前洋葱普遍采用母球采种法。小株采种法正在研究试用于生产用种的生产。

采用母球采种法，是在鳞茎收获时选留符合品种特征的种株。标准是：鳞茎大小适中，形状整齐，不分球，颈部细而坚实，鳞茎盘小，外皮光滑，不裂皮，无伤害，色泽纯正。通过贮藏再淘汰发芽早及发霉的鳞茎。采种田栽前每667平方米施入农家肥2 000～2 500千克，结合施入磷、钾肥。翻耕整平后做成行距50～57厘米，深10厘米的沟，按穴距33厘米，每穴栽入1～3头种球。栽植时期也分秋栽和春栽。栽植后及时浇水，中耕。越冬前浇冻水，并覆盖马粪或枯草落叶等，以保证种球及苗安全越冬。翌年春季返青后浇返青水，结合浇水施适量氮肥或稀粪。抽薹前适当控水，中耕保墒。抽薹开花后保持地面湿润，结合浇水，追1次氮磷复合肥，促进种子籽粒饱满。为防倒伏，应设简易支架。种子成熟时分期采收成熟花球，以花球顶部蒴果自然开裂，种子将散落时为采收适期。采时花球应带约30厘米长花茎剪下，后熟1周后再剪掉花薹，干燥脱粒。充分干燥后装袋保存，每667平方米可采种子50～100千克。

小株采种关键是冬前要长成大苗，保证翌年全部植株抽薹。所以，在当年原种种子收获后应尽量早播，并稀播，加强苗期管理。为提高单位面积种子产量，应密植，并加强定植后和返青后的肥水管理。虽然单株花薹少，种子产量低，但通过密植，单位面积种子产量可以赶上或超过母球采种，而且种子生产成本低。

四、韭　菜

韭菜主要食用叶片和花薹，1年收获多茬，可露地栽培，也可保护地栽培，还可利用特殊条件生产韭黄。可均衡上市，周年供应。产品鲜嫩，营养丰富，气味芳香，含多种维生素、纤维素和无机盐，是消费者喜食、生产者喜种的高产稳产蔬菜。

（一）生物学性状

1. 形态特征　韭菜为弦状须根，分布较深广，有吸收和贮藏功能。一年生韭菜根着生于茎盘基部，随着株龄增加，茎盘向上增生，并不断产生分蘖，形成根状茎，新根在新分蘖株基部的茎上发生。由于茎的不断增生和分蘖，新根不断产生，老根不断衰亡，新根的位置总是位于老根的上位，这种现象称为“换根”和“跳根”。三年生韭菜根横向和纵向分别达到30厘米和50厘米。花茎由顶芽发育而成，二年生以上韭菜，每年都由强壮的新分蘖株上抽生花茎。叶分叶身和叶鞘2部分，簇生于根状茎上，每株有叶5～9片，叶宽窄和叶色因品种而异，叶色也与光照、温度及栽培条件有关。花茎顶端着生伞形花序，每个花序有小花20～30朵，两性花，虫媒花。果实为蒴果,分为3室,每室有种子2粒。成熟种子为黑色,千粒重4～4.5克,种子寿命短,使用年限一般为1年。

2. 生育周期 韭菜为多年生草本植物,一般用种子播种1次连续生产5～6年以上,甚至可达30年以上。但每年的生长发育都有一定的顺序性,先是营养生长,积累一定的营养物质后在低温下通过春化(绿体春化型),翌年在较长日照条件下通过光照阶段而抽薹开花。每年抽薹开花的蘖株叶片枯死,但翌年由新的分蘖又重新进行营养生长,重新感受低温春化,抽薹开花,完成同样的生育周期。

(1)营养生长期 包括发芽期、幼苗期和营养生长盛期。

①发芽期 从播种到第一真叶出现,需10～20天。发芽最低温度为2℃～3℃,最适15℃～20℃,最高25℃。要求疏松、湿润的土壤条件。

②幼苗期 从第一真叶出现到定植,需40～60天。叶片生长适温范围为12℃～24℃,最适15℃。此期生长缓慢,生长量小。当秧苗长到18～20厘米高时即可定植。

③营养生长盛期 从定植到花芽分化。定植后经过短期缓苗,植株相继发生新根和新叶,进入旺盛生长期,产生分蘖。日平均气温20℃左右是光合作用最旺盛的时期,24℃以上光合作用降低,生长迟缓,叶片粗纤维增多,品质变劣。韭菜耐寒,叶片在－6℃～－7℃低温下仍保持碧绿,根茎可耐－40℃的低温。一般二年生以上植株在0℃～5℃低温下经30天左右可通过春化阶段。株龄和营养体越大,低温感应能力越强,一年生植株很少能完成发育阶段。通过发育阶段,除了要完成低温春化外,还要在长日照条件下通过光照阶段。韭菜生长对光照强度要求中等,光过强时叶片纤维变粗硬,品质变差;光照弱时叶黄而小,分蘖少,产量低,但在暗处可利用根茎贮藏营养生产韭黄。韭菜对土壤适应性虽强,但要高产优质,应选择富含有机质、保水力强、土层深厚而肥沃、pH值5.6～6.5的土壤为宜。韭菜喜肥、耐肥,要求以氮肥为

主，增施磷、钾肥可促进细胞分裂，加速糖分合成和运转，增进品质。根系喜湿，要求经常保持土壤湿润；叶片耐旱，以空气相对湿度60％～70％为好。

(2)生殖生长期　一年生韭菜一般只进行营养生长；二年生以上韭菜，营养生长与生殖生长交替进行。完成春化阶段后，在长日照条件下抽薹开花。开花结籽要求充足的光照和较高的温度条件。北方地区 4 月份播种，翌年 7 月份抽薹，8 月份开花，9 月份结籽。

(二)类型和品种

韭菜按食用器官可分为根韭、叶韭、花韭和花叶兼用韭 4 类。普遍栽培的为花叶兼用韭，按叶片宽度又可分为宽叶韭和窄叶韭。

1. 宽叶韭　叶片宽厚，色泽较浅，品质柔嫩，产量较高，但香味较淡，易倒伏。适于露地栽培。

(1)汉中冬韭　叶鞘较长，横断面呈圆形，叶肉厚，较直立，色浅绿，耐寒，春季萌发早，生长快，长势强，品质中等。适于露地和保护地软化栽培。

(2)北京大白根　叶鞘粗短，基部白色，叶色淡绿，品质柔嫩，产量较高，分蘖力弱，耐寒性较好。为北京郊区露地和保护地主栽品种。

(3)天津大黄苗　叶鞘粗短，横断面短圆形，叶浅绿，品质柔嫩，产量高，分蘖力强。适于露地和保护地栽培。

(4)寿光黄马蔺　植株低矮，叶鞘较长，白色，叶色浓绿，品质柔嫩，夏季抽薹稍早。适于早熟栽培。

2. 窄叶韭　叶片窄长，叶色深绿，纤维稍多，但香味较浓；一般叶鞘细高，直立性强，不易倒伏，耐寒性强。适于露地栽培和各种囤韭。

(1)北京铁丝韭　叶簇直立，叶鞘圆形，紫红色，假茎较细，叶片细长，呈三棱形，生长迅速，分蘖性强，适于密植，香味浓厚，但质地较硬，适于囤韭栽培。

(2)太原黑韭　叶片细长而薄软，叶色浓绿，生长迅速，植株苗壮，香味浓厚，质地较硬，不易倒伏，适于软化栽培。

(3)长安白绵韭　陕西长安县农家品种。叶片较窄，浅绿色，早春萌芽早，易分蘖。花期较早，耐热性差，宜作早春覆盖及韭黄栽培。

(三)露地韭菜栽培技术

1. 繁殖方法　韭菜繁殖方法有种子繁殖和分株繁殖 2 种。种子繁殖又叫有性繁殖，以种子播种长成幼苗进行生产，具有植株生长繁茂，分蘖力和生活力强，寿命长，容易高产等优点。种子繁殖又可分为育苗及直播两种形式。直播简便省工，但用地面积大且时间长，用种量多，出苗不齐全，不利于培养壮苗；育苗则省地，便于苗期集中管理，定植时又可选苗，栽植疏密一致，也便于田间管理。分株繁殖又叫无性繁殖，具有省时、省种和可随时移栽等优点。但缺点是繁殖系数低，植株分蘖力和生活力弱，寿命短，易引起品种退化，产量偏低。韭菜生产应以种子繁殖为主，分株繁殖为辅。每次种子繁殖后代的株龄最好不超过 5～6 年。

2. 播种育苗

(1)播前准备　播前准备包括苗床选择、整地做畦和浸种催芽。苗床宜选择排灌方便的沙质土地块；黏壤土做苗床时应冬前深翻灌冻水，以使土壤经冻融后变得疏松。精细整地是保证全苗的关键，整地前每 667 平方米施入腐熟筛细的农家肥 4 000～5 000 千克，然后浅耕细耕，每 667 平方米整成宽 1.7 米、长 8.3 米左右的平畦，南方可做成高畦。每 667 平方米苗床可移栽 0.53～0.67 公顷大田，种子按每 667 平方米苗床 4～5 千克准备，须用新种子。春播气温低时可用干籽播；初夏气温高时宜浸种催芽后播种。浸种催芽的方法是：在播前 4～5 天，把种子放在 30℃～40℃温水中，搅拌后去除上浮秕籽，换温水浸种 24 小时，出水时轻轻搓洗种子，用湿布包裹后用力甩去多余水分，放在 15℃～20℃处催芽，每日淘洗 1 次，2～3 天后胚根长出时立即播种。

(2)播种时期　一般从土壤解冻到秋分可随时播种。但高温多雨季节播种出苗难,幼苗生长细弱,所以春秋雨季播种为宜。春播在土壤解冻后可陆续播种,原则上将种子萌芽和幼苗生长安排在月平均温度15℃的气候条件下;秋播应在越冬前有60天以上生长期,幼苗能长出3～4片真叶为好。播种过晚,苗过小,越冬易死苗。所以高寒地区以春播为宜。北方地区基本以春播为主(表10-7)。

表10-7　我国北方地区韭菜栽培季节　(月/旬)

地　区	播种期	定植期	始收期
西　安	3/上～4/上	6/下～8/中下	3/中～4/上
太　原	3/下～5/上	7/中～7/下	4/上
郑　州	3/中	7/下～8/上	3/中
济　南	4/上～4/下	7/上	9/下或3/下～4/上
北　京	4/上～5/下	7/下～8/上	3/下
沈　阳	4/上～6/上	直播	4/下～5/上
长　春	4/上～4/中	直播	4/下～5/上
哈尔滨	4/中～5/上	直播	5/上
呼和浩特	4/下～5/上或7/上	7/中下或5/上中	5/上
乌鲁木齐	4/下～5/上	直播	5/下

(3)播种方法　有撒播和条播2种。撒播幼苗分布均匀,长势好;条播行距10～12厘米,深1.5～2厘米,幼苗生长期间便于管理。根据播种时浇水先后又可分为干播和湿播。干播先播种,覆土镇压后灌水,2～3天后再灌1次水,出土前保持畦面湿润,防止板结;湿播是先灌底水,水渗下后轻撒一薄层细土或草木灰,然后播种,覆土2厘米左右。

(4)幼苗期管理　干播法在幼苗出土前应始终保持地面湿润,防止板结。可每天轻洒水,也可在床面盖湿草或地膜,但幼苗出土时应及时揭去覆盖物。湿播法为了防止底水不足，表层土过干，也可盖地膜保湿。幼苗出土后的管理是培育大苗壮苗的关键，管理掌握前促后控的原则。苗期水分管理总的原则是水不宜过多，应轻浇和适当勤浇，苗高 15 厘米以后适当控水蹲苗。苗期施肥根据苗的长势及基肥量，可随水追施腐熟稀粪或硫酸铵、尿素等化肥 2～3 次。韭菜苗期生长慢，杂草多，应多次中耕除草，也可用除草剂杀草。播种时用 33%二甲戊灵乳油每 667 平方米 100～150 毫升对水喷雾，防草有效期为 45～50 天；出苗后也可选用 48%氟乐灵乳油，或 48%地乐胺乳油，或 50%扑草净可湿性粉剂，或 50%除草剂 1 号可湿性粉剂，或 33%二甲戊灵乳油等除草。韭菜苗期韭蛆较严重，防蛆要治早治小，可在出苗后每 10～15 天灌敌百虫 1～2 次防治。前期地温低时可随水灌氨水，既可治蛆，又可追肥。

3. 定植或直播 定植期根据播期和苗大小而定，苗高18～20 厘米为定植适期。春播在播后 70～80 天定植，秋播在翌年清明以后定植。应避开高温和雨季。

由于韭菜为多年生，定植田应选择肥沃、疏松、土层深厚的土壤，并施入充足的基肥，一般每 667 平方米应施 5 000～7 500 千克腐熟农家肥，然后整地做成平畦。

定植前 1 天应在苗床浇水，以便起苗。起苗时抖净泥土，剪留须根 5～6 厘米，叶过大时可剪留叶长 8～10 厘米，将苗按大小分级，分别栽植。分株繁殖时，将各分蘖掰开，蘖苗也按大小分级，分别栽植。合理密植是高产稳产的关键，一般可采用单株密植或小丛密植，都采用宽窄行。单株密植时，行距宽行 13～14 厘米，窄行 5～7 厘米，株距 4 厘米。优点是植株生长强壮，产量高。但栽植和管理费工，杂草较多，多用于青韭生产。小丛密植法每丛 6～8 株，行距宽行 14～17 厘米，窄行 8～10 厘米，丛距 10～12 厘米。优点是栽植和管理都较省工，但产量略低，常用于青韭生产。在保护地软化栽培中常采用小垄丛植或宽垄墩植。小垄丛植每丛25～30 株，行距 15～20 厘米，丛距 15 厘米；宽垄墩植每墩 25～40 株，行距 27～40 厘米，墩距 14～20 厘米。韭菜栽植深度以不超过叶鞘为宜，过深分蘖少，过浅易散撮。栽后应及时灌水，以利于成活。

直播栽培在东北各省应用较多，主要有平畦直播和平地沟播。平畦直播时按计划行距开沟，深 7～10 厘米，宽 10～12 厘米。将沟底荡平后播种，覆土 2～3 厘米，稍加镇压即可。这种方法在整地前须先浇地造墒。平地沟播按 30～40 厘米行距开沟，沟内灌水，水渗后沟内播种，从沟缘推土覆盖，厚 2～3 厘米，以后随韭菜生长逐渐培土成垄。

4. 田间管理

(1)定植当年的管理　定植当年管理着重养根壮秧，培育茁壮的植株，为以后的高产打下基础。一般当年不要收割。

定植期一般在炎夏前后，定植后应及时灌水，并连续浇 2～3 次，以保证缓苗。当幼株发生新叶和新根后浇 1 次缓苗水，而后中耕保墒，保持土壤见干见湿，进行蹲苗。高温雨季注意排涝和清除田间杂草。当进入最高温度很少超过 30℃，最低气温在 15℃左右的季节时，是韭菜最适宜的生长季节，也是肥水管理的关键时期，一般每 5～7 天灌 1 次水，结合灌水追施速效性氮肥 2～4 次，每次每 667 平方米施硫酸铵15～25千克或尿素 15～20 千克，最后 1 次施稀粪水。寒露以后，根系吸收力减弱，灌水减少至保持地面不干即可。此时浇水过多时植株贪青，影响养分向根茎积累。立冬后根系基本停止活动，土壤封冻前灌足冻水，以保护根茎越冬。高寒地区还应在灌冻水后覆盖厩肥或落叶杂草等，以增强防寒效果。

(2)定植第二年及以后的管理　韭菜进入第二年后，每年可收割多次，每次收割后要依靠根茎中贮藏的营养物质供应新叶的形成，而新叶进入功能期以后制造的营养物质除供自身生长外，还要向根茎中补充，才能保证下茬新叶的发生。所以正确处理收割与养根的关系是保证高产稳产的关键。

①春季管理　当平均温度回升到 0℃左右时，若土壤墒情不

足应轻浇返青水；若土壤潮湿时可直到第一茬收割后才开始浇水。每次收割后都应浇水，并随水追肥 1～2 次。追肥灌水应在收割后 2～3 天，伤口愈合、新叶长出后进行，追肥以速效氮肥或人粪尿为主，人粪尿必须充分腐熟，以防蛆害。3 年以上植株还需进行剔根、培土等特殊管理。剔根在土壤解冻后植株刚长出 3～5 厘米时进行，用竹竿将根际土壤掘出，露出根茎，剔除枯死的根蘖和细弱的分蘖，将土壤堆于行间晾 1 天，然后将植株拢在一起，填入行间细土埋好。这一措施可提高地温，减少病虫害，防止植株倒伏。由于韭菜有“跳根”特点，沟栽韭菜每年需将行间细土培于株间，每年依跳根高度培土厚约 3 厘米，促进新根系的生长，并使叶鞘部分处于湿润黑暗的环境条件下，加速叶鞘伸长和软化。对于畦栽韭菜，因行间不便取土，应结合施土肥或选田外晒过的细土培土。韭蛆每年春夏秋 3 季均可为害，可用乐果乳油或敌百虫灌根防治。

②夏季管理　韭菜不耐高温强光，炎夏多雨季节品质变劣，食用价值低，应停止收割，注意防涝防倒伏，及时追肥除草。7～8 月间抽薹开花结实，消耗大量营养，除采种田外，应及时剪收幼嫩花薹食用，并可节约养分养根。

③秋季管理　进入秋凉季节开始旺盛生长，要加强肥水管理和防韭蛆工作。8 月上旬后每 7～10 天浇水 1 次，经常保持地面湿润，每浇 1～2 水追 1 次肥，每次每 667 平方米施硫酸铵 10～15 千克，同时视植株长势可收割 1～2 茬。在植株凋萎前 50～60 天停止收割，使叶部营养转入根茎。封冻前应及时灌冻水。

5. 收获　韭菜再生力强，产品收获标准又不严，1 年可收割多茬。但为了持续高产，防止植株早衰，应严格控制收割次数。一般春季收割 2～3 次，秋季收割 1～2 次。产品品质以春季最佳，秋季次之，夏季最差。收割留茬高度必须适宜，过浅影响产量和品质，过深伤害根茎。一般割口处如为绿色，说明下刀过浅；如为白色说明下刀过深；黄色较为合适。韭菜第一次收割留茬 5～6 厘米，而后每割 1 次，茬口提高 1.5～2 厘米。收割时间以清晨为好，每茬生长天数以30天为佳。

（四）保护地青韭栽培技术

1. 风障青韭栽培 风障韭菜的播种、育苗、定植及管理与露地韭菜基本相同，宜用二年生以上的韭菜畦，不同的是，风障的保护效应可使风障前不同畦位的韭菜生育较露地不同程度地提前，管理应分别对待。早春应提前进行剔根、培土等工作；春季收获1～2刀后中耕松土，但应少浇水，以免地温降低；收获3刀后随水追施硫酸铵15～20千克，以促生长；立秋后正是旺盛生长期，应加强肥水管理，为翌年早春丰产做准备，管理方法与露地韭菜相同。

风障韭菜1年最多收割3刀，秋季不收。风障前第一畦可较露地提早20余天收割，第二畦较露地提早10余天收获。头刀收获后重新整平畦，培养二、三刀，收完三刀后露地韭菜已大量上市，风障韭不再收割，进行促生养根。

2. 阳畦盖韭栽培 韭菜先栽在平畦，初冬回根后在平畦周围筑土埂建成阳畦进行冬春生产。白天有透明覆盖物的称为热盖，白天无透明覆盖物，仅晚上盖蒲席保温的称冷盖。

（1）*阳畦热盖韭栽培* 一般用二年生以上植株生产。播种、育苗及栽培环节同露地，采用宽垄丛植的栽植法，当年秋季加强肥水管理和养根。热盖韭主要供应春节，封冻前建阳畦，春节前60天左右加盖覆盖物。第一刀生产时外界气温低，一般不通风；第二刀当气温高于24℃时适当通风。水分根据土壤墒情管理，一般盖膜前应浇1次水，头刀生长期间共灌水2～3次，培土前和收割前各灌1水。施肥从第二刀新芽发生时进行，每667平方米追施硫酸铵20千克左右。第二刀生长时外界气温升高，生长速度快，25～30天可收割，收后可去掉覆盖物，改为风障生产。一般收割3刀后不再收割，进行养根，为翌年生产做准备。

（2）*阳畦冷盖韭栽培* 立春后当夜间最低畦温已高于0℃时，夜间即可加盖覆盖物。2周后表土化冻，3～4天后新芽开始长出，以后根据外界气温情况揭盖蒲席让白天充分接受阳光，提高地温和畦温。以后早春时晚揭早盖,惊蛰以后早揭晚盖,随气温升高晚上可不盖蒲席。灌水、培土等管理与热盖韭相同。冷盖韭从盖蒲席到收割需 50～60 天,头刀于 3 月下旬收割,第二刀可以不盖蒲席,20～35 天可收割,去掉阳畦风障后还可收第三刀。

3. 地膜盖韭栽培 早春土壤化冻前,在二年生以上韭菜畦中除去枯草残叶,不浇返青水就顺地面平铺覆盖地膜或大棚旧薄膜,四周用土压紧即可。待土壤解冻后,将地膜揭起轻浇返青水,待 1～2 天后地面不黏时再覆好地膜直至收割。地膜盖韭可增加地温,减少灌水和中耕次数,并提早收割,第一刀较露地栽培可提前 10 天左右。收后可整理畦面,中耕,然后再盖膜生产第二刀。地膜覆盖比未覆盖产量增加 51.7%,产值增加 50.8%,而投入成本很低。

4. 拱棚盖韭栽培 用于青韭栽培的主要是小拱棚和中拱棚,小拱棚高 1.5 米以下,跨度 3 米以下;中拱棚高 1.5～1.8 米,跨度 3～7 米。上覆塑料薄膜,夜间还可盖草帘防寒保温。

播种、育苗、定植和水肥管理均同露地栽培。为便于培土及连续多年生产,采用宽幅大垄栽植,扣棚的韭菜最好选 3～5 年生植株。在土壤封冻前搭好棚架,扣棚时间根据上市时间而定。要求在元旦上市的,向前推 40～50 天即为扣棚时间。扣棚过早虽上市早,但产量低,第二、三刀长势弱,效益也不高。扣棚后很快返青,应及时将枯叶清理干净,并搂松表土。新芽长出时将行间土分2～3 次培于韭株两侧,使之成 15 厘米左右小高垄。当韭菜长出15～20 厘米左右时可收割头刀,下刀位置应在小垄根约 5 厘米高处。收后将小垄的土再拨到行间,搂松表土。待伤口愈合、苗高3～5 厘米时追肥灌水,可随水每 667 平方米施硫酸铵 20～30 千克或稀粪。以后可同样管理收获第二、三刀。三刀以后当年不再收割,撤膜拆架,加强管理养好根,准备冬天再扣棚生产。

(五)囤青韭栽培

在不适宜韭菜生长的冬季,将韭菜根株掘起,密集囤栽于一定的保护地条件下，主要利用根茎贮藏营养生产青韭的技术称为囤青韭。一般常用的保护地条件为阳畦或温室，栽培上不同的只是根据不同保护地内环境条件特点进行温度等管理。一般韭菜生产中，5 年生以后由于长势弱，产量下降，准备用种子繁殖更新，这些不准备再用的老根株常供作囤韭栽培。

1. 根株准备 在入冬后，地上部枯萎时就可以刨收待用韭菜根株，但刨收时间以掌握土壤夜冻日消时为宜。刨收过早，根茎中养分积累少，影响产量；刨收过晚时土壤结冻难挖。刨收前如土壤干时可浇 1 次小水，第二天刨收。收后抖净泥土，堆成圆锥形堆，堆上盖土保水，在室外自然条件下存放根株至囤根时用。囤根前，将已冻结的堆藏韭根取出化冻，然后抖开，去土，适当喷水至湿润，堆成 33 厘米高的堆，用席遮盖，在 10℃～15℃温室内催芽，每天翻动 1 次，待发芽后将根株捆成小捆，切留须根 7～8 厘米即可囤根。

2. 囤根 在整平的栽培床上东西向开沟，沟宽 13 厘米，深 12～15 厘米，把韭根一捆捆紧挨栽下，根应伸直，鳞茎部位与地面平齐。栽后周围用土填好，并加镇压。行距 3 厘米左右。

3. 肥水管理 肥水管理是囤青韭的重要技术措施。一般囤韭当日或次日浇 1 次水；苗高 3 厘米时灌第二次水；苗高 10～12 厘米是旺盛生长期，每 3～5 天灌 1 次水；收获前 4～5 天再灌 1 次水。灌水注意阴雪天少灌，保水力强的土壤少灌，晴天中午忌灌。第二、三刀应在苗高 6～7 厘米时灌水，并适当追施硫酸铵等促进生长。收获前再灌 1 次水。

4. 培土 培土分次进行，每次培土高度以叶鞘高度为界。第一次浇水后次日培土 1 次，苗高 6～7 厘米后每 3 天培土 1 次，直至收获前 4～5 天共培土 4～5 次。培土应在晴天下午无露水时进行。第一茬收割后清除培土晾根，二、三刀韭菜长势减弱，培土次数和厚度适当减少。

5. 温度及通风管理 适宜生长温度为 12℃～24℃，温度低时夜间应加盖草帘或蒲席保温,并根据情况可临时加温。白天温度高于24℃时应通风降温和排湿。

6. 收获 囤根后30～40天,当株高达25～28厘米时可收头刀,每平方米可收7千克左右。第二刀增施氮肥,产量可与第一刀相同。第三刀产量较低,收后根株即弃去。

(六)韭黄栽培特点

植物的绿色是由于叶绿素的存在,而叶绿素在光作用下才能形成,所以韭黄的生产必须在暗处进行。可以利用自然黑暗场所(人防工程、地窖、山洞等)囤韭生产韭黄;也可以人为创造黑暗条件,如黑色塑料膜覆盖、瓦罐覆盖、草棚覆盖、马粪、麦糠或短草覆盖等生产韭黄。无论哪种栽培方式,相同之处均是在黑暗下生产,韭叶不进行光合作用,不制造同化产物供给生长。所以必须选用营养积累充足的根株,一般可连续收获3刀韭黄。其他栽培技术环节与青韭或囤韭栽培基本相同。

韭黄生产也可与青韭生产结合进行。如在早春可先生产1～2茬青韭,当进入高温季节不适宜青韭生长时,可遮光创造黑暗条件生产韭黄。由于遮光,也会降低生长环境温度,有利于韭黄生长,生产的韭黄正好在青韭淡季供应,可取得较高的效益。

(七)留　种

1. 良种繁育技术要点

(1)原种及生产种繁育　韭菜从第二年开始普遍开花,但二年生植株由于营养积累较少,种子产量偏低;5～6年生植株开始衰老,不宜采种。所以,原种及生产种应用3～4年生韭菜繁育。其他年份,留种田可收割青韭;采种当年也可适当收割1茬青韭。

(2)种株隔离　韭菜为虫媒花,采种田与异品种采种田空间隔离距离原种应达2000米,生产种应达1000米。附近生产田长出的韭薹也要及时摘除,以防品种间天然杂交。

2. 采种田的管理 采种田的播种、育苗、定植及田间管理技术与生产田相同,只是收割次数要适当减少,管理更要精细。一般在头年应少收1茬，在采种当年于谷雨前后可收割1茬青韭，收后每667平方米施入腐熟厩肥4 000～5 000千克，施后灌水，促进植株生长。夏至前后适当蹲苗，防止花薹徒长引起倒伏；小暑至大暑期间种株陆续抽薹，应控制灌水；立秋后陆续开花，时逢雨季要减少灌水，并注意排涝，以防花期推迟或倒薹崩花。花谢后及种子灌浆期，要保持土壤湿润并追肥。当花薹变黄，花球顶部种子开裂，露出黑色种子将散落时，应在清晨及时剪收花球。为了保证种子成熟度，应成熟一批花球，采收一批花球。采后晒干，一并脱粒，清除杂物，风干后贮藏。每667平方米地可采收种子60～100千克。

五、韭　葱

韭葱又名葱蒜、扁葱或扁叶葱。欧洲各国栽培普遍，亚洲很多国家也有种植。我国部分地区，如北京、上海、广西、湖北、陕西、河北等有少量栽培，广西栽培时间较长，多代替蒜苗食用。嫩苗、鳞茎、假茎和花薹可炒食、做汤或做调料。

（一）生物学性状

韭葱为百合科葱属中产生嫩假茎（葱白）的二年生草本植物，在蔬菜分类中，划归为葱蒜类。因它的叶子既不像韭叶，也不同葱的管状叶，而幼苗或一年生植株的假茎则和葱白酷似，味道则似大葱。其2～3年生的采种株，味、花薹和鳞茎又非常像独头蒜植株。然鳞茎又不同于大蒜鳞芽分瓣明显，且一般为种子繁殖，多不用鳞茎传种。虽称为圆葱，其叶和花茎又极似大蒜。如按我国的概念看，可谓葱蒜类中的“四不像”蔬菜，故在我国有的地方称它为洋蒜或种子大蒜。

韭葱根弦状。茎短缩成鳞茎盘。单叶互生，各叶叶鞘套生成假茎，外皮膜质、白色。生长到翌年地下部也形成鳞茎。叶片长带形，被蜡粉，宽5厘米，长50厘米左右。抽生的花薹断面圆形实心，基部粗1厘米，长80厘米左右。伞形花序，外有总苞，开花时总苞单侧开裂脱落。每序有小花800～3 000朵，淡紫或粉红色，小花丛生成球。种子有棱，黑色，千粒重 2.8 克左右。

韭葱耐寒，耐热，生长势强。能经受 38℃左右高温和－10℃低温。生长适宜的昼温 18℃～22℃，夜温 12℃～13℃。一般春季育苗，夏季定植，初冬收获假茎。华北、华南还可在春末夏初播种，当年收获嫩苗，翌年春季收假茎，初夏收薹。韭葱属绿体春化类型，幼苗在 5℃～8℃通过春化，分化花芽，18℃～20℃条件下抽生花薹。采种者秋播，幼苗越冬，翌年夏季抽薹、开花、结籽。

(二)栽培技术

1. 育苗　收假茎的在露地或冷床育苗，苗期 50～60 天。定植每 667 平方米韭葱需育苗地 100～133 平方米。结合整地，每畦(6.7 米×1.7 米)施入腐熟的农家肥 100～150 千克，然后做成平畦。播种前 2～3 小时浇足底水，水渗完后撒播种子。100～133 平方米苗地用种量 0.75～1 千克。种子覆盖 0.4～0.5 厘米厚的过筛细潮土。为防止土壤板结，土干时可喷些水，或在畦面覆盖湿草，保持表土经常湿润，以利于出苗。播种后 7 天可出苗，苗出齐后，向畦面撒一层过筛细潮土，以利于保墒发根。干旱时可浇水，注意除草，苗长大后，每 667 平方米可追施硫酸铵 10 千克。定植前 1～2 天浇水，便于起苗。

2. 定植　韭葱根系吸肥力弱，宜选择有机质丰富、疏松的土壤栽培。定植前首先把地整好，每 667 平方米施基肥5 000～7 500千克，深耕，粪土混匀，做好平畦。一般 6 月中下旬定植。1 米宽的畦可栽 3 个宽幅行，每个宽幅行由 3 个小行组成，小行行株距均为 7 厘米，宽幅行距 20 厘米，单株定植。每平方米可栽 126 株，每 667 平方米栽苗 8 万株。定植深度要露出五杈股为宜。定植后浇水。

3. 田间管理　缓苗后开始生长时浇 1 次缓苗水，浇水后中耕松土，让其发根，生长期间结合浇水分次追肥、中耕和培土，促使假茎形成。

4. 适时收获　韭葱耐热，耐寒，在较寒冷的季节也可生长，和大蒜类似。一般在立冬后小雪前收获韭葱苗，并按当地天气情况于霜冻前收完。收获过早，叶片易失水发黄腐烂；收获过晚，易受冻害，影响商品价值。韭葱根系发达，不能硬拔，否则会拔断叶鞘，宜用三齿钩刨收。

(三)贮　藏

刨下的韭葱堆成小堆，在地里放置 2 天后，用稻草捆成把，每把 2.5 千克左右，准备贮藏。刨韭葱前，在南墙北侧(或设立风障遮阴)，挖个东西向池子，池宽 1.7 米，深 0.3 米，长度不限。池挖好后向池底浇水，使底土潮湿，水渗完后将捆好的韭葱根朝下，一把一把排起来，把与把之间距离不能太紧，防止叶片受热变黄。排好后四周培湿土保湿。如当时气温还不太低，叶上暂不盖土，夜间或遇寒潮降温时盖好草帘防冻；随着气温下降，将草帘揭去，盖上湿土；气温再降，再加厚土层，最好维持在－1℃～－2℃。到元旦、春节或春节后取出上市。

(四)抽薹与采种

若计划抽花薹或采种，则冬季不收嫩苗。在小雪节后浇 1 次冻水，让韭葱在露地越冬。若有条件，可在韭葱棵上盖些玉米秸、草帘等覆盖物，到翌年 3 月中下旬韭葱开始生长。若抽花薹，应在 5 月中旬早晨或上午开始进行；若采种，可让花薹继续生长。抽薹期宜少浇水，花球形成时需适当加大浇水量，开花后结合浇水追施硫酸铵 1 次，每 667 平方米 12.5 千克左右。以后经常保持土壤潮湿，到 7 月下旬采收种子。采种量每 667 平方米 50～100 千克。

六、薤

薤，别名荞头、藠子、藠头。食用鳞茎和幼苗。每 100 克鳞茎约含水分 87.9 克、碳水化合物 8.0 克、蛋白质 1.6 克，还含有较丰富的维生素和矿物质。鳞茎多盐渍、糖渍或罐藏，也可炒食。尤其是加工后的薤头洁白晶莹、香脆可口，并具有乳酸自然发酵的芳香，解腻开胃。在国内有广阔的市场，其罐头制品还远销欧美 30

多个国家。我国近年来发展很快，已遍及南方各省，也越来越为食品加工部门所重视。

(一)生物学性状

1. 形态特征 薤为百合科葱属能形成小鳞茎的多年生宿根草本植物，可作为二年生蔬菜栽培。弦状须根，6～16条。茎短缩呈盘状。叶细长，中空，横切面呈三角形，深绿色而稍带蜡粉。植株生长过程中发生分蘖，每1分蘖具3～8片叶，叶鞘基部膨大而成鳞茎，1个鳞茎种植后可分蘖10～20个。长成的鳞茎长卵形或纺锤形，横径1～2.5厘米，外皮膜质，白色、灰色或略带紫色，鳞茎聚生在1个茎盘上，极易分裂。花薹圆柱状，实心，顶端着生伞形花序，有花10～25朵，花浅蓝紫色，有雌蕊，但不易结实。

2. 生育过程 薤行无性繁殖，以鳞茎作种球。秋季栽培的种球内已宿存有数个分球芽，栽后不久即萌发生长。分球芽不断长出新叶，当年都能形成大小不等的分球，每个分球有叶2～4片。冬季寒冷期，生育停滞。翌年4月份又开始旺盛生长，上年形成的分球再次产生分球芽，这些分球芽到夏末收获时还不能从叶鞘中分离出，都宿存在鳞茎内部，在成熟鳞茎的横断面上可看到数个分球芽。

3. 环境条件 鳞茎形成所需的主要环境条件和洋葱、大蒜相同。叶宜在冷凉气候下生长，生育适温为15℃～21℃，在5℃～10℃下仍能缓慢生长，耐寒力较大蒜稍弱。鳞茎膨大适温为20℃左右，30℃以上越夏休眠。能适应较弱的光照，延长日照有利于鳞茎形成。对土壤的要求不严，以疏松、肥沃、排水良好、pH值6.2～7.0的沙壤土栽培较好。可在果园间作。

(二)类型和品种

薤有加工品种和鲜食品种之分。

1. 加工品种 称藠子、荞头，鳞茎膨大呈纺锤形，主要供加工，也可鲜食。

2. 鲜食品种 称线荞或蓼荞。鳞茎不膨大，培土后假茎洁白如白玉筷，供炒食。

(三)栽培技术

1. 一般栽培技术

(1)整地施肥　薤根系发达，对土壤营养物质吸收量大。根部会向土壤中分泌硫化丙烯物质，对土壤微生物活动起抑制作用，连年种植减产十分严重。因此必须年年倒茬轮作，常种植于花生、黄豆及薯类等作物之后。地要深翻，充分暴晒，结合整地，每 667 平方米撒施农家肥 2 000～2 500 千克，掺钙镁磷肥 25 千克作基肥。土肥混匀，耙耱平整后做成平畦，地下水位高或多雨处做成高畦。

(2)栽种　9 月份前后种植。种植前选择大小适中、形状符合品种特征的鳞茎，削去地上部残叶，剪断须根(留 2 厘米长)。然后在整好的高畦上开出与畦面垂直的浅沟，行距 20～25 厘米，把准备好的薤种按 15 厘米左右的株距摆在沟的一侧，覆土厚度以稍露出薤柄顶端为宜。全畦种完后，薄铺一层稻草或茅草，均匀覆盖腐熟厩肥，以保持土壤湿润。

(3)管理　播种后如遇连续晴天，需再浇水，一般经 7～10 天即可发芽。发芽后灌水以保持土壤见干见湿为原则。每隔 15～20 天随水施 1 次速效氮肥或复合肥。生长期间中耕除草，鳞茎膨大期培土，并保持土壤水分充足。种植面积大的，要注意防治葱蝇。防治葱蝇幼虫可用 90%敌百虫 1 000 倍液灌根，成虫发生期用 90%敌百虫 2 000 倍液喷洒。

(4)收获和留种　以叶鞘和鳞茎供食用的，在翌年 1 月下旬至 4 月份陆续收获；专收鳞茎的，在翌年 5 月份叶开始转黄后收获。

留种用的薤在地里越夏，一直延长到下茬临种前收获。也可在地上部枯萎后掘起，将整株捆扎成束，挂在阴凉通风处，到 9 月份取下种植。每公顷留种田可栽大田 4～5 公顷。

2. 加工品种栽培特点

(1)土壤选择　应选择较为瘠薄的丘陵土栽种。这种土壤种出的薤，鳞茎大小均匀适中(一般横径 1～2 厘米)，组织坚实，加工后脆度好，每罐个数一致，若配制什锦菜，其大小适中。如将薤种植在肥沃的沙壤土中，长出的鳞茎大小不均，颗粒组织疏松，腌制后脆度降低；又因其大小不均，也不符合罐藏加工要求。但选择较为瘠薄的丘陵地，栽前要施肥，以保证一定的产量。

(2)适当密植　一般株行距为 15～18 厘米，每 667 平方米不少于 3 万蔸。适当密植有利于增加地面覆盖，抑制杂草滋生，且鳞茎发育大小均匀，保证一定产量。由于密植，用种量较大，每 667 平方米需种量 250 千克左右。

(3)斜插排种　栽种加工用薤，土地耕作层较浅，又因密植，后期不能培土，如果像栽鲜食品种线荞那样垂直排种，很容易使鳞茎露出土面而呈青色，味变苦。为了防止这种现象的发生，栽种时就必须将薤种斜插在种植沟里，以后长成植株，鳞茎与叶之间有一个弯曲的颈部(如羹匙)，使鳞茎不会因雨水冲刷而露出土面，以保证鳞茎洁白不苦，这是关键。一般每 667 平方米产量为1 500～2 000 千克。

(四)简易加工技术

薤头加工，有盐渍、醋渍、糖渍、罐藏等方式。在各种方式的加工过程中，甚至在罐藏加工的高压高温灭菌之后，薤仍能保持原来肉质的脆度，这是其他蔬菜不能比拟的。

选择鲜嫩、白净、饱满、大小均匀的鳞茎。每 100 千克薤，需加上等红糖 40 千克，鲜红辣椒 7 千克，精盐 8 千克，50 度白酒 1.2 千克。将鳞茎修剪洗净，晾干 8 小时后配料拌和，然后入罐密封，3 个月后即可食用，半年后质量最好。

第十一章　芽菜类

一、生产芽菜的意义

芽菜是利用作物的种子、根茎、枝条等繁殖材料，在黑暗或弱光中培育成供食用的幼嫩芽苗、芽球、幼茎或嫩梢。芽菜按其利用营养来源的不同，又有种(子)芽菜和体芽菜之分。前者指用种子中贮藏的养分直接培育的幼嫩芽苗，后者指利用植物的营养器官，如宿根、枝条等积累的养分培育成的芽球、嫩芽等，例如菊苣、姜芽、石刁柏、枸杞头等。目前，通常所谓的芽菜多指用种子直接培育的幼嫩芽苗而言。用种子培育芽菜时，因其在形成芽菜过程中发育和显露的部位不同，又有不同的称谓。例如大豆和绿豆等种子，在发芽过程中胚轴伸长，子叶肥嫩，胚芽生长，但不显露，叫豆芽，如黄豆芽、绿豆芽等；豌豆、蚕豆等在发芽过程中，胚轴不伸长，子叶收缩，由胚芽生长形成肥嫩的茎和真叶，称嫩苗，如豌豆苗。

可以培育芽菜的种子很多，最常用的是黄豆、黑豆、绿豆、豌豆，其次是蚕豆、萝卜、香椿。此外，红小豆、白菜、芥蓝、空心菜、苜蓿、芝麻、花生、荞麦、大麦、小麦等也能培育。豆芽菜原产于我国，是我国人民自古就食用的大众化蔬菜，已有2000多年的历史。因其物美价廉，嫩脆可口，近年已遍及国外。

芽菜中含有人体所需的各种营养物质，如胡萝卜素、维生素B、维生素C、维生素D、维生素E、维生素K、多种氨基酸、钙、铁、钾、磷等无机盐及大量活性物质、蛋白质、脂肪等，不仅营养丰富，味道鲜美，而且有良好的食疗效果。德国营养生理学研究所指出，人类每日所需的蛋白质，如果用动物性蛋白质时需90克，而用植物性蛋白质时只需30克，若用发芽过程中的活性植物蛋白质时仅需15克。现已证明，芽菜具有抗疲劳，抗衰老，抗癌等作用，对预防皮肤粗糙、黑斑、毛发障碍、便秘、贫血等也有良好效果。芽菜蔬菜中含有大量的蛋白质、脂肪和碳水化合物以及钠、磷、铁、钙等，发芽后不仅能保持原有的营养成分，而且还增加了维生素 B_1、维生素 B_2、维生素 B_{12} 和维生素 C 的含量。春季是维生素 B_2 缺乏症的多发期，每人每天摄入的维生素 B_2 低于 0.6 毫克时，易患舌炎、口角炎、唇炎、脂溢性皮炎、眼腺炎及角膜炎等病症，多吃些芽菜可减免其发生。

特别应注意的是，目前癌症已成为人体健康的大敌。美国克莱博士在控制癌症理论研究中指出，癌症患者中多数缺乏消化蛋白质的胰酶、维生素 A 和维生素 B。某种 B 族维生素对癌细胞有毒，而对正常组织无伤害。而芽菜中正含有这种防癌症的重要成分。萌芽种子比同类种子中的 B 族维生素的含量要高出 30 倍，所以常吃芽菜有明显的防癌效果。

芽菜在产品形成过程中，所需营养主要依靠种植材料本身积存的养分转化而来，生产周期又短，在整个培育过程中不需任何农药、肥料，是一种无公害的卫生食品，此外，其栽培方便，生产设备简单，规模可大可小，生产具计划性、稳定性，不受气候条件限制，一年四季随时可以生产，对调节淡季蔬菜供应具有重要作用，而且效益很高。例如香椿种芽用苗盘立体架栽，60 厘米×25 厘米大小的苗盘，播 30 克种子，12～15 天采收，产芽菜 250 克。一般设 5 层，全年生产 25 批，产量远比常规蔬菜高。产品经精细包装，以优质高档细菜上市，价格比普通菜可高出几倍；若在冬、春淡季供应，则效益当更显著。另外，芽菜属于典型的节地型农业。我国地少人多，发展芽菜生产，对于节约土地，充分发挥土地潜力，具有重要意义。所以，随着人民生活水平的提高，芽菜作为富含营养，洁净卫生，安全无害，风味独特的高档细菜，备受青睐，发展前途甚为广阔。

二、芽菜生产的环境条件

水分、温度、空气是种子发芽必需的三大要素，而光对产品的质量影响很大，所以芽菜生产中必须对这4种条件加强调控。

（一）水　分

水在芽菜生产过程中除满足发芽、促进幼苗生长外，还能起到排污、带走过量氧气和调节温度的作用。水是种子发芽必须具备的首要条件。干燥种子内所贮藏的淀粉、脂肪和蛋白质等营养物质，呈不溶解状态，不能被胚利用。只有当其吸足水分后，才能把这些物质转化为溶解状态，再运输到胚的生长部位，供其吸收利用。所以，水不仅是胚生长时所需营养物质的活化基质，而且是传送它们的媒介。同时，由于种子经水浸润后结构松软，氧气容易进入，胚根、胚芽也容易突破种皮，所以，发芽时首先要有足够的水分。种子吸水的速度和数量，取决于种皮结构，胚及胚乳的营养成分和环境条件。种子的吸水量可用绝对吸水量和相对吸水量表示：

$$\text{绝对吸水量(克)} = \text{吸水后种子重量} - \text{风干种子重量}$$

$$\text{相对吸水量(\%)} = \frac{\text{绝对吸水量}}{\text{风干种子重量}} \times 100\%$$

种子播种前浸种处理，主要掌握吸水速度而不是吸水量。只要保证吸水量达到最大吸水量50％～70％的浸种时间，即可基本满足要求。如需使吸水量达到饱和，则继续延长浸种时间。但浸种时间切勿过久，否则氧气不足，种子进行无氧呼吸，产生的二氧化碳和乙醇等，使种子中毒，会出现烂种、烂芽现象。同样，种子发芽以后，水分过多或浸泡于水中，会导致缺氧而影响生长。常用芽苗菜种子发芽所需最适浸种时间及相对吸水量见表11-1。

表 11-1　芽苗菜种子发芽所需浸种时间及相对吸水量

（王德槟等）

品　种	浸种时间(小时)	相对吸水量(%)
豌　豆	24	90.58
黄　豆	24	120.64
红小豆	24	72.10
绿　豆	24	103.03
蚕　豆	24	110.21
花　生	24	51.10
苜　蓿	6	101.60
萝　卜	2	65.49
黄　芥	2	60.27
芥　蓝	2	57.17
香　椿	24	120.20
荞　麦	24	60.77
向日葵	8	86.84
芝　麻	8	53.62
蕹　菜	36	107.68

注:浸种水温为 20℃

(二)温　度

种子发芽和幼苗生长必须有适当的温度。因为萌发和生长时,内部进行的物质和能量转化都是复杂的生物化学变化,这种变化必须在一定的温度范围内才能进行。一般说,多数种子发芽所需的最低温度为 0℃～5℃,最高温度为 35℃～40℃,最适温度为 25℃～30℃。在芽苗菜种子中,红小豆、绿豆、花生、芝麻等喜温蔬菜,发芽要求较高的温度,其最低温度为6℃～12℃,最适 25℃～30℃,最高 35℃。而豌豆、蚕豆、苜蓿等耐寒性蔬菜,发芽的最低温度为 0℃～4℃,最适 20℃～25℃,最高 35℃。

温度对种子发芽速度及发芽率有很大影响，如豌豆种子，在10℃中10天后发芽率才达到95%，而在25℃中，4天就达99%。温度除影响发芽速度外，还影响幼芽的生长速度，温度过低，生长速度慢，产量低；温度过高，发芽受阻，或生长过快，纤维多，品质差。

（三）空　气

种子萌发时，特别是开始萌发时，呼吸作用显著增加，因而需要大量氧气。如果氧气不足，正常呼吸作用受到影响，胚就不能生长，妨碍发芽，并且进行缺氧呼吸，会放出乙醇和有机酸，严重损害幼苗。所以氧气在芽菜生长过程中有着重要作用。但氧气也不可过多，否则呼吸加快，新陈代谢旺盛，芽苗细弱，纤维化严重，品质差。所以芽菜生长期间，要适当降低周围空气中的氧气含量，减少呼吸消耗，可使胚轴粗壮，纤维化轻，质脆鲜嫩。

（四）光　照

光与芽菜的质地和颜色有关。有的芽菜，如黄豆芽、绿豆芽等以粗壮质脆洁白者为佳，宜在黑暗中培养。豌豆苗、香椿芽、萝卜芽菜等除要求质脆鲜嫩外，还需带有鲜艳的绿色，光线充足时，叶绿素形成得多，绿色浓，但纤维多，质量差。所以最好前期使其在较黑暗的条件下生长，采收前1～2天再增加光照，使之绿化后立即上市。

三、芽菜生产的场所和设施

（一）芽菜生产的场所

芽菜生产场地因芽菜的种类和当地的环境条件等而异。如黄豆芽和绿豆芽，一般为黄白色，在温室无光条件下即可生产。而当生产绿色豆芽时则需在有光的棚室内进行。豌豆苗是半耐寒性蔬菜，全生育期适宜生长的温度为15℃～20℃，发芽适温为20℃左右。4℃～6℃时可以发芽，但出苗时间长，温度超过25℃时出苗快，但发芽率低。所以因温度不同，生育期差异很大。为此，北方地区豌豆苗生产，多采用加温温室或日光温室，南方多采用不加温温室或大棚。如果各季节最低温低于12℃时，需要加温设施，夏季温度超过30℃时需要降温设施。

(二)芽菜生产的设施

1. 多层栽培架 为提高土地利用率，常采用立体多层栽培。栽培架由30毫米×30毫米×40毫米的角铁制成，架长150厘米，宽60厘米，每层间隔35～50厘米，共3～6层。

2. 育苗盘 育苗盘多为平底、有孔的塑料盘。盘长60厘米，宽25厘米，深5厘米，重约500克。为出售方便并便于暂时存放，现已开始采用与大苗盘相配套使用的小培养盘，大盘套小盘，形成“子母盘”状，既有利于一家一户购买，而且可在宾馆、饭店向顾客直接展示。有些国家还用专门的透明小塑料杯生产萝卜芽，从而大大提高了芽菜的档次和身价。

3. 浇水设备 规模化生产时，可以安装微喷装置及定时器，定时自动喷灌。一般可采用人工浇灌，即将胶皮管一头接在自来水龙头上，另一头装1个喷壶头，向苗上喷淋。

4. 遮光设备 温室后坡下生产芽菜时，可在中柱上吊挂聚酯镀铝反光幕，既可改善幕前作物的光照和温度条件，又可对后部作物起到遮光作用。无反光幕时可以吊挂无毒有色膜或牛皮纸等。

5. 调温设备 芽菜生产主要环境条件是水分和温度，特别是四季生产时，更需采用降温放风和增温保温措施调节气温。因此，必须装设增温的暖气、电热线以及降温的凉棚、鼓风机等设备。

6. 其他设备 生产芽菜还须有浸种池、消毒洗刷池、催芽室或催芽罐，以及温度表、湿度计、选种用具和高锰酸钾、漂白粉等药剂。

四、香椿种芽菜的生产技术

香椿种芽菜又叫紫(子)芽香椿，是由香椿种子长出的嫩苗。是一种优质、高产、高效益的无公害蔬菜。据王德槟等试验，用60

厘米×25厘米的育苗盘作容器，播30克种子，播后12～15天采收，平均可收种芽250克。香椿芽菜香气浓郁，风味鲜美，质脆多汁无渣，营养丰富，且有食疗作用，很有发展前途。

(一)生产设施

香椿芽生长的适宜温度为15℃～25℃，栽培时首先要满足这个条件。一般当室外平均气温高于18℃时，可在露地生产，但需适当遮阳，避免直射光，同时加强喷水，保持湿度，才能使其鲜嫩。晚秋、冬季及早春可利用温室、大棚、阳畦等设施生产。棚室的大小，按生产规模而定，大致每立方米空间可生产香椿芽10～15千克。若需每天产出200千克香椿芽，有15～20立方米的生产间即可。

为了提高保护地的利用率，可采用架式立体栽培。栽培架由角铁、钢筋、竹木等材料制成，共3～5层，每层间距30～40厘米，宽度依育苗盘的长度而定。为便于操作，栽培架的高度不宜超过1.6米。

架上置育苗盘。育苗盘长60厘米，宽25厘米，高5厘米，盘底有孔，以利于排水。最好用轻质塑料制成，以减轻栽培架的承重，并便于移动和采收。

栽培基质可用珍珠岩，高温消毒后的草炭土或水洗沙掺些炉渣等，其中以珍珠岩最好。珍珠岩重量轻，通透性好，又经过高温烧结，使用前也不需进行消毒。

香椿芽生产周期短，基质中保持的水分基本上能满足整个生长期间对水分的需要。但幼芽长出基质后，为提高空气湿度，使香椿芽更加鲜嫩，需要装置喷雾设备，以便定时喷雾。

(二)香椿芽苗的生产方法

香椿种子小，平均千粒重约9克，饱满种子16克。种子寿命短，新鲜种子的发芽率可达98%左右，贮藏半年后降至50%，1年后失去发芽力。生产中应用新籽。香椿种子上的膜质翅是维持种子生命力的重要部分，贮藏期间切勿除去，播种前再搓除。

播种前，将种子放入布袋中，轻轻揉搓，除去翅膜，簸净，剔除瘪籽、破损籽、虫蛀籽及畸形种子，用30℃～45℃温水浸种。浸种时间根据种子吸水量、吸水速度和温度决定。香椿种子最大吸水量为风干种子重的123.3%，用30℃～50℃温水浸种，8小时后吸水量达最大吸水量的68.23%～75.11%，12小时后达81.08%～84.66%，24小时后达到98%以上。因此，用温水浸种的适宜时间为18～24小时。浸种后，捞出种子。再用0.5%高锰酸钾溶液浸半小时，清水淘洗至水清亮时用湿毛巾或麻袋片包好，置20℃～25℃处催芽。每天早晚取出种子翻动，使之受热均匀。约经4天，芽长0.1～0.2厘米时播种。

播种时，先将育苗盘洗刷干净，底部垫上或钉上尼龙纱，再铺一层白纸，纸上平摊一层拌湿的珍珠岩，厚2.5厘米。珍珠岩与拌水量的体积比为2∶1。也可用细土和优质农家肥各半混匀，或70%锯末(或稻壳)和30%细土混匀。基质选定后再加入0.5%的三元复合肥。播前10～15天，用50%多菌灵可湿性粉剂500倍液，每平方米6～8克消毒。然后，将催好芽的种子均匀地撒到基质上，每平方米240克。播种后，再覆盖一层珍珠岩，厚1.5厘米。覆盖后，立即喷水，使珍珠岩全部湿润。

播种后保持温度20℃～22℃，空气相对湿度80%左右，每隔6小时用20℃清水喷淋1次，每隔2次喷水，即第三次喷水时加入10毫克/升的细胞分裂素和10毫克/升的赤霉素，以后仍旧每6小时喷淋温水1次。经5～7天，种芽即可伸出基质。这时，种子自身贮藏的营养几乎耗尽，应于1叶1心期，2叶1心期，3叶1心期分别喷淋1次混合液，补充营养，促进生长。混合液的组成是：15毫克/升的细胞分裂素，加15毫克/升的赤霉素，加0.2%的尿素。其他时间，每隔6小时用20℃清水喷淋1次。约经10天，当幼苗高10厘米时，开始进行光照。过2～3天，趁根、茎、叶尚未木质化，茎、叶呈黄绿色或紫绿色时采收上市。

采收一般在早晨9时左右，可将其连根从基质中拔出，洗净，包装上市。若将未浸水的香椿种芽放入食品袋中封藏,置阴凉处可保存1周。就近销售时,最好连盘上市,然后回收苗盘和基质。

香椿芽采收后,将培养盘里的残留物拣净。再行种植时,培养盘和珍珠岩用1000倍的高锰酸钾液,或每100升水中加1克漂白粉,浸泡20～30分钟,取出,控净水,放置1～2天后再用。

(三)香椿种芽生产方法

将催芽露白的香椿种子,放入干净、底部有排水孔的木盆或陶盆里,厚3～5厘米,保持温度20℃～22℃,空气相对湿度80%,遮光培养。每隔6小时用20℃清水喷1次。喷水量要大,须将种子淹没。种子喷淋后,趁水淹没种子时,将漂浮在上面的种壳清除,然后使水从盆底孔中排出。另外,每天上午随喷水倒缸(或倒盆)1次,将容器内上、中、下层的种子充分淘洗,均匀混合,使长出的芽苗均匀健壮。如此,重复操作2～3天,芽长0.5厘米左右时,为胚根伸长期,以后再喷淋水时不再倒缸,而且喷水要缓和,不要冲动种子。

为了使椿芽不长须根,可用15毫克/升的无根豆芽素水浸泡种子半分钟。先用20℃清水喷淋种子,至容器底部排水孔开始排水时,堵住排水孔。再用15毫克/升无根豆芽素水喷淋,使种子全部浸到水中后泡半分钟。然后,打开排水孔,排净药液,并及时用20℃清水淋净残留的药液。此后,仍每隔6小时淋温水1次。芽体长1.5～2.0厘米时,再用10毫克/升的细胞分裂素,加10毫克/升的赤霉素浸泡1分钟;芽长3.5～4.0厘米时,用15毫克/升的细胞分裂素,加15毫克/升的赤霉素和0.2%尿素混合液浸泡种子1.5分钟。

椿芽长到5厘米以上时,可将其从容器中拔出,漂洗干净后装盒上市。椿芽生长期要遮光,否则会使容器上层芽体变绿,降低品质。对于变绿的椿芽,或割除,或单独捆把,作为椿苗出售。

(四)病害防治及问题处理

香椿芽菜生产周期短,基本无病害,偶尔会有烂种、烂芽或猝倒病的危害。预防烂种的主要方法是:种子要精选,发芽率要高,生长整齐。催芽期间控水防烂,预防高温高湿,温度不宜过高或过低。喷淋过程中不可冲动种子。对种子及基质、用具等进行彻底消毒灭菌。对烂种烂芽者连同病部周围的种芽一起淘汰,再用生石灰消毒。

猝倒病在低温高湿环境中容易发生。防治的措施是:为了增温保温,可用温水喷淋,或用电热线或暖气加温,或增加覆盖保温。使用的水应直接从机井中提取,不要用从水道中送来的水。温室中供香椿用的水要单独存放,使用前用1毫克/升的漂白粉消毒。椿芽生长期应适当控水,加强通风,特别是连续阴雨天要控水、增温。适当喷施0.2%磷酸二氢钾,或0.1%氯化钙,提高秧苗抗病性。个别苗盘发生猝倒病时,及时剜除病部,再灌入400倍铜铵合剂液(1千克硫酸铜和5.5千克碳酸氢铵或5.5千克碳酸铵,分别碾碎,混匀,装在玻璃瓶里盖严,放置24小时)喷洒病部。

为了提高香椿芽菜的品质,要防止强光照、干旱和高温,同时要适时采收,避免纤维化。生产用的容器,严禁用铁制品,否则水里析出的铁锈色容易使芽苗变成暗绿色,降低商品价值。

(五)香椿芽菜的利用

香椿芽菜每100克含蛋白质9.8克,脂肪0.4克,胡萝卜素0.13毫克,维生素C 56毫克,钙143毫克,钾548毫克,锌5.7毫克,镁32.1毫克,氯45毫克,营养丰富,鲜嫩芳香,健胃提神。一般连根食用,先用开水略焯一下,捞出放入清水中,随即捞出控干水后,稍加精盐调味,随时取用。亦可用其炒鸡蛋,拌豆腐,调凉菜,调面条等,色香味俱佳。

五、萝卜芽菜的生产技术

萝卜芽菜是萝卜种子萌发形成的肥嫩幼苗,又叫娃娃萝卜芽。又因其两片子叶像割开的贝壳,所以又有贝壳菜之称。

(一)品种选择

所用品种不限,最好用绿肥萝卜种子,并注意筛选适宜不同温度生长的品种,以茎白色或淡绿色,叶色浓绿或淡绿色,胚轴粗而有光泽者较好。日本已实现了萝卜芽菜的工厂化生产,其配套品种是:高温期为福叶 40 日,中、低温期为大阪 4010 和理想 40 日。

(二)生产方法

露地或温室均可生产。露地生产的须有遮阴防雨设施。可用土壤栽培,也可进行无土栽培。

种子要精选,籽粒要饱满,生活力要强,种子千粒重要达 15 克以上,48 小时内发芽率应达到 80%以上。种子先在太阳光下晒一晒,放 30℃水中浸 10 分钟,然后用 52℃水浸 15 分钟,再在常温水中浸 3 小时。捞出,用纱布包好,在 20℃～25℃温度中催芽,当有 50%种子露白时播种。

土壤要疏松、肥沃,并增施少量氮肥,整平畦面,浇透底水。每平方米播入 80～120 克种子,覆细土或细沙,厚 1～1.5 厘米,上盖草帘,或报纸,或黑色遮阳网。早、晚喷水,温度保持 15℃～20℃,3 天后出苗。出苗后及时揭去覆盖物,如果阳光较强,宜用黑色遮阳网覆盖。苗高 3～5 厘米时,浇 0.5%氮素化肥水。以后,干燥时早晚用细眼喷壶洒水。洒水不宜过多,防止发生猝倒病。也不可过于干旱,否则幼苗老化,品质差。收获前 3 天,芽长 5 厘米时,将覆盖物除去,使其在弱光下,促其绿化。这样,幼苗的胚轴直立,颜色纯白,质量好。也可在播种后一次覆土,厚 8～10 厘米,或分次覆土,使幼苗遮光软化,出土后立即采收,上绿下白,品质更佳。

无土基质栽培时,多用立体方式生产。用长 60 厘米,宽 25 厘米,深 5 厘米的塑料苗盘作容器。先在棚室内苗床上铺一层塑料薄膜,防止营养液渗漏,再将蛭石,或珍珠岩,或草炭、炉渣混合物等基质填入苗盘中,浇透底水,播入种子,每盘 100～150 克。播种后再盖一层基质,厚 1～2 厘米。为了保湿、保温,再盖一层地膜,或不织布,或报纸,并将几个苗盘叠放在一起,置 20℃～25℃处,保持黑暗和湿润。出苗后将叠盘拿开并除去覆盖物。每天向苗盘喷浇稀营养液(每升水中加尿素或硝酸铵1～2克)。经6～7天,苗高10厘米时见光绿化,再过2～3天,苗高10～15厘米时采收。苗盘液膜水培时,先在苗盘内铺一层塑料薄膜,放入营养液,再置一层或几层尼龙网或遮阳网,种子播种到网上,使营养液面略淹没种子,其上加盖地膜或不织布,出苗后揭除。在20℃中,约经1周即可采收。用育苗盘或大口塑料瓶淋水培养时,先在盘(瓶)底铺吸水纸或布,将浸泡好的种子摊到上面,上盖棉布,每天早晨淋清水1次,苗高10厘米时采收,或带瓶(盘)出售。

(三)采收与食用

萝卜芽菜食用标准不同,采收期也有差异:从播种至采收,食用子叶期芽苗者需4～7天;以两片真叶展开芽苗食用者,需10～17天。一般以苗高10～15厘米,子叶充分展开,真叶刚显露,叶色绿者较好。

采收宜在清晨或傍晚。收时连根拔起,洗净,捆扎包装,即可上市。食用前再切除根部。每千克种子,可生产10千克芽菜。

萝卜芽菜含有芥子油苷,具有辛味及香气,并含有胡萝卜素、维生素B_1、维生素B_2、维生素C和维生素E,及铁、磷、钙、钾等无机盐,还有丰富的淀粉分解酶和纤维素,能够促进肠胃蠕动,帮助消化。

萝卜芽菜可以生食,也可熟食。生食时可加少许油盐清拌;或作沙拉、冷拼盘的配菜,或夹食于三明治、汉堡包、烤饼中,风味鲜美。熟食时可以炒肉丝,做春卷、汤等。

六、豆芽的生产技术

豆芽菜又叫豆卷(黄珏《本草便读》)、大豆卷、黄卷皮等,一般是用黄豆、绿豆、红小豆等加水湿润,保持适当的温度,使之发芽长成嫩芽。豆芽菜是我国的特产,日本不多见,欧美几乎没有,仅在大城市华人菜馆中少量生产,作为珍蔬供品尝。

黄豆发芽后，脂肪含量变化不大，蛋白质的人体利用率也基本未变，谷氨酸下降，天门冬氨酸增加。黄豆中含有棉子糖和鼠李糖，这类物质人体不易消化，又容易引起腹胀，但在生芽过程中会消失，人食后无胀气现象；有碍于食物吸收的植物凝血素几乎全部消失；生芽中因酶促作用，使植酸降解，释放出磷、锌等矿物质，可以增加其被人体利用的机会。最有趣的是维生素 B_{12} 的变化，以前认为，只有动物和微生物能合成维生素 B_{12}，而瑞士的科技人员在做黄豆无菌发芽试验时发现，豆芽中维生素 B_{12} 大约增加 10 倍。黄豆和绿豆中都没有维生素 C，而生成豆芽后维生素 C 含量却较丰富。所以，豆芽的营养价值很高。另外，豆芽的颜色洁白，质地脆嫩，味道鲜美，同时能四季生产，长年供应，特别是冬春缺菜时更成了人们最经济实惠的佳蔬。豆芽菜还有一定的药用价值：豆芽含维生素 C 和氨基酸较多，又富含不饱和脂肪酸，因而有预防坏血病和牙龈出血的作用，能防止血管硬化，降低血液中胆固醇水平，防止小动脉硬化和治疗高血压。不饱和脂肪酸还有护肤养颜和保持头发乌黑发亮的功能。豆芽中粗纤维较多，能预防结肠癌及其他一些癌病的发生。维生素 B_{12} 有抑制恶性贫血，促进血红细胞的发育和成熟的作用。黄豆芽佐餐，可治寻常疣。如妇女怀孕期间血压增高，可服用煮 3～4 小时的黄豆芽水，每日服数次。如胃有积热，取黄豆芽、鲜猪血共煮汤食用。干黄豆芽性甘平，能利湿清热，对胃中积热、大便结涩、水肿、湿痹、痉挛等病均有较好的疗效。

豆芽栽培的方法如下。

(一)选好豆子

培育豆芽菜最常用的是黄豆、黑豆。豆子发芽，主要是处于胚根与子叶之间的下胚轴部分伸长，子叶在豆芽的上部，看起来美观，也合乎人们的食用习惯。同时，黄豆原料来源广，成本低，所以一般都用它泡豆芽。但是，用黄豆生豆芽，干物质损失 20%左右，豆瓣也不易消化，所以从营养角度上看，用黄豆生豆芽不合算，最好用绿豆。绿豆粒小,生产的豆芽多,维生素C也比黄豆芽高。

豆粒要选择充分成熟,发芽率高,无虫蛀、无发霉的种子。不太成熟的种子,皮发皱,发芽慢,芽子寿命也短;虫蛀过的种子有时能发芽,但芽长势弱,产量低,质量差;贮藏受热的走油豆,生命力弱。

(二)场地和容器的选择

豆芽菜一般在室内培育。必须保证环境黑暗,同时要能保温、保湿。所用器具根据经济条件和培养量确定。量少时用瓦盆,量多时用瓦瓮、瓦缸。瓷瓮不吸水,保温性好,适宜冬天用;瓦缸含水量大,性凉,适合夏天用。缸或瓮的尾部要有排水孔,里外都要洗净,要求无油污、无盐渍。用旧缸时,尤其是在泡豆芽过程中发生过腐烂的,应洗净后要多晒几天。如果没有缸或瓮,也可在室外进行沙培。具体做法:挖一培养床,深50~60厘米,弄平床底后铺10厘米的湿沙,上面挨紧放一层浸泡过的豆子,再盖上湿沙,厚10~13厘米。

(三)浸种和入缸

用自来水或井水浸种。自来水清洁卫生,且有余氯,具漂白作用,生出的豆芽洁白美观。井水有浅水井和深水井,大城市浅水井水量小,水质差,pH值高,不宜用于生豆芽。深水井水量大,水质好,一年四季温差小,最低18℃,最高22℃,可长年用于生豆芽。江河水和塘水有异味,不宜用于生豆芽。将豆子放到锅里或其他容器中,先用45℃~50℃的水浸泡半小时,再用笊篱捞出瘪籽和霉籽,继续浸泡2.5~3小时。当豆粒充分吸水完全膨胀变圆后捞出,直接放入豆芽缸中培育。装入缸中的豆子数量要适宜。据农户的经验,内径55厘米、高65厘米的缸,装5千克干豆即可。装入过少,豆芽长得细而长,产量虽高,但丝多,质量差;装量过多,不仅芽长不长,产量低,而且当其长满缸、露出缸口后,容易受冷受旱,不利于生长。豆子装入缸中后,缸口用麻袋片、塑料布或草帘等盖严,防止光照。如果豆芽缸少,可在竹笼下部和周围铺些有孔的塑料布，再把浸泡好的豆子装入，用塑料布和麻袋等盖严，放到温暖处催芽，芽长到2～3厘米时，再倒到缸中继续培养。

（四）管　理

豆子入缸后的主要管理工作是浇水和控制温度。冬季温度低，豆子入缸后须立即用30℃左右的温水从缸的四周浇入，以提高缸的温度。浇第一次水后，开始2～3天每天隔3～4小时浇1次，4～5天后5～6小时浇1次。水温随豆芽菜的生长逐步降低，由第一天的30℃逐渐降低到第六天时15℃左右。浇水量应逐日增加。豆芽房的温度应控制在18℃～25℃以内。温度过高时，豆芽的根和茎秆发红，须根多，芽子不壮实；温度过低，豆子发黏，易腐烂。

豆子装入缸中后，经6～7天，芽长到5～7厘米时，开始上市。出售前，先把豆芽放到水中，稍加搅动，使种皮与豆芽分开，因豆皮比重大，所以沉于水下，用笊篱将豆芽从水中捞出，装入筐中即可。

（五）常见问题及解决方法

1. 红根　豆子发芽后不久，当根很短时，胚轴上先产生红斑，不再长须根，进而使豆芽发红、腐烂。这是由于温度高低变化过大、浇水不匀所致。防止红根的关键是掌握好水温，适时浇水。

2. 猛根与坐僵　猛根，系指豆芽须根过多过长的现象。这是由于水温高、浇水时间短，从而导致根系过度生长。坐僵，系指豆芽头大梗细、无力生长的现象。这是由于豆子浸入水中时间过长，引起缺氧和营养物质外渗造成的。解决的方法是，掌握好浸豆的时间，发芽后注意掌握好浇水量。

3. 烂缸　烂缸有3种情况：一是豆芽两头完好，而中间腐烂，俗称“折腰”。二是豆芽成片迅速腐烂，原因是温度太高、水分过多以及病菌污染。三是豆芽根部发黑，不长须根，芽很短，进而逐渐腐烂。这种现象在温度低且湿度大的情况下容易发生。防止烂缸的方法，除控制温度、湿度外，还要注意卫生，避免豆芽受污染。

(六)无根豆芽的生产

江苏南京市蔬菜研究所从1980年开始,经过3年试验,利用食品添加剂NE-109培育无根豆芽获得成功。无根豆芽不仅节省摘根时间,而且豆芽的食用率提高15%~20%。该技术经过江苏省及全国食品添加剂标准化技术委员会审定,认为是安全可行的。其培育技术如下:培养豆芽的场所要求冬暖夏凉,空气稳定,阴暗。用具、容器要洗净。种子用清水浸4~6小时,再用0.1%漂白粉浸半分钟,搁置1分钟,然后用清水淘净,放入容器中。黄豆芽长到1.8厘米时,用NE-109一号粉剂溶液(每包对水50~75升)将豆芽浸1分钟,取出搁置4~6小时,再用清水淋洗。当芽长到5厘米时,用NE-109二号粉剂溶液(每包对水50~60升)浸2分钟取出。5~6小时后再淋水。500克黄豆第一次用药液2.5千克,第二次用3千克。第二次用NE-109处理后,当下胚轴伸长,胚根基部呈圆形,无须根,即表明豆芽发育成熟,可以上市。用豆芽机培育豆芽时,黄豆芽用NE-109二号粉剂溶液(每包对水250升)处理2次:第一次在芽长1.8厘米、第二次在芽长5厘米时淋入NE-109溶液,每次9分钟,两次间隔1.5小时。淋洗4次后,另换新药液。

七、豌豆芽(苗)的生产技术

豌豆芽苗是一种常用的蔬菜。我国和东南亚地区将豌豆作为叶菜栽培,食用的苗叶叫豌豆苗。京津一带所称的豌豆苗,是指专门密植软化栽培供食用的豌豆嫩苗;而长江流域及其以南地区的豌豆苗则指专门栽培,采摘食用豌豆植株的嫩梢叶,上海、南京称之为豌豆苗,四川叫豌豆尖,广东和港、澳地区叫龙须菜,也有叫蝴蝶菜的。扬州叫安豆菜,每年岁首,餐桌上摆一盘安豆苗,意味着新的一年合家安泰,岁岁平安。

豌豆苗一般以幼嫩梢叶供食用,尤以托叶和幼芽将要张开时的为佳。叶大,肉厚,纤维少,质地嫩滑,清爽脆嫩,素炒、荤做、凉拌、配汤均可，更是涮火锅的佳品，色香味俱全。

（一）品种选择

作豌豆苗用的品种，除皱粒种外，其他品种均可。其中较好的有上海豌豆苗、美国豆苗、无须豆尖1号、白玉豌豆（小粒豌豆）、中豌4号、山西小灰豌豆、日本小荚和麻豌豆等。大荚豌豆在催芽和幼苗生长期易烂种，而且传染很快，一般不用。

（二）露地栽培豌豆苗

豌豆属半耐寒性植物，不耐热，种子在1℃～2℃时缓慢发芽，发芽最适温为16℃～20℃，超过25℃～30℃时出苗率下降。幼苗能耐－4℃～－5℃的低温，生长适温为15℃～20℃，温度过高时叶片薄，产量低，品质差。露地栽培，根系深，较耐旱，不耐湿，土壤湿度过大易烂种。露地生产分春秋两季，东北、西北、华北等寒冷地区多行春播；华东及黄河中下游地区春秋两季播种；华南沿海地区常秋播冬收；江南地区多秋播春收。

豌豆根部分泌物会影响翌年根瘤菌的活动和根系生长，因此忌连作。一般用平畦，低湿地用高畦。整地时施入腐熟农家肥，注意增施磷、钾肥。播前种子应进行粒选或盐水选种，有条件时可用二硫化碳熏蒸预防病虫害。多行直播。南方春豌豆苗常在10月中旬播种，行距30～40厘米，播幅10厘米，每667平方米播种量15～17千克。翌年春，苗高16～20厘米时采收。秋豌豆苗可于8月上旬播种，行距15厘米，每667平方米播量30～40千克，9～10月份采收。北方地区种植豌豆苗时，先做平畦，浇足底水，再撒播种子，每平方米2.5～3千克，以豆粒铺满床面又不相互重叠为度。播种后随着幼苗的生长，分2～3次覆土，厚10～18厘米，使叶尖不露出土面，促其软化，直至采收前停止覆土，使苗尖1～2片小叶露出土面，呈绿色。播种后10～15天收获，每千克干豆粒可收豆苗3.5～5千克。

豌豆尖采收只摘上部复叶嫩梢，连带1～2片未展开的嫩叶。15天左右收1次，共收5～6次。收后放入筐中，切勿堆积，以免发热腐烂。一般每667平方米产800～1000千克。

豌豆苗生长期间，最易受蚜虫和潜叶蝇的为害。因豌豆苗生长期短，采收又勤，所以在防治虫害时，要严格选择残效期短，易于光解和水解的药剂。同时，因潜叶蝇幼虫可潜入叶内为害，必须抓紧产卵盛期至孵化初期关键时刻防治，才能收到良好效果。常用的药剂有40%乐果乳剂800倍液，或灭杀毙21%增效氰马乳油8000倍液，或2.5%溴氰菊酯，或20%氰戊菊酯3000倍液喷洒防治。乐果为内吸剂，对害虫有触杀和胃毒作用，对蚜虫、螨类和潜叶蝇等害虫有较好防效，且在高等动物体内被酰胺酶、磷酸酯酶等分解成无毒的乐果酸、去甲基乐果等，对人畜毒性低。用时，一般每667平方米用量为50克，或稀释成2000倍液喷施，最多喷5次，最后一次喷药距采收期应不少于5天。灭杀毙的主要成分是氰戊菊酯、马拉硫磷和增效磷，对人畜低毒，有触杀和胃毒作用，作用迅速，击倒力强，对蚜虫、螨类和鳞翅目幼虫均有良好防效。田间残效期10～14天。

(三)豌豆芽苗室内生产

种子精选，剔除虫蛀、破残、畸形者，然后放入清水中，浸泡8～20小时，浸种期间换水2～3次，保持清洁。浸种后捞出，控干，放入桶或盘中，上盖湿布，置20℃左右处催芽。催芽期间，每天用清水淘洗1～2次，冬天24～48小时，夏天24小时出芽，出芽后播种上盘。盘的规格有：65厘米×35厘米×5厘米，每平方厘米1.2目；60厘米×30厘米×4厘米，每平方厘米1.0目；60厘米×25厘米×5厘米，每平方厘米1.0目。盘底垫一层报纸，防止苗根从盘底孔中穿出，影响清理。然后，将催芽后的种子用清水淘洗后平铺到盘中，每盘播500～1000克。种子上放一层湿纸，随即将盘5～10个1摞，叠放在一起，上盖空盘遮光。置25℃处，每天上下午各倒盘1次，约经3天，待种子长出幼芽时再放到栽培架上，或放到地上见光处。另一种方法是，播种后将苗盘直接放到栽培架上或地面上，用黑色或银色塑料膜覆盖遮光，直到采收前3～4天才将覆盖物揭除，进行绿化。

豌豆苗出苗后，要根据天气和苗龄大小浇水。晴天，温度高时1天浇3～4次水；阴天，温度低时，少浇，1天浇1～2次。浇水最好用25℃左右的温水。从播种到苗高4～5厘米以前，浇水量要大，要浇透。采收前要小水勤浇，防止窝水烂苗。浇水用清水，一般不加营养液。为了增加叶绿素含量，采前3天，也可用0.2%尿素液喷洒。豌豆苗在10℃～30℃都能生长，以20℃左右最为适宜。温度低，生长慢，超过30℃时，则容易发生根腐病。要加强通风，空气相对湿度不宜超过80%。对光照要求不严，株高3～5厘米以前，保持黑暗，采收前3～4天见光绿化，既有利于生长，又可提高品质。

豌豆苗播种后，夏季10天、冬天15天，苗高10～18厘米，顶端真叶刚展开时即可采收。采收时从根部1～2厘米处剪下，装入塑料盒或保鲜袋中，立即出售。也可连盘带根出售。

豌豆苗的主要病害是根腐病。该病靠种子、栽培器皿、土壤、工具等传染。主要防治方法是：育苗盘要彻底清洗，并用漂白粉或高锰酸钾液浸泡消毒后再用；种子用0.1%高锰酸钾液浸种15～20分钟，清水冲净后再催芽，播种。

豌豆苗的食用方法，一般是煸、清炒、涮火锅和做汤。烹调时用旺火，迅速爆炒，以成菜后保持形态挺展者为佳。荤素均宜。荤配时可作鸡、鸭、鱼等菜肴的垫衬或围镶。如扒肘子可将豌豆苗摆在周围，红绿相映，使人食欲顿增。炒虾仁装盘时，将豌豆苗置其一旁，白绿相间，令人垂涎。素配时对原料无苛求，豆干、百叶、竹笋均可。水焯后切碎凉拌，或做菜码都甚相宜。

(四)豌豆芽苗多茬生产

多茬生产是利用豌豆芽苗在适当增强光照后，茎基潜伏腋芽可以萌发成枝的原理进行的。方法是：豌豆苗采收前2天左右，用3 000～6 000勒的光照射，使芽苗变绿，茎叶粗大，分枝节位降低。收割时留1片真叶或1个分枝。收割后在通风透光处先晒半天，再移至 5 000～6 000 勒光照下栽培，促使第一腋芽和分枝生长。2 天后，再恢复到弱光条件下栽培，使茎叶加速生长，抑制侧芽和小分枝的生长。苗高 12～15 厘米时，再按采收前 2～3 天的管理方法管理，即可收割第二茬。然后，重复上述过程，再收割第三茬。

多茬栽培中，光照强度以 3 000～6 000 勒为宜，光线不足时苗弱，光线过强时幼苗纤维多，品质不良。保持温度 15℃～20℃，空气相对湿度 85％左右，基质要湿润，每天最少用 20℃清水喷淋 2 次。芽苗不要太密，注意加强通风换气。首次采收后，结合喷水，加入 0.2％三元复合肥，或磷酸二氢钾，或 0.2％尿素补充营养。

(五)豌豆芽苗生产中的异常现象

豌豆苗在生长过程中常出现一些问题。例如，气温低，或光线太强，或湿度小，或营养不足时芽苗生长缓慢；气温过高，或光线太弱，或高温高湿时幼苗徒长，纤细，容易倒伏；干旱，强光，生长期过长时幼苗老化，纤维多，品质差；种芽发霉腐烂主要是种子质量差，精选不彻底，消毒不严所致；有的芽苗真叶刚刚展开，就出现猝倒现象，主要是因低温高湿之故。防治时除防止低温高湿外，可适当喷氯化钙或磷酸二氢钾，增强芽苗长势，缓解症状。

八、苜蓿芽菜

(一)生产方法

苗盘中铺纸。种子浸泡 12 小时，漂除瘪籽、杂质，摊铺到湿纸上，每平方米 170～200 克。温度保持 13℃～17℃，每天用清水淋洗 2 次，3～6 天芽长 2～3 厘米时即可食用，产量为种子重的 8～10 倍。若 5～7 厘米长时采收，放冰箱中可保鲜 5 天，每千克干种子可生产带根芽菜 10～15 千克。

(二)营养与食用

苜蓿芽菜 100 克中含蛋白质 3.42 克，脂肪 20.0 克，碳水化合物 3.38 克，维生素 A 286 单位，维生素 B_1 0.91 毫克，维生素 B_2 0.11 毫克，维生素 C 6.79 毫克，烟酸 0.41 毫克，铁 0.95 毫克，钙

21.00毫克，营养丰富，含热量又低，风味独特，清脆爽口；加之，为碱性食品，其碱度比菠菜约高4倍，可以有效地中和酸性，特别适宜以肉食为主的人群食用。食用方法颇多，做汤时可将其直接放入汤盆，加适量盐、味精、油，将开水倒入即可。也可作涮火锅用料，但时间要短，以保鲜味。生食时，可蘸酱油，或作冷拼盘，或作三明治的夹菜。

九、其他芽菜培育简介

(一)荞麦芽菜

荞麦为蓼科荞麦属一年生草本植物，以嫩苗供食。茎叶中含有丰富的芦丁和黄酮，对人体血管有扩张和强化作用，是高血压和心血管病患者的保健食品。

荞麦芽生长的适宜温度为20℃～25℃，冬季、早春和晚秋需利用棚室生产。外温平均达到20℃左右时可以进行露地生产，但需遮阴防雨。室内生产多利用层架式立体栽培，设3～5层，层距50厘米，架上放苗盘。

荞麦种子种皮坚硬，不易萌发，种植前先晒1天，再用20℃清水浸泡22～24小时，漂除瘪籽和杂质后，沥干表面水分，平铺苗盘中。苗盘下铺纸或布，上盖湿麻袋或湿毛巾，放22℃～25℃温度条件下催芽，约24小时，芽长1～2毫米时播种。苗盘60厘米长，25厘米宽，播入120～130克种子。播种后，先将苗盘叠放一起，用黑色塑料薄膜遮严，置22℃～25℃温度处，经3～4天，胚芽直立，长至2厘米左右时将苗盘上架，见光绿化，温度保持24℃。播后6～7天，苗高5～7厘米，茎粗1.2毫米时，定期喷雾，使空气相对湿度达到85%左右，促进种壳迅速脱落，子叶尽快展平。播种后10～12天，种芽下胚轴长12厘米，子叶平展，呈绿色，胚轴紫红色，近根部白色时采收。采收后切除根部，装入塑料袋中出售。荞麦种子的千粒重为26～28克，生物产量为种子重的5～9倍。

荞麦茎叶中除含有丰富的蛋白质，人体必需氨基酸、钙、磷、铁、钠、钾及大量维生素 B_1、维生素 B_2、维生素 B_{12}、维生素 A 外，还有丰富的黄酮和芦丁，对心血管病、高血压病及其他多种疾病有良好的预防作用。荞麦芽常见的吃法是与盐、蒜、油及芥末油等凉拌，或配菜炒食，或做羹汤。

(二)芝麻芽菜

芝麻种子有白芝麻、黑芝麻和黄芝麻之分。用白芝麻培育芽菜时不需浸种，直接用干籽播种即可。用黑芝麻时，种子宜先用清水浸泡 6～12 小时，催芽后再播。芝麻发芽的适宜温度为 25℃，上限为 30℃，下限为 15℃；生长适温为 20℃～24℃。播种后约经 7 天即可采收。白芝麻芽菜可用醋、酱油等调料凉拌生食，也可做汤及作生鱼片的配料。黑芝麻芽略带苦味，含有丰富的不饱和脂肪酸、维生素 B_1、维生素 E 和钙，是夹食三明治和拌生食沙拉的好材料。

(三)花生芽菜

花生种子中的蛋白质含量达 23%～33%，是一种完全蛋白质，消化系数高达 90%以上，极易被人体吸收利用。培育成花生芽后，其脂肪含量经转化降低到 10%左右，人体必需氨基酸、维生素含量大大增加，营养比花生更丰富。

培育花生芽菜时宜用新鲜种子，精选后浸种。浸种时间要短，大约 2 小时即可。然后置 18℃以上温度下培育，5～7 天，芽长 6 厘米左右时即可食用，产量为种子重的 6 倍。芽色乳白，嫩脆，香，甜，深受欢迎。

(四)蕹 菜 芽

蕹菜芽可以全年用苗盘生产。蕹菜种子种皮坚硬，千粒重 32～37 克，要选择发芽率高的种子，先行淘洗，除去浮籽及杂质，再行浸种。夏天浸泡 6～10 小时，冬天浸泡 12 小时，然后播种。苗盘长 60 厘米，宽 25 厘米，盘底铺洁净纸，用水浸湿，播种 200 克。播种后将苗盘 6～8 个叠放整齐，上盖湿麻袋，置 20℃～25℃温度处，2～3 天即可发芽。发芽后将苗盘散开，置于架上，见光培养，保持温度20℃～25℃，每天喷水2～3次，约经10天，苗高10厘米，胚轴白色，子叶展平，呈绿色时采收，产量为种子重的5～6倍。蕹菜芽含有丰富的蛋白质、维生素B_2、氨基酸和钙、铁等，炒食、凉拌，均甚可口。

（五）芥菜芽菜

用苗盘栽培。苗盘底部铺吸水纸，将种子撒入。每天加水，使之勿干。3～5天子叶展开，菜芽转绿后即可采收。切去根部，做汤、凉拌、配菜均可。

（六）绿瓣豆芽菜

传统的豆芽菜是在完全黑暗环境中生产的呈乳白色或乳黄色的芽体供食用。而绿瓣豆芽菜是在弱光条件下培育的子叶为浅绿色、下胚轴为乳白色的豆芽菜。绿瓣豆芽菜除子叶（豆瓣）颜色与传统豆芽不同外，其下胚轴较长，销售时捆成把或小包装上市，风味与传统豆芽相似，但维生素C含量高。因其利用保护地栽培，方法简便，又常用沙培，较清洁，所以受到生产者和消费者的欢迎。

绿瓣豆芽目前多用黄豆、黑豆和红大豆栽培。选择前茬无严重土传病害，土壤透气性、渗水性好的棚室，耕翻，整平，做成南北向延长的畦床。床宽120～150厘米，深10～20厘米，床间筑30～35厘米宽的床埂。也可将地翻松、整平后用红砖铺砌床埂，做成地上式苗床。种子清选后，放入50℃温水中，迅速搅动，约经15分钟，待水温降低到30℃时，继续浸泡，夏天泡12～14小时，冬天泡24小时。如需培养无根豆芽，浸种时，10千克种子用50升水，加4毫升无根豆芽素。种子捞出后，沥去多余水分。床底铺一层细河沙或细净土，轻轻抹平，按实，但勿踏压，厚2～3厘米，然后播入种子，每平方米需播干种子2.5～3.5千克，铺平，粒挨粒，不成堆，播种后用平手板轻轻按压，使豆种平放土上，然后再盖一层2～4厘米厚潮湿细河沙，抹平。盖沙后立即喷1次水，要浇透，每平方米约1～2升即可。播后夏秋季，每2天喷水1次，冬春季3～4天喷水1次。播后3天，豆芽长约3厘米时重喷1次水，然后停灌，使床面板结。过1～2天，当豆种拱土"定橛"，床面出现裂缝时，将覆盖的河沙起走，使豆苗子叶微露，随即喷水，冲净叶上细沙，再用湿麻袋、黑棉布或单层遮阳网遮阴。上市前2天，最好另换白棉布或单层遮阳网覆盖，造成弱光条件，以利于子叶绿化。生长期间，棚室温度应不低于14℃，不超过30℃，以20℃～25℃最为适宜。豆芽长至1～3厘米时，随喷水加入无根豆芽素，每毫升对水2～2.5升。一般经6～12天，当豆芽长12～20厘米，子叶半张开，尚未平展，真叶微露时采收。1千克干种子，可产8～12千克绿瓣豆芽。

第十二章　其他蔬菜

一、石刁柏

石刁柏俗称芦笋、龙须菜、野天门冬、松叶土当归、药鸡豆子、蚂蚁秆、狼尾巴根等。属百合科多年生草本植物。食用部分是刚从土中长出来的嫩茎，因像芦笋，拟叶细小，似针状，所以又叫芦笋、龙须菜。原产于亚洲西部及欧洲，野生种分布很广。目前美国、法国、德国、日本栽培较多，是欧美消费者喜食的蔬菜。近年来因其罐头制品在国际市场上非常畅销，每年需要量20万吨左右，而我国仅产1万余吨。

石刁柏的幼茎肥嫩细腻，清爽可口，气味芬芳，既能单独烹制，也可配荤配素，经凉拌、炒、煮、烧、烩做成多种菜式。除鲜食外还能大量制成罐头，或制成冻芦笋、芦笋汁、芦笋饮料及芦笋药片等。

石刁柏的营养丰富，是名贵的保健食品。据分析，每100克鲜嫩幼茎含蛋白质1.6～3.0克，脂肪0.11～0.25克，灰分0.53～1.36克，还有大量特有的天门冬酰胺（又叫天门冬素）、芦丁、甘露聚糖和胆碱。经常食用，能健胃，提神，强心，利尿，对心脏症，水肿，肾炎，痛风，高血压，脑溢血，低钾病，宿醉，尼古丁中毒，湿疹，皮炎等都有一定的疗效。石刁柏中的天门冬酰胺酶有治疗白血病和抗癌的作用。由于石刁柏对人体健康有保健作用，所以消费量日趋增加，成为亟待发展的热门蔬菜。

石刁柏生性强健，适应性强，病虫害少，种植后能连续采收20年左右。而且容易栽培，管理简单，又可在4～5月份蔬菜淡季上市。所以除专供加工用的外，在寒冷地区，特别是城市远郊发展前景很广阔。

(一)生物学性状

石刁柏全株由根、地下茎、鳞芽群、地上茎、叶、花、果实和种子几部分构成(图 12-1)。根着生于地下茎的节上,肉质,粗 4～6 毫

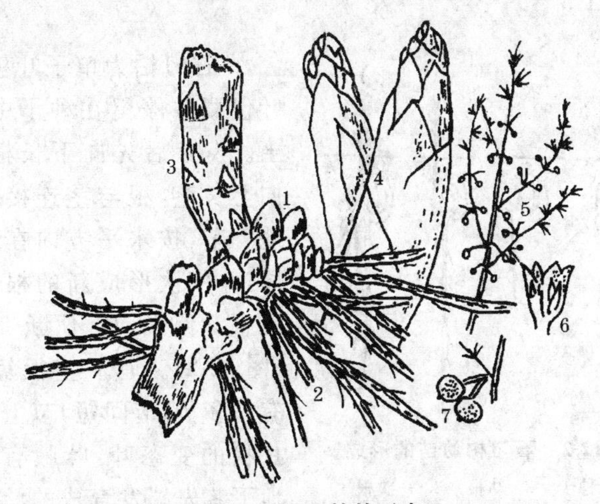

图 12-1　石刁柏的形态

1. 鳞芽　2. 根　3. 残茎　4. 嫩茎　5. 绿枝　6. 花　7. 果实

米,长 120～300 厘米,分布幅度 2～3 米,大部分在地面下 1 米处,30 厘米土层内的根占 84%。根的寿命 5～6 年。因每年在嫩茎基部形成新根,根状茎向上生长,为使根不致外露,每年应在植株周围补培些土。地下茎的节间短,节上有鳞芽,鳞芽密集,形成鳞芽群。鳞芽向上生长形成地下茎,向下产生新的肉质根。地上茎高 1～2 米,圆形,善分枝,拟叶针状,丛生。真叶退化成膜质的小鳞片状,包于叶状枝的基部。雌雄异株。花单生于叶腋中。虫媒。浆果球形,直径 7～8 毫米,幼时浓绿色,成熟后红色。每果 3 室,各有 2 粒种子。种子大,黑色,千粒重约 22 克,每克 40～50 粒。种子寿命 5～8 年,陈种子发芽势弱。

石刁柏为宿根植物。每年春季从位于地面下约 15 厘米处的地下茎上产生许多嫩茎,到秋季时枯死。随着栽培时间的延长,植

株不断扩大，到5～15年时为盛产期。

石刁柏一般用种子播种繁殖，但因其地下茎上有潜伏芽，当把茎切断或营养条件发生变化时能萌发生长，所以也可用分株法繁殖。

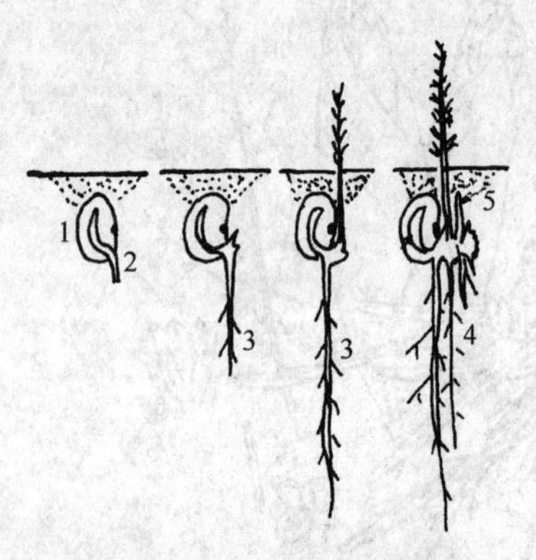

图 12-2　石刁柏幼苗的形成

1. 种子　2. 幼根　3. 一次根　4. 二次根　5. 地下茎生长方向

石刁柏为单子叶植物，子叶包藏并停留在种子中，不出土。发芽后先向下长根，接着向上长茎，根与茎连接处形成地下茎，按水平方向在土中伸展，并依次形成新的根和茎的原基，使株丛不断地扩大(图12-2)。地下茎很短，其上有许多节，节间短，节上着生鳞片状的变态叶，叶腋有芽。从地下茎先端发育成的壮芽相继萌生地上茎，并从节上向下生根。地下茎生长点的年生长量为3～5厘米。随着地下茎向前伸展，抽出的地下茎和根逐渐增加，地上茎的高度和粗度也按发生顺序而增加。种子发芽后，除最初发生的一条为纤细根外，余均为肉质根。秋末冬初，从地下茎先端生长点附近发育成几个壮鳞芽，石刁柏的产量即取决于鳞芽的数量及其发育的好坏，而鳞芽的发育状况又和地上茎发育的情况有关。因为由鳞芽发育成嫩芽所需要的营养完全依赖地上茎光合作用积累在肉质根的物质供给，因而上年地上茎的繁茂程度及其生长时期的长短就直接关系到翌年嫩茎的产量和质量。

石刁柏种子发芽的最适温度为25℃～30℃，最低温度不应低于10℃；嫩茎在5℃时开始生长，15℃～20℃时生长最健壮；生长的最高温度为35℃～37℃。采笋的最适气温为18℃～22℃，15厘米地温为16℃～22℃。当地温高于25℃时，不仅嫩茎顶部容易开张，而且嫩茎变细、变老，食用价值降低。

石刁柏的地下部甚耐寒，在−8℃时不会受冻，适于寒冷地区种植，特别是生产带皮白头笋时更宜较冷地区种植。

石刁柏对土壤的选择性不严，但为使根系发育健壮，最好选择通气性好、保水、排水力强、耕层深的土壤，特别是冲积土最适宜。另外，供加工用的白石刁柏，因需培土，土壤中砂砾不可太多。石刁柏对土壤酸碱度较敏感，以微酸性至微碱性较好，以 pH 值 6.5～7.5 最为适宜。

石刁柏的根系强大，颇耐旱。但为使幼茎肥嫩，土壤水分必须充分。水分也不可过多，否则氧气缺乏，妨碍根的生长，甚至会导致根部腐烂。

(二)栽培技术

1. 育苗 石刁柏的种子有坚硬的革质外壳，蜡质也厚，吸水慢，必须进行催芽播种。将种子在 20℃～30℃的水中浸 24 小时，待其吸水膨胀，皮层略具线状裂纹后，再在 25℃～30℃中催芽，经 3～5 天即可出芽。催芽温度不可过高或过低。在 40℃中 17 天也不发芽；而在 20℃中 5 天，只有 2%的发芽率，17 天仅达 27%；温度低于 15℃时则不发芽。

石刁柏春秋均可播种，春播一般在清明前后；秋播宜提前到夏季。这样，从播种到定植约有 1 年半的生长期，部分植株可以开花，对鉴别性别有利。

苗床要选择肥沃的壤土或沙壤土，尽早翻耕，晒透，整平，做成平畦。按行距 30 厘米、株距 3～7 厘米点播，覆土 3 厘米。每 667 平方米用种量 0.5 千克左右，可定植 0.67～1 公顷种植田。春季播种后到出苗前，用薄膜覆盖，保持土壤湿润。当 5 厘米处地温白天达到 15℃～30℃，夜间 15℃～18℃时，可根据天气情况揭去薄膜。秋季播种时，若多雨可将种子浸水膨胀后，趁墒开沟点播或条播。播种后用秸秆稍加覆盖，保持土壤湿润。石刁柏幼苗生长慢，要勤中耕勤除草。

2. 整地和定植 石刁柏是多年生植物,要选择向阳、土层深厚、通气良好的土壤,才能稳产、高产、延长寿命。

土地必须深耕和重施基肥。地应整平,四周做好排水沟,以便雨后或灌后排除积水。地整好后按 1.3～1.6 米的行距,开深、宽各 30 厘米的沟,再在沟中施入厩肥,使其与土充分混合后,每隔 50 厘米单株或双株定植。

一般用一年生苗定植,若苗龄过大,起苗易伤根,栽后生长差。石刁柏的根柔嫩多汁,挖苗时尽量少伤根。苗挖出后将地上部的枯茎留高 10～15 厘米的桩剪去。为了便于栽植,对过长的根也可剪短,一般留 15～18 厘米即可。苗最好随挖随栽,不宜过夜,特别应避免任意堆积或日晒、雨淋,保证出芽部分及肉质根的完整。

苗应选大的,芽数多,肉质根发育健壮,根数达 10 条以上者。如果已经开花则要注意选择雄株栽。因为雄株的产量要比雌株高 25%以上。然而该作物一般播后到翌年才开花,开花前雌雄株又不易辨认;加之,二年生苗又不及一年生苗强健,故栽培者不愿将其留在苗床进行选择。据罗宾和琼耐研究认为,雄株比雌株开花期早,开花时植株较高,发出的茎数也多,采收初期产量高。这些性状可作为早期鉴别雄雌株的参考。

石刁柏在秋末冬初或早春 3～4 月间均可定植,但以前者较好。因秋末冬初栽的根系发育健壮,植株长势旺。栽苗时,将其排植于定植沟内,株距 30～40 厘米。为了便于以后培土,栽植时应使着生鳞芽群的一端顺沟朝同一方向。然后覆土,厚 5～6 厘米,埋严根部,稍压实后灌水。缓苗后分次覆土,填平定植沟。定植密度白笋每 667 平方米 1 100～1 200 苗,绿笋 1 800～2 200 苗。为了便于掌握定植后的覆土和以后采笋的培土的厚度,可于定植时在畦上插培土标准尺:用长 15 厘米、宽 3 厘米的厚竹片,上刻标记,一端削尖,直插土中,使其 15 厘米处与苗的地下茎位置相平。则 30 厘米处为覆土厚度,40 厘米处为采笋时的培土厚度。

3. 田间管理 石刁柏生长年限长,栽植后特别是头 1～2 年要勤中耕,勤除草,勤灌水,使其发育健壮。并注意从幼茎抽生后开始,每隔半个月培土1次,每次培土厚4~5厘米,使地下茎埋在畦面下15厘米处。石刁柏对肥料三要素的需要量以氮最多,钾、磷次之,宜在春夏秋分次施入,特别是6月初采收完毕,耙去培土时大量施入对促进茎叶生长,增加产量作用更大。因为石刁柏产量的高低取决于根内贮藏物质的数量,而贮藏物质的多少与夏季地上嫩茎生长的强弱及生长期的长短有关。据浙江省农业科学院对杭州几个高产队的调查结果显示,其施肥特点是不仅施肥水平高,用量大,而且十分重视采收结束后的复壮肥。一般除1月底每667平方米施羊厩肥1 500~2 000千克,3月上旬施培土催芽肥15千克尿素,菜饼50千克,采笋期施追肥2~3次,每次用尿素7~10千克外,采笋结束时还要施复壮肥1 000千克,人粪尿或尿素15千克,8月份施秋发肥人粪尿1000~2000千克,加尿素5千克。该院认为每667平方米产500千克笋,用氮20~25千克就可满足植株的需要。但必须注意,采收期追肥较恰当的时期是5月20日前后,这对提高后期产量和促进采后成茎的生长有双重作用。过早追肥效益不大。最后一次追肥的日期至少应在霜前2个月,以免不断发生新梢,妨碍养分积累。据报道,每667平方米年产嫩茎400千克时,植株需要吸收氮6.96千克,磷1.8千克,钾6.2千克。一般施肥对氮与钾的利用率约为50%,磷约为20%;此外,植株所需营养大约有20%已在土壤中,所以实际施肥量为氮11.1千克,磷7.2千克,钾9.9千克,三要素的比例为5∶3∶4。石刁柏定植后第一年植株小,施肥量为标准量的50%,第二年施70%,从第三年起按标准进行施肥。

培土是栽培供制罐头用的白石刁柏的重要工作。一般是在春季,当地温达10℃时嫩芽萌动后培土最好。过早地温不易上升,出笋慢;过晚,笋露出地面,笋尖呈紫色或绿色,失去制罐头的价值。以后随着植株生长,要结合中耕培土,逐渐将土培到株丛上,高15~20厘米。白石刁柏采收期间必须经常保持培土的厚度。

采收结束后应及时将土垄耙掉，使畦面恢复到培土前的高度，保持地下茎在土面下15厘米处，防止地下茎向上发展，给以后培土带来困难。

培土时先用耕耘机将行间的土打碎，晒2～3天，再培。培的土要干燥、疏松，垄面不能压实，以免妨碍透气，不利于出笋。若培的土含水量过高会使笋产生锈斑。经过培土生成的嫩茎为白色，叫白石刁柏；未培土的为绿色，叫绿石刁柏。绿石刁柏的营养比白的高，栽培也容易，宜提倡。为了促进嫩茎生长，可将植株基部的土扒开，每株灌入25毫克/升的赤霉素200毫升。

用黑色塑料薄膜覆盖，除使畦面黑暗，产生白石刁柏外，还可提高土温，提早出笋。

适时灌水对提高产量，增进品质非常重要。栽培中应使土壤含水量达到最大持水量的70%～80%，否则容易使嫩茎纤维增加。停采后水分也不能缺少，否则嫩茎萌发迟，植株生长停滞，枝梢枯焦，光合作用难以顺利进行，影响营养累积。特别应注意冬前灌冻水，一定要灌足、灌透，这对提高来春嫩茎产量甚为重要。

石刁柏长大后茎秆细弱，容易倒伏，特别是秋季雨后更甚，宜设支架使之直立生长，保持通风透光，以便累积更多的养分。冬初地上部枯死后一般不割除，翌年春季天气转暖时再割。这样既可防寒保温，又可避免雨水、雪水从残桩侵入，伤害地下茎。

石刁柏栽后头1～2年植株尚小，可于行间套种毛豆、矮菜豆、甘蓝等较矮的作物。

石刁柏的主要病害是茎枯病。此外尚有褐斑病、根腐病、立枯病、菌核病、炭疽病和锈病。茎枯病，主要危害嫩茎，开始时出现乳白色的小斑点，扩大后成纺锤形的暗红褐色病斑，周缘呈水渍状。进而病斑中部凹陷，变成淡褐色至黄白色，其上着生多数黑色小粒点——分生孢子器。该病以分生孢子器过冬，翌年春季散出分生孢子继续侵害嫩茎。温暖多雨时蔓延快。防治茎枯病的主要措施是清除病茎、枯枝，及时排水，设立支架防止倒伏。发病初期喷

0.3%～0.4%波尔多液或50%甲基硫菌灵可湿性粉剂800～1 000倍液，每7～10天1次，连喷2～3次。

主要的害虫为斜纹夜蛾，此外还有切根虫、种蝇和蓟马等。斜纹夜蛾的初孵幼虫常群集啃食，往往吃光拟叶，宜及时用90%敌百虫1 000～1 500倍液喷杀，每10天喷1次，共喷2～3次。

（三）采　收

栽植后头2年，为使植株健壮，尽快进入盛产期，一般不采收。从第三年开始收获，可连续收10～20年。日本北海道曾有持续收50年的报道。不过一般在12年后因其根系密集，生长转弱，产量下降，所以应更新。

每年采收期大致从3月下旬起至6月中旬。适当延长采收期是争取高产的一项重要措施。据浙江杭州进行的试验，6月上旬的产量一般占到全期产量的20%～24%。经验表明，开始采收到初冬下霜时，停采期应占近一半时间。到采笋后期，当发现其基部变细，组织变老时就应停止采收，否则会影响翌年产量。行培土软化者，应在嫩茎未冲破土堆时，将刀从土堆一侧与地面呈50°～60°角插入，由基部割下嫩茎；如果嫩茎露出地面，顶部变成紫色或绿色，则影响商品价值。为了及时发现即将露出地面的嫩茎，要将土堆表面拍实、拍光，这样当嫩芽接近地表时会显出裂缝，沿此缝可找到嫩茎。石刁柏嫩茎生长甚快，当地温在20℃～25℃时，一昼夜可生长5～6厘米。为做到及时采收，每天早晚各收一次，收后立即拿到黑暗处，防止见光变色。绿石刁柏一般是高20～25厘米时由基部割取。

石刁柏的嫩茎很娇嫩，怕热、怕风、怕干，不能久放。收后要将它暂时直立插入盛有3～7厘米深冷水的盆中，防止萎蔫；洗去泥土后按大小分级，捆成束，用油纸或塑料纸包好，装入衬湿苔的箱内运销。采收后处理要快，必须于4小时内送到厂内加工。工厂验收后的原料，亦应用淋浴式喷头不停地喷淋冷水。

石刁柏的嫩茎有发苦、硬化、空心和顶端鳞片松开者，这类嫩茎均为次品。发苦是因土壤黏重，地面板结，偏酸，缺磷，积水或过干；硬化是高温干旱和氮肥不足所致；空心与土壤缺磷和偏施氮肥有关；田间干旱后遇雨或灌水，嫩茎会开裂；种性不良，高温，干旱，植株衰老时鳞片容易松开。

(四)留母茎采笋栽培法

南方无霜区，石刁柏地上部周年生长不凋。为增加地下茎营养的积累，在采收期保留和培养一部分地上茎，使之进行光合作用，为多长嫩茎提供条件。这种方法叫母茎采笋栽培法。其特点是：①春季大量抽出嫩茎前，将田间老母茎全部割除后培土、施肥、灌溉，促使抽生壮芽。②出苗后选留几条健壮嫩茎长成母茎，其余均可采收。一般到 6 月份，春季选留的母茎已衰老，抽生的嫩茎变细，这时需施第二次肥，施肥后另选留母茎，将原留的母茎逐渐割除。夏季二茬母茎衰老，于 8 月份再更新 1 次母茎。高温期过后需第四次更新母茎。最后，把老茎全部割除，并在垄的两侧开沟施冬肥，然后将原培土扒下，覆盖在冬肥上，不再采收，为翌年产笋积累营养。

应特别注意，留母茎的数量和位置依株丛大小和生长情况而定。凡地下茎生长点处必须保留 1～2 条母茎，防止生长点萎缩。

据台湾省的经验，白芦笋 1～2 年生留母茎 2～3 枝，3～4 年生留 3～5 枝，5 年生以上留 4～6 枝。绿芦笋行株距较小，且嫩茎出土后能获得较多的日光，母茎可少留些，一般一二年生留 2 枝，3～5 年生留 2～3 枝，5 年生以上留 3～4 枝。全年母茎更新 2～3 次足够。夏季温度高，雨水多，更新茎宜择晴天，以免造成死亡或病害；冬季，母茎全部保留。留母茎的高度，在不倒伏的情况下，摘茎愈少，产量愈高。

(五)快速繁殖

如前所述，石刁柏可用种子及分株法繁殖，但较慢。现在最快的方法是茎尖培养法。该法不经诱导茎段产生愈伤组织的步骤，而直接从茎段上的芽长出丛生的小芽或植株。1 人 1 年工作 200

天,可在试管内生产 7 万株,其方法是:从田间健株上切取带有若干侧芽的嫩枝,浸入 10%的克诺斯(Clorox)溶液中灭菌 15 分钟。在无菌条件下剥去侧芽外层鳞片后,将其切成带 1～2 个芽的短段,接种到含 0.05～1 毫克/升萘乙酸和 0.5 毫克/升激动素的培养基上。经 4～6 周,侧芽萌动伸长后,再将茎段分切成带有 1 个芽的小段。芽面朝上,另插接到含有萘乙酸和激动素的培养基上;在 27℃±1℃的温度中,每日用日光灯照射 16 小时,光照度 1 300 勒。经 10～12 周,又可产生许多丛生小芽。再行分切培养,即可得到大量的原始母茎。将母株分植到含有0.1 毫克/升萘乙酸的培养基上,约经 4 周即可发育成具有根的完整植株。把这些植株连根一起移栽到沙壤苗床中,3～4 个月后再转入大田栽培。

二、香　椿

香椿又叫香椿头或椿芽。属楝科多年生木本植物,以嫩芽和嫩叶供食。适应性强,特别适宜于房前屋后、渠旁、路边零星栽培。它生长快,寿命长,木材纹理直,质量好,是建筑和制造船舶、车辆、家具的好材料。香椿芽脆嫩甘美,香味浓郁,炒食、盐腌或凉拌,都能提味增色。原产于我国,自古就是我国人民喜爱的应时调味佳蔬,腌制品还远销东南亚各国,很受欢迎。

(一)生物学性状

1. 植物学特征　落叶乔木,高 10 余米,最高可达 25 米。树皮灰褐色至赭褐色,呈不规则的窄条状剥落。一年生枝条红褐色或灰绿色。偶数或奇数羽状复叶,互生,长 25～50 厘米。叶柄基部膨大,有浅沟。小叶 10～22 片,对生或近对生。叶痕大,倒心脏形。叶缘锯齿或近全缘。小叶柄短。嫩芽鲜绿色或带紫色,顶端淡褐色或带绿晕,叶柄绿色或淡褐红色,带绿晕。嫩茎绿色或基部褐紫红色,布满白色茸毛。圆锥花序,顶生,下垂,花小,白色,两性,钟状。萼管短小,分裂。花瓣 5,分离,雄蕊生花盘上。花丝钻形,分离。花药丁字着生,花盘红色。子房圆锥形,5 室,每室胚珠

8 枚。花柱比子房短，蒴果，狭椭圆形，或近卵形，长 1.5～2.5 厘米。熟时红褐色，果皮革质，先端与瓣开裂成钟形。种子椭圆形，带有膜质长翅，每千克约 65000 粒。花期 6 月份，果熟期 10～11 月份。种子含油量 38.5%，油可食用。

2. 分布及适生环境 香椿分布于暖温带及亚热带。分布区的北界与西界大致与当地年平均气温的 10℃等温线相一致。从辽宁南部，到华北、西北、西南均有种植，其中心产区在黄河和长江流域之间，尤以山东、安徽、河南、河北、陕西、湖北、湖南、江苏等地栽培最多，但多为零星散生。甘肃省的天水、平凉、定西、兰州，有少量栽培。香椿垂直分布的最高海拔高度为 1600～1800 米，大多在 1500 米以下的山区和平原地区。耐寒性和耐旱性差，在年平均气温 7.9℃，最低气温－27.6℃的陕西榆林地区，地上部常被冻死。在较寒冷而又干旱地区，早春幼树容易枯梢，树龄增大后，抗性加强。据青海省尖扎县苗圃试验，在极端最低气温－19.8℃，年平均气温 7.8℃，7 月份最高温度 34.5℃，年降水量 354 毫米，蒸发量 1832 毫米，生长期 178 天处可以生长，但 4 年生的小树，冬季要培土防冻。

香椿喜深厚湿润的沙壤土，对酸碱度的要求不严格，酸性、中性、微碱性(pH 值 5.5～8)的土壤均可生长。喜光照，不耐阴。

(二)繁殖方法

1. 分株繁殖 有埋根和留根两种方法。埋根法方法简便，成活率高，成本低。采种根以一二年生苗为最好。3～4 月间采根，剪成长 15～20 厘米的小段，小头剪口要斜，随采随育。按行距 40 厘米开沟，将其斜插沟中，每 667 平方米 2000～3000 株。为使苗木生长整齐，应按根的粗细分级育苗。插根后不浇大水，干旱时于行间开沟渗灌。灌水后及时中耕。苗高 10 厘米时，及时除蘖。留根法是针对香椿在自然情况下，根部容易萌芽的特性，采带根苗株繁殖。可用断根促芽法：冬末春初，在树周围，挖 50～60 厘米深的沟，切断一部分侧根，然后将沟填平，促其发生不定芽，谓之留根育苗。

2. 播种育苗 香椿在6月上旬开花，10月间果实成熟后，采收摊开晒干，将种子脱出，除去外壳及杂物，收藏于干燥处。翌年3月上中旬至5月下旬播种。播前用30℃～45℃温水浸10小时，再用0.5%高锰酸钾溶液浸泡半小时，之后捞出，用清水洗净，拌湿沙中，置25℃～30℃温度中催芽，每天用温水冲洗1～2遍，每隔2～3天翻动1次。当有25%的种子露芽后，按25～30厘米行距开沟，条播于阳畦中。阳畦土壤要疏松、肥沃，无病虫害。每667平方米播量1.5千克，覆土厚1.5厘米。播后10天左右出苗。出苗前后，搭荫棚，防止烈日暴晒伤苗。苗高3厘米时，除去荫棚，加强中耕，除草。当年冬，苗可高达30厘米许。翌年再按株距18厘米，行距30厘米，移栽1次。第二年冬，苗高1～2米时开始定植。

香椿种子有香气，容易招引蝼蛄等地下害虫为害，应注意防治。

(三)露地栽培

香椿一般栽在旱地或村庄周围，行株距5～7米。多数作为树木栽培，为使树干高大，栽后2～3年内一般不采椿芽。如专作菜树用，每667平方米密度可增加到200～300株。树高1米左右，春季顶芽生长到10～15厘米长时摘收。顶芽附近再萌发的2～7个侧芽，不再采收，留作骨干枝。翌年各骨干枝的顶芽萌发后再摘收。顶芽下重新萌发出的2～3个侧枝，继续保留，作为次级侧枝。以后，每年都这样进行。一般，每个椿芽重100～150克。定植后，第一年只有一个顶芽，仅能采收100～150克，第二年可收500～700克，第三年500～1 500克，10～30年收15～25千克。

定植后4～5年，若田间枝条郁闭，可每隔4～6年用隔株、隔行方式进行间挖疏伐，使株行距逐渐扩大。20～25年后，部分植株衰老，宜于根颈上部锯断主干，并用镢头或锨顺植株基部两侧浅挖，切断根系，促其萌发新株，进行更新。

(四)保护地栽培

1. 育苗移栽 3月上旬将种子催芽后播种于阳畦内。出苗后按行距50厘米,株距2.5～5厘米间苗,每平方米留苗400～800株。约经2个月,具4～6片真叶时,按宽窄行定植于露地。宽行60～80厘米,窄行30～40厘米,株距15～20厘米,每667平方米栽植600～800株。7月上旬,苗高40余厘米时打顶。然后,浇水,追肥,促进侧枝生长。11月上中旬,苗高0.8～1.5米,主干直径2～3厘米,侧枝2～3个时移栽到大棚中。栽植密度宜大,株距15～20厘米,行距30厘米,每667平方米1万～1.5万株。大棚香椿多用单斜面大棚,11月中旬开始盖棚。棚后墙高1.5～1.7米,屋脊处高2～2.5米,南缘高0.6～0.8米,跨度5～7米,长20～30米,棚内用火炉管道加温。

2. 适时打顶 保护地栽培香椿,树要低,侧枝要多,芽要丰满,所以适时打顶是很重要的。7月中上旬至8月上旬,是香椿旺盛生长期,为了有效的控制香椿树的高度,促进大量分枝,并使每个侧枝于冬前都能形成饱满的顶芽,打顶最好在7月上中旬,苗高40～50厘米时进行。如果打顶过早,侧枝生长过旺,不好控制;若再次摘心,则当年难以形成健壮的顶芽。反之,如延迟打顶,则植株生长已经过高,不仅达不到矮化的作用,而且打顶后虽可发生侧枝,但顶芽不健壮,翌年发芽迟,长势弱,产量低。

3. 平茬 香椿树的顶端生长优势很强,打顶后发出的侧芽,特别是距顶芽愈远的芽,萌芽和成枝力愈差。所以打顶摘心后,一般只有靠近顶芽的一个侧芽萌发,代替顶芽生长。若要打破顶端优势,必须对2年以上的苗木进行平茬。平茬最好在6月下旬进行,过早侧枝生长旺盛,平茬后不仅起不到矮化的目的,而且造成旺长郁闭,侧枝死亡多。如果再行摘心,则当年形不成健壮顶芽。过晚平茬,虽能控制株高,但芽不饱满或不能形成顶芽。平茬后一般能萌发5～8个侧芽,可以形成2～3个侧枝。

4. 打叶 打顶或平茬后,若因肥力充足,苗过高过旺时,可从植株底部向上打去 1/3 叶片。对有些长势过旺的植株还可以打去 1/2 叶片，对心叶以下 2～3 片叶每个叶片再截去 1/3。限制生长，可以起到矮化、高产、优质的目的。

5. 矮化整形 一般单茬栽培或只栽培 2～3 年的，仅行摘心、平茬疏株即可。连续栽种 3 年以上的，必须进行矮化整形：6 月中下旬，苗高 30～40 厘米时，于地面以上 15～20 厘米处短截，促发侧枝。翌年再将侧枝从 10 厘米处短截，促使生二次枝，逐渐形成头球式树形。对丛栽者，除行短截，形成圆球状树形外，为防止内膛郁闭，应进行选择留枝。另外，椿芽采收期，为防止多次采收，影响树势，应适当留些辅养枝，培养树形。香椿树顶端优势强，侧芽的萌发力和成枝力低。为迅速培养成多侧枝的树形，6 月底采摘平茬苗及二年生播种苗的二茬顶芽时，伤口用 50～100 毫克/升甘油赤霉素处理，能促使顶芽以下连续 4 个侧芽形成侧枝。若能在采摘顶芽时，对二年生茎干进行环剥，伤口用 50～100 毫克/升赤霉素涂抹，效果更好。

6. 控制温度，打破休眠 香椿属落叶乔木，保护地栽培时，需要有一段时间保持 1℃～5℃的低温条件，促进落叶，然后给予生长所需要的温度，打破休眠。因此，11 月份香椿落叶，进入休眠期后移入大棚，将温度控制在 1℃～5℃。12 月份后，棚面夜间再加盖草帘，使白天温度保持 23℃，夜间 6℃，约经 40 天即可发芽。芽长 25～30 厘米，叶色呈红或褐色时用剪刀剪采。剪采时芽基部要留两片叶子，忌用手掰，防止损伤树体，影响再生力。采芽后及时追肥灌水，经 20～30 天，侧芽长大后又可采收，一般可收 3～4 次。7 月底，最后一次采芽后，不再施肥，任其生长，养成顶芽。落叶后，施 1 次腐熟厩肥，并浇越冬水。

(五)水培瓶栽法

山东省临沂市农业科学研究所李锡志、杨自强与山东农业大学蒋先明 1987～1989 年试验，12 月至翌年 1 月中旬，将二年生已落叶，但未受冻的香椿树苗(或枝条)，截成长 20～25 厘米的小段，立即插入盛有清水的普通罐头瓶中，直径 2～2.5 厘米的树枝，每瓶插 4 段。然后，置于温室、大棚、阳畦等的畦埂、过道、火道下方或两侧，也可吊挂在大棚或温室的后墙上，或摆放到有暖气设备的向阳窗台上。室温白天 18℃～20℃，夜间 8℃～10℃，隔 3 天补充 1 次水分。从插入瓶中起，约半个月开始发芽，45～50 天后采收，1 瓶可产鲜椿芽 9.3～13.3 克。一般 1 米长的距离内能摆放 10 瓶，从下向上隔 30 厘米放 1 层。一座长 50 米，宽 7～8 米，高 1.5 米的温室或大棚内，后墙上能挂放 5 层，约 1 500 瓶。连同畦埂和火道旁等处，共放置 2 000 瓶，除去成本外，增加收入约 2 000 元。

(六)采收、贮藏与加工

1. 采收 香椿芽以紫红色或略带绿色，柔嫩，无老梗，新鲜，富有香气的最好。所以应在谷雨前后，芽长 10～15 厘米时采收，尤以早采为宜。香椿树长大后，每年可收 2 次，第一次在谷雨前 5～6天，这次收的香椿芽最肥嫩，无纤维，品质好；第二次在谷雨后 6～7 天，品质较差。棚栽者可采 3～4 次。采收宜在早晨和傍晚进行，采后，置于阴凉通风处，严防萎蔫。

2. 贮藏 椿芽采收后捆成小捆，一捆一捆平放筐内。筐内左右两筐壁相对，各打 2～4 个直径约 1 厘米的透气孔。或将其立放到苇席上，上盖树叶或塑料膜，可保存 3～4 天。也可装入塑料袋中，烙封好袋口，置于通风凉爽处，温度保持 5℃以下，可存放 10～20 天。用冰箱保存时，温度控制在0℃～1℃间，勿使其受冻减味。大量长期保存时，可用恒温冷库贮存。先将椿芽捆好，用 6-苄基腺嘌呤(BA)、大蒜素等保鲜剂喷洒或浸蘸，晾干后装入木条板箱或多孔塑料箱中，放在 0℃～1℃恒温库中，可保存几个月。装入塑料袋中扎紧口，放入恒温库中，每隔 10～15 天开袋换气 1 次，使袋内氧气含量不低于 2%，二氧化碳不超过 5%。也可将椿芽箱装入涂有硅氧烷混合液的尼龙纱布袋中，密封，可保鲜 60 天。

香椿贮藏中，不能洒水，并严防堆压生热。又极怕冻，温度低于－2℃～－3℃时，即冻成暗绿色，半透明状，口味不佳，且不脆嫩,商品性降低,贮藏中应注意防冻。

3. 加工腌渍 香椿采收后,除去木质枝梗和杂叶,按大小分级后用清水把芽上的灰尘及沾染的污物冲洗干净,摊放于席垫上晾干,然后腌制:每 100 千克新鲜椿芽加盐 20～25 千克,然后一层椿芽,一层盐,每层椿芽厚 10～13 厘米,一直把缸填满为止。椿芽脆嫩,腌渍时不可搓揉,踩压,防止枝叶折断,影响美观。

腌渍后剩下的香椿碎段,弄碎,放锅内熬煮,去渣,留下的红色液体叫香椿油,加盐后可长期存放。用之作调味品,或腌渍萝卜条一类小菜,色泽鲜艳,别具风味。

椿芽腌渍 3～4 小时后,芽已湿润。这时,从椿芽基部拿起,芽尖有小水珠滴下时,及时翻缸:将腌渍的椿芽双手翻转到另一空缸中,使上下层椿芽交换位置;腌 5～6 个小时后,再进行第二次翻缸,共翻 5～6 次。一般是早晨腌渍,中午进行第一次翻缸,傍晚翻第二次;次日早、中、晚各翻 1 次;第三天中午,结合并缸再翻 1 次,经 20～30 天即可腌好。这时,将其取出,摊放于席垫上,晾 1～2 天,稍干燥后将缸底下积存的盐液洒在椿芽上,并加少量米醋,增加光泽和脆度。再晒至五六成干,不粘手时,贮藏。

腌制过程中经常翻缸,一方面防止发热,另一方面使盐分分布均匀,避免霉烂。翻缸时要勤搓揉,使盐分渗入组织内。腌制过程中,最忌油类和面粉。

腌晒好的椿芽,捆成小把,装入小口坛内,一层一层排好,压实,上盖碗并用石灰豆腐糊料纸(石灰 0.5 千克,豆腐 1.5 千克,搅成糊状,用毛刷刷在纸上)贴封缸口。也可用筐藏,筐内用蒲包衬好,再放入香椿,筐外用绳捆牢,可保存 2～3 年不坏。运输时要避免重压、雨淋和受潮。贮藏时,仓位要高燥阴凉,下垫桩脚木。

此外,香椿还可加工成辣味香椿芽、香椿粉及香椿汁等。

三、百　合

百合又叫蒜脑薯、夜合、千张。原产于东亚,我国各地田野间都有生长，欧美各国将其当作花卉栽培，非常名贵。我国采收鳞茎作食用栽培，是我国传统出口的名贵珍稀蔬菜。目前苏、浙、闽、湘、赣、皖、川、粤、甘、晋、新等省(自治区)均有栽培，其中以江苏宜兴、吴江、南京，浙江湖州，甘肃兰州、平凉，山西平陆，湖南邵阳、新邵和江西万载等地较为集中，是我国百合干出口外销的主要基地。

百合有广阔的市场，鲜百合、百合干在我国各大城市及港澳地区销路极畅，在国际市场上颇受东南亚、东亚、非洲等地欢迎。随着食品工业的发展，国内外人民生活水平的提高，百合的需求量将与日俱增。

(一)生物学性状

1. 形态 属百合科百合属的多年生草本植物。茎有鳞茎和地上茎之分。鳞茎扁球形，埋在土中，由鳞片和短缩茎组成。短缩茎为圆锥状的盘状体，所以又叫茎底盘，位于鳞片下面，有贮藏养分、出生根系、着生和支持鳞片的作用。鳞片肉质，每个鳞片外面包一层膜状表皮。鳞片数目多，螺旋状排列，层层叠合，着生于茎底盘上，数十片抱合为 1 个小鳞茎，称仔鳞茎，俗名“囊”。1 个大的母鳞茎一般有 3～10 个仔鳞茎。仔鳞茎由鳞片腋间茎底盘上的侧芽分化而成。母鳞茎外面无干膜包裹，特称无皮鳞茎。鳞茎能连续生长二至多年。

地上茎由茎底盘的顶芽伸长而成，粗 1～2 厘米，高100～130厘米。不分枝，直立坚硬，绿紫色或深紫色，光滑或有白色茸毛。依品种不同，有的在地上茎的叶腋间，产生紫黑色圆珠形的气生鳞茎(珠芽，百合籽)，有的在地上茎入土部分长出次生小鳞茎，俗称籽球。珠芽和籽球都可作种子，供繁殖用。

根分肉质根和纤维状根。前者丛状，着生于茎底盘之下，叫底出根、种子根或下盘根，为须根，各条根的粗细相似，个别能分枝。主要分布在地表下 40～50 厘米深的土层中，隔年不死。纤维状根又叫不定根、茎出根或上盘根，位于鳞茎上部。出苗后半个月，植株高 10 厘米以上时，陆续从地上茎入土部分长出，一般 4～5 层，自下而上分层螺旋式排列于茎的周围。长 7～13 厘米，分布于浅土层中，起支撑整个植株和吸收养分的作用。上盘根每年与茎干同时枯死。

叶全缘，无叶柄和托叶，绿色，互生至轮生。不同品种间叶形差异很大。

花多为总状排列，喇叭形、钟形或开放后向外翻卷。颜色有橘红、粉红、黄色、绿色和白色。花形、花色是区别品种的重要标志。果实为蒴果，近圆形或长椭圆形。种子数多，黄褐色，似榆树种子。

2. 生长发育的过程 生育过程因繁殖方法不同而异。兰州百合和龙牙百合用鳞片繁殖时，播后 1 个月左右，鳞片基部维管束表面形成愈伤组织，进而分化出不定芽和不定根，成为新的小鳞茎体。小鳞茎体在地下经月余，可生出 5～6 个鳞片，当直径达 1～2 厘米时，中心的 1～2 个鳞片的尖端延伸生长，穿出土面，形成如柳叶的基生叶。基生叶生长期短，1～2 个月便枯死，小鳞茎进入休眠期，此即一年生百合，鳞茎重 3～8 克。翌年从小鳞茎中心的芽长出地上茎，但植株小，高约 20 厘米，顶端着生 1 朵花或无花，地上茎入土部分能产生茎出根。后期，茎盘中心鳞片的腋间产生翌年地下茎的芽，秋季地上部枯死，鳞茎休眠，完成第二年生长。以后每年的生长与二年生相同。经 4～6 年才能长成成品百合上市。兰州百合用鳞片播种后，第一年生长慢，第二年的生长量达第一年的 4.5 倍，第三年为第二年的 9 倍，以后各年增重比例小，但绝对值最高，所以栽培时后 3 年应加强管理。宜兴百合多用成品鳞茎作播种材料，即将仔鳞茎从母鳞茎上分开作种球栽植，好像种蒜一样。生长周期短，1 年 1 收，年产量大体相当于种球重量的 4 倍。

用百合地上茎生长的小仔球播种，生育过程与鳞片繁殖相似。

百合在 1 年中的生长过程，可分为以下 5 个时期。

(1)**播种越冬期** 8 月下旬至 10 月中下旬均可播种。播后在土中越冬，翌年 3 月中下旬出苗。这一时期，在仔鳞茎的茎底盘着生处产生下盘根。仔鳞茎中心鳞片间的腋芽开始缓慢生长，并分化叶片,但不出土。

(2)幼苗期　指出苗到鳞茎芽分化,时间在3月中下旬至5月上中旬。这一时期地上茎生长快,地下仔鳞茎的茎底盘着生处,即苗茎基部四周开始分化新的仔鳞茎芽。地上茎出土半个月,苗高10厘米左右时,地上茎入土部分长出上盘根。此时,下盘根、新分化的幼仔鳞茎、上盘根、地上茎同时生长。

(3)珠芽期　5月上中旬,苗高30～40厘米时开始产生珠芽,大约到6月中下旬即可成熟。珠芽成熟后,可自行脱落。这一时期地下新的仔鳞茎生长开始加快。

(4)现蕾开花期　一般在6月上旬到7月中下旬现蕾开花。打顶、摘除花蕾,可以减少养分消耗,有利于鳞茎肥大。

(5)成熟收获期　7～8月份茎叶枯死后,可以开始收获作鲜食用。留种者应待立秋后,地下鳞茎充分成熟后再收。

3. 对环境条件的要求　百合喜土层深厚、肥沃、排水良好的沙壤土。在这种土壤中生长的鳞茎肥大快,色泽洁白。黏土地鳞茎紧密,个小、肥大慢。百合耐肥,要增施农家肥,土壤有机质应达2.5%以上,速效磷15毫克/升以上,速效钾100毫克/升以上。土壤酸碱度以pH值5.7～6.3为最适宜。耐肥,尤喜磷、钾,在以氮肥为主的情况下,必须配施磷、钾肥。氮、磷、钾的比例为1∶0.8∶1。肥料以农家肥为主,农家肥可占总施肥量的60%以上。肥料要早施,基肥和出苗前的追肥,应占总施肥量的70%以上。

地上茎不耐霜冻,但地下鳞茎能耐－10℃的低温。早春平均气温达10℃时顶芽萌动,土温14℃～16℃时出苗。地上茎生长适温为20℃±4℃,低于10℃时生长受抑制,3℃时叶片受冻。开花期日平均气温为24℃～29℃。温度连续高于33℃时植株枯黄,甚至枯死。百合感温性强,越冬期要求有一定的低温阶段,冷冻处理能提早出苗。

喜干燥,耐荫蔽。对空气湿度反应不敏感,空气相对湿度降至

47%～67%或高于80%时均可生长。但怕积水，土壤湿度过大时鳞茎容易腐烂；高温高湿危害更大，所以栽培百合要选择排水良好的土地。雨多处要采用高畦，并注意排水。喜半阴条件，光照不足，会引起花蕾脱落。

(二)类型和品种

一般认为全世界的百合有100多种。1980年《中国植物志》将其归纳为80种，其中39种原产于我国。按花和叶的形态分为百合组、钟花组、卷瓣组和轮叶组4类，作蔬菜栽培的主要是卷瓣组的种类，如卷丹、川百合、山丹等。这一组百合花的特点是花朵倒悬，花瓣翻卷如吊钟状，叶片散生。常见的较好的种类有卷丹、山丹、天香百合、兰州百合等。

(三)繁殖方法

1. 鳞片繁殖 用利刀将鳞片自基部切下，插入苗床中。插后15～20天，于鳞片下端切口处发生小鳞茎，其下生根，并开始长出叶。一般1个鳞片可生长小鳞茎1～2个，培育成种球需2～3年。现采用气培法可大大缩短长成鳞茎的时间。方法是：将鳞片置于温度20℃～25℃，空气相对湿度80%～90%的温室中，适当进行光照，10天后产生愈伤组织，分化成小鳞茎体，15天后长出根，30天后长茎生叶，过50～80天，即可获得直径1厘米的小仔球。

2. 小鳞茎繁殖 凡能产生次生小鳞茎，即有仔球的品种，挖取大鳞茎时，收集土中的小鳞茎进行播种，培育1年可达到种球标准。

3. 仔鳞茎繁殖 甘肃兰州、山西平陆、江苏宜兴百合的栽培，都是在采收时选择根系发达、苞口好，一般有3～5个仔鳞茎，大小均匀而清楚的母鳞茎作种。栽种前把仔鳞茎分开，使每个仔鳞茎都带有茎底盘。9～11月份栽植，行距25～28厘米，株距17～20厘米，开沟种植，把仔鳞茎底朝下，盖土7厘米厚，翌年春季出苗。江苏宜兴秋季收获成品百合，甘肃兰州、山西平陆一般经2～3年才收获成品百合。

4. 珠芽繁殖 凡能产生珠芽的品种，于 6 月份珠芽成熟时，采收、沙藏；8～9 月份播于苗床。采用条播，行距 15～20 厘米，株距 3～7 厘米，栽深 3～5 厘米，盖沙厚约 0.3 厘米，再盖草一层。翌年秋季即长成 1 年生鳞茎。再连续生长 2～3 年，即可作种球使用。

5. 茎段和叶片扦插 茎段插入水中。叶片，特别是上部叶片，插入湿珍珠岩中，在其基部切口处即可长出小鳞茎。

6. 其他方法 除以上各种繁殖方法外，还可用组织培养法，仔鳞茎的心芽繁殖法及种子繁殖法。

（四）栽培要点

1. 选地播种 选择土层较厚、松软透气性强的中性或微酸性沙质土壤。春季 3 月上旬或秋季 9～11 月份地冻以前，用仔鳞茎作种播种，行距 35 厘米，株距 15～20 厘米，每 667 平方米留苗 1 万～1.5 万株。

2. 除草追肥 追肥以农家肥和磷肥、钾肥为主，一般追肥 1～2 次。结合中耕除草，每 667 平方米追农家肥 2 500～4 000 千克，氮素化肥 15～25 千克。

3. 摘花 当花茎长到 3 厘米时，应及时摘去，阻止其开花，以免消耗养分。

4. 培土 百合母仔缺乏，为加速繁殖母仔，应增加土壤厚度。方法是：在栽百合后第二年，冬季地冻后，将地塄土铲撒到地里，或从田外拉熟土撒在行上，增加土层厚度，使地上茎入土处产生小鳞茎。

5. 病虫害防治 立枯病、腐烂病、蛴螬、地老虎等是百合的主要病虫害。防治时应实行高畦栽培，轮作倒茬，加强开沟排水。发病初期用代森锌进行防治。如果发现根被咬断，鳞茎残缺不全时，用辛硫磷进行开沟喷洒，也可以在早晨或傍晚人工扑杀或配毒饵诱杀害虫。

(五)贮　藏

采收后去净茎秆、泥土和须根,及时运入室内。切勿暴晒,防止鳞叶干燥。

常用的贮藏方法是堆藏:选择通风好的房间,在地上铺一层湿土或沙,厚6～7厘米。将鳞茎放于土上,再盖一层土,厚3～4厘米,上面再放一层百合,层层堆起,高约1.5米。堆好后,四周用土封盖,可贮藏至翌年3月。

(六)加　工

1. 百合干

(1)剥皮清洗　人工剥开鳞片,去掉外围枯老鳞片和茎底盘。将鲜瓣按外中内3层的颜色、大小、老嫩,分别淘洗干净。

(2)烫漂晾干　锅里盛水50升,用旺火烧沸后投入15千克鳞片,稍作搅动,猛火烧开后小火煮5～8分钟。等瓣片呈米黄色,用嘴咬试,瓣尖不生、脆,或用手指甲刮瓣皮起粉状时捞起鳞片,迅速用冷水进行冷却,摊开晾干表面水分。烫煮时,一定要掌握住火候。过生,干燥时因氧化使颜色变褐;烫煮过度,干后鳞片容易破碎。

(3)晒(烘)干　烫漂晾干后,立即摊放到竹帘或苇席上晒干,或置于烤房中于32℃～42℃温度下烘干。干制率为2.6～3.3∶1。

(4)分级包装　鳞片干燥后要进行回软。方法是将干品放入室内,堆置几天,即可自然达到干湿平衡。之后,经人工选片,先选择洁白、完整、大而肥厚的作一级百合干,取出小片和碎叶为三级,其余为二级。分级包装,然后放到阴凉通风处,防止吸湿返潮、虫蛀和霉变,以便食用或销售。

2. 百合粉　将鲜百合加水擦磨成粉浆,去渣,沉淀后晒干。一般出粉率为10%～13%。

(七)食用方法

百合干可做药用。食用时先用清水泡软,再放沸水中煮5分钟,然后烹饪。鲜百合可剥片煮汤或干蒸,主做甜食。百合甜食的种类很多,如八宝百合、蜜汁百合、百合桃、干蒸百合等。也可加肉炒食或和米、豆、枣等一起煮成稀饭,加糖当甜食食用。

四、朝鲜蓟

朝鲜蓟别名法国百合、荷花百合、洋百合、洋蓟、刺菜蓟、菊蓟。为菊科菜蓟属中以花蕾供食用的多年生草本植物。原产于地中海沿岸,由菜蓟演变而成。南欧及中亚细亚有野生种,2000年前,古罗马人已食用,法国栽培最多。19世纪由法国传入我国上海,云南有栽培,浙江、山东、湖南、湖北、北京、陕西已开始试种。花蕾中的总苞及花托为食用部位,每100克可食部分含蛋白质2.8克,脂肪0.2克,糖类2.3克,维生素A 160单位,维生素B_1 0.06毫克,维生素B_2 0.08毫克,维生素C 11毫克,钙53毫克,磷80毫克,铁1.5毫克。为高档蔬菜,可炒食、油炸、盐渍、做汤或加工成罐头。叶柄经软化栽培后,可煮食,味清香,为西方民众喜食的一种佳肴。朝鲜蓟叶片中含有菜蓟素及黄酮类化合物,不但有开胃调胃功能,还能缩短凝血时间,增强毛细血管壁的韧性,使之更具抗力。另外,上述物质能清除人体内新陈代谢产生的有毒物质,对治疗慢性肝炎和降低胆固醇有一定作用,现已利用叶片浸出液开发出开胃药新产品。朝鲜蓟的生产已逐步兴起,其罐头制品在国际上大受欢迎。

(一)生物学性状

朝鲜蓟为直根系,圆锥形,褐色,肉质簇生,主根上有侧根3~5条。根上多数长有瘤疤,质脆。茎直立,高100~160厘米,开展度140厘米,茎上有纵条纹,多分枝。6~7月份分枝先端着生花苞,以主茎花苞最大,称王蕾。叶大,肥厚,互生披针形,长30~80厘米,宽15~40厘米,羽状深裂,绿色,叶面密生白色茸毛,叶缘齿尖有刺。初生真片全缘,以后叶片渐有浅裂,至9~10叶,始有深裂。地上部二年生的枝叶逐渐衰老死亡,自茎部抽出分蘖芽,长出侧枝而更新。头状花序,花序直径 10～20 厘米。花蕾外层有80～120 张苞片,60%以上的外层苞片木质化,内层 40%的苞片较嫩。苞片基部内侧白色,略肥厚,苞片着生在花托上,花托肥厚多肉质,食用部分为花托和总苞。一个花蕾的可食部分重 15～50 克。花盘上长有管状花,紫色,两性。雄蕊 5 枚,聚药。萼片退化,形成冠毛。子房 1 室,下位,花柱 2 裂,柱头长于花冠。花盘外有总苞包围。瘦果卵圆形,长 0.5 厘米,果皮灰或白色,并密布褐色斑纹。种子千粒重 44 克。

朝鲜蓟生长发育经历营养生长和生殖生长两个阶段。发育期,从 3 月上旬至 3 月中旬,历时 10～15 天。幼苗期,从 3 月中下旬至 5 月下旬,从子叶展开到羽状深裂叶出现,此期生真叶 8～9 片,主根伸长,侧根陆续发生,生长量小,历时约 70 天。伸长期,从 6 月上旬至 11 月上旬,羽状深裂叶出现到越冬前,营养生长加速,植株伸长,形成大量叶片,根系不断加粗、扩展,历时约 160 天。休眠期,从 11 月中下旬到翌年 3 月下旬,叶片停止生长,地下茎越冬,长达 120 天左右。发育期,从翌年 3 月下旬至 4 月下旬,植株地上部长出新叶,形成生殖器官至显蕾前,同时进行营养生长与生殖生长,时间约 30 天。显蕾期,从 5 月上旬至 6 月上旬,花蕾露出叶丛,主花茎伸长并陆续抽出花茎分枝,次级花枝花蕾相继出现,且花蕾迅速膨大,生殖生长旺盛,历时 25～30 天。开花结实期,从 6 月中旬至 7 月下旬,从主枝到分枝陆续开花,花谢后 40～50 天,子房形成瘦果。植株地上部二年生枝叶逐渐衰老死亡,自茎基抽出分蘖芽,开始新的周期生长。

朝鲜蓟一年生植株可高达 60～100 厘米,茎长 8～9 厘米,地上部生长叶 80 余片,生长期中保持可见叶 20 片左右,越冬前单株鲜重达 3.5～8.5 千克。越冬后第二年恢复生长期,深裂叶 20 片左右,抽薹后主茎高 80～100 厘米,有 1～3 级花枝,每个小花枝上有 1～4 片浅裂叶。主花枝显蕾后相隔 3～5 天,有 1～3 个次级花枝的花蕾出现,单个大花苞重达 300 克以上,单株嫩苞采收量 600

克左右。每株通常结花蕾3～8个，紫色或绿色。显蕾到开花30～40天，花盘直径7～12厘米，总苞有数十至百余片，开花后7～8天花谢。

朝鲜蓟喜温暖气候，种子发芽适温20℃，生长适温10℃～20℃，耐干热和抗寒力均不强，高于34℃生长受抑制，低于3℃～4℃时停止生长。幼苗期耐寒性较成株差。温度稳定通过10℃仍不能露地定植，须到18℃～19℃方可免受冷害。成株叶片能在5℃～28℃甚至更高温度下生长，但当温度超过25℃时，叶片衰老加快。秋季气温在18℃～13℃时，叶重迅速增大。耐轻霜，在－3℃的低温中持续数天，地上部即冻死干枯，更不能忍受低于－7℃的短期低温。要求强光，尤其在抽生花茎时，天气晴朗，形成宽大肥厚的叶，花蕾肥大，茎粗而多。忌湿，生长旺季，畦沟积水易引起烂根死亡。朝鲜蓟越冬后，外界温度回升时抽生花葶，通过春化阶段表现为低温感应型。一般在11月中旬至翌年3月中旬，以草秸和薄土覆盖假茎越冬；12月份至翌年1～2月份，在表土有覆盖条件下，15厘米地温为4℃～6℃；翌年4月上旬恢复生长，5月上旬显蕾。如果11月中旬至翌年3月中旬在日光温室内月均气温为5℃～8℃，植株可缓慢生长，翌年3月下旬显蕾。若在冬季将其贮存于凉房，温度保持5℃左右，或贮存于地窖，温度保持8℃～10℃，4月上旬回植露地，5月中下旬显蕾。株龄长短或植株大小不同，通过春化后的表现也不同，越冬前株龄长的显蕾早。如果越冬方式和株龄相同，植株大小即使差异较大，但越冬后显蕾时间差别不大。一定株龄的植株通过春化阶段后，15℃左右时开始显蕾。20℃～25℃时显蕾和花枝伸长的速度加快。最高气温高于30℃时，总苞片开张快，可食部分质地变劣。

(二)类型和品种

我国曾先后引入 Cynara cardunculus L. 和 Cynara scolymus L. 两个种，均名朝鲜蓟。前者多刺，花序小，作蔬菜食用的多由后者中选出，其中分有刺、少刺和无刺三种。上海百年前引入的品种为无刺，通常称绿球(Green globeimproved)。据云南昆明市农技站报道，目前，大面积栽培品种以 YAND1-5、YAND1-4、YAND1-7 为宜，长势均匀整齐，丰产性、商品性较好，若鲜销则 YAND1-4 最佳。

(三)栽培技术

1. 种苗的繁殖

(1)种子繁殖 南方温暖处可于 9 月播种，10 月苗高约 10 厘米以上，有 4～6 片真叶时定植，至翌年春季现蕾收获。如苗期采用黑膜遮光处理，当年初秋能抽薹采收。云南昆明四季如春，周年均可播种，但以秋冬播种移栽较好。播前，将种子浸泡在 21℃～25℃的温水中，经 12 小时捞出催芽，选择破嘴露白的种子，在 3 月下旬到 4 月上旬，以 7 厘米×7 厘米距离最好用 72 孔穴盘，点播或均匀撒播于阳畦中，用细沙土或蛭石盖种。苗床温度保持 25℃左右，幼苗 3～5 片真叶时可用黑膜适当覆盖。经 40～45 天的生长，有 5～6 片真叶时，即可定植。秋播育苗可使花苞采收前的营养生长期缩短，有利于产值的提高。

(2)分蘖繁殖 无性繁殖的部位，主要集中在植株基部 20～60 个茎节，各茎节分化的腋芽，均可萌发生长成苗。不切离母株形成的植株，1 月份前萌动的，可全部分化花芽，3 月上旬萌动的腋芽株，尚有 16%的分化花芽。切离母株进行分株繁殖，有抑制花芽分化的作用。被抑制了花芽分化的植株，需再经低温过程才能分化花芽。为培育好分株繁殖苗，在 10 月上旬，选择健壮的母株掘取分蘖，把大的分蘖苗，连根直接定植于大田；把小分蘖苗按 15 厘米见方栽于苗床培育，冬前用塑料薄膜棚覆盖防冻，翌年 3 月下旬，带土掘取定植于大田。

2. 选地整地 朝鲜蓟较耐旱，不耐湿，生长过程中要求地块排水良好，防止积水烂根。整地要求深耕，结合施足基肥，每 667 平方米撒施有机肥 2000 千克左右，耕翻耙平后，做 1.7～2 米宽(连沟)的高畦，每畦栽一行，株距 100～130 厘米；可按行距 1 米，顶宽 40 厘米，高 15 厘米筑成高畦。

3. 定植　春季在 3 月下旬，秋季在 10 月下旬定植，一般每畦栽一行，株距 100～130 厘米。定植时，要边起苗，边定植，边浇水，但浇水不能过多，以免发生烂叶烂根。定植后用细土盖严膜孔，切忌埋心。

4. 田间管理　苗成活后，适当施些稀粪水，中耕松土 2 次，使根系向下伸扎。发苗期，每 667 平方米施人粪尿 2000 千克，在距植株 30 厘米处环施，促进叶茂，花茎多而粗壮。第二次在 5 月上旬追肥，每 667 平方米施硫酸铵 25 千克，使花蕾肥大。5 月中旬前后就要采收花蕾，采收期约 1 个月，每收 1 次要追肥 1 次。进入高温期后，植株生长慢，应勤除草和防治病虫害。另外要勤浇水，使花茎粗大，如多雨，要及时排水，防止烂根。朝鲜蓟植株，特别是叶子不能忍受低温，入冬后要采取保护措施：初霜后，平均气温降到 3℃～5℃时，割去植株中上部叶片，仅留叶柄以下的外露茎埋土，并在四周和顶部覆秸草 15～20 厘米，顶部再加上一层，呈堆状。

春季随着气温的回升，3 月上旬清除顶部覆土，适当扒开植株四周的秸草，直到断霜清除顶部秸草，并进行松土。4 月份在植株两侧施复合肥，每 667 平方米施 25～30 千克，并行浇水，促进分枝萌生。当分枝长到 15～20 厘米时，选留健壮、分布均匀的分枝3～4 个，以后将陆续萌生的分枝定期删除。

在整枝过程中，可在多余的分枝中挑选长度 15～20 厘米的健壮枝，贴茎切离母茎作为插穗，扦插于沙壤土的高畦中，1 周左右发根成活，可以培育成苗。

5. 采收　商品朝鲜蓟花苞产量，以定植后 3 年生的植株最多，每株产量 1300～3600 克，一般于 5 月中旬至 6 月中旬采收。显蕾后 7～10 天，可采收 50～100 克重的花苞，供制罐头用。15 天左右，花苞 200～350 克，采收后供鲜销用。采收标准是花苞长足，总苞紧密抱合时，质地鲜嫩，有香味。一旦总苞外苞片松弛开张时，花苞质地变粗变老。因花蕾在不同植株间及同一株上不同的分枝间在时间上有差异，宜分期分批采收。通常3天采1次为好。每3～4千克可加工成1千克可食部分。食用时，先将花苞用沸水煮25～45分钟，至萼片易于剥落时取出，用橄榄油、柠檬汁、大蒜、辣椒、盐等调味，有独特风味。采完后，立即将表土挖开，在距土表10厘米处切断，然后将土盖平，再用割下的茎叶覆盖土表，降低地温，以利于老根萌发粗壮蘖芽，每株可连续收获4年。供制酒用的茎叶的采收，温暖处一年可收两季，上半年4月下旬至5月下旬，可收3次，下半年10月至12月上旬采收一次。以上半年产量最高，平均每667平方米产量1500千克，最高2500千克。

(四)病虫害防治

5～7月份要及时防治地老虎为害，用90%敌百虫800～1000倍液，或50%辛硫磷乳油800～1000倍液喷雾防治，也可用敌敌畏毒杀。发现蚜虫为害幼叶时，以40%乐果乳油1500倍液，或2.5%溴氰菊酯乳油3000倍液喷雾防治。根腐病主要症状是根部腐烂变黑，继而植株萎蔫倒伏。防治措施是在7～9月份雨后，适时中耕松土，如发现病株茎髓开始腐烂，要及时平茬，覆混合生石灰的干土。也可用刀切去腐烂的部分，用农用硫酸链霉素涂抹后再用松土垫塞在切面处；或50%多菌灵可湿性粉剂800倍液加2.5%溴氰菊酯乳油2000倍液进行根处理。花苞黑心腐烂用25%甲霜灵可湿性粉剂800～1000倍液，或50%甲基硫菌灵可湿性粉剂600～900倍液，喷雾防治，同时采用补钙措施，叶面喷施1%普钙溶液。有病毒病时，主要是防治蚜虫传播，在高温干旱期，及时灌水。也可用盐酸吗啉胍·铜(病毒A)、病毒K等防治。

术口诀 15.00
蔬菜生理病害疑症识别与防治 18.00
蔬菜病虫害农业防治问答 12.00
环保型商品蔬菜生产技术 16.00
蔬菜生产实用新技术(第2版) 34.00
蔬菜嫁接栽培实用技术 12.00
图说蔬菜嫁接育苗技术 14.00
蔬菜栽培实用技术 25.00
蔬菜优质高产栽培技术120问 6.00
新编蔬菜优质高产良种 19.00
现代蔬菜灌溉技术 9.00
种菜关键技术121题(第2版) 17.00
蔬菜地膜覆盖栽培技术(第二次修订版) 6.00
温室种菜难题解答(修订版) 14.00
温室种菜技术正误100题 13.00
日光温室蔬菜生理病害防治200题 9.50
高效节能日光温室蔬菜规范化栽培技术 12.00
露地蔬菜高效栽培模式 9.00
露地蔬菜施肥技术问答 15.00
露地蔬菜病虫害防治技术问答 14.00
两膜一苫拱棚种菜新技术 9.50
棚室蔬菜病虫害防治(第2版) 7.00
南方早春大棚蔬菜高效栽培实用技术 14.00

塑料棚温室种菜新技术(修订版) 29.00
塑料棚温室蔬菜病虫害防治(第3版) 13.00
新编蔬菜病虫害防治手册(第二版) 11.00
蔬菜病虫害诊断与防治图解口诀 15.00
图说棚室蔬菜种植技术精要丛书·嫁接育苗 12.00
新编棚室蔬菜病虫害防治 21.00
稀特菜制种技术 5.50
绿叶菜类蔬菜良种引种指导 13.00
提高绿叶菜商品性栽培技术问答 11.00
四季叶菜生产技术160题 8.50
绿叶菜类蔬菜病虫害诊断与防治原色图谱 20.50
绿叶菜病虫害及防治原色图册 16.00
菠菜栽培技术 4.50
芹菜优质高产栽培(第2版) 11.00
大白菜高产栽培(修订版) 6.00
白菜甘蓝类蔬菜制种技术 10.00
白菜甘蓝病虫害及防治原色图册 14.00
怎样提高大白菜种植效益 7.00
提高大白菜商品性栽培技术问答 10.00
白菜甘蓝萝卜类蔬菜病虫害诊断与防治原色图谱 23.00
鱼腥草高产栽培与利用 8.00
甘蓝标准化生产技术 9.00